普通高等教育"十二五"重点规划教材

信号与系统

胡光锐 徐昌庆 编著

U0295364

上海交通大学出版社
SHANGHAI JIAO TONG UNIVERSITY PRESS

内容提要

本书主要参照了 1995 年出版的《信号与系统》(上海交通大学出版社)教材,吸收了众多国内外同类教材的精华,除了保留传统的内容,即确定性信号经线性非时变系统传输与处理的基本概念与基本分析方法以外,增加了小波与小波分析方面的最基本内容。这是对信号与系统教材编写的改革初探,旨在使本课程的教学内容能够适应快速发展的信息科学与技术需要。

本书在内容编排上采取了按知识点要求分头并进的方法,先时域后变换域,从傅里叶分析过渡到小波分析,再转到复频域分析,各方面的知识点紧密关联。全书共有 10 章,包括信号的函数表示与系统分析方法、连续时间系统的时域分析、离散时间系统的时域分析、连续信号的傅里叶分析、连续时间系统的频域分析、离散时间信号与系统的傅里叶分析、小波与小波分析、拉普拉斯变换与连续时间系统的复频域分析、z 变换与离散时间系统的 z 域分析、状态方程与状态变量分析法等。书中各块内容都以电子信息与通信工程为主要应用背景,通过大量的实训,帮助读者深刻地理解与掌握。

本书可作为高等院校电气、电子与信息、控制及其他理工科类专业的信号与系统教材,也可供有关科技人员参考。

图书在版编目(CIP)数据

信号与系统/胡光锐,徐昌庆编著.—上海:上海交通大学出版社,2013(2018重印)
ISBN 978-7-313-10376-5

Ⅰ.信... Ⅱ.①胡...②徐... Ⅲ.信号系统 Ⅳ.TN911.6

中国版本图书馆CIP数据核字(2013)第243954号

信号与系统

编　　著:胡光锐　徐昌庆	
出版发行:上海交通大学出版社	地　　址:上海市番禺路951号
邮政编码:200030	电　　话:021-64071208
出 版 人:谈　毅	
印　　制:上海春秋印刷厂	经　　销:全国新华书店
开　　本:787mm×1092mm　1/16	印　　张:35
字　　数:868千字	
版　　次:2013年12月第1版	印　　次:2018年2月第3次印刷
书　　号:ISBN978-7-313-10376-5/TN	
定　　价:50.00元	

前　言

作为电类本科生重要的专业基础课"信号与系统",其基本内容及教学要求长期保持相对稳定。因此,国内外众多的"信号与系统"教材,包括有些十分优秀的教材,在内容安排上几乎仍然保持着一贯的传统,即确定性信号经线性非时变系统传输的基本理论与方法。

有两方面的原因推动我们做一些教材改革的尝试。首先也是最主要的原因是傅里叶方法分析得到了划时代的发展,形成了比较成熟的小波分析理论与方法,并得到了极其广泛的应用。傅里叶分析方法借助正弦曲线展开信号或函数,把信号分为不同频率的分量,然后根据需要进行相应的处理,因此比较适合对那些具有近似周期性的波动信号或统计特征依时间不变的信号进行处理。然而,对于具有孤立尖峰的信号,用经典的傅里叶方法对其处理则效果甚差,这是由于该方法对分析信号的时间周期不可调,都是以基波频率 ω_1 对应的 T 为周期,因此没有能力对于那些夹带着的持续时间远小于 T、频率很高的短时脉冲信号进行展开分析,而近 20 年来已经发展成熟的小波技术却能很好地解决这类问题。这种替代正弦波的小波既可以沿时间轴平移至孤立尖峰出现的区域,又可以按比例压缩或伸展,以获取与孤立尖峰相应的高频及与其他信号相应的低频,在此基础上,再用合理的算法,对展开的系数进行处理,从而达到满意的处理效果。小波在时域和频域同时具有的局部化特性集中体现在多分辨率分析,非常有利于各分辨度不同特征的提取,如图像压缩,边缘抽取,噪声过滤等,因此小波分析方法近十年来在信号处理、图像处理与分析、语音识别与合成、医学成像、机器视觉、地震检测与地质勘探等众多领域得到广泛应用。原则上说,传统上使用傅里叶分析的地方,现在都可以用小波分析取代。所以,作为傅里叶分析方法的延伸及对信号分析基本理论与方法的补充,有理由在传统的"信号与系统"内容范围以外增加小波与小波分析的基本理论与方法介绍。尽管这会超出确定性信号的范畴,涉及统计特征是时间的函数的非平稳信号概念,但这并不贯穿全书,只是仅仅涉及一章内容,因此没有从根本上改变原来信号与系统的基本理论和方法。

其次,由于教学改革的持续推进,大部分课程的授课课时减少已呈趋势。为了适应这种改变,保证良好的教学质量,一方面需要不断改进教学方法,激励学生主动学习。另一方面也要在教材内容编排上作进一步的优化,针对连续时间信号和离散时间信号、连续时间系统和离散时间系统,相对应地进行理论和方法介绍,这样既有助于学生以统一的方式,思考连续和离散时间信号与系统的问题,也可尽量减少授课老师在课堂上对相关理论和方法的重复介绍。

本书共有 10 章,全书内容采取按知识模块连续和离散分头并行的方法,分析方法和其他信号与系统教材类似,按时域分析、变换域分析和状态变量分析的次序展开。

第 1 章讨论了信号的分类与基本运算,介绍了信号的函数与图形表示方法,定义了几种典型的连续与离散时间信号,对冲激函数和单位样值序列作了较为充分的介绍,重点分析了线性非时变系统的线性、非时变性及因果性。

第 2 章和第 3 章先后讨论了连续时间系统和离散时间系统的时域分析方法。其内容安排基本是并行式和对比式的,包括常系数微分方程和差分方程的求解、单位冲激/样值响应及阶跃响应、卷积积分和卷积和等,这些连续和离散对应的知识模块各自在理论和方法上都比较接近甚至相同。

第 4 章、第 5 章及第 6 章讨论了傅里叶分析方法。其中第 4 章针对连续时间信号,讨论了周期信号的傅里叶级数展开和非周期信号的傅里叶变换,章中介绍的正交基函数概念不但为傅里叶级数展开提供了理论依据,也为第 7 章的小波分析打下了必要的基础;第 5 章介绍连续时间系统的频域分析,所介绍的 LTI 系统响应频域求解、无失真传输、滤波、调制与解调等理论与方法应用背景明确、物理概念清晰,使读者能够更清晰地认识电子与通信工程的研究对象;第 6 章介绍的内容与第 4、5 章形成对应,只是从连续时间信号与系统转换到离散时间信号与系统,考虑到与后续的数字信号处理课程内容的分工和衔接,这章没有安排离散傅里叶级数及离散傅里叶变换的介绍。

第 7 章作为本书特色,借助基本的微积分及代数方法,在傅里叶方法基础上,以哈尔小波作为切入点,讨论了小波分析的最基本方法,包括紧支撑的正交尺度函数和小波的基本概念和理论、依小波的多分辨率分解、重构及迭代算法。由于哈尔小波是不连续的,不宜用它分析连续信号,为此引入了最典型的道比姬丝小波,举例说明了它的构造过程,分析了它的重要特性,介绍了二分点上的尺度函数构造方法。在编写本章时,考虑到教学对象,我们刻意避开了那些复杂的数学理论,尽可能以通俗易懂的方式把小波分析理论中最基本的内容介绍给读者,使读者能够在本科阶段就能初步领略到小波方法为信号处理带来的极大方便与好处。

第 8 章和第 9 章的内容安排风格与第 3、第 4 章相同,也是并行对应讨论的。拉普拉斯变换用于分析连续时间系统,而 z 变换则是用于分析离散时间系统。考虑到内容的完整性,其中以一定的篇幅用于介绍拉普拉斯变换和 z 变换,不过教学时可以根据学习对象作选择性的安排。

第 10 章介绍状态方程与状态变量分析法。

本书各章都配有充分的习题,这些习题大多选自国内外的优秀教材,其中不乏结合实际应用并具有综合性的习题,也有各类考试的试题。习题编排时,按知识点掌握要求,采取由浅入深、先易后难、先简单后综合的编排方法,便于不同对象的读者选择。在本书的最后附有各个习题的简要答案。另外,在本书附录中还给出了小波分析的计算机程序,读者可以参考该程序,对部分重要且比较复杂的算法进行编程,然后对输入输出结果进行分析,这样就能深刻理解和掌握所学的知识,并且力求灵活应用。

本书主要面向高等学校电类各专业的二年级本科生,也可供有关科技人员参考。对于不同学时的课程安排,授课老师可根据学生的专业需求,选择适当的章节和内容。例如,对于电子与信息类学生,如果安排 4 个学分(64～72 学时),建议选择 1～9 章及第 10 章的前 4 节作为授课内容。而对于 3 个学分(48～54 学时)的安排,如果不是控制专业的学生,则可选择 1,2,3,4,5,6,8,9 章。如果是控制专业的学生,3 个学分的教学内容则建议安排 1,2,3,4,5,6,8,9及 10 章的基本内容。不过,无论哪种选择,对于微分方程和差分方程的经典法求解,拉普拉斯

变换及电路的 s 域求解等内容都可适当地删减。

本书以胡光锐编写的《信号与系统》(上海交通大学出版社)为基础,由徐昌庆执笔改编各章并新编第 7 章。在第 7 章的编写过程中,承上海交通大学电子工程系陈文教授的多次指导和最后审阅。课程组的齐开悦、李丹两位老师提供了大量的参考习题,其他老师也都根据自己的教学经验与体会提出了许多建设性的意见。作者指导的数届研究生都曾为本书编写做了文字输入、习题整理与解答等工作。在此,一并向各方面给予帮助的领导、同事和研究生表示衷心的感谢。

承蒙上海交通大学出版社的大力支持,使本书得以按时顺利出版,在此深表谢意。

限于作者水平,加上时间和精力有限,书中存在的不妥和错误之处恳请读者批评指正。

作　者

2013 年 10 月

于上海交通大学电子工程系

目　　录

信号的函数表示与系统分析方法

1.1 引言

信号是传递信息的工具。自古至今,人们以各种不同的方式,实现信息传递的目的。我国古代曾以烽火台的烽火传送边关军情,以后又出现了信鸽、旗语等信息传送方式。19 世纪发明的莫尔斯电报以及后来马可尼等人发明的无线电,实现了信息的快速远距离传输。如今的信息传输正朝着可以在任何时间、以任何方式、传给任何地方任何他人的目标发展。

在许多情况下,信号可以用一个数学函数式表示。在不能用数学式表示时,可以用图形来表示,信号的图形有时也称为信号的波形。信号用数学表示时,可以是一个或多个自变量的函数。例如,一张黑白照片可以用亮度随两维空间变化的函数来表示;语音信号可以表示为信号振幅随时间变化的单变量函数,也可表示为信号振幅随时间和三维空间变化的多变量函数。本书的讨论范围仅限于单变量函数,而且一般总是用时间来表示自变量。当然,在应用中遇到的信号,自变量不一定是时间,例如空间变量、高度或深度等。

此外,有两类基本信号:一类是连续时间的函数,称为连续时间信号,简称连续信号,用 t 表示连续时间变量;另一类是离散时间的函数,称为离散时间信号(也称离散时间序列),简称离散信号(也称离散序列),用 n 表示离散时间变量。对于连续信号,读者已比较熟悉。实际上,离散信号在生活中经常遇到,例如医院中病人体温的定时记录就是随离散时间变化的信号。每日股票市场股指指数值也是离散信号的例子。图 1.1 表示连续信号的例子:音节"地" (di)的波形图,图 1.2 表示离散信号的例子:某病人脉搏每隔 1 小时的记录。

图 1.1 连续信号的例子:语音"地"的波形

有许多离散信号是连续信号离散化的结果,通常采用模拟-数字转换器(A/D)来实现连续信号的离散化。除了将信号分成连续信号与离散信号之外,还可以从不同的角度进行信号的

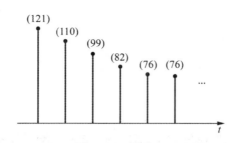

图 1.2　离散信号的例子:病人脉搏记录

分类。本章讨论信号的各种分类方法,信号的基本运算,如加法、乘法、反折、平移与尺度变化等,在此基础上将讨论一些常用信号的表示法。

系统是为实现规定功能而构成的相互关联的一个集合体。它涉及的范围十分宽广,包括各种物理系统和非物理系统,自然系统和人工系统等。在电子与信息科学领域中,系统内涵还包括了网络和电路,其概念也包括了广泛的内容,大可以到全球通信系统、宇宙控制系统、国际互联网等,小可以到由若干个元件组成的电路。在制造方面,由于集成电路技术的发展,制成的芯片不仅是具有简单功能的极小规模电路,还可以是实现复杂功能的超大规模集成电路。以上这些因素使得系统、网络、电路三者的范围很难加以严格区分,因此我们通常针对比较笼统的系统概念进行研究。

研究系统的方法主要包括分析与综合。系统分析是在给定的条件下,已知输入信号,研究可以得到怎样的输出响应;而系统综合则是按某种需求提出对于给定激励的响应,再去设计能够产生这种响应的系统。本书主要讨论系统的分析方法。

在本章中,我们将讨论系统的数学模型及其分类,然后讨论系统的特性,如因果性、稳定性、可逆性、线性和非时变(非移变)性等,重点介绍线性非时变系统的基本概念。本章最后对线性系统的分析方法作简单介绍。

1.2　信号的分类及其基本运算

为了传送信息(语音、文字、图像或数据等),需要通过适当的设备将信息转换为电信号,简称信号。它的基本形式是随时间变化的电流或电压信号。信号的形式是多种多样的,但描述信号的直观方法有两种,即函数表示式与波形。本节主要讨论信号的分类及其基本运算。

1.2.1　信号的分类

由于信号形式多样化,因此其分类方法也有好几种。下面讨论信号的几种主要分类。

1. 连续时间信号与离散时间信号

由于信号为时间 t 的函数,故按照 t 的连续或离散,将信号分为连续时间信号与离散时间信号(简称连续信号与离散信号)。

连续信号是在连续的时间 t 内定义的函数 $f(t)$,它允许存在有限个不连续点,在这些点上,函数值发生跳变,而在不连续点以外的其他时间 t,函数值均是确定的。例如,图 1.3(a)示出的矩形脉冲在 $t=0$ 与 T 时 $f(t)$ 值发生跳变,但它是一种连续信号。此外,正弦波与三角脉冲等都是连续信号的例子,如图 1.3(b)和(c)所示。

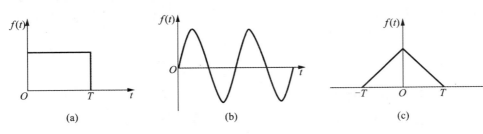

图 1.3　连续信号

(a)矩形脉冲　(b)正弦波　(c)三角脉冲

应当指出,连续信号的函数值 $f(t)$ 可以是连续的,也可以是离散的。对于时间 t 和函数值 $f(t)$ 都为连续的信号称为模拟信号。如果时间 t 连续,但函数值 $f(t)$ 离散(只取某些规定值),则称为量化信号,例如数字电压表中经过量化的信号就是这种信号,如图 1.4(b)所示。

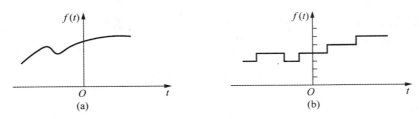

图 1.4　两种连续信号

(a)模拟信号　(b)量化信号

在实际应用中,模拟信号和连续信号常不加区分。

离散信号在时间上是离散的,只在某些不连续的规定瞬时 $t_k(k=0,\pm1,\pm2,\cdots)$ 给出函数值,在其他时间没有定义的信号称为离散信号。t_k 与 t_{k+1} 之间的间隔 $T_k=t_{k+1}-t_k$ 可以是相等的,也可以是不等的。我们一般只讨论 T_k 等于常数的情况。若令 $T_k=T,T$ 为常数,则离散信号只是在 $t=nT(n$ 称为离散时刻序号,$n=0,\pm1,\pm2,\cdots)$ 时才有定义,它可以表示为 $f(nT)$,简记为 $f(n)$。图 1.5 表示离散信号的 3 个例子。

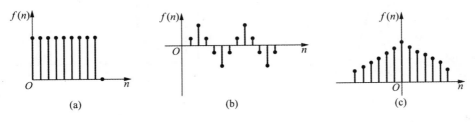

图 1.5　离散信号

(a)矩形序列　(b)正弦序列　(c)三角序列

离散信号的函数值 $f(n)$ 可以是连续的,也可以是离散的。如果离散信号的函数值是连续的,则称为抽样信号或取样信号,如图 1.6(a)所示。离散信号的另一种情况是其幅值被限定为某些离散值,即时间与函数值均为离散,这种信号称为数字信号。图 1.6(b)所示为一种信号函数值只能取"0"或"1"两者之一的数字信号。当然,也有函数值可取多种离散值的多电平数字信号。

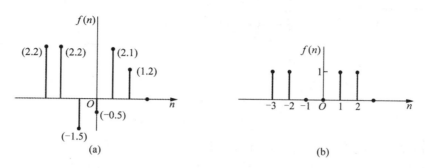

图 1.6　两种离散信号

(a) 抽样信号　(b) 两电平数字信号

　　综上所述,按照函数值 $f(t)$ 的连续或离散,连续信号又分为模拟信号或量化信号,而按照函数值 $f(n)$ 的连续或离散,离散信号又分为抽样信号或数字信号,如表 1.1 所示。

表 1.1　信号的一种分类

分　类	t 连续	t 离散
信号幅度连续	模拟信号	抽样信号
信号幅度离散	量化信号	数字信号
统称	连续信号	离散信号

2. 周期信号与非周期信号

　　周期信号是定义在 $(-\infty, \infty)$ 区间,每隔一定时间 T(或整数 N),按相同规律重复变化的信号,其波形如图 1.7 所示。

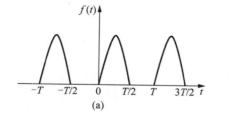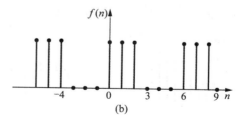

图 1.7　周期信号与序列

(a) 半波周期信号　(b) 周期序列

　　对于周期连续信号,其数学表示式为

$$f(t) = f(t + mT), \quad (m = \pm 0, \pm 1, \cdots)$$

$$(1.1a)$$

对于周期序列

$$f(n) = f(n+mN), \quad (m = 0, \pm 1, \pm 2, \cdots) \tag{1.1b}$$

满足式(1.1a)的最小 T 值,或满足式(1.1b)的最小 N 值称为该信号的重复周期,简称周期。因此,只要给出周期信号在任一周期内的函数式或波形,便可知道它在任一时刻的函数值。不满足式(1.1)的信号称为非周期信号。非周期信号不具有周而复始的特性。非周期信号可以看作为周期 T(或 N)趋于无穷大时的周期信号。

3. 确知信号和随机信号

确知信号也称为规则信号,它表示为一确定的时间函数(或序列)。对于指定的某一时刻,函数有确定的数值。前面所列举的各种信号都是确知信号。

然而,由于信号在实际传输过程中往往存在某些"不确定性"或"未可预知的不确定性"。例如,通信系统中传输的信号带有不确定性,收信者在接收到所传送的消息之前,对信息源所发出的信息是不知道的,否则就失去通信的意义。另外,通信信号在传输过程中难以避免各种干扰和噪声的影响,使信号产生失真,而这些干扰和噪声是不确定的。这类"不确定性"和"未可预知的不确定性"统称为随机性,所以一般的通信信号都是随机信号。

对于随机信号,不能给出确定的时间函数。研究随机信号要利用概率论和随机过程的数学方法进行分析。在一定条件下,随机信号也会表现出某种确定性。例如,音乐信号表现为某种周期信号的波形,电报信号可表示为具有某种规律的脉冲波形等。本书主要讨论确知信号的分析,它是研究随机信号特性的重要基础。在第 7 章讨论小波分析时,也把信号适当放宽,涉及到统计特性随时间变化的非平稳信号。

4. 能量有限信号与功率有限信号

有时需要知道信号的能量特性与功率特性。为此需要研究信号电流或电压在一单位电阻上所消耗的能量或功率。

若信号 $f(t)$ 在单位电阻上的瞬时功率为 $|f(t)|^2$,在 $(-\infty, \infty)$ 区间的信号能量 E 定义为

$$E = \lim_{T \to \infty} \int_{-T}^{T} |f(t)|^2 \mathrm{d}t \tag{1.2}$$

而信号功率 P 定义为在 $(-\infty, \infty)$ 区间信号 $f(t)$ 的平均功率,即

$$P = \lim_{T \to \infty} \frac{1}{T} \int_{-T/2}^{T/2} |f(t)|^2 \mathrm{d}t \tag{1.3}$$

上两式中,被积函数都是 $f(t)$ 的绝对值平方,所以信号能量 E 和信号功率 P 都是非负实数。

若信号 $f(t)$ 的能量 $0 < E < \infty$,此时 $P = 0$,则称此信号为能量有限信号,简称能量信号。例如,单个矩形脉冲(图 1.3(a))E 有限,$P = 0$,故为一能量信号。

若信号 $f(t)$ 的功率 $0 < P < \infty$,此时 $E \to \infty$,则称此信号为功率有限信号,简称功率信号。例如,周期信号[见图 1.7(a)]都是功率有限信号。

对于离散信号 $f(n)$,按照类似方法也可以分为能量信号和功率信号,其信号能量定义为

$$E = \lim_{N \to \infty} \sum_{n=-N}^{N} |f(n)|^2 = \sum_{n=-\infty}^{\infty} |f(n)|^2 \tag{1.4}$$

5. 实信号与复信号

按照信号函数是时间的实函数或复函数可将信号分为实信号与复信号。若信号函数在各时刻取值是实数,则称此信号为实信号,如 $f(t) = A\sin\omega_0 t$, $f(n) = 2^n$ 等。如若信号函数在各时刻取值是复数,则称此信号为复信号,如 $f(t) = k e^{-j\omega t}$。

1.2.2 信号的基本运算

在信号的分析和处理中,常常遇到信号的基本运算——加法、乘法、延时、反折和尺度变换,还有对于连续时间信号的微分、积分以及对于离散时间信号的差分与累加。

1. 信号的加法与乘法

信号 $f_1(*)$ 与 $f_2(*)$ 之和(瞬时和)是指同一瞬时两信号之值对应相加所构成的“和信号”。即

$$f(*) = f_1(*) + f_2(*) \tag{1.5}$$

序列相加是指序列同序号的数值逐项对应相加,组成一个新序列,例如,序列 $f_1(n)$, $f_2(n)$ 和 $f_3(n)$ 相加后得到一个新序列 $y(n)$,可表示为

$$y(n) = f_1(n) + f_2(n) + f_3(n) = \{f_1(n) + f_2(n) + f_3(n)\} \tag{1.6}$$

信号 $f_1(*)$ 与 $f_2(*)$ 之积(瞬时积)是指同一瞬时两信号之值对应相乘所构成的“积信号”。即

$$f(*) = f_1(*) \cdot f_2(*) \tag{1.7}$$

同样,序列相乘是指序列的同序号数值逐项对应相乘,组成一个新序列。例如,序列 $f_1(n)$, $f_2(n)$ 和 $f_3(n)$ 相乘后得到一个新序列 $y(n)$,可表示为

$$y(n) = f_1(n) \cdot f_2(n) \cdot f_3(n) = \{f_1(n) \cdot f_2(n) \cdot f_3(n)\} \tag{1.8}$$

2. 信号的反折

信号的反折是信号的自变量符号取反后的结果,如图 1.8 所示。反折信号 $f(-t)$ 是将信号 $f(t)$ 以 $t=0$ 为轴反转后得到的。如果 $f(t)$ 是一个录制在磁带上的声音信号的话,则 $f(-t)$ 就代表同样一盘磁带倒放音(即从末尾向前倒放)的信号。

一个信号 $f(t)$,经反折后不变,即

$$f(-t) = f(t) \tag{1.9}$$

则此信号称为偶信号,如图 1.9(a)所示。

若满足

$$f(-t) = -f(t) \tag{1.10}$$

则此信号称为奇信号,如图 1.9(b)所示。

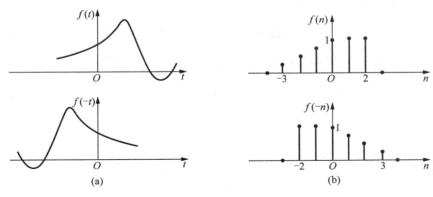

图 1.8　信号的反折

(a) $f(t)$反折　(b) $f(n)$反折

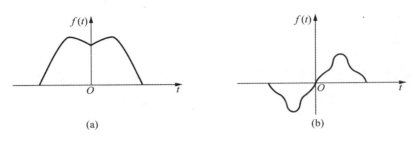

图 1.9　信号的对称性

(a) 偶对称信号　(b) 奇对称信号

3. 信号的尺度变换

连续信号的尺度变换是指将信号横坐标的尺度展宽或压缩,可用变量 at(a 为非零常数)替代原信号 $f(t)$中的自变量 t,得到信号 $f(at)$。若 $a>1$,则信号 $f(at)$是将原信号以 $t=0$ 为基准,沿横轴压缩到原来的 $\dfrac{1}{a}$;若 $0<a<1$,则信号 $f(at)$是将原信号沿横轴展宽至原来的 $\dfrac{1}{a}$ 倍。图 1.10 示出了连续信号 $f(t)$,$f(2t)$与 $f(t/2)$的尺度变换例子。

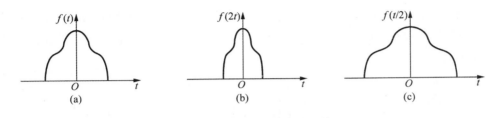

图 1.10　连续信号的尺度变换

(a) $f(t)$的波形　(b) $f(2t)$的波形　(c) $f(t/2)$的波形

假如我们再一次把 $f(t)$表示为一盘录音磁带的录音信号,则 $f(2t)$是这盘磁带以两倍的速度快速放音的信号,这对应于信号在时间上进行压缩,而 $f(t/2)$则代表原磁带将放音速度降低一倍时慢速放音的信号,这对应于信号在时间上进行扩张。

仅仅作为尺度变换示例,图 1.11 给出了离散信号 $f(n)$,$f(2n)$ 与 $f(n/2)$ 的图形。但需要说明的是,离散信号一般不作尺度变换,这是因为 $f(an)$ 仅在 an 为整数时才有定义。而当 $a>1$ 或当 $a<1$ 且 $a\neq\dfrac{1}{m}$(m 为整数)时,它会丢失原信号 $f(n)$ 的部分信息。而对连续信号进行尺度变化时则不会发生这种现象。

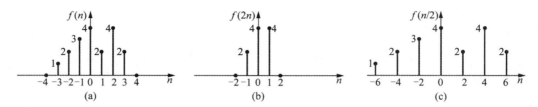

图 1.11　离散信号的尺度变换

(a) $f(n)$ 的图形　(b) $f(2n)$ 的图形　(c) $f(n/2)$ 的图形

4. 信号的平移

平移也称时移(或位移)。对于连续信号 $f(t)$,若有常数 $t_0>0$,延时信号 $f(t-t_0)$ 是将原信号 $f(t)$ 沿着 t 轴向右平移 t_0 时间,而 $f(t+t_0)$ 则是将原信号 $f(t)$ 沿着 t 轴向左平移 t_0 时间,如图 1.12 所示。

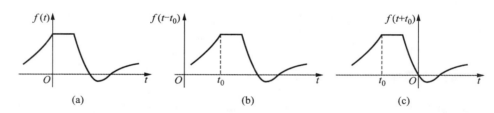

图 1.12　连续信号的时移

(a) $f(t)$ 的波形　(b) $f(t-t_0)$ 的波形　(c) $f(t+t_0)$ 的波形

信号的延时可以在声呐、回声以及雷达等应用中找到。由于传播路径不一(多径)而造成传播时间上的差别就形成了信号的延时。

对于离散序列 $f(n)$,若有整数 $n_0>0$,那么位移序列 $f(n-n_0)$ 是将原序列 $f(n)$ 沿着 n 轴整体向右平移 n_0 个单位,而 $f(n+n_0)$ 则是将原序列 $f(n)$ 沿着 n 轴整体向左平移 n_0 个单位,如图 1.13 所示。

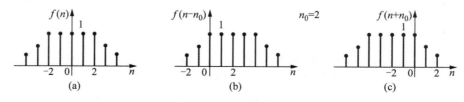

图 1.13　离散序列的位移

(a) $f(n)$ 的波形　(b) $f(n-n_0)$ 的波形　(c) $f(n+n_0)$ 的波形

如果将连续信号的延时与反折相结合就可得到信号 $f(-t-t_0)$，如图 1.14 所示。需要指出，画出这类信号波形的方法往往不是唯一的。一种方法是先将信号进行延时 t_0 得到 $f(t-t_0)$，然后对 $f(t-t_0)$ 进行反折，将 t 变为 $(-t)$，就得到 $f(-t-t_0)$。当然也可以先反折后延时，但由于自变量为 $(-t)$，故延时方向与前述相反。

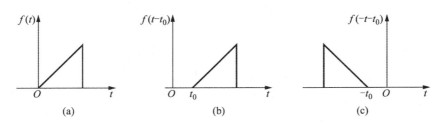

图 1.14　连续信号的时移与反折

(a) $f(t)$ 的波形　(b) $f(t-t_0)$ 的波形　(c) $f(-t-t_0)$ 的波形

例 1.1　一连续信号 $f(t)$ 的波形如图 1.15 所示，试画出下列信号的波形：

(a) $f\left(\dfrac{t}{2}-2\right)$；

(b) $f(1-2t)$。

解　(a) 因为

$$f\left(\frac{t}{2}-2\right)=f\left[\frac{1}{2}(t-4)\right]$$

因此，可以先从 $f(t)$ 右移至 $f(t-2)$，然后将 $f(t-2)$ 扩展成 $f\left[\dfrac{1}{2}(t-4)\right]$。另一种变换方案是先将 $f(t)$ 扩展成 $f\left(\dfrac{t}{2}\right)$，然后将 $f\left(\dfrac{t}{2}\right)$ 信号右移 4 变成 $f\left[\dfrac{1}{2}(t-4)\right]$。$f\left(\dfrac{t}{2}-2\right)$ 的波形如图 1.16 所示。

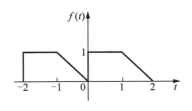

图 1.15　例 1.1 $f(t)$ 的波形

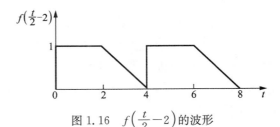

图 1.16　$f\left(\dfrac{t}{2}-2\right)$ 的波形

(b) 由于

$$f(1-2t)=f(-2t+1)=f\left[-2\left(t-\frac{1}{2}\right)\right]$$

因此，从 $f(t)$ 变换到 $f(1-2t)$ 可采取多种方案，下面仅介绍两种：

方案一：首先 $f(t)$ 左移至 $f(t+1)$，将 $f(t+1)$ 压缩至 $f(2t+1)$，再将 $f(2t+1)$ 反折变成 $f(1-2t)$。

方案二：首先 $f(t)$ 反折变成 $f(-t)$，压缩 $f(-t)$ 至 $f(-2t)$，再让 $f(-2t)$ 右移 1/2 得到

$f(1-2t)$。

$f(1-2t)$ 的波形如图 1.17 所示,读者还可以尝试其他方案。

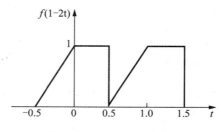

图 1.17 $f(1-2t)$ 的波形

5. 连续时间信号的微分与积分

对连续信号 $f(t)$ 的微分运算是指 $f(t)$ 对 t 取导数,即

$$f'(t) = \frac{\mathrm{d}}{\mathrm{d}t}f(t) \tag{1.11}$$

而信号 $f(t)$ 的积分运算则是该信号在 $(-\infty, t)$ 内的定积分,即

$$\int_{-\infty}^{t} f(\tau)\mathrm{d}\tau \tag{1.12}$$

上式的积分区间可随信号 $f(t)$ 的定义范围改变而改变。

6. 离散序列的差分与求和

1) 离散序列的差分

离散序列的差分可分为前向差分和后向差分。一阶前向差分定义为

$$\Delta f(n) = f(n+1) - f(n) \tag{1.13}$$

二阶前向差分为

$$\Delta^2 f(n) = \Delta[\Delta f(n)] = \Delta[f(n+1) - f(n)]$$
$$= \Delta[f(n+1)] - \Delta[f(n)] = f(n+2) - 2f(n+1) + f(n) \tag{1.14}$$

k 阶前向差分可以类推得到。同理,一阶后向差分定义为

$$\nabla f(n) = f(n) - f(n-1) \tag{1.15}$$

二阶后向差分为

$$\nabla^2 f(n) = \nabla[\nabla f(n)] = \nabla[f(n) - f(n-1)]$$
$$= \nabla[f(n)] - \nabla[f(n-1)] = f(n) - 2f(n-1) + f(n-2) \tag{1.16}$$

2) 离散序列的求和

对于离散序列 $f(n)$ 的求和定义为

$$y(n) = \sum_{m=-\infty}^{n} f(m) \tag{1.17}$$

上式的求和区间可随序列 $f(n)$ 的定义范围改变而改变。

1.3　连续信号的函数表示

在这一节中将给出几种典型连续信号的函数表示式及波形,我们应当熟悉这种函数表示式和波形的对应关系。

1.3.1　典型的连续信号

1. 实指数信号

实指数信号的函数表示式为

$$f(t) = Ae^{\alpha t} \tag{1.18}$$

式中:α 是实数,故称为实指数信号,其波形如图 1.18 所示。图 1.18(a)中 $\alpha < 0$,信号 $f(t)$ 随时间衰减;图 1.18(b)中的 $\alpha > 0$,信号随时间递增;而图 1.18(c)中的 $\alpha = 0$,信号 $f(t) = A$,为一常数。指数 α 的绝对值大小反映了实指数信号增长或衰减的速率,$|\alpha|$ 值越大,则变化速率越快。通常定义实指数信号的时间常数 τ 为 $|\alpha|$ 的倒数,即 $\tau = \dfrac{1}{|\alpha|}$。显而易见,$\tau$ 越大或 $|\alpha|$ 越小,则信号变化速率越慢。

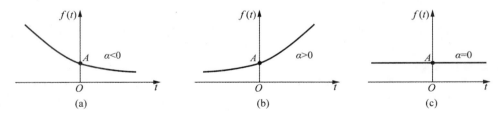

图 1.18　实指数信号

实际上,比较常见的是单边指数衰减信号,其波形如图 1.19 所示,函数表示式为

$$f(t) = \begin{cases} 0, & t < 0 \\ e^{-\frac{t}{\tau}}, & t \geqslant 0 \end{cases} \tag{1.19}$$

上述信号满足 $f(0) = 1, f(\tau) = e^{-1} = 0.368$。

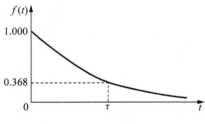

图 1.19　单边指数信号

实指数信号是一种实信号,它对时间的微分或积分仍是指数形式,这是指数信号的重要特征之一。

2. 正弦信号

正弦信号和余弦信号统称为正弦信号,一般表示为

$$f(t) = A\sin(\omega t + \theta) \tag{1.20}$$

式中:A 为信号振幅,θ 为初相位,ω 是角频率。当 $\theta = \frac{\pi}{2}$ 时,即为余弦信号。一般正弦信号的波形如图 1.20 所示。

正弦信号是一种周期信号,其周期 T 与角频率 ω 及频率 f 的关系满足下式:

$$T = \frac{2\pi}{\omega} = \frac{1}{f} \tag{1.21}$$

波形如图 1.21 所示的指数衰减正弦信号的表示式为

$$f(t) = Ae^{-\alpha t}\sin\omega t \tag{1.22}$$

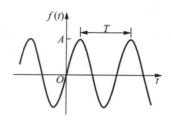

图 1.20　正弦信号

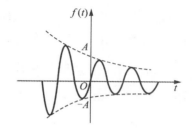

图 1.21　指数衰减正弦信号

3. 复指数信号

若实指数信号中的指数因子 α 由实数变为复数,记为 s,则此信号即为复指数信号,其函数表示式为

$$f(t) = Ae^{st} \tag{1.23}$$

式中:s 为一复数,$s = \sigma + j\omega$。利用欧拉公式,式(1.23)可以表示为

$$f(t) = Ae^{st} = Ae^{(\sigma + j\omega)t} = Ae^{\sigma t}\cos\omega t + jAe^{\sigma t}\sin\omega t$$

上式表明,一个复指数信号可以分解为实部和虚部,其实部为一余弦信号,虚部则为一正弦信号。指数因子 s 的实部 σ 反映信号函数值随时间变化的情况。若 $\sigma > 0$,则信号随时间而增幅,$\sigma < 0$ 时则随时间而衰减,$\sigma = 0$ 为等幅。s 的虚部 ω 则表示正弦与余弦的角频率。当 $\omega = 0$ 时 s 为实数,则复指数信号就成为实指数信号。若 $s = \omega = 0$,即 $s = 0$,则复指数信号就成为幅值为 A 的直流信号。

正弦信号和余弦信号可以利用复指数信号来表示。借助欧拉公式

$$e^{j\omega t} = \cos\omega t + j\sin\omega t$$

$$e^{-j\omega t} = \cos\omega t - j\sin\omega t$$

于是

$$\sin\omega t = \frac{1}{2j}(e^{j\omega t} - e^{-j\omega t}) \tag{1.24a}$$

$$\cos \omega t = \frac{1}{2}(e^{j\omega t} + e^{-j\omega t}) \tag{1.24b}$$

式(1.24)在以后的分析讨论中经常使用。复指数信号还可以用来表示各种基本信号,如实指数信号、衰减或增幅的正弦信号等,它是信号与系统分析中经常用到的信号。复指数信号对时间的微分和积分仍然是复指数信号。

4. 抽样函数

抽样函数 $\mathrm{Sa}(t)$ 定义为 $\sin t$ 与 t 之比,可以表示为

$$\mathrm{Sa}(t) = \frac{\sin t}{t} \tag{1.25}$$

抽样函数的波形如图 1.22 所示。从图 1.22 中可以看到,抽样函数是一个实偶函数,即

$$\mathrm{Sa}(t) = \mathrm{Sa}(-t) \tag{1.26}$$

且 $\mathrm{Sa}(t)$ 在 $t = k\pi (k = \pm 1, \pm 2, \cdots)$ 时,其函数值为零。抽样函数具有如下性质:

$$\int_0^\infty \mathrm{Sa}(t)\mathrm{d}t = \frac{\pi}{2} \tag{1.27}$$

$$\int_{-\infty}^\infty \mathrm{Sa}(t)\mathrm{d}t = \pi \tag{1.28}$$

和抽样函数 $\mathrm{Sa}(t)$ 相似的函数是 $\mathrm{Sinc}(t)$ 函数,其表示式为

$$\mathrm{Sinc}(t) = \frac{\sin \pi t}{\pi t} \tag{1.29}$$

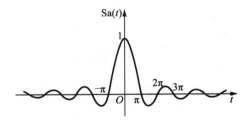

图 1.22　抽样函数

5. 高斯函数

高斯函数(或称钟形脉冲函数)的表示式为

$$f(t) = E e^{-\left(\frac{t}{\tau}\right)^2} \tag{1.30}$$

其波形如图 1.23 所示。由式(1.30)可知,高斯函数是一实偶函数。且有

$$f(\tau) = f(-\tau) = \frac{E}{e}$$

$$f\left(\frac{\tau}{2}\right) = f\left(-\frac{\tau}{2}\right) = E e^{-\frac{1}{4}} \approx 0.78E$$

由上式可知,当 $f(t)$ 由最大值 E 下降至 $0.78E$ 时,所对应的 t 由 0 至 $\frac{\tau}{2}$。

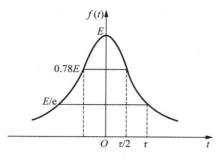

图 1.23　高斯函数

在以上讨论的典型连续信号中,信号函数值没有不连续的点(或跳变点),下面讨论函数值及其导数或积分有不连续点的情况。

1.3.2　奇异信号

当信号函数值具有不连续点(跳变点)或者其导数、积分有不连续点时,这类信号统称为奇异信号或奇异函数。

1. 斜变信号

斜变信号是从某一时刻开始随时间成正比例增加的信号,也称为斜坡信号或斜升信号,其表示式为

$$R(t) = \begin{cases} at, & t \geqslant 0 \\ 0, & t < 0 \end{cases} \tag{1.31}$$

式中:a 为一常数,其波形如图 1.24 所示。如果起始点由 0 移至 t_0,则此信号称为延时斜变信号,其表示式为

$$R(t-t_0) = \begin{cases} a(t-t_0), & t \geqslant t_0 \\ 0, & t < t_0 \end{cases} \tag{1.32}$$

其波形如图 1.25 所示。

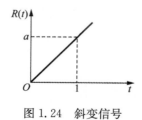

图 1.24　斜变信号

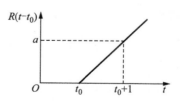

图 1.25　延时斜变信号

当式(1.29)中的 a 等于 1 时,斜变信号值的增长变化率是 1,称此为单位斜变信号,其表示式为

$$R_1(t) = \begin{cases} t, & t \geqslant 0 \\ 0, & t < 0 \end{cases} \tag{1.33}$$

其波形如图 1.26 所示。若在时间 τ 以后斜变信号被截平,如图 1.27 所示,称为截斜变信号,其表示式为

$$R_2(t) = \begin{cases} R(t), & t \leqslant \tau \\ a\tau, & t > \tau \end{cases} \tag{1.34}$$

可以利用斜变信号来表示三角脉冲信号,如图 1.28 所示,其表示式为

$$R_3(t) = \begin{cases} R(t), & t \leqslant \tau \\ 0, & t > \tau \end{cases} \tag{1.35}$$

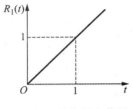
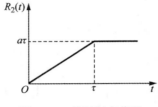
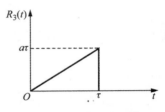

图 1.26　单位斜变信号　　　　图 1.27　截平斜变信号　　　　图 1.28　三角脉冲信号

2. 单位阶跃信号

单位阶跃信号 $\varepsilon(t)$ 的函数表示式为

$$\varepsilon(t) = \begin{cases} 1, & t > 0 \\ 0, & t < 0 \end{cases} \tag{1.36}$$

其波形如图 1.29 所示。在 $t=0$ 处信号函数值发生跳变,函数未定义,也可以规定函数值 $\varepsilon(0) = \frac{1}{2}$,这是由于在跳变点的函数值等于其左极限 $\varepsilon(0^+)$ 和右极限 $\varepsilon(0^-)$ 之和的 $\frac{1}{2}$。

容易推得单位阶跃函数 $\varepsilon(t)$ 与单位斜变函数 $R_1(t)$ 的关系为

$$\varepsilon(t) = \frac{\mathrm{d}R_1(t)}{\mathrm{d}t} \tag{1.37a}$$

$$\int_0^t \varepsilon(\tau)\mathrm{d}\tau = R_1(t) \tag{1.37b}$$

如果函数值发生跳变的时刻延时至 $t=t_0$,则此信号称为延时单位阶跃信号,其表示式为

$$\varepsilon(t-t_0) = \begin{cases} 1, & t > t_0 \\ 0, & t < t_0 \end{cases} \tag{1.38}$$

其波形图如图 1.30 所示。

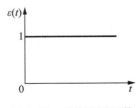
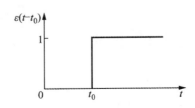

图 1.29　单位阶跃函数　　　　　　　　图 1.30　延时单位阶跃信号

3. 矩形脉冲信号

单边矩形脉冲信号定义为

$$G_1(t) = \begin{cases} 1, & 0 < t < t_0 \\ 0, & t < 0 \text{ 或 } t > t_0 \end{cases}$$

其波形如图 1.31 所示,也可以利用单位阶跃信号与延时单位阶跃信号之差来表示单边矩形脉冲信号,即

$$G_1(t) = \varepsilon(t) - \varepsilon(t - t_0) \tag{1.39}$$

此外,还有一种对称矩形脉冲信号,其表示式为

$$G_\tau(t) = \begin{cases} 1, & |t| \leqslant \tau/2 \\ 0, & |t| > \tau/2 \end{cases} \tag{1.40}$$

$G_\tau(t)$ 中的下标 τ 表示脉冲宽度,其波形如图 1.32 所示。该信号也可利用单位阶跃信号来表示,即

$$G_\tau(t) = \varepsilon(t + \tau/2) - \varepsilon(t - \tau/2) \tag{1.41}$$

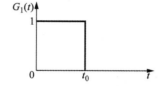

图 1.31　单边矩形脉冲

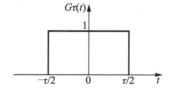

图 1.32　对称矩形脉冲

若一矩形脉冲自 t_1 起始至 t_2 结束,则此矩形脉冲信号可表示为

$$G_2(t) = \varepsilon(t - t_1) - \varepsilon(t - t_2) \tag{1.42}$$

其波形图如图 1.33 所示。

利用单位阶跃信号可以表示单边的信号函数,如单边正弦信号可表示为

$$f_1(t) = A\sin(\omega t + \theta)\varepsilon(t) \tag{1.43}$$

其波形图如图 1.34 所示。利用单位阶跃信号还可以表示有限持续时间的信号。例如,持续时间为 t_1 至 t_2 的指数衰减信号可表示为

$$f_2(t) = A\mathrm{e}^{-t}[\varepsilon(t - t_1) - \varepsilon(t - t_2)] \tag{1.44}$$

其波形图如图 1.35 所示。

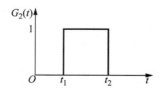

图 1.33　矩形脉冲

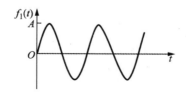

图 1.34　单边正弦信号

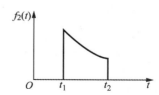

图 1.35　有限时间信号

4. 符号函数

符号函数(或称正负号函数)$\mathrm{sgn}(t)$可表示为：

$$\mathrm{sgn}(t) = \begin{cases} 1, & t > 0 \\ -1, & t < 0 \end{cases} \qquad (1.45)$$

其波形图如图 1.36 所示。由图 1.36 可以看出符号函数为一奇函数，在跳变点 $t=0$ 处不作定义，或规定为 $\mathrm{sgn}(0)=0$。由于

$$\varepsilon(t) - \frac{1}{2} = \frac{1}{2}\mathrm{sgn}(t)$$

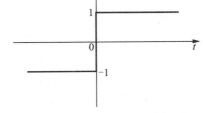

图 1.36　符号函数

于是

$$\varepsilon(t) = \frac{1}{2} + \frac{1}{2}\mathrm{sgn}(t) \qquad (1.46a)$$

或

$$\mathrm{sgn}(t) = 2\varepsilon(t) - 1 \qquad (1.46b)$$

式(1.46)表示 $\varepsilon(t)$ 与 $\mathrm{sgn}(t)$ 的关系。

5. 单位冲激信号

单位冲激信号又可称为冲激函数，δ 函数或狄拉克(Dirac)函数等，其符号常记为 $\delta(t)$。

单位冲激信号可以用几种不同的方式进行定义。若考虑一对称矩形脉冲信号，其持续时间由 $-\frac{\Delta}{2}$ 至 $\frac{\Delta}{2}$，幅值为 $\frac{1}{\Delta}$，此信号若记为 $G_\Delta(t)$，则

$$G_\Delta(t) = \frac{1}{\Delta}\left[\varepsilon\left(t + \frac{\Delta}{2}\right) - \varepsilon\left(t - \frac{\Delta}{2}\right)\right]$$

当保持矩形脉冲面积 $\Delta \times \frac{1}{\Delta} = 1$ 不变，而使脉冲宽度 Δ 趋于零，则脉冲幅度必定趋于无穷大，在此种极限情况下的信号就是单位冲激信号

$$\delta(t) = \lim_{\Delta \to 0} G_\Delta(t) = \lim_{\Delta \to 0} \frac{1}{\Delta}\left[\varepsilon\left(t + \frac{\Delta}{2}\right) - \varepsilon\left(t - \frac{\Delta}{2}\right)\right] \qquad (1.47)$$

由矩形脉冲 $G_\Delta(t)$ 变成单位冲激信号 $\delta(t)$ 的过程如图 1.37 所示。单位冲激信号常用一箭头表示，如图 1.38 所示，箭头旁边的(1)表示该冲激的面积，称为冲激强度。图中表示 $\delta(t)$ 只在 $t=0$ 处有冲激，在 $t \neq 0$ 时函数值为零。

单位冲激信号反映一种持续时间极短，函数值极大的信号类型，如电学中的雷击电闪，数字通信中的抽样脉冲等等。

如果矩形脉冲的面积不是 1，而是 E，则表示一个冲激强度为 E 倍单位值的冲激信号，即 $E\delta(t)$。在用图形表示时，可将强度(E)标注于箭头旁。

为了引出单位冲激信号，不限于由矩形脉冲求极限，也可利用其他形状的脉冲信号。例如，持续时间由 $-\Delta$ 至 Δ，幅值为 $\frac{1}{\Delta}$ 的三角脉冲，若保持其面积等于 1，取 $\Delta \to 0$ 的极限，也可定

义单位冲激信号,即

$$\delta(t) = \lim_{\Delta \to 0}\left\{\frac{1}{\Delta}\left(1 - \frac{\lfloor t\rfloor}{\Delta}\right)\left[\varepsilon(t+\Delta) - \varepsilon(t-\Delta)\right]\right\} \tag{1.48}$$

如图 1.39(a)所示。同样,也可以利用双边指数脉冲取极限来定义单位冲激信号,其表示式如下:

$$\delta(t) = \lim_{\Delta \to 0}\left[\frac{1}{2\Delta}e^{-\frac{|t|}{\Delta}}\right] \tag{1.49}$$

如图 1.39(b)所示。

单位冲激信号的另一种定义可表示为

$$\begin{cases}\int_{-\infty}^{\infty}\delta(t)\mathrm{d}t = 1 \\ \delta(t) = 0, t \neq 0\end{cases} \tag{1.50}$$

定义式(1.50)与式(1.47)是一致的。可以推出,在任一 t_0 处出现冲激时,可得到具有延时的冲激信号 $\delta(t-t_0)$ 为

$$\begin{cases}\int_{-\infty}^{\infty}\delta(t-t_0)\mathrm{d}t = 1 \\ \delta(t-t_0) = 0, t \neq t_0\end{cases} \tag{1.51}$$

其波形如图 1.40 所示。

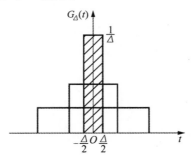

图 1.37　由矩形脉冲变为冲激信号

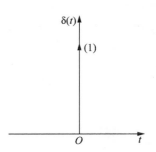

图 1.38　单位冲激信号

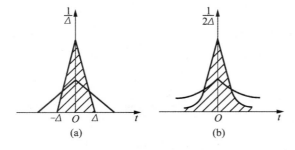

图 1.39　由三角脉冲与双边指数脉冲定义 $\delta(t)$

(a) 由三角脉冲定义 $\delta(t)$　(b) 由双边指数脉冲定义 $\delta(t)$

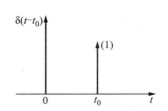

图 1.40　具有延时的冲激信号

单位冲激信号具有下述性质：

1) 抽样性质

若一个在 $t=0$ 处连续的信号（且处处有界）与单位冲激信号相乘，则其乘积在 $t=0$ 处为 $f(0)\delta(t)$，其他 t 处乘积均为 0，于是

$$\int_{-\infty}^{\infty} f(t)\delta(t)\mathrm{d}t = \int_{-\infty}^{\infty} f(0)\delta(t)\mathrm{d}t = f(0)\int_{-\infty}^{\infty} \delta(t)\mathrm{d}t = f(0) \qquad (1.52)$$

上式表明，$f(t)$ 与 $\delta(t)$ 相乘后，在 $-\infty$ 到 ∞ 区间内积分，最终得到 $f(0)$，即抽选出 $f(0)$，这称为抽样性质，也称为筛选性质。与此类似，若 $f(t)$ 与一延时 t_0 的单位冲激信号相乘，在 $-\infty$ 到 ∞ 区间内积分后，即得到 $f(t_0)$。

$$\int_{-\infty}^{\infty} f(t)\delta(t-t_0)\mathrm{d}t = \int_{-\infty}^{\infty} f(t_0)\delta(t-t_0)\mathrm{d}t = f(t_0)\int_{-\infty}^{\infty} \delta(t-t_0)\mathrm{d}t = f(t_0) \qquad (1.53)$$

2) 偶对称性质

单位冲激信号是一个偶对称信号，即

$$\delta(t) = \delta(-t) \qquad (1.54)$$

这是由于

$$\int_{-\infty}^{\infty} f(t)\delta(-t)\mathrm{d}t = \int_{\infty}^{-\infty} f(-t')\delta(t')\mathrm{d}(-t') = \int_{-\infty}^{\infty} f(0)\delta(t')\mathrm{d}t' = f(0) \qquad (1.55)$$

在上式中采用变量替换 $t'=-t$，比较式(1.55)与式(1.52)，即得 $\delta(t)=\delta(-t)$。

定义式(1.50)可改写成如下形式：

$$\int_{-\infty}^{t} \delta(\tau)\mathrm{d}\tau = \begin{cases} 1, & t>0 \\ 0, & t<0 \end{cases}$$

将上式与 $\varepsilon(t)$ 的定义式(1.36)相比较，即得

$$\int_{-\infty}^{t} \delta(\tau)\mathrm{d}\tau = \varepsilon(t) \qquad (1.56\mathrm{a})$$

反之，将单位阶跃信号 $\varepsilon(t)$ 对 t 求导，可得到单位冲激信号 $\delta(t)$，即

$$\frac{\mathrm{d}}{\mathrm{d}t}\varepsilon(t) = \delta(t) \qquad (1.56\mathrm{b})$$

同样可以得到

$$\begin{cases} \int_{-\infty}^{t} \delta(\tau-t_0)\mathrm{d}\tau = \varepsilon(t-t_0) \\ \dfrac{\mathrm{d}}{\mathrm{d}t}\varepsilon(t-t_0) = \delta(t-t_0) \end{cases} \qquad (1.57)$$

3) 尺度变换性质

$$\delta(at) = \frac{1}{|a|}\delta(t) \qquad (1.58)$$

冲激信号的尺度变换性质式(1.58)可用广义函数理论证明。限于本书篇幅，本节不对广义函数进行讨论，读者可查阅参考文献[5]中的有关介绍与证明。

例 1.2 假定电容 C 两端的电压 $u_C(t)$ 为一截平的斜变信号：

$$
u_C(t) = \begin{cases} \dfrac{1}{\tau} R_1 \left(t + \dfrac{\tau}{2} \right), & t \leqslant \dfrac{\tau}{2} \\[3mm] 1, & t > \dfrac{\tau}{2} \end{cases}
$$

（a）试画出 $u_C(t)$ 的波形图；

（b）写出流过电容 C 的电流 $i_C(t)$ 的表示式，并画出波形图；

（c）当 $\tau \to 0$ 时，试写出 $u_C(t)$ 与 $i_C(t)$ 的表示式。

解　（a）可以写出

$$
u_C(t) = \begin{cases} 0, & t < -\dfrac{\tau}{2} \\[3mm] \dfrac{1}{\tau} \left(t + \dfrac{\tau}{2} \right), & -\dfrac{\tau}{2} \leqslant t \leqslant \dfrac{\tau}{2} \\[3mm] 1, & t > \dfrac{\tau}{2} \end{cases}
$$

其波形如图 1.41(a) 所示。

（b）电流 $i_C(t)$ 的表示式为

$$
i_C(t) = C \frac{\mathrm{d} u_C(t)}{\mathrm{d} t} = \frac{C}{\tau} \left[\varepsilon \left(t + \frac{\tau}{2} \right) - \varepsilon \left(t - \frac{\tau}{2} \right) \right]
$$

其波形如图 1.41(b) 所示。

（c）当 $\tau \to 0$ 时，利用式(1.45)可得

$$
i_C(t) = \lim_{\tau \to 0} \left\{ \frac{C}{\tau} \left[\varepsilon \left(t + \frac{\tau}{2} \right) - \varepsilon \left(t - \frac{\tau}{2} \right) \right] \right\} = C \delta(t)
$$

$$
u_C(t) = \frac{1}{C} \int_{-\infty}^{t} i_C(\tau) \mathrm{d} \tau = \frac{1}{C} \int_{-\infty}^{t} C \delta(\tau) \mathrm{d} \tau = \varepsilon(t)
$$

从上式可以看出，当要求电容器两端在无限小的时间内建立一定的电压，则必须使流过电容的电流为冲激电流，在此冲激电流作用下，电容两端电压发生跳变。

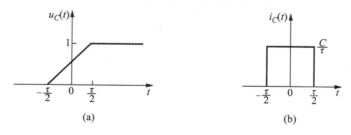

图 1.41　$u_C(t)$ 与 $i_C(t)$ 的波形

(a) $u_C(t)$ 的波形　(b) $i_C(t)$ 的波形

6. 冲激偶信号

为了引出冲激偶信号，可利用三角脉冲信号 $C(t)$，如图 1.42(a) 所示。三角脉冲信号 $C(t)$ 的持续时间由 $-\tau$ 至 τ，幅值为 $1/\tau$，当 $\tau \to 0$ 时，$C(t)$ 就成为单位冲激信号 $\delta(t)$，如图 1.42(b) 所

示。将 $C(t)$ 对 t 求导,可得图 1.42(c),它是正负极性的两个矩形脉冲,称为脉冲偶,其宽度为 τ,幅值为 $\pm\dfrac{1}{\tau^2}$,面积均为 $\dfrac{1}{\tau}$。当 τ 减小时,脉冲偶的宽度变窄,幅值增大,面积仍为 $\dfrac{1}{\tau}$。当 $\tau\rightarrow 0$ 时,形成正负极性的两个冲激函数,其幅值无限大,如图 1.42(d)所示,这就是冲激偶信号 $\delta'(t)$,在数学上它表示冲激函数 $\delta(t)$ 对 t 求导数。

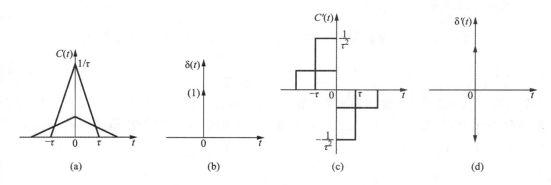

图 1.42　冲激偶信号的形成

(a) 三角脉冲　(b) 单位冲激信号　(c) 三角脉冲求导　(d) 冲激偶信号

冲激偶信号 $\delta'(t)$ 具有如下抽样性质:

$$\int_{-\infty}^{\infty} f(t)\delta'(t)\mathrm{d}t = f(t)\delta(t)\Big|_{-\infty}^{\infty} - \int_{-\infty}^{\infty} f'(t)\delta(t)\mathrm{d}t = -f'(0) \tag{1.59}$$

对于具有延时 t_0 的冲击偶信号 $\delta'(t-t_0)$,其抽样性质如下式所示:

$$\int_{-\infty}^{\infty} f(t)\delta'(t-t_0)\mathrm{d}t = -f'(t_0) \tag{1.60}$$

冲激偶信号的积分为零,即

$$\int_{-\infty}^{\infty} \delta'(t)\mathrm{d}t = 0 \tag{1.61}$$

这与单位冲激信号积分为 1 不同,是由于正负两个冲激的积分相互抵消的结果。

　　从以上推导可以看出:由单位斜变函数依次求导,即得到单位阶跃函数、单位冲激函数和冲激偶函数。冲激函数的高阶导数在这里不再赘述。

1.4　离散信号的函数表示

　　在离散时域中,也有一些基本的离散时间信号,它们在离散信号与系统中起着重要的作用,有些信号与前面讨论的连续时间的基本信号相似,但也有一些很重要的不同之处,将在以下的讨论中予以指出。

1. 单位阶跃序列

　　与连续时域中的单位阶跃信号 $\varepsilon(t)$ 相对应的单位阶跃序列 $\varepsilon(n)$,其定义为

$$\varepsilon(n) = \begin{cases} 1, & n \geqslant 0 \\ 0, & n < 0 \end{cases} \qquad (1.62)$$

其图形如图 1.43 所示。应当注意单位阶跃序列 $\varepsilon(n)$ 和单位阶跃信号 $\varepsilon(t)$ 的区别，$\varepsilon(t)$ 在 $t=0$ 处发生跳变，往往不予定义，而 $\varepsilon(n)$ 在 $n=0$ 处定义为 1。

2. 单位样值序列

与连续时域中的单位冲激函数 $\delta(t)$ 相对应的单位样值序列 $\delta(n)$，其定义为

$$\delta(n) = \begin{cases} 1, & n = 0 \\ 0, & \text{其他} \end{cases} \qquad (1.63)$$

$\delta(n)$ 有时也称为单位冲激序列或单位脉冲序列，其图形如图 1.44 所示。应当指出，单位冲激函数 $\delta(t)$ 可理解为 $t=0$ 处脉宽趋于零幅度无限大的信号，而单位样值序列 $\delta(n)$ 在 $n=0$ 处为有限值，等于 1。

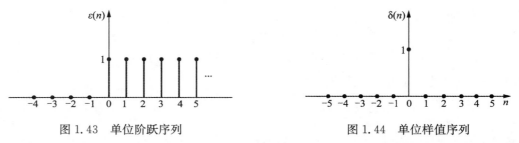

图 1.43　单位阶跃序列　　　　　　图 1.44　单位样值序列

单位样值序列 $\delta(n)$ 有很多性质和单位冲激函数 $\delta(t)$ 相类似，例如 $\delta(n)$ 也具有筛选性质，即

$$\sum_{n=-\infty}^{\infty} x(n)\delta(n) = x(0)$$

此性质和 $\delta(t)$ 的筛选性质相对应：

$$\int_{-\infty}^{\infty} f(t)\delta(t)\mathrm{d}t = f(0)$$

$\delta(t)$ 具有如下关系：

$$\int_{-\infty}^{\infty} \delta(t)\mathrm{d}t = 1$$

而 $\delta(n)$ 则具有

$$\sum_{n=-\infty}^{\infty} \delta(n) = 1$$

此外，由于

$$\sum_{k=-\infty}^{n} \delta(k) = \begin{cases} 1, & n \geqslant 0 \\ 0, & n < 0 \end{cases}$$

故

$$\sum_{k=-\infty}^{n} \delta(k) = \varepsilon(n) \qquad (1.64)$$

式(1.64)确立了单位样值序列与单位阶跃序列的关系,即 $\varepsilon(n)$ 是 $\delta(n)$ 的求和函数,这一性质与连续时域中的单位冲激函数和单位阶跃函数的关系相对应,即 $\varepsilon(t)$ 是 $\delta(t)$ 的积分。

$$\int_{-\infty}^{t} \delta(t)\mathrm{d}t = \varepsilon(t)$$

将式(1.64)中的 k 作一变量替换,即令 $k=n-m$,就得到

$$\sum_{m=0}^{\infty} \delta(n-m) = \varepsilon(n) \tag{1.65}$$

在连续系统中,$\delta(t)$ 是 $\varepsilon(t)$ 的一次微分,即

$$\delta(t) = \frac{\mathrm{d}}{\mathrm{d}t}\varepsilon(t)$$

而在离散系统中,$\delta(n)$ 则是 $\varepsilon(n)$ 的一次差分,即

$$\delta(n) = \varepsilon(n) - \varepsilon(n-1) \tag{1.66}$$

3. 矩形序列

$$G_N(n) = \begin{cases} 1, & 0 \leqslant n \leqslant N-1 \\ 0, & 其他 \end{cases} \tag{1.67}$$

$G_N(n)$ 的图形如图 1.45 所示,矩形序列 $G_N(n)$ 相应于连续系统中的矩形脉冲信号 $G(t)$,矩形序列可以用单位阶跃序列表示,即

$$G_N(n) = \varepsilon(n) - \varepsilon(n-N) \tag{1.68}$$

4. 斜变序列

$$R(n) = n \cdot \varepsilon(n) \tag{1.69}$$

斜变序列对应于连续系统中的斜变信号 $R(t)=t\varepsilon(t)$,斜变序列的图形如图 1.46 所示。

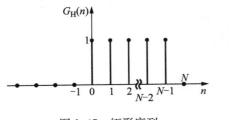

图 1.45　矩形序列

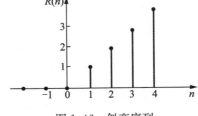

图 1.46　斜变序列

5. 实指数序列

实指数序列可表示为

$$f(n) = a^n \tag{1.70}$$

当 $|a|>1$ 时,序列随 n 指数增加;当 $|a|<1$ 时,序列随 n 指数下降;$a>0$ 时,序列值均为同一个符号;$a<0$ 时,序列符号交替变化,分别如图 1.47(a)～(d)所示。当 $a=1$ 时,$f(n)$ 为常数,$a=-1$ 时,$f(n)$ 就在 $+1$ 与 -1 之间交替变化。

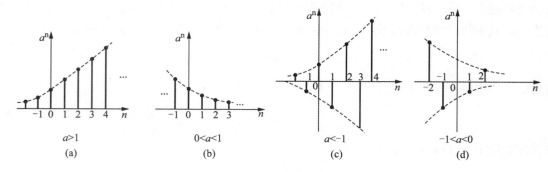

图 1.47　实指数序列

6. 正弦序列

$$f(n) = A\sin(\omega_0 n + \phi) \tag{1.71}$$

如果上式中的 $\omega_0 = \dfrac{2\pi}{5}$，则序列每隔 5 个取样重复一次，$f(n)$ 的基波周期为 5；若 $\omega_0 = \dfrac{2\pi}{\frac{3}{2}}$，则每

隔 3 个取样重复一次，其基波周期为 3；若 $\omega_0 = \dfrac{2\pi m}{N}$，$m$ 和 N 均为正整数，且没有公因数时，则 $f(n)$ 的基波周期为 N，其基波频率为 ω_0/m。显然，若 $2\pi/\omega_0$ 为整数时，正弦序列才具有周期 $2\pi/\omega_0$；若 $2\pi/\omega_0$ 不是整数，而是有理数，则正弦周期为 $2\pi m/\omega_0$（m 为整数）；若 $2\pi/\omega_0$ 不是有理数时，则正弦序列就不是周期性的。正弦序列 $f(n) = \sin(\pi n/8)$ 如图 1.48 所示。

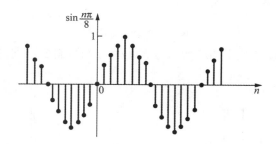

图 1.48　序列 $\sin(\pi n/8)$

7. 复指数序列

$$f(n) = c \cdot \alpha^n \tag{1.72}$$

式中：c 和 α 一般均为复数。若令 $\alpha = e^{\beta}$，则得到另外一种表示式，即

$$f(n) = c \cdot e^{\beta n} \tag{1.73}$$

若式（1.73）中 β 为纯虚数，$\beta = j\omega_0$，则

$$f(n) = c \cdot e^{j\omega_0 n} = c(\cos\omega_0 n + j\sin\omega_0 n) \tag{1.74}$$

上式是一种重要的复指数序列，该序列也可用极坐标表示：

$$f(n) = |f(n)| \, e^{j\arg f(n)} \tag{1.75}$$

当 c 和 α 均为复数时,均以极坐标形式表示,则有

$$c = |c|\,\mathrm{e}^{\mathrm{j}\theta}, \quad \alpha = |\alpha|\,\mathrm{e}^{\mathrm{j}\omega_0}$$

将上式代入式(1.72),可以得到

$$f(n) = c \cdot \alpha^n = |c||\alpha|^n\cos(\omega_0 n + \theta) + \mathrm{j}|c||\alpha|^n\sin(\omega_0 n + \theta) \tag{1.76}$$

因此,对于 $|\alpha|=1$,复指数序列的实部和虚部均为正弦序列;当 $|\alpha|<1$,其实部和虚部为正弦序列乘上一个按指数衰减的序列;当 $|\alpha|>1$,则乘上一个按指数增长的序列。

以上讨论了几个基本的离散信号及其特性,这些特性在进行系统分析与求解时非常有用。例如,可以用一组单位样值延迟序列的加权和来表示任意一个序列,即

$$f(n) = \cdots + f(-3)\delta(n+3) + f(-2)\delta(n+2) + f(-1)\delta(n+1) +$$
$$f(0)\delta(n) + f(1)\delta(n-1) + f(2)\delta(n-2) + f(3)\delta(n-3) + \cdots$$
$$= \sum_{k=-\infty}^{\infty} f(k)\delta(n-k) \tag{1.77}$$

利用式(1.77),可以引入"卷积和"的概念及其他重要性质,这部分内容将在第 3 章讨论。另外,有限长的离散序列 $f(n)$ 还可以用下式表示:

$$n = 0$$
$$\downarrow$$
$$f(n) = \{\cdots, f(-3), f(-2), f(-1), f(0), f(1), f(2), f(3), \cdots\} \tag{1.78}$$

式(1.78)中的 $n=0$ 不作标记时,被认为 $f(n)$ 是从 $n=0$ 开始的。

例 1.3　用单位样值序列及其位移序列表示序列

$$f(n) = n[\varepsilon(n+3) - \varepsilon(n-4)]$$

解　$f(n)$ 的图形如图 1.49 所示。

利用式(1.77),$f(n)$ 可以表示成

$$f(n) = -3\delta(n+3) - 2\delta(n+2) - \delta(n+1) + \delta(n-1) + 2\delta(n-2) + 3\delta(n-3)$$

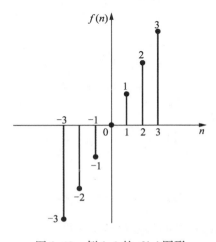

图 1.49　例 1.3 的 $f(n)$ 图形

1.5　信号的分解

在对信号进行分析和处理时,常常将信号分解成基本信号分量之和。这种分解可以按信号的时间函数进行分解,也可以按信号的不同频率进行分解,或按照其他方式进行分解。本节主要讨论连续信号的分解,离散信号的分解与此类似。

1.5.1　直流分量与交流分量

一连续信号 $f(t)$ 可以分解为直流分量 $f_d(t)$ 与交流分量 $f_a(t)$ 之和,即

$$f(t) = f_d(t) + f_a(t) \tag{1.79}$$

信号直流分量 $f_d(t)$ 即信号平均值,从原信号中减去直流分量即得到信号的交流分量 $f_a(t)$,如图 1.50 所示。

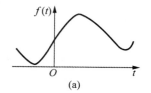
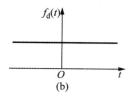
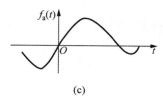

图 1.50　直流分量与交流分量

(a) 原始信号　(b) 直流分量　(c) 交流分量

1.5.2　偶分量与奇分量

偶信号 $f_e(t)$ 满足

$$f_e(t) = f_e(-t) \tag{1.80}$$

而奇信号 $f_o(t)$ 满足

$$f_o(t) = - f_o(-t) \tag{1.81}$$

任一信号均可以分解为偶分量与奇分量之和,即

$$f(t) = f_e(t) + f_o(t) \tag{1.82}$$

式中:$f_e(t)$ 为偶分量,可表示为

$$f_e(t) = \frac{1}{2}[f(t) + f(-t)] \tag{1.83}$$

$f_o(t)$ 为奇分量,可写成

$$f_o(t) = \frac{1}{2}[f(t) - f(-t)] \tag{1.84}$$

例 1.4　试求单位阶跃函数 $\varepsilon(t)$ 的偶分量与奇分量。

解　由式(1.46a)可知

$$\varepsilon(t) = \frac{1}{2} + \frac{1}{2}\mathrm{sgn}(t)$$

故得 $\varepsilon(t)$ 的偶分量 $\varepsilon_e(t)=\dfrac{1}{2}$，而 $\varepsilon(t)$ 的奇分量 $\varepsilon_o(t)=\dfrac{1}{2}\mathrm{sgn}(t)$，如图 1.51 所示。

$$\varepsilon(t)=\varepsilon_e(t)+\varepsilon_o(t)$$

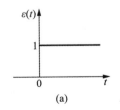 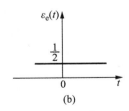 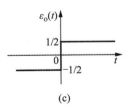

图 1.51　$\varepsilon(t)$ 的分解

(a) $\varepsilon(t)$ 的波形　(b) $\varepsilon(t)$ 的偶分量　(c) $\varepsilon(t)$ 的奇分量

1.5.3　脉冲分量分解

任一连续信号 $f(t)$ 可分解为许多矩形脉冲的叠加，如图 1.52 所示，画斜线的矩形脉冲的持续时间自 τ 至 $\tau+\Delta\tau$，幅值 $f(\tau)$，可表示为

$$f(\tau)\big[\varepsilon(t-\tau)-\varepsilon(t-\tau-\Delta\tau)\big]$$

从 $\tau=0$ 到 t，将许多这样的矩形脉冲相加，就得到 $f(t)$ 的近似表示：

$$f(t)=\sum_{\tau=0}^{t}f(\tau)\big[\varepsilon(t-\tau)-\varepsilon(t-\tau-\Delta\tau)\big]$$

$$=\sum_{\tau=0}^{t}f(\tau)\frac{\varepsilon(t-\tau)-\varepsilon(t-\tau-\Delta\tau)}{\Delta\tau}\Delta\tau$$

取 $\Delta\tau\to0$ 的极限，可得

$$f(t)=\lim_{\Delta\tau\to0}\sum_{\tau=0}^{t}f(\tau)\frac{\varepsilon(t-\tau)-\varepsilon(t-\tau-\Delta\tau)}{\Delta\tau}\Delta\tau$$

$$=\lim_{\Delta\tau\to0}\sum_{\tau=0}^{t}f(\tau)\delta(t-\tau)\Delta\tau$$

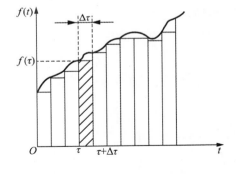

图 1.52　脉冲分量分解

于是求得

$$f(t)=\int_0^t f(\tau)\delta(t-\tau)\mathrm{d}\tau \tag{1.85}$$

将式(1.85)中的变量 τ 改为 t，观察时刻 t 以 t_0 代换，可得

$$f(t_0)=\int_0^{t_0} f(t)\delta(t_0-t)\mathrm{d}t$$

由于 $\delta(t)$ 是偶函数，$\delta(t_0-t)=\delta(t-t_0)$，于是

$$f(t_0)=\int_0^{t_0} f(t)\delta(t-t_0)\mathrm{d}t$$

上式与式(1.53)相同。将连续信号分解为冲激信号叠加的方法，在第 2 章还将详细讨论。

1.5.4　实分量与虚分量

复数连续信号 $f(t)$ 可分解为实分量 $f_r(t)$ 与虚分量 $f_i(t)$ 之和，即

$$f(t) = f_r(t) + jf_i(t) \tag{1.86}$$

$f(t)$的共轭复数为

$$f^*(t) = f_r(t) - jf_i(t) \tag{1.87}$$

于是实分量为

$$f_r(t) = \frac{1}{2}\left[f(t) + f^*(t)\right] \tag{1.88a}$$

虚分量为

$$jf_i(t) = \frac{1}{2}\left[f(t) - f^*(t)\right] \tag{1.88b}$$

复信号$f(t)$的模平方为

$$|f(t)|^2 = f(t)f^*(t) = f_r^2(t) + f_i^2(t) \tag{1.89}$$

复信号在通信系统、网络理论与信号处理方面的应用非常广泛。利用将复信号分解为实分量和虚分量,可以实现对复信号的分析与处理。

1.5.5　正交函数分量

连续信号可分解为正交函数分量。例如,一个对称矩形脉冲信号可以用各次谐波的正弦与余弦信号叠加来近似表示,如图1.53所示。各次谐波的正弦、余弦信号就是此矩形脉冲的正交函数分量。

有关信号分解为正交函数的理论与方法在第4章及第7章中详细讨论。

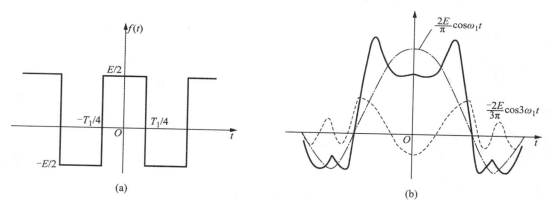

图 1.53　信号分解为正交函数分量

（a）对称方波　（b）正交分量

1.6　系统的数学模型及其分类

要分析研究任何一个系统,首先要建立该系统的数学模型。本节介绍系统的数学模型及其分类。

1.6.1　系统的数学模型

所谓系统的数学模型就是指系统基本特征的数学抽象，以数学表达式或具有理想特性的符号组合成图形来表征系统的特征，利用数学方法求出其解答后，对结果作出物理解释，并赋予物理意义。

例如，图 1.54 所示的 R,L,C 串联谐振系统可以利用基尔霍夫电压定律建立如下微分方程：

$$LC\frac{\mathrm{d}^2 i(t)}{\mathrm{d}t^2}+RC\frac{\mathrm{d}i(t)}{\mathrm{d}t}+i(t)=C\frac{\mathrm{d}e(t)}{\mathrm{d}t} \tag{1.90}$$

或下述联立微分方程：

$$\begin{cases} \dfrac{\mathrm{d}}{\mathrm{d}t}i(t)=-\dfrac{R}{L}i(t)-\dfrac{1}{L}u_C(t)+\dfrac{1}{L}e(t) \\[3mm] \dfrac{\mathrm{d}}{\mathrm{d}t}u_C(t)=\dfrac{1}{C}i(t) \end{cases} \tag{1.91}$$

式(1.90)及式(1.91)即 R,L,C 串联谐振系统的数学模型。式(1.90)为一个二阶微分方程，此微分方程的阶数代表系统的阶数，表示一个二阶系统的输入—输出关系，也称为输入—输出方程。而式(1.91)表示系统的状态 $u_C(t)$ 与 $i(t)$ 的表示式，也称为状态方程(详见第 10 章)。式(1.90)与式(1.91)是等同的。对于同一系统，在不同条件之下，可以得到不同的数学模型。例如，式(1.90)与式(1.91)是在工作频率较低，L,C 元件损耗较小的情况下成立，如果工作频率较高，则必须考虑电路中的寄生参量，如引线电感和分布电容等分布参数的影响，采用分布参数的系统模型。

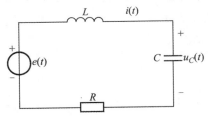

图 1.54　串联谐振系统

另外，同一数学模型可以表征不同的物理系统。例如，可以找到式(1.90)与式(1.91)对应的机械系统或光学系统。即使是电系统，根据网络对偶理论，也可以找到一个由电导 G、电感 L 及电容 C 的并联回路，在电流源激励下其端电压的微分方程将与式(1.90)形式相同。

系统种类繁多，按其数学模型的差异可以进行分类。

1.6.2　系统分类

1. 连续时间系统和离散时间系统

若系统的输入和输出都是连续信号，则称此系统为连续时间系统，简称连续系统，如图 1.54 所示的 R,L,C 系统就是连续系统的例子。如果系统的输入和输出都是离散信号，则称此系统为离散时间系统或离散系统。与模拟信号和数字信号相对应，也常用模拟系统和数字系统来说明对应的系统。连续系统利用微分方程来描述，而离散系统则用差分方程来表示。连续系统和离散系统混合使用时,称为混合系统。

2. 集中参数系统与分布参数系统

由集中参数元件(如 R, L, C 等)组成的系统称为集中参数系统。此系统的电能贮存在电容中,磁能贮存在电感中,而电阻是消耗能量的元件。在电路尺寸远小于输入信号波长时,可以假设电磁能量的传输不需要时间。

分布参数系统由分布参数元件组成,如传输线、波导、天线等。在分布参数系统中,电阻电感和电容是沿线连续分布的,电能、磁能的存贮和消耗在沿线的各处都存在着,某处的激励传输到系统的其他处需要一定的时间。

研究分布参数系统需要偏微分方程,这时所涉及的独立变量不单是时间,而且有空间位置,而集中参数系统的分析可采用常微分方程作为其数学模型。

3. 即时系统与动态系统

如果系统在任意时刻的输出信号只取决于同时刻的输入信号,而与输入信号的过去值无关,则称此系统为即时系统,也称为无记忆系统。全部由电阻元件组成的系统为即时系统,即时系统用代数方程来描述。

如果系统在某时刻的输出不单取决于输入信号的现有值,而且取决于输入的过去值和过去状态,这种系统称为动态系统或记忆系统。凡含有电容、电感和磁芯等具有记忆作用的元件或记忆电路(如寄存器)的系统都属于动态系统。动态系统的数学模型则是微分方程和差分方程。动态系统的变量选择可以是输入输出变量,也可以是状态变量,如电容电压和电感电流等。

4. 线性系统与非线性系统

满足可加性与比例性的系统称为线性系统。所谓可加性是当输入是几个信号线性叠加时,其输出为各个输入所产生响应的线性叠加。而比例性是当输入信号乘以某常数时,其输出为输入信号所产生的响应乘以该常数。

不满足可加性与比例性的系统则为非线性系统。

5. 时变系统与非时变系统

系统的参数不随时间变化的系统称为非时变系统。如果系统的参数随时间变化,则称为时变系统。

一个系统既是线性又是非时变系统,则称为线性非时变(Linear Time-invariant,LTI)系统。如图 1.54 中,当 R, L, C 都是非时变元件时,可利用常系数线性微分方程来表示这一个线性非时变系统,如下式所示:

$$LC \frac{\mathrm{d}^2 i}{\mathrm{d}t^2} + RC \frac{\mathrm{d}i}{\mathrm{d}t} + i = C \frac{\mathrm{d}e}{\mathrm{d}t}$$

若电容为一参变量,响应以电荷 $q(t)$ 表示,此时可利用变参量线性微分方程表示这一个线

性时变系统,如下式所示:

$$LC(t)\frac{d^2q}{dt^2}+RC(t)\frac{dq}{dt}+q=C(t)e(t)$$

若 R 为非线性电阻,其电压电流关系为 $u(t)=Ri^2(t)$,而 L,C 仍保持线性非参变,则可利用非线性常系数微分方程表示这一非线性非时变系统,如下式所示:

$$LC\frac{d^2i(t)}{dt^2}+2RCi(t)\frac{di(t)}{dt}+i(t)=C\frac{de(t)}{dt}$$

本书重点讨论集中参数的线性非时变系统,同步讨论的还有用差分方程描述的线性非移变(Linear Shift-invariant,LSI)系统。由于线性非时变(LTI)与线性非移变(LSI)本质相同,因此经常不加区分。

1.7 系统的性质

本节对系统的基本特性进行讨论。

1.7.1 可加性与比例性

为便于讨论,将连续系统的激励 $e(t)$ 与其响应的关系记为

$$r(t)=T[e(t)] \tag{1.92}$$

式中:$T[\cdot]$ 代表变换算子,即激励作用于该系统所引起的响应为 $r(t)$。线性性质包括两个特性,即可加性与比例性。若系统对于激励之和 $e_1(t)+e_2(t)$ 的响应等于对各个激励所引起的响应之和,即

$$T[e_1(t)+e_2(t)]=T[e_1(t)]+T[e_2(t)] \tag{1.93a}$$

则称此系统具有可加性。若 $T[e_1(t)]=r_1(t),T[e_2(t)]=r_2(t)$,则

$$T[e_1(t)+e_2(t)]=r_1(t)+r_2(t) \tag{1.93b}$$

如图 1.55(a)所示。若 a 为任意常数,系统对于激励 $ae(t)$ 的响应等于该系统对 $e(t)$ 的响应乘以 a,即

$$T[ae(t)]=aT[e(t)]=ar(t) \tag{1.94}$$

则称此系统具有比例性,如图 1.55(b)所示。可加性也称为齐次性,比例性也称为均匀性。如果既具有可加性,又有比例性,则该系统具有线性性质,为一线性系统,即满足

$$T[a_1e_1(t)+a_2e_2(t)]=a_1T[e_1(t)]+a_2T[e_2(t)]=a_1r_1(t)+a_2r_2(t) \tag{1.95}$$

式中:a_1,a_2 为常数,如图 1.55(c)所示。

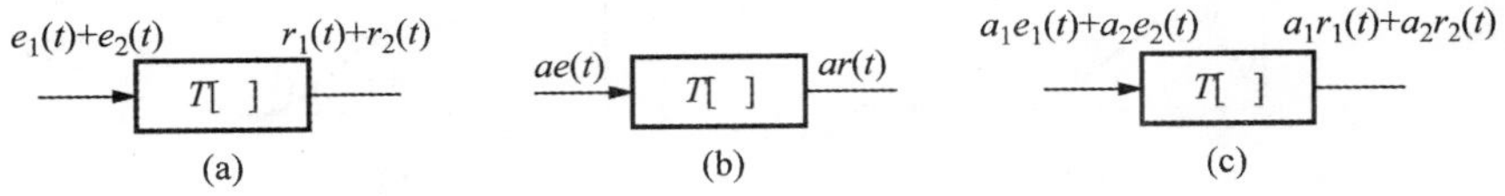

图 1.55 线性系统

(a)可加性 (b)比例性 (c)线性

当线性系统用常系数线性微分方程描述时,若起始状态不为零,必须将外加激励与起始状态的作用分开考虑,才能满足可加性与比例性,这在第 2 章中将详细讨论。

例 1.5　若 $T[e(t)]=ae(t)+b=r(t)$,试问该系统是否为线性系统?

解　利用式(1.95)

$$T[a_1e_1+a_2e_2]=a[a_1e_1+a_2e_2]+b$$

而

$$a_1T[e_1]+a_2T[e_2]=a_1(ae_1+b)+a_2(ae_2+b)$$

显然

$$T[a_1e_1(t)+a_2e_2(t)]\neq a_1T[e_1(t)]+a_2T[e_2(t)]$$

故此系统为非线性系统,有时也称此系统为准线性系统。

例 1.6　若 $y(n)=T[x(n)]=\mathrm{e}^{x(n)}$,问此系统是否为线性系统?

解　由于

$$\mathrm{e}^{x_1(n)+x_2(n)}\neq \mathrm{e}^{x_1(n)}+\mathrm{e}^{x_2(n)}$$

故

$$T[x_1(n)+x_2(n)]\neq T[x_1(n)]+T[x_2(n)]$$

因此该系统为非线性系统。

1.7.2　非时变特性

非时变特性是指在同样起始状态条件下,系统的响应与激励输入时刻无关,即若

$$T[e(t)]=r(t)$$

则

$$T[e(t-t_0)]=r(t-t_0) \tag{1.96}$$

上式表明,若激励延时 t_0,则输出响应也延时 t_0,其波形不变,如图 1.56 所示,这一特性称为非时变特性,满足式(1.96)的系统称为非时变系统。它之所以具有非时变特性是由于系统参数不随时间变化。不满足式(1.96)的系统称为时变系统。

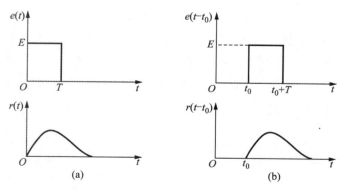

图 1.56　非时变特性

(a) 无延时　(b) 延时 t_0

用相同的方法可以定义离散时间移变系统和非移变系统。

例 1.7　若 $r(t) = T[e(t)] = ate(t)$，试问该系统是否为非时变系统？

解　$T[e(t)] = ate(t)$ 的意义是对激励信号乘以 at。

由于
$$r(t - t_0) = a(t - t_0)e(t - t_0)$$

而
$$T[e(t - t_0)] = ate(t - t_0)$$

故
$$r(t - t_0) \neq T[e(t - t_0)]$$

因此，该系统为时变系统。

例 1.8　已知 $y(n) = T[x(n)] = 2x(n)$，试问此系统是否为非移变系统？

解　$T[x(n)] = 2x(n)$ 的意义是对于激励信号乘以系数 2。

由于
$$y(n - k) = 2x(n - k)$$

而
$$T[x(n - k)] = 2x(n - k)$$

即
$$y(n - k) = T[x(n - k)] = 2x(n - k)$$

因此，此系统为非移变系统。

例 1.9　若 $y(n) = T[x(n)] = x(n)\sin \omega_0 n$，试问此系统是否为非移变系统？

解　$T[x(n)] = x(n)\sin \omega_0 n$ 的意义是对激励信号乘以 $\sin \omega_0 n$。

由于
$$y(n - k) = x(n - k)\sin[\omega_0(n - k)]$$

而
$$T[x(n - k)] = x(n - k)\sin \omega_0 n$$

因此
$$T[x(n - k)] \neq y(n - k)$$

故此系统为移变系统。

例 1.10　假设某一离散系统：
$$y(n) = T[x(n)] = \begin{cases} x(n - 1), & n \text{ 为偶整数} \\ x(n - 3), & n \text{ 为奇整数} \end{cases}$$

试问此系统是否为非移变系统？

解　由于
$$y(n) = T[x(n)] = \frac{1}{2}x(n - 1)[1 + (-1)^n] + \frac{1}{2}x(n - 3)[1 - (-1)^n]$$

因此

$$T[x(n-k)] = \frac{1}{2}x(n-k-1)[1+(-1)^n] + \frac{1}{2}x(n-k-3)[1-(-1)^n]$$

而

$$y(n-k) = \frac{1}{2}x(n-k-1)[1+(-1)^{n-k}] + \frac{1}{2}x(n-k-3)[1-(-1)^{n-k}]$$

当 k 为偶数时,$y(n-k) = T[x(n-k)]$;而当 k 为奇数时,$y(n-k) \neq T[x(n-k)]$,故该系统在 k 为偶数时是非移变系统,而 k 为奇数时则是移变系统。

1.7.3 微分特性与差分特性

对于线性非时变系统,若系统在 $e(t)$ 作用下其响应为 $r(t)$,则系统激励为 $\frac{d}{dt}e(t)$ 时,响应为 $\frac{d}{dt}r(t)$,这一特性称为微分特性,即

$$T\left[\frac{d}{dt}e(t)\right] = \frac{d}{dt}T[e(t)] = \frac{d}{dt}r(t) \tag{1.97}$$

这是由于,对于线性非时变系统一定满足

$$T\left[\frac{e(t)-e(t-\Delta t)}{\Delta t}\right] = \frac{r(t)-r(t-\Delta t)}{\Delta t}$$

取 $\Delta t \to 0$,即得到导数关系

$$T\left[\lim_{\Delta t \to 0}\frac{e(t)-e(t-\Delta t)}{\Delta t}\right] = T\left[\frac{d}{dt}e(t)\right]$$

$$\lim_{\Delta t \to 0}\frac{r(t)-r(t-\Delta t)}{\Delta t} = \frac{d}{dt}r(t)$$

故

$$T\left[\frac{d}{dt}e(t)\right] = \frac{d}{dt}r(t)$$

这一特性也可以推广到高阶导数与积分,即

$$T\left[\frac{d^{(n)}}{dt^{(n)}}e(t)\right] = \frac{d^{(n)}}{dt^{(n)}}r(t) \tag{1.98}$$

式中 n 为正数时为 n 阶求导,n 负数时为 n 重积分。

容易证明,对于离散 LSI 系统,若系统在 $x(n)$ 作用下其响应为 $y(n)$,则系统激励为 $\nabla x(n)$ 时,响应为 $\nabla y(n)$,这一特性称为差分特性。

1.7.4 因果性

如果一个系统在任何时刻的输出只取决于输入的现在与过去值,而不取决于输入的将来值,则此系统为因果系统。我们将系统的输入或激励看成为原因,系统的输出可以看成为结果,则对于因果系统,输出的现在值不取决于输入的将来值,即输出的变化不会发生在输入的变化之前,结果不发生在原因之前,故由此得名为因果系统。这一特性称为因果性。反之,若某系统输出取决于输入的将来值,也即输出变化发生在输入变化之前,则该系统称为非因果系

统,该系统具有非因果性。

例 1.11　若 $T[e(t)]=r(t)=e(t-2)$,试问该系统是否为因果系统?

解　由于 $r(t)=e(t-2)$,输出值只取决于输入的过去值。例如,$t=6$ 时的输出 $r(6)$ 只取决于 $t-2=4$ 时的输入,即输入变化在前,输出变化在后,原因在前,结果在后,故该系统为因果系统。

例 1.12　某离散系统 $y(n)=T[x(n)]=x(n+n_0)$,试问此系统是否为因果系统?

解　当 $n_0>0$ 时,$y(n)=x(n+n_0)$,输出变化发生在输入变化之前,故该系统为非因果系统;而当 $n_0<0$ 时,则为因果系统。

对于非因果系统,其输出变化发生在输入之前,常用于数据预测。例如在气象预报系统中需要预测未来气象的变化趋势,在股票市场分析和人口统计学的研究中,需要得到股票和人口统计的未来变化趋势。

1.7.5　稳定性

一个系统,若其输入是有界的,其系统的输出也是有界的,则该系统称为稳定系统,并具有稳定性。

这一稳定性准则称为 BIBO(Bounded input bounded output)准则,可以适用于一般系统。而对于线性非时变(移变)系统稳定性的判别还有其他方法,将在后续章节陆续展开讨论。

例 1.13　某离散系统 $y(n)=T[x(n)]=\mathrm{e}^{x(n)}$,试问此系统是否稳定?

解　若 $|x(n)|<M(M$ 为有限值$)$,则

$$|y(n)|=|\mathrm{e}^{x(n)}|<\mathrm{e}^{M}$$

满足 BIBO 准则,故系统为稳定系统。

1.7.6　可逆性

一个系统如果在不同的输入下导致不同的输出,就称该系统是可逆的。如果一个系统是可逆的,那么就有一个逆系统存在,当该逆系统与原系统级联后,产生的输出与原系统的输入相等,如图 1.57 所示。

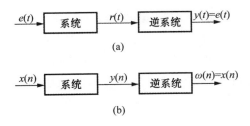

图 1.57　逆系统的概念

(a) 连续时间系统　(b) 离散时间系统

按照以上可逆系统的定义,如果某连续时间系统的输出与输入关系为

$$r(t) = T[e(t)] = \frac{1}{2}e(t)$$

那么该系统的逆系统对于其输入的响应为

$$y(t) = T[r(t)] = 2r(t)$$

离散时间系统逆系统的常见例子是原系统为一累加器,即

$$y(n) = T[x(n)] = \sum_{m=-\infty}^{n} x(m)$$

而它的逆系统为一后向差分器

$$\omega(n) = y(n) - y(n-1)$$

1.8 系统的分析方法概述

这一节简要地概述系统分析的一些主要方法,给读者提供一个概貌。由于线性非时变(LTI 或 LSI)系统的分析方法已经形成了完整、严密的体系,LTI 系统在实际应用中最为广泛,因此本书主要讨论 LTI 系统的分析。

系统分析中最重要的是对给定的系统建立数学模型并求解。在建立系统模型方面,描述系统的方法有输入-输出法(外部法)和状态变量法(内部法)。输入-输出法是建立系统激励与响应之间的直接关系,不涉及系统内部变量的情况,因而输入-输出法对于通信工程中常遇到的单输入单输出系统是适用的。状态变量法不仅给出系统的响应,还给出系统内部变量情况,特别适用于多输入多输出系统,这种方法便于计算机求解,它不仅适用于线性非时变系统,也便于推广应用于时变系统和非线性系统,因此在控制工程中经常遇到。

系统数学模型的求解方法主要有两大类:时域法和变换域法。

时域法比较直观,它直接分析时间变量的函数,研究系统的时域特性,因此物理概念清楚。对于输入-输出描述的数学模型,可利用经典法或零输入零状态方法求解常系数线性微分方程或差分方程。而对于状态变量法,则需求解矩阵方程。在 LTI 系统的时域分析中,由于卷积方法作为一种重要的方法,且由于计算机技术的飞速发展,类似卷积或矩阵求逆等繁琐的运算问题不再成为大的障碍,因此时域分析方法重新受到人们的重视。

变换域方法是将信号与系统的时间变量函数变换成相应变换域的某个变量函数。例如,傅里叶变换(FT)是以频率为变量的函数,利用 FT 来研究系统的频域特性。与傅里叶变换相比,小波变换是一个时间和频率域的变换,它通过伸缩和频移等运算功能,对信号进行多尺度细化分析,从而解决了傅里叶变换不能解决的许多难题。拉普拉斯变换(LT)和 z 变换则主要研究极点与零点分析,对系统进行 s 域和 z 域分析。变换域方法可以将时域分析中的微分方程或差分方程转化为代数方程,或将卷积积分与"卷积和"转化为乘法,这使信号与系统分析求解过程变得简单方便。

在利用变换域法和时域法进行 LTI(或 LSI)系统分析时,这两种方法都是把激励信号分解为某些类型的基本信号,在这些信号分别作用下求得系统的响应,然后叠加。在时域法中这些基本信号就是单位冲激(或单位样值)信号,频域法中是正弦信号或指数信号,小波法中是可

平移和伸缩的小波,而在 s 域及 z 域分析中是复指数信号。

　　状态变量分析也分为时域法和变换域法。本书按照先输入-输出法,后状态变量法,先时域法后变化域法的顺序来编排本书的内容;而在各章的内容安排上,考虑到课时的限制,在每块内容的安排上(如时域分析、频域分析等),采取先连续后离散的编排顺序,读者在学习时,可以将有关内容进行对照以加深理解。

1.9　本章小结

　　本章主要介绍信号与系统的一些基本概念。讨论了信号的分类与基本运算,着重介绍信号的函数表示与图形表示,定义了几种典型的连续与离散时间信号。

　　在讨论有关系统的基本概念时,介绍了系统的数学模型及其分类,着重分析了系统的性质,并概述了系统分析方法。这些基本概念对学习以后各章和掌握全书内容至关重要。

习题

　　1.1　画出下列各连续时间信号的波形图:

　　(a) $f(t)=(2-3\mathrm{e}^{-t})\varepsilon(t)$;

　　(b) $f(t)=\mathrm{e}^{-|t|}$, $-\infty<t<\infty$;

　　(c) $f(t)=(2\mathrm{e}^{-t}-3\mathrm{e}^{-3t})\varepsilon(t)$。

　　1.2　试画出下述各序列的图形:

　　(a) $f(n)=n\varepsilon(n)$;

　　(b) $f(n)=-n\varepsilon(-n)$;

　　(c) $f(n)=2^{-n}\varepsilon(n)$;

　　(d) $f(n)=\left(\dfrac{1}{2}\right)^{-n}\varepsilon(n)$;

　　(e) $f(n)=-\left(\dfrac{1}{2}\right)^{n}\varepsilon(-n)$。

　　1.3　画出下列各时间函数的波形图:

　　(a) $\varepsilon(t)-2\varepsilon(t-1)+\varepsilon(t-2)$;

　　(b) $\dfrac{\sin a(t-t_0)}{a(t-t_0)}$;

　　(c) $\dfrac{\mathrm{d}}{\mathrm{d}t}\left[\mathrm{e}^{-t}\sin t\cdot\varepsilon(t)\right]$。

　　1.4　画出下列各函数的图形:

　　(a) $t[\varepsilon(t)-\varepsilon(t-1)]+\varepsilon(t-1)$;

　　(b) $-(t-1)[\varepsilon(t-1)-\varepsilon(t-2)]$;

　　(c) $(t-2)[\varepsilon(t-2)-\varepsilon(t-3)]$。

　　1.5　画出下列各函数的波形:

　　(a) $f(t)=\sin 3\pi t[\varepsilon(t)-\varepsilon(t-2)]$;

　　(b) $f(t)=\sin \pi t[\varepsilon(-t)-\varepsilon(2-t)]$;

　　(c) $f(t)=(1+\cos \pi t)[\varepsilon(t+1)-\varepsilon(t-1)]$。

　　1.6　画出下列各序列的图形:

　　(a) $f(n)=3^{n}\varepsilon(n)$;

　　(b) $f(n)=3^{n}\varepsilon(n-1)$;

(c) $f(n)=3^{n-1}\varepsilon(n-1)$;   (d) $f(n)=3^{n-1}\varepsilon(n)$;

(e) $f(n)=3^{n+1}\varepsilon(n+1)$。

1.7　画出下列各序列的图形：

(a) $f(n)=\varepsilon(n+3)-\varepsilon(n-4)$;   (b) $f(n)=\varepsilon(-n-4)-\varepsilon(-n+3)$;

(c) $f(n)=(n^2+3n+1)[\delta(n+1)-\delta(n)+\delta(n-1)]$;

(d) $f(n)=\sum\limits_{m=-\infty}^{n}[\varepsilon(n+2)-\varepsilon(n-3)]$;   (e) $f(n)=\nabla\mathrm{sgn}(n)$;

(f) $f(n)=\sum\limits_{m=-\infty}^{n}\nabla\varepsilon(n)$。

1.8　画出下列各序列的图形：

(a) $f(n)=\cos\dfrac{3\pi n}{4}$;   (b) $f(n)=\sin\left(\dfrac{\pi n}{2}-\dfrac{\pi}{4}\right)$;

(c) $f(n)=\left(\dfrac{1}{2}\right)^n\sin\left(\dfrac{\pi n}{3}\right)$。

1.9　写出题图 1.9(a),(b),(c)所示各波形的函数表示式。

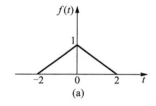 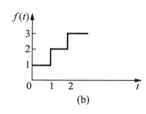 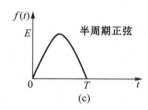

题图 1.9

1.10　一个连续时间信号 $f(t)$ 如题图 1.10 所示,概略画出下列每个信号的波形图,并加以标注。

(a) $f(2t+2)$;   (b) $f(2-t/3)$;

(c) $[f(t)+f(2-t)]\varepsilon(1-t)$。

1.11　一个连续时间信号 $f(t)$ 如题图 1.11 所示,概略画出下列每个信号的波形图,并加以标注。

(a) $\dfrac{1}{2}f(t)\varepsilon(t)+f(-t)\varepsilon(t)$;   (b) $f(t/2)\delta(t+1)$;

(c) $f(t)[\varepsilon(t+1)-\varepsilon(t-1)]$。

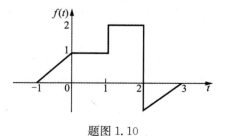 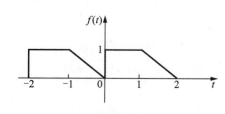

题图 1.10   题图 1.11

1.12　一个离散时间信号 $f(n)$ 如题图 1.12 所示,试画出下列信号图形,并加以标注。

(a) $f(3-n)$；

(b) $f(3n)$；

(c) $f(3n+1)$；

(d) $f(n-2)\delta(n-2)$；

(e) $\frac{1}{2}[1+(-1)^n]f(n)$；

(f) $f[(n-1)^2]$。

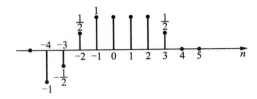

题图 1.12

1.13　设 $f_1(t)$ 和 $f_2(t)$ 是周期信号,其最小周期分别为 T_1 及 T_2,试问在什么条件下,和式 $f_1(t)+f_2(t)$ 是周期的? 如果该信号是周期的,它的最小周期是什么?

1.14　若信号 $x(t)=\cos\dfrac{2\pi t}{3}+2\sin\dfrac{16\pi t}{3}$,$y(t)=\sin\pi t$ 试证明 $x(t)y(t)$ 是周期的,并求出其最小周期。

1.15　判别下述序列的周期性。若是周期的,确定它的基波周期:

(a) $f(n)=\displaystyle\sum_{m=-\infty}^{\infty}\{\delta(n-3m)-\delta(n-1-3m)\}$；

(b) $f(n)=\cos\left(\dfrac{n}{4}\right)\cos\left(\dfrac{\pi n}{4}\right)$；

(c) $f(n)=A\cos\left(\dfrac{3\pi}{7}n-\dfrac{\pi}{8}\right)$；

(d) $f(n)=\mathrm{e}^{\mathrm{j}\left(\frac{n}{8}-\pi\right)}$；

(e) $f(n)=2\cos\left(\dfrac{\pi n}{4}\right)+\sin\left(\dfrac{\pi n}{8}\right)-2\cos\left(\dfrac{\pi n}{2}+\dfrac{\pi}{6}\right)$。

1.16　求下列表示式的函数值:

(a) $f(t)=2\varepsilon(4t-4)\delta(t-1)$；

(b) $f(t)=\mathrm{e}^{-3t-1}\delta(t)$；

(c) $f(t)=\dfrac{\mathrm{d}}{\mathrm{d}t}[\mathrm{e}^{-t}\delta(t)]$；

(d) $f(t)=\displaystyle\int_{-\infty}^{t}\mathrm{e}^{-\tau}\delta'(\tau)\mathrm{d}\tau$；

(e) $f(t)=\displaystyle\int_{-1}^{1}\delta(t^2-4)\mathrm{d}t$；

(f) $f(t)=\displaystyle\int_{-\infty}^{\infty}\delta(t^2-4)\mathrm{d}t$。

注:若 $f(t)=0$ 有 n 个互异的实根 t_i,则 $\delta[f(t)]$ 可对 $f(t)$ 在 t_i 附近展开泰勒级数,并忽略高次项,这样就有 $\delta[f(t)]=\displaystyle\sum_{i=1}^{n}\dfrac{1}{|f'(t_i)|}\delta(t-t_i)$。详见参考文献[5]。

1.17　利用冲激信号的抽样性质,求下列表示式的函数值:

(a) $\displaystyle\int_{-\infty}^{\infty}f(t_0-t)\delta(t)\mathrm{d}t,t_0>0$；

(b) $\displaystyle\int_{-\infty}^{\infty}\delta(t-t_0)\varepsilon(t-2t_0)\mathrm{d}t,t_0>0$；

(c) $\displaystyle\int_{-\infty}^{\infty}(t+\sin t)\delta\left(t-\dfrac{\pi}{6}\right)\mathrm{d}t$。

1.18　试证明 $\delta(at)=\dfrac{1}{|a|}\delta(t)$。

1.19　电容 C_1 与 C_2 串联,以阶跃电压源 $u(t)=E\varepsilon(t)$ 串联接入,试分别写出回路中的电流 $i(t)$,每个电容两端电压 $u_{C_1}(t)$,$u_{C_2}(t)$ 的函数表示式。

1.20　分别求出下列各波形的直流分量:

（a）全波整流 $f(t)=|\sin\omega t|$;

（b）$f(t)=\sin^2\omega t$;

（c）$f(t)=\cos\omega t+\sin\omega t$;

（d）升余弦 $f(t)=k(1+\cos\omega t)$。

1.21　粗略画出题图 1.21 所列波形的偶分量和奇分量,并加以标注。

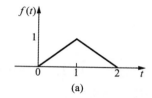

(a)

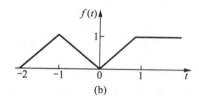

(b)

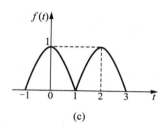

(c)

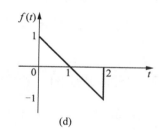

(d)

题图 1.21

1.22　确定并画出题图 1.22 所列序列的偶分量和奇分量,并加以标注。

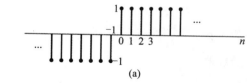

(a)

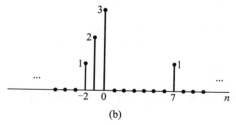

(b)

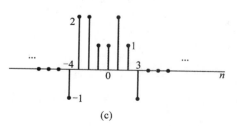

(c)

题图 1.22

1.23　对于下列每一个连续时间系统,$e(t)$ 为其输入,$r(t)$ 为其输出,$T[e(t)]$ 表示系统对 $e(t)$ 的响应。试问该系统是否为:(1)线性系统;(2)非时变系统;(3)因果系统;(4)稳定系统。

（a）$r(t)=T[e(t)]=e^{e(t)}$;

（b）$r(t)=T[e(t)]=\dfrac{\mathrm{d}}{\mathrm{d}t}e(t)$;

(c) $r(t)=T[e(t)]=e(t-1)-e(1-t)$;   (d) $r(t)=T[e(t)]=[\sin(6t)]e(t)$;

(e) $r(t)=T[e(t)]=\displaystyle\int_{-\infty}^{3t}e(\tau)\mathrm{d}\tau$;

(f) $r(t)=T[e(t)]=\begin{cases}0, & t<0 \\ e(t)+e(t-100), & t\geq 0\end{cases}$;

(g) $r(t)=T[e(t)]=\begin{cases}0, & e(t)<0 \\ e(t)+e(t-100), & e(t)\geq 0\end{cases}$;

(h) $r(t)=T[e(t)]=e(t/2)$。

1.24 对于下列每一个离散时间系统,$x(n)$ 为其输入,$y(n)$ 为其输出,$T[x(n)]$ 表示系统对 $x(n)$ 的响应。试问该系统是否为:(1)线性系统;(2)非移变系统;(3)因果系统;(4)稳定系统。

(a) $y(n)=T[x(n)]=x(-n)$;

(b) $y(n)=T[x(n)]=2x(n-2)+3x(n-3)$;

(c) $y(n)=T[x(n)]=nx(n)$;   (d) $y(n)=T[x(n)]=x(n)x(n-1)$;

(e) $y(n)=T[x(n)]=x(n)+x(1-n)$;   (f) $y(n)=T[x(n)]=\displaystyle\sum_{m=n-3}^{n+3}x(m)$;

(g) $y(n)=T[x(n)]=\begin{cases}x(n), & n\geq 1 \\ 0, & n=0 \\ x(n+1), & n\leq -1\end{cases}$;

(h) $y(n)=T[x(n)]=x(n)\cos\left(\omega_0 n+\dfrac{\pi}{4}\right)$。

1.25 某连续系统的输入为 $e(t)$,输出为 $r(t)$,且

$$r(t)=\sum_{n=-\infty}^{\infty}e(t)\delta(t-nT)$$

式中 n 为整数,T 为常数,试问这个系统是线性的吗? 是非时变吗?

1.26 判别下列连续时间系统的可逆性。若是,求其逆系统;若不是,试找到两个输入信号,其输出是相同的。

(a) $r(t)=T[e(t)]=e(t-1)$;   (b) $r(t)=T[e(t)]=\sin[e(t)]$;

(c) $r(t)=T[e(t)]=\displaystyle\int_{-\infty}^{t}e(\tau)\mathrm{d}\tau$;   (d) $r(t)=T[e(t)]=2\dfrac{\mathrm{d}e(t)}{\mathrm{d}t}$;

(e) $r(t)=T[e(t)]=e(3t)$。

1.27 判别下列离散时间系统的可逆性。若是,求其逆系统;若不是,试找到两个输入信号,其输出是相同的。

(a) $y(n)=T[x(n)]=n\cdot x(n)$;   (b) $y(n)=T[x(n)]=\begin{cases}x(n-1), & n\geq 1 \\ 0, & n=0 \\ x(n), & n\leq -1\end{cases}$;

(c) $y(n)=T[x(n)]=x(n)x(n-2)$;   (d) $y(n)=T[x(n)]=x(2-n)$;

(e) $y(n) = T[x(n)] = \sum_{k=-\infty}^{n} \left(\frac{1}{3}\right)^{n-k} x(k)$; (f) $y(n) = T[x(n)] = x(3n)$;

(g) $y(n) = T[x(n)] = \begin{cases} x(n/2), & n \text{ 为偶} \\ 0, & n \text{ 为奇} \end{cases}$。

1.28 当激励 $e_1(t) = \varepsilon(t)$ 时,系统响应 $r_1(t) = e^{-at}\varepsilon(t)$,试求当激励 $e_2(t) = \delta(t)$ 时,响应 $r_2(t)$ 的表示式(假定起始时刻系统无贮能)。

1.29 试证明对于一个线性非时变系统,其输入 $e(t)$ 是周期的,则输出 $r(t)$ 也是周期的。同时证明对于离散时间 LSI 系统,上述结论同样成立。

1.30 判断以下叙述是正确的还是错误的,并讲明理由。

(a) 两个线性非时变系统的级联仍是线性非时变系统;

(b) 两个非线性系统的级联仍是非线性系统;

(c) 考虑具有下列输出输入关系的三个子系统:

子系统 1:$y(n) = T[x(n)] = \begin{cases} x(n/2), & n \text{ 为偶} \\ 0, & n \text{ 为奇} \end{cases}$

子系统 2:$y(n) = T[x(n)] = x(n) + \frac{1}{2}x(n-1) + \frac{1}{4}x(n-2)$

子系统 3:$y(n) = T[x(n)] = x(2n)$

假设这三个子系统按题图 1.30 形式级联,试求整个复合系统的输出,并根据复合系统的输出与输入关系判断其线性性与非移变性。

题图 1.30

第 2 章

连续时间系统的时域分析

2.1　引言

正如第 1 章已经讨论过的系统数学模型的时域表示有两种方法:输入输出法——将系统用一元 n 阶微分方程来表示;状态变量法——将系统表示为 n 元联立一阶微分方程。本章讨论输入—输出方程的建立与求解,在第 10 章中详细讨论状态变量分析法。我们从复习线性微分方程的求解方法开始,转向讨论系统的自由响应与强迫响应,暂态响应与稳态响应,零输入响应与零状态响应。然后引入系统冲激响应的概念,将冲激响应与输入信号进行卷积积分便求得系统的零状态响应,这种卷积积分方法物理概念清楚、运算方便,便于计算机求解。此外,卷积积分是联系时域法和变换域法的纽带,在线性系统分析方法中具有重要的理论意义。本章将讨论卷积积分的主要性质及其计算方法,对于这些内容,初学者必须很好地掌握。

本章将讨论线性系统的时域分析方法,主要有经典法和零输入与零状态法。为了确定一个线性非时变(LTI)系统在给定激励下的响应,就要对该系统写出其微分方程表示式,并求出满足初始状态的解。本章所讨论的求解方法全部在时域进行,故称为时域分析法。这种方法直接对微分方程求解,比较直观,物理概念清楚,是学习其他分析方法的基础。

2.2　连续 LTI 系统的微分方程表示及其响应

进行连续系统的时域分析,首先要确定线性系统的数学模型,建立描述其工作特性的线性常系数微分方程。

2.2.1　微分方程的建立

对于电系统,建立微分方程的基本依据是组件端口电流与电压的关系,以及基尔霍夫电压定律(KVL)和基尔霍夫电流定律(KCL)。我们常用到如下关系式。

对于电阻:

$$u_R(t) = R i_R(t) \tag{2.1}$$

对于电感：

$$u_L(t) = L\frac{\mathrm{d}i_L(t)}{\mathrm{d}t} \tag{2.2a}$$

或

$$i_L(t) = i_L(0) + \frac{1}{L}\int_0^t u_L(\tau)\mathrm{d}\tau \tag{2.2b}$$

对于电容：

$$i_C(t) = C\frac{\mathrm{d}u_C(t)}{\mathrm{d}t} \tag{2.3a}$$

或

$$u_C(t) = u_C(0) + \frac{1}{C}\int_0^t i_C(\tau)\mathrm{d}\tau \tag{2.3b}$$

这些公式读者在电路理论课中已经掌握，故不再说明。下面举例说明建立微分方程的方法。

例 2.1　图 2.1 为一低通滤波器，以电压源 $u_1(t)$ 为输入，负载电阻 R 上的电压 $u(t)$ 为输出，试写出 $u(t)$ 的微分方程。

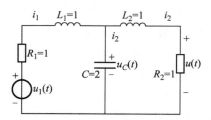

图 2.1　低通滤波器

解　根据 KVL 和 KCL 可写出

$$\begin{cases} i_C = i_1 - i_2 \\ R_1 i_1 + L_1\dfrac{\mathrm{d}i_1}{\mathrm{d}t} + u_C = u_1 \\ -u_C + L_2\dfrac{\mathrm{d}i_2}{\mathrm{d}t} + u = 0 \end{cases}$$

对上面第 2、第 3 两式求导，并利用

$$\frac{\mathrm{d}u_C}{\mathrm{d}t} = \frac{1}{C}i_C = \frac{1}{C}(i_1 - i_2)$$

于是可得

$$R_1\frac{\mathrm{d}i_1}{\mathrm{d}t} + L_1\frac{\mathrm{d}^2 i_1}{\mathrm{d}t^2} + \frac{1}{C}(i_1 - i_2) = \frac{\mathrm{d}u_1}{\mathrm{d}t}$$

$$-\frac{1}{C}(i_1 - i_2) + L_2\frac{\mathrm{d}^2 i_2}{\mathrm{d}t^2} + \frac{\mathrm{d}u}{\mathrm{d}t} = 0$$

从以上两式中消去 i_1，考虑到 $u = R_2 i_2$，将元件值代入后可得

$$\frac{\mathrm{d}^3 u}{\mathrm{d}t^3} + 2\frac{\mathrm{d}^2 u}{\mathrm{d}t^2} + 2\frac{\mathrm{d}u}{\mathrm{d}t} + u = \frac{1}{2}u_1$$

这是一个三阶常系数线性微分方程。

例 2.2　图 2.2 表示一互感耦合电路，$e(t)$ 为电压源激励信号，试列出 $i_2(t)$ 的微分方程。

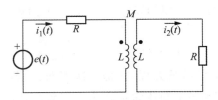

图 2.2　互感耦合电路

解　对于互感耦合电路的初级与次级，分别利用 KVL，可得

$$\begin{cases} L\dfrac{\mathrm{d}i_1}{\mathrm{d}t} + Ri_1 - M\dfrac{\mathrm{d}i_2}{\mathrm{d}t} = e \\[2mm] L\dfrac{\mathrm{d}i_2}{\mathrm{d}t} + Ri_2 - M\dfrac{\mathrm{d}i_1}{\mathrm{d}t} = 0 \end{cases}$$

对第 1 式求导后，再与第 2 式求导后联解，消去 i_1，于是可得

$$(L^2 - M^2)\frac{\mathrm{d}^2 i_2}{\mathrm{d}t^2} + 2RL\frac{\mathrm{d}i_2}{\mathrm{d}t} + R^2 i_2 = M\frac{\mathrm{d}e}{\mathrm{d}t}$$

上式为一个二阶微分方程，由于元件值为常数，故为一常系数线性微分方程。

从以上两个例子可推广到一般情形。对于一个线性系统，其激励信号 $e(t)$ 与响应 $r(t)$ 的关系可用下述微分方程的一般形式来表示：

$$C_0\frac{\mathrm{d}^n}{\mathrm{d}t^n}r(t) + C_1\frac{\mathrm{d}^{n-1}}{\mathrm{d}t^{n-1}}r(t) + \cdots + C_n r(t)$$

$$= E_0\frac{\mathrm{d}^m}{\mathrm{d}t^m}e(t) + E_1\frac{\mathrm{d}^{m-1}}{\mathrm{d}t^{m-1}}e(t) + \cdots + E_m e(t)$$

可简写为

$$\sum_{i=0}^{n} C_i\frac{\mathrm{d}^{(n-i)}}{\mathrm{d}t^{(n-i)}}r(t) = \sum_{i=0}^{m} E_i\frac{\mathrm{d}^{(m-i)}}{\mathrm{d}t^{(m-i)}}e(t) \tag{2.4}$$

由于线性非时变系统的元件参数值恒定，故式（2.4）中的系数 C_i，E_i 都为常数，因此式（2.4）表示一个常系数的 n 阶线性微分方程，对此方程求解就可得到系统的响应 $r(t)$。

2.2.2　常系数微分方程的求解

利用经典法求解，微分方程式（2.4）的完全解由两部分组成，这就是齐次解与特解。齐次解即齐次微分方程的解，以 $r_e(t)$ 表示，特解以 $r_p(t)$ 表示。

1. 齐次解

齐次解是满足下述齐次微分方程的解：

$$\sum_{i=0}^{n} C_i\frac{\mathrm{d}^{(n-i)}}{\mathrm{d}t^{(n-i)}}r(t) = 0 \tag{2.5a}$$

其展开式可表示为

$$C_0 \frac{\mathrm{d}^n}{\mathrm{d}t^n} r(t) + C_1 \frac{\mathrm{d}^{n-1}}{\mathrm{d}t^{n-1}} r(t) + \cdots + C_n r(t) = 0 \tag{2.5b}$$

齐次解由形式为 $A\mathrm{e}^{\lambda t}$ 的函数组成，将 $A\mathrm{e}^{\lambda t}$ 代入式(2.5b)，可得

$$C_0 A\lambda^n \mathrm{e}^{\lambda t} + C_1 A\lambda^{n-1} \mathrm{e}^{\lambda t} + \cdots + C_n A\mathrm{e}^{\lambda t} = 0$$

于是

$$C_0\lambda^n + C_1\lambda^{n-1} + \cdots + C_n = 0 \tag{2.6}$$

式(2.6)称为微分方程式(2.5)的特征方程，它是 n 次代数方程，特征方程的 n 个根 $\lambda_1, \lambda_2, \cdots, \lambda_n$ 称为微分方程的特征根，在系统分析中常称之为自然频率或固有频率。微分方程齐次解也称为系统的自由响应，它有以下两种形式：

1）特征根为单根

如果 n 个特征根各不相同（无重根），则微分方程的齐次解为

$$r_\mathrm{e}(t) = \sum_{i=1}^n A_i \mathrm{e}^{\lambda_i t} \tag{2.7}$$

式中：$A_i (i=1,2,\cdots,n)$ 为由初始条件决定的系数，稍后将讨论如何确定齐次解的待定系数。

2）特征根有重根

如果 λ_1 是特征方程的 k 重根，即有 $\lambda_1 = \lambda_2 = \cdots = \lambda_k$，而其余 $n-k$ 个根 $\lambda_{k+1}, \lambda_{k+2}, \cdots, \lambda_n$ 都是单根，则微分方程的齐次解为

$$r_\mathrm{e}(t) = \sum_{i=1}^k A_i t^{k-i} \mathrm{e}^{\lambda_i t} + \sum_{j=k+1}^n A_j \mathrm{e}^{\lambda_j t} \tag{2.8}$$

式中：$A_i (i=1,2,\cdots,k)$ 和 $A_j (j=k+1,k+2,\cdots,n)$ 均由初始条件确定。

例 2.3　求微分方程

$$\frac{\mathrm{d}^3}{\mathrm{d}t^3} r(t) + 7\frac{\mathrm{d}^2}{\mathrm{d}t^2} r(t) + 16\frac{\mathrm{d}}{\mathrm{d}t} r(t) + 12r(t) = e(t)$$

的齐次解。

解　特征方程可以表示为

$$\lambda^3 + 7\lambda^2 + 16\lambda + 12 = 0$$

$$(\lambda + 2)^2 (\lambda + 3) = 0$$

特征根 $\lambda_1 = \lambda_2 = -2$（二重根），$\lambda_3 = -3$，于是齐次解为

$$r_\mathrm{e}(t) = A_1 t\mathrm{e}^{-2t} + A_2 \mathrm{e}^{-2t} + A_3 \mathrm{e}^{-3t}$$

下面讨论特解求法。

2. 特解

特解的函数形式与激励信号的形式有关，表 2.1 列出了几种典型激励函数 $e(t)$ 及其所对应的特解 $r_\mathrm{p}(t)$。由表 2.1 选定特解后，将它代入到原微分方程求出其待定系数 B_i, D_i，就可得到特解。特解也称为系统的强迫响应。

表 2.1　几种典型激励函数与相应的特解

激励函数 $e(t)$	特解 $r_p(t)$
1. E（常数）	B
2. t^p	$B_1 t^p + B_2 t^{p-1} + \cdots + B_p t + B_{p+1}$
3. $e^{\alpha t}$	$B\,e^{\alpha t}$（当 α 不是特征根） $B_0 t\,e^{\alpha t} + B_1 e^{\alpha t}$（当 α 是特征单根） $B_0 t^k e^{\alpha t} + B_1 t^{k-1} e^{\alpha t} + \cdots + B_k e^{\alpha t}$（当 α 是 k 重根特征根）
4. $\cos\beta t$ 5. $\sin\beta t$	$B_1 \cos\beta t + B_2 \sin\beta t$
6. $t^p e^{\alpha t} \cos\beta t$ 7. $t^p e^{\alpha t} \sin\beta t$	$(B_1 t^p + \cdots + B_p t + B_{p+1})e^{\alpha t}\cos\beta t + (D_1 t^p + \cdots + D_p t + D_{p+1})e^{\alpha t}\sin\beta t$

例 2.4　给定 LTI 系统的微分方程为

$$\frac{\mathrm{d}^2}{\mathrm{d}t^2}r(t) + 3\frac{\mathrm{d}}{\mathrm{d}t}r(t) + 2r(t) = \frac{\mathrm{d}}{\mathrm{d}t}e(t) + 2e(t)$$

如果已知(a) $e(t) = t^2$,(b) $e(t) = e^t$,分别求出两种情况下的特解。

解　(a) 将 $e(t) = t^2$ 代入方程的右端,得到 $2t^2 + 2t$,为使等式两边平衡,选特解函数式

$$r_p(t) = B_1 t^2 + B_2 t + B_3$$

式中:B_1, B_2, B_3 为待定系数,将上式代入原微分方程得

$$2B_1 + 3(2B_1 t + B_2) + 2(B_1 t^2 + B_2 t + B_3) = 2t + 2t^2$$

即　　　　　$2B_1 t^2 + (2B_2 + 6B_1)t + (2B_3 + 3B_2 + 2B_1) = 2t^2 + 2t$

等式两端各同次幂的系数相等,于是

$$\begin{cases} 2B_1 = 2 \\ 2B_2 + 6B_1 = 2 \\ 2B_3 + 3B_2 + 2B_1 = 0 \end{cases}$$

解以上联立方程可得 $B_1 = 1, B_2 = -2, B_3 = 2$,故特解为

$$r_p(t) = t^2 - 2t + 2$$

(b) 当 $e(t) = e^t$ 时,可选

$$r_p(t) = B\,e^t$$

式中:B 是待定系数,代入微分方程后可得

$$B e^t + 3B e^t + 2B e^t = e^t + 2e^t$$

$$B = \frac{1}{2}$$

因此特解为

$$r_p(t) = \frac{1}{2}e^t$$

3. 完全解

微分方程的完全解为其齐次解与特解之和,若微分方程的特征根全部是单根,则微分方程

的完全解为

$$r(t) = \sum_{i=1}^{n} A_i e^{\lambda_i t} + r_p(t) \tag{2.9}$$

当特征根中 λ_1 为 k 重根,而其余 $n-k$ 个根均为单根时,完全解为

$$r(t) = \sum_{i=1}^{k} A_i t^{k-i} e^{\lambda_1 t} + \sum_{j=k+1}^{n} A_j e^{\lambda_j t} + r_p(t) \tag{2.10}$$

式中:各系数 A_i,A_j 由初始条件确定。

若激励信号 $e(t)$ 在 $t=0$ 时刻接入,微分方程的求解区间是 $0 < t < \infty$,对于 n 阶线性微分方程,可利用 n 个初始条件:$r(0)$,$r'(0)$,$\cdots$,$r^{(n-1)}(0)$ 就可确定全部待定系数 A_1,A_2,$\cdots$,A_n。

现只讨论特征根为单根的情况,特征根为 k 重根的情况可以此类推。将给定的初始条件 $r(0)$,$r'(0)$,$\cdots$,$r^{(n-1)}(0)$ 代入式(2.9)及其各阶导数,可得

$$\begin{cases} r(0) = A_1 + A_2 + \cdots + A_n + r_p(0) \\ r'(0) = A_1\lambda_1 + A_2\lambda_2 + \cdots + A_n\lambda_n + r'_p(0) \\ \vdots \\ r^{(n-1)}(0) = A_1\lambda_1^{n-1} + A_2\lambda_2^{n-1} + \cdots + A_n\lambda_n^{n-1} + r_p^{(n-1)}(0) \end{cases} \tag{2.11}$$

由以上一组联立代数方程式可以求得待定系数 $A_i (i=1,2,\cdots,n)$。式(2.11)可写成矩阵形式:

$$\begin{bmatrix} r(0) \\ r'(0) \\ \vdots \\ r^{(n-1)}(0) \end{bmatrix} = \begin{bmatrix} 1 & 1 & \cdots & 1 \\ \lambda_1 & \lambda_2 & \cdots & \lambda_n \\ \vdots & \vdots & & \vdots \\ \lambda_1^{n-1} & \lambda_2^{n-1} & & \lambda_n^{n-1} \end{bmatrix} \begin{bmatrix} A_1 \\ A_2 \\ \vdots \\ A_n \end{bmatrix} + \begin{bmatrix} r_p(0) \\ r'_p(0) \\ \vdots \\ r_p^{(n-1)}(0) \end{bmatrix} \tag{2.12}$$

上式中由 λ_i 组成的矩阵称为范德蒙(Vandermonde)矩阵,可用 $\boldsymbol{V}$ 表示。上式可简化表示为

$$\boldsymbol{r}^{(k)}(0) = \boldsymbol{V}\boldsymbol{A} + \boldsymbol{r}_p^{(k)}(0) \tag{2.13}$$

由此可用系数 $\boldsymbol{A}$ 的一般表示式

$$\boldsymbol{A} = \boldsymbol{V}^{-1}[\boldsymbol{r}^{(k)}(0) - \boldsymbol{r}_p^{(k)}(0)] \tag{2.14}$$

在求范德蒙逆矩阵 $\boldsymbol{V}^{-1}$ 时,需用到 $\boldsymbol{V}$ 矩阵所对应的行列式 $\det\boldsymbol{V}$,由下式给出:

$$\det\boldsymbol{V} = (\lambda_2 - \lambda_1)(\lambda_3 - \lambda_1)(\lambda_4 - \lambda_1)\cdots(\lambda_n - \lambda_1).$$
$$(\lambda_3 - \lambda_2)(\lambda_4 - \lambda_2)\cdots(\lambda_n - \lambda_2).$$
$$(\lambda_4 - \lambda_3)\cdots(\lambda_n - \lambda_3).$$
$$\vdots.$$
$$(\lambda_n - \lambda_{n-1})$$
$$= \prod_{\substack{i>j \\ 1 \leqslant i \leqslant n \\ 1 \leqslant j \leqslant n}} (\lambda_i - \lambda_j) \tag{2.15}$$

例如,当 $n=2$ 时,

$$\det\boldsymbol{V} = \begin{vmatrix} 1 & 1 \\ \lambda_1 & \lambda_2 \end{vmatrix} = \lambda_2 - \lambda_1 \tag{2.15a}$$

当 $n=3$ 时,

$$\det V = \begin{vmatrix} 1 & 1 & 1 \\ \lambda_1 & \lambda_2 & \lambda_3 \\ \lambda_1^2 & \lambda_2^2 & \lambda_3^2 \end{vmatrix} = (\lambda_2 - \lambda_1)(\lambda_3 - \lambda_1)(\lambda_3 - \lambda_2) \tag{2.15b}$$

由于 $\lambda_1,\lambda_2,\cdots,\lambda_n$ 各不相同,相减后是非零的,因而系数 A_i 即可求得。

例 2.5　某 LTI 系统的输入为 $e(t)$,输出为 $r(t)$,其微分方程表示为

$$\frac{d^2}{dt^2}r(t) + 3\frac{d}{dt}r(t) + 2r(t) = \frac{d}{dt}e(t) + 2e(t)$$

试求当 $e(t)=e^{-t}$,$r(0)=0$,$r'(0)=3$ 时的完全解。

解　按照题意,特征方程为

$$\lambda^2 + 3\lambda + 2 = 0$$

其特征根 $\lambda_1=-1$,$\lambda_2=-2$ 均为单根,其齐次解为

$$r_e(t) = A_1 e^{-t} + A_2 e^{-2t}$$

当激励 $e(t)=e^{-t}$ 时,由表 2.1 可见,由于激励 e^{-t} 的指数 $\alpha=-1$,它也是特征根,故方程的特解函数式为

$$r_p(t) = B_0 t e^{-t} + B_1 e^{-t}$$

其一阶和二阶导数分别为

$$r'_p(t) = -B_0 t e^{-t} + B_0 e^{-t} - B_1 e^{-t} = -B_0 t e^{-t} + (B_0 - B_1)e^{-t}$$
$$r''_p(t) = B_0 t e^{-t} - B_0 e^{-t} - (B_0 - B_1)e^{-t} = B_0 t e^{-t} - (2B_0 - B_1)e^{-t}$$

将 $r_p(t)$,$r'_p(t)$ 和 $r''_p(t)$ 代入到给定的微分方程,可得

$$[B_0 t e^{-t} - (2B_0 - B_1)e^{-t}] + 3[-B_0 t e^{-t} + (B_0 - B_1)e^{-t}] + 2[B_0 t e^{-t} + B_1 e^{-t}]$$
$$= -e^{-t} + 2e^{-t}$$

即

$$(B_0 - 3B_0 + 2B_0)t e^{-t} + (-2B_0 + 3B_0)e^{-t} + (B_1 - 3B_1 + 2B_1)e^{-t} = e^{-t}$$

于是

$$B_0 e^{-t} = e^{-t}$$

可得 $B_0=1$,但 B_1 尚未求得,故特解表示为

$$r_p(t) = t e^{-t} + B_1 e^{-t}$$

完全解为

$$r(t) = r_e(t) + r_p(t) = A_1 e^{-t} + A_2 e^{-2t} + t e^{-t} + B_1 e^{-t}$$
$$= (A_1 + B_1)e^{-t} + A_2 e^{-2t} + t e^{-t}$$

其导数为

$$r'(t) = -(A_1 + B_1)e^{-t} - 2A_2 e^{-2t} - t e^{-t} + e^{-t}$$

将初始值代入,可得

$$r(0) = (A_1 + B_1) + A_2 = 0$$
$$r'(0) = -(A_1 + B_1) - 2A_2 + 1 = 3$$

可求得 $A_1 + B_1 = 2, A_2 = -2$，由此可得系统的完全解为

$$r(t) = 2e^{-t} - 2e^{-2t} + te^{-t}, \quad t \geqslant 0$$

从以上求解过程可以看到，虽然我们按照表 2.1 把特解设成 $r_p(t) = B_0 te^{-t} + B_1 e^{-t}$ 的形式，但其中的 $B_1 e^{-t}$ 与齐次解的形式相同，因此这部分可以不在特解中出现，这样就可使求解特解的过程简化，读者可在习题求解过程中加以练习。

例 2.6 下述微分方程以 $e(t)$ 表示 LTI 系统的输入，$r(t)$ 表示输出：

$$\frac{d}{dt}r(t) + r(t) = e(t)$$

试求当 $e(t) = 10\cos 4t \cdot \varepsilon(t)$，$r(0) = 0$ 时的完全解。

解 按照题意，特征方程为

$$\lambda + 1 = 0, \quad \lambda = -1$$

故齐次解为 $r_e(t) = Ae^{-t}$。

当激励 $e(t) = 10\cos 4t \cdot \varepsilon(t)$，查表 2.1，可得其特解函数式为

$$r_p(t) = B_1\cos 4t + B_2\sin 4t$$

代入微分方程，可得

$$-4B_1\sin 4t + 4B_2\cos 4t + B_1\cos 4t + B_2\sin 4t = 10\cos 4t$$

于是

$$\begin{cases} 4B_2 + B_1 = 10 \\ -4B_1 + B_2 = 0 \end{cases}$$

可得

$$B_1 = \frac{10}{17}, \quad B_2 = \frac{40}{17}$$

故

$$r_p(t) = \frac{10}{17}\cos 4t + \frac{40}{17}\sin 4t$$

完全解为

$$r(t) = r_e(t) + r_p(t) = Ae^{-t} + \frac{10}{17}\cos 4t + \frac{40}{17}\sin 4t$$

将初始值代入，可得

$$r(0) = 0 = A + \frac{10}{17}, \quad A = -\frac{10}{17}$$

因此完全解为

$$r(t) = -\frac{10}{17}e^{-t} + \frac{10}{17}\cos 4t + \frac{40}{17}\sin 4t = -\frac{10}{17}e^{-t} + \frac{10}{\sqrt{17}}\cos(4t - 76°)$$

综上所述，LTI 系统的完全解由齐次解和特解组成。齐次解函数形式与激励信号 $e(t)$ 无关，仅取决于系统本身的特性，故常称为系统的自由响应或固有响应，如例 2.6 中的 $-\frac{10}{17}e^{-t}$。必须指出，齐次解的系数 A_i 是在求出的特解与齐次解组合成完全解后，利用给定的初始条件求出的，故齐次解的系数 A_i 是与激励有关的。特解的形式由激励信号决定，故称为强迫响应，

如例 2.6 中的 $\dfrac{10}{\sqrt{17}}\cos(4t-76°)$。

2.2.3　初始条件的确定

微分方程的初始条件常常作为一组已知数据,利用这组数据,可以确定微分方程完全解中的待定系数 A_i。

在确定初始条件时,应当注意,由于激励信号的作用,响应 $r(t)$ 及其各阶导数有可能在激励接入之时发生跳变。为区分跳变前后的数值,以 0^- 表示激励接入之前的瞬时,以 0^+ 表示激励接入之后的瞬时。在 $t=0^-$ 时系统的状态称为起始状态,而在 $t=0^+$ 时的状态称为初始状态。在一般情况下,把系统微分方程的解限于 $0^+<t<\infty$ 的时间范围,因此不能把 $r^{(k)}(0^-)$ 作为初始条件,而应当利用 $r^{(k)}(0^+)$ 作为初始条件,代入微分方程后求得待定系数 A_i。

在某些情况下,起始值可能发生跳变,即 $r^{(k)}(0^+)\neq r^{(k)}(0^-)$,而在有些情况下起始值不跳变,即 $r^{(k)}(0^+)=r^{(k)}(0^-)$,因此系统初始条件 $r^{(k)}(0^+)$ 要根据系统原有的贮能 $r^{(k)}(0^-)$ 及激励接入时起始值有无跳变等情况来决定。

在电路分析中,为了确定初始条件,通常利用系统内部贮能的连续性,即电容上电荷的连续性和电感中磁链的连续性。也就是说,在没有冲激电流或阶跃电压作用下,电容两端的电压 $u_C(t)$ 不发生跳变。

$$u_C(0^+)=u_C(0^-) \tag{2.16}$$

在没有冲激电压(或阶跃电流)作用下,通过电感的电流 $i_L(t)$ 不发生跳变。

$$i_L(0^+)=i_L(0^-) \tag{2.17}$$

至于其他变量,如流过电容或电阻的电流 $i_C(t)$,$i_R(t)$ 以及电感或电阻两端的电压 $u_L(t)$、$u_R(t)$ 及其导数在激励接入瞬间都可能发生跳变。

当冲激电流或阶跃电压作用于电容,冲激电压或阶跃电流作用于电感时,$u_C(0)$ 或 $i_L(0)$ 也要发生跳变。

对于简单的情形,可按上述原则确定初始条件,如果情况有些复杂,可利用微分方程两边冲激函数系数平衡的方法来判定有无跳变。现举例说明。

例 2.7　在例 2.2 所示的电路图中(见图 2.2),若 $e(t)=\varepsilon(t)$,系统起始无贮能,试求 $i_2(t)$。

解　在例 2.2 中,已求出 $i_2(t)$ 的微分方程为

$$(L^2-M^2)\frac{\mathrm{d}^2 i_2}{\mathrm{d}t^2}+2RL\frac{\mathrm{d}i_2}{\mathrm{d}t}+R^2 i_2=M\frac{\mathrm{d}e}{\mathrm{d}t}=M\frac{\mathrm{d}}{\mathrm{d}t}\varepsilon(t)$$

由题意得知 $i_2(0^-)=0$,$i_2'(0^-)=0$。下面通过微分方程两边冲激函数系数平衡的方法求 $i_2(0^+)$ 与 $i_2'(0^+)$。

由微分方程可以看出,在等式右边出现冲激函数项 $M\delta(t)$,因而等式左边也应有对应的冲激函数,它只能出现在最高阶项(即 i_2'' 项),如果 $\delta(t)$ 出现在低阶项,将导致 $\delta'(t)$ 的出现,不能与右端平衡。因而 $(L^2-M^2)i_2''$ 与 $M\delta(t)$ 平衡,于是 i_2' 项应有跳变 $\dfrac{M}{L^2-M^2}$,而 i_2 不产生跳变,故

$$\begin{cases} i_2(0^+) - i_2(0^-) = 0 \\ i_2'(0^+) - i_2'(0^-) = \dfrac{M}{L^2 - M^2} \end{cases}$$

因此可得

$$i_2(0^+) = i_2(0^-) = 0$$

$$i_2'(0^+) = i_2'(0^-) + \frac{M}{L^2 - M^2} = \frac{M}{L^2 - M^2}$$

由特征方程 $(L^2 - M^2)\lambda^2 + 2RL\lambda + R^2 = 0$ 求得特征根为

$$\lambda_{1,2} = -\frac{R}{L \pm M}$$

由于 $t > 0$ 后微分方程右端为零,故特解为零,于是完全响应为

$$i_2(t) = A_1 e^{\lambda_1 t} + A_2 e^{\lambda_2 t}$$

利用 $i_2'(0^+)$ 与 $i_2(0^+)$ 求 A_1, A_2,可写出

$$i_2(0^+) = 0 = A_1 + A_2$$

$$i_2'(0^+) = \frac{M}{L^2 - M^2} = \lambda_1 A_1 + \lambda_2 A_2$$

求得

$$A_1 = \frac{M}{(L^2 - M^2)(\lambda_1 - \lambda_2)}, \quad A_2 = \frac{-M}{(L^2 - M^2)(\lambda_1 - \lambda_2)}$$

因此完全响应为

$$i_2(t) = \frac{M}{(L^2 - M^2)(\lambda_1 - \lambda_2)} (e^{\lambda_1 t} - e^{\lambda_2 t})\varepsilon(t) = \frac{1}{2R}(e^{\lambda_1 t} - e^{\lambda_2 t})\varepsilon(t)$$

由上例的求解过程可知,在利用时域法解系统的微分方程时,求 $r^{(k)}(0^+)$ 需要一些运算过程。利用其他方法则可以避开这一步直接求得系统的响应。一种方法是把系统的完全响应分解为零输入响应与零状态响应,而零状态响应可以利用卷积求解,本章的后面几节将讨论这种方法。另一种方法是利用拉普拉斯变换,这将在第 8 章中进行讨论。

2.2.4　零输入响应与零状态响应

线性非时变系统的完全响应 $r(t)$ 也可分为零输入响应与零状态响应。零输入响应是激励为零时,仅由系统的起始状态所产生的响应,用 $r_{zp}(t)$ 表示。零状态响应是系统起始状态为零(即起始贮能为零),仅由输入信号 $e(t)$ 所引起的响应,用 $r_{zs}(t)$ 表示。于是,可以把激励信号与起始状态两种不同因素引起的响应区分开来,分别进行计算,然后再叠加。线性非时变系统的完全响应是零输入响应和零状态响应之和,即

$$r(t) = r_{zp}(t) + r_{zs}(t) \tag{2.18}$$

1. 零输入响应

在零输入条件下,微分方程等号右边为零,化为齐次方程。若其特征根均为单根,则其零输入响应为

$$r_{zp}(t) = \sum_{i=1}^{n} A_{zpi} e^{\lambda_i t} \tag{2.19}$$

式中 A_{zpi} 为待定常数，由系统的起始状态 $r^{(k)}(0^-)$，$(k=0,1,2,\cdots,n-1)$ 决定。

2. 零状态响应

若系统的起始贮能为零，亦即起始状态为零，这时微分方程是非齐次方程。如果其特征根均为单根，则其零状态响应可表示为

$$r_{zs}(t) = \sum_{i=1}^{n} A_{zsi} e^{\lambda_i t} + r_p(t) \tag{2.20}$$

式中 A_{zsi} 为待定常数，由系统状态的跳变量 $r_{zs}^{(k)}(0^+)$，$(k=0,1,2,\cdots,n-1)$ 决定。

3. 完全响应

系统的完全响应可以分为零输入响应与零状态响应，也可分为自由响应与强迫响应，它们的关系是

$$r(t) = \underbrace{\sum_{i=1}^{n} A_{zpi} e^{\lambda_i t}}_{\text{零输入响应}} + \underbrace{\sum_{i=1}^{n} A_{zsi} e^{\lambda_i t} + r_p(t)}_{\text{零状态响应}} = \underbrace{\sum_{i=1}^{n} A_i e^{\lambda_i t}}_{\text{自由响应}} + \underbrace{r_p(t)}_{\text{强迫响应}} \tag{2.21}$$

式中：

$$\sum_{i=1}^{n} A_i e^{\lambda_i t} = \sum_{i=1}^{n} A_{zpi} e^{\lambda_i t} + \sum_{i=1}^{n} A_{zsi} e^{\lambda_i t} \tag{2.22}$$

由此可见，自由响应和零输入响应虽然都是齐次方程的解，但两者的系数不同，其中 A_{zpi} 仅由系统的起始状态来决定，而 A_i 要同时由系统的起始状态和激励信号来决定。在起始状态为零时，零输入响应等于零。但在激励信号的作用下，自由响应并不为零。这是因为，自由响应包括两部分，一部分为零输入响应，另一部分为零状态响应，在零起始状态时，零输入响应为零，但零状态响应仍然存在。

系统的完全响应也可分解为暂态响应和稳态响应，暂态响应是指激励信号接入后，完全响应中暂时出现的分量，例如完全响应中凡是按照指数衰减的各项均为暂态响应，随着时间的增长将会消失。如果系统微分方程的特征根实部均为负（这样的系统称为稳定系统，见第 8 章），则由完全响应中减去暂态分量就是稳态分量，它通常也是由阶跃函数或周期函数组成的。对于特征根有正实部的非稳定系统或激励不是阶跃信号和周期信号的系统，则通常不做这样的划分。

例 2.8　已知某 LTI 系统的微分方程为

$$\frac{\mathrm{d}}{\mathrm{d}t} r(t) + 2r(t) = e(t)$$

起始状态 $r(0^-)=2$，激励 $e(t)=e^{-t}$，求自由响应、强迫响应、零输入响应和零状态响应。

解　按照题意，由给定方程求得其特征根为 $\lambda=-2$，
齐次解

$$r_e(t) = A e^{-2t}$$

特解

$$r_{\mathrm{p}}(t) = B\mathrm{e}^{-t}$$

代入微分方程后,可得

$$-B\mathrm{e}^{-t} + 2B\mathrm{e}^{-t} = \mathrm{e}^{-t}, \quad B = 1$$

完全解为

$$r(t) = A\mathrm{e}^{-2t} + \mathrm{e}^{-t}$$

$r(t)$ 在起始点无跳变,故 $r(0^+) = r(0^-) = 2$,利用 $r(0^+)$ 求出系数 $A = 1$,于是完全解为

$$r(t) = \underbrace{\mathrm{e}^{-2t}}_{\text{自由响应}} + \underbrace{\mathrm{e}^{-t}}_{\text{强迫响应}}$$

现在求零输入响应和零状态响应。

在求零输入响应时,特解等于零,即

$$r_{\mathrm{zp}}(t) = A_{\mathrm{zp}}\mathrm{e}^{-2t}$$

借助初始条件 $r(0^+) = r(0^-) = 2$,可求得 $A_{\mathrm{zp}} = 2$,于是

$$r_{\mathrm{zp}}(t) = 2\mathrm{e}^{-2t}$$

在求零状态响应时,$r_{\mathrm{zs}}(0^-) = 0$,$e(t) = \mathrm{e}^{-t}$,其齐次解为 $A_{\mathrm{zs}}\mathrm{e}^{-2t}$,特解为 e^{-t},故零状态响应为

$$r_{\mathrm{zs}}(t) = A_{\mathrm{zs}}\mathrm{e}^{-2t} + \mathrm{e}^{-t}$$

由于 $r(t)$ 在起始点无跳变,$r_{\mathrm{zs}}(0^+) = r_{\mathrm{zs}}(0^-) = 0$,可求得 $A_{\mathrm{zs}} = -1$,故完全解为

$$r(t) = \underbrace{2\mathrm{e}^{-2t}}_{\text{零输入响应}} + \underbrace{(-\mathrm{e}^{-2t} + \mathrm{e}^{-t})}_{\text{零状态响应}} = \mathrm{e}^{-2t} + \mathrm{e}^{-t}$$

例 2.9 某 LTI 系统的微分方程同例 2.8,起始状态不变,$e(t) = 3\mathrm{e}^{-t}$,试求自由响应、强迫响应、零输入响应和零状态响应。

解 齐次解形式同上例,即

$$r_{\mathrm{e}}(t) = A\mathrm{e}^{-2t}$$

特解形式同上例,$r_{\mathrm{p}}(t) = B\mathrm{e}^{-t}$,代入微分方程后,由于 $e(t) = 3\mathrm{e}^{-t}$,故得到

$$-B\mathrm{e}^{-t} + 2B\mathrm{e}^{-t} = 3\mathrm{e}^{-t}, \quad B = 3$$

特解为

$$r_{\mathrm{p}}(t) = 3\mathrm{e}^{-t}$$

完全解为

$$r(t) = A\mathrm{e}^{-2t} + 3\mathrm{e}^{-t}$$

由于 $r(0^+) = r(0^-) = 2$,可求得 $A = -1$,于是完全解为

$$r(t) = \underbrace{-\mathrm{e}^{-2t}}_{\text{自由响应}} + \underbrace{3\mathrm{e}^{-t}}_{\text{强迫响应}}$$

在求零输入响应时,特解等于零,故

$$r_{\mathrm{zp}}(t) = A_{\mathrm{zp}}\mathrm{e}^{-2t}$$

借助起始条件 $r(0^-) = 2$,可求得 $A_{\mathrm{zp}} = 2$,于是

$$r_{\mathrm{zp}}(t) = 2\mathrm{e}^{-2t}$$

在求零状态响应时,$r_{\mathrm{zs}}(0^-) = 0$,$e(t) = 3\mathrm{e}^{-t}$,其齐次部分为 $A_{\mathrm{zs}}\mathrm{e}^{-2t}$,特解与强迫响应相同

为 $3e^{-t}$,零状态响应为

$$r_{zs}(t) = A_{zs}e^{-2t} + 3e^{-t}$$

由于 $r(t)$ 在起始点无跳变,因此 $r_{zs}(0^+) = r_{zs}(0^-) = 0$ 可求得 $A_{zs} = -3$,故完全解为

$$r(t) = \underbrace{2e^{-2t}}_{\text{零输入响应}} + \underbrace{3(-e^{-2t} + e^{-t})}_{\text{零状态响应}} = -e^{-2t} + 3e^{-t}$$

在第 1 章中曾经指出,如果系统起始状态为零,则由常系数线性微分方程描述的系统满足可加性与比例性。但是,若系统起始状态非零,则外加激励与响应之间不满足可加性与比例性,如例 2.8 与例 2.9,$e(t)$(例 2.8)增加至 $3e(t)$(例 2.9),而 $r(t)$ 则由 $e^{-2t} + e^{-t}$ 变化至 $-e^{-2t} + 3e^{-t}$,响应不随外加激励成比例改变,这是由于起始状态非零的缘故,完全响应中包含了 $r(0^-)$ 引起的零输入响应。若将零输入响应排出,就零状态响应而言是满足可加性与比例性的,由例 2.8 的 $(-e^{-2t} + e^{-t})$ 增加至例 2.9 的 $3(-e^{-2t} + e^{-t})$。系统的零状态响应对于各激励信号成线性,称为零状态线性。另外,从例 2.8 和例 2.9 还可以看出,当微分方程和系统的起始状态相同时,它们相应的零输入响应也是相同的(如例中均为 $2e^{-2t}$)。

例 2.10 已知某 LTI 系统的微分方程同例 2.8,起始状态 $r(0^-) = 6$,$e(t) = e^{-t}$,试求自由响应、强迫响应、零输入响应和零状态响应。

解 按题意,齐次解为

$$r_e(t) = Ae^{-2t}$$

特解为 $r_p(t) = e^{-t}$,完全解为

$$r(t) = Ae^{-2t} + e^{-t}$$

利用 $r(0^-) = 6$ 得出 $r(0^+) = 6$,可求得 $A = 5$,于是

$$r(t) = \underbrace{5e^{-2t}}_{\text{自由响应}} + \underbrace{e^{-t}}_{\text{强迫响应}}$$

在求零输入响应时,特解等于零,故

$$r_{zp}(t) = A_{zp}e^{-2t}$$

借助 $r(0^+) = r(0^-) = 6$,可求得 $A_{zp} = 6$,

$$r_{zp}(t) = 6e^{-2t}$$

零状态响应同例 2.8,即

$$r_{zs}(t) = -e^{-2t} + e^{-t}$$

于是完全响应为

$$r(t) = \underbrace{6e^{-2t}}_{\text{零输入响应}} + \underbrace{(-e^{-2} + e^{-t})}_{\text{零状态响应}} = 5e^{-2} + e^{-t}$$

由例 2.8 和例 2.10 可以看得出,当起始状态 $r(0^-)$ 由 2(见例 2.8)变化至 6(见例 2.10)时其零输入响应由 $2e^{-2t}$(见例 2.8)变化至 $6e^{-2t}$(见例 2.10),系统的零输入响应对于各起始状态呈线性,这称为零输入线性。

从以上分析可知,系统的完全响应可分解为自由响应与强迫响应,或分解为暂态响应与稳态响应,同时也可分解为零输入响应与零状态响应。零输入响应的求解比较方便,只要利用给定的起始状态确定齐次解的待定常数即可得到。而零状态响应的求解必须先写出齐次解与特解,再求齐次解中的待定系数。当起始值有跳变时,还需判断其 0^+ 的值。以下几节将介绍另

一种时域分析法中零状态响应的求解，即卷积法。

2.3　冲激响应与阶跃响应

在利用卷积方法求零状态响应时，冲激响应与阶跃响应是两个重要的概念。

2.3.1　冲激响应

线性非时变系统的激励为单位冲激信号 $\delta(t)$ 时，系统产生的零状态响应称为单位冲激响应，简称冲激响应，用 $h(t)$ 表示。

现先讨论一阶系统冲激响应的求解方法，然后再推广到一般情况。假设一阶线性非时变系统的微分方程为

$$\frac{\mathrm{d}}{\mathrm{d}t}r(t)+a_0 r(t)=b_1\frac{\mathrm{d}}{\mathrm{d}t}e(t)+b_0 e(t) \tag{2.23}$$

按照冲激响应的定义，当 $e(t)=\delta(t)$，其零状态响应 $r(t)=h(t)$，于是

$$h'(t)+a_0 h(t)=b_1\delta'(t)+b_0\delta(t) \tag{2.24}$$

由于冲激信号及其各阶导数仅在 $t=0$ 处作用，而在 $t>0$ 时恒为零。因此，系统的冲激响应与该系统的齐次解具有相同的函数形式。由于微分方程的特征根为 $\lambda=-a_0$，故 $h(t)$ 应为 $\mathrm{e}^{-a_0 t}$ 的形式。考虑到式(2.24)等号右边有 $\delta'(t)$，因此 $h(t)$ 也应含有 $\delta(t)$ 项，才能使等式两边平衡。因此该系统的冲激响应可写成

$$h(t)=A\mathrm{e}^{-a_0 t}\varepsilon(t)+B\delta(t) \tag{2.25}$$

式中：A 和 B 为待定常数。系统冲激响应的导数为

$$h'(t)=B\delta'(t)+A\mathrm{e}^{-a_0 t}\delta(t)-a_0 A\mathrm{e}^{-a_0 t}\varepsilon(t)$$

将 $h(t)$，$h'(t)$ 代入式(2.24)，得

$$B\delta'(t)+A\mathrm{e}^{-a_0 t}\delta(t)-a_0 A\mathrm{e}^{-a_0 t}\varepsilon(t)+a_0 A\mathrm{e}^{-a_0 t}\varepsilon(t)+a_0 B\delta(t)=b_1\delta'(t)+b_0\delta(t)$$

在 $t=0$ 时，只需考虑上式两端的冲激函数，即

$$B\delta'(t)+(A+a_0 B)\delta(t)=b_1\delta'(t)+b_0\delta(t)$$

使等式两边 $\delta'(t)$ 与 $\delta(t)$ 的系数分别相等，可得

$$B=b_1,\quad A+a_0 B=b_0$$

由以上两式可得 $B=b_1$，$A=b_0-a_0 b_1$。代入式(2.25)可得冲激响应为

$$h(t)=b_1\delta(t)+(b_0-a_0 b_1)\mathrm{e}^{-a_0 t}\varepsilon(t)$$

一般，描述 LTI 系统的微分方程可表示为

$$\sum_{i=0}^{n}C_i\frac{\mathrm{d}^{(n-i)}}{\mathrm{d}t^{(n-i)}}r(t)=\sum_{i=0}^{m}E_i\frac{\mathrm{d}^{(m-i)}}{\mathrm{d}t^{(m-i)}}e(t) \tag{2.26}$$

为求得冲激响应，可令 $e(t)=\delta(t)$，则其零状态响应 $r(t)=h(t)$。显然，将 $e(t)=\delta(t)$ 代入方程式(2.26)后，等式右边出现了冲激函数及其各阶导数，其最高阶数位 $\delta^{(m)}(t)$。为保证式(2.26)两边所含各冲激函数相平衡，等式左边也应包括 $\delta^{(m)}(t)$，…，$\delta'(t)$，$\delta(t)$。由于等式左边的最高阶项为 $r^{(n)}(t)=h^{(n)}(t)$，因此至少最高阶次 $h^{(n)}(t)$ 中应包含 $\delta^{(m)}(t)$。由此可见，冲激

响应 $h(t)$ 的形式与 n,m 有关。当 $n=m$ 时，为使 $h^{(n)}(t)=h^{(m)}(t)$ 中包含 $\delta^{(m)}(t)$，$h(t)$ 中必含有 $\delta(t)$ 项，若微分方程的特征根 $\lambda_i(i=1,2,\cdots,n)$ 均为单根，则当 $n=m$ 时，有

$$h(t) = B\delta(t) + \left(\sum_{i=1}^{n} A_i \mathrm{e}^{\lambda_i t}\right)\varepsilon(t) \tag{2.27}$$

当 $n>m$ 时，例如 $n=m+1$，为使 $h^{(n)}(t)=h^{(m+1)}(t)$ 包含 $\delta^{(m)}(t)$，只要 $h^{(1)}(t)$ 中含有 $\delta(t)$ 就可以了，故 $h(t)$ 中不含 $\delta(t)$ 项。即当 $n>m$ 时，有

$$h(t) = \left(\sum_{i=1}^{n} A_i \mathrm{e}^{\lambda_i t}\right)\varepsilon(t) \tag{2.28}$$

当 $n<m$ 时，$h(t)$ 中将包含冲激函数 $\delta(t)$ 的各阶导数项。式(2.27)与式(2.28)中的待定常数 A_i 可利用方程两边各冲激函数项系数相等的方法求得。用上述方法求得一阶系统与二阶系统的冲激响应如表2.2所示。

表 2.2　一阶与二阶系统的冲激响应

微 分 方 程		冲激响应 $h(t)$
一阶系统 （特征根 $\lambda=-C$）	$r'(t)+Cr(t)=Ee(t)$	$E\mathrm{e}^{\lambda t}\varepsilon(t)$
	$r'(t)+Cr(t)=Ee'(t)$	$E\delta(t)+E\lambda\mathrm{e}^{\lambda t}\varepsilon(t)$
二阶系统 $\left(\text{特征根 } \lambda_{1,2}=\dfrac{-C_1\pm\sqrt{C_1^2-4C_2}}{2}\right)$	$r''(t)+C_1 r'(t)+C_2 r(t)=Ee(t)$	$\dfrac{E}{\lambda_1-\lambda_2}(\mathrm{e}^{\lambda_1 t}-\mathrm{e}^{\lambda_2 t})\varepsilon(t)$
	$r''(t)+C_1 r'(t)+C_2 r(t)=Ee'(t)$	$\dfrac{E}{\lambda_1-\lambda_2}(\lambda_1\mathrm{e}^{\lambda_1 t}-\lambda_2\mathrm{e}^{\lambda_2 t})\varepsilon(t)$

例 2.11　一 LTI 系统的微分方程为

$$\frac{\mathrm{d}^2 r(t)}{\mathrm{d}t^2} + 5\frac{\mathrm{d}r(t)}{\mathrm{d}t} + 6r(t) = \frac{\mathrm{d}e(t)}{\mathrm{d}t} + e(t)$$

试求其冲激响应。

解　首先求得方程的特征根 $\lambda_1=-2$，$\lambda_2=-3$。

由于微分方程属于 $n>m$ 情形，故可写出

$$h(t) = (A_1\mathrm{e}^{-2t} + A_2\mathrm{e}^{-3t})\varepsilon(t)$$

其一阶与二阶导数分别为

$$h'(t) = (A_1+A_2)\delta(t) + (-2A_1\mathrm{e}^{-2t} - 3A_2\mathrm{e}^{-3t})\varepsilon(t)$$

$$h''(t) = (A_1+A_2)\delta'(t) + (-2A_1-3A_2)\delta(t) + (4A_1\mathrm{e}^{-2t} + 9A_2\mathrm{e}^{-3t})\varepsilon(t)$$

将 $e(t)=\delta(t)$，$r(t)=h(t)$ 代入微分方程，并保留各冲激函数项，可得

$$(A_1+A_2)\delta'(t) + (3A_1+2A_2)\delta(t) = \delta'(t) + \delta(t)$$

等式两边 $\delta'(t)$ 与 $\delta(t)$ 的系数配平，于是有

$$\begin{cases} A_1+A_2 = 1 \\ 3A_1+2A_2 = 1 \end{cases}$$

解得 $A_1=-1$，$A_2=2$。因此，系统的冲激响应为

$$h(t) = (-\mathrm{e}^{-2t} + 2\mathrm{e}^{-3t})\varepsilon(t)$$

连续时间系统的单位冲激响应可以简便地利用系统函数求拉普拉斯逆变换的方法求得，

这部分内容将在本书的第 8 章介绍。

由于单位冲激响应 $h(t)$ 表征了系统自身的性能,因此在时域分析中可以根据 $h(t)$ 判断系统的某些特性,如因果性、稳定性,以此区分因果系统与非因果系统、稳定系统与非稳定系统。在此首先讨论因果性,对于稳定性的讨论,将在 2.4 节介绍过零状态响应的卷积积分求法以后进行。

我们在第 1 章中已经定义,所谓因果系统,就是输出变化不领先于输入变化之前,结果不发生在原因之前的系统。由于线性非时变系统的单位冲激响应是系统输入为冲激信号 $\delta(t)$ 时的零状态响应,因此系统因果的充分必要条件为

$$h(t) = 0, \quad t < 0 \quad \text{或} \quad h(t) = h(t)\varepsilon(t) \tag{2.29}$$

依据式(2.29),容易判别所给的 LTI 系统是因果还是非因果的。

2.3.2　阶跃响应

线性非时变系统的激励为单位阶跃信号 $\varepsilon(t)$ 时,系统产生的零状态响应称为单位阶跃响应,简称阶跃响应,以 $g(t)$ 表示。

阶跃响应的求解方法与冲激响应类似,其不同之处在于,阶跃响应包括齐次解和特解两部分,这是由于输入的阶跃信号在 $t > 0$ 时不为零的缘故。

如果描述 LTI 系统的微分方程如式(2.26)所示,将 $e(t) = \varepsilon(t)$ 代入,可求得其特解为

$$\frac{E_m}{C_n}\varepsilon(t), \quad n \geqslant m$$

当激励为 $\varepsilon(t)$ 时,微分方程左边的最高阶导数为 $g^{(n)}(t)$,右边的最高阶导数为 $\varepsilon^{(m)}(t) = \delta^{(m-1)}(t)$。因此,即使当 $n = m$ 时,阶跃响应中也不包含冲激函数项。于是,微分方程的特征根 $\lambda_i (i = 1, 2, \cdots, n)$ 均为单根时,阶跃响应的一般表示式为

$$g(t) = \left(\sum_{i=1}^{n} A_i e^{\lambda_i t} + \frac{E_m}{C_n} \right)\varepsilon(t), \quad n \geqslant m \tag{2.30}$$

若 $n < m$,则阶跃响应中包含冲激函数项。式(2.30)中的待定系数 $A_i (i = 1, 2, \cdots, n)$ 可利用微分方程两边冲激函数项的系数配平的办法求得。

例 2.12　若描述 LTI 系统的微分方程为

$$\frac{\mathrm{d}^2 r(t)}{\mathrm{d}t^2} + 5\frac{\mathrm{d}r(t)}{\mathrm{d}t} + 6r(t) = \frac{\mathrm{d}e(t)}{\mathrm{d}t} + e(t)$$

试求其阶跃响应。

解　可求得特征根为 $\lambda_1 = -2, \lambda_2 = -3$。

由式(2.30)可知,其阶跃响应为

$$g(t) = \left(A_1 e^{-2t} + A_2 e^{-3t} + \frac{1}{6} \right)\varepsilon(t)$$

其一阶和二阶导数分别为

$$g'(t) = \left(A_1 + A_2 + \frac{1}{6} \right)\delta(t) + (-2A_1 e^{-2t} - 3A_2 e^{-3t})\varepsilon(t)$$

$$g''(t) = \left(A_1 + A_2 + \frac{1}{6} \right)\delta'(t) + (-2A_1 - 3A_2)\delta(t) + (4A_1 e^{-2t} + 9A_2 e^{-3t})\varepsilon(t)$$

将 $e(t)=\varepsilon(t),r(t)=g(t)$ 及其导数代入题中的微分方程,并保留各冲激函数项,可得

$$\left(A_1+A_2+\frac{1}{6}\right)\delta'(t)+\left(3A_1+2A_2+\frac{5}{6}\right)\delta(t)=\delta(t)$$

等式两边 $\delta'(t)$ 与 $\delta(t)$ 的系数配平,于是有

$$\begin{cases} A_1+A_2+\dfrac{1}{6}=0 \\[2mm] 3A_1+2A_2+\dfrac{5}{6}=1 \end{cases}$$

由以上两式求得 $A_1=\dfrac{1}{2},A_2=-\dfrac{2}{3}$,最后可得

$$g(t)=\left(\frac{1}{2}\mathrm{e}^{-2t}-\frac{2}{3}\mathrm{e}^{-3t}+\frac{1}{6}\right)\varepsilon(t)$$

从以上讨论中可以看出:冲激响应和阶跃响应完全由系统本身决定,与外界因素无关。这两种响应之间有一定的关系,当求得其中之一时,另一响应即可确定。根据线性非时变系统的微分特性(见 1.7.3 节)可知:若系统的输入由原激励函数改为其导数时,则输出也由原响应函数变为导数。由于

$$\delta(t)=\frac{\mathrm{d}}{\mathrm{d}t}\varepsilon(t)$$

而

$$T[\delta(t)]=h(t),\quad T[\varepsilon(t)]=g(t)$$

故

$$h(t)=\frac{\mathrm{d}}{\mathrm{d}t}g(t) \tag{2.31}$$

反过来,若已知冲激响应 $h(t)$,可按下式求 $g(t)$:

$$g(t)=\int_{0^-}^{t}h(\tau)\mathrm{d}\tau \tag{2.32}$$

2.4　卷积积分

如果把施加于线性系统的激励信号分解为许多单位冲激信号之和,分别计算系统对各单位冲激信号之零状态响应,然后叠加即可得到系统对激励信号之零状态响应。卷积方法的原理就是借助上述计算过程,即利用系统的冲激响应和叠加原理来求解系统对任意激励信号的零状态响应。

2.4.1　利用卷积积分求系统的零状态响应

考虑激励信号 $e(t)$,我们把它分解成许多相邻的窄脉冲,如图 2.3 所示。窄脉冲的宽度为 $\Delta\tau$,其中第 k 个脉冲出现在 $t=k\Delta\tau\pm\dfrac{\Delta\tau}{2}$ 时间,其函数值为 $e(k\Delta\tau)$。将 $e(t)$ 近似地看做由以下一系列函数值不同接入时刻不同的窄脉冲组成:

在 $t=-\Delta\tau-\dfrac{\Delta\tau}{2}$ 至 $-\Delta\tau+\dfrac{\Delta\tau}{2}$ 时，函数值为 $e(-\Delta\tau)$；在 $t=0-\dfrac{\Delta\tau}{2}$ 至 $0+\dfrac{\Delta\tau}{2}$ 时，函数值为 $e(0)$；在 $t=\Delta\tau-\dfrac{\Delta\tau}{2}$ 至 $\Delta\tau+\dfrac{\Delta\tau}{2}$ 时，函数值为 $e(\Delta\tau)$；在 $t=k\Delta\tau-\dfrac{\Delta\tau}{2}$ 至 $k\Delta\tau+\dfrac{\Delta\tau}{2}$ 时，函数值为 $e(k\Delta\tau)$。

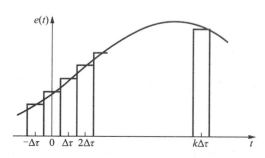

图 2.3　$e(t)$ 的分解

所有这样窄脉冲的和等于 $e(t)$，于是

$$e(t)=\sum_{k=-\infty}^{\infty}e(k\Delta\tau)\left[\varepsilon\left(t-k\Delta\tau+\frac{\Delta\tau}{2}\right)-\varepsilon\left(t-k\Delta\tau-\frac{\Delta\tau}{2}\right)\right]$$

式中 k 为整数，$e(t)$ 也可以改写为

$$e(t)=\sum_{k=-\infty}^{\infty}e(k\Delta\tau)\frac{\varepsilon\left(t-k\Delta\tau+\dfrac{\Delta\tau}{2}\right)-\varepsilon\left(t-k\Delta\tau-\dfrac{\Delta\tau}{2}\right)}{\Delta\tau}\Delta\tau$$

在 $\Delta\tau$ 趋于零的极限情况下，将 $\Delta\tau$ 写为 $\mathrm{d}\tau$，$k\Delta\tau$ 写为 τ，求和符号改写为积分符号，并利用第 1 章中冲激函数的定义式

$$\lim_{\Delta\tau\to0}\frac{1}{\Delta\tau}\left[\varepsilon\left(t-k\Delta\tau+\frac{\Delta\tau}{2}\right)-\varepsilon\left(t-k\Delta\tau-\frac{\Delta\tau}{2}\right)\right]=\delta(t-\tau)$$

因此，$e(t)$ 可表示为

$$e(t)=\int_{-\infty}^{\infty}e(\tau)\delta(t-\tau)\mathrm{d}\tau \tag{2.33}$$

根据线性非时变系统的零状态线性性质以及激励与响应间的非时变特性，系统对 $e(t)$ 的零状态响应 $r(t)$ 可表示为

$$r(t)=\int_{-\infty}^{\infty}e(\tau)h(t-\tau)\mathrm{d}\tau \tag{2.34}$$

上式的积分运算称为卷积积分，简称卷积。如果已知系统的冲激响应 $h(t)$ 及激励信号 $e(t)$，可将 $h(t)$ 与 $e(t)$ 的自变量 t 分别改写为 $t-\tau$ 和 τ，取积分限自 $-\infty$ 至 ∞，计算 $e(\tau)$ 与 $h(t-\tau)$ 乘积对变量 τ 的积分，即得响应 $r(t)$。卷积积分常用符号"$*$"来表示，故式(2.34)可写成

$$r(t)=e(t)*h(t)=\int_{-\infty}^{\infty}e(\tau)h(t-\tau)\mathrm{d}\tau \tag{2.35}$$

当 $e(t)$ 与 $h(t)$ 处在某种条件下时，卷积积分上下限可有所变化。

首先，当 $t<0$，$e(t)=0$ 时，式(2.35)中的 $e(\tau)$ 可表示为 $e(\tau)\varepsilon(\tau)$，故积分下限可从零开始，于是

$$e(t)*h(t) = \int_0^\infty e(\tau)h(t-\tau)\mathrm{d}\tau \tag{2.36}$$

反之，当 $t<0$ 时，$h(t)=0$，而 $e(t)\neq0$，式（2.35）中的 $h(t-\tau)$ 在 $(t-\tau)<0$ 时（即 $\tau>t$ 时）等于零，故积分上限可取 t，因此

$$e(t)*h(t) = \int_{-\infty}^t e(\tau)h(t-\tau)\mathrm{d}\tau \tag{2.37}$$

当 $t<0$ 时，$h(t)$ 与 $e(t)$ 都等于 0，则积分下限从零开始，积分上限取 t，即

$$e(t)*h(t) = \begin{cases} \int_0^t e(\tau)h(t-\tau)\mathrm{d}\tau, & t \geqslant 0 \\ 0, & t < 0 \end{cases} \tag{2.38}$$

以上讨论了借助于冲激响应与输入信号相卷积的方法来求系统的零状态响应。与此相对应，也可借助系统的阶跃响应求解系统对输入信号的零状态响应。其原理是把激励信号分解为许多阶跃信号之和，分别求其响应然后叠加，这种方法称为杜阿美尔积分，这里限于篇幅，不作进一步介绍。

利用卷积积分求得系统的零状态响应之后，与零输入响应相加，即得到系统的完全响应。若系统的微分方程的特征根 λ_i 均为单根，共 n 个，则完全解可表示为

$$r(t) = \sum_{i=1}^n A_{zpi}\mathrm{e}^{\lambda_i t} + \int_0^t e(\tau)h(t-\tau)\mathrm{d}\tau \tag{2.39}$$

式中第一项的系数 A_{zpi} 由起始状态 $r^{(k)}(0^-)$ 决定。第二项是卷积积分，积分下限由 0^- 开始。

例 2.13　某一线性非时变系统的冲激响应 $h(t)$ 和加在该系统的输入 $e(t)$ 分别为

$$h(t) = \varepsilon(t), \quad e(t) = \mathrm{e}^{-at}\varepsilon(t), \quad a > 0$$

试利用卷积法求系统的零状态响应。

解　由于 $e(t)$ 和 $h(t)$ 在 $t<0$ 时均为零，故利用式（2.37），得

$$r(t) = e(t)*h(t) = \int_0^t e(\tau)h(t-\tau)\mathrm{d}\tau = \int_0^t \mathrm{e}^{-a\tau}\varepsilon(\tau)\varepsilon(t-\tau)\mathrm{d}\tau$$

$$= \int_0^t \mathrm{e}^{-a\tau}\mathrm{d}\tau = -\frac{1}{a}\mathrm{e}^{-a\tau}\Big|_0^t = \frac{1}{a}(1-\mathrm{e}^{-at})\varepsilon(t)$$

例 2.14　已知某 LTI 因果系统的微分方程为

$$\frac{\mathrm{d}}{\mathrm{d}t}r(t) + \alpha r(t) = e(t)$$

并已知起始条件 $r(0^-)$，试利用卷积法求出该系统的完全解。

解　该微分方程的特征根 $\lambda=-\alpha$，因此可以写出冲激响应

$$h(t) = A\mathrm{e}^{-at}\varepsilon(t)$$

代入微分方程可得

$$A\delta(t) - \alpha A\mathrm{e}^{-at}\varepsilon(t) + \alpha A\mathrm{e}^{-at}\varepsilon(t) = \delta(t)$$

将冲激函数系数配平，可得 $A=1$ 及 $h(t)=\mathrm{e}^{-at}\varepsilon(t)$，于是零状态响应为

$$r_{zs}(t) = \int_0^t e(\tau)h(t-\tau)\mathrm{d}\tau = \int_{0^-}^t \mathrm{e}^{-a(t-\tau)}e(\tau)\mathrm{d}\tau$$

而零输入响应为

$$r_{zp}(t) = A_{zp}e^{-at}$$

所以完全解为

$$r(t) = A_{zp}e^{-at} + \int_{0^-}^{t} e^{-a(t-\tau)} e(\tau)d\tau$$

利用 $r(0^-)$ 可求待定系数 A_{zp}：

$$r(0^-) = A_{zp} + \int_{0^-}^{0^-} e^{-a(t-\tau)} e(\tau)d\tau = A_{zp}$$

故最后可得

$$r(t) = r(0^-)e^{-at} + \int_{0^-}^{t} e^{-a(t-\tau)} e(\tau)d\tau$$

必须指出，由于在卷积积分式(2.34)的推导过程中，利用了 LTI 系统的线性和非时变性质，因此卷积积分公式的应用只限于线性非时变系统。对于非线性系统，不能应用卷积积分公式。而对于线性时变系统，由于系统的时变特性，故冲激响应是两个变量(响应观测时间 t 和冲激加入时间 τ)的函数，可表示为 $h(t,\tau)$，故求解零状态响应的卷积积分可表示为

$$r(t) = \int_{-\infty}^{\infty} e(\tau)h(t,\tau)d\tau \tag{2.40}$$

式(2.34)可以看作为式(2.40)的特例，即当系统为线性非时变系统时，$h(t,\tau) = h(t-\tau)$。

以上两个例子讨论了零状态响应的时域卷积求法，借助该方法，能够容易地导出 LTI 系统稳定的条件。

在第 1 章中，介绍了判断一般系统是否稳定的 BIBO 准则，即有限输入有限输出准则。对于 LTI 系统，假定输入 $e(t)$ 的值有限，即 $|e(t)| = M < \infty$，那么由式(2.34)可得

$$|r(t)| = \left| \int_{-\infty}^{\infty} e(\tau)h(t-\tau)d\tau \right| = \left| \int_{-\infty}^{\infty} h(\tau)e(t-\tau)d\tau \right| \leqslant M \int_{-\infty}^{\infty} |h(\tau)| d\tau$$

如果要求 $|r(t)| < \infty$，则必有

$$\int_{-\infty}^{\infty} |h(\tau)| d\tau < \infty \tag{2.41}$$

可以证明，式(2.41)给出的条件是 LTI 系统稳定的充要条件。

2.4.2　卷积积分的图形解释

借助图解方法可以形象地说明卷积的含义，帮助理解卷积概念。现在举例说明卷积积分的图解方法。若给定冲激响应

$$h(t) = \frac{1}{2}t[\varepsilon(t) - \varepsilon(t-2)]$$

输入信号

$$e(t) = \varepsilon\left(t + \frac{1}{2}\right) - \varepsilon(t-1)$$

如图 2.4 所示。计算 $e(t)$ 与 $h(t)$ 的卷积积分

$$e(t)*h(t) = \int_{-\infty}^{\infty} e(\tau)h(t-\tau)d\tau$$

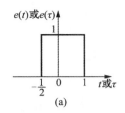 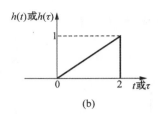

图 2.4　$e(t)$ 与 $h(t)$ 的图形

(a) $e(t)$ 图形　(b) $h(t)$ 图形

在上式中,积分变量是 τ,函数 $e(\tau)$ 和 $h(\tau)$ 与原波形完全相同,只需将横坐标换成 τ 即可。为了求出 $e(\tau)$ 与 $h(\tau)$ 在任何时刻的卷积,其计算过程可分为反折、平移、相乘与积分三个步骤,现分述如下。

(1) 反折。

将 $e(t)$ 与 $h(t)$ 的自变量 t 用 τ 代换,然后将函数 $h(\tau)$ 以纵坐标为轴线进行反折,就得到与 $h(\tau)$ 对称的函数 $h(-\tau)$,如图 2.5(a)所示。

(2) 平移。

将函数 $h(-\tau)$ 沿正 τ 轴平移时间 t 就得到函数 $h(t-\tau)$,如图 2.5(b)所示。

(3) 相乘与积分。

将 $e(\tau)$ 与反折平移后的函数 $h(t-\tau)$ 相乘,得 $e(\tau)h(t-\tau)$,如图 2.6 所示,然后求积分值

$$e(t)*h(t) = \int_{-\infty}^{\infty} e(\tau)h(t-\tau)\mathrm{d}\tau$$

该积分值正好是乘积函数 $e(\tau)h(t-\tau)$ 曲线下的面积,如图 2.6 斜线部分所示。

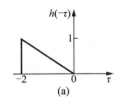 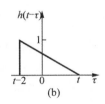　　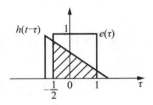

图 2.5　反折与平移　　　　　　　图 2.6　相乘与积分

(a) $h(-\tau)$ 图形　(b) $h(t-\tau)$ 图形

(4) 将波形 $h(t-\tau)$ 连续地沿 τ 轴平移,就得到在任意时刻 t 的卷积积分。

对应不同的 t 值范围,卷积积分的结果如下:

(a) $-\infty < t \leqslant -\dfrac{1}{2}$,如图 2.7(a)所示。

$$e(t)*h(t) = 0$$

(b) $-\dfrac{1}{2} \leqslant t \leqslant 1$,如图 2.7(b)所示。

$$e(t)*h(t) = \int_{-\frac{1}{2}}^{t} 1 \times \frac{1}{2}(t-\tau)\mathrm{d}\tau = \frac{t^2}{4} + \frac{t}{4} + \frac{1}{16}$$

（c）$1 \leqslant t \leqslant \dfrac{3}{2}$，如图 2.7（c）所示。

$$e(t)*h(t) = \int_{-\frac{1}{2}}^{1} 1 \times \frac{1}{2}(t-\tau)\mathrm{d}\tau = \frac{3}{4}t - \frac{3}{16}$$

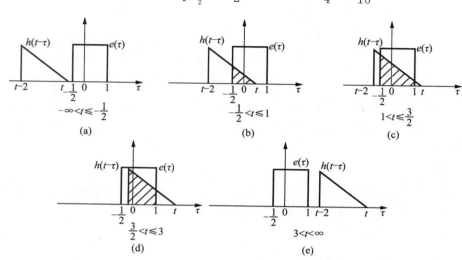

图 2.7　卷积求解过程

（e）$\dfrac{3}{2} \leqslant t \leqslant 3$，如图 2.7（d）所示。

$$e(t)*h(t) = \int_{t-2}^{1} 1 \times \frac{1}{2}(t-\tau)\mathrm{d}\tau = -\frac{t^2}{4} + \frac{t}{2} + \frac{3}{4}$$

（f）$3 \leqslant t < \infty$，如图 2.7（e）所示。

$$e(t)*h(t) = 0$$

以上各图中划斜线部分即为相乘与积分的结果。$e(t)$ 与 $h(t)$ 的卷积结果随 t 变化的曲线如图 2.8 所示。

卷积积分的计算步骤包括反折、平移、相乘与积分，故卷积也称为折积或卷乘等。

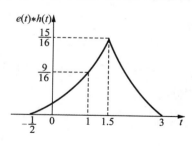

图 2.8　卷积结果

2.5　卷积积分的性质

利用卷积积分的基本性质，可简化积分的计算，本节讨论卷积积分的主要性质。

2.5.1　卷积代数

卷积积分的运算遵守代数运算中的某些规律。

1）交换律

$$f_1(t) * f_2(t) = f_2(t) * f_1(t) \tag{2.42}$$

式（2.42）可通过变量替换的方法来证明。由于

$$f_1(t) * f_2(t) = \int_{-\infty}^{\infty} f_1(\tau) f_2(t-\tau) \mathrm{d}\tau$$

在上式中将积分变量 τ 替换为 $t-\tau'$，于是

$$\int_{-\infty}^{\infty} f_1(\tau) f_2(t-\tau) \mathrm{d}\tau = \int_{-\infty}^{\infty} f_2(\tau') f_1(t-\tau') \mathrm{d}\tau'$$

故

$$f_1(t) * f_2(t) = f_2(t) * f_1(t)$$

式（2.42）表明：在计算 $f_1(t)$ 与 $f_2(t)$ 的卷积积分时，$f_1(\tau)$ 保持不动，将 $f_2(\tau)$ 反折平移，乘积曲线 $f_1(\tau) f_2(t-\tau)$ 下的面积相同于当 $f_2(\tau)$ 保持不动，将 $f_1(\tau)$ 反折平移后，乘积曲线 $f_2(\tau)$ $f_1(t-\tau)$ 下的面积，如图 2.9 所示。

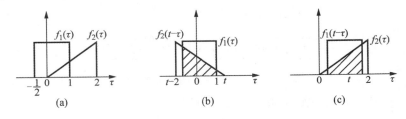

图 2.9　卷积的交换律

(a) $f_1(\tau)$ 与 $f_2(\tau)$　　(b) $f_1(\tau)$ 不动，$f_2(\tau)$ 反折平移　　(c) $f_2(\tau)$ 不动，$f_1(\tau)$ 反折平移

在 LTI 系统中，卷积积分的交换律表明系统的输入和单位冲激响应可以交换。也就是说，一个输入为 $e(t)$，单位冲激响应为 $h(t)$ 的 LTI 系统的输出与输入为 $h(t)$，单位冲激响应为 $e(t)$ 的系统的输出完全相同。

2）分配律

$$f_1(t) * [f_2(t) + f_3(t)] = f_1(t) * f_2(t) + f_1(t) * f_3(t) \tag{2.43}$$

这个性质可以利用卷积的定义式得到，即

$$f_1(t) * [f_2(t) + f_3(t)] = \int_{-\infty}^{\infty} f_1(\tau) [f_2(t-\tau) + f_3(t-\tau)] \mathrm{d}\tau$$

$$= \int_{-\infty}^{\infty} f_1(\tau) f_2(t-\tau) \mathrm{d}\tau + \int_{-\infty}^{\infty} f_1(\tau) f_3(t-\tau) \mathrm{d}\tau$$

$$= f_1(t) * f_2(t) + f_1(t) * f_3(t)$$

由式（2.43）可知，若 $f_1(t)$ 是系统的冲激响应，$f_2(t)$ 与 $f_3(t)$ 是输入信号，则 $f_2(t)$ 与 $f_3(t)$ 之和的零状态响应将等于每个输入的零状态响应之和；如果 $f_1(t)$ 是输入，而 $f_2(t) + f_3(t)$ 是系统的冲激响应，则其零状态响应等于 $f_1(t)$ 输入到冲激响应分别为 $f_2(t)$ 与 $f_3(t)$ 的并联系

统的零状态响应,如图 2.10 所示。

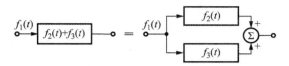

图 2.10 卷积分配律

3) 结合律

$$\left[f_1(t)*f_2(t)\right]*f_3(t) = f_1(t)*\left[f_2(t)*f_3(t)\right] \tag{2.44}$$

证明过程如下:

$$\begin{aligned}
\left[f_1(t)*f_2(t)\right]*f_3(t) &= \int_{-\infty}^{\infty}\left[\int_{-\infty}^{\infty}f_1(\lambda)f_2(\tau-\lambda)\mathrm{d}\lambda\right]f_3(t-\tau)\mathrm{d}\tau \\
&= \int_{-\infty}^{\infty}f_1(\lambda)\left[\int_{-\infty}^{\infty}f_2(\tau-\lambda)f_3(t-\tau)\mathrm{d}\tau\right]\mathrm{d}\lambda \\
&= \int_{-\infty}^{\infty}f_1(\lambda)\left[\int_{-\infty}^{\infty}f_2(\tau')f_3(t-\lambda-\tau')\mathrm{d}\tau\right]\mathrm{d}\lambda \\
&= f_1(t)*\left[f_2(t)*f_3(t)\right]
\end{aligned}$$

式(2.44)表明,如果冲激响应为 $f_2(t)$ 与 $f_3(t)$ 两系统级联(或称串联),其零状态响应等于一个冲激响应为 $f_2(t)*f_3(t)$ 的系统的零状态响应,如图 2.11 所示。

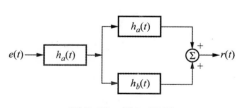

图 2.11 卷积的结合律

例 2.15 如图 2.12 所示串并联复合系统,已知

$$h_a(t) = \varepsilon(t) - \varepsilon(t-1), \quad h_b(t) = \varepsilon(t-1) - \varepsilon(t-2)$$

试求该复合系统的冲激响应 $h(t)$。

解 由图 2.12 可知

$$h(t) = h_a(t)*h_a(t) + h_a(t)*h_b(t) = h_a(t)*\left[h_a(t) + h_b(t)\right]$$

因为

$$h_a(t) = \varepsilon(t) - \varepsilon(t-1)$$

$$h_a(t) + h_b(t) = \varepsilon(t) - \varepsilon(t-2)$$

借助图形,容易求得 $h_a(t)*\left[h_a(t)+h_b(t)\right]$ 为一梯形图形,如图 2.13 所示。

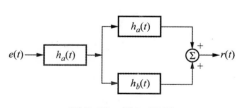

图 2.12 例 2.15 图

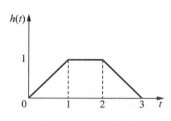

图 2.13 $h(t)$ 图形

2.5.2 卷积的微分与积分

上面讨论的卷积代数运算规律与普通乘法类似,但卷积的微分与积分却和两函数相乘的微分与积分性质不同。

为了叙述方便,用符号 $f^{(n)}(t)$ 表示其 n 阶导数,用符号 $f^{(-n)}(t)$ 表示其 n 次积分,即

$$f^{(1)}(t) = \frac{\mathrm{d}}{\mathrm{d}t} f(t) \tag{2.45a}$$

$$f^{(-1)}(t) = \int_{-\infty}^{t} f(x) \mathrm{d}x \tag{2.45b}$$

两个函数相卷积后的导数等于其中一函数的导数与另一函数的卷积,即若

$$f(t) = f_1(t) * f_2(t) = f_2(t) * f_1(t)$$

则

$$f^{(1)}(t) = f_1^{(1)}(t) * f_2(t) = f_1(t) * f_2^{(1)}(t) \tag{2.46}$$

由卷积定义式容易证明此性质:

$$f^{(1)}(t) = \frac{\mathrm{d}}{\mathrm{d}t} \int_{-\infty}^{\infty} f_1(\tau) f_2(t-\tau) \mathrm{d}\tau = \int_{-\infty}^{\infty} f_1(\tau) \frac{\mathrm{d}f_2(t-\tau)}{\mathrm{d}t} \mathrm{d}\tau = f_1(t) * f_2^{(1)}(t)$$

同理可证

$$f^{(1)}(t) = f_1^{(1)}(t) * f_2(t)$$

两函数相卷积后的积分等于其中一函数的积分与另一函数的卷积,其表示式为

$$f^{(-1)}(t) = f_1(t) * f_2^{(-1)}(t) = f_2(t) * f_1^{(-1)}(t) \tag{2.47}$$

证明过程如下:

$$f^{(-1)}(t) = \int_{-\infty}^{\infty} \left[f_1(\lambda) * f_2(\lambda) \right] \mathrm{d}\lambda = \int_{-\infty}^{t} \left[\int_{-\infty}^{\infty} f_1(\tau) f_2(\lambda-\tau) \mathrm{d}\tau \right] \mathrm{d}\lambda$$

$$= \int_{-\infty}^{\infty} f_1(\tau) \left[\int_{-\infty}^{t} f_2(\lambda-\tau) \mathrm{d}\lambda \right] \mathrm{d}\tau = f_1(t) * f_2^{(-1)}(t)$$

同理可证

$$f^{(-1)}(t) = f_2(t) * f_1^{(-1)}(t)$$

应用类似的推导方法可将式(2.46)与式(2.47)推广到一般形式,即

$$f^{(i)}(t) = f_1(t)^{(j)} * f_2(t)^{(i-j)} \tag{2.48}$$

式中:当 i,j 取正整数时为求导数的阶次,取负整数时为重积分的次数,学习者可自行证明。式(2.48)中,当 $i=1,j=1,i-j=0$ 时即为式(2.46),而当 $i=-1,j=0,i-j=-1$ 时,即为式(2.47)。当 $i=0,j=1,i-j=-1$ 时可写成

$$f(t) = f_1(t) * f_2(t) = f_1^{(1)}(t) * f_2^{(-1)}(t) = \frac{\mathrm{d}}{\mathrm{d}t} f_1(t) * \int_{-\infty}^{t} f_2(\lambda) \mathrm{d}\lambda \tag{2.49}$$

例 2.16 设函数 $f_1(t)=t\varepsilon(t)$,$f_2(t)=\mathrm{e}^{-at}\varepsilon(t)$,试求两函数的卷积 $f_1(t) * f_2(t)$。

解 利用式(2.49)

$$f_1(t) * f_2(t) = f_1^{(1)}(t) * f_2^{(-1)}(t)$$

$$f_1^{(1)}(t) = \frac{\mathrm{d}}{\mathrm{d}t} [t\varepsilon(t)] = t\delta(t) + \varepsilon(t) = \varepsilon(t)$$

$$f_2^{(-1)}(t) = \int_{-\infty}^{t} e^{-a\tau}\varepsilon(\tau)d\tau = \int_{0}^{t} e^{-a\tau}d\tau = \frac{1-e^{-at}}{a}\varepsilon(t)$$

于是

$$f_1(t)*f_2(t) = \frac{1}{a}\int_{0}^{t}(1-e^{-a\tau})d\tau = \left[\frac{t}{a}+\frac{e^{-at}-1}{a^2}\right]\varepsilon(t)$$

2.5.3 面积性质

令
$$A_{f_1} = \int_{-\infty}^{\infty} f_1(t)dt, \quad m_{f_1} = \int_{-\infty}^{\infty} tf_1(t)dt$$

$$A_{f_2} = \int_{-\infty}^{\infty} f_2(t)dt, \quad m_{f_2} = \int_{-\infty}^{\infty} tf_2(t)dt$$

且
$$K_{f_1} = m_{f_1}/A_{f_1}, \quad K_{f_2} = m_{f_2}/A_{f_2}$$

对卷积 $f(t)=f_1(t)*f_2(t)$ 可得出

$$A_f = A_{f_1}A_{f_2} \tag{2.50a}$$

$$K_f = K_{f_1}+K_{f_2} \tag{2.50b}$$

式中: $A_f = \int_{-\infty}^{\infty} f(t)dt, m_f = \int_{-\infty}^{\infty} tf(t)dt, K_f = m_f/A_f$。其证明过程如下:

$$A_f = \int_{-\infty}^{\infty} f(t)dt = \int_{-\infty}^{\infty}\left[\int_{-\infty}^{\infty} f_1(\tau)f_2(t-\tau)d\tau\right]dt$$

$$= \int_{-\infty}^{\infty} f_1(\tau)d\tau\int_{-\infty}^{\infty} f_2(t-\tau)d(t-\tau) = A_{f_1}A_{f_2}$$

$$m_f = \int_{-\infty}^{\infty} tf(t)dt = \int_{-\infty}^{\infty} t\left[\int_{-\infty}^{\infty} f_1(\tau)f_2(t-\tau)d\tau\right]dt$$

$$= \int_{-\infty}^{\infty} f_1(\tau)\left[\int_{-\infty}^{\infty} tf_2(t-\tau)dt\right]d\tau$$

令 $t-\tau=\lambda$, 则

$$m_f = \int_{-\infty}^{\infty} f_1(\tau)\left[\int_{-\infty}^{\infty}(\lambda+\tau)f_2(\lambda)d\lambda\right]d\tau$$

$$= \int_{-\infty}^{\infty} f_1(\tau)d\tau\int_{-\infty}^{\infty}\lambda f_2(\lambda)d\lambda + \int_{-\infty}^{\infty}\tau f_1(\tau)d\tau\int_{-\infty}^{\infty} f_2(\lambda)d\lambda$$

$$= A_{f_1}m_{f_2}+m_{f_1}A_{f_2}$$

于是

$$K_f = \frac{m_f}{A_f} = \frac{A_{f_1}m_{f_2}+m_{f_1}A_{f_2}}{A_{f_1}A_{f_2}} = K_{f_1}+K_{f_2}$$

2.5.4 尺度变换性质

若 $f(t)=f_1(t)*f_2(t)$, 则

$$|a|f\left(\frac{t}{a}\right) = f_1\left(\frac{t}{a}\right)*f_2\left(\frac{t}{a}\right) \tag{2.51}$$

证明过程如下:

$$f(t) = f_1(t) * f_2(t) = \int_{-\infty}^{\infty} f_1(\tau) f_2(t - \tau) \mathrm{d}\tau$$

$$f\left(\frac{t}{a}\right) = \int_{-\infty}^{\infty} f_1(\tau) f_2\left(\frac{t}{a} - \tau\right) \mathrm{d}\tau$$

令 $\tau = \tau'/a$，则

$$f\left(\frac{t}{a}\right) = \int_{-\infty}^{\infty} f_1\left(\frac{\tau'}{a}\right) f_2\left(\frac{t}{a} - \frac{\tau'}{a}\right) \mathrm{d}\frac{\tau'}{|a|} = \frac{1}{|a|} \int_{-\infty}^{\infty} f_1\left(\frac{\tau'}{a}\right) f_2\left(\frac{t}{a} - \frac{\tau'}{a}\right) \mathrm{d}\tau'$$

2.5.5　复数性质

若 $f_1(t)$ 与 $f_2(t)$ 为复函数，则

$$
\begin{aligned}
f(t) &= f_1(t) * f_2(t) \\
&= [f_{1r}(t) + \mathrm{j} f_{1i}(t)] * [f_{2r}(t) + \mathrm{j} f_{2i}(t)] \\
&= [f_{1r}(t) * f_{2r}(t) - f_{1i}(t) * f_{2i}(t)] + \mathrm{j}[f_{1r}(t) * f_{2i}(t) + f_{1i}(t) * f_{2r}(t)] \quad (2.52)
\end{aligned}
$$

式中：$f_{1r}(t)$ 与 $f_{1i}(t)$ 为 $f_1(t)$ 的实部与虚部，$f_{2r}(t)$ 与 $f_{2i}(t)$ 为 $f_2(t)$ 的实部与虚部。

2.5.6　与冲激函数或阶跃函数的卷积

函数 $f(t)$ 与冲激函数 $\delta(t)$ 卷积的结果仍然是函数 $f(t)$ 本身。利用冲激函数的基本性质和卷积运算的交换律可得

$$f(t) * \delta(t) = \delta(t) * f(t) = \int_{-\infty}^{\infty} \delta(\tau) f(t - \tau) \mathrm{d}\tau = f(t) \quad (2.53)$$

上式是卷积的重要性质，将其推广可得

$$f(t) * \delta(t - t_0) = \delta(t - t_0) * f(t) = \int_{-\infty}^{\infty} f(\tau) \delta(t - t_0 - \tau) \mathrm{d}\tau = f(t - t_0) \quad (2.54)$$

另外，还可写出

$$f(t - t_1) * \delta(t - t_2) = \int_{-\infty}^{\infty} f(\tau - t_1) \delta(t - t_2 - \tau) \mathrm{d}\tau = f(t - t_1 - t_2)$$

以及

$$f(t - t_2) * \delta(t - t_1) = \int_{-\infty}^{\infty} f(\tau - t_2) \delta(t - t_1 - \tau) \mathrm{d}\tau = f(t - t_1 - t_2)$$

于是

$$f(t - t_1) * \delta(t - t_2) = f(t - t_2) * \delta(t - t_1) = f(t - t_1 - t_2) \quad (2.55)$$

利用卷积的微分与积分特性，可以得到

$$f(t) * \delta'(t) = f'(t) \quad (2.56)$$

$$f(t) * \varepsilon(t) = \int_{-\infty}^{t} f(\lambda) \mathrm{d}\lambda \quad (2.57)$$

推广到一般情形

$$f(t) * \delta^{(k)}(t) = f^{(k)}(t) \quad (2.58)$$

$$f(t) * \delta^{(k)}(t - t_0) = f^{(k)}(t - t_0) \quad (2.59)$$

式中：当 k 取正整数时表示求导数的阶次，k 取负整数时为重积分的次数。

例 2.17　已知 $f_1(t)$ 为一有限时宽信号,宽度为 $\tau(\tau < T)$,如图 2.14 所示,$f_2(t)$ 为一周期冲激串序列 $\delta_T(t) = \sum\limits_{n=-\infty}^{\infty} \delta(t-nT)$,$T$ 为周期。试求卷积 $f(t) = f_1(t) * f_2(t)$,画出 $f(t)$ 的图形。

解

$$f(t) = f_1(t) * f_2(t) = f_1(t) * \left[\sum_{n=-\infty}^{\infty} \delta(t-nT) \right]$$

$$= \sum_{n=-\infty}^{\infty} \left[f_1(t) * \delta(t-nT) \right] = \sum_{n=-\infty}^{\infty} f_1(t-nT)$$

$f(t)$ 的波形如图 2.15 所示,显然这是一个周期信号。

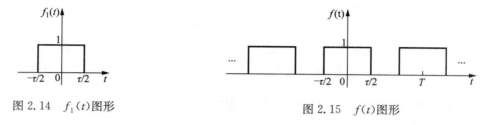

图 2.14　$f_1(t)$ 图形　　　　　　图 2.15　$f(t)$ 图形

2.5.7　时移性质

(1) 若 $f(t) = f_1(t) * f_2(t)$,则

$$f(t-t_0) = f_1(t-t_0) * f_2(t) = f_1(t) * f_2(t-t_0) \tag{2.60}$$

这个性质可以利用变量替换法来证明,由于

$$f(t) = f_1(t) * f_2(t) = \int_{-\infty}^{\infty} f_1(\tau) f_2(t-\tau) \mathrm{d}\tau$$

因此

$$f(t-t_0) = \int_{-\infty}^{\infty} f_1(\tau) f_2(t-t_0-\tau) \mathrm{d}\tau$$

令 $\tau = \tau' - t_0$,于是

$$f(t-t_0) = \int_{-\infty}^{\infty} f_1(\tau'-t_0) f_2(t-\tau') \mathrm{d}\tau' = f_1(t-t_0) * f_2(t)$$

同理可证

$$f(t-t_0) = \int_{-\infty}^{\infty} f_2(\tau-t_0) f_1(t-\tau) \mathrm{d}\tau = f_2(t-t_0) * f_1(t)$$

(2) 利用式(2.54)及式(2.55)以及卷积的交换律和结合律,可以推得如下结论:

若

$$f(t) = f_1(t) * f_2(t)$$

则

$$f_1(t-t_1) * f_2(t-t_2) = f_1(t-t_2) * f_2(t-t_1) = f(t-t_1-t_2) \tag{2.61}$$

证明过程如下：

利用式(2.54)，$f_1(t-t_1)$ 可写成 $f_1(t)*\delta(t-t_1)$，于是

$$f_1(t-t_1)*f_2(t-t_2) = [f_1(t)*\delta(t-t_1)]*f_2(t-t_2)$$
$$= f_1(t)*[\delta(t-t_1)*f_2(t-t_2)] \tag{2.62}$$

利用式(2.55)可将式(2.62)改写为

$$f_1(t-t_1)*f_2(t-t_2) = f_1(t)*[\delta(t-t_2)*f_2(t-t_1)]$$
$$= [f_1(t)*\delta(t-t_2)]*f_2(t-t_1)$$
$$= f_1(t-t_2)*f_2(t-t_1)$$

此外，利用式(2.55)和式(2.53)可将式(2.62)改写为

$$f_1(t-t_1)*f_2(t-t_2) = f_1(t)*[\delta(t-t_1)*f_2(t-t_2)]$$
$$= f_1(t)*[f_2(t)*\delta(t-t_1-t_2)]$$
$$= [f_1(t)*f_2(t)]*\delta(t-t_1-t_2)$$
$$= f(t-t_1-t_2)$$

例 2.18　$f_1(t)$ 与 $f_2(t)$ 的波形如图 2.16 所示，试求 $f_1(t)*f_2(t)$。

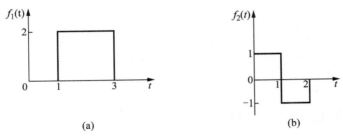

图 2.16　$f_1(t)$ 图形(a)和 $f_2(t)$ 图形(b)

解　利用式(2.49)，可得

$$f_1(t)*f_2(t) = f_1^{(1)}(t)*f_2^{(-1)}(t)$$

$f_1^{(1)}(t)$ 及 $f_2^{(-1)}(t)$ 的波形如图 2.17 所示，其卷积如图 2.18 所示。

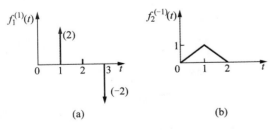

图 2.17　$f_1^{(1)}(t)$ 图形(a)和 $f_2^{(-1)}(t)$ 图形(b)

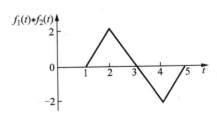

图 2.18　$f_1(t)*f_2(t)$ 的图形

卷积积分的基本性质综合如表 2.3 所示。几种常用函数的卷积积分表列于书末的附录 A，可供读者参考。

表 2.3 卷积积分的基本性质

性　质	表　示　式
1. 交换律	$f_1(t)*f_2(t)=f_2(t)*f_1(t)$
2. 分配律	$f_1(t)*[f_2(t)+f_3(t)]=f_1(t)*f_2(t)+f_1(t)*f_3(t)$
3. 结合律	$[f_1(t)*f_2(t)]*f_3(t)=f_1(t)*[f_2(t)*f_3(t)]$
4. 微分性质	$\dfrac{\mathrm{d}f(t)}{\mathrm{d}t}=\dfrac{\mathrm{d}f_1(t)}{\mathrm{d}t}*f_2(t)=f_1(t)*\dfrac{\mathrm{d}f_2(t)}{\mathrm{d}t}$
5. 积分性质	$\displaystyle\int_{-\infty}^{t}f(\tau)\mathrm{d}\tau=\int_{-\infty}^{t}f_1(\tau)\mathrm{d}\tau*f_2(t)=f_1(t)*\int_{-\infty}^{t}f_2(\tau)\mathrm{d}\tau$
6. 高阶微分与积分	$f^{(i)}(t)=f_1(t)^{(j)}*f_2(t)^{(i-j)}$ i,j 取正整数为求导阶次,取负整数为重积分次数
7. 面积性质	$A_f=A_{f_1}A_{f_2}$,$A_f=f(t)$ 的面积 $A_{f_1}=f_1(t)$ 的面积 $A_{f_2}=f_2(t)$ 的面积
8. 重心性质	$K_f=K_{f_1}+K_{f_2}$,$K_f=\dfrac{m_f}{A_f}$,$m_f=\displaystyle\int_{-\infty}^{\infty}tf(t)\mathrm{d}t$
9. 尺度变换性质	$\|a\|f\left(\dfrac{t}{a}\right)=f_1\left(\dfrac{t}{a}\right)*f_2\left(\dfrac{t}{a}\right)$
10. 时移性质	$f(t-t_0)=f_1(t)*f_2(t-t_0)=f_1(t-t_0)*f_2(t)$ $f_1(t-t_1)*f_2(t-t_2)=f_1(t-t_2)*f_2(t-t_1)=f(t-t_1-t_2)$

注:$f(t)=f_1(t)*f_2(t)$

2.6　卷积积分的数值计算

卷积积分除通过直接积分或查表的方法进行求解外,还可利用计算机求解,这就是卷积积分的数值计算。卷积数值计算的原理是把激励信号分解为有限个冲激,将它们作用于系统,再将这些冲激响应叠加,就得到数值解。下面举例说明卷积积分的数值计算方法。

例 2.19　已知 LTI 系统的输入 $e(t)$ 与冲激响应 $h(t)$ 的波形如图 2.19 所示,用数值计算法求系统的零状态响应,即 $r(t)=e(t)*h(t)$。

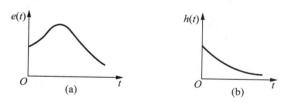

图 2.19　$e(t)$ 波形(a)和 $h(t)$ 波形(b)

解　1) 反折

将两函数自变量 t 换成 τ,再将其中之一 $h(\tau)$ 反折为 $h(-\tau)$,将 $e(\tau)$ 和 $h(-\tau)$ 分解为若干宽度为 T 的窄脉冲,这些脉冲顶部连线呈阶梯状,如图 2.20 中折线所示,它们就是函数 $e(\tau)$

和 $h(-\tau)$ 的数值表示 $e_a(\tau)$ 和 $h_a(-\tau)$。该函数在各区间的值 $e_0,e_1,e_2,\cdots$ 和 $h_1,h_2,h_3,\cdots$ 列于图的下边。

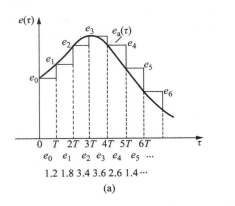
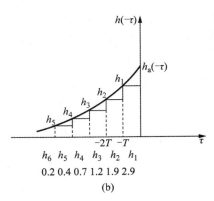

图 2.20　$e(\tau)$ 图形(a)和 $h(-\tau)$ 图形(b)

2) 平移

将函数 $h(-\tau)$ 由 $-\infty$ 延 τ 轴平移,由于 $t<0$ 时 $e(t)$ 和 $h(t)$ 均为零,故在 $t<0$ 时,卷积值为零。当 $t=0$ 时,由于 $e_a(\tau)$ 和 $h_a(-\tau)$ 没有重叠部分,故卷积值也为零。

在 $0<t<T$ 时,$e_a(\tau)$ 与 $h_a(-\tau)$ 重叠情况如下:

			e_0	e_1	e_2	⋯
			1.2	1.8	3.4	⋯
⋯	1.2	1.9	2.9			
	h_3	h_2	h_1			

$$r_a(T) = e_0 h_1 T = 1.2 \times 2.9 T = 3.48T$$

在 $T<t<2T$ 时,$e_a(\tau)$ 与 $h_a(-\tau)$ 重叠情况如下:

			e_0	e_1	e_2	⋯
			1.2	1.8	3.4	⋯
	⋯	1.2	1.9	2.9		
	⋯	h_3	h_2	h_1		

$$r_a(2T) = (e_0 h_2 + e_1 h_1)T = (1.2 \times 1.9 + 1.8 \times 2.9)T = 7.5T$$

在 $2T<t<3T$ 时,$e_a(\tau)$ 与 $h_a(-\tau)$ 重叠情况如下:

		e_0	e_1	e_2	⋯
		1.2	1.8	3.4	⋯
	⋯	1.2	1.9	2.9	
		h_3	h_2	h_1	

$$r_a(3T) = (e_0h_3 + e_1h_2 + e_2h_1)T$$
$$= (1.2 \times 1.2 + 1.8 \times 1.9 + 3.4 \times 2.9)T = 14.72T$$

将函数 $h(-\tau)$ 延 τ 轴继续平移 $4T,5T,\cdots$，将重叠的 $e_a(\tau)$ 与 $h_a(-\tau)$ 相乘相加，即得到各 t 值时的 $r_a(t)$ 值。将结果画在横坐标为 t/T，纵坐标为 $r(t)$ 的图中，将各点连成曲线，就得到 $r(t)$ 的波形，如图 2.21 所示。

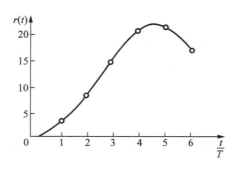

图 2.21　数值计算结果

在实际计算时，T 应取得足够小，以保证必需的计算精确度。这种卷积积分数值计算方法特别适用于某些复杂信号的情况，它们不能用函数式表示，只能用一组数据或图形表示。

2.7　本章小结

本章讨论了微分方程的齐次解和特解的求解方法，重点讨论了系统的自由响应与强迫响应，零输入响应与零状态响应。介绍了系统的冲激响应概念，通过冲激响应与输入信号进行卷积便得到系统的零状态响应。卷积方法是很重要的，因为它允许利用冲激响应来计算系统对任何输入信号的响应。此外，卷积方法还提供了一个分析 LTI 系统的方法，包括系统的因果性与稳定性等，都与系统的冲激响应有关。在本章中，还讨论了卷积积分的基本性质以及卷积积分的数值计算方法，为以后各章学习打下基础。

习题

2.1　对题图 2.1 所示的电路图分别列写出求电流 i_1，i_2 和电压 u_0 的微分方程式。

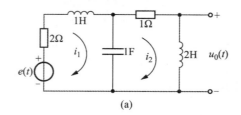

(a)

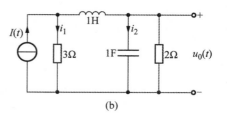

(b)

题图 2.1

2.2　对题图 2.2 所示的电路图列写出求电压 u_0 的微分方程式。

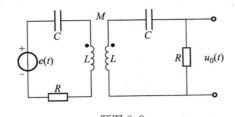

题图 2.2

2.3　已知系统微分方程相应的齐次方程为

(a) $\dfrac{\mathrm{d}^2 r(t)}{\mathrm{d}t^2} + 4\dfrac{\mathrm{d}r(t)}{\mathrm{d}t} + 3r(t) = 0$　　　　　　(b) $\dfrac{\mathrm{d}^2 r(t)}{\mathrm{d}t^2} + 2\dfrac{\mathrm{d}r(t)}{\mathrm{d}t} + r(t) = 0$

对于以上两种情况,若起始状态 $r(0^-) = 0, r'(0^-) = 2$,试求每种情况的零输入响应。

2.4　已知系统微分方程相应的齐次方程为

(a) $\dfrac{\mathrm{d}^3 r(t)}{\mathrm{d}t^3} + 3\dfrac{\mathrm{d}^2 r(t)}{\mathrm{d}t^2} + 2\dfrac{\mathrm{d}r(t)}{\mathrm{d}t} = 0$

给定:$r(0^+) = 0, r'(0^+) = 1, r''(0^+) = 0$;

(b) $\dfrac{\mathrm{d}^3 r(t)}{\mathrm{d}t^3} + 2\dfrac{\mathrm{d}^2 r(t)}{\mathrm{d}t^2} + \dfrac{\mathrm{d}r(t)}{\mathrm{d}t} = 0$

给定:$r(0^+) = r'(0^+) = 0, r''(0^+) = 1$,

分别求以上两种情况的零输入响应。

2.5　题图 2.5 示的 RC 电路,已知 $R = 1\,\Omega, C = \dfrac{1}{2}\,\mathrm{F}$,电容上的起始状态 $u_C(0^-) = -1\,\mathrm{V}$,

试求激励电压源 $u_s(t)$ 为下列函数时电容电压的全响应 $u_C(t)$:

(a) $u_s(t) = \varepsilon(t)$;　　　　　　(b) $u_s(t) = \mathrm{e}^{-t}\varepsilon(t)$;

(c) $u_s(t) = t\varepsilon(t)$

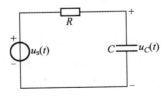

题图 2.5

2.6　给定系统的微分方程为

$$\dfrac{\mathrm{d}^2 r(t)}{\mathrm{d}t^2} + 3\dfrac{\mathrm{d}r(t)}{\mathrm{d}t} + 2r(t) = \dfrac{\mathrm{d}e(t)}{\mathrm{d}t} + 3e(t)$$

若激励信号与起始状态为以下两种情况:

(a) $e(t) = \varepsilon(t), r(0^-) = 1, r'(0^-) = 2$;　　(b) $e(t) = \mathrm{e}^{-3t}\varepsilon(t), r(0^-) = 1, r'(0^-) = 2$,

试分别求它们的完全响应,并指出其零输入响应与零状态响应,自由响应与强迫响应分量(注意首先判断起始点是否发生跳变,写出 0^+ 时刻的边界条件)。

2.7 如题图 2.7 所示的 RC 电路,已知 $R=\dfrac{1}{2}\Omega$,$C=1\,\mathrm{F}$,电容上的起始状态 $u_C(0^-)=-1\,\mathrm{V}$,试求激励电压 $u_s(t)$ 为下列函数时,电阻上的电压的全响应 $u_R(t)$:

(a) $u_s(t)=\mathrm{e}^{-t}\varepsilon(t)$;
(b) $u_s(t)=t\varepsilon(t)$。

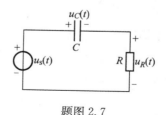

题图 2.7

2.8 已知

$$\frac{\mathrm{d}^2 r(t)}{\mathrm{d}t^2}+6\frac{\mathrm{d}r(t)}{\mathrm{d}t}+5r(t)=\frac{\mathrm{d}^2 e(t)}{\mathrm{d}t^2}-2\frac{\mathrm{d}e(t)}{\mathrm{d}t}+e(t)$$

$$e(t)=\mathrm{e}^{2t}\varepsilon(-t)+2\mathrm{e}^{-2t}\varepsilon(t),\quad r(0^+)=-4,\quad r'(0^+)=6,$$

求完全响应 $r(t)$。

2.9 如题图 2.9 所示电路,激励信号 $u_s(t)=\sin t\,\varepsilon(t)$,电感起始电流为零,试求响应 $u_R(t)$,指出其自由响应与强迫响应分量,大致画出其波形。

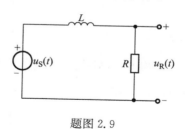

题图 2.9

2.10 电路如题图 2.10 所示,$t=0$ 以前,开关位于"1"且已进入稳态,$t=0$ 时刻,开关自"1"转至"2"。

(a) 试从物理概念判断 $i(0^-)$,$i'(0^-)$ 和 $i(0^+)$ 及 $i'(0^+)$;

(b) 写出 $t>0$ 以后描述系统的微分方程,求 $i(t)$ 的完全响应;

(c) 写出一个方程式,可在 $-\infty<t<\infty$ 时间内描述系统,根据此式,利用 δ 函数匹配法判断起始跳变,并与(a)对照。

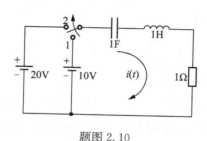

题图 2.10

2.11　电路如题图 2.11 所示，在 $t=0$ 以前，开关位于"1"且已进入稳态，$t=0$ 时刻，K_1 与 K_2 同时自"1"转至"2"，求输出电压 $u_R(t)$ 的完全响应，并指出其零输入响应，零状态响应，自由响应与强迫响应各分量（E，I_s 各为常数）。

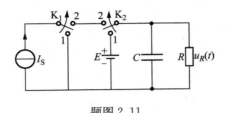

题图 2.11

2.12　如题图 2.12 所示电路已处于稳定状态，当 $t=0$ 时，将开关 K 转至 2，试求 $u_R(t)$ 的零输入响应，零状态响应和完全响应。

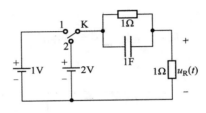

题图 2.12

2.13　若一系统的激励为 $e(t)$，响应为 $r(t)$，该系统的微分方程由下式描述，分别求出以下两种情况的冲激响应与阶跃响应：

(a) $\dfrac{\mathrm{d}^2 r(t)}{\mathrm{d}t^2} + \dfrac{\mathrm{d}r(t)}{\mathrm{d}t} + r(t) = \dfrac{\mathrm{d}e(t)}{\mathrm{d}t} + e(t)$；

(b) $\dfrac{\mathrm{d}r(t)}{\mathrm{d}t} + 2r(t) = \dfrac{\mathrm{d}^2}{\mathrm{d}t^2}e(t) + 3\dfrac{\mathrm{d}e(t)}{\mathrm{d}t} + 3e(t)$。

2.14　一个线性系统对 $\delta(t-\tau)$ 的响应为

$$h_\tau(t) = \varepsilon(t-\tau) - \varepsilon(t-2\tau)$$

(a) 该系统是否为非时变系统？

(b) 该系统是否为因果系统？

2.15　若 a 为非零整数，试证明：

$$\int_{-\infty}^{\infty} \delta(at-t_1)f(t)\mathrm{d}t = \frac{1}{|a|}f\left(\frac{t_1}{a}\right)$$

式中 t_1 为常数。

2.16　若激励为 $e(t)$，响应为 $r(t)$ 的系统微分方程由下式描述，分别求出以下两种情况的冲激响应：

(a) $\dfrac{\mathrm{d}}{\mathrm{d}t}r(t) + 3r(t) = 2\dfrac{\mathrm{d}}{\mathrm{d}t}e(t)$；

(b) $\dfrac{\mathrm{d}^3 r(t)}{\mathrm{d}t^3} + 6\dfrac{\mathrm{d}^2 r(t)}{\mathrm{d}t^2} + 11\dfrac{\mathrm{d}r(t)}{\mathrm{d}t} + 6r(t) = \dfrac{\mathrm{d}^2 e(t)}{\mathrm{d}t^2} + e(t)$。

2.17 试求下列函数的卷积积分 $f_1(t)*f_2(t)$：

(a) $f_1(t)=f_2(t)=\varepsilon(t)$；

(b) $f_1(t)=f_2(t)=\varepsilon(t+\tau)-\varepsilon(t-\tau)$；

(c) $f_1(t)=f_2(t)=\varepsilon(t)-\varepsilon(t-\tau)$；

(d) $f_1(t)=\varepsilon(t+\tau)-\varepsilon(t-\tau)$，$f_2(t)=\varepsilon(t+2\tau)-\varepsilon(t-2\tau)$；

(e) $f_1(t)=\varepsilon(t+2)$，$f_2(t)=\varepsilon(t-3)$；

(f) $f_1(t)=\delta(t)$，$f_2(t)=\cos\left(\beta t+\dfrac{\pi}{4}\right)\varepsilon(t)$；

(g) $f_1(t)=\varepsilon(t)-\varepsilon(t-4)$，$f_2(t)=\sin\pi t\cdot\varepsilon(t)$。

2.18 (a) 一个 LTI 系统，其输入 $e(t)$ 和输出 $r(t)$ 由下式相联系：

$$r(t)=\int_{-\infty}^{t}\mathrm{e}^{-(t-\tau)}e(\tau-2)\mathrm{d}\tau$$

试问该系统的冲激响应 $h(t)$ 是什么？

(b) 当输入 $e(t)$ 如题图 2.18 所示，确定该系统的响应。

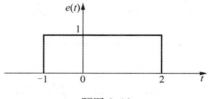

题图 2.18

2.19 某线性非时变系统的冲激响应 $h(t)=\varepsilon(t)-\varepsilon(t-2)$，试求当输入为下列函数时的零状态响应，并画出波形图。

(a) 输入 $e(t)=\varepsilon(t)$；

(b) 输入 $e(t)=0.5t[\varepsilon(t)-\varepsilon(t-2)]$；

(c) 输入 $e(t)=\varepsilon(t-2)-\varepsilon(t-3)$；

(d) 输入 $e(t)=\begin{cases}1-\dfrac{|t-2|}{2},&0\leqslant t\leqslant4\\[2mm]0&\text{其他}\end{cases}$。

2.20 给定某一线性非时变系统，其冲激响应为 $h_0(t)$，已知当输入是 $e_0(t)$ 时，输出是 $r_0(t)$。现在已知下面一组线性非时变系统的冲激响应 $h(t)$ 和对系统的相应输入 $e(t)$，试以 $r_0(t)$ 来表示此时的输出 $r(t)$：

(a) $e(t)=e_0(t)-e_0(t-4)$，$h(t)=h_0(t)$；　(b) $e(t)=e_0(-t)$，$h(t)=h_0(t)$；

(c) $e(t)=e'_0(-t)$，$h(t)=h'_0(t)$。

2.21 已知 $f_1(t)=\varepsilon(t+1)-\varepsilon(t-1)$，$f_2(t)=\delta(t+5)+\delta(t-5)$，$f_3(t)=\delta\left(t+\dfrac{1}{2}\right)+\delta\left(t-\dfrac{1}{2}\right)$，画出下列各卷积积分的波形：

(a) $s_1(t)=f_1(t)*f_2(t)$；

(b) $s_2(t)=f_1(t)*f_2(t)*f_2(t)$；

(c) $s_3(t)=\{[f_1(t)*f_2(t)][\varepsilon(t+5)-\varepsilon(t-5)]\}*f_2(t)$；

(d) $s_4(t)=f_1(t)*f_3(t)$。

2.22　两个系统的级联如题图 2.22 所示。已知第一个系统 A 是 LTI 系统,第二个系统 B 是系统 A 的逆系统,设 $r_1(t)$ 表示系统 A 对 $e_1(t)$ 的响应,$r_2(t)$ 是系统 A 对 $e_2(t)$ 的响应,试问:

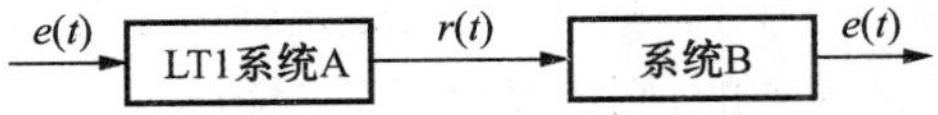

$$e(t) \longrightarrow \boxed{\text{LT1系统A}} \xrightarrow{r(t)} \boxed{\text{系统B}} \xrightarrow{e(t)}$$

题图 2.22

(a) 系统 B 对输入 $ar_1(t)+br_2(t)$ 的响应是什么? 这里 a 和 b 都是常数;

(b) 系统 B 对输入 $r_1(t-\tau)$ 的响应是什么?

2.23　判断关于 LTI 系统的下列每一个说法是正确的还是错误的,并说明理由。

(a) 如果 $h(t)$ 是一个 LTI 系统的冲激响应,而且 $h(t)$ 是周期性的非零函数,则该系统是不稳定的;

(b) 一个因果 LTI 系统的逆系统也是因果的。

2.24　一个一阶 LTI 系统,在相同的起始状态 $r^{(k)}(0^-)$ 条件下,当激励为 $e(t)$ 时,产生的完全响应为

$$r_1(t) = (2e^{-t} + \cos 2t)\varepsilon(t)$$

当激励为 $2e(t)$ 时,产生的完全响应为

$$r_2(t) = (e^{-t} + 2\cos 2t)\varepsilon(t)$$

试求系统的起始状态 $r^{(k)}(0^-)$ 为原来的 2 倍,激励为 $4e(t)$ 时系统的完全响应 $r(t)$。

2.25　题图 2.25 所示系统是由几个"子系统"组合而成,各子系统的冲激响应分别为

$$h_1(t) = \varepsilon(t) \text{（积分器）}$$

$$h_2(t) = \delta(t-1) \text{（单位延时）}$$

$$h_3(t) = -\delta(t) \text{（倒相器）}$$

试求总的系统之冲激响应 $h(t)$。

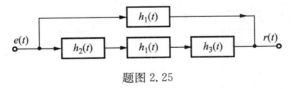

题图 2.25

2.26　如题图 2.26 所示系统,它由几个子系统组合而成,各子系统的冲激响应分别为

$$h_a(t) = \delta(t-1), \quad h_b(t) = \varepsilon(t) - \varepsilon(t-3)$$

试求总的系统之冲激响应 $h(t)$。

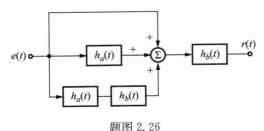

题图 2.26

2.27　如果题图 2.26 所表示系统的输入信号 $e(t)=\varepsilon(t)-\varepsilon(t-1)$,试求总系统的零状态响应 $r_{zs}(t)$,并画出 $r_{zs}(t)$ 的波形图。

2.28　判断关于 LTI 系统的下列每一个说法是正确的还是错误的,并说明理由。

(a) 如果一个 LTI 系统是因果的,则该系统是稳定的。

(b) 一个非因果系统和一个因果系统的级联必定是非因果的。

2.29　一个 LTI 系统对激励信号 $\sin t\cdot\varepsilon(t)$ 的零状态响应 $r_{zs}(t)$ 为

$$r_{zs}(t)\begin{cases}1-|t-1|,&0\leqslant t\leqslant 2\\0,&\text{其他}\end{cases}$$

求该系统的冲激响应。

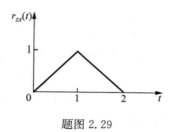

题图 2.29

2.30　已知某 LTI 系统具有单位冲激响应 $h(t)=\mathrm{e}^{-t}\varepsilon(t)$。

(a) 求该系统的阶跃响应;

(b) 若令 $h_1(t)=\dfrac{1}{2}[h(t)+h(-t)]$,$h_2(t)=\dfrac{1}{2}[h(t)-h(-t)]$,再由 $h_1(t)$ 和 $h_2(t)$ 组成两个新的复合系统,如题图 2.30(a) 和 (b) 所示,试分别求出这两个复合系统的阶跃响应;

(c) 根据(b)的结果,判别这两个复合系统的因果性。

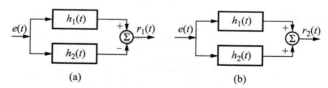

题图 2.30

第3章

离散时间系统的时域分析

3.1 引言

　　离散时间信号与系统的研究可以追溯到17世纪牛顿时代,当时就已研究了微分、积分和内插的数值计算近似方法。由于连续时间和离散时间信号与系统的研究各有其应用背景,因此两者沿着各自的道路平行地发展。连续时间信号与系统的理论主要是在物理学和电路理论方面得到发展,而离散时间信号与系统的理论则在数值分析、经济预测和人口统计等方面开展研究工作,到了20世纪50年代,由于数字计算机功能日趋完善,其使用日益广泛,采样技术和数值分析技术得到了充分的发展,使得离散时间技术有了进一步的开拓。1965年,出现了一种称为快速傅里叶变换(FFT)的算法,利用FFT算法,计算离散傅里叶变换的运算次数减少了几个数量级,使离散信号与系统的分析方法得以实现,更由于数字技术与大规模集成电路(VLSI)技术的进展,使离散系统更容易实现高精度、高可靠性要求,从而在体积、重量、成本和机动性等方面体现明显的优势。

　　时域离散信号与系统的理论与技术目前仍以惊人的速度向前发展着,与之相应的数字信号处理学科也得以同步发展。数字信号处理技术正在向人类生活和工作的每个角落渗透,应用范围涉及通信、控制、航空与航天、雷达、遥感、语音、图像、声呐、地震、生物医学、核物理学、微电子学等诸多领域。数字化概念已经从社区、厂矿、校园、医院、军营、机关等局部范围扩大到城市、国家和世界范围,因而相继出现了"数字化城市"、"数字化地球"乃至"数字化生存"等概念。

　　本章我们先在时域内对离散时间系统进行分析,比较详细地介绍利用常系数线性差分方程来表示一种离散系统的方法及其求解过程,在此基础上引出离散时间系统的单位样值响应和阶跃响应,并依据单位样值响应分析线性非移变(LSI)系统的因果性和稳定性。本章最后讨论卷积和的计算方法及其性质。

　　离散时间系统的频域分析和 z 域分析安排在本书的第6章和第9章。

3.2 常系数线性差分方程及其求解

我们知道,在连续系统中,可用常系数线性微分方程来表示其输出与输入关系。与之对应,在离散系统中,往往用常系数线性差分方程来描述。本节首先介绍差分方程建立的一般方法,然后讨论常系数差分方程的求解问题。

3.2.1 常系数差分方程的建立

通常,连续时间系统可用微分方程描述,方程建立的是输入输出函数本身及其各阶导数,如 $e(t),\dfrac{\mathrm{d}e(t)}{\mathrm{d}t},\cdots,\dfrac{\mathrm{d}^{(m)}e(t)}{\mathrm{d}t^m},r(t),\dfrac{\mathrm{d}r(t)}{\mathrm{d}t},\cdots,\dfrac{\mathrm{d}^{(n)}r(t)}{\mathrm{d}t^n}$ 等之间的函数关系。而在离散时间系统中,输入和输出信号都是离散时间的函数,这些信号不能微分,但可以差分,因此可以用差分方程来描述离散时间系统。

下面通过几个例题,说明在离散时间系统中如何建立差分方程。

例 3.1 一个飞机飞行高度控制系统,用一台计算机每隔 $1\,\mathrm{s}$ 计算一次某一飞机应有的飞行高度 $x(n)$,另外再用一台雷达在计算机计算的同时对飞机实测一次高度 $y(n)$。把当前时刻飞机应有的高度与 $1\,\mathrm{s}$ 前雷达实测的高度进行比较,飞机即利用比较所得的差值进行高度调节。设飞机改变飞行高度的垂直速度与比较差值成正比关系,比例系数为 k,试建立控制信号 $x(n)$ 与响应信号 $y(n)$ 之间的差分方程。

解 根据题意,n 时刻飞机改变飞行高度的垂直速度为

$$v = k[x(n) - y(n-1)]\,(\mathrm{m/s})$$

从时刻 $n-1$ 到 n 这 $1\,\mathrm{s}$ 内,飞机高度调整值为

$$y(n) - y(n-1) = k[x(n) - y(n-1)]$$

经整理后可得

$$y(n) + (k-1)y(n-1) = kx(n)$$

上式建立了飞机飞行高度控制系统中控制信号 $x(n)$ 与响应信号 $y(n)$ 之间的差分方程。

例 3.2 图 3.1 所示为电阻梯形网络,其各支路电阻均为 R,每个节点对地的电压为 $v(n)$,$n=0,1,2,\cdots,N$,已知两边界节点电压为 $v(0)=E,v(N)=0$,试写出求第 n 个节点电压 $v(n)$ 的差分方程。

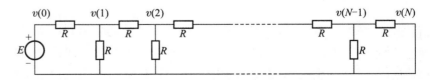

图 3.1 电阻梯形网络

解 对于任一节点 $n-1$,利用 KCL 定律可以写出

$$\frac{v(n-1)}{R} = \frac{v(n) - v(n-1)}{R} + \frac{v(n-1) - v(n-2)}{R}$$

经整理后得出

$$v(n) - 3v(n-1) + 3v(n-2) = 0$$

这是一个二阶后向形式的差分方程。

从以上两个例子可以看出,要建立离散时间系统输出与输入之间的差分方程,往往需要把当前时刻的输入输出与前面一个或几个时刻系统的状态建立联系,再将这些关系进行整理即可得到所需的差分方程。

应该指出,由于对离散信号的差分,有前向差分和后向差分两种形式。因此,描述离散时间系统的差分方程也同样有前向与后向两种形式,例 3.1 和例 3.2 所得的都是后向形式的差分方程。不过,差分方程的两种形式之间可以通过方程两边的整体位移进行转换。例如,一个后向形式的二阶差分方程可以通过整体左移两位而得到前向形式的差分方程。反之则可以通过右移得到。由于后向形式比较常见,因此本书主要以后向形式展开相关讨论。

后向形式差分方程的一般形式为

$$\sum_{k=0}^{N} a_k y(n-k) = \sum_{r=0}^{M} b_r x(n-r) \tag{3.1}$$

式中 a_k 与 b_k 均为常系数时,以上方程为常系数差分方程,而 $y(n)$ 的最大移位 N 表示差分方程的阶数。在式(3.1)中,当左边 $N=1$,$a_0=1$,$a_1=-1$ 时,该式的左边可表示为

$$y(n) - y(n-1) = \nabla y(n)$$

式中符号 ∇ 即为第 1 章中介绍的差分算子。当取样点无限靠近时,此差分 $\nabla y(n)$ 就变为微分 $\mathrm{d}y$,差分方程由此得名。式(3.1)也可写成

$$y(n) = \sum_{r=0}^{M} \frac{b_r}{a_0} x(n-r) - \sum_{k=1}^{N} \frac{a_k}{a_0} y(n-k) \tag{3.2}$$

式中输出 $y(n)$ 可以用输出的过去值及输入的过去和现在值来计算。式(3.2)常可用来在计算机上实现离散系统。

常系数线性差分方程的求解方法一般有时域求解和变换域求解。时域求解主要有迭代法、经典法及零输入零状态法;变换域求解主要在 z 域,但涉及频响时,往往在频域更加清晰,物理概念更加明确。

本节主要讨论差分方程的时域求解。

3.2.2 差分方程的迭代解

利用迭代法求解差分方程,在求解时必须已知起始(或初始)条件。起始(或初始)条件不同,则差分方程的求解结果也不同,这可以通过下面两个例子来说明。

例 3.3 若差分方程为 $y(n) - ay(n-1) = x(n)$,已知起始条件为 $n<0$ 时,$y(n)=0$,输入 $x(n) = \delta(n)$,试求 $y(n)$。

解

$$y(n) = ay(n-1) + x(n)$$

由于 $x(n) = \delta(n)$,且 $n<0$ 时,$y(n)=0$,故有

$$y(0) = ay(-1) + x(0) = \delta(0) = 1$$

$$y(1) = ay(0) + x(1) = a + \delta(1) = a$$

$$y(2) = ay(1) + x(2) = a^2 + \delta(2) = a^2$$

$$\vdots$$

$$y(n) = ay(n-1) + x(n) = a^n + \delta(n) = a^n$$

因此

$$y(n) = a^n \varepsilon(n)$$

例 3.4 若描述某离散时间系统的差分方程为

$$y(n) + 3y(n-1) + 2y(n-2) = x(n)$$

已知系统的初始状态为 $y(0)=0, y(1)=2$，输入 $x(n)=2^n \varepsilon(n)$，试求输出 $y(n)$。

解

$$y(n) = x(n) - 3y(n-1) - 2y(n-2)$$

因为 $y(0)=0, y(1)=2$ 及 $x(n)=2^n \varepsilon(n)$，因此有

$$y(2) = x(2) - 3y(1) - 2y(0) = 4 - 6 = -2$$

$$y(3) = x(3) - 3y(2) - 2y(1) = 8 + 6 - 4 = 10$$

$$y(4) = x(4) - 3y(3) - 2y(2) = 16 - 30 + 4 = -10$$

$$\vdots$$

从以上两个例题可以看出，迭代法可以利用手算或计算机递推法算，方法简便，概念清楚，但对于复杂问题直接得到一个解析式（或称闭式）解答较为困难。

3.2.3 差分方程的经典解

和连续系统的微分方程求解相似，常系数差分方程的经典求解也是先求齐次解和特解，再根据边界条件求待定系数。求解过程虽然比较烦，但各响应分量的物理概念比较清楚。

先求齐次解。由式(3.1)，一般差分方程对应的齐次差分方程可表示为

$$\sum_{k=0}^{N} a_k y(n-k) = 0 \tag{3.3}$$

考虑最简单的情形，若 $N=1, a_0=1, a_1=-\alpha$ 时，上式可表示为

$$y(n) - \alpha y(n-1) = 0$$

因而得到

$$\alpha = \frac{y(n)}{y(n-1)}$$

这意味着 $y(n)$ 是一个公比为 α 的等比级数，可以写成

$$y(n) = C\alpha^n \tag{3.4}$$

式中 C 是待定系数，由边界条件决定。

那么，对于任意阶的差分方程，其齐次解是否也和一阶差分方程一样，是由 $C\alpha^n$ 项组合而成的呢？将式(3.4)代入式(3.3)，于是有

$$\sum_{k=0}^{N} a_k C\alpha^{n-k} = 0 \tag{3.5}$$

消去常数 C,并逐项乘以 α^{N-n},可以得到

$$\sum_{k=0}^{N} a_k \alpha^{N-k} = 0 \tag{3.6}$$

式(3.6)即为齐次差分方程式(3.3)的特征方程。如果 α_k 是式(3.6)的根,比较式(3.3)和式(3.5),可以得到 $y(n) = C\alpha_k^n$ 是差分方程的一个齐次解,特征方程的根 α_k 称为差分方程的特征根。若特征根为 $\alpha_k(k=1,2,\cdots,N)$,且无重根,则可以得到差分方程的齐次解 $y_h(n)$ 为

$$y_h(n) = \sum_{k=1}^{N} C_k \alpha_k^n \tag{3.7}$$

式中 $C_k(k=1,2,\cdots,N)$ 为待定系数,由边界条件决定。

在特征根有重根的情况下,差分方程齐次解形式将有所变化。设 α_1 是 K 重特征根,则相应于 α_1 的齐次解将有 K 项,即

$$y_h(n) = \sum_{k=1}^{K} C_k n^{K-k} \alpha_1^n = C_K \alpha_1^n + C_{K-1} n \alpha_1^n + \cdots C_1 n^{K-1} \alpha_1^n \tag{3.8}$$

前已述及,$C_K \alpha_1^n$ 是差分方程的一个齐次解,现在证明 $C_{K-1} n \alpha_1^n$ 也是一个齐次解。由于 α_1 是 K 重特征根,因此式(3.5)可写成

$$\sum_{k=1}^{N} \alpha_k \alpha_1^{n-k} = 0$$

将上式对 α_1 求导,则可得到

$$\sum_{k=1}^{N} \alpha_k (n-k) \alpha_1^{n-k-1} = 0$$

上式乘 $C_{K-1}\alpha_1$ 得

$$\sum_{k=1}^{N} \alpha_k C_{K-1} (n-k) \alpha_1^{n-k} = 0 \tag{3.9}$$

将式(3.9)与式(3.3)比较,不难得出 $C_{K-1} n \alpha_1^n$ 也是一个齐次解。同理可以证明式(3.8)中的其他项都满足式(3.3),因而式(3.8)成立。

例 3.5 求下列差分方程的齐次解

$$y(n) - 2y(n-1) + 2y(n-2) - 2y(n-3) + y(n-4) = 0$$

已知边界条件为 $y(1)=1,y(2)=0,y(3)=1,y(4)=2$。

解 特征方程为

$$\alpha^4 - 2\alpha^3 + 2\alpha^2 - 2\alpha + 1 = 0$$
$$(\alpha-1)^2(\alpha^2+1) = 0$$

可求得特征根为

$$\alpha_1 = \alpha_2 = 1 \quad (\text{二重根}), \quad \alpha_3 = \mathrm{j}, \quad \alpha_4 = -\mathrm{j} \quad (\text{共轭复根})$$

于是

$$y(n) = (C_1 n + C_2)(1)^n + C_3 \mathrm{j}^n + C_4(-\mathrm{j})^n = C_1 n + C_2 + C_3 \mathrm{j}^n + C_4(-\mathrm{j})^n$$

利用边界条件

$$y(1) = 1 = C_1 + C_2 + C_3 \mathrm{j} - C_4 \mathrm{j}$$

$$y(2) = 0 = 2C_1 + C_2 - C_3 - C_4$$

$$y(3) = 1 = 3C_1 + C_2 - C_3 j + C_4 j$$

$$y(4) = 2 = 4C_1 + C_2 + C_3 + C_4$$

可以解得

$$C_1 = 0, \quad C_2 = 1, \quad C_3 = \frac{1}{2}, \quad C_4 = \frac{1}{2}$$

因此

$$y(n) = 1 + \frac{1}{2} j^n + \frac{1}{2} (-j)^n = 1 + \frac{1}{2} (e^{j\frac{\pi}{2}n} + e^{-j\frac{\pi}{2}n}) = 1 + \cos\left(\frac{n\pi}{2}\right)$$

当特征根中出现 $\alpha_{1,2} = a \pm jb = \rho e^{\pm j\beta}$ 共轭复根时,相应的齐次解还可以写成以下形式:

$$y_h(n) = \rho^n [C_1 \cos(\beta n) + C_2 \sin(\beta n)] \tag{3.10}$$

与微分方程的经典法求解类似,差分方程特解的函数形式也与激励的函数形式有关,表 3.1 列出了典型的激励信号 $x(n)$ 所对应的特解 $y_s(n)$。

表 3.1 不同激励所对应的特解

激励 $x_c(n) = \displaystyle\sum_{r=0}^{M} b_r x(n-r)$	特解 $y_s(n)$
n^k	$D_k n^k + D_{k-1} n^{k-1} + D_{k-2} n^{k-2} + , \cdots + D_1 n + D_0$,当所有特征根均不等于 1 时 $n^m (D_k n^k + D_{k-1} n^{k-1} + D_{k-2} n^{k-2} + , \cdots + D_1 n + D_0)$,当有 m 重特征根等于 1 时
a^n	$D a^n$,当 a 不是特征根时 $(D_1 n + D_0) a^n$,当 a 是特征单根时 $(D_m n^m + D_{m-1} n^{m-1} + \cdots + D_1 n + D_0) a^n$,当 a 是 m 重特征根时
$\cos(\beta n)$ 或 $\sin(\beta n)$	$D_1 \cos(\beta n) + D_2 \sin(\beta n)$

下面讨论求特解的方法。首先将给定的输入 $x(n)$ 代入差分方程的右边,根据所得到的函数形式来选择有待定系数的特解函数式,将此特解函数代入差分方程左边可求得待定系数。下面,通过一个例子说明求解差分方程齐次解、特解和待定系数的全过程。

例 3.6 求下述差分方程的完全解

$$y(n) + 3y(n-1) = x(n) - x(n-1)$$

式中输入信号 $x(n) = n^2$,边界条件 $y(-1) = -1$。

解 1) 求齐次解

因为

$$\alpha + 3 = 0, \quad \alpha = -3$$

所以

$$y_h(n) = C(-3)^n$$

2) 求特解

将 $x(n) = n^2$ 代入方程右边,得 $n^2 - (n-1)^2 = 2n - 1$。根据此函数形式,对照表 3.1,选择

特解 $y_s(n)$ 为

$$y_s(n) = D_1 n + D_0$$

将上式代入差分方程左边,得到

$$D_1 n + D_0 + 3[D_1(n-1) + D_0] = 2n - 1$$

比较方程两端,可得

$$\begin{cases} 4D_1 = 2 \\ 4D_0 - 3D_1 = -1 \end{cases}$$

解得

$$D_1 = \frac{1}{2}, \quad D_0 = \frac{1}{8}$$

因此

$$y_s(n) = \frac{1}{2}n + \frac{1}{8}$$

完全解为

$$y(n) = y_h(n) + y_s(n) = C(-3)^n + \frac{1}{2}n + \frac{1}{8}$$

3) 求待定系数 C

$$y(-1) = C(-3)^{-1} - \frac{1}{2} + \frac{1}{8} = -1$$

解得 $C = \frac{15}{8}$,因此

$$y(n) = \frac{15}{8}(-3)^n + \frac{1}{2}n + \frac{1}{8}$$

差分方程完全解可以表示为齐次解 $y_h(n)$ 与特解 $y_s(n)$ 之和,若方程无重根,则

$$y(n) = y_h(n) + y_s(n) = \sum_{i=1}^{N} C_i \alpha_i^n + y_s(n) \tag{3.11}$$

式(3.11)中的第 1 项为齐次解,也称为系统的自由响应,第 2 项为特解,由外界输入信号产生,故也称为强迫响应。

3.2.4　差分方程的零输入与零状态解

与线性非时变(LTI)连续时间系统相同,线性非移变(LSI)离散时间系统的完全响应也可以分解为零输入响应 $y_{zp}(n)$ 与零状态响应 $y_{zs}(n)$ 之和,即

$$y_{zp}(n) = \sum_{i=1}^{N} C_{zpi} \alpha_i^n \tag{3.12}$$

$$y_{zs}(n) = \sum_{i=1}^{N} C_{zsi} \alpha_i^n + y_s(n) \tag{3.13}$$

$$y(n) = y_{zp}(n) + y_{zs}(n) = \sum_{i=1}^{N} C_{zpi} \alpha_i^n + \sum_{i=1}^{N} C_{zsi} \alpha_i^n + y_s(n) \tag{3.14}$$

把式(3.14)与式(3.11)比较,可得

$$\sum_{i=1}^{N} C_i \alpha_i^n = \sum_{i=1}^{N} (C_{zpi} + C_{zsi}) \alpha_i^n \tag{3.15}$$

$$C_i = C_{zpi} + C_{zsi} \tag{3.16}$$

式中系数 C_{zpi} 和 C_{zsi} 由边界条件决定。而 N 阶差分方程的边界条件与激励信号 $x(n)$ 的加入时间有关,可按如下方法确定:

1) $x(n)$ 在 $n=0$ 时加入

当激励信号在 $n=0$ 时加入,决定零输入响应系数 C_{zpi} 的边界条件可选择 $y(-1)$, $y(-2),\cdots,y(-N)$,而决定零状态响应系数 C_{zsi} 的边界条件应该为 $y(0),y(1),\cdots,y(N-1)$。不过,所谓零状态是指激励信号加入以前系统的状态为零,这一点在用迭代法求 $y(0),y(1),\cdots$, $y(N-1)$ 时必须注意。

2) $x(n)$ 在 $n=n_0$ 时加入

当激励信号在 $n=n_0$ 时加入,决定零输入响应系数 C_{zpi} 的边界条件可选择 $y(n_0-1)$, $y(n_0-2),\cdots,y(n_0-N)$,而决定零状态响应系数 C_{zsi} 的边界条件应该为 $y(n_0),y(n_0+1),\cdots$, $y(n_0+N-1)$。

下面举例说明。

例 3.7 已知差分方程为

$$y(n) - 0.8y(n-1) = 0.05\varepsilon(n)$$

边界条件 $y(-1)=0$,求完全响应 $y(n)$。

解 由于输入信号是在 $n=0$ 时接入,边界条件 $y(-1)=0$ 就意味着零状态,可用经典法求解。

从差分方程中可得特征方程为 $\alpha-0.8=0$,故齐次解 $y_h(n)$ 为

$$y_h(n) = C \cdot (0.8)^n$$

由于输入 $x(n)=0.05\varepsilon(n)$,故应设特解 $y_s(n)=D$。代入差分方程得

$$D - 0.8D = 0.05$$

因此
$$D = 0.25$$

$$y(n) = C \cdot (0.8)^n + 0.25, \quad n \geqslant 0$$

式中系数 C 由初始状态 $y(0)$ 决定。用迭代法,有

$$y(0) - 0.8y(-1) = 0.05$$

而 $y(-1)=0$,因此 $y(0)=0.05$,于是

$$y(0) = C \cdot (0.8)^0 + 0.25 = 0.05$$

$$C = -0.2$$

最后可以得到

$$y(n) = \underbrace{-0.2(0.8)^n\varepsilon(n)}_{\text{自由响应}} + \underbrace{0.25\varepsilon(n)}_{\text{强迫响应}}$$

由于给定 $y(-1)=0$,故 $y(n)$ 即为零状态响应,零输入响应为零。

例 3.8 差分方程同上例,但 $y(-1)=1$,求系统的完全响应 $y(n)$。

解 (1) 求零状态响应 $y_{zs}(n)$。

此时，$y(-1)=0$，差分方程同例 3.7，故可利用上例结果，即

$$y_{zs}(n) = [-0.2(0.8)^n + 0.25]\varepsilon(n)$$

（2）求零输入响应 $y_{zp}(n)$。

此时激励为零，即 $y(n)-0.8y(n-1)=0$。于是

$$y_{zp}(n) = C_{zp} \cdot (0.8)^n$$

$$y_{zp}(-1) = \frac{1}{0.8}C_{zp} = 1$$

因此

$$C_{zp} = 0.8$$

$$y_{zp}(n) = 0.8 \cdot (0.8)^n$$

全响应为

$$
\begin{aligned}
y(n) &= y_{zs}(n) + y_{zp}(n)\\
&= [-0.2 \cdot (0.8)^n + 0.25] + 0.8(0.8)^n\\
&= [0.6(0.8)^n + 0.25]\varepsilon(n)
\end{aligned}
$$

3.3 　离散时间系统的单位样值响应和阶跃响应

与连续时间系统的单位冲激响应 $h(t)$ 的定义相似，当输入为单位样值序列 $\delta(n)$ 时，离散时间系统的零状态响应称为系统的单位样值响应，以 $h(n)$ 表示，即

$$h(n) = T[\delta(n)] \tag{3.17}$$

$h(n)$ 表示一个离散时间系统的时域特性。当输入为 $x(n)$ 时，系统的零状态响应 $y_{zs}(n)$ 是 $h(n)$ 和 $x(n)$ 的"卷积和"，这部分内容将在 3.4 节讨论。通过下面的例子可以掌握如何通过求解差分方程来得到单位样值响应。

例 3.9 已知一离散时间 LSI 系统的差分方程为

$$y(n) + 6y(n-1) + 12y(n-2) + 8y(n-3) = x(n)$$

起始条件为 $h(n)=0,n<0$，试求 $h(n)$。

解 由题意，激励信号 $x(n)=\delta(n)$，如果用经典法求解，可以认为系统的特解为零，齐次解即为系统的单位样值响应。由特征方程

$$\alpha^3 + 6\alpha^2 + 12\alpha + 8 = 0$$

$$(\alpha+2)^3 = 0, \quad \alpha_{1,2,3} = -2 \quad （为三重根）$$

得到系统的齐次解 $y_h(n)$ 为

$$y_h(n) = h(n) = (C_1 n^2 + C_2 n + C_3)(-2)^n, \quad n \geqslant 0$$

待定系数 C_1, C_2, C_3 由初始状态 $h(0), h(1), h(2)$ 决定。

由于 $h(n)=0,n<0$，因此

$$h(0) + 6h(-1) + 12h(-2) + 8h(-3) = \delta(0) = 1$$

得到

$$h(0) = 1$$

同理得到

$$h(1) = -6, \quad h(2) = 24$$

于是

$$h(0) = 1 = C_3$$
$$h(1) = -6 = (C_1 + C_2 + C_3)(-2)$$
$$h(2) = 24 = (4C_1 + 2C_2 + C_3)(4)$$

可解得

$$C_1 = \frac{1}{2}, \quad C_2 = \frac{3}{2}, \quad C_3 = 1$$

因此,系统的单位样值响应为

$$h(n) = \left(\frac{1}{2}n^2 + \frac{3}{2}n + 1\right)(-2)^n \varepsilon(n)$$

观察以上求解过程可以发现:在此例中,把 $\delta(n)$ 的作用等效为一个起始条件 $h(0) = 1$,通过求解系统的零输入响应便得到单位样值响应 $h(n)$。

例 3.10 已知某离散时间 LSI 系统的差分方程为

$$y(n) + 2y(n-1) = x(n)$$

初始条件为 $h(n) = 0, n \geq 0$,试求 $h(n)$。

解 尽管 $h(n) = 0, n \geq 0$,在激励 $x(n) = \delta(n)$ 情况下,特解仍然为零,齐次解即为单位样值响应 $h(n)$。

由特征方程 $\alpha + 2 = 0$,得到特征根 $\alpha = -2$,因此系统的齐次解 $y_h(n)$ 为

$$y_h(n) = h(n) = C(-2)^n$$

由于 $n \geq 0$ 时,$h(n) = 0$,故待定系数 C 由 $h(-1)$ 决定。由原差分方程可得

$$h(0) + 2h(-1) = \delta(0) = 1, \quad h(-1) = \frac{1}{2}$$

于是

$$h(-1) = C(-2)^{-1} = \frac{1}{2}, \quad C = -1$$

所以系统的单位样值响应为

$$h(n) = -(-2)^n \varepsilon(-n-1)$$

以上两个例子分别以求解差分方程的齐次解和零输入解两种途径揭示了离散时间系统单位样值响应的求取方法。除此之外,我们还可以在 z 域通过对系统函数求 z 反变换得到单位样值响应,这部分内容在本书的第 9 章讨论。

与连续时间系统相对应,离散时间的因果性分析也可以借助单位样值响应。对于一般的因果系统,要求输出变化不发生在输入变化之前,而对于线性非移变(LSI)系统,由于激励信号 $\delta(n)$ 在 $n = 0$ 时加入,因此只有满足 $h(n) = 0, n < 0$ 时,系统才是因果的,也就是说

$$h(n) = h(n)\varepsilon(n) \tag{3.18}$$

我们把式(3.18)作为 LSI 系统因果性的充要判决条件,这与第 2 章中的式(2.29)完全对应。

离散时间 LSI 系统的阶跃响应是系统输入为阶跃序列 $\varepsilon(n)$ 时的零状态响应,以 $g(n)$ 表示,即

$$g(n) = T[\varepsilon(n)] \tag{3.19}$$

$g(n)$ 的时域求解方法如同一般的零状态响应，另外还可以利用卷积定理，在 z 域方便地求得（见第 9 章），限于篇幅，本节不再赘述。

3.4 "卷积和"的计算

我们知道

$$\delta(n-k) = \begin{cases} 1, & (n = k) \\ 0, & n \neq k \end{cases}$$

$$x(n)\delta(n-k) = \begin{cases} x(k), & (n = k) \\ 0, & (n \neq k) \end{cases}$$

由此可以将任何一个序列表示为单位延迟取样序列的加权和，即

$$x(n) = \sum_{k=-\infty}^{\infty} x(k)\delta(n-k) \tag{3.20}$$

对于 LSI 系统，可以得到

$$y(n) = T[x(n)] = T\Big[\sum_{k=-\infty}^{\infty} x(k)\delta(n-k)\Big] = \sum_{k=-\infty}^{\infty} x(k) \cdot T[\delta(n-k)]$$

由于

$$T[\delta(n)] = h(n)$$

单位样值响应 $h(n)$ 是当输入为单位样值序列时系统的零状态响应。根据线性非移变特性，可以写出

$$T[\delta(n-k)] = h(n-k)$$

于是，可得到

$$y(n) = \sum_{k=-\infty}^{\infty} x(k) \cdot h(n-k) \tag{3.21}$$

式(3.21)即为"卷积和"的定义式，即 $y(n)$ 是 $x(n)$ 与 $h(n)$ 的"卷积和"，用简化符号 * 表示"卷积和"，可记为

$$y(n) = x(n) * h(n) \tag{3.22}$$

离散系统中的"卷积和"与连续系统中的卷积积分相对应，"卷积和"也称为离散卷积或折积。在连续系统中，利用卷积积分求零状态响应，方法是将输入信号分解为冲激序列，求各自的响应，再叠加即得到总的零状态响应。在离散系统中，激励信号分解为单位样值序列很容易做到，求各个单位样值分量的响应再叠加，即得到式(3.21)表示的零状态响应 $y(n)$。

利用式(3.21)，容易推出离散时间 LSI 系统稳定的充要条件为

$$\sum_{n=-\infty}^{\infty} |h(n)| < \infty \tag{3.23}$$

离散卷积的运算同样服从交换律、分配律和结合律，与之对应的物理意义与 2.5 节描述的 LTI 系统完全相同。

1）交换律

$$x(n)*h(n) = h(n)*x(n) \tag{3.24}$$

证

$$x(n)*h(n) = \sum_{k=-\infty}^{\infty} x(k)h(n-k)$$

令 $n-k=k'$，则上式可写成

$$x(n)*h(n) = \sum_{k'=-\infty}^{\infty} h(k')x(n-k') = h(n)*x(n)$$

2）结合律

$$h(n)*[x_1(n)*x_2(n)] = [h(n)*x_1(n)]*x_2(n) \tag{3.25}$$

3）分配律

$$h(n)*[x_1(n)+x_2(n)] = h(n)*x_1(n) + h(n)*x_2(n) \tag{3.26}$$

对于式(3.25)与式(3.26)，读者可自行证明，不过需要说明的是，级联子系统的次序只有各子系统都是 LSI 系统时才是无关的，否则是有关的(见习题 3.26)。离散卷积的运算可分为反折、平移、相乘、求和等步骤，下面举例说明。

例 3.11 已知某一 LSI 系统的输入为 $x(n)=2\delta(n)-\delta(n-1)$，单位样值响应 $h(n)=-\delta(n)+2\delta(n-1)+\delta(n-2)$，试用离散卷积法求系统的零状态响应。

解 利用"卷积和"的定义式(3.21)可以得到

$$y(0) = \sum_{k=-\infty}^{\infty} x(k)h(-k) = x(0)h(0) = 2\times(-1) = -2$$

$$y(1) = \sum_{k=-\infty}^{\infty} x(k)h(1-k) = x(0)h(1)+x(1)h(0) = 2\times2+(-1)\times(-1) = 5$$

$$y(2) = \sum_{k=-\infty}^{\infty} x(k)h(2-k) = x(0)h(2)+x(1)h(1) = 2\times1+(-1)\times2 = 0$$

$$y(3) = \sum_{k=-\infty}^{\infty} x(k)h(3-k) = x(1)h(2) = (-1)\times1 = -1$$

$y(n)=0$，其他 n

因此，输出 $y(n)$ 可表示为

$$y(n) = -2\delta(n)+5\delta(n-1)-\delta(n-3)$$

例 3.12 已知

$$x_1(n) = n[\varepsilon(n)-\varepsilon(n-6)]$$

$$x_2(n) = \varepsilon(n+6)-\varepsilon(n+1)$$

试求离散卷积 $y(n)=x_1(n)*x_2(n)$

解 此题可借助图解，通过求"卷积和"的四个过程：反折、平移、相乘及求和运算，分区间求出卷积结果。

$x_1(n)$ 与 $x_2(n)$ 的图形如图 3.2 所示。首先将 $x_2(m)$ 反折，得到 $x_2(-m)$，如图 3.3(a)所

示，其非零值横坐标下限为 2，上限为 6，将其平移 n，得到 $x_2(n-m)$，如图 3.3(b)所示，其非零值横坐标下限 $n+2$，上限为 $n+6$。输出 $y(n)$ 为

$$y(n) = x_1(n)*x_2(n) = \sum_{m=-\infty}^{\infty} x_1(m)x_2(n-m)$$

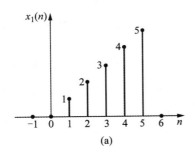
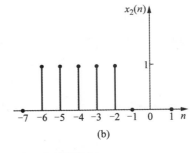

图 3.2　$x_1(n)$ 图形(a) 和 $x_1(n)x_2(n)$ 图形(b)

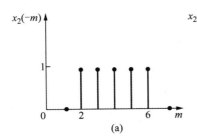
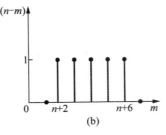
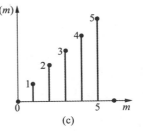

图 3.3　$x_2(-m)$ 图形(a) 和 $x_2(n-m)$ 图形(b) 及 $x_1(m)$ 图形(c)

将 $x_2(n-m)$ 平移，分区间求出卷积结果：

当 $n+6 \leqslant 0$，即 $n \leqslant -6$ 时，$x_1(m)$ 与 $x_2(n-m)$ 非零位无重叠，故

$$y(n) = 0, \quad n \leqslant -6$$

当 $1 \leqslant (n+6) \leqslant 5$，即 $-5 \leqslant n \leqslant -1$ 时，$x_1(m)$ 与 $x_2(n-m)$ 非零值在 $m=1$ 至 $n+6$ 处有重叠，于是

$$y(n) = \sum_{m=1}^{n+6} m = \frac{1}{2}(n+6)(n+7), \quad -5 \leqslant n \leqslant -1$$

当 $(n+6) \geqslant 6$ 和 $(n+2) \leqslant 5$ 时，即 $0 \leqslant n \leqslant 3$，$x_1(m)$ 与 $x_2(n-m)$ 非零值在 $m=n+2$ 至 5 处有重叠，因此

$$y(n) = \sum_{m=n+2}^{5} m = -\sum_{m=1}^{n+1} m + \sum_{m=1}^{5} m = -\frac{(n+2)(n+1)}{2} + \frac{5 \times 6}{2}$$

$$= 15 - \frac{1}{2}(n+2)(n+1), \quad 1 \leqslant n \leqslant 3$$

当 $(n+2) \geqslant 6$，即 $n \geqslant 4$ 时，$x_1(m)$ 与 $x_2(n-m)$ 非零位无重叠，故

$$y(n) = 0, \quad n \geqslant 4$$

因此，$y(n)$ 可表示为

$$y(n) = \begin{cases} \dfrac{1}{2}(n+6)(n+7), & -5 \leqslant n \leqslant -1 \\[2mm] 15 - \dfrac{1}{2}(n+2)(n+1), & 0 \leqslant n \leqslant 3 \\[2mm] 0, & 其他\ n \end{cases} \qquad (3.27)$$

利用定义式或借助图形求卷积和时,常会遇到等比级数求和,书末的附录 B 及附录 C 分别列出了常用等比级数求和公式及卷积和表,以备查阅。

类似例 3.12 那样求两个有限长序列卷积和情形,可以用一种被称为"序列阵表"的方法计算更加简便,下面进行讨论。

由式(3.21),两个因果序列 $x_1(n)$ 和 $x_2(n)$ 的卷积和为

$$y(n) = \sum_{m=0}^{n} x_1(m) x_2(n-m)$$

由上式可得

$$y(0) = x_1(0)x_2(0)$$

$$y(1) = x_1(0)x_2(1) + x_1(1)x_2(0)$$

$$y(2) = x_1(0)x_2(2) + x_1(1)x_2(1) + x_1(2)x_2(0)$$

$$y(3) = x_1(0)x_2(3) + x_1(1)x_2(2) + x_1(2)x_2(1) + x_1(3)x_2(0)$$

$$\vdots$$

$$y(n) = x_1(0)x_2(n) + x_1(1)x_2(n-1) + \cdots + x_1(n)x_2(0)$$

可见,如果将 $x_1(n)(n=0,1,2,\cdots)$ 排成一行,再将 $x_2(n)(n=0,1,2,\cdots)$ 排成一列,如图 3.4 所示。在表中各行与列的交叉点处,填入相应的乘积,那么沿斜线上各数值之和就是卷积和 $y(n)$,而 $y(0)$ 的值为 $x_1(0)$ 和 $x_2(0)$ 之交叉点所在斜线上各数值之和,从 $y(0)$ 向下移,依次可得 $y(1)$,$y(2)$,$y(3)$,$\cdots$。如果 $x_1(n)$ 和 $x_2(n)$ 为非因果序列,那么自 $y(0)$ 向上移,依次可得 $y(-1)$,$y(-2)$,$y(-3)$,$\cdots$。

$x_2(n)$＼$x_1(n)$	$x_1(0)$	$x_1(1)$	$x_1(2)$	$x_1(3)$	$\cdots$
$x_2(0)$	$x_1(0)x_2(0)$	$x_1(1)x_2(0)$	$x_1(2)x_2(0)$	$x_1(3)x_2(0)$	$\cdots$
$x_2(1)$	$x_1(0)x_2(1)$	$x_1(1)x_2(1)$	$x_1(2)x_2(1)$	$x_1(3)x_2(1)$	$\cdots$
$x_2(2)$	$x_1(0)x_2(2)$	$x_1(1)x_2(2)$	$x_1(2)x_2(2)$	$x_1(3)x_2(2)$	$\cdots$
$x_2(3)$	$x_1(0)x_2(3)$	$x_1(1)x_2(3)$	$x_1(2)x_2(3)$	$x_1(3)x_2(3)$	$\cdots$
$\vdots$	$\vdots$	$\vdots$	$\vdots$	$\vdots$	$\vdots$

图 3.4　求卷积和的序列阵表

例 3.12 改用序列阵表法求解,如图 3.5 所示,容易求得 $y(n)$ 的序列形式为

$$n = 0$$
$$\downarrow$$
$$y(n) = \{1, 3, 6, 10, 15, 14, 12, 9, 5\}$$

上式结果与式(3.26)求得的完全一致,只是描述形式不同罢了。

$x_2(n)$ \ $x_1(n)$	$x_1(0)=0$	$x_1(1)=1$	$x_1(2)=2$	$x_1(3)=3$	$x_1(4)=4$	$x_1(5)=5$	
$x_2(-6)=1$	0 $y(-5)$	1	2	3	4	5	$y(0)$
$x_2(-5)=1$	0	1	2	3	4	5	$y(1)$
$x_2(-4)=1$	0	1	2	3	4	5	$y(2)$
$x_2(-3)=1$	0	1	2	3	4	5	$y(3)$
$x_2(-2)=1$	0	1	2	3	4	5	
$x_2(-1)=1$	0	1	2	0	0	0	
$x_2(0)=0$	0	0	0	0	0	0	

图 3.5　用序列阵表求例 3.12

例 3.13　已知 $x_1(n)=(n+1)\left[\varepsilon(n)-\varepsilon(n-3)\right]$,$x_2(n)=\left[1+\cos\left(\dfrac{\pi n}{2}\right)\right]\varepsilon(n)$,试求

$$y(n) = x_1(n)*x_2(n)$$

解　本例给出的两个序列,一个为有限长(3 个样值),另一个则是无限长的。要对这样的两个序列求卷积和,可以利用与单位样值序列卷积的性质(证明留作习题)进行计算,也即

$$x(n)*\delta(n) = x(n) \tag{3.28}$$

$$x(n)*\delta(n-n_0) = x(n-n_0) \tag{3.29}$$

$$\delta(n-n_1)*\delta(n-n_2) = \delta(n-n_1-n_2) \tag{3.30}$$

已知

$$y(n) = x_1(n)*x_2(n) = (n+1)\left[\varepsilon(n)-\varepsilon(n-3)\right]]*\left[1+\cos\left(\frac{\pi n}{2}\right)\right]\varepsilon(n)$$

用单位样值序列表示 $x_1(n)$,上式可写成

$$y(n) = \left[\delta(n)+2\delta(n-1)+3\delta(n-2)\right]*\left[1+\cos\left(\frac{\pi n}{2}\right)\right]\varepsilon(n)$$

利用式(3.28)和式(3.29),即可得到

$$y(n) = \left[1+\cos\left(\frac{\pi n}{2}\right)\right]\varepsilon(n) + 2\left[1+\cos\left(\frac{\pi(n-1)}{2}\right)\right]\varepsilon(n-1) +$$

$$3\left[1+\cos\left(\frac{\pi(n-2)}{2}\right)\right]\varepsilon(n-2)$$

通过本节的三个示例,我们介绍了序列求卷积和的基本方法,即利用定义式求,借助图形求,用序列阵表格求及利用性质求等,读者可通过本章习题,对以上方法进行练习。

3.5　本章小结

在这一章中,我们给出了离散时间系统差分方程的建立方法,讨论了常系数线性差分方程的迭代解法,通过求齐次解和特解得到完全解的方法,以及通过求零输入响应和零状态响应得到完全响应的方法。然后介绍了离散时间系统的单位样值响应和离散卷积和的计算方法,通过离散卷积和的计算可以求得系统的零状态响应,利用单位样值响应可以判断 LSI 系统的因

果性和稳定性。

习题

3.1　某人每年初到银行存款一回,年利息为 α,每年底所得的利息不取出转存下年,试用差分方程表示第 n 年初的存款额 $y(n)$。

3.2　试列写用来计算几条相交直线(其中不存在三条直线相交于一点的情况)将平面分割成 $y(n)$ 块的差分方程。

3.3　一个乒乓球从 H m 高度自由下落至地面,每次弹跳起的最高值是前一次最高值的 $2/3$,若以 $y(n)$ 表示第 n 跳起的最高值,试列写描述此过程的差分方程。若 $H = 2$ m,解此差分方程。

3.4　求解下列齐次方程:

(a) $y(n) - 2y(n-1) = 0, y(0) = \dfrac{1}{2}$;

(b) $y(n) + 3y(n-1) + 2y(n-2) = 0, y(-1) = 2, y(-2) = 1$;

(c) $y(n) - 6y(n-1) + 9y(n-2) = 0, y(0) = 0, y(1) = 3$;

(d) $y(n) - 7y(n-1) + 16y(n-2) - 12y(n-3) = 0$
　　$y(0) = 0, y(1) = -1, y(2) = -3$;

(e) $y(n) - 2y(n-1) + 2y(n-2) - 2y(n-3) + y(n-4) = 0$
　　$y(0) = 0, y(1) = 1, y(2) = 2, y(3) = 5$。

3.5　解差分方程 $y(n) - y(n-1) = n^2, y(-1) = 0$。

(a) 用迭代法逐次求出数值解,对于 $n \geqslant 0$,归纳一个闭式解。

(b) 用经典法分别求出齐次解和特解,讨论此题应如何假设特解函数式。

3.6　求解下列差分方程

(a) $y(n) + 5y(n-1) = n, y(-1) = 0$;

(b) $y(n) + 2y(n-1) + y(n-2) = 3^n, y(-1) = 0, y(0) = 0$;

(c) $y(n) + 2y(n-1) + 2y(n-2) = \sin\dfrac{n\pi}{2}, y(-1) = 0, y(0) = 1$。

3.7　求解下列差分方程描述的 LSI 系统的零输入响应、零状态响应和全响应:

(a) $y(n) - 2y(n-1) = x(n)$
　　$x(n) = 2\varepsilon(n), y(-1) = -1$;

(b) $y(n) + 2y(n-1) = x(n)$
　　$x(n) = 2^n \varepsilon(n), y(-1) = 1$;

(c) $y(n) + 3y(n-1) + 2y(n-2) = x(n)$
　　$x(n) = \varepsilon(n), y(-1) = 1, y(-2) = 0$;

(d) $y(n) - 2y(n-1) + y(n-2) = x(n)$
　　$x(n) = \varepsilon(n), y(-1) = y(-2) = 0$;

(e) $y(n)-y(n-1)-2y(n-2)=x(n)+2x(n-2)$

$x(n)=\varepsilon(n),y(-1)=2,y(-2)=-\dfrac{1}{2}$。

3.8　已知某二阶 LSI 离散时间系统的起始状态为 $y(-1)=0,y(-2)=-\dfrac{1}{6}$，当激励为 $x(n)=2\varepsilon(n)$ 时，系统的完全响应

$$y(n)=[2^n+3^n+2]\varepsilon(n)$$

试求系统的零输入响应和零状态响应。

3.9　某 LSI 离散时间系统具有给定的起始状态。已知当激励为 $x(n)$ 时，系统的完全响应为 $y_1(n)=\left[1+\left(\dfrac{1}{2}\right)^n\right]\varepsilon(n)$；保持起始状态不变，当激励为 $[-x(n)]$ 时，系统的完全响应为 $y_2(n)=\left[\left(-\dfrac{1}{2}\right)^n-1\right]\varepsilon(n)$。试求当系统的起始状态增大一倍，激励为 $4x(n)$ 时系统的完全响应 $y(n)$。

3.10　某离散时间 LSI 因果系统，当输入为 $x(n)=2^n\varepsilon(n)$ 时，系统的完全响应为 $y_1(n)=\left[\dfrac{2}{3}(-1)^n-(-2)^n+\dfrac{1}{3}(2)^n\right]\varepsilon(n)$，而当输入为 $x(n)=\varepsilon(n)$ 时，系统的完全响应为 $y_2(n)=\left[\dfrac{1}{2}(-1)^n-\dfrac{2}{3}(-2)^n+\dfrac{1}{6}\right]\varepsilon(n)$。试求当 $y(-1)=0,y(-2)=\dfrac{1}{2}$，输入 $x(n)=2(2^n-1)\varepsilon(n)$ 时系统的零输入响应、零状态响应和完全响应，并指出自由响应和强迫响应。

3.11　某因果系统的输出-输入关系可由二阶常系数线性差分方程描述，如果相应于输入 $x(n)=\varepsilon(n)$ 的响应为

$$g(n)=(2^n+3.5^n+10)\varepsilon(n)$$

(a) 若系统为零状态，试决定此二阶差分方程；

(b) 若激励 $x(n)=2[\varepsilon(n)-\varepsilon(n-10)]$，求响应 $y(n)$。

3.12　下列均为离散时间 LSI 系统的单位样值响应，试判断每一个系统是否因果，是否稳定，并陈述理由。

(a) $h(n)=\delta(n+1)+\delta(n-1)$；

(b) $h(n)=\left(\dfrac{1}{2}\right)^n\varepsilon(n)$；

(c) $h(n)=\left(\dfrac{2}{5}\right)^n\varepsilon(n+3)$；

(d) $h(n)=\left(\dfrac{1}{2}\right)^n\varepsilon(-n)$；

(e) $h(n)=3^n\varepsilon(2-n)$；

(f) $h(n)=\left(\dfrac{1}{2}\right)^n\varepsilon(n)+\left(\dfrac{6}{5}\right)^n\varepsilon(n-2)$；

(g) $h(n)=\left(\dfrac{1}{2}\right)^n\varepsilon(-n-1)+\left(\dfrac{5}{6}\right)^n\varepsilon(n)$；　(h) $h(n)=3\varepsilon(n)$。

3.13　对于 LSI 系统：

(a) 已知阶跃响应 $g(n)$，求单位样值响应 $h(n)$；

(b) 已知单位样值响应 $h(n)$，求阶跃响应 $g(n)$；

(c) 当 $g(n)=(2n+1)\varepsilon(n)$ 时，求单位样值响应 $h(n)$。

3.14　令 $x(n),y(n)$ 和 $w(n)$ 表示三个任意序列,试证明:

(a) 离散卷积服从结合律,即
$$x(n)*[y(n)*w(n)] = [x(n)*y(n)]*w(n);$$

(b) 离散卷积服从加法分配律,即
$$x(n)*[y(n)+w(n)] = x(n)*y(n)+x(n)*w(n)。$$

3.15　试证明下述卷积性质:

(a) $x(n)*\delta(n)=x(n);$
(b) $x(n)*\delta(n-n_0)=x(n-n_0);$

(c) $x(n)*\varepsilon(n) = \sum_{m=-\infty}^{n} x(m);$
(d) $x(n)*\varepsilon(n-n_0) = \sum_{m=-\infty}^{n-n_0} x(m)。$

3.16　设 LSI 系统的阶跃响应为 $g(n)$,证明系统对任意激励信号 $x(n)\varepsilon(n)$ 的零状态响应为

$$y_{zs}(n) = \sum_{m=0}^{n} \nabla x(m)g(n-m)$$

式中 $\nabla x(m)=x(m)-x(m-1)$。

3.17　已知某系统的单位样值响应为
$$h(n) = (0.2^n - 0.4^n)\varepsilon(n)$$

若激励信号 $x(n)=2\delta(n)-4\delta(n-2)$,求系统的零状态响应 $y(n)$。

3.18　假设系统处于零状态,对于下列 LSI 系统的输入与输出情形,求系统的单位样值响应 $h(n)$。

(a) $x(n)=\delta(n)+3\delta(n-1)+2\delta(n-2)+4\delta(n-3)$
　　$y(n)=\delta(n)+7\delta(n-1)+16\delta(n-2)+18\delta(n-3)+20\delta(n-4)+8\delta(n-5);$

(b) $x(n)=2\delta(n+1)+\delta(n)+3\delta(n-1)+2\delta(n-2)+4\delta(n-3)$
　　$y(n)=2\delta(n)+9\delta(n-1)+11\delta(n-2)+16\delta(n-3)+18\delta(n-4)+20\delta(n-5)+8\delta(n-6)。$

3.19　已知 LSI 系统的单位样值响应 $h(n)$ 和输入 $x(n)$,求系统的零状态响应 $y(n)$ 并画出其序列图。

(a) $x(n)=h(n)=\varepsilon(n+2)-\varepsilon(n-3);$

(b) $x(n)=\delta(n+2)+2\delta(n)+3\delta(n-1)+4\delta(n-2),h(n)=\varepsilon(n);$

(c) $x(n)=\delta(n)-2\delta(n-3),h(n)=\left[2(3)^n+3\left(\frac{1}{2}\right)^n\right]\varepsilon(n);$

(d) $x(n)=3^n\varepsilon(n),h(n)=2^n[\varepsilon(n)-\varepsilon(n-3)]。$

3.20　试求下述卷积:

(a) $\varepsilon(n)*\varepsilon(n);$
(b) $n\varepsilon(n)*n\varepsilon(n);$

(c) $a^n\varepsilon(n)*a^n\varepsilon(n);$
(d) $\alpha^n\varepsilon(n)*\beta^n\varepsilon(n)。$

3.21　求下述信号的卷积:

(a) $2^n\varepsilon(n)*3^n\varepsilon(n);$
(b) $2^{-n}\varepsilon(-n)*3^n[\varepsilon(n)-\varepsilon(n-2)];$

(c) $2^n\varepsilon(-n)*3^n\varepsilon(-n);$
(d) $2^{-n}\varepsilon(-n)*3^{-n}\varepsilon(-n)。$

3.22　求下述信号的卷积:

（a）$2^n \varepsilon(n) * [\varepsilon(n) - \varepsilon(n-4)]$；　　　（b）$(4 - |n|)[\varepsilon(n+4) - \varepsilon(n-4)] * \varepsilon(n)$；

（c）$\cos \dfrac{n\pi}{2} * \left\{ \sin \dfrac{n\pi}{2} [\varepsilon(n) - \varepsilon(n-5)] \right\}$；　　　（d）$\operatorname{sgn}\left(\sin \dfrac{n\pi}{4} \right) * [\varepsilon(n) - \varepsilon(n-8)]$。

3.23　已知一个 LSI 系统的单位样值响应的非零值区间为 $N_0 \leqslant n \leqslant N_1$，输入 $x(n)$ 的非零值区间为 $N_2 \leqslant n \leqslant N_3$，其输出的非零值区间为 $N_4 \leqslant n \leqslant N_5$，试以 N_0, N_1, N_2 和 N_3 表示 N_4 和 N_5。

3.24　已知一个 LSI 系统的单位样值响应

$$h(n) = \left(\frac{1}{2} \right)^n \varepsilon(n)$$

（a）写出描述该系统的差分方程；

（b）对于任意 n，若激励 $x(n) = \mathrm{e}^{-jn}$，求系统的零状态响应；

（c）确定其对于输入 $x(n) = \cos(\pi n)$ 的稳态响应。

3.25　对于题图 3.25 所示的复合系统，已知 $h_1(n) = \varepsilon(n)$，$h_2(n) = \delta(n)$，$h_3(n) = \delta(n-N)$，N 为常数，试求该复合系统的单位样值响应 $h(n)$。

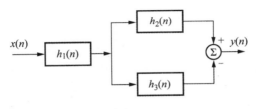

题图 3.25

3.26　考虑两个离散时间系统 A 和 B，其中系统 A 是 LSI 系统，其单位样值响应为 $h(n) = \left(\dfrac{1}{2} \right)^n \varepsilon(n)$，系统 B 是线性的，但是移变的。具体一点，若 $w(n)$ 是系统 B 的输入，其输出是

$$s(n) = n \cdot w(n)$$

试分别求出题图 3.26(a) 和 (b) 两个级联系统的单位样值响应 $h(n)$，证明这两个子系统不具备交换率性质。

3.27　对于题图 3.26(a) 和 (b) 两个级联系统中的 B 子系统，如果输入输出关系改为

$$s(n) = w(n) + 2$$

再按题 3.26 要求计算。

x(n) → 系统A → 系统B → y(n)	x(n) → 系统B → 系统A → y(n)
(a)	(b)

题图 3.26

3.28　已知 $h_1(n) = \left(\dfrac{1}{3} \right)^n \varepsilon(n)$，$h_2(n) = \left(\dfrac{1}{3} \right)^n$，$h_3(n) = \delta(n) - \dfrac{1}{3}\delta(n-1)$，试计算：

（a）$y_1(n) = h_1(n) * h_2(n) * h_3(n)$；　　　（b）$y_2(n) = h_2(n) * h_3(n) * h_1(n)$；

（c）$y_3(n) = h_3(n) * h_2(n) * h_1(n)$。

说明为什么 $y_1(n) \neq y_2(n) \neq y_3(n)$。

3.29　已知 $h_1(n) = \varepsilon(n) - \varepsilon(n-2)$，$h_2(n) = \delta(n) - \delta(n-1)$，$h_3(n) = a^n \varepsilon(n)$，试计算：

(a) $y_1(n) = h_1(n) * h_2(n) * h_3(n)$；　　　　(b) $y_2(n) = h_2(n) * h_3(n) * h_1(n)$；

(c) $y_3(n) = h_3(n) * h_2(n) * h_1(n)$。

与 3.28 结果比较有什么不同，为什么？

3.30　令 $x(n) = a^n$，并令 $y(n)$ 和 $\omega(n)$ 为任意两个序列，试证明

$$[x(n) \cdot y(n)] * [x(n) \cdot \omega(n)] = x(n)[y(n) * \omega(n)]。$$

第 4 章

连续信号的傅里叶分析

4.1 引言

从本章开始,我们将对连续信号与 LTI 系统建立另一种分析方法。本章讨论的出发点仍是把连续信号表示成一组基本信号的加权积分,不同的是,在第 2 章中把延时冲激信号作为基本信号,而在本章和下一章则是利用复指数信号作为基本信号,这样所得到的表示就是大家熟悉的连续时间信号的傅里叶级数与变换。傅里叶级数与变换是在信号分解为正交函数的基础上发展而成的,这方面的问题统称为傅里叶分析。

傅里叶分析方法的建立经历了漫长的历史。1807 年,法国数学家傅里叶(J. B. J. Fourier,1768—1830 年)完成了关于传热理论方面的研究,并提出"任何"周期信号都可以利用正弦级数表示。1829 年,狄里赫利(P. L. Dirichlet)给出了若干精确条件,在这些条件下,周期信号才可以用一个傅里叶级数来表示,为傅里叶级数和积分建立了理论基础。

傅里叶级数和变换涉及众多领域。由于正弦信号在科学和许多工程领域中起着很重要的作用,因而傅里叶级数和变换方法也扩展到许多领域。例如,反映地球气候的周期性变化很自然地会引入正弦信号;交流电源产生的正弦电压和电流;海浪是由不同波长的正弦波的线性组合构成;无线电台和电视台发射的信号都是正弦的。傅里叶分析方法能用来求解线性系统的响应,其应用范围远远超出以上所列举的例子。

本章讨论连续信号的傅里叶分析方法。从傅里叶级数的正交展开问题开始讨论,引出傅里叶变换,并建立连续信号的频谱概念。通过典型信号频谱及傅里叶变换性质的研究,初步掌握连续信号的傅里叶分析方法。为使理论阐述更为全面,本章将周期信号与非周期信号用统一的观点来分析,为此本章讨论了周期与非周期信号的傅里叶分析方法。在重点介绍连续信号分析的同时也讨论了抽样(离散时间)信号的分析方法,引出了抽样定理。

利用傅里叶分析方法研究 LTI 系统对于激励信号的响应,对连续系统进行频域分析的方法将在第 5 章中进行讨论。

4.2 用完备正交函数集表示信号

信号分解为正交函数分量的问题与矢量分解为正交矢量的方法类似,首先从正交矢量进行讨论,从而引出正交函数集的概念。

4.2.1 正交函数

1. 正交矢量

在平面上的矢量 V_1 和 V_2,自 V_1 的端点作垂直于矢量 V_2 的直线,如图 4.1(a)所示,在 V_2 上被截取的部分 $C_{12}V_2$ 称为矢量 V_1 在 V_2 上的垂直投影。如果将垂线表示为 V_ε,则 V_1,$C_{12}V_2$ 与 V_ε 有下述关系:

$$V_1 - C_{12}V_2 = V_\varepsilon$$

上式表明,若用矢量 $C_{12}V_2$ 来表示 V_1,其误差为 V_ε。

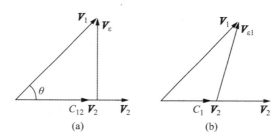

图 4.1　用 $C_{12}V_2$ 来表示 V_1

(a) 垂直投影　(b) 斜投影

在图 4.1(b)中,C_1V_2 表示 V_1 在 V_2 上的斜投影,若用矢量 C_1V_2 表示 V_1,则误差为 $V_{\varepsilon 1}$。可以看出,以斜投影 C_1V_2 表示 V_1 所产生的误差 $V_{\varepsilon 1}$ 大于以垂直投影 $C_{12}V_2$ 表示 V_1 时所产生的误差 V_ε。因此,如果要用 V_2 上的矢量表示 V_1,则应选择 V_1 在 V_2 的垂直投影。

由图 4.1(a)可知

$$C_{12} \mid V_2 \mid = \mid V_1 \mid \cos\theta = \frac{\mid V_1 \mid \mid V_2 \mid \cos\theta}{\mid V_2 \mid} = \frac{V_1 \cdot V_2}{\mid V_2 \mid} \tag{4.1}$$

式中 θ 是两矢量的夹角,$\mid V_1 \mid$,$\mid V_2 \mid$ 表示 V_1,V_2 的模。于是

$$C_{12} = \frac{V_1 \cdot V_2}{\mid V_2 \mid^2} \tag{4.2}$$

C_{12} 表示 V_1 与 V_2 的近似程度。当 V_1 与 V_2 全相同时,$C_{12}=1$;当 V_1 与 V_2 相互垂直时,两矢量间夹角为直角,V_1 在 V_2 上的投影为零,$C_{12}=0$,这时 V_1 与 V_2 称为正交矢量。

二维平面上的矢量 V 在直角坐标中可分解为 x 方向的分量 C_1V_x 和 y 方向上的分量 C_2V_y,其中 V_x,V_y 表示 x 和 y 方向上的正交单位矢量,即

$$V = C_1V_x + C_2V_y$$

如图 4.2 所示。为了便于研究矢量分解，把相互正交的两个矢量组成一个二维正交矢量集，在此平面上的任意矢量均可用二维正交矢量集的分量组合来表示。

对于一个三维矢量，可以用一个三维正交矢量集 $\{\boldsymbol{V}_x, \boldsymbol{V}_y, \boldsymbol{V}_z\}$ 的分量组合来表示，即

$$\boldsymbol{V} = C_1 \boldsymbol{V}_x + C_2 \boldsymbol{V}_y + C_3 \boldsymbol{V}_z$$

如图 4.3 所示。

n 维空间的矢量表示不再赘述。由上述正交矢量分解，可推广到信号的正交分析。

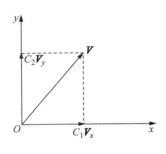

图 4.2　平面矢量分解

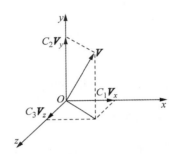

图 4.3　空间矢量分解

2. 正交函数

考虑在区间 (t_1, t_2) 内用函数 $f_2(t)$ 近似表示 $f_1(t)$，即

$$f_1(t) \approx C_{12} f_2(t), \quad t_1 < t < t_2$$

这样就存在误差

$$\varepsilon = f_1(t) - C_{12} f_2(t) \tag{4.3}$$

其平均误差和均方误差分别为

$$\bar{\varepsilon} = \frac{1}{t_2 - t_1} \int_{t_1}^{t_2} [f_1(t) - C_{12} f_2(t)] \, \mathrm{d}t \tag{4.4}$$

和

$$\overline{\varepsilon^2} = \frac{1}{t_2 - t_1} \int_{t_1}^{t_2} [f_1(t) - C_{12} f_2(t)]^2 \, \mathrm{d}t \tag{4.5}$$

要选择合适的 C_{12}，使误差均方值 $\overline{\varepsilon^2}$ 最小。为此须使

$$\frac{\mathrm{d}\,\overline{\varepsilon^2}}{\mathrm{d}C_{12}} = 0$$

即

$$\frac{\mathrm{d}}{\mathrm{d}C_{12}} \left\{ \frac{1}{t_2 - t_1} \int_{t_1}^{t_2} [f_1(t) - C_{12} f_2(t)]^2 \, \mathrm{d}t \right\} = 0 \tag{4.6}$$

交换微分与积分次序，可得

$$\frac{1}{t_2 - t_1} \left[\int_{t_1}^{t_2} \frac{\mathrm{d}}{\mathrm{d}C_{12}} f_1^2(t) \, \mathrm{d}t - 2 \int_{t_1}^{t_2} f_1(t) f_2(t) \, \mathrm{d}t + 2 C_{12} \int_{t_1}^{t_2} f_2^2(t) \, \mathrm{d}t \right] = 0 \tag{4.7}$$

上式中第一项等于零，因此

$$C_{12} = \frac{\int_{t_1}^{t_2} f_1(t) f_2(t) \mathrm{d}t}{\int_{t_1}^{t_2} f_2^2(t) \mathrm{d}t} \tag{4.8}$$

与正交矢量的定义类似,当 $C_{12}=0$ 时,则称 $f_1(t)$ 与 $f_2(t)$ 在区间 (t_1,t_2) 内正交。由式(4.8)可知,两个函数在 (t_1,t_2) 内正交的条件是

$$\int_{t_1}^{t_2} f_1(t) f_2(t) \mathrm{d}t = 0 \tag{4.9a}$$

及

$$\int_{t_1}^{t_2} f_2^2(t) \mathrm{d}t \neq 0 \tag{4.9b}$$

此处的分析与正交矢量的分析类似。

3. 正交函数集

设有 n 个函数 $\varphi_1(t),\varphi_2(t),\cdots,\varphi_n(t)$ 构成一函数集,并在区间 (t_1,t_2) 内满足如下正交特性:

$$\begin{cases} \int_{t_1}^{t_2} \varphi_i(t) \cdot \varphi_j(t) \mathrm{d}t = 0, i \neq j \\ \int_{t_1}^{t_2} \varphi_i^2(t) \mathrm{d}t = K_i \end{cases} \tag{4.10}$$

式中 K_i 不为零,则此函数集称为正交函数集。

如果任一函数 $f(t)$ 在区间 (t_1,t_2) 内利用此正交函数集的 n 个函数的线性组合来表示,即

$$f(t) \approx C_1\varphi_1(t) + C_2\varphi_2(t) + \cdots + C_n\varphi_n(t) = \sum_{r=1}^{n} C_r \varphi_r(t) \tag{4.11}$$

选择第 i 个系数 C_i,使均方误差

$$\overline{\varepsilon^2} = \frac{1}{t_2 - t_1} \int_{t_1}^{t_2} \Big[f(t) - \sum_{r=1}^{n} C_r \varphi_r(t) \Big]^2 \mathrm{d}t \tag{4.12a}$$

为最小,可使上式对 C_i 求偏导等于零,即

$$\frac{\partial \overline{\varepsilon^2}}{\partial C_i} = 0 \tag{4.12b}$$

注意到所有不包含 C_i 的各项对 C_i 求偏导均等于零,以及由正交函数交叉相乘产生的所有各项的积分为零,如式(4.10)所示,于是式(4.12b)可写成为

$$\frac{\partial}{\partial C_i} \int_{t_1}^{t_2} \big[-2C_i f(t) \varphi_i(t) + C_i^2 \varphi_i^2(t) \big] \mathrm{d}t = 0$$

交换微分与积分次序,可得

$$\int_{t_1}^{t_2} f(t) \varphi_i(t) \mathrm{d}t = C_i \int_{t_1}^{t_2} \varphi_i^2(t) \mathrm{d}t$$

因此 C_i 为

$$C_i = \frac{\int_{t_1}^{t_2} f(t) \varphi_i(t) \mathrm{d}t}{\int_{t_1}^{t_2} \varphi_i^2(t) \mathrm{d}t} = \frac{1}{K_i} \int_{t_1}^{t_2} f(t) \varphi_i(t) \mathrm{d}t \tag{4.13}$$

式中 K_i 为不等于零的常数。将式(4.13)代回至式(4.12a),可得

$$\overline{\varepsilon^2} = \frac{1}{t_2-t_1}\left[\int_{t_1}^{t_2} f^2(t)\mathrm{d}t + \sum_{r=1}^{n} C_r^2 K_r - 2\sum_{r=1}^{n} C_r^2 K_r\right]$$

$$= \frac{1}{t_2-t_1}\left[\int_{t_1}^{t_2} f^2(t)\mathrm{d}t - \sum_{r=1}^{n} C_r^2 K_r\right] \tag{4.14}$$

满足 $K_i=1$ 的正交函数集称为归一化正交函数集,即

$$K_i = \int_{t_1}^{t_2} \varphi_i^2(t)\mathrm{d}t = 1 \tag{4.15}$$

此时,用对应的归一化正交函数集进行线性组合所选的系数 C_i 为

$$C_i = \int_{t_1}^{t_2} f(t)\varphi_i(t)\mathrm{d}t \tag{4.16}$$

4. 正交复变函数集

若所讨论的函数 $f_1(t)$ 和 $f_2(t)$ 是实变量 t 的复变函数,则这两个复变函数在区间(t_1,t_2)内相互正交的条件为

$$\int_{t_1}^{t_2} f_1(t)f_2^*(t)\mathrm{d}t = \int_{t_1}^{t_2} f_1^*(t)f_2(t)\mathrm{d}t = 0 \tag{4.17}$$

若 $f_1(t)$ 在区间(t_1,t_2)内由 $C_{12}f_2(t)$ 来表示,即

$$f_1(t) \approx C_{12}f_2(t)$$

则使均方误差最小的 C_{12} 值为

$$C_{12} = \frac{\int_{t_1}^{t_2} f_1(t)f_2^*(t)\mathrm{d}t}{\int_{t_1}^{t_2} |f_2(t)|^2\mathrm{d}t} \tag{4.18}$$

如果在区间(t_1,t_2)内,复变函数集$\{\varphi_r(t)\}(r=1,2,\cdots,n)$满足

$$\int_{t_1}^{t_2} \varphi_i(t)\cdot\varphi_j^*(t)\mathrm{d}t = \begin{cases} 0, & i\neq j \\ K_i, & i=j \end{cases} \tag{4.19}$$

则此复变函数集称为正交复变函数集。

5. 完备正交函数集

如果在正交函数集$\{\varphi_r(t)\}(r=1,2,\cdots,n)$之外,不存在函数 $\varphi'(t)$,满足

$$0 < \int_{t_1}^{t_2} \varphi'^2(t)\mathrm{d}t < \infty \tag{4.20a}$$

$$\int_{t_1}^{t_2} \varphi'(t)\varphi_i(t)\mathrm{d}t = 0, \quad i=1,2,\cdots \tag{4.20b}$$

则此函数集称为完备正交函数集。显然,若能找到 $\varphi'(t)$ 满足式(4.20),则 $\varphi'(t)$ 与函数集$\{\varphi_r(t)\}$正交,故 $\varphi'(t)$ 也应包括在此正交函数集$\{\varphi_r(t)\}$中,$\{\varphi_r(t)\}$就不完备。若找不到 $\varphi'(t)$ 与$\{\varphi_r(t)\}$正交,则$\{\varphi_r(t)\}$就是完备正交函数集。

完备正交函数集的另一种定义为:用正交函数集$\{\varphi_r(t)\}(r=1,2,\cdots,n)$在区间$(t_1,t_2)$内

表示函数,即

$$f(t) \approx \sum_{r=1}^{n} C_r \varphi_r(t)$$

其均方差如式(4.12a),若 n 趋于无限大时,$\overline{\varepsilon^2}$ 的极限等于零,即

$$\lim_{n \to \infty} \overline{\varepsilon^2} = 0 \tag{4.20c}$$

则此函数集称为完备正交函数集。利用式(4.12a),$f(t)$ 可表示为

$$f(t) = \sum_{r=1}^{\infty} C_r \varphi_r(t) \tag{4.21}$$

当 $\overline{\varepsilon^2} = 0$ 时,由式(4.14)得到

$$\int_{t_1}^{t_2} f^2(t) \mathrm{d}t = \sum_{r=1}^{\infty} C_r^2 K_r \tag{4.22}$$

如果是归一化完备正交函数集,则下式成立:

$$\int_{t_1}^{t_2} f^2(t) \mathrm{d}t = \sum_{r=1}^{\infty} C_r^2 \tag{4.23}$$

上式称为帕斯瓦尔(Parseval)方程。

上式左边表示信号 $f(t)$ 在 (t_1, t_2) 区间的能量,右边是信号在 (t_1, t_2) 区间各正交分量的能量之和。该式表示,在 (t_1, t_2) 区间,一信号所含的能量恒等于此信号在完备正交函数集中各正交分量能量之总和,也即信号用不同方式表示时其能量守恒。如果上述关系不成立,则正交函数集不完备。

4.2.2 信号分解为完备正交函数

由上节讨论可知,在某一时间段内的信号可以利用完备正交函数集的各分量的线性组合来表示。三角函数集和复指数函数集是应用很广的完备正交函数集。通常,可将一周期信号展开为三角函数分量的叠加。然而,完备正交函数集不限于三角函数集,还有许多种,限于篇幅本书只讨论三角函数集和复变函数集。

1. 三角函数集

三角函数集 $\{\cos n\omega_1 t, \sin n\omega_1 t\}$ $(n = 0, 1, 2, \cdots, \infty)$ 在区间 $(t_0, t_0 + T_1)$ 内组成完备正交函数集,其中 $T_1 = \dfrac{2\pi}{\omega_1}$。

这是由于 $\{\cos n\omega_1 t, \sin n\omega_1 t\}$ 满足式(4.10)的正交特性,即

$$\int_{T_1} \cos n\omega_1 t \cdot \sin m\omega_1 t \mathrm{d}t = 0, \quad \text{所有 } m, n \tag{4.24a}$$

$$\int_{T_1} \cos n\omega_1 t \cdot \cos m\omega_1 t \mathrm{d}t = \begin{cases} \dfrac{T_1}{2}, & m = n \\ 0, & m \neq n \end{cases} \tag{4.24b}$$

$$\int_{T_1} \sin n\omega_1 t \cdot \sin m\omega_1 t \mathrm{d}t = \begin{cases} \dfrac{T_1}{2}, & m = n \\ 0, & m \neq n \end{cases} \tag{4.24c}$$

对于周期为 T_1 的周期函数 $f(t)$，可以由上述三角函数的线性组合来表示，即

$$f(t) = a_0 + \sum_{n=1}^{\infty} (a_n \cos n\omega_1 t + b_n \sin n\omega_1 t), \quad t_0 < t < t_0 + T_1 \tag{4.25}$$

其展开式可表示为

$$f(t) = a_0 + a_1 \cos \omega_1 t + \cdots + a_n \cos n\omega_1 t + \cdots + b_1 \sin \omega_1 t + \cdots + b_n \sin n\omega_1 t + \cdots$$

上式称为 $f(t)$ 的傅里叶级数展开，式中系数 a_n, b_n 可利用式(4.13)求得。应当指出，并非任何周期信号都能进行傅里叶级数展开，周期函数必须满足如下的充分条件才能进行傅里叶级数展开，这些条件称为狄里赫利条件：

(1) 在任一周期内，被展开函数 $f(t)$ 必须可积，即

$$\int_{T_1} |f(t)| \, \mathrm{d}t < \infty$$

(2) 在任一周期内，其最大值和最小值的数目有限。

(3) 在任一周期内，只有有限个不连续点，而且在这些不连续点上，函数必须是有限值。

通常遇到的周期信号一般都能满足狄里赫利条件，但也有例外。不满足条件(1)的由

$$f(t) = \frac{1}{t}, \quad 0 < t \leqslant 1$$

构成的周期为 1 的周期信号，如图 4.4(a)所示。满足条件(1)而不满足条件(2)的函数由

$$f(t) = \sin\left(\frac{2\pi}{t}\right), \quad 0 < t \leqslant 1$$

构成的周期为 1 的周期信号，如图 4.4(b)所示，它在一个周期内有无限多的最大点和最小点。

不满足条件(3)的例子如图 4.4(c)所示，这个信号 $f(t)$ 的周期 $T_1 = 8$。它是这样形成的：在同一周期内，后一个阶梯的高度和宽度是前一个阶梯的一半，$f(t)$ 在一个周期内的积分不会超过 8，即满足条件(1)，然而其不连续点的数目是无限多，故不满足条件(3)。

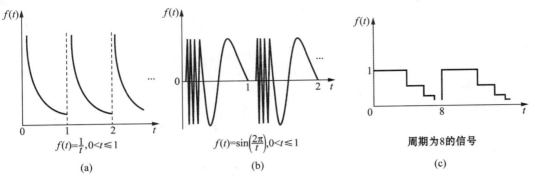

图 4.4　不足狄义赫利条件的例子

2. 复指数函数集

函数集 $\{e^{jn\omega_1 t}\}$ $(n=0, \pm1, \pm2, \cdots)$ 是一个复变函数集，在区间 (t_0, t_0+T_1) 内是一个完备正交函数集，其中 $T_1 = \dfrac{2\pi}{\omega_1}$。利用式(4.19)可证明其正交特性。

满足狄里赫利条件的周期函数 $f(t)$ 可展开为复指数形式傅里叶级数,即

$$f(t) = \sum_{n=-\infty}^{\infty} F_n e^{jn\omega_1 t}, \quad t_0 < t < t_0 + T_1 \tag{4.26}$$

其展开式可写为

$$f(t) = F_0 + F_1 e^{j\omega_1 t} + F_2 e^{j2\omega_1 t} + \cdots + F_n e^{jn\omega_1 t} + \cdots +$$

$$F_{-1} e^{-j\omega_1 t} + F_{-2} e^{-j2\omega_1 t} + \cdots + F_{-n} e^{-jn\omega_1 t} + \cdots$$

式(4.26)中,F_n 一般是复数,其表示的复指数展开式可以适用于 $f(t)$ 是复函数,也可以是实函数。系数 a_n,b_n 和 F_n 的求法及它们之间的关系,将在下一节中讨论。

4.3 周期信号的频谱——傅里叶级数

前已述及,任何周期信号在满足狄里赫利条件下,可以展开为完备正交函数线性组合的无穷级数。如果正交函数集是三角函数集 $\{\cos n\omega_1 t, \sin n\omega_1 t\}$,此时展成的级数称为傅里叶级数三角形式;如果正交函数集是复指函数集 $\{e^{j\omega_1}\}$,则称为傅里叶级数复指数形式。本节将引入信号频谱概念,研究信号的频域分析。

4.3.1 傅里叶级数的三角形式

周期为 T_1 的周期信号 $f(t)$,满足狄里赫利条件,便可以展开为如式(4.25)所示的傅里叶级数三角形式,即

$$f(t) = a_0 + \sum_{n=1}^{\infty} (a_n \cos n\omega_1 t + b_n \sin n\omega_1 t)$$

式中 $\omega_1 = \dfrac{2\pi}{T_1}$,$a_n$ 与 b_n 为傅里叶系数。利用式(4.24b)、式(4.24c)及式(4.13)可分别求得余弦分量系数

$$a_n = \frac{2}{T_1} \int_{T_1} f(t) \cos n\omega_1 t \mathrm{d}t \tag{4.27a}$$

正弦分量系数

$$b_n = \frac{2}{T_1} \int_{T_1} f(t) \sin n\omega_1 t \mathrm{d}t \tag{4.27b}$$

直流分量

$$a_0 = \frac{1}{T_1} \int_{T_1} f(t) \mathrm{d}t \tag{4.27c}$$

上式的积分区间常取 $(0 \sim T_1)$ 或 $\left(-\dfrac{T_1}{2} \sim \dfrac{T_1}{2} \right)$。如果将式(4.25)中的同频率项加以合并,可以写成另一种形式:

$$f(t) = C_0 + \sum_{n=1}^{\infty} C_n \cos(n\omega_t + \varphi_n) \tag{4.28}$$

或

$$f(t) = D_0 + \sum_{n=1}^{\infty} D_n \sin(n\omega_1 t + \theta_n) \tag{4.29}$$

将式(4.25)与式(4.28)、式(4.29)比较,可得到上述各种形式的傅里叶系数之间的关系为

$$\begin{cases} a_0 = C_0 = D_0 \\ C_n = D_n = \sqrt{a_n^2 + b_n^2} \\ a_n = C_n \cos\varphi_n = D_n \sin\theta_n \\ b_n = -C_n \sin\varphi_n = D_n \cos\theta_n, \quad n = 1, 2, \cdots \\ \varphi_n = -\arctan\dfrac{b_n}{a_n} \\ \theta_n = \arctan\dfrac{a_n}{b_n} \end{cases} \tag{4.30}$$

式(4.25)表明,任何满足狄里赫利条件的周期信号可分解为直流和许多正弦、余弦分量,其中第一项 a_0 为常数项,它是周期信号中所包含的直流分量。式中的正弦、余弦分量的频率必定是基频 $f_1(f_1 = 1/T_1)$ 的整倍数。一般把频率为 f_1 的分量称为基波,频率为 $2f_1, 3f_1$ 等分量分别称为二次、三次谐波等。

由式(4.27)和式(4.30)可以看出,系数 a_n, b_n, C_n(或 D_n)及相位 φ_n(或 θ_n)都是 $n\omega_1$ 的函数,C_n 与 ω 的关系如图 4.5(a)所示。从图中可清楚而直观地看出各频率分量的相对大小,这种图称为信号的幅度频谱,简称幅度谱。图中每条线称为谱线,表示某一频率分量的幅度。此外,还可画出各分量相位与 ω 的关系,如图 4.5(b)所示,这种图称为相位频谱,简称相位谱。

应当特别指出,周期信号的频谱只会出现在 $0, \omega_1, 2\omega_1$ 等 ω_1 整数倍的频率点上,这种频谱是离散谱,即周期信号的频谱是离散频谱。

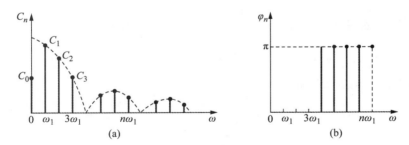

图 4.5 周期信号的频谱

(a) 幅度谱　(b) 相位谱

4.3.2 傅里叶级数的复指数形式

若选用复指数正交函数集 $\{e^{jn\omega_1 t}\}$,则满足狄里赫利条件的周期信号可以直接展成傅里叶级数的复指数形式,如式(4.26)所示,即

$$f(t) = \sum_{n=-\infty}^{\infty} F_n e^{jn\omega_1 t}$$

傅里叶级数的系数 F_n 一般为复数,可通过式(4.18)得到,即

$$F_n = \frac{1}{T_1}\int_{T_1} f(t)\mathrm{e}^{-\mathrm{j}n\omega_1 t}\mathrm{d}t \tag{4.31}$$

上式的积分区间常取$\left(-\dfrac{T_1}{2},\dfrac{T_1}{2}\right)$或$(0,T_1)$。也可以画出复指数形式表示的信号频谱。由于 F_n 为复数,故这种频谱称为复数频谱。利用 $F_n = |F_n|\mathrm{e}^{\mathrm{j}\varphi_n}$,可以画出复数幅度谱$|F_n|$与 ω 的关系及复数相位谱φ_n与 ω 的关系,如图 4.6 所示。

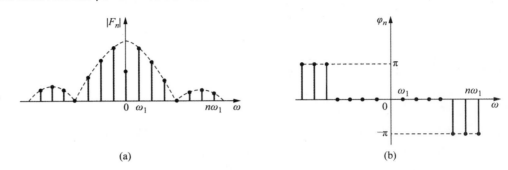

图 4.6　周期信号复数频谱
(a) 幅度谱　(b) 相位谱

4.3.3　两种形式间的联系

以上已经讨论了傅里叶级数的三角形式与复指数形式。由于欧拉公式建立了三角函数与指数函数之间的联系,我们可以利用这种联系求出以上两种傅里叶级数及其系数间的关系。

1. 由三角形式推得复指数形式

已知傅里叶级数的三角形式为

$$f(t) = a_0 + \sum_{n=1}^{\infty}(a_n\cos n\omega_1 t + b_n\sin n\omega_1 t)$$

利用欧拉公式,上式可表示为

$$
\begin{aligned}
f(t) &= a_0 + \sum_{n=1}^{\infty}\left(a_n\frac{\mathrm{e}^{\mathrm{j}n\omega_1 t}+\mathrm{e}^{-\mathrm{j}n\omega_1 t}}{2}+b_n\frac{\mathrm{e}^{\mathrm{j}n\omega_1 t}-\mathrm{e}^{-\mathrm{j}n\omega_1 t}}{2\mathrm{j}}\right)\\
&= a_0 + \sum_{n=1}^{\infty}\left(\frac{a_n-\mathrm{j}b_n}{2}\mathrm{e}^{\mathrm{j}n\omega_1 t}+\frac{a_n+\mathrm{j}b_n}{2}\mathrm{e}^{-\mathrm{j}n\omega_1 t}\right)
\end{aligned}
\tag{4.32}
$$

若令

$$F_n = \frac{1}{2}(a_n-\mathrm{j}b_n),\quad n=1,2,\cdots \tag{4.33a}$$

由式(4.27a)及式(4.27b)可知 $a_n=a_{-n}$,$b_n=-b_{-n}$,因此,由式(4.33a)可得

$$F_{-n} = \frac{1}{2}(a_{-n}-\mathrm{j}b_{-n}) = \frac{1}{2}(a_n+\mathrm{j}b_n) \tag{4.33b}$$

式中 a_{-n},b_{-n} 及 F_{-n} 的下标$-n$ 表示 n 取负整数。将式(4.33a)与式(4.33b)代入式(4.32),于是

$$f(t) = a_0 + \sum_{n=1}^{\infty} [F_n e^{jn\omega_1 t} + F_{-n} e^{-jn\omega_1 t}]$$

令 $F_0 = a_0$，括号内第二项作变量替换后可得

$$\sum_{n=1}^{\infty} F_{-n} e^{-jn\omega_1 t} = \sum_{n=-\infty}^{-1} F_n e^{jn\omega_1 t}$$

因此得到傅里叶级数的复指数形式

$$f(t) = \sum_{n=-\infty}^{\infty} F_n e^{jn\omega_1 t}$$

2. 由复指数形式推得三角形式

假定 $f(t)$ 为实数，则 $f(t) = f^*(t)$，于是

$$f(t) = \sum_{n=-\infty}^{\infty} F_n e^{jn\omega_1 t} = \sum_{n=-\infty}^{\infty} F_n^* e^{-jn\omega_1 t} = \sum_{n=-\infty}^{\infty} F_{-n}^* e^{jn\omega_1 t}$$

因此当 $f(t)$ 是实数时，其系数

$$F_n = F_{-n}^* \tag{4.34}$$

式(4.34)表示实周期信号的傅里叶系数是共轭对称的。将上式代入式(4.26)，可得

$$f(t) = \sum_{n=-\infty}^{\infty} F_n e^{jn\omega_1 t} = F_0 + \sum_{n=1}^{\infty} [F_n e^{jn\omega_1 t} + F_{-n} e^{-jn\omega_1 t}]$$

$$= F_0 + \sum_{n=1}^{\infty} [F_n e^{jn\omega_1 t} + F_n^* e^{-jn\omega_1 t}] = F_0 + \sum_{n=1}^{\infty} 2\text{Re}\{F_n e^{jn\omega_1 t}\} \tag{4.35}$$

式中 $\text{Re}\{\ \}$ 表示对括号内的函数取实部。若令

$$F_n = \frac{C_n}{2} e^{j\varphi_n}, \quad F_0 = C_0 \tag{4.36}$$

代入式(4.35)则得到式(4.28)，即

$$f(t) = C_0 + \sum_{n=1}^{\infty} C_n \cos(n\omega_1 t + \varphi_n)$$

若令

$$F_n = \frac{1}{2}(a_n - jb_n), \quad F_0 = a_0 \tag{4.37}$$

假定 a_n, b_n 为实数，代入式(4.35)则得到式(4.25)

$$f(t) = a_0 + \sum_{n=1}^{\infty} (a_n \cos n\omega_1 t + b_n \sin n\omega_1 t)$$

若 $f(t)$ 为纯虚数，则 $f(t) = -f^*(t)$，于是

$$\sum_{n=-\infty}^{\infty} F_n e^{jn\omega_1 t} = -\sum_{n=-\infty}^{\infty} F_n^* e^{-jn\omega_1 t} = -\sum_{n=-\infty}^{\infty} F_{-n}^* e^{jn\omega_1 t}$$

因此，当 $f(t)$ 为纯虚数时，其系数

$$F_n = -F_{-n}^* \tag{4.38}$$

式(4.38)表示，虚数周期信号的傅里叶系数是共轭反对称的。将上式代入式(4.26)，可得

$$f(t) = \sum_{n=-\infty}^{\infty} F_n e^{jn\omega_1 t} = F_0 + \sum_{n=1}^{\infty} [F_n e^{jn\omega_1 t} + F_{-n} e^{-jn\omega_1 t}]$$

$$= F_0 + \sum_{n=1}^{\infty} [F_n e^{jn\omega_1 t} - F_n^* e^{-jn\omega_1 t}] = F_0 + \sum_{n=1}^{\infty} 2\text{Im}\{F_n e^{jn\omega_1 t}\} \qquad (4.39)$$

式中 IM{　}表示对括号内的函数取虚部。若令

$$F_n = \frac{D_n}{2} e^{j\theta_n}, \quad F_0 = D_0 \qquad (4.40)$$

便得到式(4.29)

$$f(t) = D_0 + \sum_{n=1}^{\infty} D_n \sin(n\omega_1 + \theta_n)$$

从式(4.30)、式(4.33)、式(4.36)、式(4.37)及式(4.40)可以得到 F_n 与其他傅里叶系数的关系为

$$\begin{cases} F_0 = C_0 = D_0 = a_0 \\ a_n = F_n + F_{-n} \\ b_n = j(F_n - F_{-n}) \\ F_n = |F_n| e^{j\varphi_n} = \frac{1}{2}(a_n - jb_n) \\ F_{-n} = |F_{-n}| e^{j\varphi_{-n}} = \frac{1}{2}(a_n + jb_n) \\ |F_n| = |F_{-n}| = \frac{1}{2}\sqrt{a_n^2 + b_n^2} = \frac{1}{2}C_n = \frac{1}{2}D_n \\ C_n^2 = D_n^2 = a_n^2 + b_n^2 = 4F_n F_{-n} \end{cases} \qquad (4.41)$$

傅里叶级数的几种表示形式可以用来研究周期信号的功率特性。将式(4.25)两边平方,并在一个周期内积分,根据三角函数及复指数函数的正交特性,可以得到周期信号 $f(t)$ 的平均功率 P 与傅里叶系数的关系为

$$P = \overline{f^2(t)} = \frac{1}{T_1} \int_{T_1} f^2(t) dt = a_0^2 + \frac{1}{2} \sum_{n=1}^{\infty} (a_n^2 + b_n^2) \qquad (4.42)$$

利用式(4.41)可得

$$P = C_0^2 + \frac{1}{2} \sum_{n=1}^{\infty} C_n^2 = \sum_{n=-\infty}^{\infty} |F_n|^2 \qquad (4.43)$$

另外,由式(4.23)也可直接得到上述结果。式(4.43)表明,周期信号的平均功率等与直流、基波及各次谐波分量有效值的平方和,该式是帕斯瓦尔方程的傅里叶级数表示式,表示时域与频域能量守恒,功率不变。

4.4　具有对称性的周期信号的傅里叶系数

若给定的周期信号是实信号,且满足某种对称性,则其傅里叶系数有些项将等于零,从而使运算比较简便。波形的对称性有两种,一种是整周期对称,例如偶对称信号和奇对称信号;

另一种是半周期对称，例如奇谐函数。下面分别进行讨论。

4.4.1　偶对称信号

若信号 $f(t)$ 是时间 t 的偶函数，即 $f(t)=f(-t)$，此时波形对称于纵坐标轴，称为偶对称信号，简称偶信号。图 4.7 所示为偶信号的一个例子，此信号称为周期梯形信号。

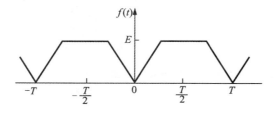

图 4.7　偶对称信号示例

利用式(4.27)求傅里叶系数时，由于 $f(t)\cos n\omega_1 t$ 是偶函数，而 $f(t)\sin n\omega_1 t$ 是奇函数，因此

$$\begin{cases} a_n = \dfrac{4}{T_1}\displaystyle\int_0^{\frac{T_1}{2}} f(t)\cos n\omega_1 t\mathrm{d}t \\[2mm] b_n = 0 \end{cases} \tag{4.44}$$

由式(4.41)可知

$$\begin{cases} F_n = F_{-n} = \dfrac{a_n}{2} \\[2mm] C_n = D_n = \mid a_n \mid = 2\mid F_n \mid \\[2mm] \varphi_n = 0 \\[2mm] \theta_n = \dfrac{\pi}{2} \end{cases} \tag{4.45}$$

由式(4.45)可知，实偶信号的傅里叶系数是实数，且是 $n\omega_1$ 的偶函数。由式(4.44)可知，实偶信号的傅里叶级数中不包括正弦项，只可能有直流项和余弦项。

例 4.1　试求图 4.8 所示三角波信号的傅里叶级数表达式。

解　利用式(4.44)，解得

$$a_1 = \frac{4}{T_1}\int_0^{\frac{T_1}{2}}\left(1-\frac{2}{T_1}t\right)E\cos\omega_1 t\mathrm{d}t$$

$$= \frac{4}{T_1}E\sin\omega_1 t\Big|_0^{\frac{T_1}{2}} - \frac{4}{T_1}\frac{2}{T_1}E\left(\frac{1}{\omega_1^2}\cos\omega_1 t + \frac{t}{\omega_1}\sin\omega_1 t\right)\Big|_0^{\frac{T_1}{2}}$$

$$= \frac{16E}{4\pi^2} = \frac{4E}{\pi^2}$$

$$a_2 = \frac{4}{T_1}\int_0^{\frac{T_1}{2}}\left(1-\frac{2}{T_1}t\right)E\cos 2\omega_1 t\mathrm{d}t$$

$$= -\frac{4}{T_1}\frac{2}{T_1}E\left(\frac{1}{4\omega_1^2}\cos 2\omega_1 t + \frac{t}{2\omega_1}\sin 2\omega_1 t\right)\Big|_0^{\frac{T_1}{2}} = 0$$

$$a_3 = \frac{4}{T_1} \int_0^{\frac{T_1}{2}} \left(1 - \frac{2}{T_1}t\right) E \cos 3\omega_1 t \mathrm{d}t$$

$$= -\frac{4}{T_1} \frac{2}{T_1} E \left(\frac{1}{9\omega_1^2} \cos 3\omega_1 t\right)\bigg|_0^{\frac{T_1}{2}} = \frac{4E}{\pi^2} \frac{1}{9}$$

$$a_4 = \frac{4}{T_1} \int_0^{\frac{T_1}{2}} \left(1 - \frac{2}{T_1}t\right) E \cos 4\omega_1 t \mathrm{d}t = 0$$

故

$$a_n = \frac{4}{T_1} \int_0^{\frac{T_1}{2}} E\left(1 - \frac{2}{T_1}t\right) \cos n\omega_1 t \mathrm{d}t = \begin{cases} \dfrac{4E}{\pi^2} \dfrac{1}{n^2}, & n \text{ 为奇数} \\[2mm] 0, & n \text{ 为偶数} \end{cases}$$

$$a_0 = \frac{2}{T_1} \int_0^{\frac{T_1}{2}} E\left(1 - \frac{2}{T_1}t\right) \mathrm{d}t = \frac{E}{2}$$

$$b_n = 0$$

于是

$$f(t) = \frac{E}{2} + \frac{4E}{\pi^2}\left(\cos \omega_1 t + \frac{1}{9}\cos 3\omega_1 t + \frac{1}{25}\cos 5\omega_1 t + \cdots\right)$$

利用式(4.45)可以得到

$$F_n = \begin{cases} \dfrac{E}{2}, & n = 0 \\[2mm] \dfrac{2E}{\pi^2} \dfrac{1}{n^2}, & n \text{ 为奇数} \\[2mm] 0, & n \text{ 为偶数} \end{cases}$$

于是

$$f(t) = \frac{E}{2} + \sum_{\substack{n=-\infty \\ n \text{ odd}}}^{\infty} \frac{2E}{\pi^2} \frac{1}{n^2} \mathrm{e}^{\mathrm{j}n\omega_1 t}$$

可以画出 $f(t)$ 的幅度谱如图 4.9 所示(图中 $c_n = |a_n|$),其相位谱为零。

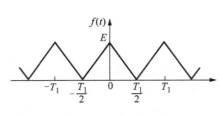

图 4.8　三角波信号

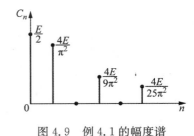

图 4.9　例 4.1 的幅度谱

4.4.2　奇对称信号

若 $f(t)$ 是 t 的奇函数,即 $f(t) = -f(-t)$,此时波形对于纵轴是反对称的,则称为奇对称信号,简称奇信号。图 4.10 所示为一奇信号的例子,此信号称为周期锯齿脉冲信号。

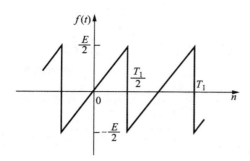

图 4.10　奇对称信号示例

由式(4.27)可求出奇对称信号的傅里叶系数为

$$\begin{cases} a_0 = 0, a_n = 0 \\ b_n = \dfrac{4}{T_1}\displaystyle\int_0^{\frac{T_1}{2}} f(t)\sin n\omega_1 t\,\mathrm{d}t \end{cases} \tag{4.46}$$

由式(4.41)可知

$$\begin{cases} F_0 = a_0 = C_0 = D_0 = 0 \\ F_n = -\dfrac{\mathrm{j}}{2}b_n = -F_{-n} \\ C_n = D_n = |b_n| = 2|F_n| \\ \varphi_n = -\dfrac{\pi}{2} \\ \theta_n = 0 \end{cases} \tag{4.47}$$

由式(4.47)可知,实奇信号的傅里叶级数 F_n 是虚数,且是 $n\omega_1$ 的奇函数。在实奇信号的傅里叶级数展开式中不包括余弦项,只可能包含正弦项。如果在实奇信号中加以直流成分,其傅里叶级数中仍然不包括余弦项。图 4.10 所示信号的傅里叶系数将在 4.5 节中求解。

例 4.2　求图 4.11 所示实奇信号的傅里叶级数展开式。

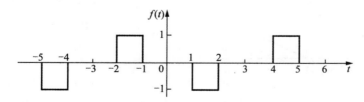

图 4.11　方波脉冲信号

解　从图 4.11 中可以看出 $T_1 = 6$, $\omega_1 = \dfrac{\pi}{3}$,于是

$$F_n = \frac{1}{T_1}\int_{T_1} f(t)\mathrm{e}^{-\mathrm{j}n\omega_1 t}\,\mathrm{d}t = \frac{1}{6}\int_{-2}^{-1}\mathrm{e}^{-\mathrm{j}n\frac{\pi}{3}t}\,\mathrm{d}t - \frac{1}{6}\int_1^2\mathrm{e}^{-\mathrm{j}n\frac{\pi}{3}t}\,\mathrm{d}t$$

$$= -\frac{1}{2\mathrm{j}n\pi}\mathrm{e}^{-\mathrm{j}n\frac{\pi}{3}t}\Big|_{-2}^{-1} + \frac{1}{2\mathrm{j}n\pi}\mathrm{e}^{-\mathrm{j}n\frac{\pi}{3}t}\Big|_1^2 = \frac{-2}{\mathrm{j}n\pi}\sin\frac{n\pi}{2}\sin\frac{n\pi}{6}, \quad n \neq 0$$

由于 $f(t) = -f(-t)$,因此 $F_0 = a_0 = 0$,可以写出

$$f(t) = \sum_{n=-\infty}^{\infty} F_n e^{j n \frac{\pi}{3} t}$$

F_n 为一虚数，且为 $n\omega_1$ 的奇函数。利用式(4.47)可以求出

$$F_n = \begin{cases} 0, & n \text{ 为偶数} \\ \dfrac{-2}{jn\pi}\sin\dfrac{n\pi}{2}\sin\dfrac{n\pi}{6}, & n \text{ 为奇数} \end{cases}$$

$$b_n = 2jF_n = \begin{cases} \dfrac{-4}{n\pi}\sin\dfrac{n\pi}{2}\sin\dfrac{n\pi}{6}, & n \text{ 为奇数} \\ 0, & n \text{ 为偶数} \end{cases}$$

因此

$$f(t) = \sum_{n=1}^{\infty} \frac{-4}{n\pi}\sin\frac{n\pi}{2}\sin\frac{n\pi}{6}\sin n\frac{\pi}{3}t$$

4.4.3 奇谐信号

如果信号 $f(t)$ 的前半周期波形沿时间轴平移半个周期 $\dfrac{T_1}{2}$ 后，与后半周期波形对称于横轴，即满足

$$f(t) = -f\left(t \pm \frac{T_1}{2}\right) \tag{4.48}$$

则称此信号为半波对称信号，或称奇谐信号，如图 4.12(a)所示。由图中可见，直流分量 a_0 必然等于零。在图 4.12(b),(c),(d),(e)中用虚线分别画了 $\cos\omega_1 t$,$\sin\omega_1 t$,$\cos 2\omega_1 t$ 和 $\sin 2\omega_1 t$

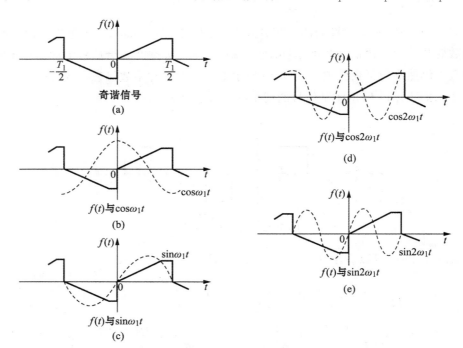

图 4.12 奇谐信号举例

的波形,图中实线为奇谐信号 $f(t)$ 的波形。从这些图形中可知

$$a_1 = \frac{4}{T_1}\int_0^{\frac{T_1}{2}} f(t)\cos\omega_1 t\mathrm{d}t, \quad b_1 = \frac{4}{T_1}\int_0^{\frac{T_1}{2}} f(t)\sin\omega_1 t\mathrm{d}t$$

$$a_2 = 0, \quad b_2 = 0$$

容易把上式推广到一般的表达式,即

$$\begin{cases} a_0 = 0 \\ a_n = b_n = 0, n\text{ 为偶数} \\ a_n = \frac{4}{T_1}\int_0^{\frac{T_1}{2}} f(t)\cos n\omega_1 t\mathrm{d}t, n\text{ 为奇数} \\ b_n = \frac{4}{T_1}\int_0^{\frac{T_1}{2}} f(t)\sin n\omega_1 t\mathrm{d}t, n\text{ 为奇数} \end{cases} \tag{4.49}$$

如果求解复指数形式的傅里叶系数 F_n,可以把奇谐信号的性质看得更加清楚。

$$\begin{aligned} F_n &= \frac{1}{T_1}\int_0^{\frac{T_1}{2}} f(t)\mathrm{e}^{-\mathrm{j}n\omega_1 t}\mathrm{d}t + \frac{1}{T_1}\int_{-\frac{T_1}{2}}^{0} f(t)\mathrm{e}^{-\mathrm{j}n\omega_1 t}\mathrm{d}t \\ &= \frac{1}{T_1}\int_0^{\frac{T_1}{2}} f(t)\mathrm{e}^{-\mathrm{j}n\omega_1 t}\mathrm{d}t - \frac{1}{T_1}\int_{-\frac{T_1}{2}}^{0} f\left(t+\frac{T_1}{2}\right)\mathrm{e}^{-\mathrm{j}n\omega_1 t}\mathrm{d}t \\ &= \frac{1}{T_1}\int_0^{\frac{T_1}{2}} f(t)\mathrm{e}^{-\mathrm{j}n\omega_1 t}\mathrm{d}t - \frac{1}{T_1}\int_0^{\frac{T_1}{2}} f(t)\mathrm{e}^{-\mathrm{j}n\omega_1 t}\mathrm{e}^{\mathrm{j}n\omega_1\frac{T_1}{2}}\mathrm{d}t \\ &= [1-(-1)^n]\frac{1}{T_1}\int_0^{\frac{T_1}{2}} f(t)\mathrm{e}^{-\mathrm{j}n\omega_1 t}\mathrm{d}t \end{aligned}$$

由上式可见,只有当 n 为奇数时 F_n 才存在,即只有 n 为奇数的复指数分量$\{\mathrm{e}^{\mathrm{j}n\omega_1 t}\}$。

由以上分析可以看到,奇谐信号的傅里叶级数中,只包括基波和奇次谐波的正弦、余弦项,而不存在偶次谐波项,这也是"奇谐信号"得名的来由。应当指出奇谐信号与奇信号不同,因为前者仅包括正弦与余弦的奇次项,而后者包括各次正弦项。

满足 $f(t)=f\left(t\pm\frac{T_1}{2}\right)$ 的信号可称为偶谐信号,如图 4.13 所示。不难看出,偶谐信号的最小周期实际上为 $\frac{T_1}{2}$,其傅里叶级数包括了 ω_1 的偶倍数次正弦、余弦项$\left(\omega_1=\frac{2\pi}{T_1}\right)$,此处不再赘述。表 4.1 中列出了三角形式及复指数形式傅里叶级数及其系数,以及各系数间的关系。

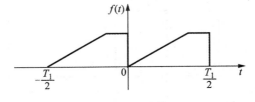

图 4.13　偶谐信号

表 4.1　周期信号展开为傅里叶级数

形式	展 开 式	傅里叶系数	系数间关系
复指数形式	$f(t)=\sum_{n=-\infty}^{\infty}F_n e^{jn\omega_1 t}$ $F_n=\|F_n\|e^{j\varphi_n}$	$F_n=\dfrac{1}{T_1}\int_{-\frac{T_1}{2}}^{\frac{T_1}{2}}f(t)e^{-jn\omega_1 t}\,dt$ $n=0,\pm1,\pm2,\cdots$	$F_0=C_0=D_0=a_0$ $F_n=\dfrac{1}{2}(a_n-jb_n)$ $F_{-n}=\dfrac{1}{2}(a_n+jb_n)$ $\|F_n\|=\|F_{-n}\|=\dfrac{1}{2}\sqrt{a_n^2+b_n^2}$ $=\dfrac{1}{2}C_n=\dfrac{1}{2}D_n$
三角形式	$f(t)=a_0+\sum_{n=1}^{\infty}(a_n\cos n\omega_1 t+b_n\sin n\omega_1 t)$ $f(t)=C_0+\sum_{n=1}^{\infty}C_n\cos(n\omega_1 t+\varphi_n)$ $f(t)=D_0+\sum_{n=1}^{\infty}D_n\sin(n\omega_1 t+\theta_n)$	$a_n=\dfrac{2}{T_1}\int_{T_1}f(t)\cos n\omega_1 t\,dt$ $b_n=\dfrac{2}{T_1}\int_{T_1}f(t)\sin n\omega_1 t\,dt$ $C_n=D_n=\sqrt{a_n^2+b_n^2}$ $a_0=C_0=D_0$ $\varphi_n=-\arctan\dfrac{b_n}{a_n}$ $\theta_n=\arctan\dfrac{a_n}{b_n}$	$a_n=C_n\cos\varphi_n=D_n\sin\theta_n$ $=F_n+F_{-n}$ $b_n=-C_n\sin\varphi_n=D_n\cos\theta_n$ $=j(F_n-F_{-n})$ $C_n=D_n=2\|F_n\|$

4.5　常用周期信号的频谱

本节介绍常用周期信号的频谱。重点讨论周期矩形脉冲信号的频谱,在此基础上介绍一些其他常用周期信号的频谱。

4.5.1　周期矩形脉冲

脉冲幅度为 E,宽度为 τ 的周期矩形脉冲 $f(t)$,其周期为 $T_1(\omega_1=2\pi/T_1)$,如图 4.14 所示。在一个周期内的表达式为

$$f(t)=E\left[\varepsilon\left(t+\frac{\tau}{2}\right)-\varepsilon\left(t-\frac{\tau}{2}\right)\right]$$

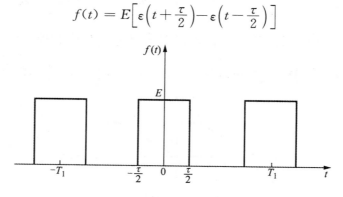

图 4.14　周期矩形脉冲

可以看出, $f(t)$ 为一实偶函数,若将 $f(t)$ 展开为复指数形式的傅里叶级数,可由式(4.31)求得傅里叶系数为

$$F_n = \frac{1}{T_1}\int_{-\frac{\tau}{2}}^{\frac{\tau}{2}} E\mathrm{e}^{-\mathrm{j}n\omega_1 t}\mathrm{d}t = \frac{E}{T_1}\frac{\mathrm{e}^{-\mathrm{j}n\omega_1 t}}{-\mathrm{j}n\omega_1}\Big|_{-\frac{\tau}{2}}^{\frac{\tau}{2}} = \frac{E\tau}{T_1}\frac{\sin\frac{n\omega_1\tau}{2}}{\frac{n\omega_1\tau}{2}} = \frac{E\tau}{T_1}\mathrm{Sa}\Big(\frac{n\omega_1\tau}{2}\Big) \quad (4.50)$$

当 $f(t)$ 为一实偶函数时,由上式看出其也为实偶函数,于是

$$f(t) = \sum_{n=-\infty}^{\infty} F_n\mathrm{e}^{-\mathrm{j}n\omega_1 t} = \frac{E\tau}{T_1}\sum_{n=-\infty}^{\infty}\mathrm{Sa}\Big(\frac{n\omega_1\tau}{2}\Big)\mathrm{e}^{\mathrm{j}n\omega_1 t} \quad (4.51\mathrm{a})$$

如果写成三角函数形式,则将上式写成

$$f(t) = F_0 + \sum_{n=1}^{\infty} F_n\mathrm{e}^{\mathrm{j}n\omega_1 t} + \sum_{n=-\infty}^{-1} F_n\mathrm{e}^{-\mathrm{j}n\omega_1 t} = F_0 + \sum_{n=1}^{\infty} F_n\mathrm{e}^{\mathrm{j}n\omega_1 t} + \sum_{n=1}^{\infty} F_{-n}\mathrm{e}^{-\mathrm{j}n\omega_1 t}$$

由于 $f(t)$ 为实信号, $f(t)=f^*(t)$,故 $F_n=-F_{-n}^*$,于是

$$f(t) = F_0 + \sum_{n=1}^{\infty}\big[F_n\mathrm{e}^{\mathrm{j}n\omega_1 t} + (F_n\mathrm{e}^{\mathrm{j}n\omega_1 t})^*\big] = \frac{E\tau}{T_1} + \frac{2E\tau}{T_1}\sum_{n=1}^{\infty}\mathrm{Sa}\Big(\frac{n\omega_1\tau}{2}\Big)\cos n\omega_1 t$$

$$(4.51\mathrm{b})$$

或

$$f(t) = \frac{E\tau}{T_1} + \frac{E\tau\omega_1}{\pi}\sum_{n=1}^{\infty}\mathrm{Sa}\Big(\frac{n\omega_1\tau}{2}\Big)\cos n\omega_1 t \quad (4.51\mathrm{c})$$

若给定 E,τ,T 利用式(4.41)可求出各傅里叶系数为

$$b_n = 0, \quad C_n = \sqrt{a_n^2 + b_n^2} = |a_n|$$

$$a_n = F_n + F_{-n} = 2F_n = \frac{2E\tau}{T_1}\mathrm{Sa}\Big(\frac{n\omega_1\tau}{2}\Big), \quad n=1,2,\cdots \quad (4.52)$$

$$C_0 = a_0 = F_0 = \frac{E\tau}{T_1}$$

由式(4.52)可以画出 $f(t)$ 的幅度谱 C_n 和相位谱 φ_n ,也可将幅度谱和相位谱画成一合成谱 a_n ,以及 $f(t)$ 的复数谱 F_n ,如图 4.15 所示。

由图 4.15 可以看出,周期信号的频谱是离散的频谱,它仅包含 $n\omega_1$ (n 为整数)的各分量,其相邻两谱线间隔是 $\omega_1\Big(\omega_1=\frac{2\pi}{T_1}\Big)$ 。脉冲重复周期 T_1 愈大,则谱线间隔愈小,频谱愈稠密。若 T_1 愈小,则频谱愈稀疏。

图 4.16 画出了脉冲宽度相同,而 T_1 由 5τ 变大至 10τ 及趋于无穷大时的频谱。由图可见,当周期 T_1 增大时,相邻谱线间隔减小,谱线趋密。如果周期无限大(即成为非周期信号),则相邻谱线的间隔趋于零。从而周期信号的离散频谱就演变为非周期信号的连续频谱。

由周期矩形脉冲的频谱图还可以看出,频谱的幅度包络线按照 $\mathrm{Sa}\Big(\frac{\omega\tau}{2}\Big)$ 规律变化,在 $\omega=\frac{2\pi}{\tau}m(m=1,2,\cdots)$ 处,包络为零,其相应的谱线,亦即相应的频率分量也等于零。在 $\omega=\frac{\pi}{\tau}(2m+1)$, $(m=1,2,\cdots)$ 处包络为极值,极值大小正比于脉幅 E 和脉宽 τ ,反比于周期 T_1 。

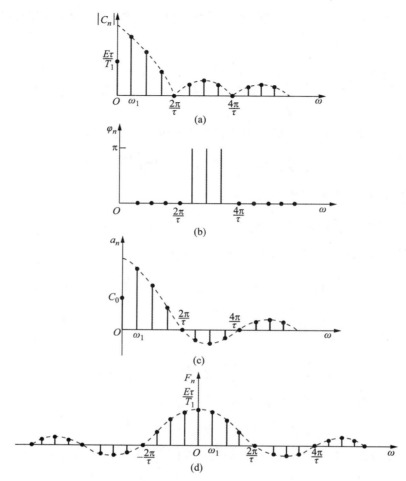

图 4.15   周期矩形信号的频谱

(a) 幅度谱   (b) 相位谱   (c) 合成谱   (d) 复数谱

周期矩形脉冲信号包括无限多条谱线,它可以分解为无限多个频率分量。由于各分量的幅度随频率的增加而减小,因此其信号能量主要集中在第一个零值点 $\left(\omega=\dfrac{2\pi}{\tau}\right)$ 以内。在允许一定失真的条件下,只需传送 $\omega\leqslant\dfrac{2\pi}{\tau}$ 频率范围内的各频谱分量就能满足通信系统的要求。通常把 $\omega=0$ 至 $\dfrac{2\pi}{\tau}$ 这段范围称为矩形脉冲信号的频带宽度,简称信号带宽,用符号 B_ω 或 B_f 表示,即

$$B_\omega=\frac{2\pi}{\tau},\quad B_f=\frac{1}{\tau} \tag{4.53}$$

式(4.53)说明信号带宽 B_ω 与脉冲宽度 τ 成反比。这一结论可以从图 4.17 得到验证。图中画出了当脉冲重复周期 T_1 保持不变,脉冲宽度由 $\tau=\dfrac{T_1}{5}$ 变窄到 $\tau=\dfrac{T_1}{10}$ 两种情况时的脉冲周期信号频谱。由图中可见,由于周期相同,因此相邻谱线间隔相同。脉冲宽度变窄时,其频谱包络线零值点的频率变高,即信号的带宽 B_ω 变大,频带内所包含的分量增多。

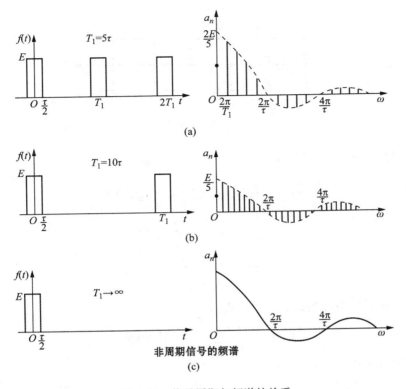

图 4.16　信号周期与频谱的关系

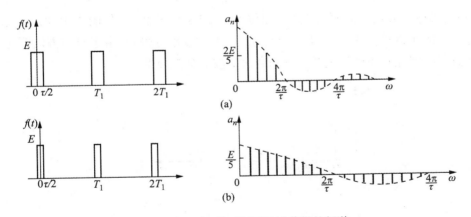

图 4.17　不同 τ 值时矩形脉冲信号的频谱

$$(a)\ \tau = \frac{T_1}{5} \quad (b)\ \tau = \frac{T_1}{10}$$

4.5.2　对称方波

对称方波的波形如图 4.18 所示,它是正负交替的周期信号,其直流分量

$$a_0 = C_0 = F_0 = 0$$

周期为 T_1,其脉宽等于周期的一半,即 $\tau = \dfrac{T_1}{2}$。

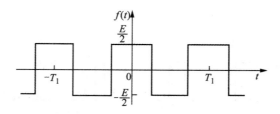

图 4.18　对称方波

将 $\tau = \dfrac{T_1}{2}$ 代入式(4.50)，可得

$$F_n = \frac{E\tau}{T_1} \mathrm{Sa}\left(\frac{n\omega_1\tau}{2}\right) = \frac{E}{n\,\pi} \sin\frac{n\,\pi}{2} \tag{4.54a}$$

$$a_n = 2F_n = \frac{2E}{n\,\pi} \sin\frac{n\,\pi}{2} \tag{4.54b}$$

$$C_0 = a_0 = F_0 = 0 \tag{4.54c}$$

$$b_n = 0 \tag{4.54d}$$

因此，对称方波信号傅里叶级数的三角形式为

$$f(t) = \frac{2E}{\pi} \sum_{n=1}^{\infty} \frac{1}{n} \sin\frac{n\,\pi}{2} \cos n\omega_1 t \tag{4.55}$$

由式(4.54b)可以求得

$$a_1 = \frac{2E}{\pi}, \quad a_2 = 0, \quad a_3 = -\frac{2E}{3\pi}, \quad a_4 = 0, \quad a_5 = \frac{2E}{5\pi}, \quad \cdots$$

据此可画出对称方波信号的幅度谱 C_n、相位谱 φ_n 以及合成谱 a_n，如图 4.19 所示。由图中可见，对称方波的频谱只包括基波和奇次谐波。从 4.4 节也可得知，由于对称方波既是偶信号，又是奇谐信号，因此其频谱只包括基波和奇次谐波的余弦分量。

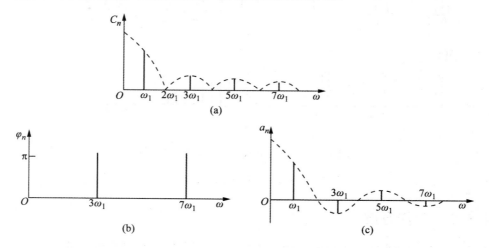

图 4.19　对称方波信号的频谱
(a) 幅度谱　(b) 相位谱　(c) 合成谱

例 4.3　若取傅里叶级数的前 $2N+1$ 项 $S_N(t)$ 来近似表示一周期信号 $f(t)$,则称 $S_N(t)$ 为有限项傅里叶级数,即

$$S_N(t) = a_0 + \sum_{n=1}^{N} (a_n \cos n\omega_1 t + b_n \sin n\omega_1 t)$$

用 $S_N(t)$ 近似表示 $f(t)$ 所引起的误差为

$$\varepsilon_N(t) = f(t) - S_N(t)$$

其均方误差可利用式(4.14)得到,即

$$E_N = \overline{\varepsilon_N^2(t)} = \frac{1}{T_1} \int_{T_1} \varepsilon_N^2(t)\,\mathrm{d}t = \overline{f^2(t)} - \left[a_0^2 + \frac{1}{2} \sum_{n=1}^{N} (a_n^2 + b_n^2) \right]$$

试求用有限项级数 S_1, S_3, S_5 去逼近对称方波信号(见图 4.18)所引起的均方误差 E_1, E_3, E_5。

解　对称方波信号的傅里叶系数可由式(4.54)得

$$a_n = \frac{2E}{n\pi} \sin \frac{n\pi}{2}, \quad b_n = 0, \quad a_0 = 0$$

可以写出有限项级数

$$S_1 = \frac{2E}{\pi} \cos \omega_1 t$$

$$S_3 = \frac{2E}{\pi} \left(\cos \omega_1 t - \frac{1}{3} \cos 3\omega_1 t \right)$$

$$S_5 = \frac{2E}{\pi} \left(\cos \omega_1 t - \frac{1}{3} \cos 3\omega_1 t + \frac{1}{5} \cos 5\omega_1 t \right)$$

其波形如图 4.20 所示。因此,用有限项级数 S_1, S_3, S_5 近似表示对称方波时的均方误差为

$$E_1 = \overline{\varepsilon_1^2} = \overline{f^2(t)} - \frac{1}{2} a_1^2 = \left(\frac{E}{2} \right)^2 - \frac{1}{2} \left(\frac{2E}{\pi} \right)^2 \approx 0.05E^2$$

$$E_3 = \overline{\varepsilon_3^2} = \overline{f^2(t)} - \frac{1}{2} (a_1^2 + a_3^2) = \left(\frac{E}{2} \right)^2 - \frac{1}{2} \left(\frac{2E}{\pi} \right)^2 - \frac{1}{2} \left(\frac{2E}{3\pi} \right)^2 \approx 0.02E^2$$

$$E_5 = \overline{\varepsilon_5^2} = \overline{f^2(t)} - \frac{1}{2} (a_1^2 + a_3^2 + a_5^2)$$

$$= \left(\frac{E}{2} \right)^2 - \frac{1}{2} \left(\frac{2E}{\pi} \right)^2 - \frac{1}{2} \left(\frac{2E}{3\pi} \right)^2 - \frac{1}{2} \left(\frac{2E}{5\pi} \right)^2 \approx 0.015E^2$$

由图 4.20 可以看出,傅里叶有限项级数所取项数 N 愈多,则该式表示的信号愈接近于信号 $f(t)$,两者均方误差愈小;$N \to \infty$ 时,均方误差趋于零。

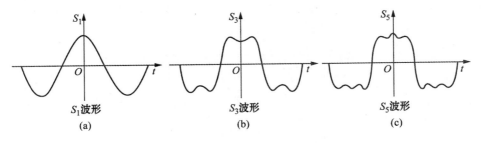

(a)　(b)　(c)

图 4.20　对称方波有限项级数表示

由图还可看到,当有限项数 N 增加时,合成波形 $S_N(t)$ 中的峰起愈靠近 $f(t)$ 的不连续点,但其峰起值趋于一个常数,大约等于跳变值的 9%,并以起伏振荡的形势逐渐衰减,这种现象称为吉伯斯(Gibbs)现象。这个现象的含义是:一个不连续周期信号 $f(t)$ 的傅里叶级数的截断近似 $S_N(t)$,一般说来,在接近不连续点处,将呈现高频起伏和超量。而且,若在实际情况下利用该截断近似的话,应该选择足够大的 N,以保证这些起伏拥有的总能量可以忽略。

对称方波的吉伯斯现象如图 4.21 所示。

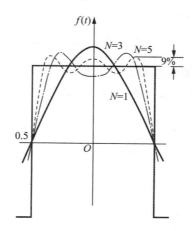

图 4.21　吉伯斯现象

4.5.3　周期锯齿脉冲

周期锯齿脉冲信号 $f(t)$ 如 4.22 所示。由图可知,$f(t)$ 为奇信号,因而 $a_n=0$,$a_0=0$。

$$b_n = \frac{4}{T_1}\int_0^{\frac{T_1}{2}} f(t)\sin n\omega_1 t \mathrm{d}t = \frac{4}{T_1}\int_0^{\frac{T_1}{2}} \frac{E}{T_1}t\sin n\omega_1 t \mathrm{d}t$$

$$= \frac{4E}{T_1^2}\left[\frac{1}{n^2\omega_1^2}\sin n\omega_1 t - \frac{t}{n\omega_1}\cos n\omega_1 t\right]\Big|_0^{\frac{T_1}{2}}$$

$$= (-1)^{n+1}\frac{E}{n\pi}, \quad n=1,2,3$$

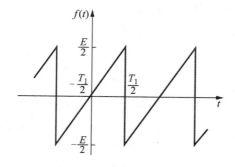

图 4.22　周期锯齿波

可以写出

$$f(t) = \frac{E}{\pi} \sum_{n=1}^{\infty} (-1)^{n+1} \frac{1}{n} \sin n\omega_1 t \tag{4.56}$$

因此,周期锯齿脉冲信号的频谱只包括正弦分量,其谐波幅度以 $\frac{1}{n}$ 规律衰减。

4.5.4　周期三角脉冲

周期三角脉冲信号如图 4.23 所示。可以看出,该信号为偶对称信号,因此有 $b_n = 0$。可以求出

$$a_0 = \frac{1}{T_1} \int_{T_1} f(t) \mathrm{d}t = \frac{E\tau}{2T_1}$$

$$a_n = \frac{4}{T_1} \int_0^{\frac{T_1}{2}} f(t) \cos n\omega_1 t \mathrm{d}t = \frac{4}{T_1} \int_0^{\frac{T_1}{2}} E\left(1 - \frac{2t}{\tau}\right) \cos n\omega_1 t \mathrm{d}t$$

$$= \frac{4E}{T_1} \left[\frac{1}{n\omega_1} \sin n\omega_1 t - \frac{2}{\tau} \frac{1}{(n\omega_1)^2} \cos n\omega_1 t - \frac{2}{\tau} \frac{t}{n\omega_1} \sin n\omega_1 t \right] \Big|_0^{\frac{\tau}{2}}$$

$$= \frac{4T_1}{\tau} \frac{E}{(n\pi)^2} \sin^2\left(\frac{n\omega_1\tau}{4}\right), \quad n = 1, 2, \cdots$$

所以其三角形式的傅里叶级数为

$$f(t) = \frac{E\tau}{2T_1} + \frac{4T_1 E}{\tau} \sum_{n=1}^{\infty} \frac{1}{(n\pi)^2} \sin^2\left(\frac{n\omega_1\tau}{4}\right) \cos n\omega_1 t \tag{4.57}$$

由上式可知,周期三角脉冲信号的频谱只包含直流和余弦分量。

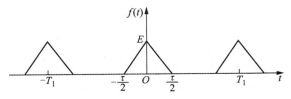

图 4.23　周期三角波

4.5.5　周期半波余弦

周期半波余弦信号如图 4.24 所示。同样由于它是偶信号,因而 $b_n = 0$。其他傅里叶系数为

$$a_0 = \frac{2}{T_1} \int_0^{\frac{T_1}{4}} E \cos \omega_1 t \mathrm{d}t = \frac{E}{\pi}$$

$$a_n = \frac{4}{T_1} \int_0^{\frac{T_1}{4}} E \cos \omega_1 t \cos n\omega_1 t \mathrm{d}t$$

$$= \frac{4E}{T_1} \left[\frac{\sin(n-1)\omega_1 t}{2(n-1)\omega_1} + \frac{\sin(n+1)\omega_1 t}{2(n+1)\omega_1} \right] \Big|_0^{\frac{T_1}{4}}$$

$$= -\frac{2E}{\pi} \frac{1}{n^2 - 1} \cos\left(\frac{n\pi}{2}\right), \quad n = 1, 2, \cdots$$

因此

$$f(t) = \frac{E}{\pi} - \frac{2E}{\pi} \sum_{n=1}^{\infty} \frac{1}{n^2-1} \cos\left(\frac{n\pi}{2}\right) \cos n\omega_1 t \tag{4.58}$$

从上式可以看出：周期半波余弦信号的频谱只含有直流，基波和偶次谐波的余弦分量，谐波的幅度以 $\frac{1}{n^2}$ 规律衰减。

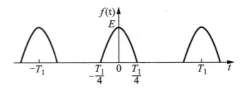

图 4.24　周期半波余弦信号

4.5.6　周期全波余弦

周期全波余弦信号如图 4.25 所示，其表达式为

$$f(t) = E \mid \cos\omega_0 t \mid$$

式中 $\omega_0 = 2\pi/T_0$，$f(t)$ 的周期 T 是 $\cos\omega_0 t$ 的周期 T_0 的一半，即 $T = \frac{T_0}{2} = T_1$，角频率 $\omega_1 = \frac{2\pi}{T_1} = 2\omega_0$。由于周期全波余弦是偶信号，因而 $b_n = 0$。可以求得其傅里叶系数为

$$a_0 = \frac{2E}{T_1} \int_0^{\frac{T_1}{2}} \cos\omega_0 t \mathrm{d}t = \frac{2E}{\omega_0 T_1} \sin\omega_0 t \bigg|_0^{\frac{T_1}{2}} = \frac{2E}{\pi}$$

$$a_n = \frac{4E}{T_1} \int_0^{\frac{T_1}{2}} \cos\omega_0 t \cos n\omega_1 t \mathrm{d}t$$

$$= \frac{4E}{T_1} \left[\frac{\sin\left(n-\frac{1}{2}\right)\omega_1 t}{2\left(n-\frac{1}{2}\right)\omega_1} + \frac{\sin\left(n+\frac{1}{2}\right)\omega_1 t}{2\left(n+\frac{1}{2}\right)\omega_1} \right] \Bigg|_0^{\frac{T_1}{2}}$$

$$= \frac{4E}{\pi} (-1)^{n+1} \frac{1}{4n^2-1}, \quad n = 1, 2, \cdots$$

于是，$f(t)$ 可表示为

$$f(t) = \frac{2E}{\pi} + \frac{4E}{\pi} \sum_{n=1}^{\infty} (-1)^{n+1} \frac{1}{4n^2-1} \cos 2n\omega_0 t \tag{4.59}$$

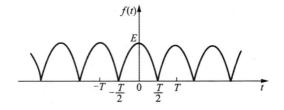

图 4.25　周期全波余弦信号

　　由上式可知,周期全波余弦信号的频谱只包含直流分量及 ω_0 的偶次分量,谐波的幅度以 $\dfrac{1}{n^2}$ 规律衰减。

　　常用周期信号的傅里叶系数列于书末的附录 D 中,可供查阅参考。

4.6　非周期信号的频谱——傅里叶变换

　　在 4.5.1 节已经述及,当周期 T_1 趋于无穷大时,周期信号就成为一非周期信号,其频谱相邻谱线间隔 $\omega_1 = \dfrac{2\pi}{T_1}$ 趋于零,从而周期信号的离散频谱演变为非周期信号的连续频谱。因此,可以把非周期信号看做是周期 T_1 趋于无穷大时的周期信号,然后利用已经得到的周期信号傅里叶级数表示式来进行频谱分析。周期信号傅里叶级数的复指数形式如式(4.26),即

$$f(t) = \sum_{n=-\infty}^{\infty} F_n \mathrm{e}^{\mathrm{j}n\omega_1 t}, \quad t_0 < t < t_0 + T_1$$

其傅里叶系数如式(4.31),即

$$F_n = \frac{1}{T_1} \int_{T_1} f(t) \mathrm{e}^{-\mathrm{j}n\omega_1 t} \mathrm{d}t$$

可以看出,当 T_1 趋于无穷大时,系数 F_n 的值趋于零。但从物理概念上考虑,非周期信号的频谱依然存在。为了表达非周期信号的频谱特性,引入频谱密度函数的概念,令

$$F(\omega) = \lim_{T_1 \to \infty} F_n \cdot T_1 = \lim_{T_1 \to \infty} \int_{T_1} f(t) \mathrm{e}^{-\mathrm{j}n\omega_1 t} \mathrm{d}t$$

当 $T_1 \to \infty$ 时,$F(\omega)$ 不为零,并可表示为

$$F(\omega) = \lim_{T_1 \to \infty} \frac{2\pi F_n}{\omega_1}$$

由上式可以看出,$\dfrac{F_n}{\omega_1}$ 反映单位频带内的频谱值,故 $F(\omega)$ 称为频谱密度函数,简称频谱函数。于是

$$F(\omega) = \lim_{T_1 \to \infty} \int_{-\frac{T_1}{2}}^{\frac{T_1}{2}} f(t) \mathrm{e}^{-\mathrm{j}n\omega_1 t} \mathrm{d}t$$

当重复周期 $T_1 \to \infty$ 时,重复频率 $\omega_1 \to 0$ 时,谱线间隔 $(\Delta n\omega_1) \to d\omega$,离散频率 $n\omega_1$ 变成连续频率 ω。于是上式可以写成

$$F(\omega) = \int_{-\infty}^{\infty} f(t) \mathrm{e}^{-\mathrm{j}\omega t} \mathrm{d}t \tag{4.60a}$$

　　另一方面,由于 $(\Delta n\omega_1) = \omega_1$,故傅里叶级数表示式可以写成

$$f(t) = \sum_{n=-\infty}^{\infty} F_n \mathrm{e}^{\mathrm{j}n\omega_1 t} = \sum_{n=-\infty}^{\infty} \frac{F_n}{\omega_1} \mathrm{e}^{\mathrm{j}n\omega_1 t} \cdot \Delta(n\omega_1)$$

当 $T_1 \to \infty$ 时,上式中各参量有如下变化:

$$n\omega_1 \to \omega$$
$$\Delta(n\omega_1) \to d\omega$$
$$\frac{F_n}{\omega_1} \to \frac{F(\omega)}{2\pi}$$

$$\sum_{-\infty}^{\infty} \rightarrow \int_{-\infty}^{\infty}$$

于是，$f(t)$ 的傅里叶级数展开式变成积分形式，即

$$f(t) = \frac{1}{2\pi} \int_{-\infty}^{\infty} F(\omega) e^{j\omega t} d\omega \qquad (4.60b)$$

至此，我们利用周期信号的傅里叶级数通过求取极限的方法得到非周期信号频谱函数表达式，即傅里叶变换式（4.60），其中式（4.60a）为正变换式，式（4.60b）为反变换式。它们又可以表示为

$$F(\omega) = \mathscr{F}\big[f(t)\big] = \int_{-\infty}^{\infty} f(t) e^{-j\omega t} dt$$

及

$$f(t) = \mathscr{F}^{-1}\big[F(\omega)\big] = \frac{1}{2\pi} \int_{-\infty}^{\infty} F(\omega) e^{j\omega t} d\omega$$

$F(\omega)$ 称为 $f(t)$ 的频谱函数或 $f(t)$ 的傅里叶变换，有时也记为 $F(j\omega)$ 或 $F(jf)$。$f(t)$ 称为 $F(\omega)$ 的原函数或傅里叶反变换。$F(\omega)$ 在一般情况下为复函数，可以写成

$$F(\omega) = |F(\omega)| e^{j\varphi(\omega)} = R(\omega) + jX(\omega) \qquad (4.61)$$

式中 $|F(\omega)|$ 和 $\varphi(\omega)$ 分别为 $F(\omega)$ 的模和相位，$R(\omega)$ 和 $X(\omega)$ 分别表示 $F(\omega)$ 的实部和虚部。$|F(\omega)|$ 代表各频率分量的相对幅度，体现幅度与频率之间的关系，因此称为幅度频谱，简称幅度谱；而 $\varphi(\omega)$ 表示各频率分量对应的相位关系，因此成为相位频谱，简称相位谱。

傅里叶变换也可像傅里叶级数那样写成三角形式，即

$$F(\omega) = \int_{-\infty}^{\infty} f(t) e^{-j\omega t} dt = \int_{-\infty}^{\infty} f(t) \cos \omega t \, dt - j \int_{-\infty}^{\infty} f(t) \sin \omega t \, dt = R(\omega) + jX(\omega)$$

上式两边比较后可得

$$R(\omega) = \int_{-\infty}^{\infty} f(t) \cos \omega t \, dt \qquad (4.62a)$$

$$X(\omega) = -\int_{-\infty}^{\infty} f(t) \sin \omega t \, dt \qquad (4.62b)$$

式（4.62）与式（4.61）比较可得

$$|F(\omega)| = \sqrt{R^2(\omega) + X^2(\omega)} \qquad (4.63a)$$

$$\varphi(\omega) = \arctan \frac{X(\omega)}{R(\omega)} \qquad (4.63b)$$

由式（4.62）可知，当 $f(t)$ 为实函数时，$R(\omega)$ 为偶函数，$X(\omega)$ 为奇函数，也即

$$R(\omega) = R(-\omega), \quad X(\omega) = -X(-\omega)$$

由此得到

$$|F(\omega)| = |F(-\omega)|, \quad \varphi(\omega) = -\varphi(-\omega)$$

即当 $f(t)$ 为实函数时，其频谱中的幅频函数呈偶对称，相频函数呈奇对称。

必须指出，前面描述的傅里叶变换没有经过严格的数学推导。从理论上讲，傅里叶变换也应满足一定的条件才能存在。这种条件类似于周期函数展开为傅里叶级数的狄义赫利条件，所不同的是非周期信号的时间范围从一个周期扩展为无限的区间。因此，傅里叶变换存在的充分条件为 $f(t)$ 在无限区间绝对可积，即

$$\int_{-\infty}^{\infty} |f(t)| \, \mathrm{d}t < \infty$$

但此条件并非必要条件。当引入广义函数的概念后,允许傅里叶变换中存在像冲激函数那样的奇异函数,这样就使许多不满足以上绝对可积条件的函数(如阶跃函数、符号函数及周期函数)也能进行傅里叶变换,因此给信号分析带来很大的方便。

最后还要指出:非周期信号的频谱是连续的,而上一节讨论的周期信号的频谱却是离散的,这一点希望读者能够注意。

4.7　常用非周期信号的频谱

本节首先利用傅里叶变换的定义式求解几种典型非周期信号的频谱,然后讨论冲激信号与阶跃信号的频谱。

4.7.1　典型非周期信号的频谱

利用傅里叶变换的定义式,可以直接求出几种常用非周期信号的频谱。

1. 单边指数信号

单边指数信号可表示为

$$f(t) = \mathrm{e}^{-\alpha t} \cdot \varepsilon(t)$$

式中 $\alpha > 0$。可以求出 $f(t)$ 的傅里叶变换为

$$F(\omega) = \int_{-\infty}^{\infty} f(t)\mathrm{e}^{-\mathrm{j}\omega t}\,\mathrm{d}t = \int_{0}^{\infty} \mathrm{e}^{-\alpha t}\,\mathrm{d}^{-\mathrm{j}\omega t}\,\mathrm{d}t = -\frac{\mathrm{e}^{-(\alpha+\mathrm{j}\omega)t}}{\alpha+\mathrm{j}\omega}\bigg|_{0}^{\infty} = \frac{1}{\alpha+\mathrm{j}\omega} \tag{4.64a}$$

$$|F(\omega)| = \frac{1}{\sqrt{\alpha^2+\omega^2}} \tag{4.64b}$$

$$\varphi(\omega) = -\arctan\left(\frac{\omega}{\alpha}\right) \tag{4.64c}$$

单边指数信号的波形 $f(t)$,幅度谱 $|F(\omega)|$ 和相位谱 $\varphi(\omega)$ 分别由图 4.26(a),(b),(c)表示。

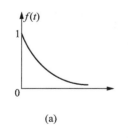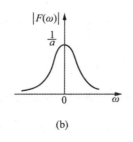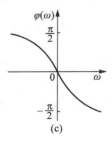

图 4.26　单边指数信号及其频谱

(a) 波形图　(b) 幅度谱　(c) 相位谱

2. 双边指数信号

双边指数信号的表示式为

$$f(t) = \mathrm{e}^{-\alpha|t|}, \quad \alpha > 0, \quad -\infty < t < \infty$$

可以求得其傅里叶变换为

$$F(\omega) = \int_{-\infty}^{\infty} f(t)\mathrm{e}^{-\mathrm{j}\omega t}\,\mathrm{d}t = \int_{-\infty}^{\infty} \mathrm{e}^{-\alpha|t|}\,\mathrm{e}^{-\mathrm{j}\omega t}\,\mathrm{d}t$$

$$= \int_{-\infty}^{0} \mathrm{e}^{\alpha t}\,\mathrm{e}^{-\mathrm{j}\omega t}\,\mathrm{d}t + \int_{0}^{\infty} \mathrm{e}^{-\alpha t}\,\mathrm{e}^{-\mathrm{j}\omega t}\,\mathrm{d}t$$

$$= \frac{1}{\alpha - \mathrm{j}\omega} + \frac{1}{\alpha + \mathrm{j}\omega} = \frac{2\alpha}{\alpha^2 + \omega^2} \tag{4.65a}$$

$$|F(\omega)| = \frac{2\alpha}{\alpha^2 + \omega^2} \tag{4.65b}$$

$$\varphi(\omega) = 0 \tag{4.65c}$$

双边指数信号的波形 $f(t)$，幅度谱$|F(\omega)|$如图 4.27(a)、(b)所示。

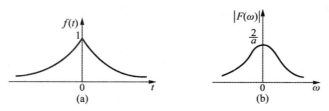

图 4.27　双边指数信号及其频谱

(a) 波形图　(b) 幅度谱

3. 矩形信号

矩形脉冲信号的表示式为

$$f(t) = E\left[\varepsilon\left(t + \frac{\tau}{2}\right) - \varepsilon\left(t - \frac{\tau}{2}\right)\right]$$

如图 4.28(a)所示。其傅里叶变换为

$$F(\omega) = \int_{-\infty}^{\infty} f(t)\mathrm{e}^{-\mathrm{j}\omega t}\,\mathrm{d}t = \int_{-\frac{\tau}{2}}^{\frac{\tau}{2}} E\mathrm{e}^{-\mathrm{j}\omega t}\,\mathrm{d}t = -\frac{E}{\mathrm{j}\omega}\mathrm{e}^{-\mathrm{j}\omega t}\,\Big|_{-\frac{\tau}{2}}^{\frac{\tau}{2}}$$

$$= \frac{2E}{\omega}\sin\frac{\omega\tau}{2} = E\tau\,\mathrm{Sa}\left(\frac{\omega\tau}{2}\right) \tag{4.66a}$$

其频谱图如图 4.28(b)所示。对应的幅度谱和相位谱分别为

$$|F(\omega)| = E\tau\left|\mathrm{Sa}\left(\frac{\omega\tau}{2}\right)\right| \tag{4.66b}$$

$$\varphi(\omega) = \begin{cases} 0, & \dfrac{4n\pi}{\tau} < |\omega| < \dfrac{2(2n+1)\pi}{\tau} \\[2mm] \pi, & \dfrac{2(2n+1)\pi}{\tau} < |\omega| < \dfrac{4(n+1)\pi}{\tau} \end{cases} \tag{4.66c}$$

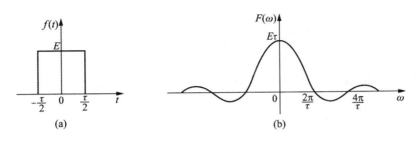

图 4.28 矩形脉冲信号及其频谱

（a）波形图 （b）频谱图

观察图 4.28(b)可知，矩形脉冲信号的频谱与周期矩形脉冲的频谱包络类似，其主要能量同样集中在第一个零点之内，即 $w=0 \sim \frac{2\pi}{\tau}$ 或 $f=0 \sim \frac{1}{\tau}$。我们把此频率范围称为矩形脉冲信号的频带，记为 B_ω 或 B_f，因此有

$$B_f \approx \frac{1}{\tau} \tag{4.67}$$

这是一个非常重要的结论。它表明：矩形脉冲信号的频带宽度与其脉冲宽度成反比。也就是说，脉冲愈窄，信号本身的带宽愈大。

4. 抽样脉冲

抽样脉冲信号的表示式为

$$f(t) = \mathrm{Sa}(\omega_c t) = \frac{\sin \omega_c t}{\omega_c t}$$

如图 4.29(a)所示。用傅里叶变换的定义式直接求该信号的频谱十分困难，但可以通过观察一个矩形频谱函数的傅里叶反变换得到所需的结果。由于

$$\mathscr{F}^{-1}\left[\varepsilon\left(\omega+\omega_c\right)-\varepsilon\left(\omega-\omega_c\right)\right] = \frac{1}{2\pi}\int_{-\infty}^{\infty}\left[\varepsilon\left(\omega+\omega_c\right)-\varepsilon\left(\omega-\omega_c\right)\right]\mathrm{e}^{\mathrm{j}\omega t}\,\mathrm{d}\omega$$

$$= \frac{1}{2\pi}\int_{-\omega_c}^{\omega_c}\mathrm{e}^{\mathrm{j}\omega t}\,\mathrm{d}\omega = \frac{\sin \omega_c t}{\pi t}$$

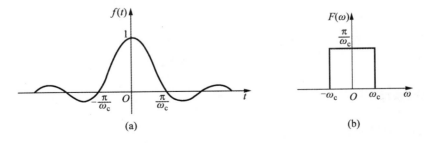

图 4.29 抽样脉冲信号及其频谱

（a）波形图 （b）频谱图

因此

$$\mathscr{F}\left[\frac{\sin\omega_c t}{\pi t}\right]=\left[\varepsilon\left(\omega+\omega_c\right)-\varepsilon\left(\omega-\omega_c\right)\right]$$

于是得到抽样脉冲 $\mathrm{Sa}(\omega_c t)=\dfrac{\sin\omega_c t}{\omega_c t}$ 的频谱为

$$F(\omega)=\mathscr{F}\left[\mathrm{Sa}(\omega_c t)\right]=\frac{\pi}{\omega_c}\left[\varepsilon\left(\omega+\omega_c\right)-\varepsilon\left(\omega-\omega_c\right)\right] \tag{4.68}$$

其频谱图如图 4.29(b)所示。

5. 钟形脉冲

钟形脉冲又称高斯脉冲，其表示式为

$$f(t)=E\mathrm{e}^{-\left(\frac{t}{\tau}\right)^2}$$

因为

$$\begin{aligned}
F(\omega)&=\int_{-\infty}^{\infty}f(t)\,\mathrm{e}^{-\mathrm{j}\omega t}\,\mathrm{d}t=\int_{-\infty}^{\infty}E\mathrm{e}^{-\left(\frac{t}{\tau}\right)^2}\,\mathrm{e}^{-\mathrm{j}\omega t}\,\mathrm{d}t\\
&=\int_{-\infty}^{\infty}E\mathrm{e}^{-\left(\frac{t}{\tau}\right)^2}\left[\cos\omega t-\mathrm{j}\sin\omega t\right]\mathrm{d}t\\
&=2E\int_{0}^{\infty}\mathrm{e}^{-\left(\frac{t}{\tau}\right)^2}\cos\omega t\,\mathrm{d}t
\end{aligned}$$

计算以上积分可得钟形脉冲的频谱

$$F(\omega)=\sqrt{\pi}E\tau\mathrm{e}^{\left(\frac{\omega\tau}{2}\right)^2} \tag{4.69}$$

钟形脉冲的波形及其频谱图如图 4.30 所示。由图可见，钟形脉冲信号的波形和频谱具有相同的形状，也是一个钟形。

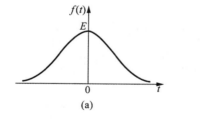
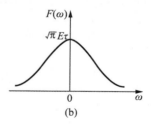

图 4.30　钟形脉冲波形及其频谱

(a) 波形图　(b) 频谱图

6. 升余弦脉冲

升余弦脉冲信号可表示为

$$f(t)=\frac{E}{2}\left(1+\cos\frac{\pi t}{\tau}\right),\quad |t|<\tau$$

其波形图如图 4.31(a)所示。可以求出其傅里叶变换为

$$F(\omega) = \int_{-\infty}^{\infty} f(t) e^{-j\omega t} \, dt = \int_{-\tau}^{\tau} \frac{1}{2} E \left(1 + \cos \frac{\pi t}{\tau} \right) e^{-j\omega t} \, dt$$

$$= \frac{E}{2} \int_{-\tau}^{\tau} e^{-j\omega t} \, dt + \frac{E}{4} \int_{-\tau}^{\tau} e^{j\frac{\pi t}{\tau}} e^{-j\omega t} \, dt + \frac{E}{4} \int_{-\tau}^{\tau} e^{-j\frac{\pi t}{\tau}} e^{-j\omega t} \, dt$$

$$= E\tau \, \mathrm{Sa}(\omega\tau) + \frac{E\tau}{2} \mathrm{Sa}\left[\left(\omega - \frac{\pi}{\tau} \right)\tau \right] + \frac{E\tau}{2} \mathrm{Sa}\left[\left(\omega + \frac{\pi}{\tau} \right)\tau \right]$$

$$= \frac{E \sin \omega\tau}{\omega \left[1 - \left(\frac{\omega\tau}{\pi} \right)^2 \right]} = \frac{E\tau \, \mathrm{Sa}(\omega\tau)}{1 - \left(\frac{\omega\tau}{\pi} \right)^2} \tag{4.70}$$

其频谱图如图 4.31(b)所示。

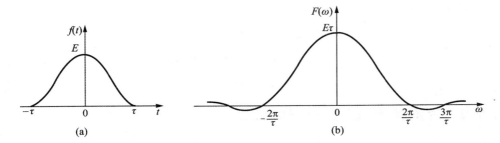

图 4.31　升余弦脉冲波形及其频谱

(a) 波形图　(b) 频谱图

7. 符号函数

符号函数记作符号 $\mathrm{sgn}(t)$，其表示式为

$$f(t) = \mathrm{sgn}(t) = \begin{cases} 1, & t > 0 \\ -1, & t < 0 \end{cases}$$

其波形如图 4.32(a)所示。由图可见,此信号不满足绝对可积条件,但却存在傅里叶变换,有时称为广义傅里叶变换。在求 $f(t)$ 的傅里叶变换时,可借助符号函数与双边指数函数相乘,即

$$f_1(t) = e^{-\alpha|t|} \cdot \mathrm{sgn}(t), \quad \alpha > 0$$

先求 $f_1(t)$ 的傅里叶变换,然后令 α 趋于零求极限,可得到 $f(t)$ 的傅里叶变换,即

$$\mathscr{F}\left[f_1(t) \right] = F_1(\omega) = \int_{-\infty}^{\infty} f_1(t) e^{-j\omega t} \, dt$$

$$= \int_{-\infty}^{0} - e^{\alpha t} e^{-j\omega t} \, dt + \int_{0}^{\infty} e^{-\alpha t} e^{-j\omega t} \, dt = \frac{-1}{\alpha - j\omega} + \frac{1}{\alpha + j\omega}$$

于是,符号函数的频谱为

$$\mathscr{F}\left[\mathrm{sgn}(t) \right] = \mathscr{F}\left[f(t) \right] = F(\omega) = \lim_{\alpha \to 0} F_1(\omega) = \frac{2}{j\omega} \tag{4.71a}$$

其幅度谱为

$$| F(\omega) | = \frac{2}{| \omega |} \tag{4.71b}$$

相位谱为

$$\varphi(\omega) = \begin{cases} -\dfrac{\pi}{2}, & \omega > 0 \\[3mm] \dfrac{\pi}{2}, & \omega < 0 \end{cases} \tag{4.71c}$$

幅度谱和相位谱如图 4.32(b),(c)所示。

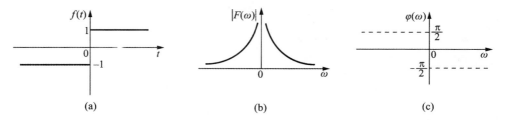

图 4.32　符号函数波形及其频谱

（a）波形图　（b）频谱图　（c）相位谱

4.7.2　冲激信号与阶跃信号的频谱

1. 单位冲激信号

单位冲激信号 $\delta(t)$ 的傅里叶变换 $F(\omega)$ 为

$$F(\omega) = \int_{-\infty}^{\infty} \delta(t) \mathrm{e}^{-\mathrm{j}\omega t} \mathrm{d}t = 1 \tag{4.72}$$

由此可见,单位冲激信号的频谱为常数,即其频谱在整个频率范围内是均匀分布的。在时域中波形变化剧烈的冲激信号包含幅度相等的所有频率分量,这种频谱常称作"均匀谱"或"白色谱",如图 4.33(b)所示。

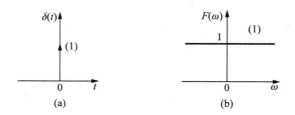

图 4.33　冲激函数及其频谱图

（a）波形图　（b）频谱图

2. 直流信号

如前所述,冲激信号的频谱是常数。那么,幅度为常数的直流信号的频谱是否为冲激函数呢? 为此,我们来考虑 $\delta(\omega)$ 的傅里叶反变换,即

$$\mathscr{F}^{-1}[\delta(\omega)] = \frac{1}{2\pi} \int_{-\infty}^{\infty} \delta(\omega) \mathrm{e}^{\mathrm{j}\omega t} \mathrm{d}\omega = \frac{1}{2\pi}$$

因此有

$$\mathscr{F}\left[\frac{1}{2\pi}\right] = \delta(\omega)$$

这意味着

$$\mathscr{F}[1] = 2\pi\delta(\omega), \quad \mathscr{F}[E] = 2\pi E\delta(\omega) \tag{4.73}$$

式中 E 为常数。上式表明,直流信号的频谱是位于 $\omega=0$ 的冲激函数,这与直流信号的物理概念是一致的,其频谱如图 4.34(b)所示。

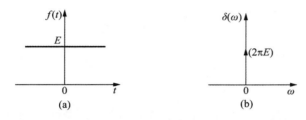

图 4.34　直流信号及其频谱

(a) 波形图　(b) 频谱图

3. 冲激偶函数

由式(4.72)的结果,$\mathscr{F}[\delta(t)]=1$,可知 $\mathscr{F}^{-1}[1]=\delta(t)$,即

$$\frac{1}{2\pi}\int_{-\infty}^{\infty} \mathrm{e}^{\mathrm{j}\omega t}\,\mathrm{d}\omega = \delta(t)$$

将上式两边对 t 求导得

$$\frac{1}{2\pi}\int_{-\infty}^{\infty} (\mathrm{j}\omega)\mathrm{e}^{\mathrm{j}\omega t}\,\mathrm{d}\omega = \frac{\mathrm{d}}{\mathrm{d}t}\delta(t)$$

即

$$\mathscr{F}^{-1}[\mathrm{j}\omega] = \delta'(t)$$

于是可得冲激偶函数的频谱为

$$\mathscr{F}[\delta'(t)] = \mathrm{j}\omega \tag{4.74}$$

同理可得

$$\mathscr{F}[\delta^{(n)}(t)] = (\mathrm{j}\omega)^n \tag{4.75}$$

4. 双边斜变信号

双边斜变信号 $R_b(t)$ 的表示为

$$R_b(t) = t, \quad -\infty < t < \infty$$

为了求得 $R_b(t)$ 的频谱,考虑到式(4.73)

$$\mathscr{F}[1] = 2\pi\delta(\omega)$$

即

$$\int_{-\infty}^{\infty} \mathrm{e}^{-\mathrm{j}\omega t}\,\mathrm{d}t = 2\pi\delta(\omega)$$

等式两边对 ω 求导,可得

$$\int_{-\infty}^{\infty} (-\mathrm{j}t)\mathrm{e}^{-\mathrm{j}\omega t}\,\mathrm{d}t = 2\pi\delta'(\omega)$$

上式表示

$$\mathscr{F}[-\mathrm{j}t] = 2\pi\delta'(\omega)$$

故双边斜变信号 $R_b(t)=t,(-\infty<t<\infty)$ 的频谱为

$$\mathscr{F}[t] = 2\pi\mathrm{j}\delta'(\omega) \tag{4.76}$$

上式可推广为

$$\mathscr{F}[t^n] = 2\pi(\mathrm{j})^n\delta^{(n)}(\omega) \tag{4.77}$$

$\delta^{(n)}(\omega)$ 表示 $\delta(\omega)$ 的 n 阶导数。

5. 单位阶跃信号

为了求得单位阶跃函数 $\varepsilon(t)$ 的频谱,可以考察 $\varepsilon(t)$ 与符号函数 $\mathrm{sgn}(t)$ 的关系,即

$$\varepsilon(t) = \frac{1}{2} + \frac{1}{2}\mathrm{sgn}(t)$$

由式(4.71)和式(4.73)可知 $\mathscr{F}[\mathrm{sgn}(t)]=\dfrac{2}{\mathrm{j}\omega}$,$\mathscr{F}\left[\dfrac{1}{2}\right]=\pi\delta(\omega)$,于是可以得到单位阶跃函数 $\varepsilon(t)$ 的频谱为

$$\mathscr{F}[\varepsilon(t)] = \mathscr{F}\left[\frac{1}{2}\mathrm{sgn}(t)\right] + \mathscr{F}\left[\frac{1}{2}\right] = \frac{1}{\mathrm{j}\omega} + \pi\delta(\omega) \tag{4.78}$$

单位阶跃函数 $u(t)$ 的幅频特性如图 4.35(b)所示。由图中可见,单位阶跃信号的频谱在 $\omega=0$ 处存在冲激,这是因为该信号在 $t>0$ 后表现为一直流信号。但它又不是纯直流信号,在 $t=0$ 处有跳变,故其频谱中还出现其他频率分量。

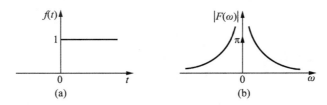

图 4.35 单位阶跃函数及其幅度谱

(a) 波形图 (b) 幅频特性图

本书最后的附录 E 列出了常用信号的傅里叶变换表,可供参阅。

4.8 傅里叶变换的性质

连续信号 $f(t)$ 可以通过傅里叶变换用频谱函数 $F(\omega)$ 表示,这就是说,信号 $f(t)$ 可以有两种表示方式,即时域表示和频域表示。在实际的信号分析中,经常需要对信号的时域与频域之间的对应关系以及转换规律有一个深入而清楚的理解,为此有必要讨论傅里叶变换的基本性

质及其应用。

4.8.1　线性

若信号 $f_1(t)$ 和 $f_2(t)$ 的傅里叶变换分别为 $F_1(\omega)$ 和 $F_2(\omega)$，也即

$$\mathscr{F}[f_1(t)] = F_1(\omega), \quad \mathscr{F}[f_2(t)] = F_2(\omega)$$

则对于任意常数 a_1 和 a_2，有

$$\mathscr{F}[a_1 f_1(t) + a_2 f_2(t)] = a_1 F_1(\omega) + a_2 F_2(\omega)$$

推广之，若 $\mathscr{F}[f_i(t)] = F_i(\omega), i = 1, 2, \cdots, n$，则

$$\mathscr{F}\Big[\sum_{i=1}^{n} a_i f_i(t)\Big] = \sum_{i=1}^{n} a_i F_i(\omega) \tag{4.79}$$

式中 a_i 为常数，n 为有理正整数。由傅里叶变换的定义式很容易证明线性性质。显然，傅里叶变换是一种线性运算，因此满足均匀性和可加性。

例 4.4　试求 $f(t) = [e^{-\alpha t} \cos \omega_0 t] \varepsilon(t)$ 的频谱 $F(\omega)$，其中 $\alpha > 0$。

解

$$(e^{-\alpha t} \cos \omega_0 t) \varepsilon(t) = \frac{1}{2} e^{-\alpha t} (e^{j\omega_0 t} + e^{-j\omega_0 t}) \varepsilon(t), \quad \alpha > 0,$$

而

$$\mathscr{F}[e^{-\alpha t} e^{j\omega_0 t} \varepsilon(t)] = \frac{1}{\alpha + j(\omega - \omega_0)}$$

$$\mathscr{F}[e^{-\alpha t} e^{-j\omega_0 t} \varepsilon(t)] = \frac{1}{\alpha + j(\omega + \omega_0)}$$

因此，利用傅里叶变换的线性性质可得

$$\mathscr{F}[f(t)] = \frac{1}{2} \mathscr{F}[e^{-\alpha t} e^{j\omega_0 t} \varepsilon(t)] + \frac{1}{2} \mathscr{F}[e^{-\alpha t} e^{-j\omega_0 t} \varepsilon(t)]$$

$$= \frac{1}{2} \Big[\frac{1}{\alpha + j(\omega - \omega_0)} + \frac{1}{\alpha + j(\omega + \omega_0)}\Big] = \frac{\alpha + j\omega}{(\alpha + j\omega)^2 + \omega_0^2} = F(\omega)$$

4.8.2　奇偶虚实性

考虑信号 $f(t)$ 与其频谱函数 $F(\omega)$ 的奇偶虚实关系。$f(t)$ 的傅里叶变化关系式由式(4.60a)给出，即

$$F(\omega) = \int_{-\infty}^{\infty} f(t) e^{-j\omega t} \, dt$$

$F(\omega)$ 一般为复函数，可表示为

$$F(\omega) = |F(\omega)| e^{j\varphi(\omega)} = R(\omega) + jX(\omega)$$

其中

$$|F(\omega)| = \sqrt{R^2(\omega) + X^2(\omega)}$$

$$\varphi(\omega) = \arctan \frac{X(\omega)}{R(\omega)}$$

由式(4.60a)可以推得 $f(-t)$ 的傅里叶变换为

$$\mathscr{F}[f(-t)] = \int_{-\infty}^{\infty} f(-t) \mathrm{e}^{-\mathrm{j}\omega t} \mathrm{d}t$$

令 $t' = -t$，则

$$\mathscr{F}[f(-t)] = \int_{-\infty}^{\infty} f(-t) \mathrm{e}^{-\mathrm{j}\omega t} \mathrm{d}t = \int_{-\infty}^{\infty} f(t') \mathrm{e}^{\mathrm{j}\omega t'} \mathrm{d}t' = F(-\omega) \tag{4.80a}$$

由上式可知，若 $f(t) = f(-t)$，则 $F(\omega) = F(-\omega)$，即偶信号的频谱是 ω 的偶函数。

同理可证

$$\mathscr{F}[f^*(-t)] = \int_{-\infty}^{\infty} f^*(-t) \mathrm{e}^{-\mathrm{j}\omega t} \mathrm{d}t = \left[\int_{-\infty}^{\infty} f(t') \mathrm{e}^{-\mathrm{j}\omega t'} \mathrm{d}t'\right]^* = F^*(\omega)$$

$$\mathscr{F}[f^*(t)] = \int_{-\infty}^{\infty} f^*(t) \mathrm{e}^{-\mathrm{j}\omega t} \mathrm{d}t = \left[\int_{-\infty}^{\infty} f(t) \mathrm{e}^{\mathrm{j}\omega t} \mathrm{d}t\right]^* = F^*(-\omega)$$

因此有

$$\mathscr{F}[f^*(-t)] = F^*(\omega) \tag{4.80b}$$

$$\mathscr{F}[f^*(t)] = F^*(-\omega) \tag{4.80c}$$

无论 $f(t)$ 是实函数还是复函数，式(4.80)都成立。下面讨论几种特定情况：

1. $f(t)$ 为实函数

$f(t)$ 为实函数时，$f^*(t) = f(t)$。由式(4.80c)可得，

$$F(\omega) = F^*(-\omega) \tag{4.81a}$$

上式表示，当 $f(t)$ 为实函数时，其频谱 $F(\omega)$ 呈共轭对称。且有

$$R(\omega) + \mathrm{j}X(\omega) = [R(-\omega) + \mathrm{j}X(-\omega)]^* = R(-\omega) - \mathrm{j}X(-\omega)$$

因此

$$\begin{cases} R(\omega) = R(-\omega) \\ X(\omega) = -X(-\omega) \end{cases} \tag{4.81b}$$

上式表示，当 $f(t)$ 为实函数时，其频谱 $F(\omega)$ 的实部 $R(\omega)$ 成偶对称，虚部 $X(\omega)$ 成奇对称。

再由式(4.81a)还可得到

$$\begin{cases} |F(\omega)| = |F(-\omega)| \\ \varphi(\omega) = -\varphi(-\omega) \end{cases} \tag{4.81c}$$

上式表示，当 $f(t)$ 为实函数时，其频谱的振幅成偶对称，相位成奇对称。这些特点在实际应用中是很重要的。

若 $f(t)$ 为实偶函数，即 $f(t) = f^*(t) = f(-t)$，则利用式(4.80a)及式(4.80c)可得 $F(\omega) = F^*(-\omega) = F(-\omega)$。由 $F^*(-\omega) = F(-\omega)$ 可知其频谱函数为 ω 的实函数。由 $F(\omega) = F(-\omega)$ 可知其频谱函数为 ω 的偶函数。于是得知，当 $f(t)$ 为实偶函数时，其频谱 $F(\omega)$ 也为实偶函数。

若 $f(t)$ 为实奇函数，即 $f(t) = f^*(t) = -f(-t)$，则利用式(4.80a)及式(4.80c)可得 $F(\omega) = F^*(-\omega) = -F(-\omega)$。由 $F^*(-\omega) = -F(-\omega)$ 可知其频谱函数为虚数。再由 $F(\omega) = -F(-\omega)$ 可知其频谱函数为 ω 的奇函数。于是得知，当 $f(t)$ 为实奇函数时，其频谱

$F(\omega)$ 为虚奇函数。

2. $f(t)$ 为虚函数

$f(t)$ 为虚函数时，$f(t) = -f^*(t)$。由式(4.80c)可得

$$F(\omega) = -F^*(-\omega) \tag{4.82a}$$

上式表明，当 $f(t)$ 是虚信号时，其频谱 $F(\omega)$ 呈共轭反对称。于是

$$R(\omega) + jX(\omega) = -[R(-\omega) + jX(-\omega)]^* = -R(-\omega) + jX(-\omega)$$

因此

$$\begin{cases} R(\omega) = -R(-\omega) \\ X(\omega) = X(-\omega) \end{cases} \tag{4.82b}$$

上式表明，当 $f(t)$ 为虚函数时，其频谱 $F(\omega)$ 的实部 $R(\omega)$ 成奇对称，虚部 $X(\omega)$ 成偶对称。同时由式(4.81a)可得

$$\begin{cases} |F(\omega)| = |F(-\omega)| \\ \varphi(\omega) = \pi - \varphi(-\omega) \end{cases} \tag{4.82c}$$

上式表示，当 $f(t)$ 为虚函数时，其频谱的振幅仍是 ω 的偶函数，但相位对称关系如(4.82c)所示。

若 $f(t)$ 为虚奇函数，即 $f(t) = -f^*(t) = -f(-t)$，则利用式(4.80a)及式(4.80c)可得 $F(\omega) = -F^*(-\omega) = -F(-\omega)$。由 $-F^*(-\omega) = -F(-\omega)$ 可知其频谱函数 $F(\omega)$ 为实函数。再由 $F(\omega) = -F(-\omega)$ 可知其频谱函数为 ω 的奇函数。于是得知，当 $f(t)$ 为虚奇函数时，其频谱 $F(\omega)$ 为实奇函数。

若 $f(t)$ 为虚偶函数，即 $f(t) = -f^*(t) = f(-t)$，则利用式(4.80a)及式(4.80c)可得 $F(\omega) = -F^*(-\omega) = F(-\omega)$。由 $-F^*(-\omega) = F(-\omega)$ 可知其频谱函数 $F(\omega)$ 为虚函数。由 $F(\omega) = F(-\omega)$ 可知其频谱函数为 ω 的偶函数。于是得知，当 $f(t)$ 为虚偶函数时，其频谱 $F(\omega)$ 也为虚偶函数。

$F(\omega)$ 的奇偶虚实性关系综合如表 4.2 所示。

表 4.2　$F(\omega)$ 的奇偶虚实性

频　谱	$f(t)$ 为实函数		$f(t)$ 为虚函数	
	偶对称	奇对称	偶对称	奇对称
$F(\omega)$	实偶	虚奇	虚偶	实奇
$R(\omega)$	偶对称		奇对称	
$X(\omega)$	奇对称		偶对称	
$|F(\omega)|$	偶对称		偶对称	
$\varphi(\omega)$	奇对称		$\pi - \varphi(-\omega)$	

例 4.5　试求下列奇信号的频谱：

$$f(t) = \begin{cases} e^{-at} & t > 0 \\ -e^{at}, & t < 0 \end{cases} \quad (\alpha > 0)$$

解　可以求得 $f(t)$ 的频谱为

$$F(\omega) = \int_{-\infty}^{\infty} f(t) e^{-j\omega t} dt = -\int_{-\infty}^{0} e^{\alpha t} e^{-j\omega t} dt + \int_{0}^{\infty} e^{-\alpha t} e^{-j\omega t} dt$$

$$= -\frac{1}{\alpha - j\omega} e^{(\alpha - j\omega)t} \Big|_{-\infty}^{0} + \frac{1}{-\alpha - j\omega} e^{-(\alpha + j\omega)t} \Big|_{0}^{\infty} = \frac{-2j\omega}{\alpha^2 + \omega^2}$$

由上式可知其频谱为 ω 的虚奇函数,其幅度谱为

$$| F(\omega) | = \frac{2 | \omega |}{\alpha^2 + \omega^2}$$

相位谱为

$$\varphi(\omega) = \begin{cases} -\dfrac{\pi}{2}, & \omega > 0 \\[2mm] \dfrac{\pi}{2}, & \omega < 0 \end{cases}$$

上式表明奇对称实指数信号的幅度谱为偶对称,其相位谱为奇对称。奇对称实指数信号的波形和频谱见图 4.36 所示。

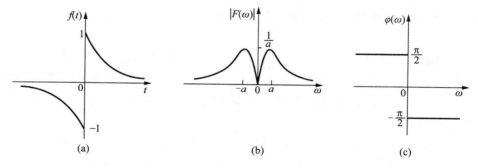

图 4.36　奇对称实指数信号及其频谱

(a) 波形图　(b) 幅度谱　(c) 相位谱

4.8.3　对称性

傅里叶正变换与反变换之间存在着对称关系,称为傅里叶变换的对称性质。若已知

$$\mathscr{F}[f(t)] = F(\omega)$$

则

$$\mathscr{F}[F(t)] = 2\pi f(-\omega) \tag{4.83a}$$

上式表明,与原信号 $f(t)$ 的频谱 $F(\omega)$ 形式相同的时间信号 $F(t)$ 的傅里叶变换为 $2\pi f(-\omega)$,除 2π 系数外,它与原信号 $f(t)$ 有相同的形式。下面进行证明:

由于

$$f(t) = \frac{1}{2\pi} \int_{-\infty}^{\infty} F(\omega) e^{j\omega t} d\omega$$

因此

$$f(-t) = \frac{1}{2\pi} \int_{-\infty}^{\infty} F(\omega) e^{-j\omega t} d\omega$$

将变量 t 与 ω 互换,可得

$$2\pi f(-\omega) = \int_{-\infty}^{\infty} F(t)\mathrm{e}^{-\mathrm{j}\omega t}\,\mathrm{d}t$$

于是

$$\mathscr{F}[F(t)] = 2\pi f(-\omega)$$

若 $f(t)$ 是偶函数,则式(4.83a)成为

$$\mathscr{F}[F(t)] = 2\pi f(\omega) \tag{4.83b}$$

从(4.83b)式可见:当 $f(t)$ 为偶信号时,频域和时域的对称性完全成立,即 $f(t)$ 的频谱为 $F(\omega)$,则形状为 $F(t)$ 的信号之频谱形式必为 $f(\omega)$。若 $f(t)$ 不是偶信号,则由式(4.83a)可见,时域和频域仍存在一定的对称性。例如,在 4.7 节得到矩形脉冲的频谱为 Sa 函数,而同时又求得抽样脉冲 $\mathrm{Sa}(\omega_c t)$ 的频谱为矩形函数。再如,冲激信号 $\delta(t)$ 的频谱为 1,即

$$\mathscr{F}[\delta(t)] = 1$$

利用对称性得 $\mathscr{F}[1] = 2\pi\delta(-\omega) = 2\pi\delta(\omega)$,这就是 1 的频谱是 $2\pi\delta(\omega)$,反映了频域与时域的对称关系。

例 4.6　已知 $F(\omega) = \delta(\omega - \omega_0)$,试求 $f(t)$。

解　利用傅里叶变换的对称性可求得 $f(t)$。可将题中给定 $F(\omega)$ 改写为 $F(t)$,即

$$F(t) = \delta(t - \omega_0)$$

求得

$$\mathscr{F}[F(t)] = \mathscr{F}[\delta(t - \omega_0)] = \int_{-\infty}^{\infty} \delta(t - \omega_0)\mathrm{e}^{-\mathrm{j}\omega t}\,\mathrm{d}t = \mathrm{e}^{-\mathrm{j}\omega\omega_0}$$

于是

$$\mathscr{F}[F(t)] = 2\pi f(-\omega) = \mathrm{e}^{-\mathrm{j}\omega\omega_0}$$

将上式中 $(-\omega)$ 换成 t,可得

$$2\pi f(t) = \mathrm{e}^{\mathrm{j}\omega_0 t}$$

因此

$$f(t) = \frac{1}{2\pi}\mathrm{e}^{\mathrm{j}\omega_0 t}$$

例 4.7　试求 $f(t) = \dfrac{1}{t}$ 的频谱。

解　由 4.7 节可知

$$\mathscr{F}[\mathrm{sgn}(t)] = \frac{2}{\mathrm{j}\omega}$$

由式(4.83a)可得

$$\mathscr{F}\left[\frac{2}{\mathrm{j}t}\right] = 2\pi\mathrm{sgn}(-\omega)$$

利用线性性质,并考虑到 $\mathrm{sgn}(-\omega) = -\mathrm{sgn}(\omega)$,于是

$$\mathscr{F}\left[\frac{1}{t}\right] = \mathrm{j}\pi\mathrm{sgn}(-\omega) = -\mathrm{j}\pi\mathrm{sgn}(\omega)$$

4.8.4 尺度变换

若信号 $f(t)$ 的波形及频谱如图 4.37(a)所示,现将此信号波形沿时间轴压缩到原来的 $\dfrac{1}{a}$（例如 $\dfrac{1}{2}$），如图 4.37(b)所示的波形,它可表示为 $f(at)$,a 为实常数,图中示例为 $a=2$,则波形压缩;如果 $0<a<1$,则波形展宽;若 $a<0$,则波形反转,并展宽或压缩。

设压缩前信号 $f(t)$ 的频谱为

$$F(\omega) = \int_{-\infty}^{\infty} f(t)\mathrm{e}^{-\mathrm{j}\omega t}\,\mathrm{d}t$$

其频谱如图 4.37(a)所示。压缩后信号 $f(at)$ 的频谱为

$$\mathscr{F}\left[f(at)\right] = \int_{-\infty}^{\infty} f(at)\mathrm{e}^{-\mathrm{j}\omega t}\,\mathrm{d}t$$

令 $at=x$,则 $t=\dfrac{x}{a}$,$\mathrm{d}t=\dfrac{\mathrm{d}x}{a}$。当 $a>0$ 时,有

$$\mathscr{F}\left[f(at)\right] = \int_{-\infty}^{\infty} f(x)\mathrm{e}^{-\mathrm{j}\omega\frac{x}{a}} \cdot \frac{1}{a}\,\mathrm{d}x = \frac{1}{a}\int_{\infty}^{\infty} f(x)\mathrm{e}^{-\mathrm{j}\frac{\omega}{a}x}\,\mathrm{d}x = \frac{1}{a}F\left(\frac{\omega}{a}\right)$$

当 $a<0$ 时,有

$$\mathscr{F}\left[f(at)\right] = \int_{\infty}^{-\infty} f(\dot{x})\mathrm{e}^{-\mathrm{j}\omega\frac{x}{a}}\frac{1}{a}\,\mathrm{d}x = -\frac{1}{a}\int_{-\infty}^{\infty} f(x)\mathrm{e}^{-\mathrm{j}\frac{\omega}{a}x}\,\mathrm{d}x = -\frac{1}{a}F\left(\frac{\omega}{a}\right)$$

上述两种情况可综合成如下表示式:

$$\mathscr{F}\left[f(at)\right] = \frac{1}{|a|}F\left(\frac{\omega}{a}\right) \tag{4.84a}$$

当 $a=-1$ 时,

$$\mathscr{F}\left[f(-t)\right] = F(-\omega) \tag{4.84b}$$

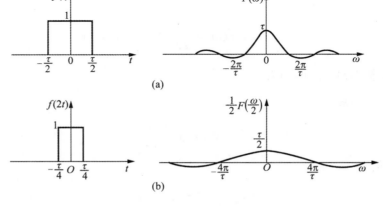

图 4.37 尺度变换

(a) $f(t)$ 及其频谱　(b) $f(2t)$ 及其频谱

式(4.84)表明,若信号 $f(t)$ 在时域上压缩到原来的 $\dfrac{1}{a}$ 倍,则其频谱在频域上将展宽 a 倍,同时其幅度减小到原来的 $\dfrac{1}{a}$ 。在时域中信号的压缩,对应于频域中信号频带的扩展。反之,信号的时域扩展,对应于频域的压缩。这种特性称为傅里叶变换的尺度变换特性。图 4.37(b)画出了 $a=2$ 的频谱图。

式(4.84)最通俗的解释可以采用生活中的例子。在录音带快放时,其放音速度比原磁带录制的速度要高,这就相当于信号在时间上受到压缩(即 $a>1$)。于是其频谱就扩展,因而听起来就会感到声音变尖,即频率变高了。反之,当慢放时,放音的速度比原来录音速度慢,则听起来声音浑厚,即低频比原来丰富(频域压缩)。

也可从另一角度解释尺度特性。当 $\omega=0$ 时,$f(t)$ 的频谱 $F(\omega)$ 为

$$F(0) = \int_{-\infty}^{\infty} f(t)\mathrm{d}t \tag{4.85a}$$

即 $F(0)$ 为 $f(t)$ 所覆盖的面积,如图 4.38(a)所示,图中 τ 表示 $f(t)$ 的等效脉宽,于是

$$f(0) \cdot \tau = F(0) \tag{4.85b}$$

此外,由于

$$f(t) = \int_{-\infty}^{\infty} F(f)\mathrm{e}^{\mathrm{j}2\pi t f}\mathrm{d}f$$

因此

$$f(0) = \int_{-\infty}^{\infty} F(f)\mathrm{d}f \tag{4.85c}$$

即 $f(0)$ 为 $F(f)$ 所覆盖的面积,如图 4.38(b)所示,图中 B_f 表示 $F(f)$ 的等效频宽,故

$$F(0) \cdot B_f = f(0) \tag{4.85d}$$

比较式(4.85b)与式(4.85d),可得

$$B_f = \frac{1}{\tau} \quad 或 \quad B_\omega = \frac{2\pi}{\tau} \tag{4.86}$$

从式(4.86)可以得知,信号等效脉宽与等效频宽成反比。如果通过压缩信号的持续时间来提高通信速度,则必然使信号的频带展宽。因而在通信技术中,通信速度与占有频带是一种矛盾的关系。

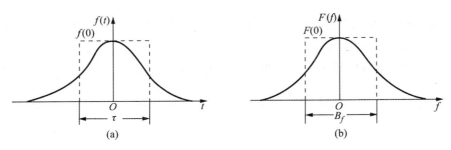

图 4.38　等效脉宽与频宽

(a) 等效脉宽　(b) 等效频宽

例 4.8 已知 $\mathscr{F}[f_1(t)] = F_1(\omega)$，试利用傅里叶变换的性质求 $F_2(\omega) = \mathscr{F}[f_1(-2t)]$。

解 已知

$$\mathscr{F}[f_1(t)] = F_1(\omega)$$

利用式(4.84a)，$a = -2$，可得

$$\mathscr{F}[f_1(-2t)] = \frac{1}{2} F_1\left(-\frac{\omega}{2}\right)$$

4.8.5 时移特性

时移特性也可称为延时特性。设信号 $f(t)$ 的频谱为 $F(\omega)$，若将 $f(t)$ 沿时间轴右移(延时)t_0 得到 $f(t - t_0)$，其频谱为

$$\mathscr{F}[f(t - t_0)] = \int_{-\infty}^{\infty} f(t - t_0) e^{-j\omega t} dt$$

令 $x = t - t_0$，则上式可表示为

$$\mathscr{F}[f(t - t_0)] = \int_{-\infty}^{\infty} f(x) e^{-j(x + t_0)\omega} dx = e^{-j\omega t_0} \int_{-\infty}^{\infty} f(x) e^{-j\omega x} dx$$

于是可得

$$\mathscr{F}[f(t - t_0)] = e^{-j\omega t_0} F(\omega) \tag{4.87a}$$

同理

$$\mathscr{F}[f(t + t_0)] = e^{j\omega t_0} F(\omega) \tag{4.87b}$$

由式(4.87a)中不难看出，信号 $f(t)$ 在时域中沿时间轴右移(延时)t_0 等效于在频域中频谱乘以 $e^{-j\omega t_0}$ 因子。信号右移后，其幅度谱不变，而相位谱有($-\omega t_0$)变化，各频谱分量的相位落后 ωt_0 弧度。同理，若信号沿时间轴左移(提前)t_0，则频谱乘以因子 $e^{j\omega t_0}$，各频谱分量的相位提前 ωt_0 弧度。

可以推得信号既有时移又有尺度变化时的频谱为

$$\mathscr{F}[f(at - t_0)] = \frac{1}{|a|} F\left(\frac{\omega}{a}\right) e^{-j\frac{\omega}{a} t_0} \tag{4.88a}$$

$$\mathscr{F}[f(t_0 - at)] = \frac{1}{|a|} F\left(-\frac{\omega}{a}\right) e^{-j\frac{\omega}{a} t_0} \tag{4.88b}$$

尺度交换特性和时移特性是上式的两种特殊情况。当式(4.88a)中 $t_0 = 0$，即得到式(4.84a)；$a = 1$ 时即得式(4.87a)。

例 4.9 试求双抽样信号 $f(t)$ 的频谱。$f(t)$ 表示为

$$f(t) = \frac{\omega_c}{\pi} \{ \mathrm{Sa}(\omega_c t) - \mathrm{Sa}[\omega_c(t - 2\tau)] \}$$

解 假设

$$f_0(t) = \frac{\omega_c}{\pi} \mathrm{Sa}(\omega_c t)$$

利用 4.7 节中的式(4.68)可得

$$\mathscr{F}[f_0(t)] = [\varepsilon(\omega+\omega_c) - \varepsilon(\omega-\omega_c)] = \begin{cases} 1, & |\omega| < \omega_c \\ 0, & |\omega| > \omega_c \end{cases}$$

由时移特性可知

$$\mathscr{F}[f_0(t-2\tau)] = \begin{cases} e^{-j2\omega\tau}, & |\omega| < \omega_c \\ 0, & |\omega| > \omega_c \end{cases}$$

于是,双抽样脉冲信号 $f(t)$ 的频谱为

$$F(\omega) = \mathscr{F}[f_0(t)] - \mathscr{F}[f_0(t-2\tau)] = \begin{cases} 1-e^{-j2\omega t}, & |\omega| < \omega_c \\ 0, & |\omega| > \omega_c \end{cases} \tag{4.89a}$$

双抽样脉冲信号的幅度谱为

$$F(\omega) = \begin{cases} 2|\sin\omega\tau|, & |\omega| < \omega_c \\ 0, & |\omega| > \omega_c \end{cases} \tag{4.89b}$$

双 Sa 信号的波形与频谱如 4.39 所示。由图中可以看出,单 Sa 信号 $f_0(t)$ 的频谱 $F_0(\omega)$ 为矩形谱,但却包含直流分量,因而使其在实用中有所即制。而双 Sa 信号的频谱仍限制在 $|\omega| < |\omega_c|$ 范围内,但不存在直流分量。

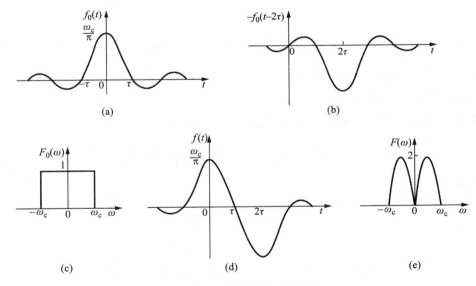

图 4.39 双抽样脉冲及其频谱

(a) 抽样脉冲　(b) 延时抽样脉冲　(c) $f_0(t)$ 的频谱　(d) 双抽样脉冲　(e) $f(t)$ 的幅度谱

例 4.10 试求 $f(t-t_0) = \exp[-(t-t_0)]\varepsilon(t-t_0)$ 的傅里叶变换。

解 利用时移特性可得

$$\mathscr{F}[f(t-t_0)] = e^{-j\omega t_0}\mathscr{F}[f(t)] = e^{-j\omega t_0}\mathscr{F}[e^{-t}\varepsilon(t)] = \frac{1}{1+j\omega}e^{-j\omega t_0}$$

4.8.6 频移特性

若信号 $f(t)$ 的频谱为 $F(\omega)$,将 $f(t)$ 乘以因子 $e^{j\omega_0 t}$,其中 ω_0 为数,则 $f(t)e^{j\omega_0 t}$ 的频谱为

$$\mathscr{F}\left[f(t)\,\mathrm{e}^{\mathrm{j}\omega_0 t}\right] = \int_{-\infty}^{\infty} f(t)\,\mathrm{e}^{\mathrm{j}\omega_0 t}\,\mathrm{e}^{-\mathrm{j}\omega t}\,\mathrm{d}t = \int_{-\infty}^{\infty} f(t)\,\mathrm{e}^{-\mathrm{j}(\omega - \omega_0)t}\,\mathrm{d}t$$

于是可得

$$\mathscr{F}\left[f(t)\,\mathrm{e}^{\mathrm{j}\omega_0 t}\right] = F(\omega - \omega_0) \tag{4.90a}$$

同理

$$\mathscr{F}\left[f(t)\,\mathrm{e}^{-\mathrm{j}\omega_0 t}\right] = F(\omega + \omega_0) \tag{4.90b}$$

由式(4.90)可见,若 $f(t)$ 乘以因子 $\mathrm{e}^{\mathrm{j}\omega_0 t}$,则频谱为 $F(\omega)$ 沿频率轴右移 ω_0。换句话说,在频域中将频谱沿频率轴右移 ω_0 则等效于在时域上信号乘以因子 $\mathrm{e}^{\mathrm{j}\omega_0 t}$。

上述频谱沿频率轴右移或左移称为频谱搬移技术。在通信系统中用于实现调制、变频及同步解调等过程。频谱搬移的基本原理是将 $f(t)$ 乘以载频信号 $\cos\omega_0$ 或 $\sin\omega_0 t$,利用频移特性可求出其频谱为

$$\mathscr{F}\left[f(t)\cos\omega_0 t\right] = \mathscr{F}\left[\frac{1}{2}f(t)\,\mathrm{e}^{\mathrm{j}\omega_0 t} + \frac{1}{2}f(t)\,\mathrm{e}^{-\mathrm{j}\omega_0 t}\right]$$

$$= \frac{1}{2}\left[F(\omega - \omega_0) + F(\omega + \omega_0)\right] \tag{4.91a}$$

同理可得

$$\mathscr{F}\left[f(t)\sin\omega_0 t\right] = \frac{1}{2\mathrm{j}}\left[F(\omega - \omega_0) - F(\omega + \omega_0)\right] \tag{4.91b}$$

由式(4.91)可知,若 $f(t)$ 乘以载频信号 $\cos\omega_0 t$ 或 $\sin\omega_0 t$,则其频谱为原 $F(\omega)$ 之一半沿频率轴分别向左和向右平移 ω_0 的合成频谱。

例 4.11 求矩形脉冲调幅信号 $f(t)$ 的频谱。$f(t)$ 表示为

$$f(t) = E\cos\omega_0 t\left[\varepsilon\left(t + \frac{\tau}{2}\right) - \varepsilon\left(t - \frac{\tau}{2}\right)\right]$$

解 若令

$$g(t) = E\left[\varepsilon\left(t + \frac{\tau}{2}\right) - \varepsilon\left(t - \frac{\tau}{2}\right)\right]$$

则

$$f(t) = g(t)\cos(\omega_0 t) = \frac{1}{2}g(t)\left[\mathrm{e}^{\mathrm{j}\omega_0 t} + \mathrm{e}^{-\mathrm{j}\omega_0 t}\right]$$

利用式(4.66)可求得 $g(t)$ 的频谱 $G(\omega)$ 为

$$G(\omega) = \mathscr{F}\left[g(t)\right] = E\tau\,\mathrm{Sa}\left(\frac{\omega\tau}{2}\right)$$

利用频移特性可知 $f(t)$ 的频谱 $F(\omega)$ 为

$$F(\omega) = \frac{1}{2}G(\omega - \omega_0) + \frac{1}{2}G(\omega + \omega_0) = \frac{E\tau}{2}\mathrm{Sa}\left[(\omega - \omega_0)\,\frac{\tau}{2}\right] + \frac{E\tau}{2}\mathrm{Sa}\left[(\omega + \omega_0)\,\frac{\tau}{2}\right]$$

由上式可知,矩形脉冲调幅信号的频谱为其调制脉冲频谱的一半,各向左向右平移 ω_0 的合成。矩形脉冲调幅及其频谱如图 4.40 所示。

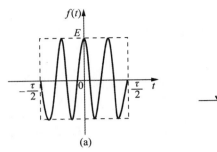 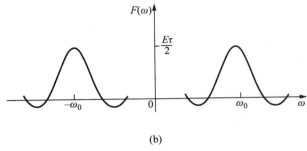

图 4.40 矩形脉冲调幅信号及其频谱

(a) 矩形脉冲调幅信号 (b) 频谱图

例 4.12 已知 $f(t)=\cos\left(4t+\dfrac{\pi}{3}\right)$，试求 $f(t)$ 的频谱 $f(\omega)$。

解 可以得出

$$f(t)=\cos\left(4t+\frac{\pi}{3}\right)=\frac{1}{2}\mathrm{e}^{\mathrm{j}\frac{\pi}{3}}\mathrm{e}^{\mathrm{j}4t}+\frac{1}{2}\mathrm{e}^{-\mathrm{j}\frac{\pi}{3}}\mathrm{e}^{-\mathrm{j}4t}$$

由于

$$\mathscr{F}[1]=2\pi\delta(\omega)$$

故利用频移性质可求

$$\mathscr{F}[\mathrm{e}^{\mathrm{j}4t}]=2\pi\delta(\omega-4)$$
$$\mathscr{F}[\mathrm{e}^{-\mathrm{j}4t}]=2\pi\delta(\omega+4)$$

于是

$$\mathscr{F}\left[\cos\left(4t+\frac{\pi}{3}\right)\right]=\pi\mathrm{e}^{\mathrm{j}\frac{\pi}{3}}\delta(\omega-4)+\pi\mathrm{e}^{-\mathrm{j}\frac{\pi}{3}}\delta(\omega+4)$$

4.8.7 时域卷积定理

设有两个信号 $f_1(t)$ 和 $f_2(t)$，其频谱分别为 $F_1(\omega)$ 与 $F_2(\omega)$，考虑 $f_1(t)$ 和 $f_2(t)$ 的卷积 $f_1(t)*f_2(t)$ 之频谱为

$$\mathscr{F}[f_1(t)*f_2(t)]=\int_{-\infty}^{\infty}\left[\int_{-\infty}^{\infty}f_1(\tau)f_2(t-\tau)\mathrm{d}\tau\right]\mathrm{e}^{-\mathrm{j}\omega t}\mathrm{d}t$$
$$=\int_{-\infty}^{\infty}f_1(\tau)\left[\int_{-\infty}^{\infty}f_2(t-\tau)\mathrm{e}^{-\mathrm{j}\omega t}\mathrm{d}t\right]\mathrm{d}\tau$$

利用时移特性后可知

$$\int_{-\infty}^{\infty}f_2(t-\tau)\mathrm{e}^{-\mathrm{j}\omega t}\mathrm{d}t=F_2(\omega)\mathrm{e}^{-\mathrm{j}\omega\tau}$$

将其代入上式，得

$$\mathscr{F}[f_1(t)*f_2(t)]=\int_{-\infty}^{\infty}f_1(\tau)F_2(\omega)\mathrm{e}^{-\mathrm{j}\omega\tau}\mathrm{d}\tau=F_1(\omega)\cdot F_2(\omega) \tag{4.92}$$

式(4.92)称为时域卷积定理，它表示两个信号卷积之频谱等于各信号频谱的乘积，即在时域中

两信号的卷积等效为在频域中频谱相乘。

例 4.13　利用时域卷积定理求三角脉冲信号 $f(t)$ 的频谱 $F(\omega)$，$f(t)$ 表示为

$$f(t)=\begin{cases} E\left(1-\dfrac{2\,|\,t\,|}{\tau}\right), & |\,t\,|\leqslant\dfrac{\tau}{2} \\[2mm] 0, & |\,t\,|>\dfrac{\tau}{2} \end{cases}$$

解　三角脉冲 $f(t)$ 的波形图可以表示为图 4.41(a)，将图中所示的 $f(t)$ 看成矩形脉冲 $g(t)$ 的卷积，即 $f(t)=g(t)*g(t)$，$g(t)$ 的波形图如图 4.41(b)所示。根据卷积的定义可以求得 $g(t)$ 的持续时间为 $-\dfrac{\tau}{4}\sim\dfrac{\tau}{4}$，故脉宽为 $\dfrac{\tau}{2}$。按照卷积的定义式还可求得脉幅为 $g^2(0)\cdot\tau/2=E$，故有 $g(0)=\sqrt{\dfrac{2E}{\tau}}$。于是，利用式(4.66)可以求得 $g(t)$ 的频谱为

$$G(\omega)=\sqrt{\frac{2E}{\tau}}\cdot\frac{\tau}{2}\mathrm{Sa}\left(\frac{\omega\tau}{4}\right)=\sqrt{\frac{E\tau}{2}}\mathrm{Sa}\left(\frac{\omega\tau}{4}\right)$$

$G(\omega)$ 如图 4.41(c)所示。根据时域卷积定理可求得 $f(t)$ 的频谱为

$$F(\omega)=\mathscr{F}\left[f(t)\right]=\mathscr{F}\left[g(t)*g(t)\right]=G^2(\omega)=\frac{E\tau}{2}(\mathrm{Sa})^2\left(\frac{\omega\tau}{4}\right)$$

$F(\omega)$ 如图 4.41(d)所示。

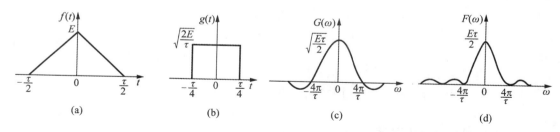

图 4.41　利用时域卷积定理进行求三角脉冲频谱

(a) 三角脉冲　(b) 矩形脉冲　(c) $g(t)$ 的频谱　(d) $f(t)$ 的频谱

时域卷积定理和下一小节的频域卷积定理在信号与系统中起重要作用，在第 5 章中将讨论利用卷积定理进行系统的频域分析和响应求解。

4.8.8　频域卷积定理

频域卷积定理也称为时域乘积定理，它表示两时间信号乘积的频谱为各信号频谱卷积的 $1/2\pi$ 倍。

若

$$\mathscr{F}\left[f_2(t)\right]=F_1(\omega)$$

$$\mathscr{F}\left[f_2(t)\right]=F_2(\omega)$$

则

$$\mathscr{F}\left[f_1(t)\cdot f_2(t)\right]=\frac{1}{2\pi}F_1(\omega)*F_2(\omega) \tag{4.93}$$

证明方法类似于时域卷积定理,读者可自行证明。时域卷积定理与频域卷积定理是对称的,这是由傅里叶变换的对称性所决定的。

例 4.14 试求 $f(t) = t \cdot \varepsilon(t)$ 的频谱。

解 在 4.7.2 节已得到 t 的傅里叶变换式(4.76),即

$$\mathscr{F}[t] = 2\pi j \delta'(\omega) \tag{4.94}$$

利用频域卷积定理和卷积运算规则,可得

$$\mathscr{F}[t \cdot \varepsilon(t)] = \frac{1}{2\pi} \mathscr{F}[t] * \mathscr{F}[\varepsilon(t)] = \frac{1}{2\pi} \cdot 2\pi j \delta'(\omega) * \left[\pi \delta(\omega) + \frac{1}{j\omega}\right]$$

$$= j\pi \delta'(\omega) + \delta'(\omega) * \frac{1}{\omega} = j\pi \delta'(\omega) + \delta(\omega) * \frac{d}{d\omega} \frac{1}{\omega} = j\pi \delta'(\omega) - \frac{1}{\omega^2}$$

4.8.9 时域微分特性

考虑对信号 $f(t)$ 的导数 $f'(t)$ 进行傅里叶变换。由 2.5.6 节式(2.54)可得

$$f'(t) = f(t) * \delta'(t) \tag{4.95}$$

若信号 $f(t)$ 的频谱为 $F(\omega)$,利用时域卷积定理可得

$$\mathscr{F}[f'(t)] = \mathscr{F}[f(t) * \delta'(t)] = \mathscr{F}[f(t)] \cdot \mathscr{F}[\delta'(t)]$$

由式(4.74)知

$$\mathscr{F}[\delta'(t)] = j\omega$$

于是 $f(t)$ 导数的频谱为

$$\mathscr{F}[f'(t)] = (j\omega)F(\omega) \tag{4.96a}$$

进一步可推得 $f(t)$ 的 n 阶导数的频谱为

$$\mathscr{F}[f^{(n)}(t)] = (j\omega)^n F(\omega) \tag{4.96b}$$

上式表明,$f(t)$ 对 t 取 n 阶导数等效于 $f(t)$ 的频谱 $F(\omega)$ 乘以 $(j\omega)^n$。

例 4.15 试利用时域微分性质求符号函数 $\text{sgn}(t)$ 的频谱。

解 利用时域微分性质式(4.96a)可以写出

$$\mathscr{F}[\text{sgn}'(t)] = (j\omega)\mathscr{F}[\text{sgn}(t)]$$

而

$$\text{sgn}'(t) = [2\varepsilon(t) - 1]' = 2\varepsilon'(t) = 2\delta(t)$$

于是

$$\mathscr{F}[\text{sgn}'(t)] = \mathscr{F}[2\delta(t)] = 2 = (j\omega)\mathscr{F}[\text{sgn}(t)]$$

故

$$\mathscr{F}[\text{sgn}(t)] = \frac{2}{j\omega}$$

在 4.7.1 节曾用双边指数函数的频谱求极限的方法得到 $\text{sgn}(t)$ 的频谱(见式(4.71a))。现在利用微分性质,则求解过程变得十分简单。

4.8.10　频域微分特性

考虑 $F(\omega)$ 对 ω 导数的傅里叶反变换。为此将用到频域卷积定理

$$\mathscr{F}^{-1}[F_1(\omega)*F_2(\omega)] = 2\pi f_1(t) \cdot f_2(t) \tag{4.97a}$$

设频谱 $F(\omega)$ 的反变换为 $f(t)$，按照卷积运算规则，可得

$$\frac{\mathrm{d}F(\omega)}{\mathrm{d}\omega} = F'(\omega) = F'(\omega)*\delta(\omega) = F(\omega)*\delta'(\omega)$$

根据式(4.97a)，可得

$$\mathscr{F}^{-1}[F'(\omega)] = \mathscr{F}^{-1}[F(\omega)*\delta'(\omega)] = 2\pi f(t) \cdot \mathscr{F}^{-1}[\delta'(\omega)]$$

由式(4.76)可得

$$\mathscr{F}^{-1}[\delta'(\omega)] = -\mathrm{j}\frac{t}{2\pi}$$

于是

$$\mathscr{F}^{-1}[F'(\omega)] = 2\pi f(t)\left(-\mathrm{j}\frac{t}{2\pi}\right) = (-\mathrm{j}t)f(t) \tag{4.97b}$$

同理可得

$$\mathscr{F}^{-1}[F^{(n)}(\omega)] = (-\mathrm{j}t)^n f(t) \tag{4.97c}$$

上式表示傅里叶变换的频域微分特性，利用这一特性使频谱计算变得简单方便。

例 4.16　试求 $\dfrac{1}{\omega^2}$ 的傅里叶反变换。

解　由频域微分特性可得

$$\mathscr{F}^{-1}[F'(\omega)] = (-\mathrm{j}t) \cdot f(t)$$

令

$$F'(\omega) = \frac{1}{\omega^2}$$

则

$$F(\omega) = -\frac{1}{\omega}$$

由于

$$\mathscr{F}[\mathrm{sgn}(t)] = \frac{2}{\mathrm{j}\omega}$$

故

$$\mathscr{F}\left[-\frac{\mathrm{j}}{2}\mathrm{sgn}(t)\right] = -\frac{1}{\omega}$$

即

$$\mathscr{F}^{-1}\left[-\frac{1}{\omega}\right] = -\frac{\mathrm{j}}{2}\mathrm{sgn}(t)$$

于是

$$\mathscr{F}^{-1}\left[\frac{1}{\omega^2}\right] = (-\mathrm{j}t)\left[-\frac{\mathrm{j}}{2}\mathrm{sgn}(t)\right] = -\frac{t}{2}\mathrm{sgn}(t) = -\frac{|t|}{2}$$

4.8.11　时域积分特性

考虑信号 $f(t)$ 对时间的积分

$$f^{(-1)}(t) = \int_{-\infty}^{t} f(\tau)\mathrm{d}\tau = f(t) * \varepsilon(t)$$

若信号 $f(t)$ 的频谱为 $F(\omega)$，已知

$$\mathscr{F}[\varepsilon(t)] = \pi\delta(\omega) + \frac{1}{\mathrm{j}\omega}$$

根据时域卷积定理可得

$$\mathscr{F}[f^{-1}(t)] = \mathscr{F}[f(t) * \varepsilon(t)] = F(\omega) \cdot \left[\pi\delta(\omega) + \frac{1}{\mathrm{j}\omega}\right] = \pi F(\omega)\delta(\omega) + \frac{1}{\mathrm{j}\omega}F(\omega)$$

根据单位冲激信号的抽样性质

$$\pi F(\omega)\delta(\omega) = \pi F(0)\delta(\omega)$$

于是

$$\mathscr{F}[f^{(-1)}(t)] = \pi F(0)\delta(\omega) + \frac{1}{\mathrm{j}\omega}F(\omega) \qquad (4.98\mathrm{a})$$

若 $F(0)=0$，则有

$$\mathscr{F}[f^{(-1)}(t)] = \frac{1}{\mathrm{j}\omega}F(\omega) \qquad (4.98\mathrm{b})$$

式(4.98)表示傅里叶变换的时域积分特性。

例 4.17　求图 4.42(a)所示截平斜变信号 $r_2(t)$ 的频谱 $R_2(\omega)$。

$$r_2(t) = \begin{cases} 0, & t < 0 \\ t/t_0, & 0 \leqslant t \leqslant t_0 \\ 1, & t > t_0 \end{cases}$$

解　利用积分特性求 $r_2(t)$ 的频谱 $R_2(\omega)$ 时，可先把 $r_2(t)$ 看成为矩形脉冲 $f(t)$ 的积分，即

$$r_2(t) = \int_{-\infty}^{t} f(\tau)\mathrm{d}\tau$$

而

$$f(\tau) = \begin{cases} 0, & \tau < 0 \\ 1/t_0, & 0 \leqslant \tau \leqslant t_0 \\ 0, & \tau > t_0 \end{cases}$$

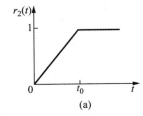 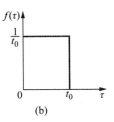

图 4.42　利用积分特性求信号频谱

(a) 截平斜变信号　(b) 矩形脉冲

波形图如图 4.42(b)所示。可以求得 $f(\tau)$ 的频谱 $F(\omega)$ 为

$$F(\omega) = \mathrm{Sa}\left(\frac{\omega t_0}{2}\right) \cdot \mathrm{e}^{-\mathrm{j}\frac{\omega t_0}{2}}$$

于是

$$R_2(\omega) = \mathscr{F}\left[r_2(t)\right] = \frac{1}{\mathrm{j}\omega}F(\omega) + \pi F(0)\delta(\omega)$$

$$= \frac{1}{\mathrm{j}\omega}\mathrm{Sa}\left(\frac{\omega t_0}{2}\right) \cdot \mathrm{e}^{-\mathrm{j}\frac{\omega t_0}{2}} + \pi\delta(\omega)$$

4.8.12 频域积分特性

考虑频域积分，按照卷积运算规则，可将 $F(\omega)$ 的积分写为

$$\int_{-\infty}^{\omega} F(\eta)\mathrm{d}\eta = F^{(-1)}(\omega) * \delta(\omega) = F(\omega) * \delta^{(-1)}(\omega) = F(\omega) * \varepsilon(\omega)$$

式中 $\varepsilon(\omega)$ 为频域的单位阶跃函数。根据频域卷积定理可得

$$\mathscr{F}^{-1}\left[F^{(-1)}(\omega)\right] = \mathscr{F}^{-1}\left[F(\omega) * \varepsilon(\omega)\right] = 2\pi f(t) \cdot \mathscr{F}^{-1}\left[\varepsilon(\omega)\right]$$

由于

$$\mathscr{F}\left[\varepsilon(t)\right] = \pi\delta(\omega) + \frac{1}{\mathrm{j}\omega}$$

利用对称性可得

$$\mathscr{F}\left[\pi\delta(t) + \frac{1}{\mathrm{j}t}\right] = 2\pi\varepsilon(-\omega) = 2\pi[1 - \varepsilon(\omega)]$$

故

$$\varepsilon(\omega) = 1 - \frac{1}{2\pi}\mathscr{F}\left[\pi\delta(t) + \frac{1}{\mathrm{j}t}\right]$$

等式两边取傅里叶反变换，得

$$\mathscr{F}^{-1}\left[\varepsilon(\omega)\right] = \mathscr{F}^{-1}[1] - \frac{1}{2\pi}\left[\pi\delta(t) + \frac{1}{\mathrm{j}t}\right] = \frac{1}{2\pi}\left[\pi\delta(t) - \frac{1}{\mathrm{j}t}\right]$$

于是

$$\mathscr{F}^{-1}\left[F^{(-1)}(\omega)\right] = \pi f(0)\delta(t) - \frac{1}{\mathrm{j}t}f(t) \tag{4.99a}$$

若 $f(0)=0$，则

$$\mathscr{F}^{-1}\left[F^{(-1)}(\omega)\right] = \frac{1}{-\mathrm{j}t}f(t) \tag{4.99b}$$

式中

$$f(0) = \frac{1}{2\pi}\int_{-\infty}^{\infty} F(\omega)\mathrm{d}\omega$$

例 4.18 试利用频域积分特性求 $\mathrm{Sa}(t) = \dfrac{\sin t}{t}$ 的频谱。

解 由于 $\mathscr{F}[1] = 2\pi\delta(\omega)$，根据线性和频移特性可求得

$$\mathscr{F}[\sin t] = \frac{1}{2j}\mathscr{F}[e^{jt} - e^{-jt}] = \frac{1}{2j}[2\pi\delta(\omega-1) - 2\pi\delta(\omega+1)]$$

$$= j\pi[\delta(\omega+1) - \delta(\omega-1)]$$

设 $f(t) = \sin t$，因此 $f(0) = 0$，利用式(4.99b)可得

$$\mathscr{F}\left[\frac{\sin t}{-jt}\right] = j\pi\int_{-\infty}^{\omega}[\delta(\eta+1) - \delta(\eta-1)]d\eta = \begin{cases} 0, & |\omega| > 1 \\ j\pi, & |\omega| < 1 \end{cases}$$

于是

$$\mathscr{F}\left[\frac{\sin t}{t}\right] = \mathscr{F}[\mathrm{Sa}(t)] = \begin{cases} 0, & |\omega| > 1 \\ \pi, & |\omega| < 1 \end{cases}$$

4.8.13　帕斯瓦尔定理

若 $f(t)$ 的频谱为 $F(\omega)$，则

$$\int_{-\infty}^{\infty} |f(t)|^2 dt = \frac{1}{2\pi}\int_{-\infty}^{\infty} |F(\omega)|^2 d\omega \tag{4.100}$$

该式称为帕斯瓦尔定理。此关系利用下式推得：

$$\int_{-\infty}^{\infty} |f(t)|^2 dt = \int_{-\infty}^{\infty} f(t)f^*(t)dt = \int_{-\infty}^{\infty} f(t)\left[\frac{1}{2\pi}\int_{-\infty}^{\infty} F^*(\omega)e^{-j\omega t}d\omega\right]dt$$

交换上式右边的积分次序，可得

$$\int_{-\infty}^{\infty} |f(t)|^2 dt = \frac{1}{2\pi}\int_{-\infty}^{\infty} F^*(\omega)\left[\int_{-\infty}^{\infty} f(t)e^{-j\omega t}dt\right]d\omega$$

$$= \frac{1}{2\pi}\int_{-\infty}^{\infty} F^*(\omega)F(\omega)d\omega = \frac{1}{2\pi}\int_{-\infty}^{\infty} |F(\omega)|^2 d\omega$$

式(4.100)左边是信号 $f(t)$ 的总能量。帕斯瓦尔定理表明，这个能量既可以按每单位时间的能量 $|f(t)|^2$ 在整个时间内积分计算出来，也可按单位频率内的能量 $|F(\omega)|^2/2\pi$ 在整个频率范围内积分而得到。因此，$|F(\omega)|^2$ 称为信号 $f(t)$ 的能量谱密度。

式(4.100)对于周期信号不适用，因为周期信号是能量无限的。我们已在式(4.42)和式(4.43)得到周期信号的平均功率为

$$P = \frac{1}{T_1}\int_{T_1} f^2(t)dt = \sum_{n=-\infty}^{\infty} |F_n|^2$$

傅里叶变换的性质可归纳为表4.3，供读者参阅。

表 4.3　傅里叶变换性质表

性　质	时　域	频　域
1. 线性	$\sum\limits_{i=1}^{N} a_i f_i(t)$	$\sum\limits_{i=1}^{N} a_i F_i(\omega)$
2. 对称性	$F(t)$	$2\pi f(-\omega)$
3. 尺度变换	$f(at)$	$\dfrac{1}{|a|}F\left(\dfrac{\omega}{a}\right)$

（续表）

性　质	时　域	频　域
4. 反折	$f(-t)$	$F(-\omega)$
5. 共轭	$f^*(t)$	$F^*(-\omega)$
6. 时移	$f(t-t_0)$	$F(\omega)\mathrm{e}^{-\mathrm{j}\omega t_0}$
7. 时移与相移	$f(at-t_0)$	$\dfrac{1}{\|a\|}F\left(\dfrac{\omega}{a}\right)\mathrm{e}^{-\mathrm{j}\frac{\omega t_0}{a}}$
8. 频移	$f(t)\mathrm{e}^{\mathrm{j}\omega_0 t}$	$F(\omega-\omega_0)$
9. 时域微分	$f^{(n)}(t)$	$(\mathrm{j}\omega)^n F(\omega)$
10. 频域微分	$(-\mathrm{j}t)^n f(t)$	$F^{(n)}(\omega)$
11. 时域积分	$\displaystyle\int_{-\infty}^{t}f(\tau)\mathrm{d}t$	$\dfrac{1}{\mathrm{j}\omega}F(\omega)+\pi F(0)\delta(\omega)$
12. 频域积分	$\pi f(0)\delta(t)+\dfrac{1}{-\mathrm{j}t}f(t)$	$\displaystyle\int_{-\infty}^{\omega}F(\eta)\mathrm{d}\eta$
13. 时域卷积	$f_1(t)*f_2(t)$	$F_1(\omega)\cdot F_2(\omega)$
14. 频域卷积	$f_1(t)\cdot f_2(t)$	$\dfrac{1}{2\pi}F_1(\omega)*F_2(\omega)$
15. 帕斯瓦尔定理	$\displaystyle\int_{-\infty}^{\infty}\mid f(t)\mid^2\mathrm{d}t$	$\dfrac{1}{2\pi}\displaystyle\int_{-\infty}^{\infty}\mid F(\omega)\mid^2\mathrm{d}\omega$

4.9　周期信号的傅里叶变换

在前几节中，已经讨论了周期信号的频谱——傅里叶级数。然后令周期信号的周期趋于无穷大，使周期信号变为非周期信号，其频谱由离散谱变为连续谱，从而导出了傅里叶变换的表示式。现在将推得的傅里叶变换推广至周期信号，其目的是把周期与非周期信号的分析方法统一起来。虽然周期信号不满足绝对可积条件，但周期信号的傅里叶变换可以通过冲激函数表达出来，这也反映了周期信号频谱的离散性。现先考虑正弦和余弦信号的频谱，再研究一般周期信号的傅里叶变换。

4.9.1　正弦和余弦信号的傅里叶变换

首先考虑复指数函数 $\mathrm{e}^{\pm\mathrm{j}\omega_1 t}$ $(-\infty<t<\infty)$ 的傅里叶变换。由式(4.73)知

$$\mathscr{F}[1]=2\pi\delta(\omega)$$

故利用频移特性可得

$$\mathscr{F}[1\cdot\mathrm{e}^{\mathrm{j}\omega_1 t}]=2\pi\delta(\omega-\omega_1)$$

$$\mathscr{F}[1\cdot\mathrm{e}^{-\mathrm{j}\omega_1 t}]=2\pi\delta(\omega+\omega_1)$$

于是，利用欧拉公式可得

$$\mathscr{F}[\cos\omega_1 t]=\frac{1}{2}\mathscr{F}[\mathrm{e}^{\mathrm{j}\omega_1 t}]+\frac{1}{2}\mathscr{F}[\mathrm{e}^{-\mathrm{j}\omega_1 t}]$$

$$=\pi[\delta(\omega-\omega_1)+\delta(\omega+\omega_1)] \qquad (4.101a)$$

同理可得

$$\mathscr{F}[\sin\omega_1 t]=\frac{\pi}{j}[\delta(\omega-\omega_1)-\delta(\omega+\omega_1)]$$

$$=j\pi[\delta(\omega+\omega_1)-\delta(\omega-\omega_1)] \qquad (4.101b)$$

其频谱图如图 4.43 所示。

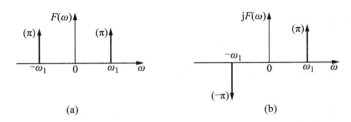

图 4.43　正弦信号频谱

(a) 余弦信号频谱　(b) 正弦信号频谱

4.9.2　一般周期信号的傅里叶变换

考虑周期为 T_1 的周期信号 $f(t)$，利用(4.31)式，$f(t)$ 可展成复指数形式的傅里叶级数

$$f(t)=\sum_{n=-\infty}^{\infty}F_n e^{jn\omega_1 t} \qquad (4.102)$$

式中 $\omega_1=\dfrac{2\pi}{T_1}$ 是基波角频率，F_n 是傅里叶系数。

$$F_n=\frac{1}{T_1}\int_{-\frac{T_1}{2}}^{\frac{T_1}{2}}f(t)e^{-jn\omega_1 t}\mathrm{d}t$$

对式(4.102)两边取傅里叶变换，应用线性性质及频移性质可得

$$\mathscr{F}[f(t)]=\mathscr{F}\Big[\sum_{n=-\infty}^{\infty}F_n e^{jn\omega_1 t}\Big]=\sum_{n=-\infty}^{\infty}F_n\mathscr{F}[e^{jn\omega_1 t}]$$

由于 $\mathscr{F}[e^{jn\omega_1 t}]=2\pi\delta[\omega-n\omega_1]$，因此周期信号的傅里叶变换为

$$\mathscr{F}[f(t)]=\sum_{n=-\infty}^{\infty}F_n\mathscr{F}[e^{jn\omega_1 t}]=2\pi\sum_{n=-\infty}^{\infty}F_n\delta(\omega-n\omega_1) \qquad (4.103)$$

上式表明：周期信号 $f(t)$ 的傅里叶变换是由无穷多个冲激函数组成的，这些冲激位于信号的各谐波频率 $n\omega_1(n=0,\pm1,\cdots)$ 处，每个冲激的强度为相应系数 F_n 的 2π 倍；周期信号的频谱是离散的，在离散的谐频点上具有无限大的频谱值。因此，周期信号的频谱呈现离散性和谐波性。

下面考虑周期信号的傅里叶系数与相应单个周期内的信号的傅里叶变换之间的关系。若周期信号 $f(t)$ 的傅里叶级数为

$$f(t)=\sum_{n=-\infty}^{\infty}F_n e^{jn\omega_1 t}$$

式中傅里叶系数

$$F_n = \frac{1}{T_1} \int_{-\frac{T_1}{2}}^{\frac{T_1}{2}} f(t) e^{-jn\omega_1 t} dt$$

若在周期信号 $f(t)$ 中 $t=0$ 附近截取一个周期,这称为主周期,用 $f_0(t)$ 表示。由于在主周期内 $f_0(t) = f(t)$,因此 $f_0(t)$ 的频谱 $F_0(\omega)$ 为

$$F_0(\omega) = \int_{-\frac{T_1}{2}}^{\frac{T_1}{2}} f_0(t) e^{-j\omega t} dt = \int_{-\frac{T_1}{2}}^{\frac{T_1}{2}} f(t) e^{-j\omega t} dt$$

将上式与 F_n 表示式进行比较,可得

$$F_n = \frac{1}{T_1} F_0(\omega) \mid_{\omega = n\omega_1} \tag{4.104}$$

上式表明:周期信号的傅里叶系数 F_n 等于主周期信号在 $n\omega_1$ 点上的频谱值 $F_0(n\omega_1)$ 乘以 $1/T_1$。

例 4.19 已知周期矩形脉冲信号 $f(t)$ 的幅度为 E,脉宽为 τ,周期为 T_1,角频率 $\omega_1 = 2\pi/T_1$,如图 4.44(a)所示。试求周期矩形脉冲信号的傅里叶级数与傅里叶变换。

解 利用本节中讨论的结果,先求如图 4.44(b)所示单个矩形脉冲信号 $f_0(t)$ 的傅里叶变换 $F_0(\omega)$ 为

$$F_0(\omega) = E\tau \mathrm{Sa}\left(\frac{\omega\tau}{2}\right)$$

单个矩形脉冲信号的频谱如图 4.44(c)所示。利用式(4.104)可求出周期矩形脉冲信号 $f(t)$ 的傅里叶系数 F_n 为

$$F_n = \frac{1}{T_1} F_0(\omega) \mid_{\omega = n\omega_1} = \frac{E\tau}{T_1} \mathrm{Sa}\left(\frac{n\omega_1\tau}{2}\right)$$

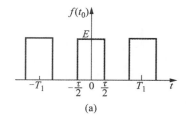
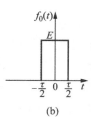
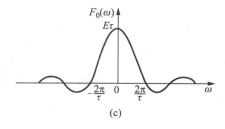

(a)   (b)   (c)

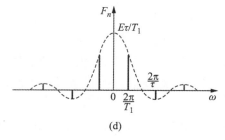
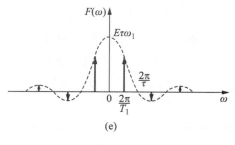

(d)   (e)

图 4.44   周期矩形脉冲信号的傅里叶系数与傅里叶变换

(a) 周期矩形脉冲   (b) 主周期信号   (c) 主周期脉冲信号的频谱

(d) 周期脉冲信号的傅里叶系数   (e) 周期脉冲信号的傅里叶变换

如图 4.44(d)所示。$f(t)$ 的傅里叶级数为

$$f(t) = \frac{E\tau}{T_1} \sum_{n=-\infty}^{\infty} \text{Sa}\left(\frac{n\omega_1\tau}{2}\right) e^{jn\omega_1 t}$$

再由式(4.103)可得周期矩形脉冲信号 $f(t)$ 的频谱 $F(\omega)$ 为

$$F(\omega) = 2\pi \sum_{n=-\infty}^{\infty} F_n \delta(\omega - n\omega_1) = E\tau\omega_1 \sum_{n=-\infty}^{\infty} \text{Sa}\left(\frac{n\omega_1\tau}{2}\right) \delta(\omega - n\omega_1)$$

如图 4.44(e)所示。由上述结果可以看出,主周期信号的频谱是连续的,而周期信号的频谱是离散的。它包含间隔为 ω_1 的冲激序列,其幅值的包络线之形状与周期信号频谱形状相同。

例 4.20　已知周期单位冲激序列 $\delta_T(t)$ 为

$$\delta_T(t) = \sum_{n=-\infty}^{\infty} \delta(t - nT_1)$$

式中 T_1 为周期,n 为整数。试求周期单位冲激序列的傅里叶级数与傅里叶变换。

解　周期单位冲激序列 $\delta_T(t)$ 如图 4.45(a)所示,单个单位冲激 $\delta_T(t)$ 如图 4.45(b)所示,其傅里叶变换 $F_0(\omega)$ 为

$$F_0(\omega) = \mathscr{F}[\delta(t)] = 1$$

如图 4.45(c)所示,利用式(4.104)可求得周期单位冲激序列 $\delta_T(t)$ 的傅里叶系数为

$$F_n = \frac{1}{T_1} F_0(\omega) \big|_{\omega = n\omega_1} = \frac{1}{T_1}$$

如图 4.45(d)所示,于是 $\delta_T(t)$ 的傅里叶级数表示式为

$$\delta_T(t) = \sum_{n=-\infty}^{\infty} F_n e^{jn\omega_1 t} = \frac{1}{T_1} \sum_{n=-\infty}^{\infty} e^{jn\omega_1 t}$$

由此可见,在周期单位冲激序列的傅里叶级数中包含 $n\omega_1 (n=0,\pm1,\pm2,\cdots)$ 频率分量,每个分量的大小均等于 T_1。$\delta_T(T)$ 的频谱由式(4.103)得到

$$F(\omega) = \mathscr{F}[\delta(t)] = 2\pi \sum_{n=-\infty}^{\infty} F_n \delta(\omega - n\omega_1) = \omega_1 \sum_{n=-\infty}^{\infty} \delta(\omega - n\omega_1)$$

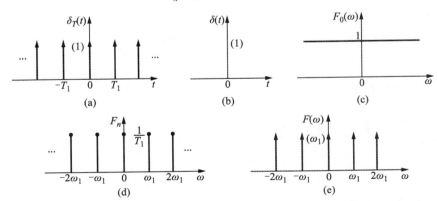

图 4.45　周期单位冲激序列的傅里叶系数与傅里叶变换

(a)周期单位冲激序列　(b)单位冲激序列　(c) $\delta(t)$ 的频谱　(d)傅里叶系数　(e)傅里叶变换

式中 $\omega_1 = \dfrac{2\pi}{T_1}$，周期单位冲激序列的频谱只包含$(n=0,\pm 1,\pm 2,\cdots)$频率处的冲激函数，其强度均等于 ω_1，如图 4.45(e)所示。

4.10   抽样定理

我们常常遇到需要将连续信号变为离散信号的情况，这就需要对信号进行抽样，或称取样或采样。例如，每隔一定时间观测一次气温或各种物理量，取得各信号在各离散时刻的一系列数据。对信号的抽样过程可理解为利用抽样脉冲序列 $p(t)$ 从连续信号 $f(t)$ 中抽取一系列离散值的过程，这样得到的离散信号称为抽样信号，以 $f_s(s)$ 表示，如图 4.46(c)所示。抽样过程的数学模型如图 4.46(d)所示。上述抽样过程是在时域进行的，称为时域抽样。此外，在频域进行的抽样过程称为频域抽样。我们先讨论时域抽样和时域抽样定理，然后讨论频域抽样定理。

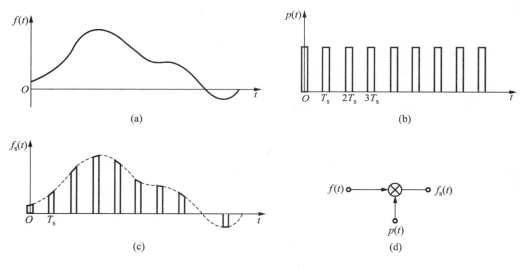

图 4.46   信号的时域抽样

(a) 连续信号   (b) 抽样脉冲信号   (c) 抽样信号   (d) 抽样模型

4.10.1   时域抽样

若连续信号 $f(t)$ 的频谱为 $F(\omega)=\mathscr{F}\left[f(t)\right]$，抽样脉冲 $p(t)$ 的频谱为 $P(\omega)=\mathscr{F}\left[p(t)\right]$，抽样信号的频谱为 $F_s(\omega)=\mathscr{F}\left[f_s(t)\right]$，均匀抽样周期为 T_s，抽样角频率为 ω_s，则

$$T_s = \frac{2\pi}{\omega_s} = \frac{1}{f_s}$$

时域抽样过程是通过抽样脉冲信号 $p(t)$ 与连续信号 $f(t)$ 相乘得到的，即

$$f_s(t) = f(t) \cdot p(t) \tag{4.105a}$$

根据频域卷积定理，可得

$$F_s(\omega) = \frac{1}{2\pi}F(\omega) * P(\omega) \tag{4.105b}$$

由于抽样脉冲信号 $p(t)$ 为一周期信号，其频谱 $P(\omega)$ 可按式(4.103)表示为

$$P(\omega) = 2\pi \sum_{n=-\infty}^{\infty} P_n \delta(\omega - n\omega_s) \tag{4.105c}$$

式中 P_n 为 $p(t)$ 的傅里叶级数的系数，有

$$P_n = \frac{1}{T_s}\int_{-\frac{T_s}{2}}^{\frac{T_s}{2}} p(t)e^{-jn\omega_s t}\,dt$$

将式(4.105c)代入式(4.105b)，可得抽样信号 $f_s(t)$ 的频谱为

$$F_s(\omega) = \sum_{n=-\infty}^{\infty} P_n F(\omega - n\omega_s) \tag{4.106}$$

上式表明，抽样信号的频谱 $F_s(\omega)$ 是原始信号频谱 $F(\omega)$ 以抽样频率 ω_s 为间隔周期地重复而得到，其幅度被 $p(t)$ 的傅里叶系数 P_n 所加权，而 $F(\omega)$ 形状不变，傅里叶系数 P_n 随抽样脉冲而变化，下面讨论两种抽样脉冲的时域抽样。

1. 矩形脉冲抽样

连续信号 $f(t)$ 的波形和频谱 $F(\omega)$ 见图 4.47(a)、(b)，如果抽样脉冲 $p(t)$ 是矩形，其幅度为 E，脉宽为 τ，抽样角频率为 ω_s $(\omega_s = 2\pi/T_s$，T_s 为抽样周期)，如图 4.47(c)所示，抽样信号 $f_s(t) = f(t) \cdot p(t)$，如图 4.47(e)所示。假设 $p(t)$ 在 $t=0$ 处的一个周期为 $p_0(t)$，由式(4.66)得 $p_0(t)$ 的频谱 $P_0(\omega) = E\tau \mathrm{Sa}\left(\dfrac{\omega\tau}{2}\right)$，故 $p(t)$ 在傅里叶级数的系数 P_n 可利用式(4.104)得到：

$$P_n = \frac{1}{T_s}P_0(\omega)\,\Big|_{\omega=n\omega_s} = \frac{E\tau}{T_s}\mathrm{Sa}\left(\frac{n\omega_s\tau}{2}\right)$$

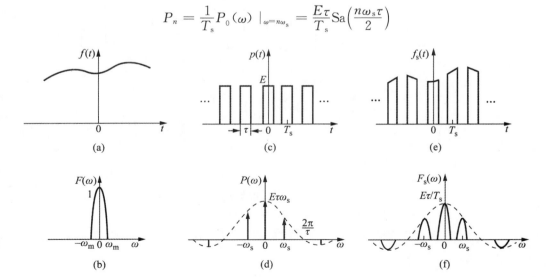

图 4.47　矩形脉冲时域抽样

(a) 连续信号 $f(t)$　(b) $f(t)$ 的频谱　(c) 抽样脉冲 $p(t)$
(d) $p(t)$ 的频谱　(e) 抽样信号 $f_s(t)$　(f) $f_s(t)$ 的频谱

于是 $p(t)$ 的频谱

$$P(\omega) = 2\pi \sum_{n=-\infty}^{\infty} P_n \delta(\omega - n\omega_s) = \omega_s E\tau \sum_{n=-\infty}^{\infty} \mathrm{Sa}\left(\frac{n\omega_s \tau}{2}\right)\delta(\omega - n\omega_s)$$

$P(\omega)$ 示于图 4.47(d)。将 P_n 代入式(4.106),可得矩形脉冲抽样后的信号频谱为

$$F_s(\omega) = \frac{E\tau}{T_s} \sum_{n=-\infty}^{\infty} \mathrm{Sa}\left(\frac{n\omega_s \tau}{2}\right)F(\omega - n\omega_s) \tag{4.107}$$

上式表示,$F(\omega)$ 在以 ω_s 为周期的重复过程中振幅以 $\mathrm{Sa}\left(\frac{n\omega_s \tau}{2}\right)$ 的规律变化,如图 4.47(f)所示。

2. 冲激抽样

连续信号 $f(t)$ 的波形及其频谱如图 4.48(a),(b)所示。如果抽样脉冲 $p(t)$ 是周期冲激序列 $\delta_\mathrm{T}(t)$,可表示为

$$p(t) = \delta_\mathrm{T}(t) = \sum_{n=-\infty}^{\infty} \delta(t - nT_s)$$

而

$$f_s(t) = f(t) \cdot p(t) = f(t)\delta_\mathrm{T}(t)$$

$p(t)$ 及 $f_s(t)$ 的波形示于图 4.48(c)～(e)。由图可知,抽样信号 $f_s(t)$ 是由一系列冲激信号构成,间隔为 T_s,幅度等于连续信号的抽样值 $f(nT_s)$。利用例 4.20 中的结果,可得 $\delta_\mathrm{T}(t)$ 的傅里叶系数为

$$P_n = \frac{1}{T_s}$$

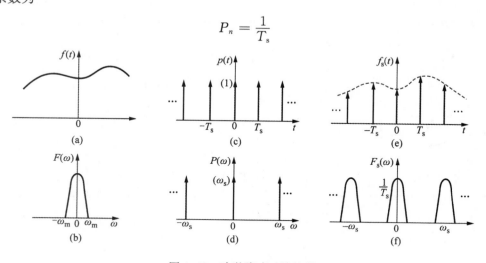

图 4.48　冲激脉冲时域抽样

(a) 连续信号 $f(t)$　(b) $f(t)$ 的频谱　(c) 抽样序列 $p(t)$

(d) $p(t)$ 的频谱　(e) 抽样信号 $f_s(t)$　(f) $f_s(t)$ 的频谱

于是 $p(t)$ 的频谱

$$P(\omega) = \mathscr{F}\left[\delta_\mathrm{T}(t)\right] = 2\pi \sum_{n=-\infty}^{\infty} P_n \delta(\omega - n\omega_s) = \omega_s \sum_{n=-\infty}^{\infty} \delta(\omega - n\omega_s)$$

$P(\omega)$ 示于图 4.48(d)。将 P_n 代入式(4.106)可得

$$F_s(\omega) = \frac{1}{T_s} \sum_{n=-\infty}^{\infty} F(\omega - n\omega_s) \tag{4.108}$$

上式表示,由于冲激序列的傅里叶系数 P_n 为常数,所以 $F(\omega)$ 是以 ω_s 为周期等幅地重复,如图 4.48(f)所示。

4.10.2　时域抽样定理

时域抽样定理可表示如下:若连续信号 $f(t)$ 的频谱占据 $(-\omega_m)$ 至 $(+\omega_m)$ 的范围,此信号称为频谱受限信号,则用等间隔抽样值唯一表示 $f(t)$ 之条件为:抽样角频率 ω_s 必须大于或等于 $2\omega_m$,即

$$\omega_s \geqslant 2\omega_m \tag{4.109a}$$

或抽样周期

$$T_s \leqslant \frac{1}{2f_m} \tag{4.109b}$$

式(4.109a)表明的最小抽样角频率或最小抽样频率为

$$\omega_{s\min} = 2\omega_m, \quad f_{s\min} = 2f_m \tag{4.109c}$$

式中 $f_{s\min} = \frac{\omega_{s\min}}{2\pi}, f_m = \frac{\omega_m}{2\pi}$。

从 4.10.1 节的分析结果可以看出,如果信号 $f(t)$ 的频谱 $F(\omega)$ 限制在 $(-\omega_m)$ 至 (ω_m) 范围内,如图 4.47(b)及图 4.48(b)所示。若以抽样周期 T_s(或抽样角频率 $\omega_s = 2\pi/T_s$)对 $f(t)$ 进行抽样,如图 4.47(c)及 4.48(c)所示,则抽样信号 $f_s(t)$ 的频谱 $F_s(\omega)$ 是 $F(\omega)$ 以 ω_s 为周期进行重复,如图 4.47(f)及 4.48(f)所示。此情况下,只有满足抽样定理中的 $\omega_s \geqslant 2\omega_m$ 条件,$F_s(\omega)$ 才不会产生频谱混叠。于是,抽样信号保留了原信号 $f(t)$ 的全部信息。当不满足抽样定理时,即 $\omega_s < 2\omega_m$,则频谱将产生混叠,$F_s(\omega)$ 后一周期的低频混叠至前一周期的高频,如图 4.49 所示。

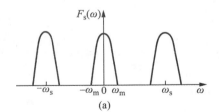 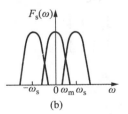

图 4.49　抽样定理的图形解释

(a) $\omega_s \geqslant 2\omega_m$　　(b) $\omega_s < 2\omega_m$

下面考虑如何从抽样信号 $f_s(t)$ 恢复原信号 $f(t)$,即由离散信号变换为连续信号。由图 4.48(f)可以看出,如果从抽样信号 $f_s(t)$ 的频谱 $F_s(\omega)$ 中无失真地选出 $\omega = 0$ 处的一个周期,即得到图 4.48(b)的频谱,再进行反变换即得到 $f(t)$。为了从 $F_s(\omega)$ 中无失真地选出 $F(\omega)$,如果不考虑系数 $\frac{1}{T_s}$,则可利用如下的矩形函数 $H(\omega)$:

$$H(\omega) = \begin{cases} 1, & |\omega| < \omega_c \\ 0, & |\omega| > \omega_c \end{cases}$$

选择 $\omega_m < \omega_c < \dfrac{\omega_s}{2}$，然后将 $F_s(\omega)$ 与 $H(\omega)$ 相乘，即得

$$F(\omega) = F_s(\omega)H(\omega) \tag{4.110a}$$

反变换后即可得到原始信号 $f(t)$。

$$f(t) = \mathscr{F}^{-1}[F(\omega)] \tag{4.110b}$$

如果从时域角度考虑，由时域卷积定理可知，式(4.110a)的时域对应式为

$$f(t) = f_s(t)*h(t)$$

由式(4.68)可知

$$h(t) = \frac{\omega_c}{\pi}\mathrm{Sa}(\omega_c t)$$

由于采用冲激抽样，故

$$f_s(t) = \sum_{n=-\infty}^{\infty} f(nT_s)\delta(t - nT_s)$$

于是

$$f(t) = f_s(t)*h(t) = \sum_{n=-\infty}^{\infty} f(nT_s)\delta(t - nT_s) * \frac{\omega_c}{\pi}\mathrm{Sa}(\omega_c t)$$

$$= \sum_{n=-\infty}^{\infty} \frac{\omega_c}{\pi} f(nT_s)\mathrm{Sa}[\omega_c(t - nT_s)] \tag{4.111}$$

上式说明：Sa 函数的无穷级数组合成 $f(t)$，无穷级数的系数等于抽样值 $f(nT_s)$。这就是说，若在抽样信号 $f_s(t)$ 的每个抽样值上画一个峰值为 $f(nT_s)$ 的 Sa 波形，则合成的波形就是 $f(t)$，如图 4.50(e)所示。

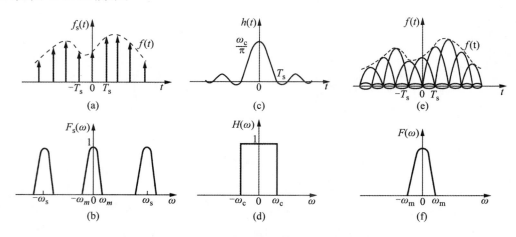

图 4.50　由抽样信号恢复原始信号

(a) 抽样信号　(b) 抽样信号频谱　(c) 低通滤波器 $h(t)$

(d) 低通滤波器响应　(e) 原始信号　(f) 原始信号频谱

通常把式(4.111)表示的过程称为内插,即用一个常用的样本来重构某一函数。这里的样本就是理想低通滤波器的冲激响应,而被抽样的函数 $f(t)$ 就是要重构的函数。

由上述分析可知,只有满足抽样定理 $\omega_s \geqslant 2\omega_m$ 条件,才可以从 $f_s(t)$ 的不失真的频谱 $F_s(\omega)$ 中恢复原始信号 $f(t)$。式(4.109c)所表示的最小抽样频率 $\omega_{smin} = 2\omega_m$ 或 $f_s = 2f_m$ 称为奈奎斯特(Nyquist)频率,最大允许抽样周期 $T_{smax} = \dfrac{1}{2f_m}$ 称为奈奎斯特周期。

4.10.3　频域抽样

若原始信号 $f(t)$ 的频谱为 $F(\omega)$,$F(\omega)$ 在频域中被间隔为 ω_1 的周期冲激序列 $\delta_\omega(\omega)$ 进行抽样,得到

$$F_1(\omega) = F(\omega) \cdot \delta_\omega(\omega) \tag{4.112a}$$

式中

$$\delta_\omega(\omega) = \sum_{n=-\infty}^{\infty} \delta(\omega - n\omega_1)$$

按照时域卷积定理,由式(4.112a)可得

$$\mathscr{F}^{-1}[F_1(\omega)] = f_1(t) = \mathscr{F}^{-1}[F(\omega)] * \mathscr{F}^{-1}[\delta_\omega(\omega)] \tag{4.112b}$$

由例 4.20 可知

$$\mathscr{F}[\delta_T(t)] = \omega_1 \sum_{n=-\infty}^{\infty} \delta(\omega - n\omega_1)$$

因此

$$\mathscr{F}^{-1}[\delta_\omega(\omega)] = \frac{1}{\omega_1}\delta_T(t)$$

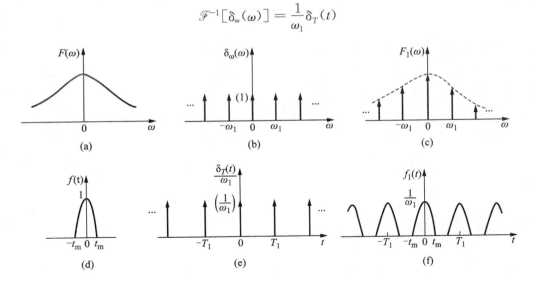

图 4.51　冲激序列频域抽样

(a) 原始信号频谱　(b) 频域周期冲激序列　(c) 抽样信号频谱

(d) 原始信号　(e) 时域周期冲激序列　(f) 频域抽样信号

将上式代入式(4.112b)可得

$$f_1(t) = f(t) * \frac{1}{\omega_1} \delta_T(t) = f(t) * \frac{1}{\omega_1} \sum_{n=-\infty}^{\infty} \delta(t - nT_1)$$

于是,便得到频域抽样后 $F_1(\omega)$ 所对应的信号为

$$f_1(t) = \frac{1}{\omega_1} \sum_{n=-\infty}^{\infty} f(t - nT_1) \tag{4.113}$$

式(4.113)表明:若 $f(t)$ 频谱 $F(\omega)$ 被间隔为 ω_1 的周期冲激序列 $\delta_\omega(\omega)$ 在频域中抽样,得到抽样频谱 $F_1(\omega)$,见图 4.51(a),(b),(c),则在时域中等效于 $f(t)$ 以 T_1 为周期 $\left(T_1 = \dfrac{2\pi}{\omega_1}\right)$ 进行重复,如图 4.51(d),(e),(f)所示。由图 4.51(c),(f)可以看出周期信号的频谱是离散的。而由图 4.48(e),(f)可以看出,离散信号的频谱是周期的,因而可以推得,周期离散信号的频谱既是离散的,又是周期的,这里不再详述。

4.10.4 频域抽样定理

频域抽样定理与时域抽样定理相对应,可表述如下:若信号 $f(t)$ 在 $-t_m$ 至 t_m 范围内为非零值,其他均为零值,则 $f(t)$ 称为时间受限信号。时间受限信号 $f(t)$ 的频谱 $F(\omega)$ 在频域中以间隔为 ω_1 的冲激序列进行抽样,则抽样后的频谱 $F_1(\omega)$ 可以唯一表示原始信号的条件为重复周期 T_1 满足

$$T_1 \geqslant 2t_m \tag{4.114a}$$

或频率间隔 f_1 为

$$f_1 = \frac{\omega_1}{2\pi} \leqslant \frac{1}{2t_m}, \quad \omega_1 = \frac{2\pi}{T_1} \tag{4.114b}$$

频域抽样定理可从图 4.51(f)中得到启示。很明显,若 $T_1 < 2t_m$,则 $f(t)$ 后一周期波形将重叠到前一周期,产生混叠。只有满足 $T_1 \geqslant 2t_m$,则在时域中波形不会产生混叠。由 $f_1(t)$ 经一低通滤波器就可得到不失真的原始信号。

抽样定理揭示了一个连续时间信号完全可以用该信号在等时间间隔点上的值或样本来表示,这就架起了连续时间信号与离散时间信号之间的桥梁,许多近现代信息处理和通信技术都以抽样定理作为理论基础。因此,抽样定理在信息处理与传输中有着重要意义,必须很好掌握。

4.11　本章小结

本章研究连续信号的傅里叶分析方法,从信号分解为完备正交函数开始讨论,引出了周期信号的频谱——傅里叶级数。当周期趋于无穷大时,周期信号变为非周期信号,从而导出了非周期信号的频谱——傅里叶变换,然后应用统一的傅里叶变换式分析了常用周期与非周期信号的频谱。

傅里叶变换具有一系列重要性质,我们利用频移特性讨论了调幅信号及其频谱,在尺度变

换特性中讨论了信号的等效频宽与等效脉宽。在这些性质中,时域卷积定理与频域卷积定理具有特别重要的意义,它是 LTI 系统频域分析法的理论基础,我们将在第 5 章中详细讨论 LTI 系统的频域分析法。帕斯瓦尔定理表示信号的时域和频域的能量关系,是一个重要的定理。

习题

4.1　试证明$\{\cos nt\}$(n 为整数)是区间$(0,2\pi)$内的正交函数集。

4.2　上题中的函数集是否为区间$\left(0,\dfrac{\pi}{2}\right)$内的正交函数集。

4.3　$1,x,x^2,x^3$ 是否为区间$(0,1)$内的正交函数集。

4.4　试证明$\{\cos nt\}$(n 为整数)不是区间$(0,2\pi)$内的完备正交函数集。

4.5　用二次方程at^2+bt+c 近似表示函数 e^t,在区间$(-1,1)$内,使均方误差最小,求系数 a,b,c。

4.6　求题图 4.6 所示对称周期方波信号的傅里叶级数(三角形式与指数形式)。

4.7　如题图 4.7 所示的周期信号,试求三角形式和指数形式的傅里叶级数表示式,并画出它的幅度谱和相位谱。

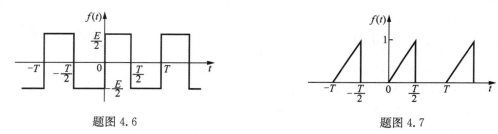

题图 4.6　　　　　　　　　　　　　　题图 4.7

4.8　用可变中心频率的选频回路能否从题图 4.8 的周期矩形信号中选出 $5,12,20,50,80$ 及 $100\,\text{kHz}$ 的频率分量(给定脉宽 $\tau=20\,\mu\text{s}$,幅度 $E=10\,\text{V}$,重复频率 $f=5\,\text{kHz}$)。

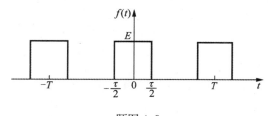

题图 4.8

4.9　若$f(t),f_1(t),f_2(t),f_3(t)$ 和 $f_4(t)$ 的傅里叶系数分别为$F_n,F_{1,n},F_{2,n},F_{3,n}$ 及 $F_{4,n}$,而$f_1(t)=f^*(t),f_2(t)=f(t)\cos\omega_1 t,f_3(t)=f(t)\sin\omega_1 t,f_4(t)=f(-t)$,$\omega_1$ 为 $f(t)$ 重复角频率。试证明傅里叶级数具有下述性质:

(a)　$F_{1,n}=F_{-n}^*$;　　　　　　　　　　　(b)　$F_{2,n}=\dfrac{1}{2}(F_{n-1}+F_{n+1})$;

(c) $F_{3,n} = \dfrac{1}{2j}(F_{n-1} - F_{n+1})$；　　　　　　　(d) $F_{4,n} = F_{-n}$。

4.10 求题图 4.6 所示周期信号的平均功率、有效值(均方根值)及基波、二次谐波、三次谐波的有效值。

4.11 对题图 4.11 所示周期性等腰三角形信号,试求:

(a) 信号的直流分量,基波有效值及信号有效值、平均功率;

(b) 该信号的傅里叶级数被截断所形成的有限项级数(分基波和基波、二次、三次谐波两和情况)及其近似于原信号的均方误差。

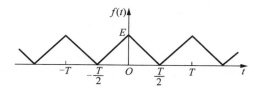

题图 4.11

4.12 试证明周期函数 $f(t)$ 的奇偶虚实性与傅里叶级数的系数有下列关系:

(a) 若 $f(t)$ 为实函数,则 a_n, b_n, C_n 为实数;

(b) 若 $f(t)$ 为实偶函数,则 F_n 是实数;若 $f(t)$ 为实奇函数,则 F_n 是虚数;

(c) 若 $f(t)$ 为虚偶函数,则 F_n 为虚数;若 $f(t)$ 为虚奇函数,则 F_n 是实数。

4.13 已知周期函数 $f(t)$ 前四分之一周期的波形如题图 4.13 所示,根据下列各种情况的要求,画出 $f(t)$ 在一个周期($0 < t < T$)的波形:

(a) $f(t)$ 是偶函数,只含有奇次谐波;

(b) $f(t)$ 是奇函数,只含有偶次谐波;

(c) $f(t)$ 是奇函数,包含有偶次和奇次谐波。

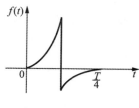

题图 4.13

4.14 设 $f(t)$ 是一个实周期信号,其傅里叶级数表示式以三角形式给出,即

$$f(t) = a_0 + \sum_{n=1}^{\infty} [a_n \cos n\omega_1 t + b_n \sin n\omega_1 t]$$

试求出 $f(t)$ 偶部和奇部的指数形式傅里叶级数表示式,即用上式中的系数 a_n, b_n 求系数 F_n' 和 F_n'' 使得

$$\mathrm{Ev}\{f(t)\} = \sum_{n=-\infty}^{\infty} F_n' \mathrm{e}^{jn\omega_1 t}$$

$$\mathrm{Od}\{f(t)\} = \sum_{n=-\infty}^{\infty} F_n'' \mathrm{e}^{\mathrm{j}n\omega_2 t}$$

式中 $\mathrm{Ev}\{f(t)\}$ 和 $\mathrm{Od}\{f(t)\}$ 分别表示 $f(t)$ 的偶部和奇部。

4.15 假如 $f(t)$ 是一个奇谐周期信号,其周期为 2,且
$$f(t) = t, \quad 0 < t < 1$$
试画出 $f(t)$,并求出它的傅里叶级数系数。

4.16 题图 4.16 所示的周期信号 $u_1(t)$ 加到 RC 积分电路,若已知 $u_1(t)$ 的重复频率 $f_1 = 1\,\mathrm{kHz}$,幅度 $E = 1\,\mathrm{V}$,$R = 1\,\mathrm{k\Omega}$,$C = 0.1\,\mu\mathrm{F}$,求稳态时电容两端电压的直流分量,基波和五次谐波的幅度,并求这些分量与 $u_1(t)$ 相应分量之比值。

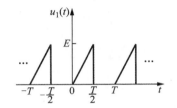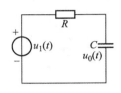

题图 4.16

4.17 如题图 4.17 所示的周期方波电压作用于 RL 电路,试求电流 $u_1(t)$ 的前五次谐波。

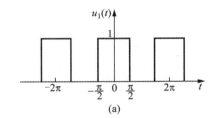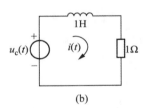

题图 4.17

4.18 若周期信号 $f(t)$ 的傅里叶系数是 a_n, b_n 及 F_n,试证明延时信号 $f(t-t_0)$ 的傅里叶级数为

$$f(t-t_0) = a_0 + \sum_{n=1}^{\infty}(a_n'\cos n\omega_1 t + b_n'\sin\omega_1 t) = \sum_{n=-\infty}^{\infty} F_n' \mathrm{e}^{\mathrm{j}n\omega_1 t}$$

式中
$$a_n' = a_n\cos n\omega_1 t_0 - b_n\sin n\omega_1 t_0$$
$$b_n' = a_n\sin n\omega_1 t_0 + b_n\cos n\omega_1 t_0$$
$$F_n' = F_n\mathrm{e}^{-\mathrm{j}n\omega_1 t}$$

4.19 若 $f(t)$ 是周期为 2 的周期信号,且
$$f(t) = \mathrm{e}^{-t}, \quad -1 < t < 1$$
试求 $f(t)$ 的傅里叶级数表示式。

4.20 试求 $f(t) = \cos 4t + \sin 8t$ 的傅里叶级数表示式。

4.21 求题图 4.21 所示半波余弦脉冲的傅里叶变换,并画出频谱图。

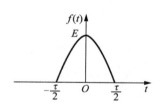

题图 4.21

4.22 求题图 4.22 所示锯齿脉冲与单周正弦脉冲的傅里叶变换。

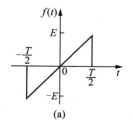
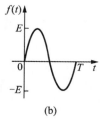

(a)   (b)

题图 4.22

4.23 试计算下述信号的傅里叶变换:

(a) $\delta(t+1)+\delta(t-1)$;

(b) $e^{-2(t-1)}\varepsilon(t-1)$;

(c) $e^{-2|t-1|}$。

4.24 试计算下述信号的傅里叶变换:

(a) $e^{2+t}\varepsilon(-t)+1$;

(b) $e^{-3t}[\varepsilon(t+2)-\varepsilon(t-3)]$;

(c) $e^{-3|t|}\sin 2t$;

(d) $[e^{-\alpha t}\cos\omega_0 t]\varepsilon(t)$;

(e) $f(t)=\begin{cases}1+\cos\pi t, & |t|\leqslant 1\\ 0, & |t|<1\end{cases}$;

(f) $[t e^{-2t}\sin 4t]\varepsilon(t)$;

(g) $f(t)=\begin{cases}1-t^2, & 0<t<1\\ 0, & \text{其他}\end{cases}$。

4.25 求题图 4.25 所示 $F(\omega)$ 的傅里叶逆变换。

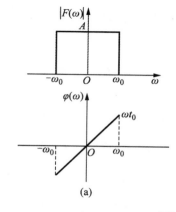
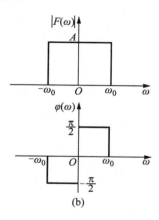

(a)   (b)

题图 4.25

4.26　利用对称性求下列信号的傅里叶变换：

(a) $f(t) = \dfrac{2a}{a^2 + t^2}$，$-\infty < t < \infty$；

(b) $f(t) = \left(\dfrac{\sin 2\pi t}{2\pi t}\right)^2$，$-\infty < t < \infty$。

4.27　若已知 $f(t)$ 的频谱 $F(\omega)$，试求下述信号的频谱；

(a) $t f(2t)$；

(b) $t\dfrac{df(t)}{dt}$；

(c) $(t-2)f(-2t)$；

(d) $(1-t)f(1-t)$；

(e) $f(6-2t)$。

4.28　利用时域与频域的对称性，求下列傅里叶变换的时间函数：

(a) $F(\omega) = \delta(\omega - \omega_0)$；

(b) $F(\omega) = \varepsilon(\omega + \omega_0) - \varepsilon(\omega - \omega_0)$；

(c) $F(\omega) = \begin{cases} \dfrac{\omega_0}{\pi}, & |\omega| \leqslant \omega_0 \\ 0, & \text{其他} \end{cases}$。

4.29　计算下列信号的傅里叶变换：

(a) $\displaystyle\sum_{k=0}^{\infty} \alpha^k \delta(t - kT)$，$|\alpha| < 1$；

(b) $\displaystyle\sum_{n=-\infty}^{\infty} e^{|t-2n|}$。

4.30　若已知矩形脉冲的傅里叶变换，试利用时移特性求题图 4.30 所示信号的傅里叶变换，并大致画出幅度谱。

4.31　求题图 4.31 所示三角形调幅信号的频谱。

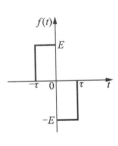

题图 4.30

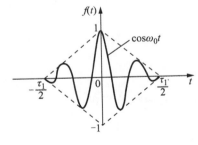

题图 4.31

4.32　试求下述信号的傅里叶变换：

(a) $\sin t + \cos(2\pi t + \pi/4)$；

(b) $\left[\dfrac{\sin \pi t}{\pi t}\right]\left[\dfrac{\sin 2\pi(t-1)}{\pi(t-1)}\right]$。

4.33　利用傅里叶变换的性质，以归纳法证明

$$f(t) = \frac{t^{n-1}}{(n-1)!}e^{-at}\varepsilon(t), \quad a > 0$$

的傅里叶变换为 $1/(a + j\omega)^n$。

4.34　下面是一些连续时间信号的傅里叶变换，确定每个变换所对应的连续时间信号：

(a) $F(\omega) = \dfrac{2\sin[3(\omega - 2\pi)]}{(\omega - 2\pi)}$；

(b) $F(\omega) = \cos(4\omega + \pi/3)$；

(c) $F(\omega) = 2[\delta(\omega - 1) - \delta(\omega + 1)] + 3[\delta(\omega - 2\pi) + \delta(\omega + 2\pi)]$。

4.35 假设 $f(-t)=f^*(t)$，那么信号 $f(t)$ 的傅里叶变换具有什么性质？

4.36 一个实连续时间信号 $f(t)$ 的傅里叶变换为 $F(\omega)$，其模满足关系式 $\ln|F(\omega)|=-|\omega|$，已知 $f(t)$ 有如下特性，试分别求 $f(t)$：

(a) 时间的偶函数；   (b) 时间的奇函数。

4.37 通过计算 $E(\omega)=\mathscr{F}[e(t)]$ 和 $H(\omega)=\mathscr{F}[h(t)]$，利用卷积性质并进行反变换，求下列每对信号 $e(t)$ 和 $h(t)$ 的卷积：

(a) $e(t)=t\,\mathrm{e}^{-2t}\varepsilon(t),h(t)=\mathrm{e}^{-4t}\varepsilon(t)$;   (b) $e(t)=t\,\mathrm{e}^{-2t}\varepsilon(t),h(t)=t\,\mathrm{e}^{-4t}\varepsilon(t)$;

(c) $e(t)=\mathrm{e}^{-t}\varepsilon(t),h(t)=\mathrm{e}^t\varepsilon(-t)$。

4.38 若阶跃、正弦、余弦函数的傅里叶变换为已知，试求下列信号的频谱：

(a) $\cos\omega_0 t\cdot\varepsilon(t)$;   (b) $\sin\omega_0 t\cdot\varepsilon(t)$;

(c) $\cos 10\pi t[\varepsilon(t+1)-\varepsilon(t-1)]$。

4.39 设 $F(\omega)$ 代表题图 4.39 所示信号 $f(t)$ 的傅里叶变换，求：

(a) $\arg F(\omega)$;   (b) $\mathrm{Re}\{F(\omega)\}$;

(c) $F(0)$;   (d) $\displaystyle\int_{-\infty}^{\infty}F(\omega)\mathrm{d}\omega$;

(e) $\displaystyle\int_{-\infty}^{\infty}|F(\omega)|^2\mathrm{d}\omega$;   (f) $\displaystyle\int_{-\infty}^{\infty}F(\omega)\frac{2\sin\omega}{\omega}\mathrm{e}^{\mathrm{j}2\omega}\mathrm{d}\omega$。

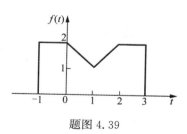

题图 4.39

4.40 利用能量等式

$$\int_{-\infty}^{\infty}f^2(t)\mathrm{d}t=\frac{1}{2\pi}\int_{-\infty}^{\infty}|F(\omega)|^2\mathrm{d}\omega$$

计算下列积分：

(a) $\displaystyle\int_{-\infty}^{\infty}\left(\frac{\sin t}{t}\right)^2\mathrm{d}t$;   (b) $\displaystyle\int_{-\infty}^{\infty}\frac{\mathrm{d}t}{(1+t^2)^2}$。

4.41 若 $f(t)$ 的频谱如题图 4.41 所示，试粗略地画出 $f^2(t)$ 和 $f^3(t)$ 的频谱（不必精确，主要标出频谱的范围，说明展宽情况）。

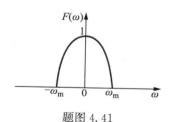

题图 4.41

4.42 若 $f(t)$ 的频谱如题 4.42 所示,利用卷积定理粗略画出 $f(t)\cos\omega_0 t$ 的频谱,并注明频谱边界频率。

4.43 求题图 4.43 所示半波正弦脉冲 $f(t)$ 及其二阶导数 $\dfrac{\mathrm{d}^2}{\mathrm{d}t^2}f(t)$ 的傅里叶变换。

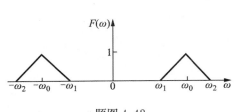

题图 4.42

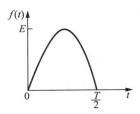

题图 4.43

4.44 已知 $F(\omega)$ 如题图 4.44 所示,求 $F(\omega)$ 的逆变换 $f(t)$。

4.45 求题图 4.45 所示信号 $f(t)$ 的傅里叶变换。

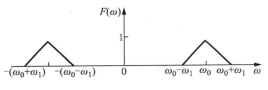

题图 4.44

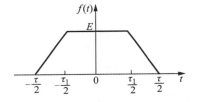

题图 4.45

4.46 利用傅里叶变换的性质证明下列公式(式中 α 为正实数):

(a) $\displaystyle\int_{-\infty}^{\infty}\frac{1}{(\alpha^2+\omega^2)^2}\mathrm{d}\omega=\frac{\pi}{2\alpha^3}$;

(b) $\displaystyle\int_{-\infty}^{\infty}\frac{\sin^4\alpha\omega}{\omega^4}\mathrm{d}\omega=\frac{2}{3}\pi\alpha^3$ 。

4.47 利用微分及积分性质求题图 4.47 中的信号 $f_1(t)$ 与 $f_2(t)$ 的傅里叶变换。

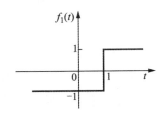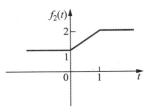

题图 4.47

4.48 若 $f(t)$ 是频带受限于 $\pm f_m$(Hz)之内的连续信号,以 $T=\dfrac{1}{2f_m}$(s)为间隔冲激抽样得到 $f_s(t)$。

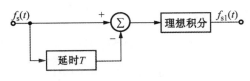

题图 4.48

(a) 将 $f_s(t)$ 施加于题图 4.48 所示系统,求系统输出 $f_{s1}(t)$;

(b) 若 $\mathscr{F}[f(t)]=F(\omega)$,求 $\mathscr{F}[f_{s1}(t)]$;

(c) 为了从 $f_{s1}(t)$ 恢复原始信号 $f(t)$,应通过一个怎样传输特性的滤波器。

4.49 确定下列信号的最低抽样率与奈奎斯特周期:

(a) $1+\cos(2\,000\pi t)+\sin(4\,000\pi t)$;　　(b) $\mathrm{Sa}(100t)$;

(c) $(\mathrm{Sa})^2(100t)$;　　　　　　　　　　(d) $\mathrm{Sa}(100t)+\mathrm{Sa}(50t)$。

4.50 若对信号 $f(t)$ 的奈奎斯特抽样率为 ω_s,试确定下列信号的奈奎斯特抽样率:

(a) $f(t)+f(t-1)$;　　　　　　　　　(b) $\dfrac{\mathrm{d}}{\mathrm{d}t}f(t)$;

(c) $f^2(t)$;　　　　　　　　　　　　(d) $f(t)\cos\omega_s t$。

4.51 若 $\mathscr{F}[f(t)]=F(\omega)$,$p(t)$ 是周期信号,基波频率为 ω_1,$p(t)=\displaystyle\sum_{n=-\infty}^{\infty}P_n\mathrm{e}^{jn\omega_1 t}$,如果 $F(\omega)$ 的波形如题图 4.51 所示,当 $p(t)$ 为如下各式时,求 $f_s(t)=f(t)p(t)$ 的频谱 $F_s(\omega)$ 并画出相应的图形。

(a) $p(t)=\cos\left(\dfrac{t}{2}\right)$;　　　　　　(b) $p(t)=\cos t$;

(c) $p(t)=\cos 2t$;　　　　　　　　(d) $p(t)=\sin t\sin 2t$;

(e) $p(t)=\cos 2t-\cos t$　　　　　　(f) $p(t)=\displaystyle\sum_{n=-\infty}^{\infty}\delta(t-\pi n)$

(g) $p(t)=\displaystyle\sum_{n=-\infty}^{\infty}\delta(t-2\pi n)$;　　(h) $p(t)=\displaystyle\sum_{n=-\infty}^{\infty}\delta(t-2\pi n)-\dfrac{1}{2}\displaystyle\sum_{n=-\infty}^{\infty}\delta(t-\pi n)$。

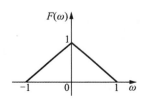

题图 4.51

4.52 信号 $y(t)$ 由两个均为带限的信号 $f_1(t)$ 和 $f_2(t)$ 卷积而成,即

$$y(t)=f_1(t)*f_2(t)$$

其中

$$F_1(\omega)=\mathscr{F}[f_1(t)]=0,\quad |\omega|>1\,000\pi$$

$$F_2(\omega)=\mathscr{F}[f_2(t)]=0,\quad |\omega|>2\,000\pi$$

现对 $y(t)$ 作冲激串抽样,以得到

$$y_s(t)=\sum_{n=-\infty}^{\infty}y(nT)\delta(t-nT)$$

请给出 $y(t)$ 保证能从 $y_s(t)$ 中恢复出来的抽样周期 T 的范围。

第5章

连续时间系统的频域分析

5.1 引言

在第 2 章中,我们已经讨论了求解系统响应的时域方法,并讨论了利用卷积法求解系统的零状态响应。若求得系统冲激响应为 $h(t)$,已知输入为 $e(t)$,则系统的零状态响应 $r(t)$ 为

$$r(t) = e(t)*h(t) \tag{5.1}$$

若 $R(j\omega),H(j\omega)$ 及 $E(j\omega)$ 分别表示为 $r(t),h(t)$ 及 $e(t)$ 的傅里叶变换,即

$$\begin{cases} \mathscr{F}\left[r(t)\right] = R(j\omega) \\ \mathscr{F}\left[h(t)\right] = H(j\omega) \\ \mathscr{F}\left[e(t)\right] = E(j\omega) \end{cases} \tag{5.2}$$

式中 $H(j\omega)$ 称为系统的频率响应,它是系统冲激响应之傅里叶变换。根据傅里叶变换的时域卷积定理,式(5.1)可表示为

$$R(j\omega) = H(j\omega)E(j\omega) \tag{5.3}$$

利用式(5.3)可以求解 LTI 系统的零状态响应。由于这种方法是在频域进行的,故称为系统的频域分析法,也称为线性系统的傅里叶分析法。时域法与频域分析法是通过卷积定理相联系的,可表示为下式:

$$r(t) = h(t)*e(t)$$
$$\mathscr{F}^{-1}\uparrow \quad \downarrow\mathscr{F} \quad \downarrow\mathscr{F}$$
$$R(j\omega) = H(j\omega) \cdot E(j\omega) \tag{5.4}$$

从物理学的概念来分析,如果输入信号的频谱密度函数为 $E(j\omega)$,则输出信号的频谱密度函数变为 $H(j\omega)E(j\omega)$。这种改变全由频率响应 $H(j\omega)$ 所支配,$H(j\omega)$ 对信号各频率分量进行加权,某些频率分量幅度增强,而另一些频率分量则相对削弱或不变。各频率分量在传输过程中都产生各自的相移,将 $E(j\omega)$ 改变为 $R(j\omega)=H(j\omega)E(j\omega)$ 的响应信号。从第 4 章的分析知道,相当广泛的输入信号都可利用傅里叶分析方法分解为无穷多项 $e^{j\omega t}$ 信号分量的叠加,这些信号作用于系统时所得到的响应之叠加即为系统的响应。对于 LTI 系统,都可按信号分

解、求响应再叠加的方法来对系统进行分析求解。

本章将利用傅里叶分析方法着重讨论线性连续系统的频率响应,建立信号通过线性系统传输后产生的一些重要概念,包括对无失真传输及理想低通滤波器进行分析讨论,并将简要介绍连续时间频率选择性滤波器的性能和实例。最后对调制与解调的工作原理和方法进行简要的讨论。

5.2 线性非时变系统的频率响应

对于连续时间的线性非时变系统,复指数信号 $e^{j\omega t}$ 可以构成相当广泛的一类有用信号,而且 LTI 系统对 $e^{j\omega t}$ 的响应可以方便地得到。从下面的分析中可以看到:一个 LTI 系统对复指数信号 $e^{j\omega t}$ 的响应 $T[e^{j\omega t}]$ 仍是同一个复指数信号,所不同的是幅度上产生了变化,即

$$T[e^{j\omega t}] = H(j\omega)e^{j\omega t} \tag{5.5}$$

此处 $H(j\omega)$ 为 ω 的函数,称为 LTI 系统的频率响应。一般说来,一个信号,若系统对该信号的输出仅是一个常数(可能是复数)乘以输入,则称该信号为系统的特征函数,而幅度因子称为系统的特征值。

为了证明式(5.5),考虑一个冲激响应为 $h(t)$ 的 LTI 系统,利用卷积积分来确定其对 $e(t) = e^{j\omega t}$ 的零状态输出。

$$r(t) = h(t) * e(t) = \int_{-\infty}^{\infty} h(\tau)e(t-\tau)\mathrm{d}\tau = \int_{-\infty}^{\infty} h(\tau)e^{j\omega(t-\tau)}\mathrm{d}\tau$$

$e^{j\omega t}$ 可从积分内移出来,于是

$$r(t) = e^{j\omega t}\int_{-\infty}^{\infty} h(\tau)e^{-j\omega\tau}\mathrm{d}\tau$$

根据式(5.2)

$$\int_{-\infty}^{\infty} h(\tau)e^{-j\omega\tau}\mathrm{d}\tau = \mathscr{F}[h(t)] = H(j\omega)$$

故有

$$r(t) = e^{j\omega t}H(j\omega)$$

若输入信号 $e(t)$ 为三个复指数信号的线性组合,即

$$e(t) = C_1 e^{j\omega_1 t} + C_2 e^{j\omega_2 t} + C_3 e^{j\omega_3 t}$$

系统对各个复指数信号的响应分别为

$$T[C_1 e^{j\omega_1 t}] = C_1 \cdot H(j\omega_1) \cdot e^{j\omega_1 t}$$

$$T[C_2 e^{j\omega_2 t}] = C_2 \cdot H(j\omega_2) \cdot e^{j\omega_2 t}$$

$$T[C_3 e^{j\omega_3 t}] = C_3 \cdot H(j\omega_3) \cdot e^{j\omega_3 t}$$

由于线性系统满足可加性与比例性,和的响应就是响应的和,于是

$$r(t) = C_1 H(j\omega_1)e^{j\omega_1 t} + C_2 H(j\omega_2)e^{j\omega_2 t} + C_3 H(j\omega_3)e^{j\omega_3 t}$$

推广到一般形式为

$$T\left[\sum_k C_k e^{j\omega_k t}\right] = \sum_k C_k H(j\omega_k) e^{j\omega_k t} \tag{5.6}$$

由此可知：若已知一 LTI 系统的频率响应 $H(j\omega)$，则系统对一个由复指数函数线性组合构成的输入的响应就可由式（5.6）求得。

　　下面讨论如何求得由微分方程表示的 LTI 系统的频率响应与冲激响应。由第 2 章得知，LTI 系统的输入和输出满足一个线性常系数微分方程，其一般形式为

$$\sum_{i=0}^{n} C_i \frac{d^{(n-i)}}{dt^{(n-i)}} r(t) = \sum_{i=0}^{m} E_i \frac{d^{(m-i)}}{dt^{(m-i)}} e(t) \tag{5.7}$$

要从（5.7）式求得系统的频率响应，一般有两种方法：第一种用解微分方程的办法求得冲激响应，然后求冲激响应的傅里叶变换就得到系统的频率响应。第二种方法是利用傅里叶变换的性质直接求得系统的频率响应，再通过傅里叶反变换求得冲激响应 $h(t)$。下面讨论第二种方法，对式（5.7）两边取傅里叶变换，得

$$\mathscr{F}\left\{\sum_{i=0}^{n} C_i \frac{d^{(n-i)} r(t)}{dt^{(n-i)}}\right\} = \mathscr{F}\left\{\sum_{i=0}^{m} E_i \frac{d^{(m-i)} e(t)}{dt^{(m-i)}}\right\}$$

根据傅里叶变换的线性性质，上式可写为

$$\sum_{i=0}^{n} C_i \mathscr{F}\left\{\frac{d^{(n-i)} r(t)}{dt^{(n-i)}}\right\} = \sum_{i=0}^{m} E_i \mathscr{F}\left\{\frac{d^{(m-i)} e(t)}{dt^{(m-i)}}\right\}$$

再利用微分性质，可得

$$\sum_{i=0}^{n} C_i \cdot (j\omega)^{n-i} \cdot R(j\omega) = \sum_{i=0}^{m} E_i \cdot (j\omega)^{m-i} \cdot E(j\omega)$$

于是

$$R(j\omega)\left[\sum_{i=0}^{n} C_i \cdot (j\omega)^{n-i}\right] = E(j\omega)\left[\sum_{i=0}^{m} E_i \cdot (j\omega)^{(m-i)}\right]$$

故频率响应为

$$H(j\omega) = \frac{R(j\omega)}{E(j\omega)} = \frac{\sum_{i=0}^{m} E_i \cdot (j\omega)^{m-i}}{\sum_{i=0}^{n} C_i \cdot (j\omega)^{n-i}} \tag{5.8}$$

由式（5.8）可知，$H(j\omega)$ 是两个 $(j\omega)$ 的多项式之比，是一个有理函数，其分子多项式的系数与式（5.7）右边的系数相同，分母多项式的系数就是式（5.7）左边的系数。因此，频率响应可由式（5.7）的系数直接求得。

　　例 5.1　描述某 LTI 系统的微分方程为

$$\frac{d^2 r(t)}{dt^2} + 4\frac{dr(t)}{dt} + 3r(t) = \frac{de(t)}{dt} + 2e(t)$$

试求该系统的频率响应与冲激响应。

　　解　根据式（5.8），其频率响应为

$$H(j\omega) = \frac{(j\omega) + 2}{(j\omega)^2 + 4(j\omega) + 3}$$

求 $H(j\omega)$ 的反变换，即可得到系统的冲激响应。其过程如下：

$$H(j\omega) = \frac{j\omega + 2}{(j\omega + 1)(j\omega + 3)} = \frac{0.5}{j\omega + 1} + \frac{0.5}{j\omega + 3}$$

于是,反变换后可得

$$h(t) = 0.5e^{-t}\varepsilon(t) + 0.5e^{-3t}\varepsilon(t)$$

利用上述方法还可以求得系统的零状态响应,见下例。

例 5.2 若例 5.1 的系统加入激励信号 $e(t) = e^{-t}\varepsilon(t)$,试求系统的零状态响应。

解 由于 $e(t) = e^{-t}\varepsilon(t)$,故 $E(j\omega) = \dfrac{1}{(j\omega + 1)}$,因此

$$R(j\omega) = H(j\omega)E(j\omega) = \frac{(j\omega + 2)E(j\omega)}{(j\omega + 1)(j\omega + 3)} = \frac{(j\omega + 2)}{(j\omega + 1)^2(j\omega + 3)}$$

利用部分分式展开法,可将 $R(j\omega)$ 展开为

$$R(j\omega) = \frac{\frac{1}{4}}{j\omega + 1} + \frac{\frac{1}{2}}{(j\omega + 1)^2} - \frac{\frac{1}{4}}{j\omega + 3}$$

反变换后可得

$$r(t) = \left(\frac{1}{4}e^{-t} + \frac{1}{2}te^{-t} - \frac{1}{4}e^{-3t}\right)\varepsilon(t)$$

从上述例子可以看出:频域分析法把一个由微分方程表征的 LTI 系统的求解问题转化成一个初等代数问题来解决。下面我们将进一步探讨信号通过系统传输后产生的问题。

5.3 线性系统对激励信号的响应

本节将着重讨论非周期信号和周期信号激励下系统的响应,研究信号通过 LTI 系统传输后产生的现象,以及相应的解决办法。

5.3.1 非周期性信号激励下系统的响应

若在图 5.1(a)所示的 RC 低通网络的输入端输入一矩形脉冲信号 $u_1(t)$,$u_1(t)$ 的波形如图 5.1(b)所示。RC 网络的频率响应(电压传输比)可由其阻抗分压比得到,即 $H(j\omega)$ 为

$$H(j\omega) = \frac{\frac{1}{j\omega C}}{R + \frac{1}{j\omega C}} = \frac{\frac{1}{RC}}{j\omega + \frac{1}{RC}}$$

若令 $\alpha = \dfrac{1}{RC}$,则

$$H(j\omega) = \frac{\alpha}{\alpha + j\omega} = |H(j\omega)|e^{j\varphi(\omega)}$$

可以得到

$$|H(j\omega)| = \frac{\alpha}{\sqrt{\alpha^2 + \omega^2}}$$

$|H(\mathrm{j}\omega)|$ 的波形如图 5.1(c)所示。输入信号 $u_1(t)$ 的傅里叶变换可求得为

$$U_1(\mathrm{j}\omega) = \frac{E}{\mathrm{j}\omega}(1-\mathrm{e}^{-\mathrm{j}\omega\tau}) = E\tau\,\mathrm{Sa}\Big(\frac{\omega\tau}{2}\Big)\mathrm{e}^{-\mathrm{j}\frac{\omega\tau}{2}} \tag{5.9}$$

于是，利用式(5.3)可以求得 $u_2(t)$ 的傅里叶变换 $U_2(\mathrm{j}\omega)$ 为

$$U_2(\mathrm{j}\omega) = H(\mathrm{j}\omega)U_1(\mathrm{j}\omega) = \frac{\alpha}{\alpha+\mathrm{j}\omega}\Big[E\tau\,\mathrm{Sa}\Big(\frac{\omega\tau}{2}\Big)\Big]\mathrm{e}^{-\mathrm{j}\frac{\omega\tau}{2}}$$

其振幅为

$$|U_2(\mathrm{j}\omega)| = \frac{\alpha}{\sqrt{\alpha^2+\omega^2}}E\tau\,\Big|\mathrm{Sa}\Big(\frac{\omega\tau}{2}\Big)\Big| \tag{5.10}$$

$|U_2(\mathrm{j}\omega)|$ 的图形如图 5.1(d)所示。为了得到系统的响应 $u_2(t)$，需将 $U_2(\mathrm{j}\omega)$ 进行反变换。为便于计算，将 $U_2(\mathrm{j}\omega)$ 表示为

$$U_2(\mathrm{j}\omega) = \frac{\alpha}{\alpha+\mathrm{j}\omega}\frac{E}{\mathrm{j}\omega}(1-\mathrm{e}^{-\mathrm{j}\omega\tau}) = E\Big(\frac{1}{\mathrm{j}\omega}-\frac{1}{\alpha+\mathrm{j}\omega}\Big)(1-\mathrm{e}^{-\mathrm{j}\omega\tau})$$

$$= \frac{E}{\mathrm{j}\omega}(1-\mathrm{e}^{-\mathrm{j}\omega\tau}) - \frac{E}{\alpha+\mathrm{j}\omega}(1-\mathrm{e}^{-\mathrm{j}\omega\tau})$$

于是得到

$$u_2(t) = E\big[\varepsilon(t)-\varepsilon(t-\tau)\big] - E\big[\mathrm{e}^{-\alpha t}\varepsilon(t)-\mathrm{e}^{-\alpha(t-\tau)}\varepsilon(t-\tau)\big]$$

$$= E(1-\mathrm{e}^{-\alpha t})\varepsilon(t) - E\big[1-\mathrm{e}^{-\alpha(t-\tau)}\big]\varepsilon(t-\tau)$$

图 5.1(e)示出 $u_2(t)$ 的波形。比较图 5.1(e)与(b)可以看出，输出信号的波形与输入信号相比，已产生了失真，输入信号在 $t=0$ 时上升陡峭，在 $t=\tau$ 处急剧下降。这种快速变化的波形表示具有较高的频率分量，由于 RC 网络的低通特性[见图 5.1(c)]，高频分量有较大的衰减，故输出波形不能迅速变化，不再表现为矩形脉冲信号，而是以指数规律逐渐上升和下降。若减小

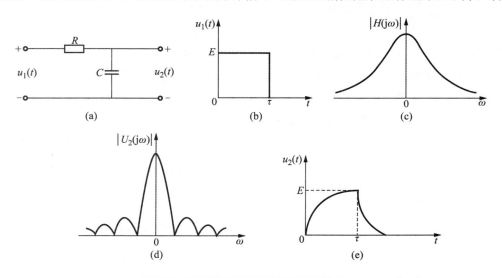

图 5.1　矩形脉冲激励下 RC 网络的响应

(a) RC 网络　(b) 输入信号　(c) 振幅响应　(d) 输出信号频谱　(e) 输出信号

RC 时间常数,即增大 α,则 RC 网络的低通带宽增加,允许更多的高频分量通过,输出波形的上升与下降时间缩短,和输入信号波形相比,失真减小。

例 5.3 已知频率响应 $H(\mathrm{j}\omega)=\dfrac{1}{\mathrm{j}\omega+1}$,输入信号为 $e(t)=(1+\mathrm{e}^{-t})\varepsilon(t)$,若系统处于零状态,试利用频域法求输出 $r(t)$。

解 输入信号的频谱为

$$E(\mathrm{j}\omega)=\mathscr{F}\left[(1+\mathrm{e}^{-t})\varepsilon(t)\right]=\pi\delta(\omega)+\frac{1}{\mathrm{j}\omega}+\frac{1}{\mathrm{j}\omega+1}$$

输出信号的频谱为

$$R(\mathrm{j}\omega)=H(\mathrm{j}\omega)E(\mathrm{j}\omega)=\frac{1}{\mathrm{j}\omega+1}\left[\pi\delta(\omega)+\frac{1}{\mathrm{j}\omega}+\frac{1}{\mathrm{j}\omega+1}\right]$$

$$=\frac{1}{\mathrm{j}\omega+1}\pi\delta(\omega)+\frac{1}{\mathrm{j}\omega(\mathrm{j}\omega+1)}+\frac{1}{(\mathrm{j}\omega+1)^{2}}$$

求反变换,可得

$$\mathscr{F}^{-1}\left[\frac{1}{\mathrm{j}\omega+1}\pi\delta(\omega)\right]=\mathscr{F}^{-1}\left[\pi\delta(\omega)\right]=\frac{1}{2}$$

$$\mathscr{F}^{-1}\left[\frac{1}{\mathrm{j}\omega(\mathrm{j}\omega+1)}\right]=\mathscr{F}^{-1}\left[\frac{1}{\mathrm{j}\omega}-\frac{1}{\mathrm{j}\omega+1}\right]=\frac{1}{2}\mathrm{sgn}(t)-\mathrm{e}^{-t}\varepsilon(t)$$

$$\mathscr{F}^{-1}\left[\frac{1}{(\mathrm{j}\omega+1)^{2}}\right]=\mathscr{F}^{-1}\left[\mathrm{j}\frac{\mathrm{d}}{\mathrm{d}\omega}\left(\frac{1}{\mathrm{j}\omega+1}\right)\right]=\mathrm{j}[-\mathrm{j}t\mathrm{e}^{-t}\varepsilon(t)]=t\mathrm{e}^{-t}\varepsilon(t)$$

因此

$$r(t)=\mathscr{F}^{-1}[R(\mathrm{j}\omega)]=\frac{1}{2}+\frac{1}{2}\mathrm{sgn}(t)-\mathrm{e}^{-t}\varepsilon(t)+t\mathrm{e}^{-t}\varepsilon(t)=(1-\mathrm{e}^{-t}+t\mathrm{e}^{-t})\varepsilon(t)$$

5.3.2 周期信号激励下系统的响应

利用频域分析方法也可求解周期信号激励下系统的响应。由于傅里叶变换的积分下限从负无穷大开始,若激励信号从 t 等于负无穷大处接入,则求得的响应为稳态解。

设输入信号为周期正弦信号,即 $u_1(t)=\sin\omega_0 t$,则其频谱为

$$U_1(\mathrm{j}\omega)=\mathrm{j}\pi[\delta(\omega+\omega_0)-\delta(\omega-\omega_0)]$$

将输入信号加至如图 5.1(a)所示的 RC 网络,已知 RC 低通网络的频率响应 $H(\mathrm{j}\omega)$ 为

$$H(\mathrm{j}\omega)=\frac{\alpha}{\mathrm{j}\omega+\alpha}=|H(\mathrm{j}\omega)|\mathrm{e}^{\mathrm{j}\varphi(\omega)}$$

且在 $\omega=\pm\omega_0$ 处,有

$$H(\mathrm{j}\omega_0)=|H(\mathrm{j}\omega_0)|\mathrm{e}^{\mathrm{j}\varphi_0}$$

$$H(-\mathrm{j}\omega_0)=|H(\mathrm{j}\omega_0)|\mathrm{e}^{-\mathrm{j}\varphi_0}$$

于是,输出 $U_2(\mathrm{j}\omega)$ 可求得为

$$U_2(\mathrm{j}\omega)=\mathrm{j}\pi H(\mathrm{j}\omega)[\delta(\omega+\omega_0)-\delta(\omega-\omega_0)]$$

$$=\mathrm{j}\pi[H(-\mathrm{j}\omega_0)\delta(\omega+\omega_0)-H(\mathrm{j}\omega_0)\delta(\omega-\omega_0)]$$

$$=\mathrm{j}\pi \mid H(\mathrm{j}\omega_0) \mid [\mathrm{e}^{-\mathrm{j}\varphi_0}\delta(\omega+\omega_0) - \mathrm{e}^{\mathrm{j}\varphi_0}\delta(\omega-\omega_0)]$$

式中 $\varphi_0 = \varphi(\omega_0)$，进行反变换后，可得输出信号 $u_2(t)$ 为

$$u_2(t) = \mathscr{F}^{-1}[U_2(\mathrm{j}\omega)] = \mid H(\mathrm{j}\omega_0)\mid \sin(\omega_0 t + \varphi_0) \tag{5.11}$$

由式(5.11)可知：在正弦信号激励下，RC 网络的稳态输出仍为同频正弦波，其幅度被乘以振幅响应 $\mid H(\mathrm{j}\omega_0)\mid$，同时相位移 φ_0，$\mid H(\mathrm{j}\omega_0)\mid$ 及 φ_0 均由 $\omega=\omega_0$ 处的频率响应 $H(\mathrm{j}\omega_0)$ 决定。

例 5.4　已知一 LTI 系统的频率响应为 $H(\mathrm{j}\omega) = \dfrac{1-\mathrm{j}\omega}{1+\mathrm{j}\omega}$，输入信号 $e(t) = \sin t + \sin 3t$，试画出 $H(\mathrm{j}\omega)$ 的幅频特性与相频特性，并求输出 $r(t)$，画出 $e(t)$ 与 $r(t)$ 的波形，讨论在传输过程中的信号失真。

解　根据题意，可以写出

$$H(\mathrm{j}\omega) = \frac{1-\mathrm{j}\omega}{1+\mathrm{j}\omega} = \mathrm{e}^{\mathrm{j}2\arctan(-\omega)}$$

于是，$\mid H(\mathrm{j}\omega)\mid = 1$，$\varphi(\omega) = 2\arctan(-\omega)$，幅频特性 $\mid H(\mathrm{j}\omega)\mid$ 与相频特性 $\varphi(\omega)$ 与 ω 的关系示于图 5.2。由图中可见，该系统的幅频特性为一常数，即全通。

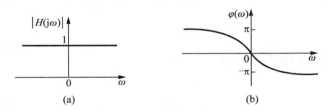

图 5.2　例 5.4 的频率响应

(a) 幅频特性　(b) 相频特性

输入信号的频谱为

$$F[e(t)] = E(\mathrm{j}\omega) = \mathrm{j}\pi[\delta(\omega+1) - \delta(\omega-1)] + \mathrm{j}\pi[\delta(\omega+3) - \delta(\omega-3)]$$

系统响应的傅里叶变换为

$$\begin{aligned}
R(\mathrm{j}\omega) &= H(\mathrm{j}\omega)E(\mathrm{j}\omega)\\
&= \mathrm{e}^{\mathrm{j}2\arctan(-\omega)}\{\mathrm{j}\pi[\delta(\omega+1) - \delta(\omega-1)] + \mathrm{j}\pi[\delta(\omega+3) - \delta(\omega+3)]\}\\
&= \mathrm{j}\pi[\mathrm{e}^{\mathrm{j}2\arctan 1}\delta(\omega+1) - \mathrm{e}^{-\mathrm{j}2\arctan 1}\delta(\omega-1)] +\\
&\quad \mathrm{j}\pi[\mathrm{e}^{\mathrm{j}2\arctan 3}\delta(\omega+3) - \mathrm{e}^{-\mathrm{j}2\arctan 3}\delta(\omega-3)]
\end{aligned}$$

于是，系统响应为

$$\begin{aligned}
r(t) &= \mathscr{F}^{-1}[R(\mathrm{j}\omega)]\\
&= \frac{\mathrm{j}}{2}[\mathrm{e}^{-\mathrm{j}t}\mathrm{e}^{\mathrm{j}90°} - \mathrm{e}^{\mathrm{j}t}\mathrm{e}^{-\mathrm{j}90°}] + \frac{\mathrm{j}}{2}[\mathrm{e}^{-\mathrm{j}3t}\mathrm{e}^{\mathrm{j}143°52'} - \mathrm{e}^{\mathrm{j}3t}\mathrm{e}^{-\mathrm{j}143°52'}]\\
&= \sin(t - 90°) + \sin(3t - 143°52')
\end{aligned}$$

输入 $e(t)$ 与输出 $r(t)$ 的波形如图 5.3 所示。由图中可见，输出信号是有失真的。虽然全通系统的幅频特性为常数，但相频特性为非线性，因而输入信号的不同频率分量对应的延迟时间不同，造成输出信号的相位失真。

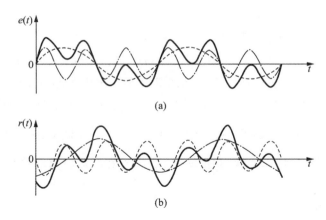

图 5.3　输入波形(a)和输出波形(b)

　　由以上两小节的分析可以看出,傅里叶分析方法从频谱改变的角度解释了输入与输出波形的变化,物理概念清楚,但求解过程相对比较烦琐,特别是求反变换时有一定的困难。我们将在第 8 章讨论用拉普拉斯变换的方法,把 LTI 系统的分析引向复频域,从而使求解复杂度大大简化。

5.4　线性系统的信号失真

　　从例 5.4 的分析中可以看到,LTI 系统的输出波形与输入波形并不相同,这就是通常所说的信号在线性系统的传输中产生了失真。这一节,利用傅里叶分析方法研究信号在线性系统的传输问题,这对于实际应用具有重要的指导意义。

　　线性系统产生的传输信号失真是由两种因素造成的,因素一是信号通过线性系统时,信号各频率分量产生不成比例的衰减或增幅,使输出信号各频率分量的幅度比例与输入信号有很大的不同,这称为幅度失真。因素二是系统对各频率分量产生的相移不与频率成正比例,使输出信号的各频率分量在时间轴上的相对位置发生改变,这称为相位失真。

　　上述的幅度失真与相位失真统称为线性系统的失真。它与非线性系统的失真有着重要的本质差别。非线性系统是由于非线性特性而使传输信号产生失真,失真原因是由于产生了原来不具有的新的频率分量,而线性系统的失真只表现为传输信号各频率分量的幅度和相位比例发生变化,并不产生新的频率分量。线性系统产生的幅度失真和相位失真都是由系统的频率响应特性决定的。

　　通常,我们希望传输过程中信号失真最小,下面来研究信号传输无失真的条件。

　　所谓信号无失真传输是指系统的输出信号和输入信号相比,波形形状上没有变化,只有幅度大小和出现时间的先后上有所不同。设激励信号为 $e(t)$,响应信号为 $r(t)$,经过无失真传输后

$$r(t) = Ke(t - t_0) \tag{5.12}$$

式中 K 为常数,t_0 为延时时间。满足上述无失真传输条件时,输出信号 $r(t)$ 的幅度比输入信号大 K 倍,且比输入信号延时了 t_0 秒,而波形形状不变。将式(5.12)两边进行傅里叶变换,并

利用傅里叶变换的延时性质,可以写出

$$R(j\omega) = KE(j\omega)e^{-j\omega t_0} \tag{5.13}$$

于是可得无失真传输系统的频率响应为

$$H(j\omega) = \frac{R(j\omega)}{E(j\omega)} = Ke^{-j\omega t_0} \tag{5.14}$$

无失真传输的示意图如图 5.4 所示。

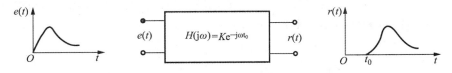

图 5.4　无失真传输

由式(5.14)可得失真传输系统的幅频特性和相频特性为

$$\mid H(j\omega) \mid = K \tag{5.15a}$$

$$\varphi(\omega) = \arg H(j\omega) = -\omega t_0 \tag{5.15b}$$

式(5.15)表明,如果要使信号通过线性系统不产生幅度失真,则必须在信号的全部频带范围内,系统频率响应的幅度特性为一常数,如图 5.5(a)所示;而要使得信号不产生相位失真,则要求相位特性是一通过原点的直线,如图 5.5(b)所示。由图可见,无失真传输时要求幅度特性为一常数 K,而线性相位特性的斜率为 $-t_0$。

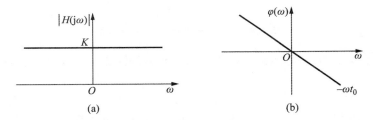

图 5.5　无失真传输条件

(a) 全通特性　(b) 线性相位

当频率响应的幅度 $|H(j\omega)|$ 等于常数 K 时,输出信号中各频率分量幅度的相对大小将与输入信号的情况一样,因而不产生幅度失真。而要不产生相位失真,必须使输出信号各频率分量与输入信号各对应分量滞后相同时间,我们通过图 5.6 进行说明。图 5.6(a)表示一输入信号 $e(t)$,它由基波和二次谐波两个频率分量组成,即

$$e(t) = E_1 \sin\omega_1 t + E_2 \sin 2\omega_1 t$$

经过一幅度特性为 K 的线性系统传输后,其输出 $r(t)$ 为

$$r(t) = KE_1 \sin(\omega_1 t - \varphi_1) + KE_2 \sin(2\omega_1 t - \varphi_2)$$

$$= KE_1 \sin\omega_1 \left(t - \frac{\varphi_1}{\omega_1}\right) + KE_2 \sin 2\omega_1 \left(t - \frac{\varphi_2}{2\omega_1}\right)$$

为了保证不产生相位失真,则要求基波与二次谐波均具有相同的延迟时间 t_0,即

$$\frac{\varphi_1}{\omega_1} = \frac{\varphi_2}{2\omega_1} = t_0$$

于是,各频率分量的相移必须满足如下条件:

$$\frac{\varphi_1}{\omega_1} = \frac{\varphi_2}{2\omega_1}$$

将此关系推广到高次谐波的频率分量,便可以得到如下结论:为使信号在线性系统传输时不产生相位失真,则要求信号各频率分量通过线性系统后的相移与其频率成正比,也即系统的相位特性为一条通过原点的直线,其斜率为 $-t_0$,即

$$\varphi(\omega) = -\omega t_0$$

$$\frac{\mathrm{d}}{\mathrm{d}\omega}\varphi(\omega) = -t_0 \tag{5.16}$$

图 5.6(b) 表示信号基波与二次谐波具有相同的延迟时间 t_0,不产生相位失真。而图 5.6(c) 则表示不满足无失真传输的相位条件,产生相位失真,此时输出波形 $r'(t)$ 与输入波形 $e(t)$ 明显不同。

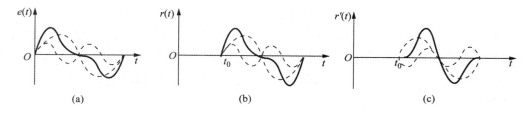

图 5.6   相位失真示意图

(a) 输入信号   (b) 无相位失真   (c) 相位失真

为了描述传输系统的相移特性,常将传输系统相移特性对 ω 求导,定义为群时延 τ,即

$$\tau = \frac{\mathrm{d}\varphi(\omega)}{\mathrm{d}\omega} \tag{5.17}$$

在信号传输时不产生相位失真,则要求传输系统的群时延 τ 为常数。

式(5.14)提出了无失真传输系统的频率特性要求,这是在频域上的要求。如果要提出时域上要求,则需对式(5.14)进行反变换,可得无失真传输系统的冲激响应为

$$h(t) = K\delta(t - t_0) \tag{5.18}$$

上式表明,不产生幅度失真和相位失真的传输系统冲激响应是一冲激信号,在时间上延时 t_0。

有时在实际应用时,为了得到特定的输出波形 $r_d(t)$,常利用具有信号失真的传输系统来实现这一要求,其方法是设输入 $e(t) = \delta(t)$,先求出 $r_d(t)$ 的频谱 $R_d(j\omega)$,然后使传输系统的频率特性

$$H(j\omega) = R_d(j\omega) \tag{5.19}$$

因为在传输系统的输入端加入的是冲激信号,即

$$e(t) = \delta(t), \quad E(j\omega) = 1$$

故传输系统的输出端即得到

$$r(t) = \mathscr{F}^{-1}\big[H(j\omega)E(j\omega)\big] = \mathscr{F}^{-1}\big[R_d(j\omega)\big] = r_d(t)$$

例 5.5 希望得到输入为 $\delta(t)$ 时的输出波形 $r_{\mathrm{d}}(t)$ 为一底宽 τ 的三角脉冲,即

$$r_{\mathrm{d}}(t) = \begin{cases} E\left(1 - \dfrac{2\,|\,t\,|}{\tau}\right), & |\,t\,| < \dfrac{\tau}{2} \\ 0, & |\,t\,| \geqslant \dfrac{\tau}{2} \end{cases}$$

试求传输系统的频率特性 $H(\mathrm{j}\omega)$。

解 利用例 4.13 的结果,可以求得 $r_{\mathrm{d}}(t)$ 的频谱 $R_{\mathrm{d}}(\mathrm{j}\omega)$ 为

$$R_{\mathrm{d}}(\mathrm{j}\omega) = \mathscr{F}\left[r_{\mathrm{d}}(t)\right] = \frac{E\tau}{2}\mathrm{Sa}^2\left(\frac{\omega\tau}{4}\right)$$

如果我们使传输系统的频率响应 $H(\mathrm{j}\omega)$ 等于 $R_{\mathrm{d}}(\mathrm{j}\omega)$,则

$$H(\mathrm{j}\omega) = R_{\mathrm{d}}(\mathrm{j}\omega) = \frac{E\tau}{2}\mathrm{Sa}^2\left(\frac{\omega\tau}{4}\right)$$

由于输入信号为冲激信号 $\delta(t)$,即

$$e(t) = \delta(t), \quad E(\mathrm{j}\omega) = 1$$

故输出信号 $r(t)$ 为所希望得到的三角脉冲信号,即

$$r(t) = \mathscr{F}^{-1}\left[R(\mathrm{j}\omega)\right] = \mathscr{F}^{-1}\left[H(\mathrm{j}\omega)E(\mathrm{j}\omega)\right] = \mathscr{F}^{-1}\left[R_{\mathrm{d}}(\mathrm{j}\omega)\right] = r_{\mathrm{d}}(t)$$

5.5 理想低通滤波器

在实际应用中,常常希望改变一个信号所含各频率分量的组成,提取或增强所希望的频率分量,滤除或衰减不希望的频率成分,这样一个处理过程称为信号的滤波。对于 LTI 系统,由于输出信号的频谱等于输入信号的频谱乘以系统的频率响应,因此在 LTI 系统中,只要适当地选择系统的频率响应,就可以实现所希望的滤波功能,这是 LTI 系统的重要应用。

利用 LTI 系统进行滤波常用于音响系统。为了让听众调节音响信号高低频分量的相对大小,在音响系统中一般都有一个滤波器,这个滤波器相当于一个 LTI 系统,它的频率响应是通过音调控制旋钮来改变的。同时,在高保真度的音响系统中,为了补偿话筒的频率响应特性,往往在前置放大器中包括有一个滤波器。

还有另一类重要的 LTI 滤波器,这种滤波器能衰减或抑制不需要的频率分量的信号,而无失真地通过所需要频率分量的信号,这种滤波器称为频率选择性滤波器。这种频率选择性滤波器有着广泛的应用。例如,在一个录音系统中,噪声频率常比录制的音乐或语音频率高得多,则可以通过频率选择性滤波器将噪声滤除。频率选择性滤波器的另一重要应用是在通信系统中,例如用于区分频道的频率选择性滤波器和用于调节音质的滤波器都构成了无线电通信和电视机的重要组成部分。

以上提到的仅仅是 LTI 系统用作滤波的几个例子,滤波包含很多内容,如滤波器的设计与应用。本节将主要介绍用于理论分析的理想低通滤波器及其冲激响应与阶跃响应,下面几节将介绍用微分方程表示的连续时间频率选择性滤波器的实例,并引出巴特沃兹与切比雪夫

滤波器的原理与组成。

4.5.1 理想低通滤波器及其冲激响应

在第 1 章中,曾将信号特性理想化,提出了诸如冲激信号、阶跃信号这样的理想模型,这给信号的表示与分析带来很大的便利。

在线性系统分析时同样需要建立一些理想化的系统模型。所谓理想滤波器就是将滤波网络的频率特性进行理想化,最经常用到的是具有矩形幅度特性和线性相位特性的理想低通滤波器。这种滤波器将使某一频率范围内的信号完全的通过,而在此频率外的信号则完全抑制,即在 $-\omega_c \leqslant \omega \leqslant \omega_c$ 范围内通过信号,而在 $|\omega| > \omega_c$ 范围,信号完全抑制。理想低通滤波器的幅度响应为

$$|H(\mathrm{j}\omega)| = \begin{cases} 1, & |\omega| \leqslant \omega_c \\ 0, & |\omega| > \omega_c \end{cases} \tag{5.20}$$

如图 5.7 所示。由于这种滤波器允许信号通过的频带以 $\omega=0$ 为中心,因此称为理想低通滤波器。滤波器通过的频率范围称为滤波器的通带,不能通过的频率范围称为阻带,频率 ω_c 称为截止频率。为了满足无失真传输的要求,理想低通滤波器的相位特性为一通过原点的直线,如图 5.8 所示,即

$$\varphi(\omega) = -\omega t_0 \tag{5.21}$$

于是可得理想低通滤波器的频率响应为

$$H(\mathrm{j}\omega) = |H(\mathrm{j}\omega)| e^{\mathrm{j}\varphi(\omega)} = \begin{cases} e^{-\mathrm{j}\omega t_0}, & |\omega| \leqslant \omega_c \\ 0, & |\omega| > \omega_c \end{cases} \tag{5.22}$$

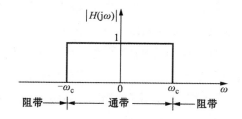

图 5.7 理想低通滤波器幅度特性

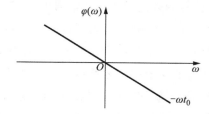

图 5.8 理想低通滤波器相位特性

将 $H(\mathrm{j}\omega)$ 进行傅里叶反变换,可得到理想低通滤波器的冲激响应为

$$h(t) = \mathscr{F}^{-1}[H(\mathrm{j}\omega)] = \frac{1}{2\pi} \int_{-\omega_c}^{\omega_c} e^{-\mathrm{j}\omega t_0} e^{\mathrm{j}\omega t} \, \mathrm{d}\omega = \frac{\omega_c}{\pi} \mathrm{Sa}[\omega_c(t - t_0)] \tag{5.23}$$

由式(5.23)可知,理想低通滤波器的冲激响应为一个峰值位于 t_0 时刻的 Sa 函数,如图 5.9 所示。从图中可以看出,$t<0$ 时,$h(t) \neq 0$,也就是说,理想低通系统是一种非因果系统,这种系统在物理上是不可实现的。在实际实现时,只能逼近理想低通滤波器的频率特性和冲激响应,近似地达到上述特性。

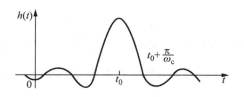

图 5.9　理想低通滤波器冲激响应

5.5.2　理想低通滤波器的阶跃响应

本小节将进一步讨论理想低通滤波器对阶跃信号的响应,即阶跃响应,并给出响应的上升时间与滤波器带宽的相互关系。本节得到的结果对于非理想滤波器也具有指导意义。

在 5.3.1 节中已经讨论过,当一矩形脉冲信号通过一个 RC 低通网络时,其高频分量受到衰减,因此在脉冲前后沿处的输出将被平滑,产生渐变。阶跃信号输入到理想低通滤波器时,不再像原来输入信号那样急剧跳变,在输出端呈现逐渐上升与下降的波形。在以下的分析中将会看到,理想低通滤波器的截止频率愈高,则信号通过的高频分量多,输出信号上升愈快速;反之,截止频率愈低,则输出信号上升愈缓慢。

已知理想低通滤波器的频率响应为

$$H(\mathrm{j}\omega) = \begin{cases} \mathrm{e}^{-\mathrm{j}\omega t_0}, & |\omega| \leqslant \omega_{\mathrm{c}} \\ 0, & |\omega| > \omega_{\mathrm{c}} \end{cases}$$

阶跃信号的频谱为

$$E(\mathrm{j}\omega) = \mathscr{F}[\varepsilon(t)] = \pi\delta(\omega) + \frac{1}{\mathrm{j}\omega}$$

于是,输出信号的频谱为

$$R(\mathrm{j}\omega) = H(\mathrm{j}\omega)E(\mathrm{j}\omega) = \left[\pi\delta(\omega) + \frac{1}{\mathrm{j}\omega}\right]\mathrm{e}^{-\mathrm{j}\omega t_0}, \quad |\omega| \leqslant \omega_{\mathrm{c}}$$

求 $R(\mathrm{j}\omega)$ 的逆变换,即得

$$r(t) = \mathscr{F}^{-1}[R(\mathrm{j}\omega)] = \frac{1}{2\pi}\int_{-\omega_{\mathrm{c}}}^{\omega_{\mathrm{c}}}\left[\pi\delta(\omega) + \frac{1}{\mathrm{j}\omega}\right]\mathrm{e}^{-\mathrm{j}\omega t_0} \cdot \mathrm{e}^{\mathrm{j}\omega t}\,\mathrm{d}\omega$$

$$= \frac{1}{2} + \frac{1}{2\pi}\int_{-\omega_{\mathrm{c}}}^{\omega_{\mathrm{c}}}\frac{\mathrm{e}^{\mathrm{j}\omega(t-t_0)}}{\mathrm{j}\omega}\,\mathrm{d}\omega$$

$$= \frac{1}{2} + \frac{1}{2\pi}\int_{-\omega_{\mathrm{c}}}^{\omega_{\mathrm{c}}}\frac{\cos[\omega(t-t_0)]}{\mathrm{j}\omega}\,\mathrm{d}\omega + \frac{1}{2\pi}\int_{-\omega_{\mathrm{c}}}^{\omega_{\mathrm{c}}}\frac{\sin[\omega(t-t_0)]}{\omega}\,\mathrm{d}\omega$$

注意到上式中 $\cos[\omega(t-t_0)]/\omega$ 是 ω 的奇函数,而 $\sin[\omega(t-t_0)]/\omega$ 是 ω 的偶函数,故上式可写为

$$r(t) = \frac{1}{2} + \frac{1}{\pi}\int_0^{\omega_{\mathrm{c}}}\frac{\sin[\omega(t-t_0)]}{\omega}\,\mathrm{d}\omega$$

对积分量进行替换,令 $x = \omega(t-t_0)$,则上式可写为

$$r(t) = \frac{1}{2} + \frac{1}{\pi}\int_0^{\omega_{\mathrm{c}}(t-t_0)}\frac{\sin x}{x}\,\mathrm{d}x \tag{5.24}$$

式(5.24)中 $\sin x/x$ 的积分称作正弦积分,其符号为 $\mathrm{Si}(y)$,即

$$\mathrm{Si}(y) = \int_0^y \frac{\sin x}{x}\,\mathrm{d}x \tag{5.25}$$

函数 $\sin x/x$ 与正弦积分 $\mathrm{Si}(y)$ 的图形示于图 5.10。由图中可见，正弦积分 $\mathrm{Si}(y)$ 是 y 的奇函数，其值随 y 值增加，围绕 $\frac{\pi}{2}$ 起伏，在 π 的整倍数时处为起伏的极值，与 $\sin x/x$ 函数的零点相对应。

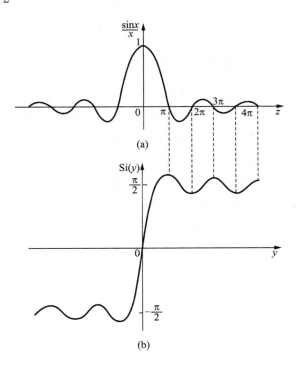

图 5.10　$\dfrac{\sin x}{x}$ 函数(a)和正弦积分(b)

利用正弦积分，阶跃函数的响应可表示为

$$r(t) = \frac{1}{2} + \frac{1}{\pi}\mathrm{Si}[\omega_c(t - t_0)] \tag{5.26}$$

根据式(5.26)可画出理想低通滤波器的阶跃响应，如图 5.11 所示。由图中可见，如果理想低通滤波器的截止频率 ω_c 越低，则输出信号 $r(t)$ 的上升时间越长。若定义上升时间 t_r 为输出由最小值上升至最大值所需的时间，由图 5.11 可知

$$t_r = 2 \times \frac{\pi}{\omega_c} \tag{5.27}$$

由式(5.27)可知，阶跃响应的上升时间 t_r 与低通滤波器截止频率 ω_c 成反比。若定义滤波器带宽为 B，它与截止频率 ω_c 的关系为

$$B = \frac{\omega_c}{2\pi} \tag{5.28}$$

上式表示将截止(角)频率折算为频带宽度，将此式代入式(5.27)可得

$$t_r = \frac{1}{B} \tag{5.29}$$

因此,阶跃响应的上升时间 t_r 为滤波器带宽 B 的倒数。利用阶跃响应表示式(5.26),可以方便地得到理想低通滤波器对矩形脉冲的响应。若输入信号为下式表示的矩形脉冲:

$$e_p(t) = \varepsilon(t) - \varepsilon(t - \tau)$$

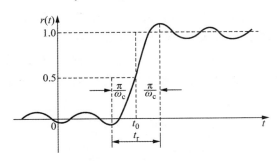

图 5.11　理想低通滤波器阶跃响

利用线性非时变性质,由式(5.26)可求得滤波器对 $e_p(t)$ 的响应 $r_p(t)$ 为

$$r_p(t) = \frac{1}{\pi}\{Si[\omega_c(t - t_0)] - Si[\omega_c(t - t_0 - \tau)]\} \tag{5.30}$$

由式(5.30)可画出 $r_p(t)$ 的波形,如图 5.12 所示。必须指出,只有当输入信号的脉冲宽度 τ 比上升时间 t_r 大许多时,即满足 $\tau \gg t_r$ 条件,才能得到大致形如矩形脉冲的输出波形。如果不满足上述条件,则输出波形的上升段与下降段连在一起,波形失真将变得非常严重,与矩形脉冲相差很大,甚至看不出是一个矩形脉冲信号。

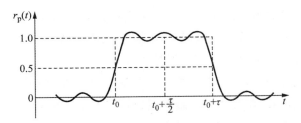

图 5.12　理想低通滤波器对矩形脉冲的影响

以上讨论了理想低通滤波器的冲激响应与阶跃响应,并定义了响应的上升时间与滤波器带宽。除了理想低通滤波器之外,还有理想高通滤波器及理想带通和带阻滤波器,其幅度特性如图 5.13 所示。

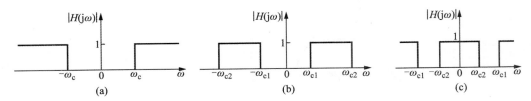

图 5.13　理想高通、带通与带阻滤波器的幅度特性
(a)理想高通滤波器　(b)理想带通滤波器　(c)理想带阻滤波器

对于理想高通、带通与带阻滤波器的分析可以利用理想低通滤波器的结果,限于本书篇幅,就不详细讨论。

以上对于理想滤波器的分析结果对于一般滤波器也具有理论意义。然而,理想滤波器的频率特性在实际实现时只能近似地逼近,而不能完全实现,此外,也并非都希望达到理想滤波器频率特性。例如,在许多滤波问题中,要分离的信号并不完全处于分隔开的频带上,如图5.14 所示是其中的一个例子。在这种情况下,当过滤这样两个信号频谱的重叠部分时,我们宁可希望从通带到阻带具有逐渐变化的特性。下一节转向讨论实际的连续频率选择性滤波器的组成。

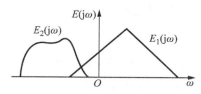

图 5.14　有些重叠的两个频谱

5.6　频率选择性滤波器及可实现准则

5.6.1　时间连续频率选择性滤波器举例

正如图5.11 所示,理想低通滤波器的阶跃响应在跳变点附近呈现过冲和振荡,在远离跳变点处才近似于它的阶跃值。在很多情况下,这种理想滤波器的时域特性是不希望的。因此往往在滤波器的通带和阻带特性上只容许有某些起伏的容限存在,同时在通带与阻带之间也容许有一个渐变的过渡特性。例如,对于连续时间低通滤波器的频率特性,容许通带内在单位增益上可以有某些偏离,在边阻带内零增益附近也可以有某些偏离,同时在通带边缘与阻带边缘之间容许有一个过渡带存在,上述对滤波器的容限要求如图5.15 所示。这相当于要求滤波器的频率特性幅度位于非阴影区之内,图5.15 中$\pm\delta_1$ 就是可容许的通带偏离,而δ_2 就是可容许的阻带偏离,分别称为通带起伏(或波纹)和阻带起伏(或波纹)。ω_p 和 ω_s 的频率范围就是通带截止频率和阻带频率,从 ω_p 至 ω_s 的频率范围就是通带和阻带间的过渡带。

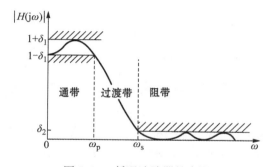

图 5.15　低通滤波器的容限

图 5.16 所示的一阶 RC 电路可以作为一个简单的连续时间低通滤波器的例子。电容器上的电压被作为系统的输出。电压源电压 $e(t)$ 作为系统的输入。输出和输入电压的关系由下述线性常数微分方程来表示：

$$RC\frac{\mathrm{d}u_c(t)}{\mathrm{d}t} + u_c(t) = e(t)$$

将微分方程两边进行傅里叶变换，可得

$$(j\omega)RCU_c(j\omega) + U_c(j\omega) = E(j\omega)$$

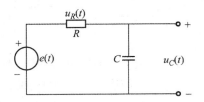

图 5.16　一阶 RC 滤波器

于是，一阶系统相应的频率响应为

$$H(j\omega) = \frac{U_C(j\omega)}{E(j\omega)} = \frac{1}{1+j\omega RC} \tag{5.31}$$

其冲激响应为

$$h(t) = \frac{1}{RC}\mathrm{e}^{-\frac{t}{RC}}\varepsilon(t) \tag{5.32}$$

利用式(5.31)可得幅度特性为

$$|H(j\omega)| = \frac{1}{\sqrt{1+\omega^2 R^2 C^2}} \tag{5.33a}$$

而相位特性为

$$\varphi(\omega) = -\arctan(\omega RC) \tag{5.33b}$$

根据式(5.33a)和式(5.33b)可画出一阶 RC 滤波器的幅度特性与相位特性如图 5.17 所示，由图可知该滤波器为一阶 RC 低通滤波器。在图 5.16 中，如果不把电容器电压作为输出，而取电阻 R 上的电压 $u_R(t)$ 作为输出，其输出输入微分方程可表示为

$$RC\frac{\mathrm{d}u_R(t)}{\mathrm{d}t} + u_R(t) = RC\frac{\mathrm{d}e(t)}{\mathrm{d}t}$$

微分方程两边进行傅里叶变换后可得

$$(j\omega)RCU_R(j\omega) + U_R(j\omega) = (j\omega)RCE(j\omega)$$

于是，该系统的频率响应为

$$H(j\omega) = \frac{U_R(j\omega)}{E(j\omega)} = \frac{j\omega RC}{1+j\omega RC} \tag{5.34}$$

由式(5.34)可得其幅度特性为

$$|H(j\omega)| = \frac{\omega RC}{\sqrt{1+\omega^2 R^2 C^2}} \tag{5.35a}$$

其相位特性为

$$\varphi(\omega) = \frac{\pi}{2} - \arctan(\omega RC) \tag{5.35b}$$

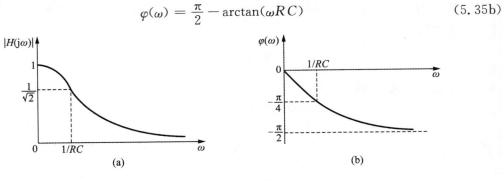

图 5.17　一阶 RC 低通滤波器的频率特性

（a）幅度特性　（b）相位特性

根据式（5.35a）和式（5.35b）可画出一阶 RC 滤波器的幅度特性和相位特性如图 5.18 所示。由图可知，该滤波器为一阶 RC 高通滤波器。

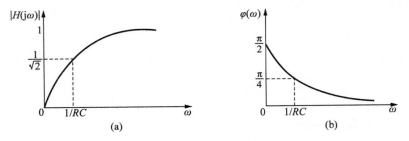

图 5.18　一阶 RC 高通滤波器的频率特性

图 5.19 为一个二阶低通滤波器，其中 $R = \sqrt{\dfrac{L}{C}}$，可以求出滤波器的频率响应为

$$H(j\omega) = \frac{R(j\omega)}{E(j\omega)} = \frac{\dfrac{1}{\dfrac{1}{R} + j\omega C}}{j\omega L + \dfrac{1}{\dfrac{1}{R} + j\omega C}}$$

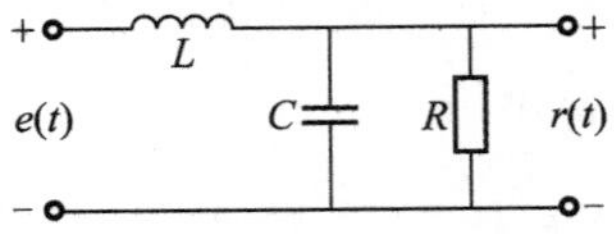

图 5.19　二阶低通滤波器

于是，$H(j\omega)$ 可表示为

$$H(j\omega) = \frac{1}{1 - \omega^2 LC + j\omega \dfrac{L}{R}} \tag{5.36}$$

由于 $R=\sqrt{\dfrac{L}{C}}$，再令 $\omega_c=\dfrac{1}{\sqrt{LC}}$，因此式(5.36)可写成

$$H(j\omega) = \frac{1}{1-\left(\dfrac{\omega}{\omega_c}\right)^2+j\dfrac{\omega}{\omega_c}} = |H(j\omega)|e^{j\varphi(\omega)} \qquad (5.37)$$

于是

$$|H(j\omega)| = \frac{1}{\sqrt{\left[1-\left(\dfrac{\omega}{\omega_c}\right)^2\right]^2+\left(\dfrac{\omega}{\omega_c}\right)^2}} \qquad (5.38a)$$

$$\varphi(\omega) = -\arctan\left[\frac{\dfrac{\omega}{\omega_c}}{1-\left(\dfrac{\omega}{\omega_c}\right)^2}\right] \qquad (5.38b)$$

根据式(5.38a)和式(5.38b)可画出二阶低通滤波器的幅度和相位特性如图5.20所示。

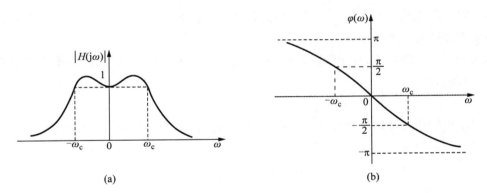

图 5.20　二阶低通滤波器的频率特性

(a) 幅度特性　(b) 相位特性

将式(5.37)进行反变换，便可得到二阶低通滤波器的冲激响应，为此可将式(5.37)改写为

$$H(j\omega) = \frac{1}{1-\left(\dfrac{\omega}{\omega_c}\right)^2+j\dfrac{\omega}{\omega_c}} = \frac{1}{\left(\dfrac{1}{2}+j\dfrac{\omega}{\omega_c}\right)^2+\left(\dfrac{\sqrt{3}}{2}\right)^2}$$

因此可得

$$H(j\omega) = \frac{2\omega_c}{\sqrt{3}}\frac{\dfrac{\sqrt{3}}{2}\omega_c}{\left(\dfrac{\omega_c}{2}+j\omega\right)^2+\left(\dfrac{\sqrt{3}}{2}\omega_c\right)^2}$$

于是二阶低通滤波器的冲激响应为

$$h(t) = \mathscr{F}^{-1}[H(j\omega)] = \frac{2\omega_c}{\sqrt{3}}e^{-\frac{\omega_c t}{2}}\sin\left(\frac{\sqrt{3}}{2}\omega_c t\right)\varepsilon(t) \qquad (5.39)$$

根据式(5.39)可画出其波形如图5.21所示。由图5.20和图5.21可以看出，二阶低通滤波器

的幅度特性和相位特性与理想滤波器有相似之处,其冲激响应也有一致之处。实际上,当滤波器的阶数愈高,则其幅度特性和相位特性愈逼近于理想滤波器的特性。

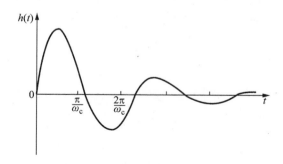

图 5.21　二阶低通滤波器冲激响应

5.6.2　物理可实现滤波器的准则

以上以实际电路为例介绍了几种简单的物理可实现的一阶和二阶滤波器。本节简要介绍物理可实现滤波器的数学模型。

从系统的因果性而言,由于激励信号 $\delta(t)$ 是在 $t=0$ 时刻加入的,因此因果系统的单位冲激响应必须满足

$$h(t) = 0, \quad t < 0 \tag{5.40}$$

式(5.40)给出的物理可实现滤波器的时域限制是显而易见的。在频域特性上,如果系统函数满足

$$\int_{-\infty}^{\infty} |H(j\omega)|^2 d\omega < \infty \tag{5.41}$$

那么物理可实现滤波器的必要条件被佩利(Paley)和维纳(Weiner)证得为

$$\int_{-\infty}^{\infty} \frac{|\ln|H(j\omega)||}{1+\omega^2} d\omega < \infty \tag{5.42}$$

这个被称为佩利—维纳准则的必要条件揭示:如果系统函数幅度特性在某一段的频带内为零,也即 $|H(j\omega)|=0$,这就导致 $\ln|H(j\omega)| \to \infty$,使式(5.42)的积分不收敛,因而是非因的;如果系统物理可实现,可以允许 $|H(j\omega)|$ 在某些不连续的频率点上为零,但不允许在一个有限的频带内为零。按此准则,也就不难理解理想低通、高通、带通及带通-带阻滤波器为什么是物理不可实现的。

应该指出,佩利—维纳准则只是从系统函数的幅度特性上对物理可实现滤波器提出要求,因此是不全面的。要在相位特性上加以限制,可以从式(5.40)的因果性时域限制出发,也即

$$h(t) = h(t)\varepsilon(t)$$

在频域上,可以写成

$$H(\omega) = \frac{1}{2\pi} H(\omega) * \left[\frac{1}{j\omega} + \pi\delta(\omega)\right] \tag{5.43}$$

如果将系统函数写成复数的实、虚部形式,即

$$H(\omega) = R(\omega) + jX(\omega)$$

就可得到因果系统函数实、虚部之间的约束关系为

$$\begin{cases} R(\omega) = \dfrac{1}{\pi}\displaystyle\int_{-\infty}^{\infty}\dfrac{X(\lambda)}{\omega-\lambda}\mathrm{d}\lambda \\[4mm] X(\omega) = -\dfrac{1}{\pi}\displaystyle\int_{-\infty}^{\infty}\dfrac{R(\lambda)}{\omega-\lambda}\mathrm{d}\lambda \end{cases} \tag{5.44}$$

式(5.44)称为希尔伯特变换对。也就是说,物理可实现的滤波器的频率响应实、虚部间需满足希尔伯特变换对要求。有关式(5.44)的证明作为习题留给读者,见本书习题 5.23。

5.7　巴特沃兹滤波器与切比雪夫滤波器

在 5.6 节中,我们已经看到最简单的一阶 RC 低通滤波器,其频率特性及冲激响应均和理想低通滤波器的特性相差很大,而二阶 RLC 低通滤波器的幅度特性和冲激响应都有了很大改进,故随着滤波器的阶次增加,可以得到更加满意的结果。在滤波器技术方面有丰富而详尽的参考文献可资利用,已形成比较成熟的设计方法,本节将对两种重要的滤波器:巴特沃兹(Butterworth)滤波器和切比雪夫(Chebychev)滤波器作一简单介绍。讨论中以低通滤波器为例,并仅涉及这些滤波器的振幅特性。

为了介绍连续时间巴特沃兹滤波器,先回顾 5.6 节讨论过的一阶 RC 低通滤波器,其频率响应为

$$H(j\omega) = \frac{1}{1+j\omega RC}$$

其幅度特性平方为

$$|H(j\omega)|^2 = \frac{1}{1+(\omega RC)^2}$$

若令 $\omega_c = \dfrac{1}{RC}$,则

$$|H(j\omega)|^2 = \frac{1}{1+(\omega/\omega_c)^2} \tag{5.45}$$

因此可以想象,如果将式(5.45)中分母 ω 的方次提高到一个更高的整数阶的话,那么幅度响应中的高频分量将得到更大的衰减,阻带衰减将增大,这就是巴特沃兹滤波器频率响应如何得到调节的原理。具体来说,巴特沃兹滤波器的频率响应 $H(j\omega)$ 的振幅平方满足如下关系:

$$|H(j\omega)|^2 = \frac{1}{1+(\omega/\omega_c)^{2N}} \tag{5.46}$$

或

$$|H(j\omega)| = \frac{1}{\sqrt{1+(\omega/\omega_c)^{2N}}} \tag{5.47}$$

式中 N 称为滤波器的阶次,N 愈大,则滤波器所用的元件数愈多,实现愈复杂。根据式(5.47)可画出巴特沃兹滤波器的幅度特性如图 5.22 所示。

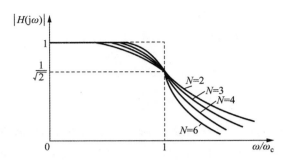

图 5.22　巴特沃兹滤波器幅度特性

从图中可以看出,当 $\omega=0$ 等于零时,$|H(j\omega)|$ 为最大值,$|H(j\omega)|=1$,而在 $\dfrac{\omega}{\omega_c}=1$ 处,$|H(j\omega_c)|=\dfrac{1}{\sqrt{2}}$,常取 ω_c 为该低通滤波器的截止频率。随着阶次 N 的增大,幅度特性逼近于理想特性,这是由于在通带范围内,即当 $\dfrac{\omega}{\omega_c}<1$ 时,随着阶次 N 增大,$\left(\dfrac{\omega}{\omega_c}\right)^{2N}$ 减小,于是曲线变平;而在阻带范围内,即当 $\dfrac{\omega}{\omega_c}>1$ 时,随着阶次 N 增大,$\left(\dfrac{\omega}{\omega_c}\right)^{2N}$ 也增大,$|H(j\omega)|$ 加快接近于零,衰减增大。

巴特沃兹滤波器的幅度特性也称为"最大平坦幅度特性",为了解释"最大平坦"的含义,将式(5.47)按二项式定理展开为幂级数,得到

$$|H(j\omega)|=1\Big/\sqrt{1+\left(\dfrac{\omega}{\omega_c}\right)^{2N}}$$

$$=1-\dfrac{1}{2}\left(\dfrac{\omega}{\omega_c}\right)^{2N}+\dfrac{3}{8}\left(\dfrac{\omega}{\omega_c}\right)^{4N}-\dfrac{5}{16}\left(\dfrac{\omega}{\omega_c}\right)^{6N}+\dfrac{35}{128}\left(\dfrac{\omega}{\omega_c}\right)^{8N}-\cdots$$

由上式看出,在 $\omega=0$ 处,$|H(j\omega)|$ 的前 $(2N-1)$ 阶导数都为零,这表示幅度特性在 $\omega=0$ 点附近一段范围"最为平坦",表明巴特沃兹滤波器在通带内的幅度特性能很快地逼近于"理想平坦",这即取名之来由。

图 5.23(a),(b) 和(c) 是分别实现一阶、二阶和三阶巴特沃兹滤波器的典型电路,图中电路参数均选择使 $\omega_c=1$。当 $RC=\dfrac{1}{\omega_c}$ 时,简单的 RC 滤波器就是一阶巴特沃兹低通滤波器的一种实现,如图 5.23(a) 所示,其频率响应为

$$H(j\omega)=\dfrac{1}{1+j\omega} \tag{5.48a}$$

而图 5.23(b) 所示的二阶滤波器的频率响应为

$$H(j\omega)=\dfrac{1}{1+j\sqrt{2}\omega-\omega^2} \tag{5.48b}$$

图 5.23(c) 所示的三阶滤波器的频率响应为

$$H(j\omega)=\dfrac{1}{1+j2\omega-2\omega^2-j\omega^3} \tag{5.48c}$$

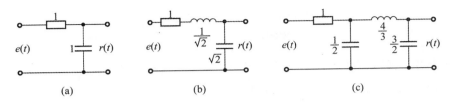

图 5.23　实现巴特沃兹滤波器的典型电路

（a）一阶滤波器　（b）二阶滤波器　（c）三阶滤波器

　　巴特沃兹滤波器是一种普遍适用的滤波器,并且对满足给定的通带、阻带和过渡带特性要求的滤波器参数和电路都有现成的图表可利用。由图 5.22 可见,巴特沃兹滤波器的幅度特性在通带和阻带内都显单调变化,因此也称为最平坦幅度响应的滤波器。还有其他一些滤波器类型,它们在通带或阻带,或在两者内都具有等起伏的幅度响应特性。

　　在图 5.24 中表示,在某一频率范围内的等起伏特性就是该频带内其特性在某一最大和最小值之间波动。图 5.24(a)是在通带内等起伏波动,而在阻带内显单调衰减,图 5.24(b)则在阻带内呈等起伏波动,通带内单调特性。具有图 5.24 所示两种幅度特性的滤波器都称为切比雪夫低通滤波器。而如图 5.25 那样在带通和阻带内呈起伏特性,则称为椭圆函数滤波器,简称椭圆滤波器。

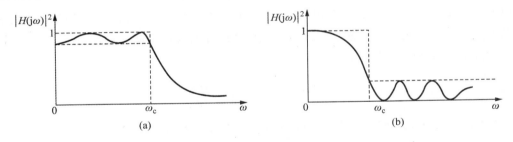

图 5.24　切比雪夫滤波器

（a）通带等起伏,阻带单调衰减　（b）阻带等起伏,通带单调衰减

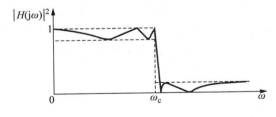

图 5.25　椭圆滤波器

　　和巴特沃兹滤波器一样,实现切比雪夫和椭圆函数滤波的电路和参数都有现成的表格和曲线可供查阅,读者可参考有关书籍。椭圆函数滤波器的设计与实现涉及椭圆函数理论,这里不进行讨论,现仅对切比雪夫滤波器的组成作一简单介绍。

　　切比雪夫滤波器的幅度特性有下式定义:

$$|H(j\omega)| = \frac{1}{\sqrt{1+\varepsilon^2 T_N^2\left(\dfrac{\omega}{\omega_c}\right)}}$$

(5.49)

式中 ε 为通带波纹系数,它决定通带起伏的大小;ω_c 为通带截止频率;$T_N(x)$ 表示第一类 N 阶切比雪夫多项式,其定义为

$$T_N(x) = \begin{cases} \cos(N\cos^{-1}x), & |x| \leqslant 1 \\ \operatorname{ch}(N\operatorname{ch}^{-1}x), & |x| > 1 \end{cases}$$

(5.50)

由式(5.49)可画出切比雪夫滤波器的幅度特性如图 5.26 所示。由图中可以看出,在 $\dfrac{\omega}{\omega_c} < 1$ 时为通带,$\dfrac{\omega}{\omega_c} > 1$ 时为阻带。切比雪夫滤波器的幅度特性虽然在通带内有起伏波动,但在进入阻带后其衰减特性比巴特沃兹滤波器陡峭。在截止频率处,即 $\dfrac{\omega}{\omega_c} = 1$ 时,其幅度为 $\dfrac{1}{\sqrt{1+\varepsilon^2}}$,而不一定是 $\dfrac{1}{\sqrt{2}}$。ε 愈小,则通带波动愈小,截止频率 ω_c 处的幅度衰减越小,但进入阻带后其幅度衰减也缓慢。

有关切比雪夫滤波器的设计与实现可参见本章参考文献[12]～[14]。

以上介绍了巴特沃兹与切比雪夫低通滤波器的幅度特性。应当指出,只要将表达式中的频率变量作一定的变换,这些表达式就可适用于高通、带通或带阻滤波器。例如,二阶巴特沃兹低通滤波器的频率响应为

$$H(j\omega) = \frac{1}{1+j\sqrt{2}\omega - \omega^2}$$

如将 $\dfrac{1}{j\omega}$ 代换上式中的 $j\omega$,即可得到巴特沃兹高通滤波器,其频率响应为

$$H(j\omega) = \frac{-\omega^2}{1+j\sqrt{2}\omega - \omega^2}$$

(5.51)

上式表示,将频率值取倒数,于是通带与阻带位置互换,由低通转换至高通。在以上转换时,取截止频率 $\omega_c = 1$。利用图 5.27 所示的系统也可将低通滤波器转换为高通滤波器,反之亦然。若假定 $H(j\omega)$ 是一个截止频率为 ω_c 的理想低通滤波器,由图 5.27 可见

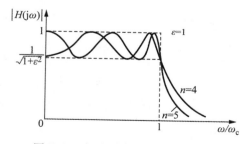

图 5.26 切比雪夫滤波器幅度特性

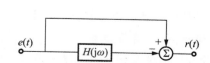

图 5.27 低通-高通滤波器

$$R(j\omega) = E(j\omega) - E(j\omega)H(j\omega)$$

则整个系统的频率响应 $\hat{H}(j\omega)$ 为

$$\hat{H}(j\omega) = \frac{R(j\omega)}{E(j\omega)} = 1 - H(j\omega)$$

显然,若 $H(j\omega)$ 为理想低通特性,则 $\hat{H}(j\omega)$ 为理想高通特性,其截止频率为 ω_c。

滤波器的结构组成与参数选择问题属于滤波器综合,由于电子计算机的普及和 CAD 技术的发展,使滤波器设计免去了大量的重复人工计算过程,目前已有大量图表、曲线和计算机软件可供使用。

5.8 傅里叶分析方法在通信系统中的应用

傅里叶分析方法的最大特点是从频谱的角度解释了输入与输出波形的变化关系,物理概念十分清楚,因此这方面的理论成为通信与传输系统中应用非常广泛的基础理论。由于涉及这方面的内容非常丰富,但又限于本书篇幅,因此本节仅选择几种最典型的应用,主要包括信号的调制与解调,带通滤波以及通信传输过程中信道复用技术。

5.8.1 调制与解调

调制与解调是通信系统中十分重要的部分,分模拟调制和数字调制两大类。模拟调制主要有幅度调制(调幅、双边带调制)和角度调制(频率调制、相位调制)两种。数字调制主要有脉冲调制(脉幅调制,脉宽调制等)、增量调制、相位调制以及幅度和相位相结合的调制等。信号在传输过程中为什么需要进行调制呢?

首先,任何一个特定的通信信道都有一个最适合与信号传输的频率范围。例如,地球大气层对音频范围(10 Hz～20 kHz)的信号剧烈衰减,但对某一个较高频率范围的信号则衰减很少,使其能传播很远的距离。因此要通过大气层在某一个通信信道内传输像语音和音乐那样的音频信号的话,则调制系统就使用一个更高频率的载频信号来携带需要传输的音频信号。例如用适当频率的正弦载波信号携带语言或音乐。

从另一方面考虑,如果不进行调制而是把需要传输的信号直接发射出去,各电台所发出的信号频率就会相同,它们混合在一起,收信者就无法简单地选择所要接收的信号。通过调制,如例 4.11 得到的结果那样,信号的频谱产生位移,使它们互不重叠地占据不同的频率范围,接收机就可利用带通滤波器分离出所需频率的信号,不产生相互干扰。利用调制,还可以在一个信道中传输多路信号,这即所谓"多路复用"。在简单的通信系统中,只能在一对通话者间使用,而"多路复用"技术将多路信号的频谱分别搬移到不同的频带范围,从而实现在一个信道内传送多路信号,近代通信系统都广泛采用多路复用技术。

此外,在自动控制和电子测量系统中,将极低频的信号进行直接放大将产生诸如零极点漂移和自激振荡等问题。为此,利用调制方法将需要放大的低频信号频谱搬移至适宜的高频范围,经放大后再变换至低频信号。

　　本节主要讨论幅度调制的基本原理。在第 4 章讨论傅里叶变换的频移性质时曾介绍过例 4.11,用矩形脉冲信号来变化一个高频信号的振幅,那是一个幅度调制的例子。图 5.28 所示为一正弦幅度调制系统,图中 $g(t)$ 称为调制信号,载有需要传送的信息,如语言或音乐,$c(t)$ 称为载波信号,其输出为

$$f(t) = g(t)c(t) \tag{5.52}$$

图 5.28　幅度调制系统

　　正弦幅度调制有两种常用形式,第一种载波信号 $c(t)$ 为如下复指数信号:

$$c(t) = \mathrm{e}^{\mathrm{j}(\omega_c t + \theta_c)} \tag{5.53a}$$

第二种载波信号是正弦信号

$$c(t) = \cos(\omega_c t + \theta_c) \tag{5.53b}$$

式中 ω_c 称为载波频率。先考虑第一种情况,且假定 $\theta_c = 0$,于是输出为

$$f(t) = g(t)c(t) = g(t)\mathrm{e}^{\mathrm{j}\omega_c t} \tag{5.54a}$$

若 $f(t)$,$g(t)$ 和 $c(t)$ 的频谱分别记为 $F(\mathrm{j}\omega)$,$G(\mathrm{j}\omega)$ 和 $C(\mathrm{j}\omega)$,为了书写方便,分别把它们简写成 $F(\omega)$,$G(\omega)$ 和 $C(\omega)$,则根据傅里叶变换的频域卷积定理,可得

$$F(\omega) = \frac{1}{2\pi}G(\omega)*C(\omega)$$

由于 $c(t)$ 为式(5.53a)表示的复指数信号,且 $\theta_c = 0$,故

$$C(\omega) = 2\pi\delta(\omega - \omega_c)$$

　　根据 2.5.6 节的讨论,可以得到

$$F(\omega) = G(\omega - \omega_c) \tag{5.54b}$$

由此可见,已调输出 $f(t)$ 的频谱 $F(\omega)$ 就是调制信号 $g(t)$ 的频谱 $G(\omega)$ 位移载波频率 ω_c 的结果,$G(\omega)$,$C(\omega)$ 及 $F(\omega)$ 的图形如图 5.29 所示。

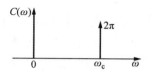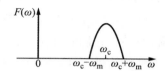

图 5.29　复指数载波幅度调制的频域表示

　　若要从已调信号 $f(t)$ 中恢复 $g(t)$,只要将 $f(t)$ 乘以复指数 $\mathrm{e}^{-\mathrm{j}\omega_c t}$,即

$$g(t) = f(t)\mathrm{e}^{-\mathrm{j}\omega_c t} \tag{5.55}$$

　　在频域中,相当于把已调信号的频谱 $F(\omega)$ 搬回到调制信号原来的频谱位置上。从已调信号恢复调制信号的过程称为解调。

　　在许多应用场合,使用(5.53b)所示的正弦载波会使系统更简单一些。若 $g(t)$ 为实数信

号，$c(t)$ 为正弦信号，且令 $\theta_c=0$，则

$$f(t) = g(t)c(t) = g(t)\cos\omega_c t \tag{5.56}$$

此时可免去式（5.54a）中的复数运算。而载波信号的频谱 $C(\omega)$ 为

$$C(\omega) = \pi[\delta(\omega-\omega_c)+\delta(\omega+\omega_c)] \tag{5.57}$$

按照频域卷积定理，可得

$$F(\omega) = \frac{1}{2\pi}G(\omega)*C(\omega) = \frac{1}{2}[G(\omega-\omega_c)+G(\omega+\omega_c)] \tag{5.58}$$

$G(\omega)$，$C(\omega)$ 及 $F(\omega)$ 的图形如图 5.30 所示。从图中可看出，以 ω_c 和 $-\omega_c$ 为中心，在 $F(\omega)$ 中都有一个 $G(\omega)$ 的重复，在先前讨论的复指数载波幅度调制时，仅在 ω_c 处有一个 $G(\omega)$ 出现。

　　在用正弦载波进行幅度调制时，如果 $\omega_c<\omega_m$，则 $G(\omega)$ 的两个重复频谱之间将会有重叠，如图 5.31 所示，此时 $G(\omega)$ 不再在 $F(\omega)$ 中重复原样，因此就不可能从 $f(t)$ 中将 $g(t)$ 不失真地恢复出来。

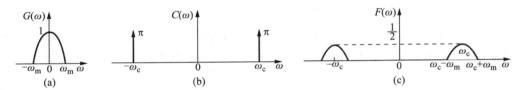

图 5.30　正弦载波幅度调制的频域表示

（a）调制信号频谱　（b）载频信号频谱　（c）已调信号频谱

　　如果 $\omega_c>\omega_m$，从一个正弦调制的已调信号 $f(t)$ 中恢复 $g(t)$ 就可能了，这个过程为解调。图 5.32 所示为实现正弦载波已调信号解调的一种方法，称为同步解调。由图 5.32 可见，$\cos(\omega_c t+\theta_c)$ 信号是接收端的本地载波信号，它与发送端的载波信号是同频同相的。此时假定 $\theta_c=0$，于是有

$$w(t) = f(t)\cos\omega_c t = g(t)\cos^2\omega_c t$$

$$= \frac{1}{2}g(t)(1+\cos 2\omega_c t) = \frac{1}{2}g(t) + \frac{1}{2}g(t)\cos 2\omega_c t$$

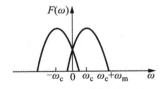

图 5.31　频谱混叠

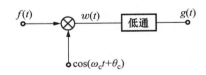

图 5.32　同步解调方框图

因此 $w(t)$ 的频谱为

$$W(\omega) = \mathscr{F}[w(t)] = \frac{1}{2}G(\omega) + \frac{1}{4}[G(\omega+2\omega_c)+G(\omega-2\omega_c)] \tag{5.59}$$

$F(\omega)$，$\mathscr{F}[\cos\omega_c t]$ 及 $W(\omega)$ 的图形如图 5.33 所示。

　　从图 5.33(c) 中可以看出，$f(t)$ 与 $\cos\omega_c t$ 相乘的结果使频谱 $F(\omega)$ 向左和向右分别移动

$\pm\omega_c\left(并乘以系数\dfrac{1}{2}\right)$，利用一个低通滤波器（带宽大于 ω_m，小于 $2\omega_c-\omega_m$），以滤除在频率 $2\omega_c$ 附近的分量，即可得到 $g(t)$，完成解调。

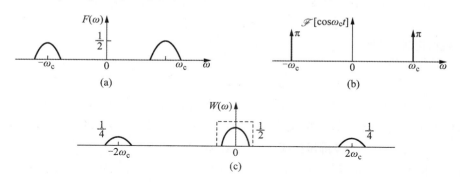

图 5.33　同步解调的频域表示
（a）已调信号频域　（b）本地载波信号的频域　（c）已调信号乘以载波信号后的频谱

在图 5.32 的系统中，假定接收端解调用的本地载波信号与发送端的载波信号是频率相同的，这种解调方式称为同步解调。如果载波信号间在相位或载频上不同，将会使解调产生严重影响。

先讨论载波信号间相位不同对解调产生的影响。若用 θ_c 代表调制载波的相位，用 ϕ_c 代表解调用载波的相位，于是图 5.32 中低通滤波器的输入 $w(t)$ 为

$$w(t) = g(t)\cos(\omega_c t + \theta_c)\cos(\omega_c t + \phi_c)$$

利用三角公式

$$\cos(\omega_c t + \theta_c)\cos(\omega_c t + \phi_c) = \frac{1}{2}\cos(\theta_c - \phi_c) + \frac{1}{2}\cos(2\omega_c t + \theta_c + \phi_c)$$

可以得到

$$w(t) = \frac{1}{2}\cos(\theta_c - \phi_c)g(t) + \frac{1}{2}g(t)\cos(2\omega_c t + \theta_c + \phi_c) \tag{5.60}$$

通过低通滤波器后的输出就是 $g(t)$ 乘以 $\dfrac{1}{2}\cos(\theta_c - \phi_c)$。若调制器载波相位相同，即 $\theta_c = \phi_c$，则低通滤波器的输出就是 $\dfrac{1}{2}g(t)$；如果 $\theta_c - \phi_c = \dfrac{\pi}{2}$，则输出为零。为了获得最大的输出信号，解调用载波的相位和调制载波应当同相，或者至少这两个载波之间的相位关系必须保持不变，以使得振幅因子 $\cos(\theta_c - \phi_c)$ 不变，这就要求调制器与解调器的载波信号准确同步。由于通信系统的调制器与解调器处于两个不同的地点，要达到同步有一定的困难。

当载波信号之间有角频差 $\Delta\omega$ 存在时，可以得到图 5.32 低通滤波器的输出正比于 $g(t)\cos(\Delta\omega\cdot t)$。读者可以通过本章习题 5.29 对该结果加以证明。

同步解调使接收系统复杂化，成本增加。在许多正弦幅度调制的系统中，常采用称之为非同步解调的方法，调制器与解调器不必同步，在接收端省去本地载波，其方法是在发送信号中加入一定强度的载波信号 $A\cos\omega_c t$，于是发送的合成信号为

$$f(t) = [A + g(t)]\cos\omega_c t \tag{5.61}$$

在式(5.61)中,对于全部 t,A 选择得足够大,有 $A + g(t) > 0$,且载波频率 ω_c 比调制信号 $g(t)$ 的最高频率 ω_m 高得多,则已调信号 $f(t)$ 的包络线就是 $A + g(t)$,如图 5.34 所示。这时,利用简单的包络检波器即可从图 5.34(d)中提取所示波形的包络,恢复 $g(t)$。图 5.35(a)所示为实现包络检波器的一个简单电路,这种电路一般都接有一个低通滤波器以减少包络线中载频的波动。这种波动在图 5.35(b)中可以看到,其中 $g(t)$ 与 $w(t)$ 之间的差别夸大了。在一个实际的非同步解调系统中,$w(t)$ 是非常接近于 $g(t)$ 的。

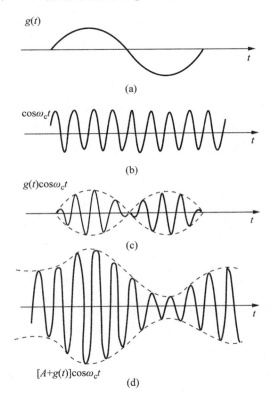

图 5.34　调幅波形

(a) 调制信号　(b) 载波信号　(c) 已调信号　(d) 调制信号为正的已调信号

图 5.35　用包络检波法解调

(a) 包络检波电路　(b) 解调波形

非同步解调系统不需要本地载波,此方法常用于广播接收机,可以降低接收机的成本。但由于需要发射足够强的载波信号 $A\cos\omega_c t$,因此需要更强的发射功率,不过由于发射机只有一个,故在民用系统中是适宜的。而在发射机的功率非常宝贵的情况下,如在卫星通信系统中,则付出同步解调接收器的代价还是值得的。

以上非同步解调方法所对应的调制方法常称为"振幅调制"或简称"调幅"(AM)。而前述不发射载波的方案则称为"抑制载波振幅调制"(AM-SC),也称为抑制载波的双边带调制(DSB-SC,简称 DSB),这可以从两方面加以解释:

首先,由于这种调制方式只是将调制信号 $g(t)$ 的频谱 $G(\omega)$ 进行了简单的搬移,正弦载波信号并没有随 $g(t)$ 一起发送,因此这是一种抑制载波的调制方式。

另外,从图 5.30(a)可以看出,调制信号 $g(t)$ 的频谱 $G(\omega)$ 占有 $2\omega_m$ 的带宽,既包括正的频率部分,也包括负的频率部分,其中 ω_m 是 $g(t)$ 的最高频率。利用正弦载波,虽然把信号的频谱搬移到 $\pm\omega_c$ 上,但已调信号 $f(t)$ 的频谱在 $\pm\omega_c$ 处所占的带宽仍然是 $2\omega_m$,如图 5.30(c)所示。通常把 $\omega_c-\omega_m$ 至 ω_c 频段称为下边带,而把 ω_c 至 $\omega_c+\omega_m$ 频段称为上边带,如图 5.36 所示。由于已调信号 $f(t)$ 的频谱包含了上下两个边带,因此被称为双边带调制。

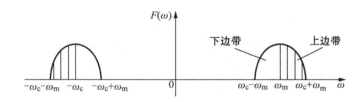

图 5.36 已调信号频谱的上下边带示意图

与双边带调制相对应,如果已调信号的频谱 $F(\omega)$ 中只保留上边带部分或下边带部分,通过解调还能把 $G(\omega)$ 恢复出来,那么这种调制方式就称为抑制载波的单边带调制(SSB-SC,简称 SSB)。显然,SSB 调制方式比 DSB 调制方式节省一半频带,当然实现过程也会相对复杂一些。SSB 调制的实现框图及频谱分析将以习题形式留给读者,见本章习题 5.34。

5.8.2　频分复用与时分复用技术

在通信系统中,如果一个信道只用来传输一路信号,这对信道资源来说是非常浪费的,为此提出了信道的复用问题。"多路复用"是将多个相互独立的信号进行复合,然后通过同一信道进行传输的方法。多路复用技术主要有频分复用(FDM)、时分复用(TDM)和码分复用(CDM)。本节主要介绍与傅里叶分析方法紧密关联的频分复用和时分复用技术。读者欲了解码分复用技术可查阅相关的通信书籍。

1. 频分复用技术

频分复用即在一个较宽的频带内,同时传送多路彼此独立的信号。利用正弦幅度调制的频分复用原理如图 5.37 所示，n 路欲传输的信号 $g_i(t)$　$(i=1,2,\cdots,n)$具有不同的频谱 $G_i(\omega)$，如图 5.33 所示，每路信号假设都是带限的，并且用不同的载波频率进行调制，形成的已调信号 $y_i(t)$　$(i=1,2,\cdots,n)$相加，合成频分复用信号 $f(t)$，下面分析 $f(t)$ 的频谱 $F(\omega)$。

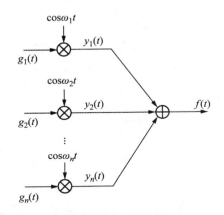

图 5.37　利用正弦幅度调制的频分多路复用

由图 5.37 可知

$$f(t) = y_1(t) + y_2(t) + ,\cdots, y_n(t) \tag{5.62}$$

因此

$$
\begin{aligned}
F(\omega) &= \mathscr{F}\big[y_1(t)\big] + \mathscr{F}\big[y_2(t)\big] + ,\cdots, \mathscr{F}\big[y_n(t)\big] \\
&= Y_1(\omega) + Y_2(\omega) + ,\cdots, Y_n(\omega)
\end{aligned}
\tag{5.63}
$$

因为

$$y_i(t) = g_i(t)\cos\omega_{ci} t, \quad i=1,2,\cdots,n \tag{5.64}$$

由式(5.58)可得

$$Y_i(\omega) = \frac{1}{2}\big[G_i(\omega - \omega_{ci}) + G_i(\omega + \omega_{ci})\big] \tag{5.65}$$

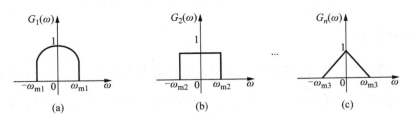

图 5.38　各路信号的频谱

从式(5.65)和式(5.63)容易得到 $Y_i(\omega)$ 和 $F(\omega)$ 的波形图，分别如图 5.39 和图 5.40 所示。

　　在频分复用系统的接收端，可以利用相应的带通滤波器首先区分开各路信号的频谱，然后，通过各自的同步解调器进行解调，便可恢复各路的调制信号，实现原理框图示于图 5.41，读者容易理解，因此不再赘述。

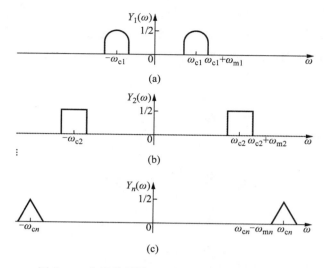

图 5.39　各路信号被正弦信号调制以后的频谱

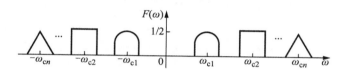

图 5.40　频分复用信号的频谱

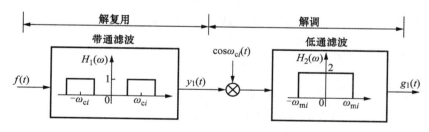

图 5.41　对某一路频分复用信号的解复用和解调

2. 时分复用技术

时分复用的理论依据是第 4 章最后一节讨论的时域抽样定理。即：一个最大频率为 f_m 的模拟信号 $g(t)$ 被抽样，如果抽样间隔 $T \leqslant \dfrac{1}{2f_m}$，那么等间隔抽样值 $g(nT)$ 就能唯一地表示 $g(t)$。受此启发，对调制用矩形脉冲进行抽样，然后把该样值安排在一组持续期为 Δ 的时隙内，由于 $g(t)$ 的抽样值每 T 秒重复一次，如果 Δ/T 的值愈小，那么一个载波信道可能传输的信号路数 n 就可以愈大，把 n 路信号按序排列，则可以实现时分复用。两路信号的时分复用波形如图 5.42 所示。

在时分复用系统的接收端，这 n 路有序排列的样值经适当的同步分离器分离，再按发送时的次序进行排序，就能恢复出原来的调制信号。

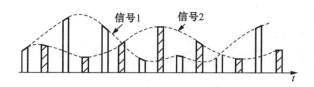

图 5.42　两路信号的时分复用

以上介绍的两种复用方法,第一种为每一路信号指定不同的载频(即频率间隔),多路信号可以在同一时间内传输;第二种则为每一路信号指定不同的时隙(即时间间隔),多路信号可以用同一载频发送。从本质上,频分复用保留了信号的频谱特性,而时分复用信号则是保留了时域的波形特性。由于各自分别保留了频域和时域的特性,因此在接收端能够在相应的域内用适当的技术将复用信号分离,然后解调恢复出原调制信号。

5.9　本章小结

在这一章中,系统地介绍了连续时间系统的频域分析方法。首先引出了连续时间系统的频率响应,然后讨论了线性系统对于非周期信号的响应,并引出无失真传输的条件。本章还介绍了线性非时变系统在滤波方面的应用,首先引入了理想低通滤波器的概念,然后介绍了物理可实现的数学模型及常用的巴特沃兹与切比雪夫滤波器。5.8 节用傅里叶方法分析了通信系统中的正弦幅度调制和多路复用技术。本章讨论的基本概念是后续课程学习的必要基础。

习题

5.1　已知系统函数 $H(\mathrm{j}\omega)=\dfrac{1}{\mathrm{j}\omega+2}$,激励信号 $e(t)=\mathrm{e}^{-3t}\varepsilon(t)$,试利用傅里叶分析法求零状态响应 $r_{zs}(t)$。

5.2　已知系统函数 $H(\mathrm{j}\omega)=\dfrac{1}{\mathrm{j}\omega+1}$,激励信号 $e(t)=t[\varepsilon(t)-\varepsilon(t-1)]$,试利用傅里叶分析法求零状态响应 $r_{zs}(t)$。

5.3　研究一个 LTI 系统,它对激励信号 $e(t)=[\mathrm{e}^{-t}+\mathrm{e}^{-3t}]\varepsilon(t)$ 的零状态响应为
$$r(t)=[2\mathrm{e}^{-t}-2\mathrm{e}^{-4t}]\varepsilon(t)$$

(a) 求该系统的频率响应;

(b) 确定该系统的冲激响应;

(c) 求出联系输入与输出的微分方程。

5.4　一个因果 LTI 系统的输出 $r(t)$ 和输入 $e(t)$ 由下列方程相联系:
$$\frac{\mathrm{d}r(t)}{\mathrm{d}t}+10r(t)=\int_{-\infty}^{\infty}e(\tau)z(t-\tau)\mathrm{d}\tau-e(t)$$

式中 $z(t)=\mathrm{e}^{-t}\varepsilon(t)+3\delta(t)$。

(a) 求该系统的频率响应 $H(\mathrm{j}\omega)=R(\mathrm{j}\omega)/E(\mathrm{j}\omega)$,并概略画出 $H(\mathrm{j}\omega)$ 的振幅与相位响应

曲线；

　　(b) 确定该系统的冲激响应。

　　5.5　一个因果 LTI 系统的输出 $r(t)$ 和输入 $e(t)$ 由下列微分方程相联系：

$$\frac{\mathrm{d}r(t)}{\mathrm{d}t} + 2r(t) = e(t)$$

　　(a) 求该系统的频率响应 $H(\mathrm{j}\omega)$，并概略画出其幅度特性与相位特性；

　　(b) 如果 $e(t) = \mathrm{e}^{-t}\varepsilon(t)$，确定系统零状态响应的频谱 $R(\mathrm{j}\omega)$；

　　(c) 求系统的零状态响应 $r_{zs}(t)$。

　　5.6　电路如题图 5.6 所示，在电流源 $i_1(t)$ 激励下得到输出电压 $u_1(t)$。写出联系 $i_1(t)$ 与 $u_1(t)$ 的频率响应 $H(\mathrm{j}\omega) = U_1(\mathrm{j}\omega)/I_1(\mathrm{j}\omega)$；要使 $u_1(t)$ 与 $i_1(t)$ 波形一样（无失真），确定 R_1 与 R_2（给定 $L_1 = 1\,\mathrm{H}, C = 1\,\mathrm{F}$）。传输过程有无时间延迟？

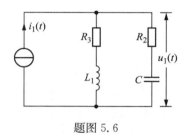

题图 5.6

　　5.7　一个理想低通滤波器，其频率响应如式(5.22)，试证明此滤波器对于 $\dfrac{\pi}{\omega_c}\delta(t)$ 和 $\dfrac{\sin\omega_c t}{\omega_c t}$ 的响应是一样的。

　　5.8　一个因果 LTI 系统的输出 $r(t)$ 和输入 $e(t)$ 由以下微分方程相联系：

$$\frac{\mathrm{d}r(t)}{\mathrm{d}t} + 2r(t) = e(t)$$

对于下述激励信号频谱 $E(\mathrm{j}\omega)$，求零状态响应 $r_{zs}(t)$：

　　(a) $E(\mathrm{j}\omega) = \dfrac{1+\mathrm{j}\omega}{2+\mathrm{j}\omega}$；　　　　　　　(b) $E(\mathrm{j}\omega) = \dfrac{2+\mathrm{j}\omega}{1+\mathrm{j}\omega}$；

　　(c) $E(\mathrm{j}\omega) = \dfrac{1}{(1+\mathrm{j}\omega)(2+\mathrm{j}\omega)}$。

　　5.9　设一带通系统，其频率响应为

$$H(\mathrm{j}\omega) = \frac{1}{1+\mathrm{j}(\omega-10^4)} + \frac{1}{1+\mathrm{j}(\omega+10^4)}$$

激励信号为 $e(t) = \left(1 + \cos t - \dfrac{1}{3}\cos 3t\right)\cos 10^4 t$，求：

　　(a) 系统的冲激响应；

　　(b) 输出 $r(t)$。

　　5.10　一个因果 LTI 系统的输出和输入由下述微分方程相联系：

$$\frac{\mathrm{d}^2 r(t)}{\mathrm{d}t^2} + 6\frac{\mathrm{d}r(t)}{\mathrm{d}t} + 8r(t) = 2e(t)$$

（a）确定该系统的冲激响应；

（b）当激励为 $e(t)=te^{-2t}\varepsilon(t)$ 时，求系统的零状态响应 $r_{zs}(t)$。

5.11　题图 5.11 所示的系统，$H_1(\omega)$ 为理想低通特性 $H_1(\omega)=\begin{cases}e^{-j\omega t_0}, & |\omega|\leqslant 1 \\ 0, & |\omega|>1\end{cases}$

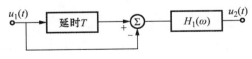

题图 5.11

（a）若 $u_1(t)$ 为单位阶跃信号 $\varepsilon(t)$，写出 $u_2(t)$ 的表达式；

（b）若 $u_1(t)=\dfrac{2\sin(t/2)}{t}$，写出 $u_2(t)$ 的表达式。

5.12　一个因果 LTI 系统的输出和输入由下述微分方程相联系：

$$\frac{d^2r(t)}{dt^2}+\sqrt{2}\frac{dr(t)}{dt}+r(t)=2\frac{d^2e(t)}{dt^2}-2e(t)$$

试求该系统的冲激响应。

5.13　一个因果 LTI 系统的频率响应为

$$H(j\omega)=\frac{5(j\omega)+7}{(j\omega+4)[(j\omega)^2+(j\omega)+1]}$$

确定该系统的冲激响应。

5.14　设有一全通网络，其幅频特性为 $|H(j\omega)|=1$，对于所有 ω，其相频特性为

$$\varphi(\omega)=\begin{cases}\dfrac{\pi}{2}, & \omega<0 \\[2mm] -\dfrac{\pi}{2}, & \omega>0\end{cases}$$

试求该系统的冲激响应。

5.15　若一个因果 LTI 系统的频率响应 $H(j\omega)$ 为

$$H(j\omega)=-2j\omega$$

对下述输入信号，求系统的零状态响应 $r_{zs}(t)$：

（a）$e(t)=e^{jt}$；　　　　　　　　　　（b）$e(t)=\sin\omega_0 t\cdot\varepsilon(t)$。

5.16　若一个 LTI 系统的频率响应 $H(j\omega)$ 同题 5.15，对下述输入信号的频谱，求系统的零状态响应 $r_{zs}(t)$：

（a）$E(j\omega)=\dfrac{1}{j\omega(6+j\omega)}$　　　　　（b）$E(j\omega)=\dfrac{1}{2+j\omega}$。

5.17　试证明 $|H(j\omega)|^2=H(j\omega)\cdot H(-j\omega)$。分以下两步进行：

（a）先求证 $|H(j\omega)|^2$ 等于 $H(j\omega)$ 与其共轭复数 $H^*(j\omega)$ 之乘积；

（b）再求证：频率响应 $H(j\omega)$ 分子分母多项式之系数 a,b 均为实数时，$H^*(j\omega)=H(-j\omega)$。

5.18　若一个连续时间系统的频率响应为 $H(j\omega)=\dfrac{j\omega}{3\pi}$，$-3\pi<\omega<3\pi$，该系统称之为低通

微分器,对下列每一个输入信号 $e(t)$,求系统的输出 $r(t)$:

(a) $e(t)=\cos(2\pi t+\theta)$;　　　　　　(b) $e(t)=\cos(4\pi t+\theta)$。

5.19　若一个低通滤波器的幅度响应 $|H(\mathrm{j}\omega)|$ 为

$$|H(\mathrm{j}\omega)|=\begin{cases}1, & |\omega|\leqslant\omega_\mathrm{c}\\0, & 其他\end{cases}$$

对下列每一个相位特性,求滤波器的冲激响应:

(a) $\arg H(\mathrm{j}\omega)=0$;　　　　　　　(b) $\arg H(\mathrm{j}\omega)=\omega T$,$T$ 为常数;

(c) $\arg H(\mathrm{j}\omega)=\begin{cases}\dfrac{\pi}{2}, & \omega>0\\[2mm]-\dfrac{\pi}{2}, & \omega<0\end{cases}$

5.20　若 $e(t)$ 为周期等于 1,经半波整流的正弦波,即

$$e(t)=\begin{cases}\sin 2\pi t, & m\leqslant t\leqslant\left(m+\dfrac{1}{2}\right)\\[3mm]0, & \left(m+\dfrac{1}{2}\right)\leqslant t\leqslant m+1\end{cases}$$

将 $e(t)$ 施加于 $H(\mathrm{j}\omega)=\dfrac{\mathrm{j}\omega}{3\pi}(-3\pi<\omega<3\pi)$ 的滤波器,求输出 $r(t)$。

5.21　已知理想低通滤波器的频率响应为

$$H(\mathrm{j}\omega)=\begin{cases}1, & |\omega|<\dfrac{2\pi}{\tau}\\[3mm]0, & |\omega|>\dfrac{2\pi}{\tau}\end{cases}$$

而激励信号的频谱为 $E(\mathrm{j}\omega)=\tau\mathrm{Sa}\left(\dfrac{\omega\tau}{2}\right)$,利用时域卷积定理求零状态响应 $r_{\mathrm{zs}}(t)$。

5.22　若理想带通滤波器的频率响应为

$$H(\mathrm{j}\omega)=\begin{cases}1, & \omega_0-\dfrac{W}{2}\leqslant|\omega|\leqslant\omega_0+\dfrac{W}{2}\\[3mm]0, & 其他\end{cases}$$

试求该滤波器的冲激响应。

5.23　定义 LTI 因果系统的单位冲激响应满足 $h(t)=h(t)\varepsilon(t)$,假设其频率响应表示为 $H(\omega)=R(\omega)+\mathrm{j}X(\omega)$,证明 $R(\omega)$ 与 $X(\omega)$ 之间满足式(5.44)的希尔伯特变换对,即

$$\begin{cases}R(\omega)=\dfrac{1}{\pi}\displaystyle\int_{-\infty}^{\infty}\dfrac{X(\lambda)}{\omega-\lambda}\mathrm{d}\lambda\\[4mm]X(\omega)=-\dfrac{1}{\pi}\displaystyle\int_{-\infty}^{\infty}\dfrac{R(\lambda)}{\omega-\lambda}\mathrm{d}\lambda\end{cases}$$

5.24　一个理想带通滤波器的幅度特性和相位特性如题图 5.24 所示。

(a) 求该系统的单位冲激响应,画出其波形,并说明此系统是否是物理可实现的;

(b) 如果 $\omega_0=2\omega_c$,当激励为 $e(t)=\mathrm{Sa}^2\left(\dfrac{\omega_c t}{2}\right)\cos\omega_0 t$ 时,求此滤波器的响应 $r(t)$。

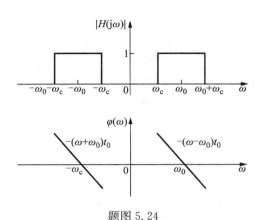

题图 5.24

5.25　求题图 5.25 所示级联系统的响应，其中 $e(t)=t\left[\varepsilon\left(t+T/2\right)-\varepsilon\left(t-T/2\right)\right]$，

$H_1(\omega)=\omega_0\sum_{n=-\infty}^{\infty}\delta(\omega-n\omega_0)$ ，$h_2(t)=\dfrac{\omega_0}{\pi}\mathrm{Sa}(1.5\omega_0 t)$，$\omega_0=\dfrac{2\pi}{T}$。

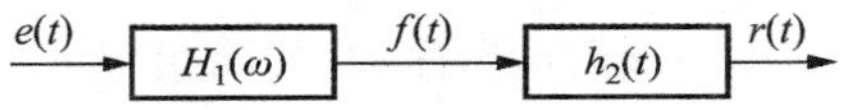

题图 5.25

5.26　在图 5.32 中，当载波相位 θ_c 为任意值时，试证明同步解调系统中 $w(t)$ 可表示为

$$w(t)=\frac{1}{2}g(t)+\frac{1}{2}g(t)(2\omega_c+2\theta_c)$$

5.27　在同步解调系统中，当 $|\omega|\geqslant\omega_m$ 时，$g(t)$ 的频谱为零，试确定图 5.32 中理想低通滤波器的截止频率 W、载频 ω_c 和 ω_m 之间的关系，以便使低通滤波器的输出正比于 $g(t)$；所得的结果与载波相位 θ_c 有关吗？

5.28　题图 5.28 示出一种正交复用通信系统，两路信号由频率相同但相移 90° 的载波调制。试证明：在接收端可以用相应的两路载波进行同步解调，恢复两路原始信号。

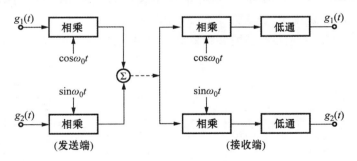

题图 5.28

5.29　考察图 5.32 中的解调系统，取 $\theta_c=0$，但解调器载波频率改变为 ω_d，即 $w(t)=f(t)\cos\omega_d t$，其中 $f(t)=g(t)\cos\omega_c t$。把调制器与解调器之间的角频率差表示为 $\Delta\omega=\omega_d-\omega_c$。此外，假定 $g(t)$ 是限带的，即 $|\omega|\geqslant\omega_m$ 时，$G(\omega)=0$，并假定解调器中低通滤波器的截止频率 ω 满足不等式

$$(\omega_m + \Delta\omega) < \omega < (2\omega_c + \Delta\omega - \omega_m)$$

试证明解调器的输出正比于 $g(t)\cos(\Delta\omega t)$。

5.30　在上题中,若 $g(t)$ 的频谱 $G(\omega)$ 如题图 5.30 所示,概略画出解调器输出的频谱。

5.31　题图 5.31 中画出了这样一个幅度调制系统,该系统由以下两部分组成:先把调制信号与载波之和平方,然后通过带通滤波器获得已调信号。若 $g(t)$ 是带限的,即 $|\omega| > \omega_m$ 时 $G(\omega) = 0$,试确定带通滤波器的参量 A,ω_L 和 ω_H,使得 $f(t) = g(t)\cos\omega_c t$,并给出对 ω_c 和 ω_m 的约束。

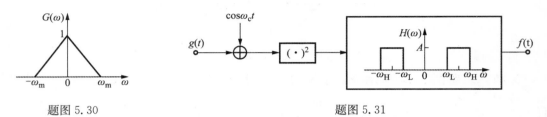

　　题图 5.30　　　　　　　　　　　　　　　　题图 5.31

5.32　题图 5.32 表示用于正弦幅度调制的一个系统,其中 $g(t)$ 带限于最高频率 ω_m,即当 $|\omega| > \omega_m$ 时 $G(\omega) = 0$。信号 $s(t)$ 是一周期冲激序列,其周期为 T,但每个冲激延时了一个 Δ,系统 $H(\omega)$ 是一个带通滤波器。若 $\Delta = 0$,$\omega_m = \dfrac{\pi}{2T}$,$\omega_L = \dfrac{\pi}{T}$,$\omega_H = 3\dfrac{\pi}{T}$,试证明 $f(t)$ 正比于 $g(t)\cos\omega_c t$,其中 $\omega_c = \dfrac{2\pi}{T}$。

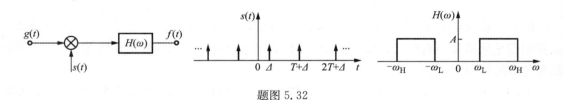

题图 5.32

5.33　在题 5.32 中,如果 ω_m,ω_L 和 ω_H 的值不变,但 Δ 不一定为零,试证明 $f(t)$ 正比于 $g(t)\cos(\omega_c t + \theta_c)$,并把 ω_c 和 θ_c 表示为 T 和 Δ 的函数。

5.34　题图 5.34(b) 所示正弦载波调制系统,若调制信号 $g(t)$ 的频谱 $G(\omega)$ 如题图 5.34(a) 所示:

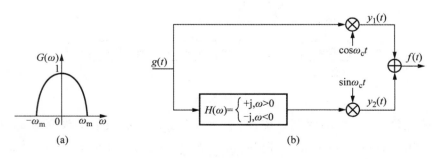

(a)　　　　　　　　　　　　　　　　(b)

题图 5.34

(a) 分别画出 $y_1(t)$，$y_2(t)$ 及 $f(t)$ 的频谱 $Y_1(\omega)$，$Y_2(\omega)$ 和 $F(\omega)$；

(b) 说明这个系统是一个单边带(SSB)调制系统，指出上下边带中那个边带被保留。

5.35　证明题图 5.35 所示的系统能够解调题图 5.34 系统产生的单边带信号。

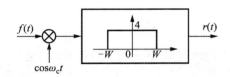

题图 5.35

5.36　题图 5.36 中的虚线框内给出了一个脉冲幅度调制(PAM)系统，其输出为 $f(t)$。

(a) 设调制信号 $g(t)$ 是一带限信号，其频谱如题图 5.35(a)所示，$\omega_m = \pi/T$，确定并画出 $s(t)$ 和 $f(t)$ 的频谱 $S(\omega)$ 与 $F(\omega)$；

(b) 求最大的 Δ 值，使得通过一个合适的滤波器后有 $r(t) = g(t)$；

(c) 确定并画出 $r(t) = g(t)$ 的补偿滤波器 $H_r(\omega)$。

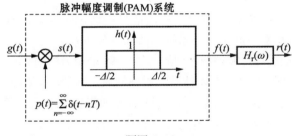

题图 5.36

第 6 章

离散时间信号与系统的傅里叶分析

6.1 引言

在第 4 章和第 5 章中,我们已经讨论了连续信号的傅里叶变换和连续系统的傅里叶分析。与此对应,在本章将讨论离散时间信号与系统的傅里叶分析方法,这样就完整地建立了信号与系统的傅里叶分析方法。通过计算非周期序列的傅里叶变换求得序列的频谱,比较详细地讨论离散时间信号傅里叶变换的性质,特别是卷积性质和对称性质,并且介绍离散时间系统的频率响应。

从本章的讨论中可以看到,离散信号和连续信号傅里叶分析有着不少相似之处,例如,两者都是利用复指数来表示信号。但两者也存在着重要差别:首先,离散非周期信号的傅里叶变换是角频率的周期函数,而连续时间信号的频谱不一定是周期的;此外,离散周期信号的傅里叶变换是一个有限项序列,而连续周期信号的傅里叶变换是一个无穷项序列。我们应当注意这两者之间的类同与差别,以加深对离散与连续时间傅里叶分析方法的理解。

本章的讨论与第 4,5 章的讨论是并行地展开的,读者可自行比较它们之间的类同与差别之处。

6.2 离散时间傅里叶变换

与第 4,5 章的讨论相对应,本节讨论的离散时间傅里叶变换(DTFT),为下一节离散时间系统的频域分析打下基础,它是针对非周期序列的一种频域分析方法。必须强调的是,离散时间傅里叶变换(DTFT)与离散傅里叶变换(DFT)具有完全不同的含义,后者并非泛指对任意离散信号取傅里叶积分或傅里叶级数,而是指为适应利用计算机分析傅里叶变换规定的一种专门运算,这种运算可以方便地借助快速傅里叶变换(FFT)实现,并已成为信号处理研究与应用中强有力的计算工具。关于离散傅里叶变换(DFT)的内容本书不作介绍。

6.2.1 离散时间傅里叶变换的定义及收敛条件

对于一般的非周期序列 $x(n)$,其傅里叶正变换的定义式为

$$X(\mathrm{e}^{\mathrm{j}\omega}) = \sum_{n=-\infty}^{\infty} x(n)\mathrm{e}^{-\mathrm{j}\omega n} \tag{6.1}$$

其傅里叶反变换为

$$x(n) = \frac{1}{2\pi}\int_{-\pi}^{\pi} X(\mathrm{e}^{\mathrm{j}\omega})\mathrm{e}^{\mathrm{j}\omega n}\mathrm{d}\omega \tag{6.2}$$

序列的傅里叶变换也称离散时间傅里叶变换(Discrete-Time Fourier Transform,DTFT),通常用以下符号分别对 $x(n)$ 取傅里叶正变换或反变换:

$$X(\mathrm{e}^{\mathrm{j}\omega}) = DTFT\left[x(n)\right] = \sum_{n=-\infty}^{\infty} x(n)\mathrm{e}^{-\mathrm{j}\omega n} \tag{6.3}$$

$$x(n) = IDTFT\left[X(\mathrm{e}^{\mathrm{j}\omega})\right] = \frac{1}{2\pi}\int_{-\pi}^{\pi} X(\mathrm{e}^{\mathrm{j}\omega})\mathrm{e}^{\mathrm{j}\omega n}\mathrm{d}\omega \tag{6.4}$$

式(6.1)的级数和并不一定收敛。例如 $x(n)$ 为一单位阶跃序列,就不收敛。下面讨论式(6.1)定义的傅里叶变换的收敛条件。若 $x(n)$ 绝对可和,即

$$\sum_{n=-\infty}^{\infty} \mid x(n) \mid < \infty \tag{6.5}$$

则 $x(n)$ 的 DTFT 存在,这时级数 $\sum_{n=-\infty}^{\infty} x(n)\mathrm{e}^{-\mathrm{j}\omega n}$ 一致收敛于 ω 的一个连续函数 $X(\mathrm{e}^{\mathrm{j}\omega})$。也就是说,任意给定 $\varepsilon > 0$,总能找到 N,使

$$\left| X(\mathrm{e}^{\mathrm{j}\omega}) - \sum_{n=-N}^{N} x(n)\mathrm{e}^{-\mathrm{j}\omega n} \right| < \varepsilon \tag{6.6}$$

式(6.6)中的 N 只与 ε 有关,而与 $(-\pi, \pi)$ 区间内的 ω 值无关。

某些序列不是绝对可和而是平方可和的,即

$$\sum_{n=-\infty}^{\infty} \mid x(n) \mid^2 < \infty \tag{6.7}$$

如 $x(n) = \dfrac{\sin\omega_0 n}{\pi n}$,这时级数

$$X_N(\mathrm{e}^{\mathrm{j}\omega}) = \lim_{N\to\infty} \sum_{n=-N}^{N} \left[\frac{\sin\omega_0 n}{\pi n}\right]\mathrm{e}^{-\mathrm{j}\omega n} \tag{6.8}$$

不能一致收敛于 $X(\mathrm{e}^{\mathrm{j}\omega})$,但可以按照均方误差为零的方式收敛于 $X(\mathrm{e}^{\mathrm{j}\omega})$,即

$$\lim_{N\to\infty}\left[\frac{1}{2\pi}\int_{-\pi}^{\pi} \mid X(\mathrm{e}^{\mathrm{j}\omega}) - X_N(\mathrm{e}^{\mathrm{j}\omega}) \mid^2\mathrm{d}\omega\right] = 0 \tag{6.9}$$

满足这种均方误差为零条件的能量有限序列 $x(n)$ 也可以用傅里叶变换表示。不过应该指出:无论是绝对可和还是平方可和,都只是序列傅里叶变换存在的充分条件,其充分必要条件至今尚未找到。另外,绝对可和的序列一定是平方可和的,但平方可和的序列却不一定是绝对可和的,本章习题6.8请读者证明这一结论。

对于一般的非周期序列 $x(n)$,其傅里叶变换是以 2π 为周期的 ω 的周期函数,即

$$X(\mathrm{e}^{\mathrm{j}(\omega+2m\pi)}) = \sum_{n=-\infty}^{\infty} x(n)\mathrm{e}^{-\mathrm{j}(\omega+2m\pi)n} = \sum_{n=-\infty}^{\infty} x(n)\mathrm{e}^{-\mathrm{j}\omega n} = X(\mathrm{e}^{\mathrm{j}\omega}), \quad m \text{ 为整数} \tag{6.10}$$

正是由于其频谱是周期性的,故可以在 $-\pi$ 至 π 的一个周期求取其反变换 $x(n)$,即

$$x(n) = \frac{1}{2\pi} \int_{-\pi}^{\pi} X(e^{j\omega}) e^{j\omega n} d\omega$$

下面举例说明如何按照给定的变换式来求相应的信号。

例 6.1 如果

$$X(e^{j\omega}) = \begin{cases} -\omega, & -\pi \leqslant \omega \leqslant 0 \\ \pi - \omega, & 0 < \omega \leqslant \pi \end{cases}$$

试求其对应的信号 $x(n)$。

解 利用式(6.2)可以求得

$$x(n) = \frac{1}{2\pi} \int_{-\pi}^{0} (-\omega) e^{j\omega n} d\omega + \frac{1}{2\pi} \int_{0}^{\pi} (\pi - \omega) e^{j\omega n} d\omega$$

$$= \frac{1}{2j} \frac{1}{n} e^{j\omega n} \Big|_{0}^{\pi} - \frac{1}{2\pi} \left[\frac{\omega}{jn} e^{j\omega n} + \frac{1}{n^2} e^{j\omega n} \right] \Big|_{-\pi}^{0} - \frac{1}{2\pi} \left[\frac{\omega}{jn} e^{j\omega n} + \frac{1}{n^2} e^{j\omega n} \right] \Big|_{0}^{\pi}$$

$$= \frac{(-1)^n - 1}{2j \, n} - \frac{(-1)^n}{jn} = j \frac{1 + (-1)^n}{2n}$$

$$x(n) = \begin{cases} 0, & n \text{ 为奇数} \\ \dfrac{j}{n}, & n \text{ 为偶数}, n \neq 0 \end{cases}$$

$$x(0) = \frac{1}{2\pi} \int_{-\pi}^{\pi} X(e^{j\omega}) d\omega = \pi/2$$

6.2.2 典型非周期序列的频谱

本小节利用离散时间傅里叶变换的定义式来求得几种典型非周期序列的频谱。

1. 单位样值序列

$$x(n) = \delta(n)$$

其傅里叶变换为

$$X(e^{j\omega}) = DTFT[\delta(n)] = \sum_{n=-\infty}^{\infty} \delta(n) e^{-j\omega n} = 1 \tag{6.11}$$

这就是说,单位取样序列的傅里叶变换在所有频率的情况下都是相等的,这一结果和连续时间单位冲激信号 $\delta(t)$ 的傅里叶变换相同。

例 6.2 试求 $\delta(n-n_0)$ 的傅里叶变换。

解 按照定义可得

$$DTFT[\delta(n-n_0)] = \sum_{n=-\infty}^{\infty} \delta(n-n_0) e^{-j\omega n} = e^{-j\omega n_0}$$

2. 矩形序列

$$x(n) = \begin{cases} 1, & |n| \leqslant N_1 \\ 0, & |n| > N_1 \end{cases}$$

图 6.1(a)表示 $N_1 = 2$ 的 $x(n)$ 图形,其频谱可通过其傅里叶变换得到。即

$$X(\mathrm{e}^{\mathrm{j}\omega}) = \sum_{n=-N_1}^{N_1} \mathrm{e}^{-\mathrm{j}\omega n}$$

令 $m = n + N_1$,上式可表示为

$$X(\mathrm{e}^{\mathrm{j}\omega}) = \sum_{m=0}^{2N_1} \mathrm{e}^{-\mathrm{j}\omega(m-N_1)} = \mathrm{e}^{\mathrm{j}\omega N_1} \sum_{m=0}^{2N_1} \mathrm{e}^{-\mathrm{j}\omega m} = \mathrm{e}^{\mathrm{j}\omega N_1}\,\frac{1-\mathrm{e}^{-\mathrm{j}\omega(2N_1+1)}}{1-\mathrm{e}^{-\mathrm{j}\omega}}$$

$$= \frac{\mathrm{e}^{\mathrm{j}\omega\left(N_1+\frac{1}{2}\right)} - \mathrm{e}^{-\mathrm{j}\omega\left(N_1+\frac{1}{2}\right)}}{\mathrm{e}^{\mathrm{j}\frac{\omega}{2}} - \mathrm{e}^{-\mathrm{j}\frac{\omega}{2}}} = \frac{\sin\omega\left(N_1+\dfrac{1}{2}\right)}{\sin\dfrac{\omega}{2}} \tag{6.12}$$

对于 $N_1 = 2$ 的 $X(\mathrm{e}^{\mathrm{j}\omega})$ 图形如图 6.1(b)所示,由图中可见,$X(\mathrm{e}^{\mathrm{j}\omega})$ 的图形是 ω 的周期函数,周期为 2π。

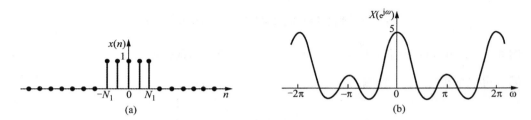

图 6.1　矩形序列的傅里叶变换

(a) $N_1 = 2$ 时的矩形序列　(b) 相应的 $X(\mathrm{e}^{\mathrm{j}\omega})$

3. 实指数序列

$$x(n) = a^n \varepsilon(n), \quad |a| < 1$$

其傅里叶变换为

$$X(\mathrm{e}^{\mathrm{j}\omega}) = \sum_{n=-\infty}^{\infty} a^n \varepsilon(n) \mathrm{e}^{-\mathrm{j}\omega n} = \sum_{n=0}^{\infty} (a\mathrm{e}^{-\mathrm{j}\omega})^n = \frac{1}{1-a\mathrm{e}^{-\mathrm{j}\omega}} \tag{6.13}$$

图 6.2(a)表示 $a > 0$ 时 $X(\mathrm{e}^{\mathrm{j}\omega})$ 的振幅与相位特性,图 6.2(b)表示 $a < 0$ 时的振幅与相位特性。

4. 非因果实指数序列

$$x(n) = a^n \varepsilon(-n), \quad |a| > 1$$

其傅里叶变换为

$$X(\mathrm{e}^{\mathrm{j}\omega}) = \sum_{n=-\infty}^{0} a^n \mathrm{e}^{-\mathrm{j}\omega n}$$

令 $n' = -n$

$$X(\mathrm{e}^{\mathrm{j}\omega}) = DTFT\left[a^n \varepsilon(-n)\right] = \sum_{n'=0}^{\infty} a^{-n'} \varepsilon(n') \mathrm{e}^{\mathrm{j}\omega n'} = \frac{1}{1-a^{-1}\mathrm{e}^{\mathrm{j}\omega}} \tag{6.14}$$

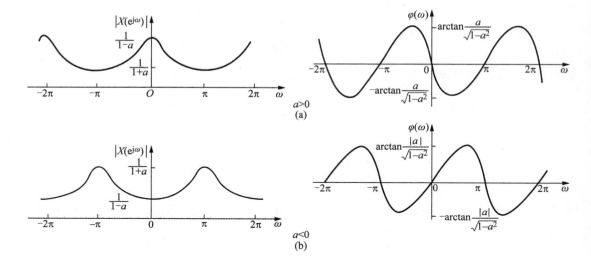

图 6.2   实指数序列的傅里叶变换（振幅与相位）

例 6.3   已知 $x(n)=\left(\dfrac{1}{2}\right)^{n}[\varepsilon(n+3)-\varepsilon(n-2)]$，试求 $X(\mathrm{e}^{\mathrm{j}\omega})$。

解   可以求得

$$X(\mathrm{e}^{\mathrm{j}\omega}) = \sum_{n=-3}^{1}\left(\frac{1}{2}\right)^{n}\mathrm{e}^{-\mathrm{j}\omega n} = \frac{8\mathrm{e}^{\mathrm{j}3\omega} - \frac{1}{4}\mathrm{e}^{-\mathrm{j}2\omega}}{1 - \frac{1}{2}\mathrm{e}^{-\mathrm{j}\omega}}$$

例 6.4   若 $x(n)=\left(\dfrac{1}{4}\right)^{n}\varepsilon(n+2)$，试求 $X(\mathrm{e}^{\mathrm{j}\omega})$。

解   可以求得

$$X(\mathrm{e}^{\mathrm{j}\omega}) = \sum_{n=-2}^{\infty}\left(\frac{1}{4}\right)^{n}\mathrm{e}^{-\mathrm{j}\omega n} = \frac{1}{1 - \frac{1}{4}\mathrm{e}^{-\mathrm{j}\omega}} + 16\mathrm{e}^{\mathrm{j}2\omega} + 4\mathrm{e}^{\mathrm{j}\omega} = \frac{16\mathrm{e}^{\mathrm{j}2\omega}}{1 - \frac{1}{4}\mathrm{e}^{-\mathrm{j}\omega}}$$

例 6.5   若 $x(n)=2^{n}\varepsilon(-n)$，试求 $X(\mathrm{e}^{\mathrm{j}\omega})$

解

$$X(\mathrm{e}^{\mathrm{j}\omega}) = \sum_{n=-\infty}^{0}2^{n}\mathrm{e}^{-\mathrm{j}\omega n} = \sum_{n'=0}^{\infty}2^{-n'}\mathrm{e}^{\mathrm{j}\omega n'} = \frac{1}{1 - \frac{1}{2}\mathrm{e}^{\mathrm{j}\omega}}$$

5. 双边指数序列

$$x(n) = a^{|n|}, \quad |a| < 1$$

图 6.3(a)表示当 $0<a<1$ 时的双边指数序列的图形，其傅里叶变换可以利用式(6.1)求出：

$$X(\mathrm{e}^{\mathrm{j}\omega}) = \sum_{n=-\infty}^{\infty}a^{|n|}\mathrm{e}^{-\mathrm{j}\omega n} = \sum_{n=0}^{\infty}a^{n}\mathrm{e}^{-\mathrm{j}\omega n} + \sum_{n=-\infty}^{-1}a^{-n}\mathrm{e}^{-\mathrm{j}\omega n}$$

在第二个求和项中，以 $n'=-n$ 作变量替换，可以得到

$$X(\mathrm{e}^{\mathrm{j}\omega}) = \sum_{n=0}^{\infty}(a\mathrm{e}^{-\mathrm{j}\omega})^{n} + \sum_{n'=1}^{\infty}(a\mathrm{e}^{\mathrm{j}\omega})^{n'}$$

上式中，第一求和项为一无穷等比级数，第二项也是一等比级数，但缺首项。当 $0<a<1$ 时，等比级数收敛，于是

$$X(e^{j\omega}) = \frac{1}{1-ae^{-j\omega}} + \frac{1}{1-ae^{j\omega}} - 1 = \frac{1-a^2}{1-2a\cos\omega+a^2} \tag{6.15}$$

由式（6.15）可知，$X(e^{j\omega})$ 为实数。对于 $0<a<1$，其 $X(e^{j\omega})$ 如图 6.3(b) 所示。

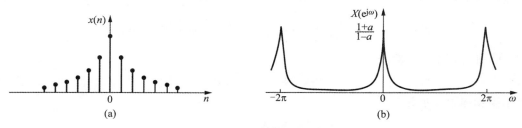

图 6.3　$x(n)=a^{|n|}$ 的傅里叶变换

(a) 双边指数序列（$0<a<1$）　(b) 对应的频谱

6. 常数序列

$$x(n) = 1, \quad -\infty < n < \infty$$

因为

$$\frac{1}{2\pi}\int_{-\pi}^{\pi}\left[2\pi\sum_{m=-\infty}^{\infty}\delta(\omega-2m\pi)\right]e^{j\omega}d\omega = 1$$

所以

$$DTFT[1] = 2\pi\sum_{m=-\infty}^{\infty}\delta(\omega-2m\pi) \tag{6.16}$$

6.3　离散时间傅里叶变换的性质

离散时间傅里叶变换具有许多重要的性质，这些性质对于理解离散时间傅里叶变换的本质具有重要意义。同时，利用这些性质可以使求解离散时间傅里叶变换及反变换的过程变得简单和方便。因此，掌握离散时间傅里叶变换的性质并且能够灵活地应用是很重要的问题。

6.3.1　周期性

式（6.10）已述及，离散时间傅里叶变换为 ω 的周期函数，周期为 2π，即

$$X(e^{j(\omega+2m\pi)}) = X(e^{j\omega}), \quad m\text{ 为整数}$$

这一点是与连续时间傅里叶变换不同的。

6.3.2　线性

若 $DTFT[x_1(n)]=X_1(e^{j\omega})$，$DTFT[x_2(n)]=X_2(e^{j\omega})$，则

$$DTFT[ax_1(n)+bx_2(n)] = aX_1(e^{j\omega})+bX_2(e^{j\omega}) \tag{6.17}$$

上式的证明很容易利用式（6.1）来完成，读者可自行证明。

6.3.3　对称性

若 $x(n)$ 是实序列,则其傅里叶交换是共轭对称的,即

$$X(e^{j\omega}) = X^*(e^{-j\omega}) \tag{6.18}$$

证明过程如下:

$$X^*(e^{-j\omega}) = \Big[\sum_{n=-\infty}^{\infty} x(n)e^{j\omega n}\Big]^* = \sum_{n=-\infty}^{\infty} x(n)e^{-j\omega n} = X(e^{j\omega})$$

$X(e^{j\omega})$ 可用其实部和虚部表示为

$$X(e^{j\omega}) = \text{Re}[X(e^{j\omega})] + j\text{Im}[X(e^{j\omega})]$$

也可用模和辐角表示为

$$X(e^{j\omega}) = |X(e^{j\omega})| e^{j\varphi(\omega)}$$

$$\varphi(\omega) = \arg[X(e^{j\omega})]$$

由 $X(e^{j\omega})$ 的定义式容易证明

$$\text{Re}[X(e^{j\omega})] = \text{Re}[X(e^{-j\omega})] \tag{6.19}$$

$$\text{Im}[X(e^{j\omega})] = -\text{Im}[X(e^{-j\omega})] \tag{6.20}$$

$$|X(e^{j\omega})| = |X(e^{-j\omega})| \tag{6.21}$$

$$\arg X(e^{j\omega}) = -\arg X(e^{-j\omega}) \tag{6.22}$$

即 $X(e^{j\omega})$ 的实部和模是 ω 的偶函数,而 $X(e^{j\omega})$ 的虚部和辐角是 ω 的奇函数。当 $x(n)$ 是纯虚数序列时,结论有所不同,读者可自行推导。

离散时间傅里叶变换还可以分解为共轭对称与共轭反对称函数之和,即

$$X(e^{j\omega}) = X_e(e^{j\omega}) + X_o(e^{j\omega}) \tag{6.23}$$

式中

$$X_e(e^{j\omega}) = \frac{1}{2}[X(e^{j\omega}) + X^*(e^{-j\omega})] \tag{6.24}$$

和

$$X_o(e^{j\omega}) = \frac{1}{2}[X(e^{j\omega}) - X^*(e^{-j\omega})] \tag{6.25}$$

式(6.24)中,$X_e(e^{j\omega})$ 是共轭对称的,即

$$X_e(e^{j\omega}) = X_e^*(e^{-j\omega}) \tag{6.26}$$

式(6.25)中,$X_o(e^{j\omega})$ 是共轭反对称的,即

$$X_o(e^{j\omega}) = -X_o^*(e^{-j\omega}) \tag{6.27}$$

对于任意一个序列 $x(n)$,也可以表示为一个共轭对称序列与一个共轭反对称序列之和,即

$$x(n) = x_e(n) + x_o(n)$$

式中定义

$$x_e(n) = \frac{1}{2}[x(n) + x^*(-n)] \tag{6.28}$$

$$x_o(n) = \frac{1}{2}[x(n) - x^*(-n)] \tag{6.29}$$

当 $x(n)$ 为实序列时

$$x_{\mathrm{e}}(n) = \frac{1}{2}[x(n) + x(-n)]$$

$$x_{\mathrm{e}}(n) = x_{\mathrm{e}}(-n)$$

和

$$x_{\mathrm{o}}(n) = \frac{1}{2}[x(n) - x(-n)]$$

$$x_{\mathrm{o}}(n) = -x_{\mathrm{o}}(-n)$$

此时的 $x_{\mathrm{e}}(n)$ 一般称为偶序列，$x_{\mathrm{o}}(n)$ 则称为奇序列。为了进一步讨论离散时间傅里叶交换的对称性质，可求得

$$DTFT[x^*(n)] = \sum_{n=-\infty}^{\infty} x^*(n)\mathrm{e}^{-\mathrm{j}\omega n} = \Big[\sum_{n=-\infty}^{\infty} x(n)\mathrm{e}^{\mathrm{j}\omega n}\Big]^* = X^*(\mathrm{e}^{-\mathrm{j}\omega}) \tag{6.30}$$

$$DTFT[x(-n)] = \sum_{n=-\infty}^{\infty} x(-n)\mathrm{e}^{-\mathrm{j}\omega n} = \sum_{n'=-\infty}^{\infty} x(n')\mathrm{e}^{\mathrm{j}\omega n'} = X(\mathrm{e}^{-\mathrm{j}\omega}) \tag{6.31}$$

$$DTFT[x^*(-n)] = \sum_{n=-\infty}^{\infty} x^*(-n)\mathrm{e}^{-\mathrm{j}\omega n} = \sum_{n'=-\infty}^{\infty} x^*(n')\mathrm{e}^{\mathrm{j}\omega n'} = X^*(\mathrm{e}^{\mathrm{j}\omega}) \tag{6.32}$$

由于

$$\mathrm{Re}[x(n)] = \frac{1}{2}[x(n) + x^*(n)]$$

利用式(6.24)和式(6.30)可得

$$DTFT\{\mathrm{Re}(x(n))\} = \frac{1}{2}[X(\mathrm{e}^{\mathrm{j}\omega}) + X^*(\mathrm{e}^{-\mathrm{j}\omega})] = X_{\mathrm{e}}(\mathrm{e}^{\mathrm{j}\omega}) \tag{6.33}$$

从上式可知，一个序列实部的傅里叶变换等于该序列的变换之偶对称部分。而

$$x_{\mathrm{e}}(n) = \frac{1}{2}[x(n) + x^*(-n)]$$

利用式(6.32)可得

$$DTFT[x_{\mathrm{e}}(n)] = \frac{1}{2}[X(\mathrm{e}^{\mathrm{j}\omega}) + X^*(\mathrm{e}^{\mathrm{j}\omega})] = \mathrm{Re}[X(\mathrm{e}^{\mathrm{j}\omega})] \tag{6.34}$$

上式表示，一个序列的偶对称部分之变换等于序列的变换之实部。同样可得

$$\mathrm{j}\mathrm{Im}[x(n)] = \frac{1}{2}[x(n) - x^*(n)]$$

$$DTFT\{\mathrm{j}\mathrm{Im}(x(n))\} = \frac{1}{2}[X(\mathrm{e}^{\mathrm{j}\omega}) - X^*(\mathrm{e}^{-\mathrm{j}\omega})] = X_{\mathrm{o}}(\mathrm{e}^{\mathrm{j}\omega}) \tag{6.35}$$

上式表示，一个序列虚部的傅里叶变换等于序列变换的奇对称部分。而

$$x_{\mathrm{o}}(n) = \frac{1}{2}[x(n) - x^*(-n)]$$

$$DTFT[x_{\mathrm{o}}(n)] = \frac{1}{2}[X(\mathrm{e}^{\mathrm{j}\omega}) - X^*(\mathrm{e}^{\mathrm{j}\omega})] = \mathrm{j}\mathrm{Im}[X(\mathrm{e}^{\mathrm{j}\omega})] \tag{6.36}$$

上式表示，一个序列奇对称部分的傅里叶变换等于序列变换的虚部。上述所有对称性质如表 6.1 所示。

表 6.1　离散时间傅里叶变换的对称性质

序　列	傅里叶变换
1. $x(n)$	$X(e^{j\omega})$
2. $x^*(n)$	$X^*(e^{-j\omega})$
3. $x(-n)$	$X(e^{-j\omega})$
4. $x^*(-n)$	$X^*(e^{j\omega})$
5. $\mathrm{Re}[x(n)]$	$X_e(e^{j\omega})$
6. $j\mathrm{Im}[x(n)]$	$X_o(e^{j\omega})$
7. $x_e(n)$	$\mathrm{Re}[X(e^{j\omega})]$
8. $x_o(n)$	$j\mathrm{Im}[X(e^{j\omega})]$

6.3.4　时移性

时移序列 $x(n-n_0)$ 的傅里叶变换为

$$
\begin{aligned}
DTFT\left[x(n-n_0)\right] &= \sum_{n=-\infty}^{\infty} x(n-n_0)e^{-j\omega n} \\
&= e^{-j\omega n_0}\sum_{n=-\infty}^{\infty} x(n-n_0)e^{-j\omega(n-n_0)} \\
&= e^{-j\omega n_0}X(e^{j\omega})
\end{aligned}
\tag{6.37}
$$

6.3.5　差分性

在第 1 章中,已分别定义了序列 $x(n)$ 的差分和求和,即
$$
\nabla x(n) = x(n) - x(n-1)
\tag{6.38}
$$
表示 $x(n)$ 的一阶后向差分。

设 $x(n)$ 的离散时间傅里叶变换为 $X(e^{j\omega})$,利用时移特性,可得 $x(n)$ 的一阶后向差分的傅里叶变换为
$$
DTFT\left[x(n) - x(n-1)\right] = (1 - e^{-j\omega})X(e^{j\omega})
\tag{6.39}
$$
式(6.39)表述了离散时间傅里叶变换的差分特性。必须指出,利用差分特性求序列 $x(n)$ 的傅里叶变换是有条件的,这个条件就是 $x(n)$ 不具有直流分量。这一点将在例 6.6 中得到体现。

例 6.6　试求阶跃序列
$$
\varepsilon(n) = \begin{cases} 1, & n \geqslant 0 \\ 0, & n < 0 \end{cases}
$$
的傅里叶变换。

解　对 $\varepsilon(n)$ 进行差分可得
$$
\varepsilon(n) - \varepsilon(n-1) = \delta(n)
\tag{6.40}
$$
式(6.40)两边进行傅里叶变换后,即有

$$(1 - \mathrm{e}^{-\mathrm{j}\omega}) \cdot DTFT[\varepsilon(n)] = 1 \tag{6.41}$$

如果直接从式(6.41)得到 $DTFT[\varepsilon(n)]$，那就产生了错误的结论。这是因为 $\varepsilon(n)$ 含有直流分量，故差分特性不能直接应用。可令

$$\varepsilon(n) = \left[\varepsilon(n) - \frac{1}{2}\right] + \frac{1}{2} = x_1(n) + \frac{1}{2} \tag{6.42}$$

式中

$$x_1(n) = \left[\varepsilon(n) - \frac{1}{2}\right]$$

其直流分量为零，且有

$$x_1(n) - x_1(n-1) = \left[\varepsilon(n) - \frac{1}{2}\right] - \left[\varepsilon(n-1) - \frac{1}{2}\right] = \delta(n)$$

于是

$$\begin{aligned}
DTFT[x_1(n) - x_1(n-1)] &= DTFT[x_1(n)] - DTFT[x_1(n-1)] \\
&= DTFT[\delta(n)] \\
(1 - \mathrm{e}^{-\mathrm{j}\omega}) \cdot DTFT[x_1(n)] &= 1
\end{aligned}$$

由于 $x_1(n)$ 的直流分量为零，差分特性可用，故有

$$DTFT[x_1(n)] = X_1(\mathrm{e}^{\mathrm{j}\omega}) = \frac{1}{1 - \mathrm{e}^{-\mathrm{j}\omega}} \tag{6.43}$$

再对式(6.42)两边进行傅里叶变换，可得

$$DTFT[\varepsilon(n)] = DTFT\left[x_1(n) + \frac{1}{2}\right] = DTFT[x_1(n)] + DTFT\left[\frac{1}{2}\right]$$

利用式(6.16)和式(6.43)，得

$$DTFT[\varepsilon(n)] = \frac{1}{1 - \mathrm{e}^{-\mathrm{j}\omega}} + \pi \sum_{m=-\infty}^{\infty} \delta(\omega - 2m\pi) \tag{6.44}$$

6.3.6　频移性

可以求得

$$DTFT[\mathrm{e}^{\mathrm{j}\omega_0 n} x(n)] = \sum_{n=-\infty}^{\infty} \mathrm{e}^{\mathrm{j}\omega_0 n} x(n) \mathrm{e}^{-\mathrm{j}\omega n} = \sum_{n=-\infty}^{\infty} x(n) \mathrm{e}^{-\mathrm{j}(\omega - \omega_0)n} = X(\mathrm{e}^{\mathrm{j}(\omega - \omega_0)}) \tag{6.45}$$

6.3.7　时间和频率尺度特性

在第 4 章中，曾推得连续时间傅里叶变换的尺度变换为

$$\mathscr{F}[x(at)] = \frac{1}{|a|} X\left(\frac{\omega}{a}\right)$$

和上式相对应，定义

$$x_k(n) = \begin{cases} x(n/k), & n \text{ 是 } k \text{ 的整倍数} \\ 0, & \text{其他} \end{cases} \tag{6.46}$$

式(6.46)表示在 $x(n)$ 相邻两个采样间插入 $k-1$ 个零而得到 $x_k(n)$，当 $k=3$ 时的 $x(n)$ 和

$x_3(n)$图形如图 6.4 所示。

图 6.4 由 $x(n)$ 相邻采样间插入 2 个零而得到 $x_3(n)$

(a) $x(n)$ 的图形 (b) $x_3(n)$ 的图形

$x_k(n)$ 的傅里叶变换可求得为

$$X_k(e^{j\omega}) = DTFT\left[x_k(n)\right] = \sum_{n=-\infty}^{\infty} x_k(n)e^{-j\omega n}$$

$$= \sum_{r=-\infty}^{\infty} x_k(rk)e^{-j\omega rk}, \quad (\diamondsuit\ n = rk)$$

$$= \sum_{r=-\infty}^{\infty} x(r)e^{-j(k\omega)r} = X(e^{jk\omega}) \tag{6.47}$$

式(6.47)表示了时间和频率间的反向关系。当取 $k \geqslant 2$ 时,信号在时域上扩张了,而在频域上傅里叶变换就压缩了。已知 $X(e^{j\omega})$ 的周期为 2π,而

$$X(e^{jk\omega}) = X(e^{jk\left(\omega + \frac{2\pi m}{k}\right)})$$

因此,$X(e^{jk\omega})$ 的周期为 $2\pi/k$,故频域被压缩。图 6.5(a)示出 $x(n)$ 及其 $X(e^{j\omega})$ 的图形,图 6.5(b)示出 $x_3(n)$ 及 $X(e^{j3\omega})$ 的图形。

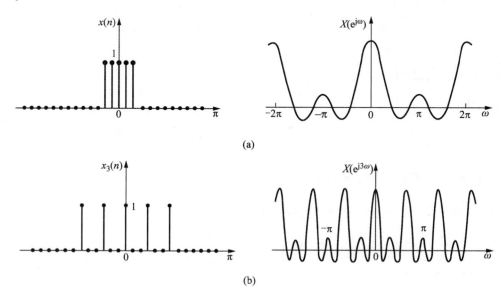

图 6.5 时域与频域对应关系

(a) $x(n)$ 及其频谱 (b) $x_3(n)$ 及其频谱

6.3.8　频域微分性质

由于 $X(e^{j\omega}) = \sum\limits_{n=-\infty}^{\infty} x(n)e^{-j\omega n}$，将上式两边对 ω 求导，可得

$$\frac{dX(e^{j\omega})}{d\omega} = -\sum_{n=-\infty}^{\infty} jnx(n)e^{-j\omega n}$$

因而

$$\sum_{n=-\infty}^{\infty} nx(n)e^{-j\omega n} = DTFT[nx(n)] = j\frac{dX(e^{j\omega})}{d\omega} \tag{6.48}$$

例 6.7　若 $x(n) = n\{\varepsilon(n+N) - \varepsilon(n-N-1)\}$，试求 $X(e^{j\omega})$

解　令 $x_1(n) = \varepsilon(n+N) - \varepsilon(n-N-1)$，则有

$$X_1(e^{j\omega}) = \sum_{n=-N}^{N} e^{-j\omega n} = \frac{e^{j\omega N} - e^{-j\omega(N+1)}}{1 - e^{-j\omega}} = \frac{\sin\left(N+\frac{1}{2}\right)\omega}{\sin\omega/2}$$

因为 $x(n) = nx_1(n)$，所以

$$X(e^{j\omega}) = j\frac{dX_1(e^{j\omega})}{d\omega}$$

即

$$X(e^{j\omega}) = j\frac{\left(N+\frac{1}{2}\right)\cos\left(N+\frac{1}{2}\right)\omega}{\sin\omega/2} - j\frac{\frac{1}{2}\cos\frac{\omega}{2}\sin\left(N+\frac{1}{2}\right)\omega}{\sin^2\omega/2}$$

$$= j\frac{N\cos\left(N+\frac{1}{2}\right)\omega}{\sin\omega/2} - j\frac{\sin N\omega}{2\sin^2\omega/2}$$

例 6.8　若 $x(n) = n\left(\frac{1}{2}\right)^{|n|}$，试求 $X(e^{j\omega})$。

解　令 $x_1(n) = \left(\frac{1}{2}\right)^{|n|}$，则可以得到

$$X_1(e^{j\omega}) = \sum_{n=-\infty}^{-1} 2^n e^{-j\omega n} + \sum_{n=0}^{\infty}\left(\frac{1}{2}\right)^n e^{-j\omega n} = \frac{\frac{1}{2}e^{j\omega}}{1-\frac{1}{2}e^{j\omega}} + \frac{1}{1-\frac{1}{2}e^{-j\omega}} = \frac{\frac{3}{4}}{\frac{5}{4}-\cos\omega}$$

所以

$$X(e^{j\omega}) = j\frac{dX_1(e^{j\omega})}{d\omega} = -j\frac{\frac{3}{4}\sin\omega}{\left(\frac{5}{4}-\cos\omega\right)^2}$$

6.3.9　帕斯瓦尔定理

若 $x(n)$ 与 $X(e^{j\omega})$ 是一傅里叶变换对，则

$$\sum_{n=-\infty}^{\infty} |x(n)|^2 = \frac{1}{2\pi}\int_{-\pi}^{\pi} |X(e^{j\omega})|^2 d\omega \tag{6.49}$$

其证明过程如下：

$$\sum_{n=-\infty}^{\infty}\mid x(n)\mid^2 = \sum_{n=-\infty}^{\infty} x(n)x^*(n) = \sum_{n=-\infty}^{\infty} x(n)\Big[\frac{1}{2\pi}\int_{-\pi}^{\pi} X(\mathrm{e}^{\mathrm{j}\omega})\mathrm{e}^{\mathrm{j}\omega n}\,\mathrm{d}\omega\Big]^*$$

$$=\frac{1}{2\pi}\int_{-\pi}^{\pi}\Big[X^*(\mathrm{e}^{\mathrm{j}\omega})\sum_{n=-\infty}^{\infty} x(n)\mathrm{e}^{-\mathrm{j}\omega n}\Big]\mathrm{d}\omega$$

$$=\frac{1}{2\pi}\int_{-\pi}^{\pi} X^*(\mathrm{e}^{\mathrm{j}\omega})X(\mathrm{e}^{\mathrm{j}\omega})\mathrm{d}\omega = \frac{1}{2\pi}\int_{-\pi}^{\pi}\mid X(\mathrm{e}^{\mathrm{j}\omega})\mid^2\mathrm{d}\omega$$

式(6.49)左边表示 $x(n)$ 的能量，而$\mid X(\mathrm{e}^{\mathrm{j}\omega})\mid^2$ 表示能量密度谱，该式说明了非周期序列时域和频域间的能量关系，即时域总能量等于频域一周期内总能量。

6.4　卷积定理及其应用

第4章讨论了连续时间傅里叶变换的卷积定理。在离散时间系统中也存在着完全相同的关系，它使得离散时间傅里叶变换在离散系统的频域分析中具有非常重要的作用。

若 $x(n),h(n)$ 和 $y_{zs}(n)$ 分别对应于线性非移变系统的输入、单位样值响应和零状态输出，在时域中

$$y_{zs}(n) = x(n)*h(n)$$

则在频域中

$$Y(\mathrm{e}^{\mathrm{j}\omega}) = DTFT\big[y_{zs}(n)\big] = X(\mathrm{e}^{\mathrm{j}\omega})H(\mathrm{e}^{\mathrm{j}\omega}) \tag{6.50}$$

式中 $Y(\mathrm{e}^{\mathrm{j}\omega}),X(\mathrm{e}^{\mathrm{j}\omega})$ 和 $H(\mathrm{e}^{\mathrm{j}\omega})$ 分别是 $y_{zs}(n),x(n)$ 和 $h(n)$ 的傅里叶变换。

证　由于

$$y_{zs}(n) = h(n)*x(n) = \sum_{k=-\infty}^{\infty} h(k)x(n-k)$$

因而

$$Y(\mathrm{e}^{\mathrm{j}\omega}) = \sum_{n=-\infty}^{\infty} y_{zs}(n)\mathrm{e}^{-\mathrm{j}\omega n} = \sum_{n=-\infty}^{\infty}\Big[\sum_{k=-\infty}^{\infty} h(k)x(n-k)\Big]\mathrm{e}^{-\mathrm{j}\omega n}$$

$$=\sum_{n-k=-\infty}^{\infty} x(n-k)\mathrm{e}^{-\mathrm{j}\omega(n-k)}\sum_{k=-\infty}^{\infty} h(k)\mathrm{e}^{-\mathrm{j}\omega k} = X(\mathrm{e}^{\mathrm{j}\omega})H(\mathrm{e}^{\mathrm{j}\omega})$$

例 6.9　试求 $\sum\limits_{m=-\infty}^{n} x(m)$ 的傅里叶变换。

解　由于

$$\sum_{m=-\infty}^{n} x(m) = x(n)*\varepsilon(n)$$

根据卷积定理

$$DTFT\Big[\sum_{m=-\infty}^{n} x(m)\Big] = X(\mathrm{e}^{\mathrm{j}\omega})\cdot DTFT\big[\varepsilon(n)\big]$$

将例 6.6 求得的结果式(6.44)代入上式，可得

$$DTFT\left[\sum_{m=-\infty}^{0}x(m)\right]=\frac{X(\mathrm{e}^{\mathrm{j}\omega})}{1-\mathrm{e}^{-\mathrm{j}\omega}}+\pi\sum_{k=-\infty}^{\infty}X(\mathrm{e}^{\mathrm{j}\omega})\delta(\omega-2\pi k)$$

$$=\frac{X(\mathrm{e}^{\mathrm{j}\omega})}{1-\mathrm{e}^{-\mathrm{j}\omega}}+\pi X(\mathrm{e}^{\mathrm{j}0})\sum_{k=-\infty}^{\infty}\delta(\omega-2\pi k) \qquad (6.51)$$

同连续时间傅里叶变换的频域卷积定理相似,离散时间傅里叶变换也具有类似性质,并有其重要应用。

假设 $y(n)$ 是 $x_1(n)$ 与 $x_2(n)$ 的乘积,并用 $Y(\mathrm{e}^{\mathrm{j}\omega})$,$X_1(\mathrm{e}^{\mathrm{j}\omega})$ 和 $X_2(\mathrm{e}^{\mathrm{j}\omega})$ 分别表示 $y(n)$,$x_1(n)$ 与 $x_2(n)$ 的傅里叶变换,则

$$DTFT\left[x_1(n)\cdot x_2(n)\right]=\frac{1}{2\pi}\int_{-\pi}^{\pi}X_1(\mathrm{e}^{\mathrm{j}\theta})X_2(\mathrm{e}^{\mathrm{j}(\omega-\theta)})\mathrm{d}\theta \qquad (6.52)$$

证
$$Y(\mathrm{e}^{\mathrm{j}\omega})=\sum_{n=-\infty}^{\infty}y(n)\mathrm{e}^{-\mathrm{j}\omega n}=\sum_{n=-\infty}^{\infty}x_1(n)x_2(n)\mathrm{e}^{-\mathrm{j}\omega n}$$

由于
$$x_1(n)=\frac{1}{2\pi}\int_{-\pi}^{\pi}X_1(\mathrm{e}^{\mathrm{j}\theta})\mathrm{e}^{\mathrm{j}\theta n}\mathrm{d}\theta$$

于是
$$Y(\mathrm{e}^{\mathrm{j}\omega})=\sum_{n=-\infty}^{\infty}x_2(n)\left[\frac{1}{2\pi}\int_{-\pi}^{\pi}X_1(\mathrm{e}^{\mathrm{j}\theta})\mathrm{e}^{\mathrm{j}\theta n}\mathrm{d}\theta\right]\mathrm{e}^{-\mathrm{j}\omega n}$$

交换求和与积分次序,可得
$$Y(\mathrm{e}^{\mathrm{j}\omega})=\frac{1}{2\pi}\int_{-\pi}^{\pi}X_1(\mathrm{e}^{\mathrm{j}\theta})\left[\sum_{n=-\infty}^{\infty}x_2(n)\mathrm{e}^{-\mathrm{j}(\omega-\theta)n}\right]\mathrm{d}\theta$$

最后可得
$$Y(\mathrm{e}^{\mathrm{j}\omega})=\frac{1}{2\pi}\int_{-\pi}^{\pi}X_1(\mathrm{e}^{\mathrm{j}\theta})X_2(\mathrm{e}^{\mathrm{j}(\omega-\theta)})\mathrm{d}\theta$$

上式即表示两序列相乘的变换等于变换的卷积再乘以系数 $\frac{1}{2\pi}$。由于信号相乘相当于调制,故这一性质称为调制性质。

例 6.10　试利用调制性质计算下述信号的傅里叶变换:
$$x(n)=\left[\frac{\sin(\pi n/2)}{\pi n}\right]\left[\frac{\sin(\pi n/4)}{\pi n}\right]$$

解　可以求得
$$X_1(\mathrm{e}^{\mathrm{j}\omega})=DTFT\left[\frac{\sin(\pi n/2)}{\pi n}\right]=\begin{cases}1, & |\omega|\leqslant\frac{\pi}{2}\\[2mm]0, & \frac{\pi}{2}<|\omega|\leqslant\pi\end{cases}$$

$$X_2(\mathrm{e}^{\mathrm{j}\omega})=DTFT\left[\frac{\sin(\pi n/4)}{\pi n}\right]=\begin{cases}1, & |\omega|\leqslant\frac{\pi}{4}\\[2mm]0, & \frac{\pi}{4}<|\omega|\leqslant\pi\end{cases}$$

于是

$$X(e^{j\omega}) = DTFT[x(n)] = \frac{1}{2\pi}\int_{-\pi}^{\pi} X_1(e^{j\theta}) X_2(e^{j(\omega-\theta)}) d\theta$$

上式卷积结果由图 6.6 给出。

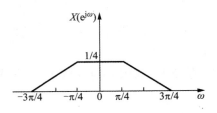

图 6.6　$X(e^{j\omega})$图形

例 6.11　假设 $x_1(n) = e^{j\pi n} = (-1)^n$，并已知 $x_2(n)$ 的傅里叶变换 $X_2(e^{j\omega})$ 由图 6.7(b)给出，试利用调制性质求 $x_1(n) \cdot x_2(n)$ 的傅里叶变换 $Y(e^{j\omega})$。

解　$x_1(n)$ 的图形是一个周期为 2 的序列，其傅里叶变换可以求得为

$$X_1(e^{j\omega}) = 2\pi \sum_{l=-\infty}^{\infty} \delta[\omega - (2l+1)\pi]$$

$X_1(e^{j\omega})$ 的图形如图 6.7(a)所示。

已知 $X_2(e^{j\omega})$ 且由图 6.7(b)给出，现计算

$$Y(e^{j\omega}) = \frac{1}{2\pi}\int_{-\pi}^{\pi} X_1(e^{j\theta}) X_2(e^{j(\omega-\theta)}) d\theta$$

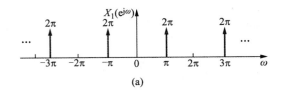
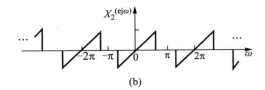

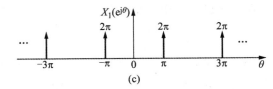
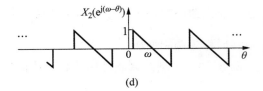

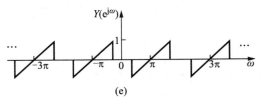

图 6.7　离散时间调制性质

(a) $X_1(e^{j\omega})$图形　(b) $X_2(e^{j\omega})$图形　(c) $X_1(e^{j\theta})$图形　(d) $X_2(e^{j(\omega-\theta)})$图形

(e) $y(n) = (-1)^n x_2(n)$ 的傅里叶变换 $Y(e^{j\omega})$

为此，将 $X_1(\mathrm{e}^{\mathrm{j}\theta})$ 及 $X_2(\mathrm{e}^{\mathrm{j}(\omega-\theta)})$ 的图形示于图 6.7(c) 与 (d)。上式积分可以在 θ 的任何一个 2π 区间内完成，这里选择 $-\pi<\theta<\pi$。在积分区间内

$$X_1(\mathrm{e}^{\mathrm{j}\theta})X_2(\mathrm{e}^{\mathrm{j}(\omega-\theta)}) = 2\pi X_2(\mathrm{e}^{\mathrm{j}(\omega-\theta)})\delta(\theta-\pi) = 2\pi X_2(\mathrm{e}^{\mathrm{j}(\omega-\pi)})\delta(\theta-\pi)$$

所以

$$Y(\mathrm{e}^{\mathrm{j}\omega}) = \int_{-\pi}^{\pi} X_2(\mathrm{e}^{\mathrm{j}(\omega-\pi)})\delta(\theta-\pi)\mathrm{d}\theta = X_2(\mathrm{e}^{\mathrm{j}(\omega-\pi)})$$

$Y(\mathrm{e}^{\mathrm{j}\omega})$ 的图形如图 6.7(e) 所示，它由 $X_2(\mathrm{e}^{\mathrm{j}\omega})$ 频移 π 得到，由于频谱的周期性，这等效于交换了信号频谱高低频域特性。

根据 6.3 及 6.4 两节讨论的内容，表 6.2 列出了离散时间傅里叶变换的重要性质。

表 6.2　离散时间傅里叶变换的性质

非周期信号	傅里叶变换
$x(n)$	$X(\mathrm{e}^{\mathrm{j}\omega})$ 周期为 2π
$y(n)$	$Y(\mathrm{e}^{\mathrm{j}\omega})$
$ax(n)+by(n)$	$aX(\mathrm{e}^{\mathrm{j}\omega})+bY(\mathrm{e}^{\mathrm{j}\omega})$
$x(n-n_0)$	$\mathrm{e}^{-\mathrm{j}\omega n_0}X(\mathrm{e}^{\mathrm{j}\omega})$
$\mathrm{e}^{\mathrm{j}\omega_0 n}x(n)$	$X(\mathrm{e}^{\mathrm{j}(\omega-\omega_0)})$
$x^*(n)$	$X^*(\mathrm{e}^{-\mathrm{j}\omega})$
$x(-n)$	$X(\mathrm{e}^{-\mathrm{j}\omega})$
$x_k(n) = \begin{cases} x(n/k), & n=mk \\ 0, & n\neq mk \end{cases}$	$X(\mathrm{e}^{\mathrm{j}k\omega})$
$x(n)*y(n)$	$X(\mathrm{e}^{\mathrm{j}\omega})\cdot Y(\mathrm{e}^{\mathrm{j}\omega})$
$x(n)\cdot y(n)$	$\dfrac{1}{2\pi}\displaystyle\int_{2\pi} X_1(\mathrm{e}^{\mathrm{j}\theta})X_2(\mathrm{e}^{\mathrm{j}(\omega-\theta)})\mathrm{d}\theta$
$nx(n)$	$\mathrm{j}\dfrac{\mathrm{d}X(\mathrm{e}^{\mathrm{j}\omega})}{\mathrm{d}\omega}$
$x(n)-x(n-1)$	$(1-\mathrm{e}^{-\mathrm{j}\omega})X(\mathrm{e}^{\mathrm{j}\omega})$
$\displaystyle\sum_{m=-\infty}^{n} x(m)$	$\dfrac{X(\mathrm{e}^{\mathrm{j}\omega})}{1-\mathrm{e}^{-\mathrm{j}\omega}} + \pi X(\mathrm{e}^{\mathrm{j}0})\displaystyle\sum_{k=-\infty}^{\infty}\delta(\omega-2\pi k)$

表 6.3 列出了基本的离散时间傅里叶变换对，通过此表，读者可掌握基本离散信号的频谱表示。

表 6.3　基本离散时间信号的傅里叶变换

信号 $x(n)$	傅里叶变换 $X(\mathrm{e}^{\mathrm{j}\omega})$
$a^n\varepsilon(n), |a|<1$	$\dfrac{1}{1-a\mathrm{e}^{-\mathrm{j}\omega}}$
$\delta(n)$	1

（续表）

信号 $x(n)$	傅里叶变换 $X(e^{j\omega})$
$\varepsilon(n)$	$\dfrac{1}{1-e^{-j\omega}}+\displaystyle\sum_{k=-\infty}^{\infty}\pi\delta(\omega-2\pi k)$
$\delta(n-n_0)$	$e^{-j\omega n_0}$
$e^{j\omega_0 n}$	$2\pi\displaystyle\sum_{k=-\infty}^{\infty}\delta(\omega-\omega_0-2\pi k)$
1（所有 n）	$2\pi\displaystyle\sum_{m=-\infty}^{\infty}\delta(\omega-2\pi m)$
$x(n)=\begin{cases}1, & \lvert n\rvert\leqslant N_1 \\ 0, & \lvert n\rvert>N_1\end{cases}$	$\dfrac{\sin\left[\omega\left(N_1+\dfrac{1}{2}\right)\right]}{\sin\dfrac{\omega}{2}}$
$\dfrac{\sin Wn}{\pi n},W<\pi$	$X(e^{j\omega})=\begin{cases}1, & 0\leqslant\lvert\omega\rvert\leqslant W \\ 0, & W<\lvert\omega\rvert\leqslant\pi\end{cases}$
$(n+1)a^n\varepsilon(n),\lvert a\rvert<1$	$\dfrac{1}{(1-ae^{-j\omega})^2}$
$\dfrac{(n+r-1)!}{n!(r-1)!}a^n\varepsilon(n),\lvert a\rvert<1$	$\dfrac{1}{(1-ae^{-j\omega})^r}$

6.5 离散时间系统的频率响应

在第 5 章中我们曾经讨论过，线性非时变系统对于一个正弦输入的稳态响应也是一个正弦，其频率与输入信号相同，其幅度和相位取决于系统。正是由于线性非时变系统具有这种特性，使得信号的正弦或复指数分量表示法在线性系统分析中起着非常重要的作用。对于时间离散的线性非移变（LSI）系统，是否也具有上述特性？为此，假设输入序列 $x(n)=e^{j\omega n}$，$-\infty<n<\infty$，此时，输入序列为角频率 ω 的一个复指数，输出 $y(n)$ 为输入 $x(n)$ 与单位样值响应 $h(n)$ 的"卷积和"，故输出为

$$y(n)=\sum_{k=-\infty}^{\infty}h(k)e^{j\omega(n-k)}=e^{j\omega n}\sum_{k=-\infty}^{\infty}h(k)e^{-j\omega k}$$

从上式可以看出，当输入序列 $x(n)=e^{j\omega n}$（$-\infty<n<\infty$）加到单位样值响应为 $h(n)$ 的 LSI 系统时，其输出序列等于输入序列乘以复数加权和，此加权和可定义为

$$H(e^{j\omega})=\sum_{k=-\infty}^{\infty}h(k)e^{-j\omega k} \tag{6.53}$$

式中 $H(e^{j\omega})$ 给出了 LSI 系统对于每个 ω 值的传输性能，因此称其为系统的频率响应。于是

$$y(n)=H(e^{j\omega})\cdot e^{j\omega n} \tag{6.54}$$

如果把 $x(n)=e^{j\omega n}$（$-\infty<n<\infty$）看成是 LSI 系统的特征输入，那么 $H(e^{j\omega})$ 则可看成是特征值，系统的输出即是特征输入被特征值加权所得的结果。

一般地说，$H(e^{j\omega})$ 为复数，可以用其实部 $H_R(e^{j\omega})$ 和虚部 $H_I(e^{j\omega})$ 之和来表示，即

$$H(e^{j\omega}) = H_R(e^{j\omega}) + jH_I(e^{j\omega}) \tag{6.55}$$

或者用其振幅和相位来表示,即

$$H(e^{j\omega}) = |H(e^{j\omega})| e^{j\varphi(\omega)} \tag{6.56}$$

$$\varphi(\omega) = \arg[H(e^{j\omega})] \tag{6.57}$$

因此,LSI 系统对特征输入的加权分别表现在幅度 $|H(e^{j\omega})|$ 与相位 $\varphi(\omega)$ 上,两者都随频率 ω 的变化而变化。若系统的输入为

$$x(n) = A\cos(\omega_0 n + \theta) = \frac{A}{2} e^{j\theta} e^{j\omega_0 n} + \frac{A}{2} e^{-j\theta} e^{-j\omega_0 n}$$

根据式(6.54),可得

$$y(n) = \frac{A}{2}\left[H(e^{j\omega_0}) e^{j\theta} e^{j\omega_0 n} + H(e^{-j\omega_0}) \frac{A}{2} e^{-j\theta} e^{-j\omega_0 n} \right]$$
$$= A |H(e^{j\omega_0})| \cos[\omega_0 n + \theta + \varphi(\omega)] \tag{6.58}$$

由上式可知,系统输出仍为余弦,但幅度被振幅响应加权,相位也受相位响应的影响。

例 6.12　假定一 LSI 系统的单位样值响应 $h(n) = a^n \varepsilon(n)$,$|a| < 1$,求该系统的频率响应。

解　系统的频率响应为

$$H(e^{j\omega}) = \sum_{n=-\infty}^{\infty} h(n) e^{-j\omega n} = \sum_{n=0}^{\infty} a^n e^{-j\omega n} = \sum_{n=0}^{\infty} (ae^{-j\omega})^n$$

因为 $|a| < 1$,故上式的几何级数收敛于

$$H(e^{j\omega}) = \frac{1}{1 - ae^{-j\omega}}$$

图 6.8 示出 $h(n)$ 的图形及 $H(e^{j\omega})$ 在 $0 \leqslant \omega \leqslant 2\pi$ 范围内的振幅与相位随 ω 变化的关系曲线。

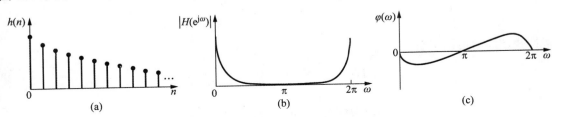

图 6.8　例 6.12 的频率响应

(a) $h(n)$ 图形　(b) 振幅响应　(c) 相位响应

例 6.13　研究一个具有下述单位样值响应的系统:

$$h(n) = \begin{cases} 1, & 0 \leqslant n \leqslant N-1 \\ 0, & \text{其他} \end{cases}$$

试求该系统的频率响应。

解　系统的频率响应为

$$H(e^{j\omega}) = \sum_{n=0}^{N-1} e^{-j\omega n} = \frac{1 - e^{-j\omega N}}{1 - e^{-j\omega}} = \frac{\sin(\omega N/2)}{\sin(\omega/2)} \cdot e^{-j(N-1)\omega/2}$$

图 6.9 示出了 $N = 5$ 时的系统单位样值响应、振幅响应及相位响应的图形。

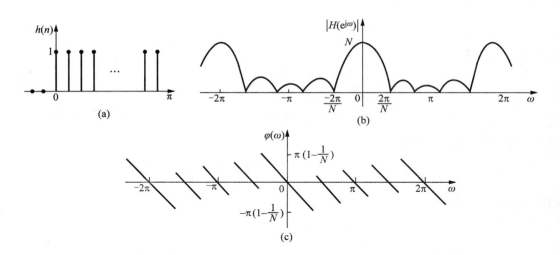

图 6.9 例 6.13 的频率响应

(a) 单位样值响应 (b) 振幅响应 (c) 相位响应

6.5.1 一阶系统的频率响应

若某一阶离散系统的差分方程为

$$y(n) = ay(n-1) + x(n)$$

其起始条件为 $y(-1)=0$,按照第 3 章介绍的求法可方便地得到冲激响应为

$$h(n) = a^n \cdot \varepsilon(n)$$

利用式(6.53)求得一阶系统的频率响应为

$$H(e^{j\omega}) = \frac{1}{1 - ae^{-j\omega}}$$

根据式(6.56)可以得到

$$|H(e^{j\omega})| = \frac{1}{(1 + a^2 - 2a\cos\omega)^{1/2}} \tag{6.59}$$

$$\arg H(e^{j\omega}) = \omega - \arctan\left(\frac{\sin\omega}{\cos\omega - a}\right) \tag{6.60}$$

图 6.10 示出了不同 a 值时的 $|H(e^{j\omega})|$ 和 $\arg H(e^{j\omega})$。在所有 a 值情况下,振幅响应 $|H(e^{j\omega})|$ 都呈现低通特性。

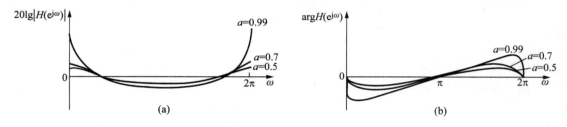

图 6.10 一阶系统的频率响应

(a) 振幅响应 (b) 相位响应

6.5.2　二阶系统的频率响应

现先通过一个例子来说明二阶系统频率响应的求解方法。

例 6.14　已知某二阶离散系统的差分方程为

$$y(n) - \frac{3}{4}y(n-1) + \frac{1}{8}y(n-2) = 2x(n)$$

起始条件为 $h(n)=0, n<0$，试求其频率响应。

解　其特征方程为

$$\alpha^2 - \frac{3}{4}\alpha + \frac{1}{8} = 0, \quad \left(\alpha - \frac{1}{4}\right)\left(\alpha - \frac{1}{2}\right) = 0$$

故

$$\alpha_1 = \frac{1}{2}, \quad \alpha_2 = \frac{1}{4}$$

由于 $n<0$ 时，$h(n)=0$，故

$$h(n) = \left[C_1\left(\frac{1}{2}\right)^n + C_2\left(\frac{1}{4}\right)^n\right]\varepsilon(n)$$

用迭代法可以求得 $h(0)=2, h(1)=\frac{3}{2}$，代入 $h(n)$ 表示式可得

$$\begin{cases} h(0) = C_1 + C_2 = 2 \\ h(1) = \dfrac{C_1}{2} + \dfrac{C_2}{4} = \dfrac{3}{2} \end{cases}$$

故

$$C_1 = 4, \quad C_2 = -2$$

因此系统的单位样值响应为

$$h(n) = \left[4\left(\frac{1}{2}\right)^n - 2\left(\frac{1}{4}\right)^n\right]\varepsilon(n)$$

按照式(6.53)可以得到频率响应为

$$H(e^{j\omega}) = \sum_{n=0}^{\infty}\left[4\left(\frac{1}{2}\right)^n - 2\left(\frac{1}{4}\right)^n\right]e^{-j\omega n}$$

$$= \frac{4}{1 - \frac{1}{2}e^{-j\omega}} - \frac{2}{1 - \frac{1}{4}e^{-j\omega}}$$

$$= \frac{2}{1 - \frac{3}{4}e^{-j\omega} + \frac{1}{8}e^{-j2\omega}}$$

将例 6.14 推广到一般情况，若设二阶系统的差分方程为

$$y(n) = x(n) + a_1 y(n-1) + a_2 y(n-2)$$

式中 a_1, a_2 为实系数，设起始条件为 $n<0$ 时 $h(n)=0$。当其特征方程的特征根为实数且为非重根 p_1, p_2 时，则其单位样值响应为

$$h(n) = [c_1 p_1^n + c_2 p_2^n]\varepsilon(n) \tag{6.61}$$

当 $a_1^2 + 4a_2 < 0$，即特征根为复数时，系统的单位样值响应可以按下法求得：

令

$$a_2 = -r^2, \quad 0 < r < 1$$

$$a_1 = 2r\cos b = 2\sqrt{-a_2}\cos b, \quad 0 \leqslant b \leqslant \pi$$

则差分方程可表示为

$$y(n) - 2r\cos b \cdot y(n-1) + r^2 \cdot y(n-2) = x(n)$$

通过求齐次解来得到 $h(n)$。特征方程为

$$\alpha^2 - 2r\cos b \cdot \alpha + r^2 = 0, \quad (\alpha - re^{jb})(\alpha - re^{-jb}) = 0$$

故 $\qquad\qquad\qquad\qquad \alpha_1 = re^{jb}, \quad \alpha_2 = re^{-jb}$

因此

$$h(n) = [A(re^{jb})^n + B(re^{-jb})^n]\varepsilon(n) \tag{6.62}$$

式中待定系数可求得,为

$$A = \frac{e^{jb}}{2j\sin b}, \quad B = \frac{-e^{-jb}}{2j\sin b}$$

因此

$$h(n) = r^n \frac{\sin[(n+1)b]}{\sin b} \varepsilon(n) \tag{6.63}$$

由式(6.62)可求得二阶系统的频率响应为

$$H(e^{j\omega}) = \frac{A}{1 - (re^{jb})e^{-j\omega}} + \frac{B}{1 - (re^{-jb})e^{-j\omega}}$$

将 A, B 代入后可得

$$H(e^{j\omega}) = \frac{1}{[1 - re^{jb}e^{-j\omega}][1 - (re^{-jb})e^{-j\omega}]}$$

$$= \frac{1}{1 - 2r\cos b e^{-j\omega} + r^2 e^{-j2\omega}}$$

$$= \frac{1}{1 - a_1 e^{-j\omega} - a_2 e^{-j2\omega}} \tag{6.64}$$

当 $b = 0$ 时,

$$H(e^{j\omega}) = \frac{1}{(1 - re^{-j\omega})^2} \tag{6.65}$$

对应的

$$h(n) = (n+1)r^n \cdot \varepsilon(n) \tag{6.66}$$

当 $b = \pi$ 时,

$$H(e^{j\omega}) = \frac{1}{(1 + re^{-j\omega})^2} \tag{6.67}$$

对应的

$$h(n) = (n+1)(-r)^n \cdot \varepsilon(n) \tag{6.68}$$

图 6.11 示出 $b = \pi/4$ 时不同 r 值的二阶系统的对数幅度响应与相位响应。从图中可以看出二阶系统为一种简单的数字谐振器。

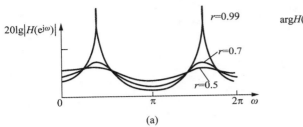 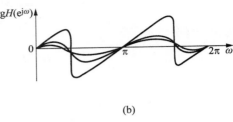

图 6.11　二阶系统的频率响应

(a) 对数幅度响应　(b) 相位响应

6.6　离散时间系统的频域分析

下面通过几个例子来说明离散系统频域分析的基本方法。在时域法中求一线性非移变系统的零状态响应可用卷积法，即

$$y_{zs}(n) = \sum_{k=-\infty}^{\infty} h(k)x(n-k)$$

在频域法中，利用离散时间傅里叶变换的卷积定理，LSI 系统的零状态响应可求得为

$$y_{zs}(n) = IDTFT\left[H(e^{j\omega})X(e^{j\omega})\right] \tag{6.69}$$

下面举例说明。

例 6.15　若 $h(n)=\alpha^n\varepsilon(n)$,$0<\alpha<1$,$x(n)=\beta^n\varepsilon(n)$,$0<|\beta|<1$,,试通过卷积定理求解 $y(n)=h(n)*x(n)$。

解　$h(n)$ 和 $x(n)$ 的傅里叶变换分别为

$$DTFT\left[h(n)\right]=H(e^{j\omega}) = \frac{1}{1-\alpha\,e^{-j\omega}}$$

$$DTFT\left[x(n)\right]=X(e^{j\omega}) = \frac{1}{1-\beta\,e^{-j\omega}}$$

于是

$$Y(e^{j\omega}) = H(e^{j\omega})X(e^{j\omega}) = \frac{1}{(1-\alpha\,e^{-j\omega})(1-\beta\,e^{-j\omega})}$$

再求其反变换，可先进行部分分式展开，若 $\alpha \neq \beta$，则

$$Y(e^{j\omega}) = \frac{A}{1-ae^{-j\omega}} + \frac{B}{1-\beta e^{-j\omega}}$$

可求得 A,B 为

$$A = \frac{\alpha}{\alpha-\beta}, \quad B = -\frac{\beta}{\alpha-\beta}$$

故 $Y(e^{j\omega})$ 的反变换可表示为

$$y(n) = \frac{\alpha}{\alpha-\beta}\alpha^n\varepsilon(n) - \frac{\beta}{\alpha-\beta}\beta^n\varepsilon(n) = \frac{1}{\alpha-\beta}\left[\alpha^{n+1}-\beta^{n+1}\right]\varepsilon(n)$$

如果 $\alpha=\beta$，则

$$Y(e^{j\omega}) = \frac{1}{(1-\alpha e^{-j\omega})^2} = \frac{j}{\alpha} e^{j\omega} \frac{d}{d\omega}\left(\frac{1}{1-\alpha e^{-j\omega}}\right)$$

利用频域微分性质,若

$$DTFT\left[\alpha^n \varepsilon(n)\right] = \frac{1}{1-\alpha e^{-j\omega}}$$

则

$$DTFT\left[n\alpha^n \varepsilon(n)\right] = j\frac{d}{d\omega}\left[\frac{1}{1-\alpha e^{-j\omega}}\right]$$

于是利用时移性质可以得到

$$DTFT\left[(n+1)\alpha^{n+1}\varepsilon(n+1)\right] = je^{j\omega}\frac{d}{d\omega}\left[\frac{1}{1-\alpha e^{-j\omega}}\right]$$

因此

$$y(n) = IDTFT\left[\frac{j}{\alpha}e^{j\omega}\frac{d}{d\omega}\left(\frac{1}{1-\alpha e^{-j\omega}}\right)\right] = (n+1)\alpha^n\varepsilon(n+1) = (n+1)\alpha^n\varepsilon(n)$$

例 6.16 已知一个 LSI 系统的单位样值响应为

$$h(n) = \left(\frac{1}{2}\right)^n \varepsilon(n)$$

其输入信号为 $x(n) = (n+1)\left(\frac{1}{4}\right)^n \varepsilon(n)$,试利用频域法求该系统的输出。

解 可以求得

$$H(e^{j\omega}) = DTFT\left[h(n)\right] = \frac{1}{1-\frac{1}{2}e^{-j\omega}}$$

而

$$DTFT\left[\left(\frac{1}{4}\right)^n \varepsilon(n)\right] = \frac{1}{1-\frac{1}{4}e^{-j\omega}} = X_1(e^{j\omega})$$

故利用例 6.15 的结果可得

$$DTFT\left[n\left(\frac{1}{4}\right)^n\varepsilon(n)\right] = j\frac{d}{d\omega}X_1(e^{j\omega}) = \frac{\frac{1}{4}e^{-j\omega}}{\left(1-\frac{1}{4}e^{-j\omega}\right)^2}$$

$$X(e^{j\omega}) = DTFT\left[n\left(\frac{1}{4}\right)^n\varepsilon(n)\right] + DTFT\left[\left(\frac{1}{4}\right)^n\varepsilon(n)\right]$$

$$= \frac{1}{\left(1-\frac{1}{4}e^{-j\omega}\right)} + \frac{\frac{1}{4}e^{-j\omega}}{\left(1-\frac{1}{4}e^{-j\omega}\right)^2} = \frac{1}{\left(1-\frac{1}{4}e^{-j\omega}\right)^2}$$

$$Y(e^{j\omega}) = H(e^{j\omega})X(e^{j\omega}) = \frac{1}{1-\frac{1}{2}e^{-j\omega}} \cdot \frac{1}{\left(1-\frac{1}{4}e^{-j\omega}\right)^2}$$

$$= \frac{4}{1-\frac{1}{2}e^{-j\omega}} - \frac{2}{1-\frac{1}{4}e^{-j\omega}} - \frac{1}{\left(1-\frac{1}{4}e^{-j\omega}\right)^2}$$

因此

$$y(n) = \left[4\left(\frac{1}{2}\right)^n - 2\left(\frac{1}{4}\right)^n - (n+1)\left(\frac{1}{4}\right)^n \right] \varepsilon(n)$$

在本例中,如果令 $a = \frac{1}{4}$,可以得到

$$DTFT\left[(n+1)a^n\varepsilon(n)\right] = \frac{1}{(1-ae^{-j\omega})^2}, \quad |a<1| \qquad (6.70)$$

式(6.70)给出的结果已列入表 6.3。

例 6.17　已知差分方程为

$$y(n) - 0.8y(n-1) = 0.05\varepsilon(n)$$

边界条件 $y(-1)=0$,求完全响应 $y(n)$。

解　将差分方程两边进行傅里叶变换,可得

$$Y(e^{j\omega}) - 0.8e^{-j\omega}Y(e^{j\omega}) = 0.05\left[\frac{1}{1-e^{-j\omega}} + \sum_{k=-\infty}^{\infty} \pi\delta(\omega-2\pi k)\right]$$

于是

$$\begin{aligned}
Y(e^{j\omega}) &= \frac{0.05}{(1-e^{-j\omega})(1-0.8e^{-j\omega})} + \frac{0.05\sum_{k=-\infty}^{\infty}\pi\delta(\omega-2\pi k)}{1-0.8e^{-j\omega}} \\
&= \frac{-0.2}{1-0.8e^{-j\omega}} + \frac{0.25}{1-e^{-j\omega}} + 0.25\sum_{k=-\infty}^{\infty}\pi\delta(\omega-2\pi k)
\end{aligned}$$

将上式反变换,可得

$$y(n) = -0.2(0.8)^n\varepsilon(n) + 0.25\varepsilon(n)$$

此结果与例 3.7 完全相同。

例 6.18　已知描述某 LSI 因果系统的差分方程为

$$y(n) + 0.2y(n-1) - 0.24y(n-2) = x(n) + x(n-1)$$

(a) 求系统的频率响应 $H(e^{j\omega})$;

(b) 求系统的单位样值响应 $h(n)$;

(c) 当激励 $x(n) = \varepsilon(n)$ 时,求系统的零状态响应 $y_{zs}(n)$。

解　(a) 将差分方程两边进行傅里叶变换,得

$$Y(e^{j\omega}) + 0.2e^{-j\omega}Y(e^{j\omega}) - 0.24e^{-2j\omega}Y(e^{j\omega}) = X(e^{j\omega}) + e^{-j\omega}X(e^{j\omega})$$

于是可得频率响应为

$$H(e^{j\omega}) = \frac{Y(e^{j\omega})}{X(e^{j\omega})} = \frac{1+e^{-j\omega}}{1+0.2e^{-j\omega}-0.24e^{-j2\omega}} = \frac{e^{j\omega}(1+e^{j\omega})}{(e^{j\omega}-0.4)(e^{j\omega}+0.6)}$$

(b) $H(e^{j\omega})$ 可写成

$$H(e^{j\omega}) = \frac{1.4e^{j\omega}}{e^{j\omega}-0.4} - \frac{0.4e^{j\omega}}{e^{j\omega}+0.6}$$

反变换后可得

$$h(n) = 1.4(0.4)^n\varepsilon(n) - 0.4(-0.6)^n\varepsilon(n)$$

(c) 已知 $x(n)=\varepsilon(n)$，故

$$X(e^{j\omega}) = \frac{1}{1-e^{-j\omega}} + \sum_{k=-\infty}^{\infty} \pi\delta(\omega-2\pi k)$$

$$Y(e^{j\omega}) = H(e^{j\omega})X(e^{j\omega})$$

$$= \frac{e^{j2\omega}(1+e^{j\omega})}{(e^{j\omega}-1)(e^{j\omega}-0.4)(e^{j\omega}+0.6)} + \frac{e^{j\omega}(1+e^{j\omega})}{(e^{j\omega}-0.4)(e^{j\omega}+0.6)}\sum_{k=-\infty}^{\infty} \pi\delta(\omega-2\pi k)$$

$$= \frac{2.08e^{j\omega}}{e^{j\omega}-1} + 2.08\sum_{k=-\infty}^{\infty} \pi\delta(\omega-2\pi k) - \frac{0.93e^{j\omega}}{e^{j\omega}-0.4} - \frac{0.5e^{j\omega}}{e^{j\omega}+0.6}$$

上式求反变换后可得

$$y(n) = [2.08 - 0.93(0.4)^n - 0.15(-0.6)^n]\varepsilon(n)$$

例 6.19 设描述某 LSI 因果系统的差分方程为

$$y(n) - \frac{3}{4}y(n-1) + \frac{1}{8}y(n-2) = 2x(n)$$

若系统处于零状态。

（a）求系统的频率响应 $H(e^{j\omega})$；

（b）求系统的单位样值响应 $h(n)$；

（c）若系统的输入 $x(n)=\left(\frac{1}{4}\right)^n \varepsilon(n)$，试求输出 $y(n)$。

解 （a）差分方程两边进行傅里叶变换，可得

$$Y(e^{j\omega}) - \frac{3}{4}e^{-j\omega}Y(e^{j\omega}) + \frac{1}{8}e^{-2j\omega}Y(e^{j\omega}) = 2X(e^{j\omega})$$

于是

$$H(e^{j\omega}) = \frac{2}{1-\frac{3}{4}e^{-j\omega}+\frac{1}{8}e^{-j\omega}} = \frac{2}{\left(1-\frac{1}{2}e^{-j\omega}\right)\left(1-\frac{1}{4}e^{-j\omega}\right)}$$

（b）将 $H(e^{j\omega})$ 部分分式展开，可得

$$H(e^{j\omega}) = \frac{4}{1-\frac{1}{2}e^{-j\omega}} - \frac{2}{1-\frac{1}{4}e^{-j\omega}}$$

反变换后可得

$$h(n) = 4\left(\frac{1}{2}\right)^n\varepsilon(n) - 2\left(\frac{1}{4}\right)^n\varepsilon(n)$$

（c）可以求得

$$Y(e^{j\omega}) = H(e^{j\omega})X(e^{j\omega})$$

$$= \left[\frac{2}{\left(1-\frac{1}{2}e^{-j\omega}\right)\left(1-\frac{1}{4}e^{-j\omega}\right)}\right]\left[\frac{1}{1-\frac{1}{4}e^{-j\omega}}\right]$$

$$= \frac{2}{\left(1-\frac{1}{2}e^{-j\omega}\right)\left(1-\frac{1}{4}e^{-j\omega}\right)^2}$$

将 $Y(e^{j\omega})$ 进行部分分式展开,可得

$$Y(e^{j\omega}) = -\frac{4}{1-\frac{1}{4}e^{-j\omega}} - \frac{2}{\left(1-\frac{1}{4}e^{-j\omega}\right)^2} + \frac{8}{1-\frac{1}{2}e^{-j\omega}}$$

反变换后可得

$$y(n) = \left\{-4\left(\frac{1}{4}\right)^n - 2(n+1)\left(\frac{1}{4}\right)^n + 8\left(\frac{1}{2}\right)^n\right\}\varepsilon(n)$$

6.7　本章小结

　　本章讨论了非周期序列的傅里叶变换,并以几种典型的非周期序列为例,给出了它们的频谱表示式,以及离散时间傅里叶变换的若干重要性质和卷积定理等。卷积定理提供了离散线性非移变系统频域分析的基础。

　　本章还定义了离散时间系统的频率响应,并讨论了一阶系统与二阶系统频率响应的计算方法。通过本章学习,已经看到连续时间和离散时间傅里叶分析有很多类似之处,例如,连续时间傅里叶变换的很多性质都能在离散情况下找到类似的性质。但两者有一个明显的不同点,一个非周期序列的离散时间傅里叶变换是 ω 的周期函数,周期为 2π。

习题

　　6.1　试求下述序列的傅里叶变换:

(a) $x(n)=\delta(n-3)$;　　　　　(b) $x(n)=\frac{1}{2}\delta(n+1)+\delta(n)+\frac{1}{2}\delta(n-1)$;

(c) $x(n)=a^n\varepsilon(n)$;　　　　(d) $x(n)=\varepsilon(n+3)-\varepsilon(n-4)$。

　　6.2　计算下述离散信号的傅里叶变换:

(a) $(4)^n\varepsilon(n)$;　　　　　(b) $\left(\frac{1}{4}\right)^n\varepsilon(n+2)$。

　　6.3　试计算下述序列的傅里叶变换:

(a) $[a^n\sin\omega_0 n]\varepsilon(n)$, $|a|<1$;　　(b) $a^{|n|}\sin\omega_0 n$, $|a|<1$。

　　6.4　计算下述离散信号的傅里叶变换:

(a) $\cos(18\pi n/7)+\sin(2n)$;　　(b) $\sum_{k=0}^{\infty}\left(\frac{1}{4}\right)^n\delta(n-3k)$;

(c) $\delta(4-2n)$。

　　6.5　试求下述傅里叶变换所对应的离散信号:

(a) $\frac{1}{1-ae^{-j\omega}}$, $|a|<1$;　　(b) $\frac{1}{(1-ae^{-j\omega})^2}$, $|a|<1$;

(c) $\frac{1}{(1-ae^{-j\omega})^r}$, $|a|<1$。

6.6　下述表示式是一些离散信号的傅里叶变换,试确定与每个变换表示式相对应的离散信号:

(a) $X(e^{j\omega})=1-2e^{-j3\omega}+4e^{-j2\omega}+3e^{-j6\omega}$;　(b) $X(e^{j\omega})=\sum_{k=-\infty}^{\infty}(-1)^k\delta\left(\omega-\frac{\pi k}{2}\right)$;

(c) $X(e^{j\omega})=\cos^2\omega$。

6.7　试求下述离散傅里叶变换所对应的信号:

(a) $X(e^{j\omega})=\dfrac{e^{-j\omega}}{1+\frac{1}{6}e^{-j\omega}-\frac{1}{6}e^{-j2\omega}}$;

(b) $X(e^{j\omega})=\begin{cases}0, & 0\leqslant|\omega|\leqslant\dfrac{\pi}{3}\\[2mm]1, & \dfrac{\pi}{3}\leqslant|\omega|\leqslant\dfrac{2\pi}{3},\\[2mm]0, & \dfrac{2\pi}{3}<|\omega|\leqslant\pi\end{cases}\quad \arg X(e^{j\omega})=2\omega$;

(c) $X(e^{j\omega})=\sum_{m=-\infty}^{\infty}\left[2\pi\delta(\omega-2m\pi)+\pi\delta\left(\omega-\frac{\pi}{2}-2m\pi\right)+\pi\delta\left(\omega+\frac{\pi}{2}-2m\pi\right)\right]$;

(d) $X(e^{j\omega})=\dfrac{1}{1-e^{-j\omega}}\left[\dfrac{\sin\frac{5\omega}{2}}{\sin\frac{\omega}{2}}\right]+3\pi\delta(\omega)$,　$|\omega|<\pi$。

6.8　试证明序列$[\sin(\pi n/2)]/\pi n$是平方可和,但不是绝对可和。

6.9　令$x(n)$和$X(e^{j\omega})$表示一个序列及其变换,$x(n)$不一定为实函数,且$n<0$时$x(n)$也不一定为零。试利用$X(e^{j\omega})$表示下述各序列的傅里叶变换:

(a) $g(n)=x(2n)$;　　　　　　　　(b) $g(n)=\begin{cases}x(n/2), & n\text{ 为偶数}\\ 0, & n\text{ 为奇数}\end{cases}$;

(c) $x^2(n)$。

6.10　设$x(n)$是一个离散信号,其傅里叶变换的相位函数为

$$\arg X(e^{j\omega})=\alpha\omega,\quad |\omega|<\pi$$

研究该信号的平移,也就是当n_0为整数时,形式为$x(n-n_0)$的信号,当$\alpha=2$时,n_0为何值$x(n-n_0)$是否为偶的? 如果$\alpha=\dfrac{1}{2}$,$x(n-n_0)$是否为偶的?

6.11　若$x(n)=\dfrac{1}{2}\delta(n+1)+\delta(n)+\dfrac{3}{2}\delta(n-1)+2\delta(n-2)+\dfrac{3}{2}\delta(n-3)+\delta(n-4)+\dfrac{1}{2}\delta(n-5)$,试问其傅里叶变换是否满足下述条件:

(a) $\text{Re}\{X(e^{j\omega})\}=0$;　　　　　　(b) $\text{Im}\{X(e^{j\omega})\}=0$;

(c) 存在一个实数α,使$e^{j\alpha\omega}X(e^{j\omega})$是实函数;

(d) $\int_{-\pi}^{\pi}X(e^{j\omega})d\omega=C$($C$为常数);　　(e) $X(e^{j\omega})$是周期的;

(f) $X(e^{j0}) = 0$。

6.12　假设：

(1) $x(n) = \left(\dfrac{1}{2}\right)^n \varepsilon(n)$；

(2) $x(n) = \left(\dfrac{1}{2}\right)^{|n|}$；

(3) $x(n) = \delta(n-1) + \delta(n+2)$；

(4) $x(n) = \delta(n-1) + \delta(n+3)$。

试回答习题 6.11 中(a),(b),(c),(d),(e),(f)各问。

6.13　假设：

(1) $x(n) = -\delta(n+4) - \delta(n+3) + 2\delta(n) - \delta(n+1) + \delta(n-4)$；

(2) $x(n) = 2\delta(n+6) - \delta(n+4) - \delta(n+3) + \delta(n+1) + \delta(n-1) - \delta(n-3) - \delta(n-4) + 2\delta(n-6)$；

(3) $x(n) = \delta(n-1) - \delta(n+1)$。

试回答习题 6.11 中(a),(b),(c),(d),(e),(f)各问。

6.14　假设 $x(n) = \delta(n+3) - \delta(n+1) + 2\delta(n) + 3\delta(n-1) - 2\delta(n-2) - \delta(n-5)$，若该信号的傅里叶变换可以写成直角坐标形式

$$X(e^{j\omega}) = A(e^{j\omega}) + jB(e^{j\omega})$$

试求出与变换式

$$Y(e^{j\omega}) = \left[B(e^{j\omega}) + A(e^{j\omega})e^{j\omega}\right]$$

相对应的时间函数。

6.15　考虑一个复序列 $h(n) = h_r(n) + jh_i(n)$，其中 $h_r(n)$ 和 $h_i(n)$ 均为实序列，并令 $H(e^{j\omega}) = H_R(e^{j\omega}) + jH_I(e^{j\omega})$ 表示 $h(n)$ 的傅里叶变换，式中 $H_R(e^{j\omega})$ 和 $H_I(e^{j\omega})$ 分别表示 $H(e^{j\omega})$ 的实部和虚部。令 $H_{ER}(e^{j\omega})$ 和 $H_{OR}(e^{j\omega})$ 分别表示 $H_R(e^{j\omega})$ 的偶对称和奇对称部分，令 $H_{EI}(e^{j\omega})$ 和 $H_{OI}(e^{j\omega})$ 分别表示 $H_I(e^{j\omega})$ 的偶对称和奇对称部分。此外，令 $H_A(e^{j\omega})$ 和 $H_B(e^{j\omega})$ 表示 $h_r(n)$ 的变换之实部与虚部，令 $H_C(e^{j\omega})$ 和 $H_D(e^{j\omega})$ 表示 $h_i(n)$ 的变换之实部与虚部。利用 $H_{ER}(e^{j\omega})$，$H_{OR}(e^{j\omega})$，$H_{EI}(e^{j\omega})$ 和 $H_{OI}(e^{j\omega})$ 求 H_A，H_B，H_C 和 H_D 之表示式。

6.16　设 $x(n)$ 和 $h(n)$ 为稳定的实因果序列，它们的傅里叶变换分别为 $X(e^{j\omega})$ 和 $H(e^{j\omega})$，试证明

$$\frac{1}{2\pi}\int_{-\pi}^{\pi} X(e^{j\omega})H(e^{j\omega})\mathrm{d}\omega = \left\{\frac{1}{2\pi}\int_{-\pi}^{\pi} X(e^{j\omega})\mathrm{d}\omega\right\}\left\{\frac{1}{2\pi}\int_{-\pi}^{\pi} H(e^{j\omega})\mathrm{d}\omega\right\}$$

6.17　在 6.1 节中给出了离散时间傅里叶变换

$$X(e^{j\omega}) = \sum_{n=-\infty}^{\infty} x(n)e^{-j\omega n} \quad (\text{DTFT}) \tag{1}$$

$$x(n) = \frac{1}{2\pi}\int_{-\pi}^{\pi} X(e^{j\omega})e^{j\omega n}\mathrm{d}\omega \quad (\text{IDTFT}) \tag{2}$$

（a）将式（1）代入式（2）并计算积分，证明两式互为变换；

（b）将式（2）代入式（1），重做（a）。

6.18　令 $x(n)$ 和 $X(e^{j\omega})$ 表示某个序列及其变换，不必假设 $x(n)$ 是实序列，也不假设 $n<0$ 时，$x(n)$ 为零，利用 $X(e^{j\omega})$ 求如下各序列的变换：

(a) $k \cdot x(n)$,k 为任意常数;

(b) $x(n-n_0) \cdot k$,n_0 为整数;

(c) $n \cdot x(n)$。

6.19 设 $X(e^{j\omega})$ 是一个实信号 $x(n)$ 的傅里叶变换,且 $x(n)$ 可以写成

$$x(n) = \int_0^{\pi} \{B(e^{j\omega})\cos\omega n + C(e^{j\omega})\sin\omega n\}d\omega$$

试求出用 $X(e^{j\omega})$ 表示 $B(e^{j\omega})$ 和 $C(e^{j\omega})$ 的表达式。

6.20 假设

$$x(n) = \begin{cases} 非零值, & n = M 的整倍数,M 为整数 \\ 0, & 其他 \end{cases}$$

试利用 $X(e^{j\omega}) = DTFT[x(n)]$ 来表示 $y(n) = x(nM)$ 的傅里叶变换。

6.21 某序列 $x(n)$,其傅里叶变换为 $X(e^{j\omega})$,若给定下列条件:

(1) $x(n)$ 是非因果的,即 $x(n) = 0$,$n > 0$;

(2) $\text{Im}[X(e^{j\omega})] = \sin 2\omega - \sin\omega$;

(3) $\dfrac{1}{2\pi}\displaystyle\int_{-\pi}^{\pi} |X(e^{j\omega})|^2 d\omega = 2$

试求 $x(n)$。

6.22 研究一个复序列 $x(n)$,$x(n) = x_r(n) + jx_i(n)$,其中 $x_r(n)$ 和 $x_i(n)$ 分别是 $x(n)$ 的实部和虚部,已知 $x(n)$ 的频谱 $X(e^{j\omega})$ 在 $\pi \leqslant \omega \leqslant 2\pi$ 时为零,$x(n)$ 的实部为

$$x_r(n) = \begin{cases} 1, & n = 0 \\ -\dfrac{1}{2}, & n = \pm 2 \\ 0, & 其他 \end{cases}$$

试求 $X(e^{j\omega})$ 的实部和虚部。

6.23 某 LSI 系统具有下式所示的单位样值响应:

$$h(n) = \left(\frac{j}{2}\right)^n \varepsilon(n), \quad j = \sqrt{-1}$$

试求对输入 $x(n) = [\cos\pi n]\varepsilon(n)$ 的稳态响应(n 足够大时的响应)。

6.24 一线性非移变系统的单位样值响应为 $h(n) = \left(\dfrac{1}{2}\right)^{|n|}$,输入为 $x(n) = \sin(3\pi n/4)$,求该系统的输出 $y(n)$。

6.25 讨论一个具有单位样值响应 $h(n) = \alpha^n \varepsilon(n)$ 的线性非移变系统,其中 α 为实数,且 $0 < \alpha < 1$,如果输入为 $x(n) = \beta^n \varepsilon(n)$,$0 < |\beta| < 1$,利用离散卷积定理求输出 $y(n)$。

6.26 已知某离散时间系统的频率响应为

$$H(e^{j\omega}) = \frac{e^{j\omega}}{e^{j\omega} - k}, \quad k 为常数$$

(a) 写出对应的差分方程;

(b) 画出 $k=0,0.5,1$ 三种情况下系统的幅度响应和相位响应。

6.27　设 $h_1(n)$ 和 $h_2(n)$ 是 LSI 因果系统的单位样值响应，$H_1(e^{j\omega})$ 和 $H_2(e^{j\omega})$ 是 $h_1(n)$ 和 $h_2(n)$ 的傅里叶交换。在以上条件下，试回答下列等式一般是正确的，还是不正确的，并说明理由：

$$\left[\frac{1}{2\pi}\int_{-\pi}^{\pi}H_1(e^{j\omega})d\omega\right]\left[\frac{1}{2\pi}\int_{-\pi}^{\pi}H_2(e^{j\omega})d\omega\right]=\frac{1}{2\pi}\int_{-\pi}^{\pi}H_1(e^{j\omega})H_2(e^{j\omega})d\omega$$

6.28　设 $x(n)$ 和 $h(n)$ 是两个离散信号，并设 $y(n)=x(n)*h(n)$，写出 $y(0)$ 的两个表示式：一个直接利用离散卷积由 $x(n)$ 和 $h(n)$ 表示；另一个利用傅里叶变换的卷积性质由 $X(e^{j\omega})$ 和 $H(e^{j\omega})$ 表示。然后，通过合理地选择 $h(n)$，利用这两个表示式证明帕斯瓦尔关系，即

$$\sum_{n=-\infty}^{\infty}|x(n)|^2=\frac{1}{2\pi}\int_{-\pi}^{\pi}|X(e^{j\omega})|^2d\omega$$

用类似的方法，推导帕斯瓦尔关系式的一般形式：

$$\sum_{n=-\infty}^{\infty}x(n)z^*(n)=\frac{1}{2\pi}\int_{-\pi}^{\pi}X(e^{j\omega})Z^*(e^{j\omega})d\omega$$

6.29　一个离散时间线性非移变系统的单位样值响应为

$$h(n)=\left(\frac{1}{2}\right)^n\varepsilon(n)$$

利用傅里叶变换法求该系统对下列每个输入信号的响应：

(a) $x(n)=\left(\frac{3}{4}\right)^n\varepsilon(n)$；　　　　　　(b) $x(n)=(-1)^n$。

6.30　假设一 LSI 系统的单位样值响应为

$$h(n)=\left[\left(\frac{1}{2}\right)^n\cos\left(\frac{\pi n}{2}\right)\right]\varepsilon(n)$$

利用傅里叶变换法求该系统对下列每个输入信号的响应：

(a) $x(n)=\left(\frac{1}{2}\right)^n\varepsilon(n)$；　　　　　　(b) $x(n)=\cos(\pi n/2)$。

6.31　设 $x(n)$ 和 $h(n)$ 是具有下列傅里叶变换的信号：

$$X(e^{j\omega})=3e^{j\omega}+1-e^{-j\omega}+2e^{-j3\omega}$$
$$H(e^{j\omega})=-e^{j\omega}+2e^{-j2\omega}+e^{j4\omega}$$

试求 $y(n)=x(n)*h(n)$。

6.32　某 LSI 系统的单位样值响应为

$$h(n)=\left(\frac{1}{4}\right)^n\varepsilon(n)$$

计算该系统对输入 $x(n)=(-1)^n$ 的响应 $y(n)$。

6.33　某 LSI 系统的单位样值响应为

$$h(n)=2^n\varepsilon(n)$$

计算该系统对输入 $x(n)=(-1)^n\varepsilon(n)$ 的响应 $y(n)$。

6.34　某离散线性因果系统的差分方程为

$$y(n) - \frac{3}{4}y(n-1) + \frac{1}{8}y(n-2) = x(n) + \frac{1}{3}x(n-1)$$

试求该系统的频率响应。

6.35　某一 LSI 因果系统的差分方程为

$$y(n) - ay(n-1) = x(n) - bx(n-1)$$

试求该系统的频率响应。若某系统频率响应的模为常数,则称此系统为全通系统。若使上述系统为全通系统,试求 b 与 a 的关系式。

第7章

小波与小波分析

7.1 引言

前面 3 章已讨论了用傅里叶方法分析确知信号与 LTI(或 LSI)系统。就信号分析与处理而言,傅里叶方法借助正弦曲线(或复指数)展开信号或函数,把信号分为不同幅度、不同频率的分量,然后根据需要,以滤波的方式,对不需要的频率分量进行抑制或压缩。

傅里叶方法在信号处理中的特殊贡献是把时间域和频率域联系起来,用信号的频谱特性去分析时域内难以看清的问题。不过,傅里叶分析方法也有一个很大的缺陷,那就是它无法分析时域信号局部点的频率特征信息,不具有时频局部化的能力。为了说明这一点,现以连续信号的傅里叶变换为例进行分析。

傅里叶变换由式(4.60)定义,即

$$F(\omega) = \int_{-\infty}^{\infty} f(t) \mathrm{e}^{-\mathrm{j}\omega t} \mathrm{d}t$$

及

$$f(t) = \frac{1}{2\pi} \int_{-\infty}^{\infty} F(\omega) \mathrm{e}^{\mathrm{j}\omega t} \mathrm{d}\omega$$

从以上两式可以看出,作为变换积分核的 $\mathrm{e}^{\pm\mathrm{j}\omega t}$ 的幅值在任何时候都是 1,因此 $F(\omega)$ 在任一频率处的值是由 $f(t)$ 在整个时间域 $(-\infty, \infty)$ 上的贡献决定的,反之 $f(t)$ 在某一时刻的值也是由 $F(\omega)$ 在整个频率域 $(-\infty, \infty)$ 上的贡献决定的。这就是说,傅里叶变换能提取函数 $f(t)$ 在整个频率轴上的频率信息,但要知道所分析的信号在某个突变时刻的频率成分,傅里叶变换是无能为力的,因为它的积分作用平滑了信号的突变成分。

由以上分析可知,傅里叶方法比较适合对那些具有近似周期性的波动信号或统计特征依时间不变的平稳信号进行处理。而大量的统计特征是时间的函数的非平稳信号,如变频的音乐信号、地震信号、雷达回波等,人们所关心的恰恰是信号在局部时间范围(特别是突变时刻)内的信号特征(一般是频率成分)。例如,在音乐和语音信号中,人们所关心的是什么时候奏什么音符,发出什么样的音节;对于地震信号所关心的是什么位置出现什么样的反射波。

为了克服傅里叶变换无法分析时域信号局部点的频率特征信息这一重大缺陷,人们提出了短时傅里叶变换(Short Time Fourier Transform,STFT)分析方法。这种方法在原傅里叶变换的积分式中,通过对信号 $f(t)$ 在时域上乘上一个窗函数 $g(t-\tau)$ 实现在 τ 附近的开窗和平移。短时傅里叶变换定义为

$$S_f(\tau,\omega) = STFT_f(\tau,\omega) = \int_{-\infty}^{\infty} f(t)g(t-\tau)e^{-j\omega t}\,dt \tag{7.1}$$

其中,窗函数 $g(t)$ 一般选择光滑的低通函数,保证 $g(t-\tau)$ 只在 τ 的附近非零,而在其余处则迅速衰减掉。式(7.1)的实质是对 $f(t)g(t-\tau)$ 进行傅里叶变换,因此可以借助频域卷积定理求解,其结果是 $f(t)$ 的频谱 $F(\omega)$ 与滑动窗函数 $g(t-\tau)$ 频谱 $G_\tau(\omega)$ 的卷积。通过短时傅里叶变换可以在 τ 点附近局部地测量出频率分量 ω 的幅度值,得到信号在 $t=\tau$ 时刻附近的频率信息。

可是对式(7.1)所定义的短时傅里叶变换作进一步分析后发现,虽然窗函数 $g(t)$ 可以滑动,但其窗口的大小不能伸缩,因此 $g(t-\tau)$ 中的位移量 τ 不会改变积分式中复指数 $e^{-j\omega t}$ 的频率 ω。换句话说,如果不改变 $g(t)$ 窗口的大下,仅仅改变 $g(t)$ 所在的位置,那么 $S_f(\tau,\omega)$ 的带宽是不会改变的,也就是它对所有的频率都使用同样宽的窗口。如果把 $g(t)$ 窗口的大小 Δt 作为一个矩形窗口的宽度,而把短时傅里叶变换以后的频域观察窗口 $\Delta \omega$ 作为矩形窗的高度,那么就称该矩形窗口为时间—频率窗口。可以证明,短时傅里叶变换的时间—频率窗口的面积是一个常数,并且由 Heisenberg 测不准原理可知,这个面积的下限为 $\frac{1}{4\pi}$,即[21]

$$\Delta t \cdot \Delta \omega \geqslant \frac{1}{4\pi} \tag{7.2}$$

式(7.2)表明,不可能在时间和频率两个空间同时以任意精度逼近被测信号,必须在两者间做出取舍。

短时傅里叶变换的测不准原理限制了它的应用。因为,一般在对快速变化的信号进行分析时,针对其快变部分(如尖脉冲等)观察的时间宽度 Δt 要小,这样才能保证较高的时域观察精度,可是受测不准原理影响,这时的频率观察窗就得拉宽,因此频域观察的精度就变低了;反之,对于慢变信号,由于它对应的是低频信号,所以时域观察窗口需要相对地宽以获取完全的信息,这样势必会使频率观察窗变窄,导致低频观察精度下降。

以上分析表明,短时傅里叶变换的问题症结在于使用了固定的窗口,而对实际时变信号的分析需要时频窗口具有自适应性。对于快速变化的高频信号,时间窗口要相对地窄以得到较高的精度;对于慢变化的低频信号,时间窗口要相对地宽以得到完全的信息。简言之,对于实际信号分析,要有一个灵活可变的时间-频率窗,能够在高频时自动把窗变窄,而在低频时自动把窗变宽。这个要求对于短时傅里叶变换是实现不了的。这就需要有一种既可以沿时间轴平移,又可以按比例压缩或伸展的新的替代波,这种替代波就是小波,依小波对信号进行分析称为小波分析。

第一个小波是由哈尔(Haar)在 1910 年提出的,它就是人们熟知的哈尔正交基。这种正交基以一个简单的二值函数作为母小波经平移和伸缩而形成,因而容易用它对函数进行分解。

不过,由于哈尔小波的基函数在时域是幅度不连续的,用它处理连续时间信号时,就难免产生较大的误差,所以小波的应用也受到限制。直到 20 世纪 70 年代末,小波理论才得以快速发展。当时的法国地球物理学家 Morlet 采用一种窗函数的收缩与平移构造基函数变换,并成功地应用于油气勘探的非稳定性爆破地震信号分析。1981 年,Stromberg 对哈尔系小波进行了改进,随后,Grossman 和 Morlet 一起提出了确定小波函数伸缩平移系的展开理论。1985 年,法国数学家 Meyer 提出了连续小波的容许性条件及其重构公式。1984—1988 年,Meyer,Battle 和 Lemarie 分别给出了具有快速衰减特性的小波基函数。1987 年,Meyer 和 Mallat 提出了多分辨率分析的概念,统一了此前所有具体正交小波的构造方法,同时给出了将信号和图像分解为不同频率通道的分解和重构快速算法,即 Mallat 算法,这一算法在小波分析发展中具有里程碑的意义。1988 年,道比姬丝(Daubechies)创立了支持离散小波的二进制小波理论,构造了具有有限支集的正交小波基,继而又与 Feauveau 等构造出具有对称性、紧支撑、消失矩等性质的双正交小波。为了进一步提高小波的计算速度,简化小波实现难度并克服常见小波基函数不能无损表示信息的弊端,Sweldens 在 1995 年系统地提出通过矩阵的提升格式(lifting scheme)来研究完全重构滤波器,从而使小波变换向实用前进了一大步。近二十年,随着小波技术在图像压缩、特征提取、信号滤波和数据融合等方面得到广泛应用,小波理论也得到更深入的发展。

本章试图避开那些复杂而又深奥的数学理论,在傅里叶分析的基础上,借助代数基础知识,讨论最基本的小波和小波分析方法。首先讨论哈尔尺度函数、小波函数及其性质,在此基础上引入多分辨率分析的概念与性质,给出小波空间的相关理论,并重点讨论依小波正交基函数的信号分解与重构算法。本章最后对道比姬丝小波及其相关性质进行介绍。需要说明的是,考虑到本教材所面向的对象,本章讨论的内容一般都限于紧支撑条件,涉及的像紧支撑、消失矩等新的概念会在后续各节中分别给予定义。

7.2 哈尔尺度函数和小波

在小波分析中,有两个函数至关重要,一个是尺度函数 $\varphi(t)$,另一个则是小波函数 $\psi(t)$。可以用这两个函数产生一组可以用于分解和重构信号的函数族。在构造该函数族中,$\varphi(t)$ 有时称为"父小波",$\psi(t)$ 称为"母小波"。最简单的正交小波系统是由哈尔尺度函数和小波生成的。

7.2.1 哈尔尺度函数

哈尔尺度函数定义为

$$\varphi(t) = \begin{cases} 1, & 0 < t < 1 \\ 0, & \text{其他} \end{cases} \tag{7.3}$$

显然它是一个矩形脉冲,在 $t=0$,$t=1$ 处发生跳变。由 $\varphi(t)$ 及其时移信号 $\varphi(t-k)$ 组合形成一个函数族(也称函数空间)$\mathbf{V}_0$,即

$$\sum_k a_k \varphi(t-k) \in \mathbf{V}_0 \tag{7.4}$$

式中：k 为任意整数，a_k 是实数，$\mathbf{V}_0$ 是所有不连续点仅在整数集 $\mathbf{Z}$ 中的分段常量所张成的空间，表示为

$$\mathbf{V}_0 = \overline{Span\{\varphi_k(t)\}} \tag{7.5}$$

由于 k 的取值有限，所以在某个有限集外 $\mathbf{V}_0$ 的元素为零，因此称这样一个函数具有有限支撑或紧支撑。以下例子给出了 $\mathbf{V}_0$ 中的一个典型元素。

例 7.1 已知 $\varphi(t)$ 是哈尔尺度函数，由 $\varphi(t)$ 及其时移信号 $\varphi(t-k)$ 组合形成如下函数：

$$f(t) = -\varphi(t) - 2\varphi(t-1) + \varphi(t-2) + 3\varphi(t-3) + \varphi(t-4) \in \mathbf{V}_0$$

试画出函数 $f(t)$ 的波形，并指出其不连续点。

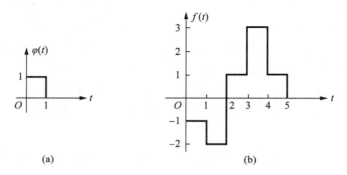

图 7.1　$\varphi(t)$ 及组合函数 $f(t)$ 的波形
（a）尺度函数 $\varphi(t)$ 的波形　（b）组合函数 $f(t)$ 的波形

解 哈尔尺度函数 $\varphi(t)$ 及组合函数 $f(t)$ 的波形分别如图 7.1(a) 和 (b) 所示。从图 7.1(b) 可以看出，函数 $f(t)$ 在 $t=0,1,2,3,4,5$ 处有间断点。

该例说明，$\mathbf{V}_0$ 的所有不连续点出现在整数集的分段函数所组成的空间，即 $\varphi(t-k)$ 在 $t=k$ 和 $t=k+1$ 处不连续。不过，由于 a_k 的取值变化（如 $a_k=a_{k+1}$），则会使 $f(t)$ 的不连续点减少。

从例 7.1 可以得到以下三点启发：

(1) 如果一个函数 $f(t)$ 已经给出，且能够用波形表示，那么就可以在 $\mathbf{V}_0$ 空间中用 $\varphi(t)$ 及其时移信号 $\varphi(t-k)$ 组合成另一函数 $\hat{f}(t)$，通过选择合适的组合系数 a_k，使 $\hat{f}(t)$ 能够最大限度地去逼近 $f(t)$。

(2) 由于 $\varphi(t)$ 的脉冲宽度为 1，因此 $f(t)$ 中变化较快时段的信号波形很难通过 $a_k\varphi(t-k)$ 进行逼近。

(3) 如果维持矩形脉冲组合形式不变，通过改变矩形脉冲的宽度（压缩或展宽），即

$$\hat{f}(t) = \sum_k a_k \varphi(2^j t - k) \tag{7.6}$$

我们就有理由相信 $\hat{f}(t)$ 能够更好地逼近 $f(t)$。在式(7.6)中，压扩系数取 2^j（j 为整数）是为了更够更清晰地进行分级。

下面观察 $j=1$ 时的情形。

例 7.2 试分析以下函数

$$f(t) = \sum_k a_k \varphi(2t - k)$$

$$= -\varphi(2t) - \varphi(2t-1) - 2\varphi(2t-2) + \varphi(2t-3) - \varphi(2t-4) +$$

$$\varphi(2t-5) - \varphi(2t-6) + 3\varphi(2t-7) + \varphi(2t-8) + \varphi(2t-9) \in \mathbf{V}_1$$

解 由式(7.3)可得，

$$\varphi(2t) = \begin{cases} 1, & 0 < t < \dfrac{1}{2} \\ 0, & \text{其他} \end{cases} \tag{7.7}$$

显然，$\varphi(2t-k)$是将尺度函数 $\varphi(t)$ 压缩到原来时宽的 $1/2$ 并右移了 $k/2$。$\varphi(2t)$ 及 $f(t)$ 的波形分别示于图 7.2(a)和(b)。可以看出，类似图 7.2(b)这样更窄一些脉冲的组合可以更好地逼近短时脉冲信号。

从几何上看，$\mathbf{V}_1$ 也是由紧支撑的分段常量函数构成的空间，因此可以与 $\mathbf{V}_0$ 相类似地定义 $\mathbf{V}_1$ 为

$$\mathbf{V}_1 = \overline{Span\{\varphi_k(2t)\}} \tag{7.8}$$

当 $f(t) \in \mathbf{V}_1$ 时，其可能的间断点在某些整数及半整数点处。如例 7.2 的组合函数 $f(t)$，其不连续点在 $t = 0, 1, 3/2, 2, 5/2, 3, 7/2, 4$ 及 5 等，而例 7.1 的函数 $f(t) \in \mathbf{V}_0$，其不连续点 $t = 0, 1, 2, 3, 4, 5$ 全为整数点。

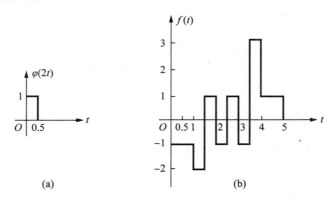

图 7.2 $\varphi(2t)$ 及组合函数 $f(t)$ 的波形

(a) 尺度函数 $\varphi(2t)$ 的波形 (b) 组合函数 $f(t)$ 的波形

接下来我们对 $\varphi(2^j t)$ 及其时移信号张成的空间进行定义。

定义 7.1 设 j 是一非负整数，j 级阶梯函数空间表示 $\mathbf{V}_j$，它是由函数集

$$\{\cdots, \varphi(2^j t + 2), \varphi(2^j t + 1), \varphi(2^j t), \varphi(2^j t - 1), \varphi(2^j t - 2), \cdots\} \tag{7.9}$$

或

$$\mathbf{V}_j = \overline{\underset{k}{Span}\{\varphi(2^j t)\}} = \overline{\underset{k}{Span}\{\varphi_{j,k}(t)\}} \tag{7.10}$$

在实数域 **R** 上张成， 其中 k 在整数集 **Z** 中取值。

以上定义中的"张成"表示：如果 $f(t) \in \mathbf{V}_j$，那么它可以展开为

$$f(t) = \sum_k a_k \varphi(2^j t - k) = \sum_k a_k \varphi_{j,k}(t) \tag{7.11}$$

式中 $\varphi_{j,k}(t)=\varphi(2^j t-k)$。由式(7.11)可知,当 j 为大于零的整数时,由于 $\varphi_{j,k}(t)$ 是压缩的,并且用比较小的步子平移,所以能够表示更详细的信号细节。而当 j 小于零时,$\varphi_{j,k}(t)$ 是被扩展的,平移的步子也比较大,所以只能用来表示信号较粗的轮廓。

从张成的空间看,$\mathbf{V}_j$ 是紧支撑的分段常量函数构成的空间,其间断点在下列集合中:

$$\{\cdots,-1/2^j,0,1/2^j,2/2^j,3/2^j,\cdots\} \tag{7.12}$$

稍作分析即可发现,$\mathbf{V}_0$ 中的函数是在整数集上有间断点的分段常量函数,而 $\mathbf{V}_1$ 的间断点在半整数集合 $\{\cdots,-1/2,0,1/2,1,3/2,\cdots\}$,因此有 $\mathbf{V}_0 \subset \mathbf{V}_1$,换句话说,$\mathbf{V}_0$ 中任何一个函数属于 $\mathbf{V}_1$,依此类推,有

$$\mathbf{V}_0 \subset \mathbf{V}_1 \subset \cdots \mathbf{V}_{j-1} \subset \mathbf{V}_j \subset \mathbf{V}_{j+1} \cdots \tag{7.13}$$

以上包含关系是严格的,$\varphi(2t) \in \mathbf{V}_1$,但 $\varphi(2t)$ 不属于 $\mathbf{V}_0$,因为 $\varphi(2t)$ 在 $t=1/2$ 处有不连续点。

7.2.2　哈尔尺度函数的性质

哈尔尺度函数具有以下两方面的重要特性。

1. f(t)的空间属性

设 $f(t)$ 是尺度函数 $\varphi_{j,k}(t)$ 的线性表示,那么关于 $f(t)$ 有以下两点成立:
(1) 若 $f(t) \in \mathbf{V}_0$,当且仅当 $f(2^j t) \in \mathbf{V}_j$;
(2) 若 $f(t) \in \mathbf{V}_j$,当且仅当 $f(2^{-j} t) \in \mathbf{V}_0$。

证明:(1) 若 $f(t) \in \mathbf{V}_0$,则 $f(t)$ 可由 $\varphi(t-k)$ 线性表示,因此 $f(2^j t)$ 可由 $\varphi(2^j t-k)$ 线性表示,也即 $f(2^j t)$ 是 $\mathbf{V}_j$ 的一个函数,因此 $f(2^j t) \in \mathbf{V}_j$,反之也成立。
(2) 的证明与(1)类似。

2. 基底特性

(1) 函数集 $\{\varphi(t-k), k \in \mathbf{Z}\}$ 是 $\mathbf{V}_0$ 的一个标准正交基;
(2) 函数集 $\{2^{j/2}\varphi(2^j t-k), k \in \mathbf{Z}\}$ 是 $\mathbf{V}_j$ 的一个标准正交基。

证明:(1) 因为对于任意整数 k,有

$$\int_{-\infty}^{\infty} \varphi^2(t-k)\mathrm{d}t = \int_{-\infty}^{\infty} \varphi(t-k)\varphi^*(t-k) = \int_k^{k+1} 1\mathrm{d}t = 1$$

式中 $\varphi^*(t-k)$ 表示对 $\varphi(t-k)$ 取共轭。另外,有

$$\int_{-\infty}^{\infty} \varphi(t-j)\varphi^*(t-k)\mathrm{d}t = 0, j \neq k$$

因此 $\{\varphi(t-k), k \in \mathbf{Z}\}$ 是 $\mathbf{V}_0$ 的一个标准正交基。

关于(2)的证明方法与(1)类同,留给读者自己证明,见习题 7.6。之所以要在函数集中乘上系数 $2^{j/2}$,是因为 $\int_{-\infty}^{\infty} \varphi^2(2^j t-k)\mathrm{d}t = 1/2^j$。

7.2.3　哈尔小波及其性质

前面讨论了通过 $\{\varphi_{j,k}(t)\}$ 张成空间 $\mathbf{V}_j$,即如果 $f(t) \in \mathbf{V}_j$,那么它可以展开为

$$f(t) = \sum_k a_k \varphi_{j,k}(t)$$

随着 j 的增大,空间 $\mathbf{V}_j$ 越精细,$f(t)$ 逼近实际信号的程度越高。然而,像图 7.3 所示夹带在 $f(t)$ 中的尖峰噪声(属于相对高频信号),它仅属于 $\mathbf{V}_j$ 但并不属于 $\mathbf{V}_{j-1}$,要把它们滤掉,就得先用其他展开方法将其表示出来,然后进行相应处理。这种对 $f(t)$ 中高频部分的展开,就需要小波。

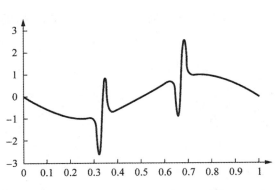

图 7.3　具有孤立尖峰噪声的信号

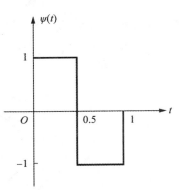

图 7.4　哈尔小波的波形

哈尔小波的定义为

$$\psi(t) = \varphi(2t) - \varphi(2t-1) \tag{7.14}$$

其波形如图 7.4 所示。

从式(7.14)定义可知,哈尔小波属于 $\mathbf{V}_1$ 空间,而且由于

$$\int_{-\infty}^{\infty} \psi(t)\varphi(t)\mathrm{d}t = \int_0^{\frac{1}{2}} 1\mathrm{d}t - \int_{\frac{1}{2}}^1 1\mathrm{d}t = 0$$

所以 $\psi(t)$ 与 $\varphi(t)$ 正交。而当 k 是不等于零的整数时,$\psi(t)$ 与 $\varphi(t-k)$ 无重叠区间,因此

$$\int_{-\infty}^{\infty} \psi(t)\varphi(t-k)\mathrm{d}t = 0$$

也即 $\psi(t)$ 与 $\{\varphi(t-k), k \in \mathbf{Z}\}$ 张成的空间 $\mathbf{V}_0$ 正交,记为 $\psi \perp \mathbf{V}_0$。

令 $\mathbf{W}_j$ 是由形如

$$\sum_k d_k \psi(2^j t - k) \quad (j, k \in \mathbf{Z})$$

的函数所组成的空间,且只有有限个 d_k 非零。这样就可以定义 $\mathbf{W}_j$ 为 $\mathbf{V}_{j+1}$ 中 $\mathbf{V}_j$ 的正交补,表示为

$$\mathbf{V}_{j+1} = \mathbf{V}_j \oplus \mathbf{W}_j \tag{7.15}$$

式(7.15)在代数中也称直和,含两方面的意义:

(1) $\mathbf{V}_j$ 中所有函数正交于 $\mathbf{W}_j$ 中所有函数;

(2) $\mathbf{V}_{j+1}$ 中每个与 $\mathbf{V}_j$ 正交的函数属于 $\mathbf{W}_j$。

正交补(或直和)具有一些很重要的性质,由于篇幅限制,这里不能详细介绍,读者可参阅参考文献[22,23]。

由于 $\mathbf{W}_0$ 是小波函数 $\{\psi(t-k), k \in \mathbf{Z}\}$ 构成的子空间,因此有

$$\mathbf{V}_1 = \mathbf{V}_0 \oplus \mathbf{W}_0 \tag{7.16}$$

由式(7.16)并反复利用式(7.15)可得

$$\mathbf{V}_j = \mathbf{W}_{j-1} \oplus \mathbf{V}_{j-1}$$
$$= \mathbf{W}_{j-1} \oplus \mathbf{W}_{j-2} \oplus \mathbf{V}_{j-2}$$
$$= \cdots$$
$$= \mathbf{W}_{j-1} \oplus \mathbf{W}_{j-2} \oplus \mathbf{W}_{j-3} \oplus \cdots \oplus \mathbf{W}_0 \oplus \mathbf{V}_0 \qquad (7.17)$$

这就是尺度函数空间 $\mathbf{V}_0$ 与小波函数空间的关系。图 7.5 形象地描绘了尺度函数空间 $\mathbf{V}_j$ 的嵌套性及小波函数空间 $\mathbf{W}_j$ 的正交补关系。

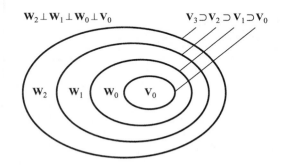

图 7.5　尺度函数空间与小波函数空间

当 j 趋于无穷大时,一个平方可积的实函数空间 $L^2(R)$(注:L^2 是所有平方可积函数所组成的空间,$L^2(R)$ 中的"R"表示积分自变量 t 是实直线上的量)可分解为无限正交和(直和),即

$$L^2(R) = \mathbf{V}_0 \oplus \mathbf{W}_0 \oplus \mathbf{W}_1 \oplus \mathbf{W}_1 \oplus \cdots \qquad (7.18)$$

特别地,对每个 $f(t) \in L_2(R)$ 可依据代数中的直和性质唯一地写成

$$f(t) = f_0(t) + \sum_{j=0}^{\infty} w_j(t) \qquad (7.19)$$

式中,$f_0(t) \in \mathbf{V}_0$,$w_j(t) \in \mathbf{W}_j$,j 为正整数。上式表示的无限直和是有限直和的极限,即

$$f(t) = f_0(t) + \lim_{N \to \infty} \sum_{j=0}^{N} w_j(t) \qquad (7.20)$$

式(7.19)和式(7.20)的证明比较复杂,涉及较深的代数知识,这里不做严格证明。可从以下两方面理解:

(1) 空间 $L^2(R)$ 中的任何函数都可由一连续函数逼近。

(2) 空间 $L^2(R)$ 中的任何连续函数都可被一阶梯函数任意精确地逼近,其间断点只出现在 $1/2^j$ 的倍数处,如图 7.6 所示,这样的阶梯函数属于 $\mathbf{V}_j$。

图 7.6　连续函数被阶梯函数逼近

7.2.4　哈尔小波分解

式(7.20)表示的尺度函数空间 $\mathbf{V}_0$ 与小波函数空间的关系为我们分解函数提供了依据,由此,$\mathbf{V}_j$ 中的任一函数 f 可唯一地分解为

$$f = w_{j-1} + w_{j-2} + \cdots + w_l + \cdots + w_0 + f_0 \tag{7.21}$$

上式中为了描述方便省略了变量 t,$f_0 \in \mathbf{V}_0$,$w_{j-1} \in \mathbf{W}_{j-1}$,$0 \leqslant l \leqslant j-1$,$w_l$ 表示宽度为 $1/2^{l+1}$ 的尖峰,当 l 足够大时,这样的尖峰就足以表示噪声了。例如,从图 7.3 中测出尖峰噪声脉冲的宽度约为 0.01,因为 $2^{-7} < 0.01 < 2^{-6}$,那么式(7.21)中任何 w_j,$j > 6$ 均表示噪声,而其余部分则表示原信号的逼近。要滤除 $w_j(j>6)$ 的噪声项,自然应该将这些项设定为零。为了实现这个算法,需要研究式(7.21)分解过程的实现方式,这就是小波分解,其形式是借助尺度函数和小波的一个级数展开,即

$$f(t) = \sum_{k=-\infty}^{\infty} c_k \varphi_k(t) + \sum_{j=0}^{\infty} \sum_{k=\infty}^{\infty} d_{j,k} \psi_{j,k}(t) \tag{7.22}$$

也就是说,任意函数 $f(t) \in L^2(R)$ 能够张成整个平方可积的实函数空间 $L^2(R)$ 的函数 $\varphi_k(t)$ 与 $\psi_{j,k}(t)$ 的集合。在这个小波展开式中,第一个和给出了 $f(t)$ 粗糙的逼近;在第二个和中,每增加指标 j,就加进了一个较高或者较细的分辨函数,从而可以对信号特征进行更精确的局部描述和分离。

下面通过一个例子说明式(7.22)的形成过程。

例 7.3　对于如图 7.7 所示的信号,试求出以式(7.22)表示的函数表达式,并指出对应的 $f_0 \in \mathbf{V}_0$ 和 $w_l \in \mathbf{W}_l$,$0 \leqslant l \leqslant j-1$。

解　从图 7.7 可以看出,分辨图形的最小网格为 $1/4$,因此 $f(t)$ 可用哈尔尺度函数表示为

$$f(t) = \varphi(4t) + \varphi(4t-1) + \varphi(4t-2) + 2\varphi(4t-3) - $$
$$2\varphi(4t-4) - \varphi(4t-5) - \varphi(4t-6) - \varphi(4t-7)$$

因为

$$\varphi(t) = \varepsilon(t) - \varepsilon(t-1)$$
$$\psi(t) = \varphi(2t) - \varphi(2t-1)$$

容易推得

$$\varphi(2t) = \frac{1}{2}[\varphi(t) + \psi(t)] \tag{7.23}$$

$$\varphi(2t-1) = \frac{1}{2}[\varphi(t) - \psi(t)] \tag{7.24}$$

在式(7.23)中用 $(2t-l)$,$l=0,1,2,3$ 替代 t,得到以下各式:

$$\varphi(4t) = \varphi[2(2t)]$$

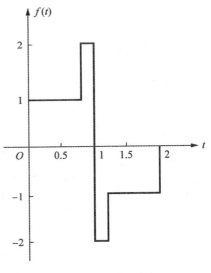

图 7.7　$f(t)$ 的波形

$$= \frac{1}{2}\big[\varphi(2t) + \psi(2t)\big]$$

$$= \frac{1}{4}\varphi(t) + \frac{1}{4}\psi(t) + \frac{1}{2}\psi(2t)$$

$$\varphi(4t-1) = \varphi[2(2t)-1]$$

$$= \frac{1}{2}\big[\varphi(2t) - \psi(2t)\big]$$

$$= \frac{1}{4}\varphi(t) + \frac{1}{4}\psi(t) - \frac{1}{2}\psi(2t)$$

$$\varphi(4t-2) = \varphi[2(2t-1)]$$

$$= \frac{1}{2}\big[\varphi(2t-1) + \psi(2t-1)\big]$$

$$= \frac{1}{4}\varphi(t) - \frac{1}{4}\psi(t) + \frac{1}{2}\psi(2t-1)$$

$$\varphi(4t-3) = \varphi[2(2t-1)-1]$$

$$= \frac{1}{2}\big[\varphi(2t-1) - \psi(2t-1)\big]$$

$$= \frac{1}{4}\varphi(t) - \frac{1}{4}\psi(t) - \frac{1}{2}\psi(2t-1)$$

$$\varphi(4t-4) = \varphi[2(2t-2)]$$

$$= \frac{1}{2}\big[\varphi(2t-2) + \psi(2t-2)\big]$$

$$= \frac{1}{4}\varphi(t-1) + \frac{1}{4}\psi(t-1) + \frac{1}{2}\psi(2t-2)$$

$$\varphi(4t-5) = \varphi[2(2t-2)-1]$$

$$= \frac{1}{2}\big[\varphi(2t-2) - \psi(2t-2)\big]$$

$$= \frac{1}{4}\varphi(t-1) + \frac{1}{4}\psi(t-1) - \frac{1}{2}\psi(2t-2)$$

$$\varphi(4t-6) = \varphi[2(2t-3)]$$

$$= \frac{1}{2}\big[\varphi(2t-3) + \psi(2t-3)\big]$$

$$= \frac{1}{4}\varphi(t-1) - \frac{1}{4}\psi(t-1) + \frac{1}{2}\psi(2t-3)$$

$$\varphi(4t-7) = \varphi[2(2t-3)-1]$$

$$= \frac{1}{2}\big[\varphi(2t-3) - \psi(2t-3)\big]$$

$$= \frac{1}{4}\varphi(t-1) - \frac{1}{4}\psi(t-1) - \frac{1}{2}\psi(2t-3)$$

把以上各式代入 $f(t)$ 的哈尔尺度函数表示式,整理后可得

$$f(t) = -\frac{1}{2}\psi(2t-1) - \frac{1}{2}\psi(2t-2) - \frac{1}{4}\psi(t) - \frac{1}{4}\psi(t-1) + \frac{5}{4}\varphi(t) - \frac{5}{4}\varphi(t-1)$$

到此完成了 $f(t)$ 的小波展开。进一步对照式(7.21),可以得到

$$w_1 = -\frac{1}{2}\psi(2t-1) - \frac{1}{2}\psi(2t-2) \in \mathbf{W}_1$$

$$w_0 = -\frac{1}{4}\psi(t) - \frac{1}{4}\psi(t-1) \in \mathbf{W}_0$$

$$f_0 = \frac{5}{4}\varphi(t) - \frac{5}{4}\varphi(t-1) \in \mathbf{V}_0$$

受例 7.3 的启发,可归纳任意 $f(t) \in L^2(R)$ 函数进行哈尔小波展开的一般步骤:

第一步:找出能够俘获 $f(t)$ 所有细节特征的最小网格 2^{-j}。

第二步:用阶梯信号 $f_j(t) = \sum\limits_k a_k\varphi(2^j t - k)$ 逼近 $f(t)$,再把它分解为偶部和奇部,即

$$f_j(t) = \sum_k a_{2k}\varphi(2^j t - 2k) + \sum_k a_{2k+1}\varphi(2^j t - 2k - 1) \tag{7.25}$$

第三步:在式(7.23)和式(7.24)中用 $(2^{j-1}t - k)$ 取代 t,得

$$\varphi(2^j t - 2k) = \frac{1}{2}\big[\varphi(2^{j-1}t - k) + \psi(2^{j-1}t - k)\big] \tag{7.26}$$

$$\varphi(2^j t - 2k - 1) = \frac{1}{2}\big[\varphi(2^{j-1}t - k) - \psi(2^{j-1}t - k)\big] \tag{7.27}$$

将式(7.26)和式(7.27)代入式(7.25)得

$$f_j(t) = \sum_k a_{2k}\big[\psi(2^{j-1}t - k) + \varphi(2^{j-1}t - k)\big]/2 + \sum_k a_{2k+1}\big[\varphi(2^{j-1}t - k) - \psi(2^{j-1}t - k)\big]/2$$

$$= \sum_k \left[\frac{(a_{2k} - a_{2k+1})}{2}\psi(2^{j-1}t - k) + \frac{(a_{2k} + a_{2k+1})}{2}\varphi(2^{j-1}t - k)\right]$$

$$= w_{j-1} + f_{j-1}$$

一般地,设

$$f_j(t) = \sum_k a_k^j \varphi(2^j t - k) \in \mathbf{V}_j$$

那么 $f_j(t)$ 能够分解为

$$f_j(t) = w_{j-1}(t) + f_{j-1}(t) = w_{j-1} + f_{j-1}$$

并且有

$$w_{j-1} = \sum_k d_k^{j-1}\psi(2^{j-1}t - k) \in \mathbf{W}_{j-1} \tag{7.28}$$

$$f_{j-1} = \sum_k c_k^{j-1}\varphi(2^{j-1}t - k) \in \mathbf{V}_{j-1} \tag{7.29}$$

其中

$$c_k^{j-1} = \frac{(a_{2k}^j + a_{2k+1}^j)}{2} \tag{7.30}$$

$$d_k^{j-1} = \frac{(a_{2k}^j - a_{2k+1}^j)}{2} \tag{7.31}$$

第四步:用 $j-1$ 取代 j,继续把 f_{j-1} 分解为 $w_{j-2}+f_{j-2}$,依次迭代,得

$$f = w_{j-1} + w_{j-2} + \cdots + w_0 + f_0$$

总结以上分解过程:对于给定的信号 $f(t) \in L^2(R)$,首先对其在采样点 $t = k/2^j$ 处进行采样,取得 $f_j(t) = \sum_k a_k \varphi(2^j t - k)$ 的系数 a_k 及其表达式,将 $f_j(t)$ 分解并进行迭代,即可得到各个不同脉冲成分的波形组合。

例7.4 考察定义在 $[0,1]$ 上的信号 $f(t)$,如图 7.8(a)所示。从图中看出宽为 $1/2^8$ 的网格可以近似捕获该信号的基本特征,所以把原信号离散为 2^8 个采样点,因此

$$f_8(t) = \sum_{k=0}^{2^8-1} f(k/2^8) \varphi(2^8 t - k)$$

可以作为信号 $f(t)$ 的高度近似。利用哈尔分解,将近似信号 $f_8(t)$ 分解成 $\mathbf{V}_l, l = 7,6,4$ 上的分量 $f_l(t) \in \mathbf{V}_l$,其图形示于图 7.8(b),(c)和(d)。从图中不难看出,上述分解随着 l 变小,$f_l(t)$

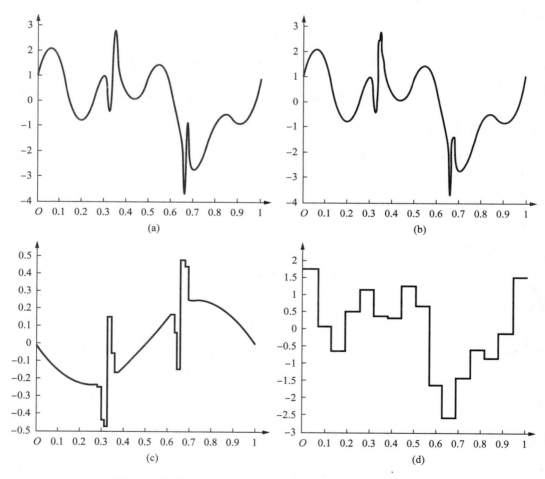

图 7.8 被分解的原始信号和分解信号在不同信号空间的分量

(a) 原始信号 (b) $\mathbf{V}_7$ 分量 (c) $\mathbf{V}_6$ 分量 (d) $\mathbf{V}_4$ 分量

逼近信号 $f_8(t)$ 的程度逐渐降低。而分解过程中 $\mathbf{W}_l$ 的分量表示的是信号快变部分,例如 $\mathbf{W}_7$ 代表的是信号中当且仅当在持续时间 $1/2^8$ 内取简单常数值的高频分量,这一点可以在图 7.9 中直观地看出。除了原信号中时间约为 $1/2^8$ 的信号部分系数较大以为,其他地方 $\mathbf{W}_7$ 的分量近似为零。

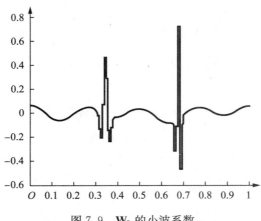

图 7.9　$\mathbf{W}_7$ 的小波系数

7.2.5　函数重构

小波分解是为了对信号进行必要的处理,如去噪、滤波、压缩等,处理的过程往往是针对小波系数 d_k^i 进行的,这就导致了 d_k^i 的变化,因此需要一个重构算法,使处理过的信号能够在函数空间 $\mathbf{V}_j$ 中用高为 c_m^j,宽为 $m/2^j \leqslant t \leqslant (m+1)/2^j$ 的阶梯函数重建,即

$$\hat{f}(t) = \sum_m c_m^j \varphi(2^j t - m), \quad m \in \mathbf{Z} \tag{7.32}$$

在上节讨论的分解过程中得到

$$f = w_{j-1} + w_{j-2} + \cdots + w_i + \cdots + w_0 + f_0$$

其中

$$w_i = \sum_k d_k^i \psi(2^i t - k) \in \mathbf{W}_i \tag{7.33}$$

$$f_0 = \sum_k c_k^0 \varphi(t - k) \in \mathbf{V}_0 \tag{7.34}$$

重构的目标是得到式(7.32),而实质是计算组合系数 c_m^j。

由信号分解时应用的公式

$$\varphi(2t) = \frac{1}{2} \big[\varphi(t) + \psi(t) \big]$$

$$\varphi(2t - 1) = \frac{1}{2} \big[\varphi(t) - \psi(t) \big]$$

可以推得

$$\varphi(t) = \varphi(2t) + \varphi(2t - 1) \tag{7.35}$$

$$\psi(t) = \varphi(2t) - \varphi(2t - 1) \tag{7.36}$$

在式(7.35)和式(7.36)中将 t 用 $2^{j-1}t$ 替代,可得

$$\varphi(2^{j-1}t) = \varphi(2^j t) + \varphi(2^j t - 1) \tag{7.37}$$

$$\psi(2^{j-1}t) = \varphi(2^j t) - \varphi(2^j t - 1) \tag{7.38}$$

将式(7.35)代入式(7.34)得到

$$f_0 = \sum_k c_k^0 \varphi(t-k)$$

$$= \sum_k c_k^0 [\varphi(2t-2k) + \varphi(2t-2k-1)]$$

$$= \sum_{l \in \mathbf{Z}} \widehat{c_l^1} \varphi(2t-l) \tag{7.39}$$

式中:

$$\widehat{c_l^1} = \begin{cases} c_k^0, & l = 2k \\ c_k^0, & l = 2k+1 \end{cases}$$

在式(7.33)中令 $i=0$,再将式(7.36)代入,得到

$$w_0 = \sum_k d_k^0 \psi(t-k)$$

$$= \sum_k d_k^0 [\varphi(2t-2k) - \varphi(2t-2k-1)]$$

$$= \sum_l \widehat{d_l^1} \varphi(2t-l) \tag{7.40}$$

式中

$$\widehat{d_l^1} = \begin{cases} d_k^0, & l = 2k \\ -d_k^0, & l = 2k+1 \end{cases}$$

式(7.39)和式(7.40)结合,则有

$$f_0(t) + w_0(t) = \sum_{l \in \mathbf{Z}} a_l^1 \varphi(2t-l) \tag{7.41}$$

式中

$$a_l^1 = \widehat{c_l^1} + \widehat{d_l^1} = \begin{cases} c_k^0 + d_k^0, & l = 2k \\ c_k^0 - d_k^0, & l = 2k+1 \end{cases} \tag{7.42}$$

同样,把 $w_1 = \sum_k d_k^1 \psi(2t-k)$ 加到式(7.41),则有

$$f_0(t) + w_0(t) + w_1(t) = \sum_{k \in \mathbf{Z}} a_k^1 \varphi(2t-k) + \sum_{k \in \mathbf{Z}} d_k^1 \psi(2t-k)$$

将式(7.35)和式(7.36)代入上式并用 $(2t-k)$ 替代 t,可得

$$f_0(t) + w_0(t) + w_1(t) = \sum_{k \in \mathbf{Z}} [(a_k^1 + d_k^1)\varphi(2^2 t - 2k) + (a_k^1 - d_k^1)\varphi(2^2 t - 2k - 1)]$$

$$= \sum_{l \in \mathbf{Z}} a_l^2 \varphi(2^2 t - l) \tag{7.43}$$

式中

$$a_l^2 = \begin{cases} a_k^1 + d_k^1, & l = 2k \\ a_k^1 - d_k^1, & l = 2k+1 \end{cases} \tag{7.44}$$

以上过程继续下去，就是哈尔重构算法。即设

$$f = w_{j-1} + w_{j-2} + \cdots + w_i + \cdots + w_0 + f_0$$

其中

$$f_0 = \sum_k c_k^0 \varphi(t-k)$$

$$w_i = \sum_k d_k^i \psi(2^i t - k) \in \mathbf{W}_i, \quad 0 \leqslant i \leqslant j$$

则

$$f = f_0 + w_0 + w_1 + \cdots + w_{j-1} = \sum_l a_l^j \varphi(2^j t - l) \in \mathbf{V}_j \tag{7.45}$$

式中：

$$a_l^i = \begin{cases} a_k^{i-1} + \mathrm{d}_k^{i-1}, & l = 2k \\ a_k^{i-1} - \mathrm{d}_k^{i-1}, & l = 2k+1 \end{cases} \tag{7.46}$$

系数 a_l^i 的求取是一个逐级迭代的过程，即 c_k^0 和 d_k^0 决定了 a_l^1，进一步 a_k^1 和 d_k^1 又决定了 a_l^2，依此迭代，直到 $i=j$。

例 7.5　应用哈尔小波方法对图 7.10 所示定义在 $[0,1]$ 上的信号 $f(t)$ 进行压缩。（注：所给信号与例 7.4 相同）

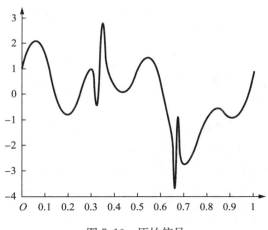

图 7.10　原始信号

解　把原信号离散为 2^8 个采样点，采样值为

$$a_k^8 = f(k/2^8), \quad k = 0, 1, \cdots, 2^8 - 1$$

利用信号分解方法实现分解，得到

$$f(t) = f_0(t) + w_0(t) + w_1(t) + \cdots + w_7(t)$$

其中：

$$f_0(t) = \sum_k c_k^0 \varphi(t-k) \in \mathbf{V}_0$$

$$w_i(t) = \sum_k d_k^i \psi(2^i t - k) \in \mathbf{W}_i$$

由于分解过程都是系数运算，且在 $[0,1]$ 上 $\mathbf{V}_0$ 中的 $\varphi(t)$ 只有一项。如果需要对原信号压

缩 80%，则可以对分解以后的系数 c_k^0 和 d_k^i（$i=0,1,\cdots,7$）按绝对值大小进行排序，保留其中占 20% 的绝对值相对较大的系数，其余部分去掉，从而实现压缩。压缩以后，再按本节介绍的方法对保留的系数进行重构。用哈尔小波对信号进行分解及重构，在压缩率分别为 80% 和 90% 时，重构还原的信号波形见图 7.11(a) 和 (b)。重构还原信号与原始信号的相对均方误差为：80% 压缩时为 0.0895，90% 压缩时为 0.1838[8]。

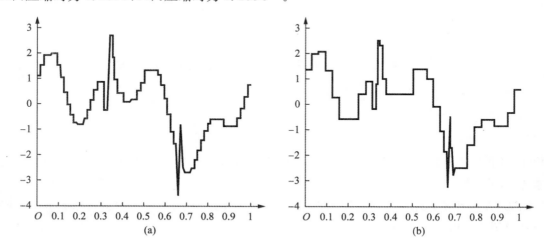

图 7.11　用哈尔小波进行压缩处理以后的信号
（a）压缩率为 80%　（b）压缩率为 90%

7.3　小波系统的多分辨率分析

7.2 节描述了用哈尔尺度函数和小波分解信号的过程。该分解过程的优点是描述容易且分解简单，但缺点是对原信号的逼近相对较粗，这是因为哈尔小波分解所依赖的尺度函数 $\varphi(t)$ 和小波函数 $\psi(t)$ 都是幅度离散的。本节将引入基于时间和幅度均连续的尺度函数 $\varphi(t)$ 和小波函数 $\psi(t)$ 的多分辨率分析方法，与哈尔分解方法相比，该方法可以明显提高信号分解的效果。不过本章不对具体的连续尺度函数和小波进行介绍，相关内容留待 7.4 节介绍。

7.3.1　多分辨率框架

分辨力是指分辨物理量细节的能力。针对不同的物理量，会有不同的具体所指。

在傅里叶分析中，如果对一个带宽为 f_m 的信号 $f(t)$ 进行采样，那么采样间隔 T 必须小于 $1/2f_m$，这样采样信号的频谱才不会混叠，被采样信号也能被重构。T 的大小决定了信号 $f(t)$ 被采样以后再重构的逼真程度，因此通常认为傅里叶分析的分辨率为 T。

正如 7.1 节所述，如果在信号中存在一个或多个短时尖峰，那么单一分辨的处理方法就很难把这个或这些尖峰分辨出来，为此提出了基于同一信号空间的不同尺度（即 $T/2, T/2^2, \cdots$）处理方法，这种方法称为多分辨率分析。

恰好 7.2 节讨论的小波分解就能达到多分辨率分解信号的要求。接下来首先给出依尺度函数的多分辨率分析的一般定义。

定义 7.2　令 $\mathbf{V}_j, j = \cdots, -2, -1, 0, 1, 2, \cdots$ 为平方可积实函数空间 $L^2(R)$ 中的一个函数子空间序列。若下列性质成立,则空间集合 $\{\mathbf{V}_j, j \in \mathbf{Z}\}$ 称为依尺度函数 $\varphi(t)$ 的多分辨率分析。

(1) 若 $f(t) \in \mathbf{V}_j$,则 $f(t - 2^j k) \in \mathbf{V}_j$;

(2) $\mathbf{V}_j \subset \mathbf{V}_{j+1}$;

(3) 若 $f(t) \in \mathbf{V}_j$,则 $f(t/2) \in \mathbf{V}_{j-1}$,进而有 $f(2^{-j} t) \in \mathbf{V}_0$;

(4) $\bigcap \mathbf{V}_j = \{0\}$;

(5) $\overline{\overset{\infty}{\underset{j=-\infty}{U}} \mathbf{V}_j} = L^2(R)$;

(6) $\varphi(t) \in \mathbf{V}_0$ 且 $\{\varphi(t-k), k \in \mathbf{Z}\}$ 是 $\mathbf{V}_0$ 的标准正交基。

下面对以上性质作简要描述:

性质(1)称为尺度性,表示空间 $\mathbf{V}_j$ 对于正比于 2^j 的位移具有不变性,也即函数的位移不改变其所属的空间。

性质(2)称为嵌套性,即空间的包含为 $\mathbf{V}_j \subset \mathbf{V}_{j+1}$。在尺度 2^j 时,对 $f(t)$ 所作的是分辨率为 2^{-j} 的近似,其结果将包含在较低一级分辨率 2^{-j-1} 时对 $f(t)$ 近似的全部信息。换句话说,被 $\mathbf{V}_j$ 中函数近似的信号能够捕获分辨率为 2^{-j} 下的信号细节,随着 j 的增加,因为 $\varphi(2^j t - k)$ 是收缩的,并且用比较小的步子平移,所以,它能提供更详细的细节,$\mathbf{V}_j$ 中的函数也越加逼近 $f(t)$。

另外,$\mathbf{V}_j \subset \mathbf{V}_{j+1}$ 也意味着随分辨率的提高,不会损失任何信息,同时也说明了为什么 $\mathbf{V}_j$ 是以 $\varphi(2^j t)$ 形式而不是以 $\varphi(at)$ 形式定义的。例如,如果定义 $\mathbf{V}_2$ 用的是 $\varphi(3t - k)$ 而不是 $\varphi(4t - k)$,即 $\varphi(2^2 t - k)$,那么 $\mathbf{V}_2$ 将不包含 $\mathbf{V}_1$,因为 $1/2$ 的倍数不在 $1/3$ 的倍数集合中。

性质(3)是性质(2)的延伸,$\mathbf{V}_j$ 上膨胀两倍的函数定义了较低一级分辨率 2^{-j-1} 上的一个逼近。或者说,在 $\mathbf{V}_j$ 上,函数扩展了两倍,分辨率降到 2^{-j-1},因此 $f(t/2) \in \mathbf{V}_{j-1}$。

性质(4)称为分立性。在空间上讲,所有 $\mathbf{V}_j (j = -\infty : +\infty)$ 的交集为零(这是因为 $\mathbf{V}_{-\infty} = \{0\}$)。

性质(5)称为稠密性。$\overline{\overset{\infty}{\underset{j=-\infty}{U}} \mathbf{V}_j} = L^2(R)$ 表示当 $j \to \infty$ 时,信号 $f(t)$ 在该尺度下的逼近将收敛于自身。或者说,被 $\mathbf{V}_j$ 中函数近似的信号,当 $j \to \infty$ 时,可获得信号 $f(t)$ 的所有信息。

性质(6)说明 $\{\varphi(t-k), k \in \mathbf{Z}\}$ 是 $\mathbf{V}_0$ 的标准正交基。

7.3.2　正交小波基及小波空间

在第 4 章已经讨论过用正交分解方法能够使信号被逼近以后的误差达到最小。而在本章前面的讨论中,多次用到了函数集 $\{\varphi(2^j t - k), k \in \mathbf{Z}\}$,与傅里叶表示类似,本节讨论小波基函数及其性质。首先给出一个关于标准正交基的定理。

定理 7.1　设 $\{\mathbf{V}_j, j \in \mathbf{Z}\}$ 是一个由尺度函数 $\varphi(t)$ 生成的多分辨率分析,那么对任一 $j \in \mathbf{Z}$,函数集 $\{\varphi_{j,k}(t) = 2^{j/2} \varphi(2^j t - k), k \in \mathbf{Z}\}$ 是 $\mathbf{V}_j$ 的一个标准正交基。

证明:首先证明任一 $f(t) \in \mathbf{V}_j$,可以写成 $\{\varphi(2^j t - k), k \in \mathbf{Z}\}$ 的线性组合。

根据多分辨率分析定义 7.2 的性质(3),若 $f(t) \in \mathbf{V}_j$,则 $f(2^{-j} t) \in \mathbf{V}_0$,因此 $f(2^{-j} t)$ 是 $\{\varphi(t-k), k \in \mathbf{Z}\}$ 的线性组合。用 $2^j t$ 替代 t,则有 $f(t)$ 是 $\{\varphi(2^j t - k), k \in \mathbf{Z}\}$ 的线性组合。

接着证明 $\{2^{j/2}\varphi(2^j t-k), k\in \mathbf{Z}\}$ 是标准正交基。因为

$$2^{j/2} \times 2^{j/2} \int_{-\infty}^{\infty} \varphi(2^j t-l)\varphi^*(2^j t-k)\mathrm{d}t = \begin{cases} 1, & l=k \\ 0, & l\neq k \end{cases}$$

因此，$\{2^{j/2}\varphi(2^j t-k), k\in \mathbf{Z}\}$ 是一个标准正交基。

综合以上两方面，证得函数集 $\{\varphi_{j,k}(t)=2^{j/2}\varphi(2^j t-k), k\in \mathbf{Z}\}$ 是 $\mathbf{V}_j$ 的一个标准正交基。

下面从依多分辨率分析的尺度关系出发，推出小波基及小波空间。

1) 尺度关系

设 $\{\mathbf{V}_j, j\in \mathbf{Z}\}$ 是一个由尺度函数 $\varphi(t)$ 构成的多分辨率分析，那么下列尺度关系成立：

$$\varphi(t)=\sqrt{2}\sum_k h_k \varphi(2t-k) \tag{7.47a}$$

$$h_k = \sqrt{2}\int_{-\infty}^{\infty} \varphi(t)\varphi^*(2t-k)\mathrm{d}t \tag{7.47b}$$

上式表示 $\varphi(t)$ 与 $\varphi(2t)$ 关系，称为尺度关系或双尺度关系，它是多分辨率分析的核心公式，非常重要。

证明：因为 $\varphi(t)\in \mathbf{V}_0$，而 $\mathbf{V}_0\subset \mathbf{V}_1$，所以 $\varphi(t)$ 可由 $\{2^{1/2}\varphi(2t-k), k\in \mathbf{Z}\}$ 线性组合表示，从而 (7.47a)式成立。

又因为 $\{\varphi(2t-k), k\in \mathbf{Z}\}$ 是 $\mathbf{V}_1$ 的标准正交基，所以由式(4.18)可得式(7.47a)的系数为

$$h_k = \frac{\sqrt{2}\int_{-\infty}^{\infty} \varphi(t)\varphi^*(2t-k)\mathrm{d}t}{\sqrt{2}\times\sqrt{2}\int_{-\infty}^{\infty} \varphi(2t-k)\varphi^*(2t-k)\mathrm{d}t} = \sqrt{2}\int_{-\infty}^{\infty} \varphi(t)\varphi^*(2t-k)\mathrm{d}t$$

综上两步，尺度关系得证。

在式(7.47a)中，用 $(2^{j-1}t-l), l\in \mathbf{Z}$ 替代 t，则可以把尺度关系推广到一般形式，得到

$$\varphi(2^{j-1}t-l)=\sqrt{2}\sum_k h_k \varphi(2^j t-2l-k)$$

上式中先令 $n=2l+k$，再用 k 替代 n 后可得

$$\varphi(2^{j-1}t-l)=\sqrt{2}\sum_k h_{k-2l}\varphi(2^j t-k) \tag{7.48a}$$

或写成

$$\varphi_{j-1,l}(t)=\sum_k h_{k-2l}\varphi_{j,k}(t) \tag{7.48b}$$

式中：

$$\varphi_{j,k}(t)=2^{j/2}\varphi(2^j t-k)$$

例 7.6 求哈尔尺度函数对应的尺度关系。

解 把哈尔尺度函数

$$\varphi(t)=\begin{cases} 1, & 0<t<1 \\ 0, & \text{其他} \end{cases}$$

代入式(7.47b)即可得到

$$h_0 = h_1 = \frac{\sqrt{2}}{2}$$

其他 $h_k = 0$。再根据式(7.47a),则有

$$\varphi(t) = \varphi(2t) + \varphi(2t - 1)$$

上式与式(7.35)完全一致。

式(7.47)和式(7.48)表示的尺度关系还具有以下性质:

$$\sum_k h_{k-2l} h_k^* = \delta(l) = \begin{cases} 1, & l = 0 \\ 0, & l \neq 0 \end{cases} \tag{7.49a}$$

$$\sum_k |h_k|^2 = \sum_k h_k h_k^* = 1 \tag{7.49b}$$

$$\sum_k h_k = \sqrt{2} \tag{7.49c}$$

$$\sum_k h_{2k} = \sum_k h_{2k+1} = \frac{\sqrt{2}}{2} \tag{7.49d}$$

证明: 按照尺度关系,有

$$\varphi(t) = \sqrt{2} \sum_k h_k \varphi(2t - k) = \sum_k h_k \varphi_{1,k}(t)$$

$$\varphi(t - l) = \sqrt{2} \sum_k h_k \varphi(2(t - l) - k)$$

$$= \sqrt{2} \sum_k h_k \varphi(2t - 2l - k) = \sum_k h_{k-2l} \varphi_{1,k}(t)$$

因为函数集 $\{\varphi(t-k), k \in \mathbf{Z}\}$ 是 $\mathbf{V}_0$ 的一个标准正交基,所以

$$\int_{-\infty}^{\infty} \varphi(t - l) \varphi^*(t) \mathrm{d}t = \delta(l)$$

也即

$$\int_{-\infty}^{\infty} \varphi(t - l) \varphi^*(t) \mathrm{d}t = \int_{-\infty}^{\infty} \sum_k h_{k-2l} \varphi_{1,k}(t) \left[\sum_k h_k \varphi_{1,k}(t) \right]^* \mathrm{d}t$$

$$= \sum_k h_{k-2l} h_k^* \left[\int_{-\infty}^{\infty} \varphi_{1,k}(t) \varphi_{1,k}^*(t) \mathrm{d}t \right]$$

由于

$$\int_{-\infty}^{\infty} \varphi_{1,k}(t) \varphi_{1,k}^*(t) \mathrm{d}t = 1$$

所以

$$\int_{-\infty}^{\infty} \varphi(t - l) \varphi^*(t) \mathrm{d}t = \sum_k h_{k-2l} h_k^* = \delta(l)$$

从而式(7.49a)得证。

在式(7.49a)中令 $l = 0$,则有式(7.49b)。

要证明式(7.49c),可将式(7.47a)两边积分,得到

$$\int_{-\infty}^{\infty} \varphi(t) \mathrm{d}t = \int_{-\infty}^{\infty} \sqrt{2} \sum_k h_k \varphi(2t - k) \mathrm{d}t$$

$$= \sqrt{2} \sum_k h_k \int_{-\infty}^{\infty} \varphi(2t - k) \mathrm{d}t$$

$$= \frac{\sqrt{2}}{2} \sum_k h_k \int_{-\infty}^{\infty} \varphi(t) \, dt$$

根据尺度函数的定义可知 $\int_{-\infty}^{\infty} \varphi(t) \, dt \neq 0$，因此有

$$\frac{\sqrt{2}}{2} \sum_k h_k = 1$$

于是可得

$$\sum_k h_k = \sqrt{2}$$

下面证明式(7.49d)。在式(7.49a)中用 $-l$ 替代 l 后再对 l 求和，得到

$$\sum_l \sum_k h_{k+2l} h_k^* = \sum_l \delta(l) = 1$$

把上式中对 k 的和式分为奇、偶两部分，有

$$1 = \sum_l \sum_k h_{k+2l} h_k^* = \sum_l \left(\sum_k h_{2k+2l} h_{2k}^* + \sum_k h_{2k+1+2l} h_{2k+1}^* \right)$$

$$= \sum_k \left(\sum_l h_{2k+2l} \right) h_{2k}^* + \sum_k \left(\sum_l h_{2k+1+2l} \right) h_{2k+1}^*$$

上式右边对 l 求和的式子中，用 $l-k$ 替代 l 后可得

$$1 = \sum_k \left(\sum_l h_{2l} \right) h_{2k}^* + \sum_k \left(\sum_l h_{2l+1} \right) h_{2k+1}^* = \sum_k h_{2k}^* \sum_l h_{2l} + \sum_k h_{2k+1}^* \sum_l h_{2l+1}$$

$$= \left| \sum_k h_{2k} \right|^2 + \left| \sum_k h_{2k+1} \right|^2$$

令 $E = \sum_k h_{2k}$，$O = \sum_k h_{2k+1}$，那么上式可写成

$$E^2 + O^2 = 1$$

由式(7.49c)可得

$$\sum_k h_k = \sum_k h_{2k} + \sum_k h_{2k+1} = E + O = \sqrt{2}$$

因此有

$$O = \sqrt{2} - E$$

于是有

$$E^2 + O^2 = E^2 + (\sqrt{2} - E)^2 = 2E^2 - 2\sqrt{2}E + 2 = 1$$

解以上方程可得 $E = \frac{\sqrt{2}}{2}$。同理可得 $O = \frac{\sqrt{2}}{2}$，因此

$$\sum_k h_{2k} = \sum_k h_{2k+1} = \frac{\sqrt{2}}{2}$$

所以式(7.49d)成立。

2) 依尺度函数的小波及正交小波基

在哈尔分解中已经讨论过式(7.15)，即

$$\mathbf{V}_{j+1} = \mathbf{W}_j \oplus \mathbf{V}_j$$

上式继续分解可以得到

$$\mathbf{V}_{j+1} = \mathbf{V}_0 \oplus \mathbf{W}_0 \oplus \mathbf{W}_1 \oplus \cdots \oplus \mathbf{W}_j$$

也就是说,要使分解能够继续到底,需要产生 $\mathbf{W}_j$,而由式(7.33)知

$$w_i = \sum_k d_k^i \psi(2^i t - k) \in \mathbf{W}_i$$

所以还得构建小波函数 $\psi(t)$。接下来的定理给出了如何利用尺度函数关系构建 $\psi(t)$ 和 $\mathbf{W}_j$。

定理 7.2　设 $\{\mathbf{V}_j, j \in \mathbf{Z}\}$ 是一个依尺度函数 $\varphi(t)$ 的多分辨率分析,相应的尺度关系为

$$\begin{cases} \varphi(t) = \sqrt{2} \sum_k h_k \varphi(2t - k) \\ h_k = \sqrt{2} \int_{-\infty}^{\infty} \varphi(t) \varphi^*(2t - k) \mathrm{d}t \end{cases}$$

令 $\mathbf{W}_j$ 是由 $\{\psi(2^j t - k), k \in \mathbf{Z}\}$ 张成的,这里小波函数定义为

$$\psi(t) = \sqrt{2} \sum_k g_k \varphi(2t - k) \tag{7.50a}$$

其中

$$g_k = (-1)^k h_{1-k}^* \tag{7.50b}$$

那么 $\{\psi_{jk}(t) := 2^{j/2} \psi(2^j t - k), k \in \mathbf{Z}\}$ 是 $\mathbf{W}_j$ 的一个标准正交基,而且 $\mathbf{W}_j \subset \mathbf{V}_{j+1}$ 是 $\mathbf{V}_{j+1}$ 中 $\mathbf{V}_j$ 的正交补,即 $\mathbf{V}_{j+1} = \mathbf{V}_j \oplus \mathbf{W}_j$。

定理 7.2 的证明比较繁琐,这里简要介绍一下证明思路。

如果能证明 $j = 0$ 时定理成立,就可利用多分辨率的尺度性质(若 $f(t) \in \mathbf{V}_j$,当且仅当 $f(2^{-j}t) \in \mathbf{V}_0$,或 $f(t - 2^j k) \in \mathbf{V}_j$),证得 $j > 0$ 时成立。

要证明 $j = 0$ 时成立,需要证明以下三个命题成立:

(1) 集合 $\{\psi_{0k}(t) = \psi(t - k), k \in \mathbf{Z}\}$ 是标准正交基;

(2) $\varphi(t - n) \perp \psi(t - m), n, m \in \mathbf{Z}$;

(3) $\mathbf{V}_1$ 是由 $\{\varphi(t - k), k \in \mathbf{Z}\}$ 与 $\{\psi(t - k), k \in \mathbf{Z}\}$ 张成的子空间。

详细证明过程读者可查阅本章的参考文献[8, p177]及[20, p23]。

例 7.7　试由哈尔小波验证定理 7.2。

解　由例 7.6 可知,$h_0 = h_1 = \dfrac{\sqrt{2}}{2}$,其他 $h_k = 0$,由此得到尺度关系式

$$\varphi(t) = \varphi(2t) + \varphi(2t - 1)$$

再利用式(7.50b),得到 $g_0 = \dfrac{\sqrt{2}}{2}$,$g_1 = -\dfrac{\sqrt{2}}{2}$,其他 g_k 为零。代入式(7.50a)则有

$$\psi(t) = \sqrt{2} \sum_k g_k \varphi(2t - k) = \varphi(2t) - \varphi(2t - 1)$$

根据哈尔尺度函数的定义,容易验证定理 7.2 在 $j = 0$ 时的三个命题均成立,有兴趣的读者可进行逐个验证。

定理 7.2 告诉我们 $\{\psi_{j-1,k}(t)\}, k \in \mathbf{Z}$ 是 $\mathbf{W}_{j-1}$ 的标准正交基,而 $\mathbf{W}_{j-1}$ 是 $\mathbf{V}_j$ 中 $\mathbf{V}_{j-1}$ 的正交补,把这样的正交分解依次进行下去,得到

$$\begin{aligned} \mathbf{V}_j &= \mathbf{W}_{j-1} \oplus \mathbf{V}_{j-1} \\ &= \mathbf{W}_{j-1} \oplus \mathbf{W}_{j-2} \oplus \mathbf{V}_{j-2} \end{aligned}$$

$$= \mathbf{W}_{j-1} \oplus \mathbf{W}_{j-2} \oplus \mathbf{W}_{j-3} \oplus \mathbf{V}_{j-3} \oplus \cdots$$
$$= \mathbf{W}_{j-1} \oplus \mathbf{W}_{j-2} \oplus \cdots \oplus \mathbf{W}_0 \oplus \mathbf{V}_0$$

如果定义了 $j<0$ 的 $\mathbf{V}_j$,那么以上分解还可继续下去,最后可得

$$\mathbf{V}_j = \mathbf{W}_{j-1} \oplus \mathbf{W}_{j-2} \oplus \cdots \oplus \mathbf{W}_0 \oplus \mathbf{W}_{-1} \oplus \mathbf{V}_{-1}$$
$$= \mathbf{W}_{j-1} \oplus \mathbf{W}_{j-2} \oplus \cdots \oplus \mathbf{W}_0 \oplus \mathbf{W}_{-1} \oplus \mathbf{W}_{-2} \oplus \cdots$$

当趋于无穷大时,可以得到如下定理。

定理 7.3　设 $\{\mathbf{V}_j, j \in \mathbf{Z}\}$ 是由尺度函数 $\varphi(t)$ 生成的多分辨率分析,令 $\mathbf{W}_j$ 是 $\mathbf{V}_{j+1}$ 中 $\mathbf{V}_j$ 的正交补,则有

$$L^2(R) = \cdots \oplus \mathbf{W}_{-2} \oplus \mathbf{W}_{-1} \oplus \mathbf{W}_0 \oplus \mathbf{W}_1 \oplus \mathbf{W}_2 \oplus \cdots$$

即对任一 $f(t) \in L^2(R)$,有唯一分解

$$f = \sum_{k=-\infty}^{\infty} w_k, w_k \in \mathbf{W}_k$$

而且 w_k 相互正交,即小波函数集 $\{\psi_{j,k}\}, j,k \in \mathbf{Z}$ 是 $L^2(R)$ 的一个标准正交基。

以上定理之所以成立,这是因为 $\mathbf{V}_j$ 是嵌套的,并根据多分辨率分析定义的性质(5),所有 $\mathbf{V}_j$ 的并集为空间 $L^2(R)$。

我们把 $\{\psi_{j,k}\}, j,k \in \mathbf{Z}$ 称为小波基,$\mathbf{W}_j$ 称为小波空间。在实际中,只要 j 足够大,$w_{-j} + w_{-j+1} + \cdots + w_0 + w_1 + \cdots, w_j$ 就可依 L^2 范数以任意精度逼近任一函数 $f(t) \in L^2(R)$。当 j 比较大时,因为 $\mathbf{W}_j$ 是经代表高频的函数 $\psi(2^j t)$ 的平移得到的,因此 $\mathbf{W}_j$ 分量代表了信号的高频部分,反之亦然。图 7.12(a) 和 (b) 给出了示例,图中 $\psi(2^2 t)$ 的波形明显比 $\psi(t)$ 波形尖锐,因此具有更多的高频成分。

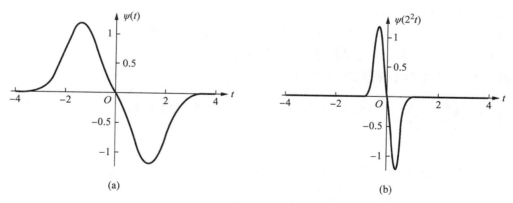

图 7.12　(a) $\psi(t)$ 波形　(b) $\psi(2^2 t)$ 波形

7.3.3　小波与尺度函数的频域特性

前面在时域讨论了多分辨率分析的定义和性质。不过,仅仅依赖时域的方法进行计算往往是比较复杂的,为此我们把相关性质转到频域,如果在小波分析时能够时、频域相结合,就能在很大程度上使复杂度减低,下面进行讨论。

1. 频域的正交性

根据傅里叶变换的定义,容易得到

$$\Phi(\omega) = \mathscr{F}[\varphi(t)] = \int_{-\infty}^{\infty} \varphi(t) \mathrm{e}^{-\mathrm{j}\omega t} \mathrm{d}t \tag{7.51a}$$

$$\Psi(\omega) = \mathscr{F}[\psi(t)] = \int_{-\infty}^{\infty} \psi(t) \mathrm{e}^{-\mathrm{j}\omega t} \mathrm{d}t \tag{7.51b}$$

接下来的定理给出了 $\{\varphi_{j,k}(t)\}, k \in \mathbf{Z}\}$ 和 $\{\psi_{j,k}(t)\}, k \in \mathbf{Z}\}$ 标准正交在频域的性质。

定理 7.4　函数集 $\{\varphi_{j,k}(t)\}, k \in \mathbf{Z}\}$ 满足正交条件,当且仅当

$$\sum_k |\Phi(\omega + 2\pi k)|^2 = 1, \text{对所有的 } \omega \in \mathbf{R}$$

此外,$\psi(t)$ 与 $\varphi(t-l)$ 正交,当且仅当

$$\sum_k \Phi(\omega + 2\pi k) \Psi(\omega + 2\pi k) = 0, \text{对所有的 } \omega \in \mathbf{R}$$

证明: 根据正交条件,有

$$\int_{-\infty}^{\infty} \varphi(t-k) \varphi^*(t-l) \mathrm{d}t = \delta(k-l) = \begin{cases} 1, & l = k \\ 0, & l \neq k \end{cases}$$

上式中用 t 替代 $t-k$,并令 $n = l-k$ 则有

$$\int_{-\infty}^{\infty} \varphi(t) \varphi^*(t-n) \mathrm{d}t = \delta(n) \tag{7.52}$$

利用傅里叶变换的时移特性及帕斯瓦尔定理式(4.100)

$$\int_{-\infty}^{\infty} |f(t)|^2 \mathrm{d}t = \frac{1}{2\pi} \int_{-\infty}^{\infty} |F(\omega)|^2 \mathrm{d}\omega$$

式(7.52)可在频域表示为

$$\frac{1}{2\pi} \int_{-\infty}^{\infty} \Phi(\omega) \Phi^*(\omega) \mathrm{e}^{\mathrm{j}\omega n} \mathrm{d}\omega = \delta(n)$$

或

$$\frac{1}{2\pi} \int_{-\infty}^{\infty} |\Phi(\omega)|^2 \mathrm{e}^{\mathrm{j}\omega n} \mathrm{d}\omega = \delta(n)$$

上式左端以 2π 为区间分成无穷多段,则有

$$\frac{1}{2\pi} \sum_{l=-\infty}^{\infty} \int_{2\pi l}^{2\pi(l+1)} |\Phi(\omega)|^2 \mathrm{e}^{\mathrm{j}\omega n} \mathrm{d}\omega = \delta(n)$$

用 $\omega + 2\pi l$ 替代上式中的 ω,于是变成

$$\frac{1}{2\pi} \sum_{l=-\infty}^{\infty} \int_0^{2\pi} |\Phi(\omega + 2\pi l)|^2 \mathrm{e}^{\mathrm{j}\omega n} \mathrm{d}\omega = \delta(n) \tag{7.53}$$

令

$$X(\omega) = \sum_{l=-\infty}^{\infty} |\Phi(\omega + 2\pi l)|^2 \tag{7.54}$$

则有

$$\frac{1}{2\pi} \int_0^{2\pi} X(\omega) \mathrm{e}^{\mathrm{j}\omega n} \mathrm{d}\omega = \delta(n)$$

也即

$$\frac{1}{2\pi}\int_0^{2\pi} X(\omega)\,\mathrm{d}\omega = 1$$

因此有

$$X(\omega) = \sum_{l=-\infty}^{\infty} |\Phi(\omega+2\pi l)|^2 = 1$$

至此定理 7.4 的第一部分得到证明,而定理后半部分的证明与前半部分类似,留作作业(习题 7.13),这里不再讨论。

2. 频域的尺度方程

由尺度关系

$$\varphi(t) = \sqrt{2}\sum_k h_k \varphi(2t-k)$$

两边进行傅里叶变换并利用时移及尺度变换特性可得

$$\Phi(\omega) = \sqrt{2}\sum_k h_k \mathscr{F}[\varphi(2t-k)] = \frac{\sqrt{2}}{2}\sum_k h_k \Phi(\omega/2)\mathrm{e}^{-\mathrm{j}\omega k/2}$$

$$= \Phi(\omega/2)\left(\frac{\sqrt{2}}{2}\sum_k h_k \mathrm{e}^{-\mathrm{j}\omega k/2}\right)$$

令

$$H(\mathrm{e}^{\mathrm{j}\omega}) = \frac{\sqrt{2}}{2}\sum_k h_k \mathrm{e}^{-\mathrm{j}\omega k} \tag{7.55}$$

为了表示方便,用 $H(\omega)$ 替代 $H(\mathrm{e}^{\mathrm{j}\omega})$,则

$$\Phi(\omega) = \Phi(\omega/2)H(\omega/2) = H(\omega/2)\Phi(\omega/2) \tag{7.56}$$

将以上关系式进行迭代运算。因为

$$\Phi(\omega/2) = H(\omega/2^2)\Phi(\omega/2^2)$$

所以有

$$\Phi(\omega) = H(\omega/2)\Phi(\omega/2) = H(\omega/2)H(\omega/2^2)\Phi(\omega/2^2)$$

依此继续迭代,可得

$$\Phi(\omega) = H(\omega/2)\cdots H(\omega/2^n)\Phi(\omega/2^n)$$

$$= \left(\prod_{i=1}^{n} H(\omega/2^i)\right)\Phi(\omega/2^n)$$

当 $n\to\infty$ 时,上式变成

$$\Phi(\omega) = \left(\prod_{i=1}^{\infty} H(\omega/2^i)\right)\Phi(0)$$

由于

$$\Phi(0) = \int_{-\infty}^{\infty}\varphi(t)\mathrm{e}^{-\mathrm{j}\omega t}\,\mathrm{d}t\Big|_{\omega=0} = \int_{-\infty}^{\infty}\varphi(t)\,\mathrm{d}t$$

如果 $\varphi(t)$ 满足标准化条件,则有 $\Phi(0)=1$,所以有

$$\Phi(\omega) = \prod_{i=1}^{\infty} H(\omega/2^i) = \prod_{i=1}^{\infty} H(e^{j\omega/2^i}) \tag{7.57}$$

上式给出了尺度关系式系数 h_k 与尺度函数的频谱之间的函数关系,其中 $H(e^{j\omega})$ 由式(7.55)定义。

另外,由小波定义式

$$\psi(t) = \sqrt{2} \sum_k g_k \varphi(2t-k)$$

$$g_k = (-1)^k h_{1-k}^*$$

用类似的推导方法,可以得到 $\varphi(t), \psi(t)$ 及 g_k 在频域的关系

$$\Psi(\omega) = G(e^{j\omega/2}) \Phi(\omega/2) \tag{7.58}$$

式中

$$G(e^{j\omega}) = \frac{\sqrt{2}}{2} \sum_k g_k e^{-jk\omega} \tag{7.59}$$

是以 2π 为周期的周期函数。由式(7.58)和式(7.57)并用 $G(\omega)$ 替代 $G(e^{j\omega})$,可得

$$\Psi(\omega) = G(\omega/2) \prod_{i=2}^{\infty} H(\omega/2^i) = G(e^{j\omega/2}) \prod_{i=2}^{\infty} H(e^{j\omega/2^i}) \tag{7.60}$$

上式给出了小波函数 $\psi(t)$ 及其系数 g_k 与尺度关系式系数 h_k 的频谱之间的函数关系,其中 $G(e^{j\omega}), H(e^{j\omega})$ 分别由式(7.59)和式(7.55)定义。下面的定理给出了 $H(e^{j\omega})$ 在构造多分辨率分析时应满足的条件,为了表达方便,仍将 $H(e^{j\omega}), G(e^{j\omega})$ 分别用 $H(\omega)$ 和 $G(\omega)$ 替代表示。

定理 7.5 设函数 $\varphi(t)$ 满足标准正交条件 $\int_{-\infty}^{\infty} \varphi(t-k)\varphi(t-l)\mathrm{d}t = \delta(k-l)$ 及尺度关系

$\varphi(t) = \sqrt{2} \sum_k h_k \varphi(2t-k)$,那么 $H(\omega) = \dfrac{\sqrt{2}}{2} \sum_k h_k e^{-j\omega k}$ 应满足

$$|H(\omega)|^2 + |H(\omega+\pi)|^2 = 1 \tag{7.61}$$

证明: 由式(7.56)可得

$$\Phi(2\omega) = H(\omega)\Phi(\omega)$$

再由定理 7.4 可得

$$\sum_k |\Phi(\omega + 2\pi k)|^2 = 1$$

在上式中以 2ω 替代 ω,并将求和分成奇、偶两部分,有

$$1 = \sum_k |\Phi(2\omega + 2\pi k)|^2 = \sum_k |H(\omega + k\pi)|^2 |\Phi(\omega + k\pi)|^2$$

$$= \sum_l |H(\omega + 2l\pi)|^2 |\Phi(\omega + 2l\pi)|^2 + \sum_l |H[\omega + (2l+1)\pi]|^2 |\Phi[\omega + (2l+1)\pi]|^2$$

由式(7.55)可知 $H(\omega)$ 是以 2π 为周期的周期函数,因此上式变成

$$1 = \sum_l |H(\omega)|^2 |\Phi(\omega + 2l\pi)|^2 + \sum_l |H(\omega+\pi)|^2 |\Phi[\omega + (2l+1)\pi]|^2$$

$$= |H(\omega)|^2 \sum_l |\Phi(\omega + 2l\pi)|^2 + |H(\omega+\pi)|^2 \sum_l |\Phi[\omega + (2l+1)\pi]|^2$$

注意到

$$\sum_l |\Phi(\omega+2l\pi)|^2 = 1, \sum_l |\Phi(\omega+\pi+2l\pi)|^2 = 1$$

所以有

$$|H(\omega)|^2 + |H(\omega+\pi)|^2 = 1$$

于是定理 7.5 得证。

最后,以定理 7.6 给出 $H(\omega)$ 与 $G(\omega)$ 的关系。

定理 7.6　设函数 $\varphi(t)$ 满足标准正交条件 $\int_{-\infty}^{\infty} \varphi(t-k)\varphi(t-l)\mathrm{d}t = \delta(k-l)$ 及尺度关系 $\varphi(t) = \sqrt{2}\sum_k h_k\varphi(2t-k)$,令 $\psi(t) = \sqrt{2}\sum_k g_k\varphi(2t-k)$,其中 $g_k = (-1)^k h_{1-k}^*$,那么以下两个命题成立:

(1)　$|G(\omega)|^2 + |G(\omega+\pi)|^2 = 1$　　　　　　　　　　　　　　　　　　(7.62)

(2)　$\varphi(t-n)$ 正交于 $\psi(t-m),n,m\in\mathbf{Z}$,当且仅当

$$H(\omega)G^*(\omega) + H(\omega+\pi)G^*(\omega+\pi) = 0 \tag{7.63}$$

式中 $H(\omega)$ 和 $G(\omega)$ 分别由式(7.55)和式(7.59)定义。

定理 7.6 的证明方法与定理 7.5 类似,留做作业(见习题 7.14)。

结合式(7.49c) 和式(7.55) 可得 $H(0) = 1$,再结合式(7.49d)、式(7.50b) 及式(7.59) 可得 $G(0) = 0$。因此可以把 $H(\omega)$ 看成低通滤波器,因而 $\Phi(\omega) = \prod_{i=1}^{\infty} H(\omega/2^i)$ 也呈低通特性,所以尺度函数 $\varphi(t) = \mathscr{F}^{-1}[\Phi(\omega)]$ 是用来对低频信号进行逼近的;同理,由于 $G(0) = 0,\Psi(\omega) = G(\omega/2)\prod_{i=2}^{\infty} H(\omega/2^i)$ 在低频时幅值很小,所以小波函数 $\psi(t) = \mathscr{F}^{-1}[\Psi(\omega)]$ 是用来对较高频率信号进行逼近的。实质上,小波的多分辨率特性就是通过尺度函数 $\varphi(t)$ 和小波函数 $\psi(t)$ 分别对信号的低频成分和高频成分进行逼近得到体现的。

小波与尺度函数的频域特性可归纳为表 7.1,供读者参阅。接下来讨论信号的多分辨率分解与重构,这是小波分析的核心内容之一。

表 7.1　小波与尺度函数的频域特性

特性	时域		频域
傅里叶变换	尺度函数 $\varphi(t)$		$\Phi(\omega)$
	小波函数 $\psi(t)$		$\Psi(\omega)$
频域的正交性	$\{\varphi_{j,k}(t)\},k\in\mathbf{Z}\}$ 正交		$\sum_k |\Phi(\omega+2\pi k)|^2 = 1,\omega\in\mathbf{R}$
	$\psi(t)$ 与 $\varphi(t-l)$ 正交		$\sum_k \Phi(\omega+2\pi k)\Psi(\omega+2\pi k) = 0,\omega\in\mathbf{R}$
频域尺度方程	$\varphi(t) = \sqrt{2}\sum_k h_k\varphi(2t-k)$ 且 $\Phi(0) = \int_{-\infty}^{\infty} \varphi(t)\mathrm{d}t = 1$		$\Phi(\omega) = \prod_{i=1}^{\infty} H(\omega/2^i) = \prod_{i=1}^{\infty} H(\mathrm{e}^{\mathrm{j}\omega/2^i})$ 式中 $H(\mathrm{e}^{\mathrm{j}\omega}) = H(\omega) = \dfrac{\sqrt{2}}{2}\sum_k h_k\mathrm{e}^{-\mathrm{j}\omega k}$

（续表）

特性	时 域	频 域
频域尺度方程	$\psi(t)=\sqrt{2}\sum_{k}g_k\varphi(2t-k)$ $g_k=(-1)^k h^*_{1-k}$	$\Psi(\omega)=G(\omega/2)\prod_{i=2}^{\infty}H(\omega/2^i)$ $=G(\mathrm{e}^{\mathrm{j}\omega/2})\prod_{i=2}^{\infty}H(\mathrm{e}^{\mathrm{j}\omega/2^i})$ 式中 $G(\mathrm{e}^{\mathrm{j}\omega})=G(\omega)=\dfrac{\sqrt{2}}{2}\sum_{k}g_k\mathrm{e}^{-\mathrm{j}k\omega}$
	$\int_{-\infty}^{\infty}\varphi(t-k)\varphi(t-l)\mathrm{d}t=\delta(k-l)$	$\|H(\omega)\|^2+\|H(\omega+\pi)\|^2=1$ $\|G(\omega)\|^2+\|G(\omega+\pi)\|^2=1$
	$\int_{-\infty}^{\infty}\varphi(t-k)\varphi(t-l)\mathrm{d}t=\delta(k-l)$ 且 $\varphi(t-n)$ 正交于 $\psi(t-m)$	$H(\omega)G^*(\omega)+H(\omega+\pi)G^*(\omega+\pi)=0$
	$\varphi(t)$ 对 $f(t)$ 中的低频部分进行逼近	$H(0)=1$（低通特性）
	$\psi(t)$ 对 $f(t)$ 中的高频部分进行逼近	$G(0)=0$（高通特性）

7.3.4 多分辨率分解与重构

从前面的分析可知,尺度函数集 $\{\varphi_{j,k}(t)\},k\in\mathbf{Z}$ 是 $\mathbf{V}_j$ 的一个标准正交基,小波函数集 $\{\psi_{j,k}\},j,k\in\mathbf{Z}$ 是 $L^2(R)$ 的一个标准正交基。应用这两个标准正交基,就可以对函数 $f(t)$ 进行多分辨率分解。

假设 $f(t)\in L^2(R)$ 是需要分析与处理的信号,应用 $\{\varphi_{j,k}(t)=2^{j/2}\varphi(2^jt-k)\}$,可以得到一个逼近 $f(t)$ 的观测信号 $f_j\in\mathbf{V}_j$,表示为

$$f_j(t)=\sum_k c_{j,k}\varphi_{j,k}(t) \tag{7.64a}$$

因为 $\{\varphi_{j,k}(t)=2^{j/2}\varphi(2^jt-k)\}$ 为标准正交基,因此由式(4.8)可得上式中的系数为

$$c_{j,k}=\langle f_j(t),\varphi_{j,k}(t)\rangle=\int_{-\infty}^{\infty}f_j(t)\varphi^*_{j,k}(t)\mathrm{d}t \tag{7.64b}$$

$\langle f_j(t),\varphi_{j,k}(t)\rangle$ 表示内积运算。由于

$$\mathbf{V}_j=\mathbf{W}_{j-1}\oplus\mathbf{V}_{j-1}$$

依据代数中直和的有关性质[22,23],可以把 $\{\varphi_{j-1,k}(t)\},k\in\mathbf{Z}$ 与 $\{\psi_{j-1,k}\},j,k\in\mathbf{Z}$ 级联起来,并且有

$$\{\varphi_{j-1,k}(t)\},\ \bigcup\{\psi_{j-1,k}\}\in\mathbf{V}_j,j,k\in\mathbf{Z}$$

应用这组级联起来的标准正交基函数集, $f_j(t)$ 可表示为

$$f(t)=\underbrace{\sum_k c_{j-1,k}\varphi_{j-1,k}(t)}_{f_{j-1}}+\underbrace{\sum_k d_{j-1,k}\psi_{j-1,k}(t)}_{w_{j-1}} \tag{7.65a}$$

上式即为 $f(t)$ 的多分辨率分解公式,分解过程的核心是求取分解系数 $c_{j-1,k}$ 和 $d_{j-1,k}$ 。由于 $\{\varphi_{j-1,k}(t)\},k\in\mathbf{Z}$ 与 $\{\psi_{j-1,k}\},j,k\in\mathbf{Z}$ 均为标准正交基,因此分解系数的计算公式为

$$c_{j-1,k}=\langle f_j(t),\varphi_{j-1,k}(t)\rangle=\int_{-\infty}^{\infty}f_j(t)\varphi^*_{j-1,k}(t)\mathrm{d}t \tag{7.65b}$$

$$d_{j-1,k} = \langle f_j(t), \psi_{j-1,k}(t) \rangle = \int_{-\infty}^{\infty} f_j(t) \psi_{j-1,k}^*(t) \mathrm{d}t \tag{7.65c}$$

一般把 $c_{j,k}$ 称作尺度系数，而把 $d_{j,k}$ 称作小波系数。实际处理时，由于直接计算式(7.65)比较复杂，因此有必要讨论类似 7.2 节哈尔分解过程中的迭代算法。首先找到 $c_{j,k}$ 与 $c_{j-1,k}$ 之间的关系。

由式(7.48)，尺度关系表示为

$$\varphi(2^{j-1}t - k) = \sqrt{2} \sum_n h_{n-2k} \varphi(2^j t - n)$$

或

$$\varphi_{j-1,k}(t) = \sum_n h_{n-2k} \varphi_{j,n}(t)$$

式中 $\varphi_{j,k}(t) = 2^{j/2} \varphi(2^j t - k)$。将以上尺度关系式代入式(7.65b)并利用式(7.64b)得

$$c_{j-1,k} = \left\langle f_j(t), \sum_n h_{n-2k} \varphi_{j,n} \right\rangle = \sum_n h_{n-2k}^* \langle f_j, \varphi^*{}_{j,n} \rangle = \sum_n h_{n-2k}^* c_{j,n} \tag{7.66}$$

类似地，将式(7.50a)写成一般形式，有

$$\psi_{j-1,k}(t) = \sum_n g_{n-2k} \varphi_{j,n}(t) \tag{7.67}$$

将式(7.67)代入式(7.65c)并利用式(7.64b)得

$$d_{j-1,k} = \sum_n g_{n-2k}^* c_{j,n} \tag{7.68}$$

将尺度空间继续分解下去，一直到 $\mathbf{V}_0$ 和 $\mathbf{W}_0$ 空间。式(7.66)和式(7.68)给出了一种小波分解的快速算法，由于该算法是由法国学者 Mallat 首先提出的，因此称为 Mallat 分解算法。

接下来讨论小波重构的快速算法。要从式(7.65a)重构式(7.64a)，可以用类似于分解的思路进行逆推。

将式(7.48b)和式(7.67)代入式(7.65a)，得到

$$f(t) = \sum_k c_{j-1,k} \sum_n h_{n-2k} c_{j,n} + \sum_k d_{j-1,k} \sum_n g_{n-2k} \varphi_{j,n}(t)$$

将上式两端与 $\varphi_{j,n}(t)$ 作内积运算并考虑到 $\{\varphi_{j,k}(t)\}, k \in \mathbf{Z}\}$ 及 $\{\varphi_{j,k}(t)\}\} \bigcup \{\psi_{j,k}(t)\}, k \in \mathbf{Z}$ 均为标准正交基，整理后对照式(7.64b)可得

$$c_{j,n} = \sum_k h_{n-2k} c_{j-1,k} + \sum_k g_{n-2k} d_{j-1,k} \tag{7.69}$$

上式就是 Mallat 重构算法。

以上讨论了多分辨率小波分解与重构的快速算法问题，下面再来讨论这两种算法如何实现。首先讨论分解算法的实现。

1. 分解算法

为了进行诸如滤波和压缩等信号处理，需要借助多分辨率分析的概念，把信号分解成小波空间的不同分量，并从中提取、抑制或压缩相应的分量。

分解信号需要经过三个主要步骤，即初始化，迭代和终止。

1) 初始化

初始化分两步：

第一步，根据抽样速率和多分辨率策略决定近似空间 $\mathbf{V}_j$（实质是 j 的取值），使其能够最佳地反映信号 $f(t)$；

第二步，选择一个 $f_j \in \mathbf{V}_j$，以便能最佳地逼近信号 $f(t)$。

在第 4 章中已经讨论过，当 $f(t)$ 用 $\mathbf{V}_j$ 上的正交投影进行逼近时，其误差可以达到最小。所以可利用 $\mathbf{V}_j$ 中的标准正交基 $\{\varphi_{j,k}(t)=2^{j/2}\varphi(2^j t-k),k\in\mathbf{Z}\}$ 表示 $f(t)$ 在 $\mathbf{V}_j$ 上的正交投影 $P_j f = f_j \in \mathbf{V}_j$，则有

$$P_j f(t) = f_j(t) = \sum_k c_{j,k}\varphi_{j,k}(t) \tag{7.70a}$$

$$c_{j,k} = \int_{-\infty}^{\infty} f(t)\varphi^*_{j,k}(t)\mathrm{d}t \tag{7.70b}$$

为了更加精确地确定系数分解系数 $c_{j,k}$，引入如下定理：

定理 7.7　令 $\{\mathbf{V}_j, j\in\mathbf{Z}\}$ 是一个依紧支撑的尺度函数 $\varphi(t)$ 的多分辨率分析。若实函数 $f(t)$ 是平方可积的连续函数，那么对于足够大的 j，有

$$c_{j,k} = \int_{-\infty}^{\infty} f(t)\varphi^*_{j,k}(t)\mathrm{d}t \approx mf(k/2^j) \tag{7.71}$$

式中：$m = 2^{-j/2}\int_{-\infty}^{\infty}\varphi^*(t)\mathrm{d}t$，积分区间为 $\varphi(t)$ 的非零集限定范围，如 $|t|\leqslant M$。

从上式可以看出，由于积分从无穷区间缩小到 $|t|\leqslant M$，且用 $f(k/2^j)$ 替代了在无穷区间的积分加权，因此所得的展开系数精度必然提高。

定理 7.7 的证明如下：

$$c_{j,k} = \int_{-M}^{M} f(t)\varphi^*_{j,k}(t)\mathrm{d}t = 2^{j/2}\int_{-M}^{M} f(t)\varphi^*(2^j t-k)\mathrm{d}t$$

用 t 替代 $2^j t-k$，则上式变为

$$c_{j,k} = 2^{-j/2}\int_{-M}^{M} f(2^{-j}t+2^{-j}k)\varphi^*(t)\mathrm{d}t$$

当 j 足够大时，$2^{-j}t+2^{-j}k \approx 2^{-j}k$，因此有

$$c_{j,k} \approx 2^{-j/2}f(2^{-j}k)\int_{-M}^{M}\varphi^*(t)\mathrm{d}t = mf(2^{-j}k)$$

定理证毕。以上 $c_{j,k}$ 的近似精度随着 j 的增加而提升。另一方面，如果给定精度要求，也可估计出需要的 j 值大小，见习题 7.15。

2) 迭代

通过初始化后，可得到 $f(t)\approx f_j$，而根据分解定理 7.3，有

$$f_j = w_{j-1} + f_{j-1}$$

依此，进一步有

$$f_{j-1} = w_{j-2} + f_{j-2}$$
$$f_{j-2} = w_{j-3} + f_{j-3}$$

……

$$f_1 = w_0 + f_0$$

分解过程示意如图 7.13 所示。

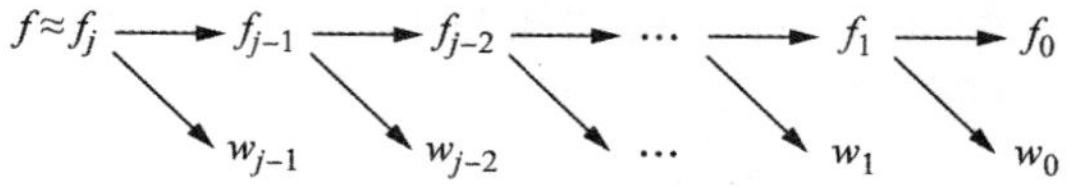

图 7.13　分解算法示意图

为了进行上述分解，我们引入离散滤波器，并借助于它实现逐级分解。

在第 3 章中介绍了两个离散序列的卷积和表示为

$$x(k) * y(k) = \sum_{n=-\infty}^{\infty} x(n)y(k-n) = \sum_n x_n y_{k-n}$$

对照 Mallat 分解算法

$$c_{j-1,k} = \sum_n h^*_{n-2k} c_{j,n}$$

$$d_{j-1,k} = \sum_n g^*_{n-2k} c_{j,n}$$

如果令

$$h'(k) = h^*(-k), g'(k) = g^*(-k)$$

则有

$$
\begin{aligned}
h'(k) * c_{j,k} &= [h' * c_j]_k = h^*(-k) * c_j(k) \\
&= \sum_k c_j(n)h^*[-(k-n)] \\
&= \sum_k c_{j,n} h^*_{n-k}
\end{aligned}
$$

所以有

$$c_{j-1,k} = \sum_n h^*_{n-2k} c_{j,n} = [h' * c_j]_{2k} \tag{7.72a}$$

同理可得

$$d_{j-1,k} = \sum_n g^*_{n-2k} c_{j,n} = [g' * c_j]_{2k} \tag{7.72b}$$

定义两个离散滤波器

$$H(x) = h'(k) * x(k) \tag{7.73a}$$

$$G(x) = g'(k) * x(k) \tag{7.73b}$$

再定义下取样算子 D 为

$$Dx = \{\cdots, x_{-2}, x_0, x_2, \cdots\} = (Dx)_l = x_{2l}, l \in \mathbf{Z} \tag{7.74}$$

式中 $x = \{\cdots, x_{-2}, x_{-1}, x_0, x_1, x_2, \cdots\}$。显然 Dx 的功能是对序列 $\{x_k\}$ 取下标为偶数的样值。利用式(7.73)，则式(7.72a)和式(7.72b)可分别表示为

$$
\begin{cases}
c_{j-1,k} = [h' * c_j]_{2k} = [H(c_j)]_{2k} \\
d_{j-1,k} = [g' * c_j]_{2k} = [G(c_j)]_{2k}
\end{cases} \tag{7.75}
$$

以上多分辨率分解可由图 7.14 所示的框图实现，图中 2↓ 表示下取样算子。

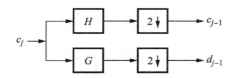

图 7.14　基于多分辨率分析的分解过程实现框图

3）终止

以上分解何时结束？这取决于实际问题。一般如果是去噪处理，那么分解一到两层就可达到目标。而如果要进行数据压缩，则往往要分解多层。

2. 重构算法

信号完成分解以后，可以根据需要对其进行处理，这样就会去掉一些不需要的 $w_n, n \in \{0, 1, \cdots, j-1\}$ 分量。重构的任务就是用已经处理过的信号生成与 $f(t)$ 非常逼近的信号。其过程与分解相反，也分为三步，即初始化，迭代和终止。

1）初始化

我们在分解后已经得到 0 级近似系数 $\{c_k^0\}$ 和细节（小波）系数 $\{d_k^i\}, i = 0, 1, \cdots, j$，也即得到两个展开式

$$f_0(t) = \sum_k c_k^0 \varphi(t-k) \in \mathbf{V}_0 \tag{7.76}$$

及

$$w_i(t) = \sum_k d_k^i \psi(2^i t - k) \in \mathbf{W}_i, i = 0, 1, \cdots, j \tag{7.77}$$

基于以上两个展开式，从 $f_1(t)$ 开始，按图 7.15 所示的流程逐级向上进行重构。

图 7.15　重构流程

2）迭代

迭代过程是依据式（7.69）给出的 Mallat 重构算法进行的，即

$$c_{j,n} = \sum_k h_{n-2k} c_{j-1,k} + \sum_k g_{n-2k} d_{j-1,k}$$

如果定义数字滤波器

$$\hat{H}(c_{j-1}) = h_n * c_{j-1,n} = \sum_{k=-\infty}^{\infty} c_{j-1}(k) h(n-k) = \sum_k h_{n-k} c_{j-1,k} \tag{7.78a}$$

$$\hat{G}(d_{j-1}) = g_n * d_{j-1}(n) = \sum_k d_{j-1}(k) g(n-k) = \sum_k g_{n-k} d_{j-1,k} \tag{7.78b}$$

与式（7.69）比较后可以看出，式（7.69）右端其实就是式（7.78a）和式（7.78b）都是缺失了奇数下标项（也称奇次项）而已。为此定义一种上取样算子 U，即

$$U_x = \{\cdots, x_{-2}, 0, x_{-1}, 0, x_0, 0, x_1, 0, x_2, \cdots\} \tag{7.79a}$$

或

$$(U_x)_k = \begin{cases} 0, & k \text{ 为奇数} \\ x_{k/2} & k \text{ 为偶数} \end{cases} \tag{7.79b}$$

式中 $x=\{\cdots,x_{-2},x_{-1},x_0,x_1,x_2,\cdots\}$。借助取样算子 U，式(7.69)给出的 Mallat 重构算法就可以由图 7.16 所示的框图结构实现，图中 2↑表示上取样算子。

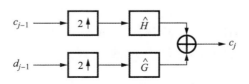

图 7.16　基于多分辨率分析的重构过程实现框图

3) 终止

重构的过程是与分解过程相对应的，一般来说，分解的层数也是重构的层数。不过，如果分解以后的信号处理过程改变了原信号的分辨率要求(也即改变了所属空间 $\mathbf{V}_j$)，那么重构的层数也会相应减少。

从以上对多分辨分析的讨论可以看出，用小波方法对信号进行处理一般经过取样、分解、信号处理和重构等过程。

取样过程是一个预处理过程，取样速率的选取是关键，要根据具体的信号形态，以能够俘获原信号的必要细节作为取样间隔选取的依据。

分解的目的是获得能够最好表现待处理信号波形的各个级别的小波系数 d_i 和最低级别的近似系数 c_i。

信号处理的过程主要是对分解得到的小波系数 d_i 进行有针对性的处理。

重构的过程是分解的逆过程，其目的是输出最高级的系数 c_j，使处理后的信号与重构信号近似相等。

限于本书篇幅，信号分解与重构的实际例子安排在习题中，有兴趣的读者可参考附录 H 中的程序 5 完成习题 7.17 和习题 7.18。

7.4　道比姬丝小波

如 7.1 节所述，自 1910 年哈尔发明了第一个小波以来，已经有许许多多的小波已经展现给人们，其中比较典型的有 Shannon 小波、线性样条小波和道比姬丝(Daubechies)小波等。与哈尔小波不同，Shannon 小波的幅度是连续的，而且很光滑，但它不像哈尔小波那样有限支撑($0<t<1$)，而是分布于整个实轴，并且趋近于无穷时衰减很慢；线性样条小波也是连续的，像 Shannon 小波一样也是无限支撑的，不过它在趋近于无穷时衰减很快。道比姬丝小波是一个小波系，哈尔小波是其中最简单的紧支撑正交小波，也是该系中唯一的幅度非连续小波。随着阶数的增加，道比姬丝小波变得越来越光滑，并且可以有连续导数。考虑到对数学知识的要求，本节仅限于讨论常用的紧支撑小波，因此自然也就选择了道比姬丝小波，并且是二阶的情形。

7.4.1　道比姬丝小波的构造

从上节讨论的多分辨率分析理论可知,如果给出了一个尺度函数,相应的小波函数也就确定了。因此要构造小波函数,一般先构造尺度函数。下面介绍构造方法与步骤。

第一步,由定理 7.5 可知,若 $\varphi(t)$ 存在并满足标准正交条件及尺度关系,先利用式(7.47b)求出加权系数 h_k,即

$$h_k = \sqrt{2} \int_{-\infty}^{\infty} \varphi(t) \varphi^*(2t-k) \mathrm{d}t$$

接着求加权系数 $\{h_k, k \in \mathbf{Z}\}$ 的傅里叶变换为

$$H(\omega) = \frac{\sqrt{2}}{2} \sum_k h_k \mathrm{e}^{-\mathrm{j}\omega k} \tag{7.80}$$

上式应满足

$$|H(\omega)|^2 + |H(\omega+\pi)|^2 = 1 \tag{7.81}$$

所以,要构建尺度函数,需要先构建一个能够满足式(7.81)的 $H(\omega)$。

第二步,加权系数 h_k 得到以后再进行以下迭代过程:

（1）选择

$$\varphi_o(t) = \begin{cases} 1, & 0 \leqslant t \leqslant 1 \\ 0, & \text{其他} \end{cases}$$

因为哈尔尺度函数已经满足了标准正交性,那么

（2）定义

$$\varphi_1(t) = \sqrt{2} \sum_k h_k \varphi_0(2t-k) \tag{7.82}$$

（3）依次迭代,有一般式

$$\varphi_n(t) = \sqrt{2} \sum_k h_k \varphi_{n-1}(2t-k), n \geqslant 1 \tag{7.83}$$

道比姬丝证明了:当 $n \to \infty$ 时,φ_n 收敛到某一函数 $\varphi(t)$,并且所得 $\varphi(t)$ 是连续的紧支撑尺度函数。

接下来以哈尔小波为例,讨论 $H(\omega)$,h_k 及相应的尺度函数 $\varphi_n(t)$ 的求取过程。

对于哈尔小波,例 7.6 已求得 $h_0 = h_1 = \dfrac{\sqrt{2}}{2}$,其他 $h_k = 0$。容易得到

$$H(\omega) = \frac{1 + \mathrm{e}^{-\mathrm{j}\omega}}{2} = \mathrm{e}^{-\mathrm{j}\omega/2} \cos \frac{\omega}{2}$$

将上式代入式(7.81)的左端,得

$$\left| \mathrm{e}^{-\mathrm{j}\omega/2} \cos \frac{\omega}{2} \right|^2 + \left| \mathrm{e}^{-\mathrm{j}(\omega+\pi)/2} \cos \frac{\omega+\pi}{2} \right|^2$$

$$= \left(\mathrm{e}^{-\mathrm{j}\omega/2} \cos \frac{\omega}{2} \right) \left(\mathrm{e}^{\mathrm{j}\omega/2} \cos \frac{\omega}{2} \right) + \left(\mathrm{e}^{-\mathrm{j}(\omega+\pi)/2} \cos \frac{\omega+\pi}{2} \right) \left(\mathrm{e}^{\mathrm{j}(\omega+\pi)/2} \cos \frac{\omega+\pi}{2} \right)$$

$$= \cos^2 \left(\frac{\omega}{2} \right) + \cos^2 \left(\frac{\omega+\pi}{2} \right) = 1$$

因此所得的 $H(\omega)$ 满足式(7.81)。不过如果直接利用得到的 h_k 进行迭代,即会得到

$$\varphi_1(t) = \sqrt{2}\frac{\sqrt{2}}{2}\varphi_0(2t) + \sqrt{2}\frac{\sqrt{2}}{2}\varphi_0(2t-1)$$

$$= \varphi_0(2t) + \varphi_0(2t-1) = \varphi_0(t)$$

类似可得 $\varphi_2(t) = \varphi_1(t) = \varphi_0(t)$,因此利用例 7.6 得到的系数 h_k 构造出来的尺度函数仍然是原来的幅度不连续的尺度函数 $\varphi_0(t)$。为了构造幅度连续的尺度函数,需要找到新的系数。受上面对所得 $H(\omega)$ 进行验证的过程和结果启发,现对三角公式 $\cos^2\frac{\omega}{2} + \sin^2\frac{\omega}{2} = 1$ 两边取三次方,则有

$$1 = \left(\cos^2\frac{\omega}{2} + \sin^2\frac{\omega}{2}\right)^3$$

$$= \cos^6\frac{\omega}{2} + 3\cos^4\frac{\omega}{2}\sin^2\frac{\omega}{2} + 3\cos^2\frac{\omega}{2}\sin^4\frac{\omega}{2} + \sin^6\frac{\omega}{2}$$

应用三角等式

$$\cos t = \sin(t + \pi/2), \sin t = -\cos(t + \pi/2)$$

代入上式后有

$$1 = \cos^6\frac{\omega}{2} + 3\cos^4\frac{\omega}{2}\sin^2\frac{\omega}{2} + 3\sin^2\left(\frac{\omega}{2} + \pi/2\right)\cos^4\left(\frac{\omega}{2} + \pi/2\right) + \cos^6\left(\frac{\omega}{2} + \pi/2\right)$$

令

$$|H(\omega)|^2 = \cos^6\frac{\omega}{2} + 3\cos^4\frac{\omega}{2}\sin^2\frac{\omega}{2}$$

则上式可写为

$$|H(\omega)|^2 + |H(\omega+\pi)|^2 = 1$$

所以满足定理 7.5。为了求出 $H(\omega)$,把 $|H(\omega)|^2$ 改写为

$$|H(\omega)|^2 = \cos^4\frac{\omega}{2}\left(\cos^2\frac{\omega}{2} + 3\sin^2\frac{\omega}{2}\right)$$

$$= \cos^4\frac{\omega}{2}\left|\cos\frac{\omega}{2} + j\sqrt{3}\sin\frac{\omega}{2}\right|^2$$

上式解为

$$H(\omega) = \cos^2\frac{\omega}{2}\left(\cos\frac{\omega}{2} + j\sqrt{3}\sin\frac{\omega}{2}\right)\alpha(\omega)$$

其中的 $\alpha(\omega)$ 是一个复值表达式,且 $|\alpha(\omega)| = 1$。

利用欧拉公式并整理后,$H(\omega)$ 可改写为

$$H(\omega) = \frac{1}{8}(e^{j\omega} + 2 + e^{-j\omega})(e^{j\omega/2} + e^{-j\omega/2} + \sqrt{3}e^{j\omega/2} - \sqrt{3}e^{-j\omega/2})\alpha(\omega)$$

$$= \frac{1}{8}\left[(1+\sqrt{3})e^{j3\omega/2} + (3+\sqrt{3})e^{j\omega/2} + (3-\sqrt{3})e^{-j\omega/2}(1-\sqrt{3})e^{-j3\omega/2}\right]$$

考虑到

$$H(\omega) = H(e^{j\omega}) = \frac{\sqrt{2}}{2}\sum_k h_k e^{-jk\omega}$$

我们的目标是要求得正整数下标非零系数,因此选择 $\alpha(\omega) = \mathrm{e}^{-\mathrm{j}3\omega/2}$ 以便消除所有正的分数次幂。因此可得

$$H(\omega) = \left(\frac{1+\sqrt{3}}{8}\right) + \mathrm{e}^{-\mathrm{j}\omega}\left(\frac{3+\sqrt{3}}{8}\right) + \mathrm{e}^{-\mathrm{j}2\omega}\left(\frac{3-\sqrt{3}}{8}\right) + \mathrm{e}^{-\mathrm{j}3\omega}\left(\frac{1-\sqrt{3}}{8}\right)$$

对照式(7.80)可得

$$h_0 = \frac{1+\sqrt{3}}{4\sqrt{2}}, \quad h_1 = \frac{3+\sqrt{3}}{4\sqrt{2}}, \quad h_2 = \frac{3-\sqrt{3}}{4\sqrt{2}}, \quad h_3 = \frac{1-\sqrt{3}}{4\sqrt{2}}$$

利用以上得到的系数 h_0, h_1, h_2 和 h_3,并把它们代入迭代公式(7.82)和式(7.83),即可得到各次迭代的道比姬丝尺度函数 $\varphi_n(t)$,如图 7.17 所示。从图中可以看出,随着迭代次数 n 的增加,$\varphi_n(t)$ 逐渐趋于平滑和连续,当 $n\to\infty$ 时,所得 $\varphi(t)$ 如图 7.18 所示。

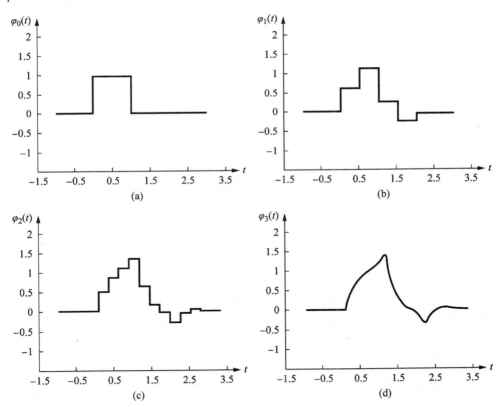

图 7.17　经过前 4 次迭代得到的道比姬丝尺度函数图形

构造了尺度函数以后,就可利用式(7.50a)及式(7.50b)构建小波函数了。具体为

$$\begin{cases} \psi(t) = \sqrt{2}\sum_k g_k \varphi(2t-k) \\ g_k = (-1)^k h_{1-k}^* \end{cases}$$

图 7.19 就是根据图 7.18 给出的道比姬丝尺度函数构建的小波 $\psi(t)$ 的近似。

应该指出,以上过程虽然只是通过一个最简单的道比姬丝小波说明了紧支撑正交小波的构造和方法,但它对小波的构造却具有一定的典型性。对于一般的道比姬丝小波的构造方法,

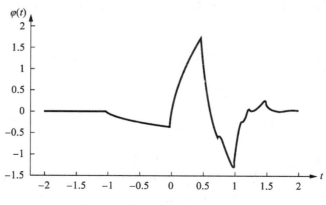

图 7.18　道比姬丝尺度函数 $\varphi(t)$

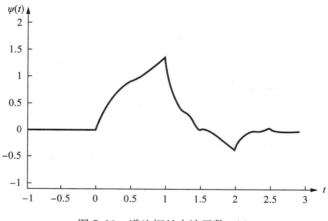

图 7.19　道比姬丝小波函数 $\psi(t)$

其核心内容就是证明一个满足式(7.81)的有限项三角多项式 $H(\omega)$ 一定有一个三角多项式的显式表达,从而可以按照以上类似的过程,通过 $H(\omega)$ 生成一般的道比姬丝小波。详细的内容由于涉及比较复杂的数学知识,本书不宜继续展开讨论,有兴趣的读者可查阅参考文献[20]。

7.4.2　道比姬丝小波的性质

7.4.1节构造的最简单道比姬丝小波是紧支撑、连续但不可微的。那么道比姬丝小波的支撑范围多大? 什么样的道比姬丝小波是可微的? 它的光滑性怎么区分? 这些关于道比姬丝小波性能的问题都将从本节介绍的性质中得到答案。首先讨论紧支撑的范围问题。

1. 道比姬丝小波的支撑区间

由前面的讨论已知,尺度函数可通过以下迭代过程构造:

第一步,选定一个合适的尺度函数 $\varphi_0(t)$;

第二部,用迭代公式 $\varphi_n(t) = \sqrt{2}\sum_k h_k \varphi_{n-1}(2t-k)$,$n \geqslant 1$ 进行迭代;当 $n \to \infty$ 时,φ_n 收敛到某一函数

$$\varphi(t) = \sqrt{2} \sum_{k=0}^{L} h_k \varphi(2t-k) \tag{7.84}$$

式中 $L = 2N-1, N \geqslant 2$ 为正整数。

如果选择 $\varphi_0(t)$ 为

$$\varphi_0(t) = \begin{cases} t, & 0 \leqslant t < 1 \\ 1-t, & 1 \leqslant t \leqslant 2 \end{cases}$$

其支撑区间均为 $0 \leqslant t \leqslant 2$，记为 $\mathrm{supp}\varphi_0(t) = [0,2]$，那么通过迭代所得的 $\varphi_n(t)$ 不难发现如下支撑范围：

$$\mathrm{supp}\varphi_1(t) = \left[0, \frac{2+L}{2}\right] = \left[0, \frac{2-L}{2} + L\right]$$

$$\mathrm{supp}\varphi_2(t) = \left[0, \frac{2+(2^2-1)L}{2^2}\right] = \left[0, \frac{2-L}{2^2} + L\right]$$

$$\vdots$$

$$\mathrm{supp}\varphi_n(t) = \left[0, \frac{2+(2^n-1)L}{2^n}\right] = \left[0, \frac{2-L}{2^n} + L\right]$$

当 $n \to \infty$ 时，可得

$$\mathrm{supp}\varphi(t) = \mathrm{supp}_{n \to \infty}\varphi_n(t) = [0,L] = [0, 2N-1]$$

道比姬丝发现，对于任意的正整数 N，有 $2N-1$ 个非零的实尺度系数 $h_0, h_1, \cdots, h_{2N-1}$，那么由 $\{h_k\}$ 经过迭代得到的尺度函数 $\varphi(t)$ 的支撑区间为

$$\mathrm{supp}\varphi(t) = [0, 2N-1] \tag{7.85}$$

而对应的小波函数 $\psi(t)$ 支撑区间为

$$\mathrm{supp}\psi(t) = [-(N-1), N] \tag{7.86a}$$

不过为了方便，经常将小波函数 $\psi(t)$ 的图形向右移 $N-1$ 个单位，因此其支撑区间与尺度函数 $\varphi(t)$ 相同，也为

$$\mathrm{supp}\psi(t) = [0, 2N-1] \tag{7.86b}$$

2. 道比姬丝小波的消失矩

消失矩是衡量小波性能的一个重要指标。对于给定的小波函数 $\psi(t)$，如果有

$$\int_{-\infty}^{\infty} t^n \psi(t) \mathrm{d}t = 0, n = 0, 1, 2, \cdots, N-1 \tag{7.87a}$$

但

$$\int_{-\infty}^{\infty} t^N \psi(t) \mathrm{d}t \neq 0 \tag{7.87b}$$

则称小波 $\psi(t)$ 具有 N 阶消失矩。可解释为：由于 $\int_{-\infty}^{\infty} t^k \rho(t) \mathrm{d}t$ 形式的积分称为分布的矩，矩依赖于积分非零而存在，而式(7.87a)表明，函数 $\psi(t)$ 前 N 个矩因积分为零而消失了，因此它有 N 阶消失矩。

从以上定义可以看出，消失矩的阶数 N 高低决定了小波 $\psi(t)$ 的收敛速度快慢。

对于哈尔小波,由于

$$\int_{-\infty}^{\infty} \psi(t) \mathrm{d}t = 0$$

$$\int_{-\infty}^{\infty} t\psi(t) \mathrm{d}t = \int_{0}^{1/2} t\mathrm{d}t - \int_{1/2}^{1} t\mathrm{d}t = -\frac{1}{4} \neq 0$$

所以哈尔小波具有一阶矩。而对于道比姬丝小波,参考文献[8],[19]和[20]都证明了,对应于 $N \geqslant 2$ 的小波,具有 N 阶消失矩。

道比姬丝小波是根据其消失矩而分类的。$N=1$ 时为哈尔小波,其尺度函数和小波函数都是幅度不连续。$N=2$ 时的道比姬丝尺度函数和小波函数都是连续的,但它们都不可微分。只有 $N \geqslant 3$ 以后,尺度函数和小波函数才可微。当 N 增大时,$\varphi_N(t)$ 和 $\psi_N(t)$ 连续可导的数目约为 $N/5$。

小波的消失矩是许多小波应用于数据压缩和信号的奇异性检测中的重要参数。

对信号进行数据压缩处理时,将信号 $f(t)$ 进行小波分解,并表示成

$$f(t) = \sum_{k=-\infty}^{\infty} c_k \varphi_k(t) + \sum_{j=0}^{\infty} \sum_{k=\infty}^{} d_{j,k} \psi_{j,k}(t)$$

其中的 $d_{j,k}$ 为

$$d_{j,k} = \int_{-\infty}^{\infty} f(t) \psi_{j,k}^*(t) \mathrm{d}t$$

假定 $f(t)$ 在 t 点是充分光滑的,对 $f(t)$ 进行泰勒展开,有

$$f(t) = P_{N-1}(t) + R_N(t) = \sum_{n=0}^{N-1} a_n t^n + R_N(t)$$

式中 $P_{N-1}(t) = \sum_{n=0}^{N-1} a_n t^n$ 是 $f(t)$ 在 t 点处的主要部分,这样其余部分 $R_N(t)$ 也就很小了。如果用的小波是 $N \geqslant 2$ 的道比姬丝小波,那么

$$d_{j,k} = \int_{-\infty}^{\infty} f(t) \psi_{j,k}^*(t) \mathrm{d}t = \int_{-\infty}^{\infty} \Big[\sum_{n=0}^{N-1} a_n t^n + R_N(t) \Big] \psi_{j,k}^*(t) \mathrm{d}t$$

$$= \sum_{n=0}^{N-1} \int_{-\infty}^{\infty} a_n t^n \psi_{j,k}^*(t) \mathrm{d}t + \int_{-\infty}^{\infty} R_N(t) \psi_{j,k}^*(t) \mathrm{d}t$$

由于道比姬丝小波具有 N 阶消失矩,因次上式的第一部分为零,于是有

$$d_{j,k} = \int_{-\infty}^{\infty} R_N(t) \psi_{j,k}^*(t) \mathrm{d}t$$

显然 $d_{j,k}$ 会因 $R_N(t)$ 很小而变得很小。所以在信号压缩时,容易根据需要,将小于某个阈值的系数 $d_{j,k}$ 设为零,从而达到数据压缩的目的。

另外,从以上的分析还可以看出,小波的消失矩特性使函数在小波展开时消去了其高阶平滑部分,而剩下的小波系数仅仅反映函数的高阶变化部分,这样就为研究函数的高阶变化和某些高阶导数中可能的奇异性信息提供了方便。

3. 道比姬丝小波的光滑性

对信号处理处理而言,小波的光滑性具有与消失矩特性一样的重要性。尺度函数和小波

函数的光滑性一般由光滑度阶数 α 来衡量。

定义：如果一个函数具有 K 阶连续导数，则称其具有光滑度阶数 $\alpha = K$。

在频域描述：设 $F(\omega) = \mathscr{F}[f(t)]$，如果

$$\int_{-\infty}^{\infty} |F(\omega)| (1 + |\omega|)^{\alpha} \mathrm{d}\omega < \infty \tag{7.88}$$

式中 $\alpha \geqslant 0$，则称 $f(t)$ 具有 α 阶光滑度。

上式说明，α 越大，则 $F(\omega)$ 的衰减越快，也即频谱的局部性越好。表 7.2 给出了道比姬丝尺度函数和小波函数的光滑阶数 α 随消失矩 N 的变化关系。

表 7.2　光滑度阶数 α 与 N 的关系[19]

N	2	3	4	5	6	7	8	9	10
α	0.5	0.915	1.275	1.596	1.888	2.158	2.415	2.611	2.902

从表中可以看出，道比姬丝尺度函数和小波函数的光滑性随 N 的增大而改善。只是当 N 增大时，α 增加的幅度并不明显。这是因为前面所述的 $\varphi_N(t)$ 和 $\psi_N(t)$ 连续可导的数目约为 $N/5$。

应该指出，以上针对道比姬丝尺度函数和小波函数讨论的三个特性，其他紧支撑的小波函数也都拥有，只是具体的数目有所不同罢了。除了这三个重要特性以外，小波的对称性也很重要。不过，对于紧支撑的小波函数，除了哈尔小波以外，至今尚未发现还有其他连续小波是具有对称性的。

7.4.3　道比姬丝小波的计算——二分点上的尺度函数

7.4.1 节已经介绍过 $\varphi_0(t)$ 给出后构建尺度函数 $\varphi(t)$ 的迭代算法，即

$$\varphi_n(t) = \sqrt{2} \sum_k h_k \varphi_{n-1}(2t - k), \quad n \geqslant 1 \tag{7.89}$$

但实际计算时会发现该方法仍然过于繁琐。对于支撑区间均为 $0 \leqslant t \leqslant (2N-1)$ 的道比姬丝正交函数和小波函数，一个更有效的方法是在各二分点（或半整数点）$t = l/2^n$ 上（l, n 均为整数）计算它们的值，也即计算 $\varphi\left(\dfrac{l}{2}\right), \varphi\left(\dfrac{l}{2^2}\right), \cdots, \varphi\left(\dfrac{l}{2^n}\right), \cdots$ 而就数值计算而言，这些样值已经够用了。

利用式(7.89)，以上各二分点的数值计算式为

$$\begin{cases} \varphi\left(\dfrac{l}{2}\right) = \sqrt{2} \sum_{k=0}^{2N-1} h_k \varphi(l - k), & l \in \mathbf{Z} \\[3mm] \varphi\left(\dfrac{l}{2^2}\right) = \sqrt{2} \sum_{k=0}^{2N-1} h_k \varphi\left(\dfrac{l}{2} - k\right), & l \in \mathbf{Z} \\[3mm] \vdots \\[3mm] \varphi\left(\dfrac{l}{2^n}\right) = \sqrt{2} \sum_{k=0}^{2N-1} h_k \varphi\left(\dfrac{l}{2^{n-1}} - k\right), & l \in \mathbf{Z} \\[3mm] \vdots \end{cases} \tag{7.90}$$

下面讨论计算方法与步骤。

第一步,在各整数点上计算 $\varphi(t)$。

按照式(7.90)计算各二分点的值,必须首先得到各整数点 $\varphi(k)$ 的值。考虑到 $\varphi(t)$ 连续且 $\operatorname{supp}\varphi(t)=[0,2N-1]$,所以当 $k\leqslant 0$ 或 $k\geqslant 2N-1$ 时 $\varphi(k)=0$,因此只需计算 $\varphi(1),\varphi(2),\cdots,$ $\varphi(2N-2)$。

由式(7.84)可得

$$\varphi(l)=\sqrt{2}\sum_{k=0}^{2N-1}h_k\varphi(2l-k)$$

令 $m=2l-k$ 并交换累加上下限,则上式改为

$$\varphi(l)=\sqrt{2}\sum_{m=2l}^{2l-2N+1}h_{2l-m}\varphi(m)$$

$$=\sqrt{2}\sum_{m=2l-2N+1}^{2l}h_{2l-m}\varphi(m)$$

若记 $\boldsymbol{\varphi}=[\varphi(1),\varphi(2),\cdots,\varphi(2N-2)]^{\mathrm{T}}$,$\boldsymbol{h}=[\sqrt{2}h_{2l-m}]_{1\leqslant m,l\leqslant 2N-2}$,则

$$\boldsymbol{\varphi}_{(2N-2)\times 1}=\boldsymbol{h}_{(2N-2)\times(2N-2)}\cdot\boldsymbol{\varphi}_{(2N-2)\times 1} \tag{7.91}$$

式(7.91)的实质是求 $\boldsymbol{h}$ 对应于特征值为1的特征向量,只是在求解时,由于 $\sum_k h_{2k+1}=\sum_k h_{2k}=1$,独立方程会减少。如果补充标准化约束条件

$$\sum_k\varphi(k)=\varphi(1)+\varphi(2)+\cdots+\varphi(2N-2)=1 \tag{7.92}$$

然后联合式(7.91),就能得到 $\boldsymbol{\varphi}_{(2N-2)\times 1}$ 的唯一解。

第二步,计算各二分点的值。

按照第一步求出尺度函数各整数点的值 $\varphi(1),\varphi(2),\cdots,\varphi(2N-2)$ 以后,利用式(7.90)即能求出各二分点的值 $\varphi\left(\dfrac{l}{2}\right),\varphi\left(\dfrac{l}{2^2}\right),\cdots,\varphi\left(\dfrac{l}{2^n}\right),\cdots$

第三步,迭代。

从以上两步可以看出,一旦得到了 $\varphi(t)$ 在 $t=l/2^{n-1}$ 时的值,那么在 $t=l/2^n$ 处的 $\varphi(t)$ 值同样可通过尺度关系公式求得,即

$$\varphi(l/2^n)=\sqrt{2}\sum_k h_k\varphi\left(\frac{l-2^{n-1}k}{2^{n-1}}\right) \tag{7.93}$$

式(7.93)就是迭代公式。

通过以上三步求得尺度函数 $\varphi(t)$ 在各整数及二分点的值以后,利用式(7.50a)及式(7.50b),同样可以求得小波函数 $\psi(t)$ 在各整数及二分点的值,即

$$\begin{cases}\psi(t)=\sqrt{2}\sum_k g_k\varphi(2t-k)\\ g_k=(-1)^k h_{1-k}^{*}\end{cases}$$

及

$$
\begin{cases}
\psi\left(\dfrac{l}{2}\right)=\sqrt{2}\displaystyle\sum_{k=0}^{2N-1}g_k\varphi(l-k)=\sqrt{2}\displaystyle\sum_{k=0}^{2N-1}(-1)^k h_{1-k}^{*}\varphi(l-k), & l\in\mathbf{Z}\\[3mm]
\psi\left(\dfrac{l}{2^2}\right)=\sqrt{2}\displaystyle\sum_{k=0}^{2N-1}g_k\varphi\left(\dfrac{l}{2}-k\right)=\sqrt{2}\displaystyle\sum_{k=0}^{2N-1}(-1)^k h_{1-k}^{*}\varphi\left(\dfrac{l}{2}-k\right), & l\in\mathbf{Z}\\[3mm]
\vdots\\[2mm]
\psi\left(\dfrac{l}{2^n}\right)=\sqrt{2}\displaystyle\sum_{k=0}^{2N-1}g_k\varphi\left(\dfrac{l}{2^{n-1}}-k\right)=\sqrt{2}\displaystyle\sum_{k=0}^{2N-1}(-1)^k h_{1-k}^{*}\varphi\left(\dfrac{l}{2^{n-1}}-k\right), & l\in\mathbf{Z}\\[3mm]
\vdots
\end{cases}
\tag{7.94}
$$

最后给出一个定理,利用该定理可以检验所计算的尺度函数和小波函数在二分点的值得正确性。

定理 7.8　由式(7.91)和式(7.92)联立所确定的尺度函数值 $\varphi(l),l\in\mathbf{Z}$ 及经式(7.90)迭代所确定的解 $\varphi\left(\dfrac{l}{2^n}\right),l\in\mathbf{Z},n\in\mathbf{Z}^{+}$ 满足

$$\sum_l \varphi(l/2^n)=2^n \tag{7.95}$$

同样经式(7.94)迭代所确定的解 $\psi\left(\dfrac{l}{2^n}\right),l\in\mathbf{Z},n\in\mathbf{Z}^{+}$ 满足

$$\sum_l \psi(l/2^n)=0 \tag{7.96}$$

定理中 $\mathbf{Z}^{+}$ 表示取正整数。下面先用归纳法证明式(7.95)。

因为 $\varphi\left(\dfrac{l}{2}\right)=\sqrt{2}\sum_k h_k\varphi(l-k)$,且 $\sum_k\varphi(k)=1$,所以有

$$
\begin{aligned}
\sum_l\varphi(l/2)&=\sqrt{2}\sum_l\sum_k h_k\varphi(l-k)\\
&=\sqrt{2}\sum_k h_k\sum_l\varphi(l-k)=\sqrt{2}\sum_k h_k
\end{aligned}
\tag{7.97}
$$

由于 $\sum_k h_k=\sqrt{2}$,所以 $\sum_l\varphi(l/2)=2=2^1$,因此命题对于 $n=0$ 和 1 时成立。

假设 $\sum_l\varphi(l/2^{n-1})=2^{n-1}$ 成立,那么由式(7.97)可得

$$
\begin{aligned}
\sum_l\varphi(l/2^n)&=\sqrt{2}\sum_l\sum_k h_k\varphi\left(\dfrac{l}{2^{n-1}}-k\right)\\
&=\sqrt{2}\sum_k h_k\sum_l\varphi\left(\dfrac{l}{2^{n-1}}-k\right)\\
&=\sqrt{2}\sum_k h_k\sum_l\varphi\left(\dfrac{l-2^{n-1}k}{2^{n-1}}\right)
\end{aligned}
$$

令 $m=l-2^{n-1}k$,则上式为

$$\varphi(l/2^n)=\sqrt{2}\sum_k h_k\sum_m\varphi\left(\dfrac{m}{2^{n-1}}\right)=2\sum_m\varphi\left(\dfrac{m}{2^{n-1}}\right)$$

根据归纳法假定有

$$\sum_m\varphi\left(\dfrac{m}{2^{n-1}}\right)=2^{n-1}$$

因此有

$$\sum_k \varphi(l/2^n) = 2^n$$

从而式(7.95)约束条件得证。

为了证明式(7.96)，在式(7.50a)中用 $l/2^n$ 替代 t，则有

$$\psi\left(\frac{l}{2^n}\right) = \sqrt{2} \sum_k g_k \varphi\left(\frac{l}{2^{n-1}} - k\right), \quad k, l \in \mathbf{Z}, \quad n \in \mathbf{Z}^+$$

上式两边对 l 求和，可得

$$\sum_l \psi\left(\frac{l}{2^n}\right) = \sqrt{2} \sum_l \sum_k g_k \varphi\left(\frac{l}{2^{n-1}} - k\right)$$
$$= \sqrt{2} \sum_k \left(g_k \sum_l \varphi\left(\frac{l}{2^{n-1}} - k\right) \right)$$

利用式(7.95)及式(7.50b)，上式为

$$\sum_l \psi\left(\frac{l}{2^n}\right) = \sqrt{2} \times \frac{1}{2^{n-1}} \sum_k (-1)^k h^*_{1-k}$$
$$= \sqrt{2} \times \frac{1}{2^{n-1}} \left(\sum_k h^*_{2k-1} - \sum_k h^*_{2k} \right)$$

由式(7.49d)可知

$$\sum_k h^*_{2k-1} = \sum_k h^*_{2k} = \frac{\sqrt{2}}{2}$$

因此

$$\sum_l \psi\left(\frac{l}{2^n}\right) = 0$$

于是式(7.96)得证。由以上定理 7.8 可以得到下面推论。

推论7.1 若连续的尺度函数 $\varphi(t)$ 满足标准化约束条件 $\sum_k \varphi(k) = 1$，则必须满足标准化条件 $\int_{-\infty}^{\infty} \varphi(t)\mathrm{d}t = 1$

证明： 把 $\int_{-\infty}^{\infty} \varphi(t)\mathrm{d}t$ 当作 $n \to \infty$ 的黎曼(Riemann)和的极限，按照 $\{t = l/2^n, l, n \in \mathbf{Z}\}$ 进行划分，划分的宽度为 $\Delta t = 1/2^n$。于是

$$\int_{-\infty}^{\infty} \varphi(t)\mathrm{d}t = \lim_{n \to \infty} \sum_l \varphi(t_l)\Delta t = \lim_{n \to \infty} \sum_l \varphi(l/2^n)(1/2^n)$$

因为 $\sum_l \varphi(l/2^n) = 2^n$，所以上式右边等于 1，$\varphi(t)$ 满足标准化条件。

下面通过一个例子说明以上尺度函数二分值的求解。

例7.8 求 $N=2$ 的道比姬丝小波尺度函数的整数点 $\varphi(k)$ 及其二分点的函数值。

解 为了书写方便，令 $\varphi(l) = \varphi_l$。由于 $N=2$，道比姬丝尺度函数 $\varphi(t)$ 仅在 $0 < t < 3$ 上非零，于是在整数 0 和 3 点上，$\varphi(0) = \varphi_0 = \varphi(3) = \varphi_3 = 0$，而只有 φ_1, φ_2 有未知的非零函数。

第一步，在整数点上计算 $\varphi(t)$。

利用尺度公式

$$\varphi(t) = \sqrt{2} \sum_k h_k \varphi(2t - k)$$

当 $t=1$ 时，

$$\varphi_1 = \sqrt{2} \sum_{k=0}^{3} h_k \varphi(2 - k) = \sqrt{2}(h_0 \varphi_2 + h_1 \varphi_1)$$

当 $t=2$ 时，

$$\varphi_2 = \sqrt{2} \sum_{k=0}^{3} h_k \varphi(4 - k) = \sqrt{2}(h_2 \varphi_2 + h_3 \varphi_1)$$

在 7.4.1 节已经求得

$$h_0 = \frac{1 + \sqrt{3}}{4\sqrt{2}}, \quad h_1 = \frac{3 + \sqrt{3}}{4\sqrt{2}}, \quad h_2 = \frac{3 - \sqrt{3}}{4\sqrt{2}}, \quad h_3 = \frac{1 - \sqrt{3}}{4\sqrt{2}}$$

将 h_0, h_1, h_2 和 h_3 代入以上 φ_1 和 φ_2 的求解方程，再结合 $\varphi_1 + \varphi_2 = 1$ 即可求得

$$\varphi_1 = \frac{1 + \sqrt{3}}{2} \approx 1.366\,6, \quad \varphi_2 = \frac{1 - \sqrt{3}}{2} \approx -0.366\,6$$

另外还有 $\varphi_0 = \varphi_3 = 0$，至此整数点上的 $\varphi(t)$ 计算完成。

第二步，在半整数点上计算 $\varphi(t)$。

在尺度方程中，取 $t = l/2$，就可得到

$$\varphi\left(\frac{l}{2}\right) = \sqrt{2} \sum_k h_k \varphi(l - k)$$

对于例 7.6 中 $N=2$ 的道比姬丝小波尺度函数，半整数点 $\varphi(l/2)$ 的值包括 $\varphi(1/2)$，$\varphi(3/2)$ 和 $\varphi(5/2)$，考虑到 $\varphi(0) = \varphi_0 = \varphi(3) = \varphi_3 = 0$，因此有

$$\varphi(1/2) = \sqrt{2} h_0 \varphi_1 = \frac{(1 + \sqrt{3})^2}{8} = \frac{2 + \sqrt{3}}{4} \approx 0.933$$

$$\varphi(3/2) = \sqrt{2}(h_1 \varphi_2 + h_2 \varphi_1) = 0$$

$$\varphi(5/2) = \sqrt{2} h_3 \varphi_2 = \frac{(-1 + \sqrt{3})^2}{8} = \frac{2 - \sqrt{3}}{4} \approx 0.067$$

第三步，迭代。

按照

$$\varphi(l/2^n) = \sqrt{2} \sum_k h_k \varphi\left(\frac{l - 2^{n-1}k}{2^{n-1}}\right)$$

进行迭代。此处略去了详细过程，有兴趣的读者可自行尝试。

从以上例子可以看出，随着 n 的增加，二分点 $\{l/2^n, l, n \in \mathbf{Z}\}$ 变得越来越密集。由于任何实函数 $f(t)$ 都是某个二分点列的极限，而且由于道比姬丝尺度函数是连续的，所以 $\varphi(t)$ 在任何点 t 处的值均可通过求 $\varphi(l/2^n)$ 的极限获得。

7.5　本章小结

本章借助基本的微积分及代数方法，在前几章介绍的傅里叶方法基础上，以哈尔小波作为

切入点,讨论了小波分析的最基本方法,包括紧支撑的正交尺度函数和小波的基本概念和理论,依小波的多分辨率分解、重构及迭代算法。由于哈尔小波是不连续的,不宜用它分析连续信号,为此本章的最后一节讨论了最典型的道比姬丝小波,举例说明了它的构造过程,分析了它的重要特性,最后以介绍二分点上的尺度函数构造方法结束本章。

　　本章讨论的内容虽然只是深奥的小波分析理论中的最基本部分,但它可以为读者打开小波理论殿堂的一扇窗户。透过这扇窗户,读者可以初步领略到小波方法为信号处理带来的极大方便与好处。需要特别说明的是,小波虽然已经在信号与图像处理、数据压缩、医学成像与诊断、音乐与语音的人工合成、地震勘探、机械的故障诊断与监控、自动控制、天体物理、量子场论、分型等领域得到极其广泛的应用,但由于具体的应用还会涉及更多更深的理论与算法,因此本章无法对实际应用进行举例。希望通过本章的粗浅介绍,引起读者对小波及其分析方法的兴趣,再通过专门的深入学习和研究,从而系统地掌握它。

习题

　　7.1　对于 $a \leqslant t \leqslant b$,$L^2[a,b]$ 表示所有平方可积函数组成的空间。即

$$L^2([a,b]) = \left\{ f:[a,b] \to C; \int_{-\infty}^{\infty} |f^2(t)\mathrm{d}t < \infty| \right\}$$

定义 $L^2[a,b]$ 上的 L^2 内积为

$$\langle f,g \rangle_{L^2} = \int_a^b f(t)g^*(t)\mathrm{d}t, \quad f,g \in L^2[a,b]$$

试证明该内积满足共轭对称性,即 $\langle f,g \rangle = \langle f,g \rangle^*$。

　　7.2　令

$$\varphi(t) = \begin{cases} 1, & 0 \leqslant t < 1 \\ 0, & 其他 \end{cases}, \quad \psi(t) = \begin{cases} 1, & 0 \leqslant t < 1/2 \\ -1, & 1/2 \leqslant t < 1 \\ 0, & 其他 \end{cases}$$

证明 $\varphi(t)$ 与 $\psi(t)$ 在 $L^2[0,1]$ 中正交。

　　7.3　复函数 $f(t)$ 的支撑记为 $\mathrm{supp}(f)$,是指包含 $f(t) \neq 0$ 集合的最小闭集。若 $\mathrm{supp}(f)$ 包含于一有界集,则称 $f(t)$ 是紧支撑的或者具有紧支撑。求下列函数的支撑,并确定哪些是紧支撑的。

　　(a) $f_1(t) = \begin{cases} 1, & k < t < k+1 \quad k \text{ 为奇整数} \\ 0, & k \leqslant t \leqslant k+1 \quad k \text{ 为偶整数} \end{cases}$;

　　(b) $f_2(t) = \begin{cases} 0, & t \leqslant -5 \\ -1, & -5 < t < 0 \\ t(1-t), & 0 \leqslant t \leqslant 3 \\ 1, & t > 3 \end{cases}$

　　(c) $f_3(r,\theta) = \begin{cases} 1, & 0 < r < 1, \quad 0 \leqslant \theta \leqslant 2\pi \\ 0, & 其他 \end{cases}$

7.4　设 $\mathbf{V}_0$ 是内积空间的一个子空间。假设 $\{e_1(t), e_2(t), \cdots, e_N(t)\}$ 是 $\mathbf{V}_0$ 的正交基,若 $v(t) \in \mathbf{V}_0$,试证明 $v(t)$ 可表示为

$$v(t) = \sum_{i=1}^{N} \langle v(t), e_i(t) \rangle e_i(t)$$

式中,$\langle v(t), e_i(t) \rangle$ 表示 $v(t)$ 与 $e_i(t)$ 的内积运算。

7.5　求函数 $f(t) = t$ 在由 $\varphi(t), \psi(t), \psi(2t), \psi(2t-1)$ 张成的子空间上的投影。其中 $\varphi(t), \psi(t)$ 如同题 7.2 所定义。

7.6　对于哈尔尺度函数 $\varphi(t)$,若函数集 $\{\varphi(t-k), k \in \mathbf{Z}\}$ 是 $\mathbf{V}_0$ 的一个标准正交基,证明函数集 $\{2^{j/2}\varphi(2^j t-k), k \in \mathbf{Z}\}$ 是 $\mathbf{V}_j$ 的一个标准正交基。

7.7　设 $\varphi(t), \psi(t)$ 分别为哈尔尺度函数和小波函数,$\mathbf{V}_j$ 和 $\mathbf{W}_j$ 分别为函数 $\varphi(2^j t-k)$,$\psi(2^j t-k), k \in \mathbf{Z}$ 张成的空间,对于题图 7.7 所示的信号 $f(t)$,能够捕获该信号所有细节特征的网格大小为 $1/2^2$。

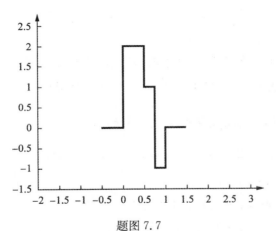

题图 7.7

(a) 用 $\{\varphi(2^2 t-k), k \in \mathbf{Z}\}$ 表示 $f(t)$;

(b) 把 $f(t)$ 分解为 $\mathbf{W}_1, \mathbf{W}_0$ 和 $\mathbf{V}_0$ 的分量,并画出每个分量的图形。

7.8　设 $\varphi(t), \psi(t)$ 分别为哈尔尺度函数和小波函数,$\mathbf{V}_j$ 和 $\mathbf{W}_j$ 分别为函数 $\varphi(2^j t-k)$,$\psi(2^j t-k), k \in \mathbf{Z}$ 张成的空间,考虑区间 $[0,1]$ 上的分段函数

$$f(t) = \begin{cases} -2, & 0 \leqslant t < 1/4 \\ 5, & 1/4 \leqslant t < 1/2 \\ 1, & 1/2 \leqslant t < 3/4 \\ 3, & 3/4 \leqslant t < 1 \end{cases}$$

先将 $f(t)$ 在 $\mathbf{V}_2$ 中展开,然后把 $f(t)$ 分解为 $\mathbf{W}_1, \mathbf{W}_0$ 和 $\mathbf{V}_0$ 的分量,并画出每个分量的图形。

7.9　如果题 7.8 中的分段函数改为

$$f(t) = \begin{cases} 2, & 0 \leqslant t < 1/4 \\ -3, & 1/4 \leqslant t < 1/2 \\ 1, & 1/2 \leqslant t < 3/4 \\ 3, & 3/4 \leqslant t < 1 \end{cases}$$

要求先将 $f(t)$ 在 $\mathbf{V}_3$ 中展开，然后把 $f(t)$ 分解为 $\mathbf{W}_2$，$\mathbf{W}_1$，$\mathbf{W}_0$ 和 $\mathbf{V}_0$ 的分量，画出每个分量的图形。

7.10 令 $\varphi(t)$，$\psi(t)$ 分别为哈尔尺度函数和小波函数，$\mathbf{V}_j$ 和 $\mathbf{W}_j$ 分别为函数 $\varphi(2^j t - k)$，$\psi(2^j t - k)$，$k \in \mathbf{Z}$ 张成的空间。设 $f(t) = \sum_k a_k \varphi(2t - k) \in \mathbf{V}_1$（$a_k$ 为实系数），证明：若 $f(t)$ 与每个基函数 $\varphi(t - l) \in \mathbf{V}_0 (l \in \mathbf{Z})$ 正交，则对于任意整数 l 有 $a_{2l+1} = -a_{2l}$，且有

$$f(t) = \sum_l a_{2l} \psi(t - l) \in \mathbf{W}_0$$

7.11 根据下面给出的哈尔小波分解结果，重构 $g(t) \in \mathbf{V}_3$，并画出 $g(t)$ 的波形。

$$a_k^2 = \left\{ \frac{1}{2}, 2, \frac{5}{2}, -\frac{3}{2} \right\}, \quad d_k^2 = \left\{ -\frac{3}{2}, -1, \frac{1}{2}, -\frac{1}{2} \right\}$$

序列中的第一项对应 $k = 0$。

7.12 根据下面给出的哈尔小波分解结果，重构 $s(t) \in \mathbf{V}_3$，并画出 $s(t)$ 的波形。

$$a_k^1 = \left\{ \frac{3}{2}, -1 \right\}, \quad d_k^1 = \left\{ -1, -\frac{3}{2} \right\}, \quad d_k^2 = \left\{ -\frac{3}{2}, -\frac{3}{2}, -\frac{1}{2}, -\frac{1}{2} \right\}$$

序列中的第一项对应 $k = 0$。

7.13 证明定理 7.4 的第二部分，即小波函数 $\psi(t)$ 与尺度函数 $\varphi(t - l)$ 正交，当且仅当

$$\sum_k \Phi(\omega + 2\pi k) \Psi(\omega + 2\pi k) = 0 \quad \text{对所有的 } \omega \in \mathbf{R}$$

7.14 设函数 $\varphi(t)$ 满足标准正交条件 $\int \varphi(t - k) \varphi(t - l) dt = \delta(k - l)$ 及尺度关系 $\varphi(t) = \sqrt{2} \sum_k h_k \varphi(2t - k)$，令 $\psi(t) = \sqrt{2} \sum_k g_k \varphi(2t - k)$，其中 $g_k = (-1)^k h_{1-k}^*$，证明以下两个命题成立：

(a) $|G(\omega)|^2 + |G(\omega + \pi)|^2 = 1$

(b) $\varphi(t - n) \perp \psi(t - m)$，$n, m \in \mathbf{Z}$，当且仅当

$$H(\omega) G^*(\omega) + H(\omega + \pi) G^*(\omega + \pi)$$

式中 $H(\omega) = \frac{\sqrt{2}}{2} \sum_k h_k e^{-j\omega k}$，$G(\omega) = \frac{\sqrt{2}}{2} \sum_k g_k e^{-j\omega k}$

7.15 设 $f(t)$ 是一个连续可微函数，对 $0 \leqslant t < 1$ 有 $|f'(t)| \leqslant M$，如果 $1 \leqslant k \leqslant 2^n$ 时，$c_{n,k} = f(k/2^n)$，用由哈尔尺度函数 $\varphi(t)$ 生成的阶梯函数

$$f_n(t) = \sum_k c_{n,k} \varphi(2^n t - k)$$

近似表示 $f(t)$，容许的误差容限为 ε。试证明：当 $n < \log_2(M/\varepsilon)$ 时，$|f(t) - f_n(t)| \leqslant \varepsilon$。

7.16 线性样条小波可由下式产生：

$$\psi(t) = \psi_h(t) * g(t)$$

式中 $\psi_h(t)$ 为哈尔小波，$g(t)$ 称为"磨光"子，表示为

$$g(t) = \begin{cases} 1, & 0 \leqslant t \leqslant 1 \\ 0, & \text{其他} \end{cases}$$

求出线性样条小波 $\psi(t)$ 的函数式，画出其图形并与哈尔小波比较光滑性。

本题揭示：若 $\psi(t)$ 是一个小波母函数，$g(t)$ 是实的有界函数，则卷积 $\psi(t) * g(t)$ 生成的函

数也是一个小波母函数,并且通过改变"磨光"子 $g(t)$,可以达到改善 $\psi(t)$ 光滑性的目的。

7.17　参阅附录 H 的 Matlab 程序,令

$$f(t) = e^{-t^2/10}(\sin 2t + 2\cos 4t + 0.4\sin t \cdot \sin 50t)$$

(a) 在 $[0,1]$ 上对 $f(t)$ 取 2^8 个点;

(b) 用哈尔小波实现分解算法;

(c) 画出各个分量 $f_{j-1}(t) \in \mathbf{V}_{j-1}$ $(j=8,7,\cdots,1)$ 的图形,并同原信号作比较。

7.18　在上题的基础上:

(a) 进行滤波处理,即若小波系数的绝对值阈值 $t=0.1$,则把这些系数设为 0,从而达到滤波的目的。

(b) 用哈尔小波对滤波后的信号进行重构,画出重构信号 $f_8(t) \in \mathbf{V}_8$,并同原信号进行比较。

(c) 计算压缩后信号与原信号的相对误差。

(d) 试验各种不同的阈值,记录下被滤除的小波系数所占的比例,并画出相应曲线。

7.19　令 $f(t)$ 由下式定义:

$$f(t) = \begin{cases} 0, & t<0, t>1 \\ t(1-t), & 0 \leqslant t \leqslant 1 \end{cases}$$

对 $f(t)$ 在二进点 $k/2^8$, $k=-256,-255,0,1,\cdots,512$ 上取样。若 $j=1$ 表示顶级时情况(即原始信号),试应用 $N=2$ 的道比姬丝小波 $\psi_2(t)$ 实现一个一级分解。

7.20　应用 $N=2$ 的道比姬丝小波重做 7.17 和 7.18 题。

第 8 章

拉普拉斯变换与连续时间系统的复频域分析

8.1 引言

在第 4 章和第 5 章中,我们研究了连续时间信号与系统的傅里叶分析,它在涉及信号和 LTI 系统的众多领域里是十分有用的。这在很大程度上是由于许多信号都能用复指数信号的线性组合来表示。把连续时间信号表示成 $e^{j\omega t}$ 的复指数信号的线性组合就构成了信号傅里叶级数和傅里叶变换的基础。如果将 $e^{j\omega t}$ 扩展为复变量 s 的复指数函数($s=\sigma+j\omega$),也即把连续信号看作无穷多项 e^{st} 之叠加,将会得到更多的好处,这就由傅里叶变换推广至拉普拉斯变换,简称拉氏变换。拉氏变换可以理解为一种推广的傅里叶变换,而傅里叶变换则是拉氏变换取 $s=j\omega$ 的一种特例。

法国数学家拉普拉斯(P. L. Laplace,1749—1825)在其著作中对拉普拉斯变换给予了严密的数学定义。从此,拉氏变换方法在电学、力学等众多科学与工程领域中得到广泛应用,作为研究连续线性非时变系统的有力工具,拉氏变换至今仍起着非常重要的作用。

利用拉氏变换方法,可以将线性非时变系统的时域模型简便地进行变换,在变换域中求解系统的响应,再还原时间函数,故拉氏变换是求解常系数线性微分方程的有效方法。其优点如下所述。

(1)拉氏变换可以将微分与积分的运算转换为乘法与除法运算,将积分、微分方程转换为代数方程,这种转换方式有点像初等数学中的对数变换,即乘除的对数转换为对数的加减。当然,对数变换是就对数而言的,而拉氏变换则是对信号函数进行的。

(2)拉氏变化使求解过程简化,它可将起始条件包含在变换式里,同时给出微分方程的特解和齐次解。

(3)在通信理论中经常遇到的指数函数、超越函数以及奇异函数等,经拉氏变换可转换为简单的初等函数。对于某些非周期的具有不连续点的信号函数,用傅氏分析法比较繁琐,而用拉氏变换法则比较简便。

(4)对于线性非时变系统,其输入信号引起的零状态响应是各输入分量响应的积分,可利用拉氏反变换求得。若将起始状态看作内部信号源,则系统的零输入响应也可以同时求得。

(5) 拉氏变换将时域中两信号函数的卷积运算转换为变换域中的乘法运算。在此基础上建立了 s 域分析方法,为研究线性系统的信号传输提供了便利。

本章将讨论拉氏变换的定义及拉氏变换的方法,介绍拉氏变换的基本性质,通过实例介绍利用拉氏变换分析电路的方法,并引出系统函数的概念。

利用系统函数在 s 平面的零极点分布可以分析系统的时域特性,求解系统的自由响应与强迫响应,暂态响应与稳态响应。利用 $H(s)$ 的零极点分布还可以方便地求得系统的频率响应特性,从而对系统的频域特性进行分析。

s 域分析方法和频域分析法相比,一般来说,s 域分析法在求解系统的响应时比较简便,但其缺点是物理概念不够清楚。与此相反,傅氏分析法的优点是物理概念清楚,但其缺点是求解不如拉氏变换那样简便。

8.2　拉氏变换的定义和收敛域

本节将从傅里叶变换的定义导出拉氏变换,并介绍拉氏变换的收敛条件及收敛域。

8.2.1　从傅里叶变换到拉氏变换

由第 5 章可知,在用频域法分析系统时,常需要求出信号 $f(t)$ 的傅里叶变换,即信号 $f(t)$ 的频谱

$$F(\mathrm{j}\omega) = \int_{-\infty}^{\infty} f(t)\mathrm{e}^{-\mathrm{j}\omega t}\,\mathrm{d}t$$

然而有不少信号函数不能直接由上面的定义式求得其傅里叶变换。这通常是由于,当 t 趋于无穷大时,$f(t)$ 的幅度不衰减,因而积分不收敛的缘故。例如,单位阶跃函数 $\varepsilon(t)$,其傅里叶变换存在,但上式表示的积分不收敛。此外,随 t 增幅的指数函数 $\mathrm{e}^{\alpha t}\varepsilon(t)\,(\alpha>0)$ 的傅里叶变换也不存在。

为了使更多的信号函数存在变换,并简化变换形式及运算过程,引入一个衰减因子 $\mathrm{e}^{-\sigma t}$ (其中 σ 为任意常数),并将其与 $f(t)$ 相乘,于是 $\mathrm{e}^{-\sigma t}f(t)$ 的积分得以收敛,绝对可积的条件就容易满足。据此写出 $\mathrm{e}^{-\sigma t}f(t)$ 的傅里叶变换为

$$\mathscr{F}\left[\mathrm{e}^{-\sigma t}f(t)\right] = \int_{-\infty}^{\infty} \mathrm{e}^{-\sigma t}f(t)\mathrm{e}^{-\mathrm{j}\omega t}\,\mathrm{d}t = \int_{-\infty}^{\infty} f(t)\mathrm{e}^{-(\sigma+\mathrm{j}\omega)t}\,\mathrm{d}t \tag{8.1}$$

上式的积分结果是 $(\sigma+\mathrm{j}\omega)$ 的函数,令其为 $F(\sigma+\mathrm{j}\omega)$,则

$$F(\sigma+\mathrm{j}\omega) = \int_{-\infty}^{\infty} f(t)\mathrm{e}^{-(\sigma+\mathrm{j}\omega)t}\,\mathrm{d}t \tag{8.2}$$

相应的傅里叶反变换为

$$\mathrm{e}^{-\sigma t}f(t) = \frac{1}{2\pi}\int_{-\infty}^{\infty} F(\sigma+\mathrm{j}\omega)\mathrm{e}^{\mathrm{j}\omega t}\,\mathrm{d}\omega$$

等式两端乘以 $\mathrm{e}^{\sigma t}$,可得

$$f(t) = \frac{1}{2\pi} \int_{-\infty}^{\infty} F(\sigma + j\omega) e^{(\sigma + j\omega)t} d\omega \tag{8.3}$$

将式(8.2)与式(8.3)中的 $\sigma + j\omega$ 作变量替换,令

$$s = \sigma + j\omega \tag{8.4}$$

则式(8.2)可写成

$$F(s) = \int_{-\infty}^{\infty} f(t) e^{-st} dt \tag{8.5a}$$

由于 σ 为常数,因此 $d\omega = \dfrac{ds}{j}$,故式(8.3)可写成

$$f(t) = \frac{1}{2\pi j} \int_{\sigma - j\infty}^{\sigma + j\infty} F(s) e^{st} ds \tag{8.5b}$$

式(8.5a)与式(8.5b)常称为双边拉氏变换的一对变换式。式(8.5a)表示正变换,式中 $F(s)$ 称为 $f(t)$ 的双边拉氏变换,或称象函数,式(8.5b)表示拉氏反变换,式中 $f(t)$ 为 $F(s)$ 的拉氏反变换,或称原函数,常用记号 $\mathscr{L}_b[f(t)]$ 表示 $f(t)$ 取双边拉氏变换,记为 $F_b(s)$,以 $\mathscr{L}_b^{-1}[F_b(s)]$ 表示取双边拉氏反变换。于是,双边拉氏变化定义式(8.5a)与(8.5b)可改写为

$$F_b(s) = \mathscr{L}_b[f(t)] = \int_{-\infty}^{\infty} f(t) e^{-st} dt \tag{8.5c}$$

及

$$\mathscr{L}_b^{-1}[F_b(s)] = f(t) = \frac{1}{2\pi j} \int_{\sigma - j\infty}^{\sigma + j\infty} F(s) e^{st} ds \tag{8.5d}$$

实际信号 $f(t)$ 都有其起始时刻,若假设其起始时刻为时间坐标的原点是 $t = 0$,$t < 0$ 时,$f(t) = 0$。因此式(8.5a)与式(8.5b)可写为

$$F(s) = \int_{0^-}^{\infty} f(t) e^{-st} dt \tag{8.6a}$$

$$f(t) = \begin{cases} \dfrac{1}{2\pi j} \displaystyle\int_{\sigma - j\infty}^{\sigma + j\infty} F(s) e^{st} ds, & t > 0 \\ 0, & t < 0 \end{cases} \tag{8.6b}$$

式(8.6a)与式(8.6b)称为单边拉氏变换的一对变换式。式(8.6a)中积分下限取 0^- 是考虑 $f(t)$ 中可能包含冲激函数等奇异函数,但为了简便,常把下限写为 0,只有在必要时才把它写为 0^-。式(8.6b)中为了表达方便也常常只写 $t > 0$ 的部分。常以记号 $\mathscr{L}[f(t)]$ 表示 $f(t)$ 取单边拉氏变换,记为 $F(s)$,以 $\mathscr{L}^{-1}[F(s)]$ 表示对 $F(s)$ 取单边拉氏反变换,于是有

$$F(s) = \mathscr{L}[f(t)] = \int_{0^-}^{\infty} f(t) e^{-st} dt \tag{8.7a}$$

$$f(t) = \mathscr{L}^{-1}[F(s)] = \frac{1}{2\pi j} \int_{\sigma - j\infty}^{\sigma + j\infty} F(s) e^{st} ds, \quad t > 0 \tag{8.7b}$$

上式就是目前应用比较广泛的单边拉氏变换的一对变换式。

单边拉氏变换对于分析具有起始条件的由线性常系数微分方程描述的因果系统具有重要意义。本书主要讨论单边拉氏变换,对双边拉氏变换在讨论时将特别注明。对于因果信号,由于 $t < 0$ 时,$f(t) = 0$,故其双边拉氏变换与单边拉氏变换是相同的,即 $F_b(s) = F(s)$。

拉氏变换与傅氏变换的主要差别在于:傅氏变换将时域函数 $f(t)$ 变换为频域函数 $F(\omega)$,或作相反变换,时域变量 t 和频域变量 ω 都是实数;而拉氏变换将时域函数 $f(t)$ 变换为频域函数 $F(s)$,或作相反变换,此时时域变量 t 是实数,而频域变量 s 却是复数。与 ω 相对应,变量 s 称为复变量,相应地 s 域称为复频域。概括地说,傅里叶变换建立了时域和频域间的联系,而拉氏变换则建立了时域和复频域(s 域)间的联系。

在上述讨论中,我们将衰减因子 $e^{-\sigma t}$ 引入傅氏变换,从而推得拉氏变换。从数学方法来说,将函数 $f(t)$ 乘以衰减因子 $e^{-\sigma t}$,使之变为收敛函数,满足绝对可积条件;从物理意义上分析,将频率 ω 变换为复频率 s,ω 只能表示振荡的重复频率,而 s 不仅能给出重复频率,还可以表示振荡幅度的增加或衰减速率。

8.2.2　拉氏变换的收敛域

为了说明拉氏变换的收敛域,考虑下面的例子。

例 8.1　试求信号 $f(t) = e^{-\alpha t}\varepsilon(t)$ 的拉氏变换。

解　利用式(8.5a)可得其拉氏变换为

$$F_b(s) = F(s) = \int_{-\infty}^{\infty} e^{-st} e^{-\alpha t} u(t) dt = \int_{0}^{\infty} e^{-(s+\alpha)t} dt = -\frac{e^{-(s+\alpha)t}}{s+\alpha}\bigg|_{0}^{\infty}$$

上述积分只有当 $\{\mathrm{Re}[s]+\alpha\} > 0$,即 $\mathrm{Re}[s] > -\alpha$ 时收敛,于是

$$\mathscr{L}[e^{-\alpha t}\varepsilon(t)] = F(s) = \frac{1}{s+\alpha}, \quad \mathrm{Re}[s] > -\alpha$$

在例 8.1 中,拉氏变换仅对 $\mathrm{Re}[s] > -\alpha$ 的 s 收敛。如果 α 为正,那么 $F(s)$ 就能在 $\sigma = 0$ 处求值,即

$$F(0+j\omega) = \frac{1}{j\omega+\alpha}$$

上式表示 $\sigma = 0$ 时的拉氏变换等于傅里叶变换;如果 α 为负,拉氏变化仍存在,但傅里叶变换不存在。为了与例 8.1 相比较,现考虑第二个例子。

例 8.2　试求信号 $f(t) = -e^{-\alpha t}\varepsilon(-t)$ 的双边拉氏变换。

解　利用式(8.5a),可得其双边拉氏变换为

$$\mathscr{L}_b[f(t)] = F_b(s) = -\int_{-\infty}^{\infty} e^{-\alpha t} e^{-st}\varepsilon(-t) dt = -\int_{-\infty}^{0} e^{-(s+\alpha)t} dt = \frac{e^{-(s+\alpha)t}}{s+\alpha}\bigg|_{-\infty}^{0}$$

上述积分只有当 $\{\mathrm{Re}[s]+\alpha\} < 0$,即 $\mathrm{Re}[s] < -\alpha$ 时收敛,于是

$$\mathscr{L}_b[-e^{-\alpha t}\varepsilon(-t)] = F_b(s) = \frac{1}{s+\alpha}, \quad \mathrm{Re}[s] < -\alpha$$

在以上的例 8.1 与例 8.2 中,所求得的拉氏变换是一样的,但它们的拉氏变换能成立的 s 域却是不同的。这说明,在给出一个信号的拉氏变换时,除了给出拉氏变换的表示式外,还应给出该表示式能够成立的变量 s 值的范围。一般把式(8.5a)或式(8.7a)收敛的 s 值范围称为拉氏变换的收敛域,简记为 ROC(Region of convergence)。也就是说 ROC 是由这样一些 $s = \sigma + j\omega$ 组成的,对这些 s 来说,$e^{-\sigma t}f(t)$ 的傅里叶变换收敛。

图 8.1(a)所表示的为例 8.1 的收敛域,变量 s 是一个复数,在图 8.1 上表示的为一复平

面,一般称为 s 平面,其水平轴 $\mathrm{Re}[s]$,也称为 σ 轴。垂直轴是 $\mathrm{Im}[s]$ 轴,也称为 $\mathrm{j}\omega$ 轴。$\sigma=-\alpha$ 称为收敛坐标。通过 $\sigma=-\alpha$ 的垂直线是收敛域的边界,称为收敛轴。例 8.1 的收敛域为 $\sigma>-\alpha$,在图 8.1(a)中用画斜线的阴影部分来表示。例 8.2 的收敛域为 $\sigma<-\alpha$,在图 8.1(b)中用画斜线的阴影部分来表示(图 8.1 中 $\alpha<0$)。

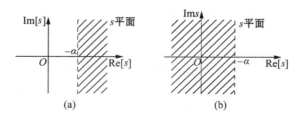

图 8.1　拉氏变换的收敛域

(a) 例 8.1 的 ROC　(b) 例 8.2 的 ROC

例 8.3　试求信号 $f(t)=-\mathrm{e}^{-t}\varepsilon(-t)+\mathrm{e}^{-2t}\varepsilon(t)$ 的双边拉氏变换。

解　可求得其双边拉氏变换为

$$F_{\mathrm{b}}(s)=\int_{-\infty}^{\infty}\left[-\mathrm{e}^{-t}\varepsilon(-t)+\mathrm{e}^{-2t}\varepsilon(t)\mathrm{e}^{-st}\right]\mathrm{d}t$$

$$=-\int_{-\infty}^{0}\mathrm{e}^{-t}\mathrm{e}^{-st}\varepsilon(-t)\mathrm{d}t+\int_{0}^{\infty}\mathrm{e}^{-2t}\mathrm{e}^{-st}\varepsilon(t)\mathrm{d}t$$

$$=\frac{1}{s+1}+\frac{1}{s+2}=\frac{2s+3}{(s+1)(s+2)}$$

为了确定其收敛域,注意到 $F_{\mathrm{b}}(s)$ 中的第一项 $-\mathrm{e}^{-t}\varepsilon(-t)$ 的拉氏变换,其 ROC 为 $\mathrm{Re}[s]<-1$,而 $F_{\mathrm{b}}(s)$ 中的第二项为 $\mathrm{e}^{-2t}\varepsilon(t)$ 的拉氏变换,其收敛域为 $\mathrm{Re}[s]>-2$,把这两项合在一起为 $F_{\mathrm{b}}(s)$ 收敛域,即为 $\mathrm{Re}[s]<-1$ 和 $\mathrm{Re}[s]>-2$ 的公共部分,故 $F_{\mathrm{b}}(s)$ 的 ROC 为 $-2<\mathrm{Re}[s]<-1$。

可以看出,以上三个例子所得的拉氏变换都是复变量 s 的两个多项式之比,即

$$F_{\mathrm{b}}(s)=\frac{N(s)}{D(s)} \tag{8.8}$$

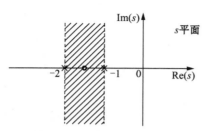

图 8.2　例 8.3 的零极点与 ROC 图

式中 $N(s)$ 和 $D(s)$ 分别称为分子多项式和分母多项式。当 $F_{\mathrm{b}}(s)$ 具有式(8.8)表示的形式时,就称之为有理函数。对于有理拉氏变换来说,因为在分子多项式 $N(s)=0$ 的根上有 $F_{\mathrm{b}}(s)=0$,故称 $N(s)=0$ 的根为 $F_{\mathrm{b}}(s)$ 的零点,同时在分母多项式 $D(s)=0$ 的根上有 $F_{\mathrm{b}}(s)$ 无穷大,故称 $D(s)=0$ 的根为 $F_{\mathrm{b}}(s)$ 的极点。在 s 平面内标出 $F_{\mathrm{b}}(s)$ 的零极点位置及收敛域是表示拉氏变换的一种方便而形象的方式。图 8.2 表示例 8.3 的零极点图及收敛域。图中用 x 表示 $F_{\mathrm{b}}(s)$ 的极点,用 ○ 表示 $F_{\mathrm{b}}(s)$ 的零点,画斜线的阴影部分为收敛域。例 8.3 的 $F_{\mathrm{b}}(s)$ 之极点在 $s=-1$ 和 $s=-2$ 处,其零点在 $s=-3/2$ 处,其 ROC 为 $-2<\mathrm{Re}[s]<-1$,如图 8.2 所示为一带状区域。

由例 8.1 及 8.2 可以看到收敛域的重要性。两个不同的信号 $e^{-\alpha t}\varepsilon(t)$ 和 $-e^{-\alpha t}\varepsilon(-t)$ 能够有相同的双边拉氏变换表示式,但收敛域不同,因此它们的拉氏变换只有靠收敛域才能区别。由上面三个例子可以得到关于收敛域的如下性质:

(1) 双边拉氏变换 $F_b(s)$ 的收敛域在 s 平面平行于 $j\omega$ 轴的右边(例 8.1,见图 8.1(a))、左边(例 8.2,见图 8.1(b))或两个收敛轴中间的带状区域(见例 8.3 和图 8.2)。

(2) 对有理拉氏变换来说,收敛域内不包括任何极点。

(3) 如果 $f(t)$ 是一个因果信号,$\text{Re}[s]=\sigma_0$ 这条收敛轴位于收敛域的边界,则 $F(s)$ 收敛域位于这个收敛轴的右边,即 $\text{Re}[s]>\sigma_0$(例 8.1,见图 8.1(a))。

(4) 如果 $f(t)$ 是一个非因果信号,$\text{Re}[s]=\sigma_0$ 这条收敛轴位于收敛域的边界,则双边拉氏变换 $F_b(s)$ 收敛域位于这个收敛轴的左边,即 $\text{Re}[s]<\sigma_0$(见例 8.2 和图 8.1(b))。

(5) 如果 $f(t)$ 是由因果信号部分和非因果信号部分组成,这可称为双边信号,而且收敛轴 $\sigma=\sigma_1$ 与 $\sigma=\sigma_2$ 位于收敛域的边界,且 $\sigma_2>\sigma_1$,则双边拉氏变换 $F_b(s)$ 收敛域是收敛轴 $\sigma=\sigma_1$ 与 $\sigma=\sigma_2$ 之间的一条带状区域,$\sigma_1<\text{Re}[s]<\sigma_2$(见例 8.3 和图 8.2)。

(6) 对于有限持续时间的 $f(t)$ 信号,若至少存在一个 s 值,使其拉氏变换收敛,则 $F_b(s)$ 的收敛域是整个 s 平面。

例如,对于一些比指数函数增幅得更快的函数,如 $e^{t^2}\varepsilon(t)$ 和 $te^{t^2}\varepsilon(t)$,由于不能找到它们的收敛坐标,因而不能进行拉氏变换,但若把这种函数限定在有限时间范围内,如

$$f(t)=\begin{cases} e^{t^2}, & 0\leqslant t<T \\ 0, & \text{其他} \end{cases}$$

则其拉氏变换存在。

对于单边拉氏变换,由于其只能适用于因果信号,故其收敛域位于收敛轴的右边,其形式比较简单。

8.3　常用信号的拉氏变换

本节利用拉氏变换的定义式,求解一些常用信号的拉氏变换。

1. 阶跃信号

$$\mathscr{L}[\varepsilon(t)]=\int_0^\infty e^{-st}\,dt=-\frac{e^{-st}}{s}\bigg|_0^\infty$$

上式积分在 $\text{Re}[s]>0$ 时收敛,故

$$\mathscr{L}[\varepsilon(t)]=\frac{1}{s}, \quad \text{Re}[s]>0 \tag{8.9a}$$

同理可求得 $-\varepsilon(-t)$ 的双边拉氏变换为

$$\mathscr{L}_b[-\varepsilon(-t)]=-\int_{-\infty}^0 e^{-st}\,dt=\frac{e^{-st}}{s}\bigg|_{-\infty}^0$$

上式积分在 $\text{Re}[s]<0$ 时收敛,故

$$\mathscr{L}_{b}[-\varepsilon(-t)]=\frac{1}{s}, \quad \mathrm{Re}[s]<0 \tag{8.9b}$$

$\varepsilon(t)$ 与 $-\varepsilon(-t)$ 具有相同的双边拉氏变换式,但 ROC 不同。

2. 指数信号

$$\mathscr{L}[e^{-\alpha t}\varepsilon(t)]=\int_{0}^{\infty}e^{-\alpha t}e^{-st}\mathrm{d}t=-\frac{e^{-(s+\alpha)t}}{s+\alpha}\bigg|_{0}^{\infty}$$

上式积分在 $\mathrm{Re}[s]>-\alpha$ 时收敛,故

$$\mathscr{L}[e^{-\alpha t}\varepsilon(t)]=\frac{1}{s+\alpha}, \quad \mathrm{Re}[s]>-\alpha \tag{8.10a}$$

上式中 α 可正可负,当 $\alpha=0$ 即为式(8.9)表示的形式。同理可求得双边拉氏变换

$$\mathscr{L}_{b}[-e^{-\alpha t}\varepsilon(-t)]=-\int_{-\infty}^{0}e^{-\alpha t}e^{-st}\mathrm{d}t=\frac{e^{-(s+\alpha)t}}{s+\alpha}\bigg|_{-\infty}^{0}$$

上式积分在 $\mathrm{Re}[s]<-\alpha$ 时收敛,故

$$\mathscr{L}_{b}[-e^{-\alpha t}\varepsilon(-t)]=\frac{1}{s+\alpha}, \quad \mathrm{Re}[s]<-\alpha \tag{8.10b}$$

虽然 $e^{-\alpha t}\varepsilon(t)$ 与 $-e^{-\alpha t}\varepsilon(-t)$ 具有相同的双边拉氏变换式,但应当注意其 ROC 不同之处。

3. $t^{n}\varepsilon(t)$ 信号(n 为正整数)

$$\mathscr{L}[t^{n}\varepsilon(t)]=\int_{0}^{\infty}t^{n}e^{-st}\mathrm{d}t$$

可以利用分部积分法来求解,即

$$\int_{0}^{\infty}t^{n}e^{-st}\mathrm{d}t=-\frac{t^{n}}{s}e^{-st}\bigg|_{0}^{\infty}+\frac{n}{s}\int_{0}^{\infty}t^{n-1}e^{-st}\mathrm{d}t$$

上式中第一项当 $\mathrm{Re}[s]>0$ 时为零,因此

$$\mathscr{L}[t^{n}\varepsilon(t)]=\frac{n}{s}\int_{0}^{\infty}t^{n-1}e^{-st}\mathrm{d}t$$

$$=\frac{n}{s}\mathscr{L}[t^{n-1}\varepsilon(t)], \quad \mathrm{Re}[s]>0 \tag{8.11a}$$

当 $n=1$ 时,可得

$$\mathscr{L}[t\varepsilon(t)]=\frac{1}{s^{2}}, \quad \mathrm{Re}[s]>0 \tag{8.11b}$$

当 $n=2$ 时,

$$\mathscr{L}[t^{2}\varepsilon(t)]=\frac{2}{s^{3}}, \quad \mathrm{Re}[s]>0 \tag{8.11c}$$

依此类推,可得

$$\mathscr{L}[t^{n}\varepsilon(t)]=\frac{n!}{s^{n+1}}, \quad \mathrm{Re}[s]>0 \tag{8.11d}$$

同理可求得对应的双边拉氏变换

$$\mathscr{L}_b[-t\varepsilon(-t)] = \frac{1}{s^2}, \quad \text{Re}[s] < 0 \tag{8.11e}$$

$$\mathscr{L}_b[-t^2\varepsilon(-t)] = \frac{2}{s^3}, \quad \text{Re}[s] < 0 \tag{8.11f}$$

及

$$\mathscr{L}_b[-t^n\varepsilon(-t)] = \frac{n!}{s^{n+1}}, \quad \text{Re}[s] < 0 \tag{8.11g}$$

4. 单位冲激信号

当利用双边拉氏变换式求单位冲激信号的拉氏变换时,可得

$$\mathscr{L}_b[\delta(t)] = \int_{-\infty}^{\infty} \delta(t)e^{-st} dt = 1 \tag{8.12}$$

其收敛域为整个 s 平面。当用单边拉氏变换求 $\delta(t)$ 的变换时,由于 $\delta(t)$ 在 $t=0$ 处有跳变,为便于研究在 $t=0$ 处发生的跳变现象,规定单边拉氏变换的定义式如式(8.6a)所示,即积分下限取 0^-:

$$F(s) = \int_{0^-}^{\infty} f(t)e^{-st} dt$$

这样定义,便可将 $t=0$ 处的冲激函数的作用考虑在变换之中,这种定义的系统称为单边拉氏变换的 0^- 系统。本书一般采用 0^- 系统。在相应的单边拉氏变换积分下限未加标注时的 $t=0$ 均指 $t=0^-$。在 0^- 系统中,当用拉氏变换法求解微分方程时,可以直接利用已知的起始状态 $f(0^-)$ 求得全部结果,无需专门计算由 0^- 至 0^+ 的跳变。根据以上规定,可以写出 $\delta(t)$ 的单边拉氏变换为

$$\mathscr{L}[\delta(t)] = \int_{0^-}^{\infty} \delta(t)e^{-st} dt = 1$$

若对于延迟 t_0 的冲激信号 $\delta(t-t_0)$,则有

$$\mathscr{L}[\delta(t-t_0)] = \int_{0^-}^{\infty} \delta(t-t_0)e^{-st} dt = e^{-st_0}, \quad t_0 > 0$$

以上是利用拉氏变换定义求得的几个常用信号的变换,但对于较复杂的信号,更好的方法是利用拉氏变换的性质来求取,这样要比直接定义求积分的方法更为简便,下面讨论拉氏变换的基本性质。

8.4　拉氏变换的基本性质

在本节中我们将看到,在掌握了拉氏变换的基本性质和定理后,可以方便地求得信号的拉氏变换。

8.4.1　线性

若信号 $f_1(t)$ 与 $f_2(t)$ 的拉氏变换分别为 $F_1(s)$ 和 $F_2(s)$,其 ROC 分别为 $\text{Re}[s] > \sigma_1$ 与

$\mathrm{Re}[s] > \sigma_2$，对于任意常数 α_1 与 α_2，$\alpha_1 f_1(t) + \alpha_2 f_2(t)$ 的拉氏变换为 $\alpha_1 F_1(s) + \alpha_2 F_2(s)$。即若

$$\mathscr{L}[f_1(t)] = F_1(s), \quad \mathrm{Re}[s] > \sigma_1$$

$$\mathscr{L}[f_2(t)] = F_2(s), \quad \mathrm{Re}[s] > \sigma_2$$

则

$$\mathscr{L}[\alpha_1 f_1(t) + \alpha_2 f_2(t)] = \alpha_1 F_1(s) + \alpha_2 F_2(s) \tag{8.13a}$$

线性叠加信号的拉氏变换收敛域至少包括原来信号拉氏变换的收敛域的重叠部分，即包括 $\mathrm{Re}[s] > \sigma_1$ 与 $\mathrm{Re}[s] > \sigma_2$ 的重叠部分。线性性质的证明可以根据拉氏变换的定义式(8.5a)或(8.7a)很容易证明，此处从略。对于双边拉氏变换，上述线性性质仍然成立，而且不难推广至多个函数的情形，即

$$\mathscr{L}\Big[\sum_{i=1}^{N} \alpha_i f_i(t)\Big] = \sum_{i=1}^{N} \alpha_i \mathscr{L}[f_i(t)] \tag{8.13b}$$

拉氏变换的线性性质也称为叠加性质，下面举例说明其应用。

例 8.4 试求正弦信号 $f(t) = \sin \omega t \cdot \varepsilon(t)$ 和 $f(t) = \cos \omega t \cdot \varepsilon(t)$ 的拉氏变换。

解 由于 $\sin \omega t = \dfrac{1}{2\mathrm{j}}(\mathrm{e}^{\mathrm{j}\omega t} - \mathrm{e}^{-\mathrm{j}\omega t})$，根据拉氏变换的线性性质，可得

$$\mathscr{L}[\sin \omega t \cdot \varepsilon(t)] = \frac{1}{2\mathrm{j}} \mathscr{L}[\mathrm{e}^{\mathrm{j}\omega t} \cdot \varepsilon(t)] - \frac{1}{2\mathrm{j}} \mathscr{L}[\mathrm{e}^{-\mathrm{j}\omega t} \cdot \varepsilon(t)]$$

由式(8.10a)可知

$$\mathscr{L}[\mathrm{e}^{\mathrm{j}\omega t} \cdot \varepsilon(t)] = \frac{1}{s - \mathrm{j}\omega}, \quad \mathrm{Re}[s] > 0$$

$$\mathscr{L}[\mathrm{e}^{-\mathrm{j}\omega t} \cdot \varepsilon(t)] = \frac{1}{s + \mathrm{j}\omega}, \quad \mathrm{Re}[s] > 0$$

因此

$$\mathscr{L}[\sin \omega t \cdot \varepsilon(t)] = \frac{1}{2\mathrm{j}}\Big[\frac{1}{s - \mathrm{j}\omega} - \frac{1}{s + \mathrm{j}\omega}\Big]$$

$$= \frac{\omega}{s^2 + \omega^2}, \quad \mathrm{Re}[s] > 0 \tag{8.14a}$$

利用同样方法可得

$$\mathscr{L}[\cos \omega t \cdot \varepsilon(t)] = \frac{s}{s^2 + \omega^2}, \quad \mathrm{Re}[s] > 0 \tag{8.14b}$$

同理可求得双边拉氏变换

$$\mathscr{L}_\mathrm{b}[-\sin \omega t \cdot \varepsilon(-t)] = \frac{\omega}{s^2 + \omega^2}, \quad \mathrm{Re}[s] < 0 \tag{8.14c}$$

$$\mathscr{L}_\mathrm{b}[-\cos \omega t \cdot \varepsilon(-t)] = \frac{s}{s^2 + \omega^2}, \quad \mathrm{Re}[s] < 0 \tag{8.14d}$$

例 8.5 试求双曲正弦 $\mathrm{sh}(\alpha t) \cdot \varepsilon(t)$ 和双曲余弦 $\mathrm{ch}(\alpha t) \cdot \varepsilon(t)$ 的拉氏变换。

解 由于

$$\mathrm{sh}(\alpha t) = \frac{1}{2}(\mathrm{e}^{\alpha t} - \mathrm{e}^{-\alpha t})$$

利用拉氏变换的线性性质和式(8.10a)可得

$$\mathscr{L}[\operatorname{sh}(\alpha t) \cdot \varepsilon(t)] = \frac{1}{2}\mathscr{L}[\mathrm{e}^{\alpha t} \cdot \varepsilon(t)] - \frac{1}{2}\mathscr{L}[\mathrm{e}^{-\alpha t} \cdot \varepsilon(t)]$$

$$= \frac{1}{2}\left[\frac{1}{s-\alpha} - \frac{1}{s+\alpha}\right]$$

因此拉氏变换

$$\mathscr{L}[\operatorname{sh}(\alpha t) \cdot \varepsilon(t)] = \frac{\alpha}{s^2 - \alpha^2}, \quad \operatorname{Re}[s] > \alpha \tag{8.15a}$$

上式中,由于 $\mathscr{L}[\mathrm{e}^{\alpha t}]$ 的 ROC 为 $\operatorname{Re}[s]>\alpha$,而 $\mathscr{L}[\mathrm{e}^{-\alpha t}]$ 的 ROC 为 $\operatorname{Re}[s]>-\alpha(\alpha>0)$,故两者的重叠部分 $\operatorname{Re}[s]>\alpha$ 即为 $\operatorname{sh}(\alpha t)$ 的拉氏变换之收敛域。

用同样的方法可求得

$$\mathscr{L}[\operatorname{ch}(\alpha t) \cdot \varepsilon(t)] = \frac{s}{s^2 - \alpha^2}, \quad \operatorname{Re}[s] > \alpha \tag{8.15b}$$

前已述及,线性叠加信号的拉氏变换之收敛域至少为原来信号拉氏变换 ROC 的重叠部分,在以上两例中,ROC 的重叠部分就是原来的收敛域,没有发生变化,但有时这个重叠部分可能是空的,如果是这样,ROC 不存在,则拉氏变换也不存在。例如,$f(t)=\mathrm{e}^{bt}\varepsilon(t)+\mathrm{e}^{-bt}\varepsilon(-t)$,当 $b>0$ 时,第一项 $\mathscr{L}_b[\mathrm{e}^{bt}\varepsilon(t)]$ 的收敛域为 $\operatorname{Re}[s]>b$,而第二项 $\mathscr{L}_b[\mathrm{e}^{-bt}\varepsilon(-t)]$ 的收敛域为 $\operatorname{Re}[s]<-b$,此两 ROC 不存在公共部分,故 $f(t)$ 就没有拉氏变换。而有时线性叠加信号拉氏变换的收敛域会扩大,见下例。

例 8.6　若 $f_1(t)$ 与 $f_2(t)$ 的拉氏变换为

$$F_1(s) = \mathscr{L}[f_1(t)] = \frac{1}{s+1}, \quad \operatorname{Re}[s] > -1$$

$$F_2(s) = \mathscr{L}[f_2(t)] = \frac{1}{(s+1)(s+2)}, \quad \operatorname{Re}[s] > -1$$

试求 $f(t)=f_1(t)-f_2(t)$ 的拉氏变换,并指出其 ROC。

解　由于 $f(t)=f_1(t)-f_2(t)$,故其拉氏变换

$$F(s) = \mathscr{L}[f(t)] = \mathscr{L}[f_1(t)-f_2(t)]$$

$$= F_1(s) - F_2(s) = \frac{1}{s+1} - \frac{1}{(s+1)(s+2)}$$

$$= \frac{s+1}{(s+1)(s+2)} = \frac{1}{s+2}$$

已知 $F_1(s)$ 与 $F_2(s)$ 的 ROC 均为 $\operatorname{Re}[s]>-1$,而此时的 ROC 比 $F_1(s)$ 与 $F_2(s)$ 的 ROC 的重叠部分 $\operatorname{Re}[s]>-1$ 有所扩大。这是由于在 $F_1(s)$ 与 $F_2(s)$ 组合过程产生了 $s=-1$ 的零点,此零点抵消了 $s=-1$ 处的极点,故 ROC 扩大至 $\operatorname{Re}[s]>-2$,如图 8.3 所示。图 8.3(a)、(b) 分别为 $F_1(s)$ 与 $F_2(s)$ 的零极点与 ROC 图,图 8.3(c) 为 $F_1(s)-F_2(s)$ 的零极点与 ROC 图。

8.4.2　时移(延时)特性

若 $\mathscr{L}[f(t)\varepsilon(t)]=F(s)$,$\operatorname{Re}[s]>\sigma_0$,则延时后信号函数 $f(t-t_0)\varepsilon(t-t_0)$ 的拉氏变换为

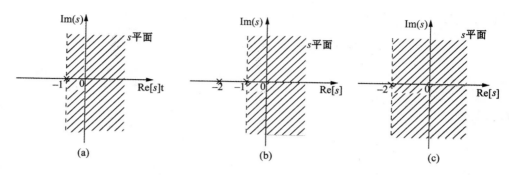

图 8.3 ROC 的扩大

(a) $F_1(s)$ 的零极点与 ROC 图 (b) $F_2(s)$ 零极点与 ROC 图 (c) $F_1(s)-F_2(s)$ 零极点与 ROC 图

$$\mathscr{L}\big[f(t-t_0)\varepsilon(t-t_0)\big] = \mathrm{e}^{-st_0}F(s), \quad \mathrm{Re}[s] > \sigma_0 \tag{8.16a}$$

时移特性式(8.16a)可证明如下：

$$\mathscr{L}\big[f(t-t_0)\varepsilon(t-t_0)\big] = \int_0^\infty f(t-t_0)\varepsilon(t-t_0)\mathrm{e}^{-st}\,\mathrm{d}t$$

$$= \int_{t_0}^\infty f(t-t_0)\mathrm{e}^{-st}\,\mathrm{d}t$$

进行变量替换 $x=t-t_0$，则 $t=x+t_0$，$\mathrm{d}t=\mathrm{d}x$，于是上式可表示为

$$\mathscr{L}\big[f(t-t_0)\varepsilon(t-t_0)\big] = \int_0^\infty f(x)\mathrm{e}^{-sx}\mathrm{e}^{-st_0}\,\mathrm{d}x$$

$$= \mathrm{e}^{-st_0}\int_0^\infty f(x)\mathrm{e}^{-sx}\,\mathrm{d}x$$

$$= \mathrm{e}^{-st_0}F(s)$$

由上式可知，只要 $F(s)$ 存在，则 $\mathrm{e}^{-st_0}F(s)$ 也存在，其收敛域与 $F(s)$ 相同，仍为 $\mathrm{Re}[s]>\sigma_0$，由式(8.16a)可知

$$\mathscr{L}\big[\varepsilon(t-t_0)\big] = \frac{1}{s}\mathrm{e}^{-st_0}, \quad \mathrm{Re}[s] > 0 \tag{8.16b}$$

不难求得，对于双边拉氏变换，若 $\mathscr{L}_\mathrm{b}[f(t)]=F_\mathrm{b}(s)$，ROC 为 R，则

$$\mathscr{L}_\mathrm{b}\big[f(t-t_0)\big] = \mathrm{e}^{-st_0}F_\mathrm{b}(s), \text{ROC 为 R} \tag{8.16c}$$

例 8.7 求矩形脉冲 $f(t)=E[\varepsilon(t)-\varepsilon(t-t_0)]$ 的拉氏变换。

解 已知

$$\mathscr{L}\big[E\varepsilon(t)\big] = \frac{E}{s}, \quad \mathrm{Re}[s] > 0,$$

$$\mathscr{L}\big[E\varepsilon(t-t_0)\big] = \mathrm{e}^{-st_0}\frac{E}{s}, \quad \mathrm{Re}[s] > 0$$

于是

$$\mathscr{L}\big[f(t)\big] = \mathscr{L}\big[E\varepsilon(t)-E\varepsilon(t-t_0)\big]$$

$$= \frac{E}{s}(1-\mathrm{e}^{-st_0}), \quad \mathrm{Re}[s] > -\infty$$

在本例中，虽然两个阶跃信号拉氏变换的 ROC 均为 $\mathrm{Re}[s]>0$，但两者组合之后的拉氏变换，

在 $s=0$ 处出现的零点抵消了极点，因而是 ROC 扩大。

例 8.8　试求在 $t=0^-$ 时接入的单边周期冲激序列 $\sum\limits_{n=0}^{\infty}\delta(t-nT)$ 的拉氏变换。

解　在 $t=0^-$ 时接入的单边周期冲激序列可表示为

$$\sum_{n=0}^{\infty}\delta(t-nT)=\delta(t)+\delta(t-T)+\cdots+\delta(t-nT)+\cdots$$

由式(8.16a)表示的时移特性，可得

$$\mathscr{L}[\delta(t)]=1$$
$$\mathscr{L}[\delta(t-T)]=\mathrm{e}^{-sT}$$
$$\vdots$$
$$\mathscr{L}[\delta(t-nT)]=\mathrm{e}^{-snT}$$

于是，根据线性性质可得

$$\mathscr{L}[\delta_T(t)\varepsilon(t)]=1+\mathrm{e}^{-sT}+\cdots+\mathrm{e}^{-snT}+\cdots$$

这是一个等比数列，当 $\mathrm{Re}[s]>0$ 时，$|\mathrm{e}^{-sT}|<1$，该级数收敛，由等比数列求和公式可得

$$\mathscr{L}\Big[\sum_{n=0}^{\infty}\delta(t-nT)\Big]=\frac{1}{1-\mathrm{e}^{-sT}},\quad\mathrm{Re}[s]>0\qquad(8.17)$$

上式的 ROC 比其中任一个冲激函数的拉氏变换收敛域 $\mathrm{Re}[s]>-\infty$ 有所缩小，这是由于单边周期冲激序列包含无穷多冲激函数的结果，而式(8.13a)的 ROC 说明只适用于有限个函数相加的情况。

应用时移特性应当注意，延时信号指的是 $f(t-t_0)\varepsilon(t-t_0)$，而非 $f(t-t_0)\varepsilon(t)$，对于后者，不能应用时移特性。

8.4.3　s 域平移特性

若信号 $f(t)$ 的拉氏变换为 $F(s)$，其收敛域为 $\mathrm{Re}[s]>\sigma_0$，则 $\mathrm{e}^{s_0t}f(t)$ 的拉氏变换为

$$\mathscr{L}[\mathrm{e}^{s_0t}f(t)]=\int_0^{\infty}\mathrm{e}^{s_0t}f(t)\mathrm{e}^{-st}\mathrm{d}t$$
$$=\int_0^{\infty}f(t)\mathrm{e}^{-(s-s_0)t}\mathrm{d}t=F(s-s_0)\qquad(8.18)$$

如果 $F(s)$ 的 ROC 为 $\mathrm{Re}[s]>\sigma_0$，则上述变换的 ROC 为 $\mathrm{Re}[s-s_0]>\sigma_0$，即

$$\mathrm{Re}[s]>\mathrm{Re}[s_0]+\sigma_0$$

上式中 s_0 为任意常数。式(8.18)所表示的 s 域平移特性对于双边拉氏变换也是同样适用的。此性质表明，时间函数乘以 e^{-s_0t}，相当于变换式在 s 域平移 s_0。

例 8.9　试求 $\mathrm{e}^{-at}\cos\omega t\cdot\varepsilon(t)$ 和 $\mathrm{e}^{-at}\sin\omega t\cdot\varepsilon(t)$ 的拉氏变换。

解　由式(8.14a)知

$$\mathscr{L}[\sin\omega t\cdot\varepsilon(t)]=\frac{\omega}{s^2+\omega^2},\quad\mathrm{Re}[s]>0$$

由 s 域平移特性可得

$$\mathscr{L}\left[\mathrm{e}^{-\alpha t}\sin\omega t \cdot \varepsilon(t)\right] = \frac{\omega}{(s+\alpha)^2 + \omega^2}, \quad \mathrm{Re}[s] > -\alpha \tag{8.19a}$$

由式(8.14b)知

$$\mathscr{L}\left[\cos\omega t \cdot \varepsilon(t)\right] = \frac{s}{s^2 + \omega^2}, \quad \mathrm{Re}[s] > 0$$

由 s 域平移特性可得

$$\mathscr{L}\left[\mathrm{e}^{-\alpha t}\cos\omega t \cdot \varepsilon(t)\right] = \frac{s+\alpha}{(s+\alpha)^2 + \omega^2}, \quad \mathrm{Re}[s] > -\alpha \tag{8.19b}$$

8.4.4　尺度变换

若 $f(t)$ 的拉氏变换为 $F(s)$，其收敛域为 $\mathrm{Re}[s] > \sigma_0$，则

$$\mathscr{L}[f(at)] = \frac{1}{a}F\left(\frac{s}{a}\right), \quad \mathrm{Re}[s] > a\sigma_0 \tag{8.20a}$$

式中 $a > 0$。尺度变换特性式(8.20a)可证明如下：

$$\mathscr{L}[f(at)] = \int_0^\infty f(at)\mathrm{e}^{-st}\,\mathrm{d}t$$

作变量替换 $x = at$，则可写出

$$\mathscr{L}[f(at)] = \int_0^\infty f(x)\mathrm{e}^{-\frac{s}{a}x}\frac{\mathrm{d}x}{a} = \frac{1}{a}\int_0^\infty f(x)\mathrm{e}^{-\frac{s}{a}x}\,\mathrm{d}x$$

$$= \frac{1}{a}F\left(\frac{s}{a}\right), \quad a > 0$$

由上式可知，若 $F(s)$ 的收敛域为 $\mathrm{Re}[s] > \sigma_0$，则 $F\left(\frac{s}{a}\right)$ 的收敛域为 $\mathrm{Re}\left[\frac{s}{a}\right] > \sigma_0$，即 $\mathrm{Re}[s] > a\sigma_0$。式(8.20a)表示的单边拉氏变换仅限于 $a > 0$，而对于双边拉氏变换，a 可正可负，尺度变换特性为

$$\mathscr{L}_\mathrm{b}[f(at)] = \frac{1}{|a|}F_\mathrm{b}\left(\frac{s}{a}\right) \tag{8.20b}$$

其 ROC 变化与单边拉氏变换相同。

例 8.10　已知 $\mathscr{L}[f(t)] = F(s)$，$\mathrm{Re}[s] > \sigma_0$，试求 $f(at-b)\varepsilon(at-b)$ 的拉氏变换，其中 $a > 0, b > 0$。

解　先由拉氏变换的时移特性式(8.16a)求得

$$\mathscr{L}[f(t-b)\varepsilon(t-b)] = \mathrm{e}^{-bs}F(s), \quad \mathrm{Re}[s] > \sigma_0$$

然后借助尺度变换特性式(8.20a)，可得

$$\mathscr{L}[f(at-b)\varepsilon(at-b)] = \frac{1}{a}\mathrm{e}^{-b\frac{s}{a}}F\left(\frac{s}{a}\right), \quad \mathrm{Re}[s] > a\sigma_0$$

另一种方法是先利用尺度变换特性，可先求得

$$\mathscr{L}[f(at)\varepsilon(at)] = \frac{1}{a}F\left(\frac{s}{a}\right), \quad \mathrm{Re}[s] > a\sigma_0$$

再由时移特性求得

$$\mathscr{L}[f(at-b)\varepsilon(at-b)] = \mathscr{L}\left\{f\left[a\left(t-\frac{b}{a}\right)\right]\varepsilon\left[a\left(t-\frac{b}{a}\right)\right]\right\}$$

$$= \frac{1}{a}e^{-b\frac{s}{a}}F\left(\frac{s}{a}\right), \quad \text{Re}[s] > a\sigma_0$$

两种方法得到的结果相同。

8.4.5　时域微分

若 $f(t)$ 的拉氏变换为 $F(s)$，其收敛域为 $\text{Re}[s]>\sigma_0$，则

$$\mathscr{L}\left[\frac{\mathrm{d}f(t)}{\mathrm{d}t}\right] = sF(s) - f(0^-) \tag{8.21a}$$

式中 $f(0^-)$ 为 $f(t)$ 在 $t=0^-$ 时的起始值。$\mathscr{L}[f^{(1)}(t)]$ 的 ROC 包括 $\text{Re}[s]>\sigma_0$。时域微分特性 (8.21a) 式可证明如下：

根据拉氏变换定义式 (8.7a)，可得

$$\mathscr{L}\left[\frac{\mathrm{d}f(t)}{\mathrm{d}t}\right] = \int_{0^-}^{\infty}\frac{\mathrm{d}f(t)}{\mathrm{d}t}e^{-st}\mathrm{d}t = \int_{0^-}^{\infty}e^{-st}\mathrm{d}f(t)$$

对上式按分部积分法可得

$$\mathscr{L}\left[\frac{\mathrm{d}f(t)}{\mathrm{d}t}\right] = e^{-st}f(t)\mid_{0^-}^{\infty} - \int_{0^-}^{\infty}[-sf(t)e^{-st}]\mathrm{d}t$$

$$= \lim_{t\to\infty}e^{-st}f(t) - f(0^-) + sF(s)$$

由于 $f(t)$ 是指数阶函数，故在收敛域内 $\lim\limits_{t\to\infty}e^{-st}f(t)=0$。因此有

$$\mathscr{L}\left[\frac{\mathrm{d}f(t)}{\mathrm{d}t}\right] = sF(s) - f(0^-)$$

由上式可见，在 $F(s)$ 的收敛域内，$\mathscr{L}[f^{(1)}(t)]$ 必定也收敛。由于上式第一项为 $sF(s)$，因而其 ROC 可能扩大。因此式 (8.21a) 的 ROC 包括了 $F(s)$ 的 ROC，即包括了 $\text{Re}[s]>\sigma_0$。

反复利用式 (8.21a) 可推广到二阶或多阶导数

$$\mathscr{L}[f^{(2)}(t)] = s\mathscr{L}[f^{(1)}(t)] - f^{(1)}(0^-)$$

$$= s[sF(s) - f(0^-)] - f^{(1)}(0^-)$$

$$= s^2F(s) - sf(0^-) - f^{(1)}(0^-) \tag{8.21b}$$

同理，可推得信号函数 n 阶导数的拉氏变换之一般公式为

$$\mathscr{L}[f^{(n)}(t)] = s^nF(s) - \sum_{m=0}^{n-1}s^{n-m-1}f^{(m)}(0^-) \tag{8.21c}$$

其 ROC 包括了 $F(s)$ 的 ROC。不难推得双边拉氏变换的时域微分特性为

$$\mathscr{L}_{\mathrm{b}}\left[\frac{\mathrm{d}f(t)}{\mathrm{d}t}\right] = \int_{-\infty}^{\infty}\frac{\mathrm{d}f(t)}{\mathrm{d}t}e^{-st}\mathrm{d}t = sF_{\mathrm{b}}(s) \tag{8.21d}$$

其 ROC 同样包括了 $F(s)$ 的 ROC。

例 8.11　已知 $f(t)=\cos t\cdot\varepsilon(t)$ 的拉氏变换 $F(s)=\dfrac{s}{s^2+1}$，$\text{Re}[s]>0$，利用拉氏变换的时域微分特性求 $\sin t\cdot\varepsilon(t)$ 的拉氏变换。

解 由于 $f(t)=\cos t \cdot \varepsilon(t)$，故

$$f^{(1)}(t) = \cos t \cdot \frac{\mathrm{d}\varepsilon(t)}{\mathrm{d}t} + \frac{\mathrm{d}\cos t}{\mathrm{d}t} \cdot \varepsilon(t)$$

$$= \cos t \cdot \delta(t) - \sin t \cdot \varepsilon(t)$$

$$= \delta(t) - \sin t \cdot \varepsilon(t)$$

根据时域微分特性，并考虑到 $f(0^-)=\cos t \cdot \varepsilon(t)\big|_{t=0^-}=0$，于是

$$\mathscr{L}[f^{(1)}(t)] = sF(s) - f(0^-) = \frac{s^2}{s^2+1}$$

利用线性性质，可得

$$\mathscr{L}[\sin t \cdot \varepsilon(t)] = \mathscr{L}[\delta(t)] - \mathscr{L}[f^{(1)}(t)]$$

$$= 1 - \frac{s^2}{s^2+1} = \frac{1}{s^2+1}, \quad \mathrm{Re}[s] > 0$$

例 8.12 已知 $f(t)=(1-\mathrm{e}^{-at}) \cdot \varepsilon(t)$，试求 $f(t)$ 与 $f^{(1)}(t)$ 的拉氏变换，并指出其收敛域。

解 利用 8.3 节中得出的结果，可求得

$$\mathscr{L}[f(t)] = F(s) = \frac{1}{s} - \frac{1}{(s+a)} = \frac{a}{s(s+a)}, \quad \mathrm{Re}[s] > 0$$

根据时域微分特性，并考虑到 $f(0^-)=0$，于是

$$\mathscr{L}[f^{(1)}(t)] = sF(s) - f(0^-) = \frac{a}{s+a}, \quad \mathrm{Re}[s] > -a$$

8.4.6 s 域微分

若 $f(t)$ 的拉氏变换为 $F(s)$，其收敛域为 $\mathrm{Re}[s] > \sigma_0$，则

$$\mathscr{L}[-tf(t)] = \frac{\mathrm{d}F(s)}{\mathrm{d}s}, \mathrm{ROC} \text{ 不变} \tag{8.22a}$$

S 域微分特性式(8.22a)可证明如下：

由于

$$\mathscr{L}[f(t)] = F(s), \quad \mathrm{Re}[s] > \sigma_0$$

故可写出

$$F(s) = \int_{0^-}^{\infty} f(t)\mathrm{e}^{-st}\,\mathrm{d}t$$

上式对 s 求导，得

$$\frac{\mathrm{d}F(s)}{\mathrm{d}s} = \frac{\mathrm{d}}{\mathrm{d}s}\int_{0^-}^{\infty} f(t)\mathrm{e}^{-st}\,\mathrm{d}t$$

交换微分与积分的次序，则有

$$\frac{\mathrm{d}F(s)}{\mathrm{d}s} = \int_{0^-}^{\infty} f(t)\frac{\mathrm{d}}{\mathrm{d}s}\mathrm{e}^{-st}\,\mathrm{d}t$$

$$= \int_{0^-}^{\infty} -tf(t)\mathrm{e}^{-st}\,\mathrm{d}t = \mathscr{L}[-tf(t)]$$

一般地，$f(t)$ 乘以 t 后不会改变 σ_0 的值，因而上式的 ROC 仍为 $\mathrm{Re}[s] > \sigma_0$，重复利用式

（8.22a），可以推得

$$\mathscr{L}\left[(-t)^n f(t)\right]=\frac{\mathrm{d}^n F(s)}{\mathrm{d}s^n} \tag{8.22b}$$

对于双边拉氏变换，不难推得其 s 域微分特性与单边拉氏变换相同。

例 8.13　试求 $t^n \mathrm{e}^{-at}\varepsilon(t)$（$n$ 是正整数）的拉氏变换。

解　在例 8.1 中知 $\mathscr{L}\left[\mathrm{e}^{-at}\varepsilon(t)\right]=\dfrac{1}{s+a}$，$\mathrm{Re}[s]>-a$，利用 s 域微分特性，可得

$$\mathscr{L}\left[t\mathrm{e}^{-at}\varepsilon(t)\right]=-\frac{\mathrm{d}}{\mathrm{d}s}\left[\frac{1}{s+a}\right]=\frac{1}{(s+a)^2}, \quad \mathrm{Re}[s]>-a \tag{8.23a}$$

利用式（8.22b）可得

$$\mathscr{L}\left[t^2\mathrm{e}^{-at}\varepsilon(t)\right]=\frac{\mathrm{d}^2}{\mathrm{d}s^2}\left[\frac{1}{s+a}\right]=\frac{2}{(s+a)^3}, \quad \mathrm{Re}[s]>-a \tag{8.23b}$$

推广式（8.23b），可得一般关系为

$$\mathscr{L}\left[t^n\mathrm{e}^{-at}\varepsilon(t)\right]=\frac{n!}{(s+a)^{n+1}}, \quad \mathrm{Re}[s]>-a \tag{8.23c}$$

不难求得双边拉氏变换

$$\mathscr{L}_\mathrm{b}\left[-t\mathrm{e}^{-at}\varepsilon(-t)\right]=\frac{1}{(s+a)^2}, \quad \mathrm{Re}[s]<-a \tag{8.23d}$$

$$\mathscr{L}_\mathrm{b}\left[-t^n\mathrm{e}^{-at}\varepsilon(-t)\right]=\frac{n!}{(s+a)^{n+1}}, \quad \mathrm{Re}[s]<-a \tag{8.23e}$$

例 8.14　试求 $t\sin\omega t\cdot\varepsilon(t)$ 和 $t\cos\omega t\cdot\varepsilon(t)$ 的拉氏变换。

解　由式（8.14a）知

$$\mathscr{L}\left[\sin\omega t\cdot\varepsilon(t)\right]=\frac{\omega}{s^2+\omega^2}, \mathrm{Re}[s]>0,$$

利用式（8.22a），可得

$$\mathscr{L}\left[t\sin\omega t\cdot\varepsilon(t)\right]=-\frac{\mathrm{d}}{\mathrm{d}s}\left[\frac{\omega}{s^2+\omega^2}\right]=\frac{2\omega s}{(s^2+\omega^2)^2}, \mathrm{Re}[s]>0 \tag{8.24a}$$

由式（8.14b）知

$$\mathscr{L}\left[\cos\omega t\cdot\varepsilon(t)\right]=\frac{s}{s^2+\omega^2}, \mathrm{Re}[s]>0$$

利用 s 域微分特性，可得

$$\mathscr{L}\left[t\cos\omega t\cdot\varepsilon(t)\right]=-\frac{\mathrm{d}}{\mathrm{d}s}\left[\frac{s}{s^2+\omega^2}\right]=\frac{s^2-\omega^2}{(s^2+\omega^2)^2}, \mathrm{Re}[s]>0 \tag{8.24b}$$

至此，我们已求得一些常用函数的拉氏变换，现将其综合成表 8.1，供读者解题时参考。

表 8.1　常用函数的拉氏变换

序号	信号	拉氏变换	ROC
1	$\delta(t)$	1	全部 s
2	$\varepsilon(t)$	$\dfrac{1}{s}$	$\mathrm{Re}[s]>0$

（续表）

序号	信号	拉氏变换	ROC
3	$-\varepsilon(-t)$	$\dfrac{1}{s}$	$\mathrm{Re}[s]<0$
4	$\mathrm{e}^{-\alpha t}\varepsilon(t)$	$\dfrac{1}{s+\alpha}$	$\mathrm{Re}[s]>-\alpha$
5	$-\mathrm{e}^{-\alpha t}\varepsilon(-t)$	$\dfrac{1}{s+\alpha}$	$\mathrm{Re}[s]<-\alpha$
6	$t^{n}\varepsilon(t)$	$\dfrac{n!}{s^{n+1}}$	$\mathrm{Re}[s]>0$
7	$-t^{n}\varepsilon(-t)$	$\dfrac{n!}{s^{n+1}}$	$\mathrm{Re}[s]<0$
8	$\sin\omega t \cdot \varepsilon(t)$	$\dfrac{\omega}{s^{2}+\omega^{2}}$	$\mathrm{Re}[s]>0$
9	$\cos\omega t \cdot \varepsilon(t)$	$\dfrac{s}{s^{2}+\omega^{2}}$	$\mathrm{Re}[s]>0$
10	$\mathrm{e}^{-\alpha t}\sin\omega t \cdot \varepsilon(t)$	$\dfrac{\omega}{(s+\alpha)^{2}+\omega^{2}}$	$\mathrm{Re}[s]>-\alpha$
11	$\mathrm{e}^{-\alpha t}\cos\omega t \cdot \varepsilon(t)$	$\dfrac{s+\alpha}{(s+\alpha)^{2}+\omega^{2}}$	$\mathrm{Re}[s]>-\alpha$
12	$t\mathrm{e}^{-\alpha t}\varepsilon(t)$	$\dfrac{1}{(s+\alpha)^{2}}$	$\mathrm{Re}[s]>-\alpha$
13	$t^{n}\mathrm{e}^{-\alpha t}\varepsilon(t)(n\text{ 是正整数})$	$\dfrac{n!}{(s+a)^{n+1}}$	$\mathrm{Re}[s]>-\alpha$
14	$-t^{n}\mathrm{e}^{-\alpha t}\varepsilon(-t)(n\text{ 是正整数})$	$\dfrac{n!}{(s+a)^{n+1}}$	$\mathrm{Re}[s]<-\alpha$
15	$\delta(t-T)$	e^{-sT}	全部 s
16	$t\sin\omega t \cdot \varepsilon(t)$	$\dfrac{2\omega s}{(s^{2}+\omega^{2})^{2}}$	$\mathrm{Re}[s]>0$
17	$t\cos\omega t \cdot \varepsilon(t)$	$\dfrac{s^{2}-\omega^{2}}{(s^{2}+\omega^{2})^{2}}$	$\mathrm{Re}[s]>0$
18	$\mathrm{sh}(\alpha t) \cdot \varepsilon(t)$	$\dfrac{\alpha}{s^{2}-\alpha^{2}}$	$\mathrm{Re}[s]>\alpha$
19	$\mathrm{ch}(\alpha t) \cdot \varepsilon(t)$	$\dfrac{s}{s^{2}-\alpha^{2}}$	$\mathrm{Re}[s]>\alpha$
20	$\displaystyle\sum_{n=0}^{\infty}\delta(t-nT)$	$\dfrac{1}{1-\mathrm{e}^{-sT}}$	$\mathrm{Re}[s]>0$

8.4.7　时域积分

若 $\mathscr{L}[f(t)]=F(s)$，$\mathrm{Re}[s]>\sigma_0$，则

$$\mathscr{L}\left[\int_{-\infty}^{t}f(\tau)\mathrm{d}\tau\right]=\frac{F(s)}{s}+\frac{f^{(-1)}(0^{-})}{s},\quad \mathrm{Re}[s]>\sigma_0 \tag{8.25a}$$

式中 $f^{(-1)}(0^-)=\int_{-\infty}^{0^-}f(\tau)\mathrm{d}\tau$ 是 $f(t)$ 积分在 $t=0^-$ 的取值,t 取 0^- 是考虑到 $t=0$ 处可能跳变。

时域积分特性式(8.25a)的证明过程如下:

已知

$$f^{(-1)}(t)=\int_{-\infty}^{t}f(\tau)\mathrm{d}\tau=\int_{-\infty}^{0^-}f(\tau)\mathrm{d}\tau+\int_{0^-}^{t}f(\tau)\mathrm{d}\tau$$

$$=f^{(-1)}(0^-)+\int_{0^-}^{t}f(\tau)\mathrm{d}\tau$$

式中第一项 $f^{(-1)}(0^-)$ 为常量,故

$$\mathscr{L}[f^{(-1)}(0^-)]=\frac{1}{s}f^{(-1)}(0^-)$$

第二项的拉氏变换为

$$\mathscr{L}\left[\int_{0^-}^{t}f(\tau)\mathrm{d}\tau\right]=\int_{0^-}^{\infty}\left[\int_{0^-}^{t}f(\tau)\mathrm{d}\tau\right]\mathrm{e}^{-st}\mathrm{d}t$$

利用分部积分法,可得

$$\mathscr{L}\left[\int_{0^-}^{t}f(\tau)\mathrm{d}\tau\right]=\left[-\frac{\mathrm{e}^{-st}}{s}\int_{0^-}^{t}f(\tau)\mathrm{d}\tau\right]_{0^-}^{\infty}+\frac{1}{s}\int_{0^-}^{\infty}f(t)\mathrm{e}^{-st}\mathrm{d}t$$

由于 $t\to\infty$ 时,有

$$\lim_{x\to\infty}\mathrm{e}^{-st}\int_{0^-}^{t}f(\tau)\mathrm{d}\tau=0$$

而当 $t=0^-$ 时,有

$$\int_{0^-}^{0^-}f(\tau)\mathrm{d}\tau=0$$

因此 $\left[-\frac{\mathrm{e}^{-st}}{s}\int_{0^-}^{t}f(\tau)\mathrm{d}\tau\right]_{0^-}^{\infty}=0$,故

$$\mathscr{L}\left[\int_{0^-}^{t}f(\tau)\mathrm{d}\tau\right]=\frac{F(s)}{s}$$

于是

$$\mathscr{L}\left[\int_{-\infty}^{t}f(\tau)\mathrm{d}\tau\right]=\frac{F(s)}{s}+\frac{f^{(-1)}(0^-)}{s}$$

若 $F(s)$ 的 ROC 为 $\mathrm{Re}[s]>\sigma_0$,则上式的 ROC 包括了 $\mathrm{Re}[s]>\sigma_0$ 和 $\mathrm{Re}[s]>0$ 相重叠的部分。

若令符号 $f^{(-n)}(t)$ 表示 $f(\tau)$ 从 $-\infty$ 到 t 的 n 重积分,则重复利用式(8.25a)可得

$$\mathscr{L}[f^{(-n)}(t)]=\frac{F(s)}{s^n}+\sum_{m=1}^{n}f^{(-m)}(0^-)\frac{1}{s^{n-m+1}} \tag{8.25b}$$

上式的 ROC 包括了 $\mathrm{Re}[s]>\sigma_0$ 和 $\mathrm{Re}[s]>0$ 相重叠的部分。对于双边拉氏变换,不难推得

$$\mathscr{L}_{\mathrm{b}}\left[\int_{-\infty}^{t}f(\tau)\mathrm{d}\tau\right]=\frac{F_{\mathrm{b}}(s)}{s} \tag{8.25c}$$

其 ROC 的变化与单边拉氏变换相同。

例 8.15　试利用时域积分特性求解 $t^n\varepsilon(t)$ 的拉氏变换。

解 由于

$$\varepsilon^{(-1)}(t) = \int_{0^-}^{t} \varepsilon(\tau)\mathrm{d}\tau = t \cdot \varepsilon(t)$$

可得

$$\varepsilon^{(-2)}(t) = \int_{0^-}^{t} \tau\varepsilon(\tau)\mathrm{d}\tau = \frac{t^2}{2} \cdot \varepsilon(t)$$

$$\varepsilon^{(-n)}(t) = \frac{t^n}{n!} \cdot \varepsilon(t)$$

利用时域积分特性式(8.25b),并考虑 $\varepsilon^{(-m)}(0^-)=0$,于是

$$\mathscr{L}[\varepsilon^{(-n)}(t)] = \mathscr{L}\left[\frac{t^n}{n!} \cdot \varepsilon(t)\right] = \frac{1}{s^n}L[\varepsilon(t)] = \frac{1}{s^{n+1}}$$

因此

$$\mathscr{L}[\varepsilon^{(-n)}(t)] = \frac{n!}{s^{n+1}}, \quad \mathrm{Re}[s] > 0$$

例 8.16 试求下列三角脉冲信号 $f_1(t)$ 的拉氏变换。

$$f_1(t) = \begin{cases} \dfrac{2}{\tau}t, & 0 < t < \dfrac{\tau}{2} \\ 2\left(1 - \dfrac{t}{\tau}\right), & \dfrac{\tau}{2} < t < \tau \\ 0, & t < 0, t > \tau \end{cases}$$

$f_1(t)$ 的波形如图 8.4(a)所示。

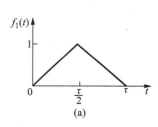 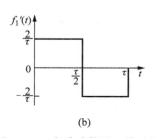 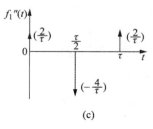

图 8.4 三角脉冲信号及其导数

(a) $f_1(t)$ 的波形 (b) $f_1(t)$ 的一阶导数 (c) $f_1(t)$ 的二阶导数

解 图 8.4(a)所示为三角脉冲 $f_1(t)$,其一阶与二阶导数如图 8.4(b)与(c)所示。若假设 $f_1''(t)=f(t)$,则 $f^{(-1)}(t)=f_1'(t)$,$f^{(-2)}(t)=f_1(t)$。由图 8.4 可见,$f(t)$ 各次积分的初始值为

$$f^{(-1)}(0^-) = f^{(-2)}(0^-) = 0$$

利用时域积分特性式(8.25b)可得

$$\mathscr{L}[f_1(t)] = \mathscr{L}[f^{(-2)}(t)] = \frac{1}{s^2}\mathscr{L}[f(t)] + \frac{1}{s^2}f^{(-1)}(0^-) + \frac{1}{s}f^{(-2)}(0^-)$$

上式中,第二、三项均为零,利用时移特性可得

$$\mathscr{L}[f(t)] = \mathscr{L}[f_1''(t)] = \frac{2}{\tau} - \frac{4}{\tau}\mathrm{e}^{-s\frac{\tau}{2}} + \frac{2}{\tau}\mathrm{e}^{-s\tau}$$

$$= \frac{2}{\tau}(1 - \mathrm{e}^{-s\frac{\tau}{2}})^2$$

于是

$$\mathscr{L}[f_1(t)] = \frac{2}{\tau s^2}(1 - e^{-s\frac{\tau}{2}})^2, \quad \mathrm{Re}[s] > -\infty$$

8.4.8　s 域积分

若 $\mathscr{L}[f(t)] = F(s), \mathrm{Re}[s] > \sigma_0$，则有

$$\mathscr{L}[t^{-1}f(t)] = \int_s^\infty F(\eta)\mathrm{d}\eta, \quad \mathrm{Re}[s] > \sigma_0 \tag{8.26}$$

上述 s 域积分特性可证明如下：

$$\int_s^\infty F(\eta)\mathrm{d}\eta = \int_s^\infty \int_0^\infty [f(t)e^{-\eta t}\mathrm{d}t]\mathrm{d}\eta = \int_0^\infty f(t)\left[\int_s^\infty e^{-\eta t}\mathrm{d}\eta\right]\mathrm{d}t$$

$$= \int_0^\infty f(t)\frac{e^{-st}}{t}\mathrm{d}t = \mathscr{L}\left[\frac{f(t)}{t}\right]$$

此处，$\dfrac{f(t)}{t}$ 的拉氏变换应当存在，其 ROC 至少与 $F(s)$ 的 ROC 相同。

例 8.17　试求 $t^{-1}\sin t \cdot \varepsilon(t)$ 的拉氏变换。

解　由式(8.14a)知

$$\mathscr{L}[\sin t \cdot \varepsilon(t)] = \frac{1}{s^2 + 1}, \quad \mathrm{Re}[s] > 0$$

利用 s 域积分特性可得

$$\mathscr{L}[t^{-1}\sin t \cdot \varepsilon(t)] = \int_s^\infty \mathscr{L}[\sin t \cdot \varepsilon(t)]\mathrm{d}\eta = \int_s^\infty \frac{1}{\eta^2 + 1}\mathrm{d}\eta$$

$$= \frac{\pi}{2} - \mathrm{arc\ tan}\,s = \mathrm{arc\ tan}\,\frac{1}{s} \tag{8.27a}$$

利用时域积分特性式(8.25a)，可得正弦积分的拉氏变换为

$$\mathscr{L}[\mathrm{Si}(t) \cdot \varepsilon(t)] = \mathscr{L}\left[\int_0^t \frac{\sin x}{x}\mathrm{d}x\right] = \frac{1}{s}\arctan\frac{1}{s}, \quad \mathrm{Re}[s] > 0 \tag{8.27b}$$

8.4.9　时域卷积定理

与傅里叶变换中的卷积定理相似，在拉氏变换中也有时域卷积定理和复频域卷积定理，先讨论时域卷积定理。

在单边拉氏变换中讨论的信号函数都是因果信号，即当 $t < 0$ 时，$f_1(t) = 0$，$f_2(t) = 0$，将其表示为 $f_1(t) \cdot \varepsilon(t)$ 与 $f_2(t) \cdot \varepsilon(t)$。两个因果信号 $f_1(t)$，$f_2(t)$ 的卷积可表示为

$$f_1(t) * f_2(t) = \int_{-\infty}^{+\infty} f_1(\tau)\varepsilon(\tau)f_2(t-\tau)\varepsilon(t-\tau)\mathrm{d}\tau$$

$$= \int_0^{+\infty} f_1(\tau)f_2(t-\tau)\varepsilon(t-\tau)\mathrm{d}\tau$$

若 $\mathscr{L}[f_1(t)] = F_1(s), \mathrm{Re}[s] > \sigma_1, \mathscr{L}[f_2(t)] = F_2(s), \mathrm{Re}[s] > \sigma_2$，则 $f_1(t) * f_2(t)$ 的拉氏变换为

$$\mathscr{L}\big[f_1(t)*f_2(t)\big]=\int_0^\infty\Big[\int_0^\infty f_1(\tau)f_2(t-\tau)\varepsilon(t-\tau)\mathrm{d}\tau\Big]\mathrm{e}^{-st}\mathrm{d}t$$

交换上式的积分次序,并作变量替换 $x=t-\tau$,可得

$$\mathscr{L}\big[f_1(t)*f_2(t)\big]=\int_0^\infty f_1(\tau)\Big[\int_0^\infty f_2(t-\tau)\varepsilon(t-\tau)\mathrm{e}^{-st}\mathrm{d}t\Big]\mathrm{d}\tau$$

$$=\int_0^\infty f_1(\tau)\Big[\int_{-\tau}^\infty f_2(x)\varepsilon(x)\mathrm{e}^{-s(x+\tau)}\mathrm{d}x\Big]\mathrm{d}\tau$$

利用 $\varepsilon(x)$ 的特性,可得

$$\mathscr{L}\big[f_1(t)*f_2(t)\big]=\int_0^\infty f_1(\tau)\mathrm{e}^{-s\tau}\mathrm{d}\tau\cdot\int_0^\infty f_2(x)\mathrm{e}^{-sx}\mathrm{d}x$$

于是

$$\mathscr{L}\big[f_1(t)*f_2(t)\big]=F_1(s)F_2(s) \tag{8.28}$$

上式即时域卷积定理的表示式,两个信号时域卷积之拉氏变换等于这两个信号的拉氏变换之乘积,其 ROC 包括了 $F_1(s)$,$F_2(s)$ 收敛域的重叠部分,即包括了 $\mathrm{Re}[s]>\sigma_1$ 和 $\mathrm{Re}[s]>\sigma_2$ 的重叠部分。

不难推得,对于双边拉氏变换,时域卷积定理(8.28)仍然成立。

例 8.18 若 $F(s)=\dfrac{1}{s^{n+1}}$,$\mathrm{Re}[s]>\sigma_1$,试求 $F(s)$ 对应的信号函数 $f(t)$。

解 已知

$$\mathscr{L}\big[\varepsilon(t)\big]=\frac{1}{s},$$

根据时域卷积定理,可得

$$\mathscr{L}\big[\varepsilon(t)*\varepsilon(t)\big]=\frac{1}{s^2}$$

$$\mathscr{L}\big[\varepsilon(t)*\varepsilon(t)*\varepsilon(t)\big]=\frac{1}{s^3}$$

由此可推得 $\dfrac{1}{s^{n+1}}$ 所对应的信号函数为 $\varepsilon(t)$ 与其自身卷积 n 次。此外,由于

$$\varepsilon(t)*\varepsilon(t)=\int_{-\infty}^{+\infty}\varepsilon(\tau)\varepsilon(t-\tau)\mathrm{d}\tau=\int_0^t\mathrm{d}\tau=t\cdot\varepsilon(t)$$

$$\varepsilon(t)*\varepsilon(t)*\varepsilon(t)=t\cdot\varepsilon(t)*\varepsilon(t)=\frac{1}{2}t^2\cdot\varepsilon(t)$$

可以推得 $\varepsilon(t)$ 与其自身卷积 n 次后的结果为 $\dfrac{1}{n!}t^n\cdot\varepsilon(t)$,因此可得 $\dfrac{1}{s^{n+1}}$ 所对应的信号函数为 $\dfrac{1}{n!}t^n\cdot\varepsilon(t)$,此结果与例 8.15 结果一致。

例 8.19 试利用时域卷积定理求图 8.5(a)所示的信号 $f(t)$ 的拉氏变换。

解 $f(t)$ 可以看做图 8.5(b)所示矩形脉冲 $f_1(t)$ 与其自身的卷积,即

$$f(t)=f_1(t)*f_1(t)$$

然后根据时域卷积定理,不难求得

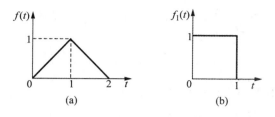

图 8.5　例 8.19 的图形

(a) 三角形脉冲　(b) 矩形脉冲

$$\mathcal{L}[f(t)] = F(s) = \mathcal{L}[f_1(t)] \cdot \mathcal{L}[f_1(t)]$$

可以写出 $f_1(t) = \varepsilon(t) - \varepsilon(t-1)$，根据时移性质，可以求得

$$\mathcal{L}[f_1(t)] = \frac{1}{s}(1 - e^{-s}), \quad \mathrm{Re}[s] > 0$$

于是

$$\mathcal{L}[f(t)] = F(s) = \frac{1}{s^2}(1 - e^{-s})^2, \quad \mathrm{Re}[s] > 0$$

8.4.10　时域相乘(复频域卷积)

假设 $\mathcal{L}[f_1(t)] = F_1(s), \mathrm{Re}[s] > \sigma_1$ 与 $\mathcal{L}[f_2(t)] = F_2(s), \mathrm{Re}[s] > \sigma_2$，则

$$\mathcal{L}[f_1(t) \cdot f_2(t)] = \frac{1}{2\pi j} \int_{\sigma - j\infty}^{\sigma + j\infty} F_1(\eta) F_2(s - \eta) \mathrm{d}\eta, \quad \mathrm{Re}[s] > \sigma_1 + \sigma_2 \qquad (8.29)$$

上式表示时域相乘特性,式中积分路线 $\sigma - j\infty$ 至 $\sigma + j\infty$ 是在 $F_1(\eta)$ 和 $F_2(s-\eta)$ 收敛域重叠部分内一条平行纵轴的直线。时域相乘的特性式(8.29)的证明过程如下:

$$\frac{1}{2\pi j} \int_{\sigma - j\infty}^{\sigma + j\infty} F_1(\eta) F_2(s - \eta) \mathrm{d}\eta = \frac{1}{2\pi j} \int_{\sigma - j\infty}^{\sigma + j\infty} F_1(\eta) \left[\int_0^\infty f_2(t) e^{-(s-\eta)t} \mathrm{d}t \right] \mathrm{d}\eta$$

$$= \int_0^\infty f_2(t) e^{-st} \left[\frac{1}{2\pi j} \int_{\sigma - j\infty}^{\sigma + j\infty} F_1(\eta) e^{\eta t} \mathrm{d}\eta \right] \mathrm{d}t$$

$$= \int_0^\infty f_1(t) f_2(t) e^{-st} \mathrm{d}t = \mathcal{L}[f_1(t) \cdot f_2(t)]$$

对于双边拉氏变换,时域相乘特性(8.29)式仍然成立。由于这一特性对于收敛域 $\mathrm{Re}[s]$ 的范围和积分路线的选择的限制较高,计算比较复杂,故约束了它的应用。

8.4.11　初值定理

当信号函数 $f(t)$ 为一因果信号,即当 $t < 0$ 时, $f(t) = 0$。 $f(t)$ 及其导数 $\dfrac{\mathrm{d}f(t)}{\mathrm{d}t}$ 可以进行拉氏变换, $f(t)$ 的拉氏变换为 $F(s)$,其收敛域为 $\mathrm{Re}[s] > \sigma_0$,且 $F(s)$ 为一有理分式, $F(s)$ 分子的阶次低于分母的阶次,即 $F(s)$ 为一真分式时,有

$$\lim_{t \to 0^+} f(t) = f(0^+) = \lim_{s \to \infty} sF(s) \qquad (8.30)$$

式(8.30)表示的初值定理可证明如下:

由拉氏变换的时域微分特性可得

$$\mathcal{L}\left[\frac{\mathrm{d}f(t)}{\mathrm{d}t}\right]=sF(s)-f(0^-)=\int_{0^-}^{\infty}\frac{\mathrm{d}f(t)}{\mathrm{d}t}\mathrm{e}^{-st}\mathrm{d}t$$

$$=\int_{0^-}^{0^+}\frac{\mathrm{d}f(t)}{\mathrm{d}t}\mathrm{e}^{-st}\mathrm{d}t+\int_{0^+}^{\infty}\frac{\mathrm{d}f(t)}{\mathrm{d}t}\mathrm{e}^{-st}\mathrm{d}t \qquad (8.31\mathrm{a})$$

上式第一项积分,在区间$(0^-,0^+)$中,$\mathrm{e}^{-st}=1$,因此

$$\int_{0^-}^{0^+}\frac{\mathrm{d}f(t)}{\mathrm{d}t}\mathrm{e}^{-st}\mathrm{d}t=\int_{0^-}^{0^+}\frac{\mathrm{d}f(t)}{\mathrm{d}t}\mathrm{d}t=f(0^+)-f(0^-)$$

代入式(8.31a)中得

$$\mathcal{L}\left[\frac{\mathrm{d}f(t)}{\mathrm{d}t}\right]=sF(s)-f(0^-)$$

$$=f(0^+)-f(0^-)+\int_{0^+}^{\infty}\frac{\mathrm{d}f(t)}{\mathrm{d}t}\mathrm{e}^{-st}\mathrm{d}t$$

因此

$$sF(s)=f(0^+)+\int_{0^+}^{\infty}\frac{\mathrm{d}f(t)}{\mathrm{d}t}\mathrm{e}^{-st}\mathrm{d}t \qquad (8.31\mathrm{b})$$

当$s\to\infty$时,式(8.31b)右端第二项的极限为

$$\lim_{s\to\infty}\left[\int_{0^+}^{\infty}\frac{\mathrm{d}f(t)}{\mathrm{d}t}\mathrm{e}^{-st}\mathrm{d}t\right]=\int_{0^+}^{\infty}\lim_{s\to\infty}\left[\frac{\mathrm{d}f(t)}{\mathrm{d}t}\mathrm{e}^{-st}\right]\mathrm{d}t=0$$

于是可得

$$\lim_{s\to\infty}sF(s)=f(0^+)$$

式(8.30a)得证。利用初值定理可直接由$F(s)$求得$f(0^+)$,而不必求$F(s)$的反变换。但应当指出,在使用初值定理时,$F(s)$必须为真分式,否则会得出错误的结果。例如,考虑$f(t)=\delta(t)$的初值,已知其拉氏变换$F(s)=\mathcal{L}[\delta(t)]=1$,此时$F(s)$不为真分式,若利用(8.30a),可得$f(0^+)=\lim_{s\to\infty}s=\infty$,而实际$\delta(0^+)=0$,故当$F(s)$不是真分式时,不能直接使用式(8.30a)表示的初值定理,而必须通过长除法,使$F(s)$中出现真分式后求取,即

$$F(s)=K_ms^m+K_{m-1}s^{m-1}+\cdots+K_0+F_0(s), \quad \mathrm{Re}[s]>\sigma_0$$

式中$F_0(s)$为真分式。根据时域微分特性,s^m的反变换为$\delta^{(m)}(t)$,$F_0(s)$的反变换为$f_0(t)$,$F(s)$的反变换可表示为

$$f(t)=K_m\delta^{(m)}(t)+K_{m-1}\delta^{(m-1)}(t)+\cdots+K_0\delta(t)+f_0(t)$$

式中冲激函数及其各阶导数在$t=0^+$时全为零。于是

$$f(0^+)=f_0(0^+)=\lim_{s\to\infty}sF_0(s)$$

故当$F(s)$为假分式时,通过长除法得到真分式$F_0(s)$,然后利用(8.30b)求$f(0^+)$。

例 8.20 试求$F(s)$所对应的$f(t)$的初值$f(0^+)$,已知

$$F(s)=\frac{s^3+s^2+2s+1}{(s+1)(s+2)(s+3)}, \quad \mathrm{Re}[s]>-1$$

解 由于$F(s)$分子多项式的阶次等于分母多项式的阶次,故利用长除法,得

$$F(s)=1-\frac{5s^2+9s+5}{(s+1)(s+2)(s+3)}$$

然后利用式(8.30b),可得

$$f(0^+) = \lim_{s \to \infty} s F_0(s) = \lim_{s \to \infty} -s \frac{5s^2 + 9s + 5}{(s+1)(s+2)(s+3)} = -5$$

8.4.12　终值定理

当信号函数 $f(t)$ 为一因果信号,即当 $t < 0$ 时,$f(t) = 0$。$f(t)$ 及其导数 $\dfrac{\mathrm{d}f(t)}{\mathrm{d}t}$ 可以进行拉氏变换,$f(t)$ 的拉氏变换为 $F(s)$,其收敛域为 $\mathrm{Re}[s] > \sigma_0$,而且 $\lim\limits_{t \to \infty} f(t)$ 存在,则

$$\lim_{t \to \infty} f(t) = \lim_{s \to 0} s F(s) \tag{8.32}$$

终值定理式(8.32)可证明如下:

利用式(8.31b),取 $s \to 0$ 之极限,可得

$$\lim_{s \to 0} s F(s) = f(0^+) + \lim_{s \to 0} \int_{0^+}^{\infty} \frac{\mathrm{d}f(t)}{\mathrm{d}t} \mathrm{e}^{-st} \mathrm{d}t$$

$$= f(0^+) + \lim_{t \to \infty} f(t) - f(0^+)$$

于是可得 $\lim\limits_{t \to \infty} f(t) = \lim\limits_{s \to 0} s F(s)$,式(8.32)得证。借助终值定理,可从直接由 $F(s)$ 求得 $f(\infty)$,而不必求 $F(s)$ 的反变换。

应当指出终值定理的使用限制,即定理中的时域条件 $\lim\limits_{t \to \infty} f(t)$ 必须存在。这样可以从 s 域来判断,这就是:仅当 $F(s)$ 在 s 平面的虚轴及其右边都解析时(原点除外),终值定理才可应用。例如,$\mathscr{L}[\mathrm{e}^{at}\varepsilon(t)] = \dfrac{1}{s-a}$,其极点 $s = a (a > 0)$ 在右半平面,不满足 s 右半平面解析的要求,故终值定理不能应用。实际上由于 $\mathrm{e}^{at}\varepsilon(t)$ 为一随 t 增幅的信号,故 $\lim\limits_{t \to \infty} f(t)$ 根本不存在。

例 8.21　试求 $F(s)$ 所对应的 $f(t)$ 的初值与终值,已知

$$F(s) = \frac{3s^2 + 8s + 1}{(s-1)(s+2)(s+3)}, \quad \mathrm{Re}[s] > 1$$

解　$F(s)$ 为真分式,故 $f(t)$ 的初值为

$$f(0^+) = \lim_{s \to \infty} \frac{s(3s^2 + 8s + 1)}{(s-1)(s+2)(s+3)} = 3$$

由于 $F(s)$ 的极点 $s = 1$ 在右半平面,故 $f(t)$ 的终值不存在,不能应用终值定理。实际上,$F(s)$ 可表示为

$$F(s) = \frac{1}{s-1} + \frac{1}{s+2} + \frac{1}{s+3}, \quad \mathrm{Re}[s] > 1$$

于是有

$$\mathscr{L}^{-1}[F(s)] = f(t) = [\mathrm{e}^t + \mathrm{e}^{-2t} + \mathrm{e}^{-3t}]\varepsilon(t)$$

因此 $f(0^+) = 3$,而 $\lim\limits_{t \to \infty} f(t)$ 为无穷大。

关于初值定理与终值定理可利用符号 s 与算子 $\mathrm{j}\omega$ 的对应关系来进行物理解释。当 $s \to 0$,即 $\mathrm{j}\omega \to 0$,相当于直流状态,因而得到电路的稳定的终值 $f(\infty)$;而 $s \to \infty$,即 $\mathrm{j}\omega \to \infty$ 时,相当于接入信号的突变,它可以给出相应的初值 $f(0^+)$。

最后,在表 8.2 中列出了单边拉氏变换的基本性质和定理的结果。而在表 8.3 中列出了双边拉氏变换的基本性质,表中列出的收敛域均指可能包括的范围。

表 8.2　单边拉氏变换的性质

性质名称	时域信号	变　换
1. 定义	$f(t) = \dfrac{1}{2\pi \mathrm{j}} \displaystyle\int_{\sigma-\infty}^{\sigma+\infty} F(s) \mathrm{e}^{st}\,\mathrm{d}s$	$F(s) = \displaystyle\int_{0^-}^{\infty} f(t) \mathrm{e}^{-st}\,\mathrm{d}t, \quad \mathrm{Re}[s] > \sigma_0$
2. 线性	$\alpha_1 f_1(t) + \alpha_2 f_2(t)$	$\alpha_1 F_1(s) + \alpha_2 F_2(s), \quad \mathrm{Re}[s] > \max[\sigma_1, \sigma_2]$
3. 时移(延时)	$f(t-t_0)\varepsilon(t-t_0)$	$\mathrm{e}^{-st_0} F(s), \quad \mathrm{Re}[s] > \sigma_0$
4. S 域平移	$\mathrm{e}^{s_0 t} f(t)$	$F(s-s_0), \quad \mathrm{Re}[s] > \mathrm{Re}[s_0] + \sigma_0$
5. 尺度变换	$f(at), \quad a>0$	$\dfrac{1}{a} F\left(\dfrac{s}{a}\right), \quad \mathrm{Re}[s] > a\sigma_0$
6. 时域微分	$f^{(1)}(t)$ $f^{(n)}(t)$	$sF(s) - f(0^-), \quad \mathrm{Re}[s] > \sigma_0$ $s^n F(s) - \displaystyle\sum_{m=0}^{n-1} s^{n-m-1} f^{(m)}(0^-), \quad \mathrm{Re}[s] > \sigma_0$
7. S 域微分	$-tf(t)$ $(-t)^n f(t)$	$F^{(1)}(s), \quad \mathrm{Re}[s] > \sigma_0$ $F^{(n)}(s), \quad \mathrm{Re}[s] > \sigma_0$
8. 时域积分	$\displaystyle\int_{-\infty}^{t} f(\tau)\,\mathrm{d}\tau$ $f^{(-n)}(t)$	$\dfrac{F(s)}{s} + \dfrac{f^{(-1)}(0^-)}{s}, \quad \mathrm{Re}[s] > \max[\sigma_0, 0]$ $\dfrac{F(s)}{s^n} + \displaystyle\sum_{m=1}^{n} f^{(-m)}(0^-)\dfrac{1}{s^{n-m+1}}$
9. S 域积分	$t^{-1} f(t)$	$\displaystyle\int_{s}^{\infty} F(\eta)\,\mathrm{d}\eta, \quad \mathrm{Re}[s] > \sigma_0$
10. 时域卷积	$f_1(t) * f_2(t)$	$F_1(s)F_2(s), \quad \mathrm{Re}[s] > \max[\sigma_1, \sigma_2]$
11. 时域相乘	$f_1(t) \cdot f_2(t)$	$\dfrac{1}{2\pi \mathrm{j}} \displaystyle\int_{\sigma-\mathrm{j}\infty}^{\sigma+\mathrm{j}\infty} F_1(\eta) F_2(s-\eta)\,\mathrm{d}\eta, \quad \mathrm{Re}[s] > \sigma_1 + \sigma_2$
12. 初值定理	$\displaystyle\lim_{t\to 0^+} f(t) = f(0^+) = \lim_{s\to\infty} sF(s), F(s)$ 为一真分式	
13. 终值定理	$\displaystyle\lim_{t\to\infty} f(t) = \lim_{s\to 0} sF(s), F(s)$ 极点在左半平面	

表 8.3　双边拉氏变换的性质

性质名称	时域信号	变　换
1. 定义	$f(t) = \dfrac{1}{2\pi \mathrm{j}} \displaystyle\int_{\sigma-\infty}^{\sigma+\infty} F(s) \mathrm{e}^{st}\,\mathrm{d}s$	$F_\mathrm{b}(s) = \displaystyle\int_{-\infty}^{\infty} f(t) \mathrm{e}^{-st}\,\mathrm{d}t, \quad \alpha < \mathrm{Re}[s] < \beta$
2. 线性	$a_1 f_1(t) + a_2 f_2(t)$	$a_1 F_{\mathrm{b}1}(s) + a_2 F_{\mathrm{b}2}(s),$ $\max[\alpha_1, \alpha_2] < \mathrm{Re}[s] < \min[\beta_1, \beta_2]$
3. 时移(延时)	$f(t-t_0)$	$\mathrm{e}^{-st_0} F_\mathrm{b}(s), \quad \alpha < \mathrm{Re}[s] < \beta$
4. S 域平移	$\mathrm{e}^{s_0 t} f(t)$	$F_\mathrm{b}(s-s_0), \quad \alpha + \mathrm{Re}[s_0] < \mathrm{Re}[s] < \beta + \mathrm{Re}[s_0]$
5. 尺度变换	$f(at)$	$\dfrac{1}{|a|} F_\mathrm{b}\left(\dfrac{s}{a}\right), \quad |a|\alpha < \mathrm{Re}[s] < |a|\beta$
6. 时域微分	$f^{(1)}(t)$	$sF_\mathrm{b}(s), \quad \alpha < \mathrm{Re}[s] < \beta$

(续表)

性质名称	时域信号	变　换
7. S域微分	$(-t)^n f(t)$	$F_b^{(n)}(s),\quad \alpha < \mathrm{Re}[s] < \beta$
8. 时域积分	$\displaystyle\int_{-\infty}^{t} f(\tau)\mathrm{d}\tau$	$\dfrac{F_b(s)}{s},\quad \max[\alpha,0] < \mathrm{Re}[s] < \beta$
9. 时域卷积	$f_1(t) * f_2(t)$	$F_{b1}(s) \cdot F_{b2}(s)$ $\max[\alpha_1,\alpha_2] < \mathrm{Re}[s] < \min[\beta_1,\beta_2]$
10. 时域相乘	$f_1(t) \cdot f_2(t)$	$\dfrac{1}{2\pi\mathrm{j}}\displaystyle\int_{\sigma-\mathrm{j}\infty}^{\sigma+\mathrm{j}\infty} F_{b1}(\eta)F_{b2}(s-\eta)\mathrm{d}\eta$ $\alpha_1 + \alpha_2 < \mathrm{Re}[s] < \beta_1 + \beta_2$

8.5　周期信号与抽样信号的拉氏变换

本节讨论周期信号与抽样信号的拉氏变换,先讨论周期信号的拉氏变换。

8.5.1　周期信号的拉氏变换

考虑单边周期信号 $f(t)$,即 $t<0$ 时 $f(t)=0$, $t>0$ 时, $f(t)$ 的周期为 T,则

$$f(t) = \sum_{n=0}^{\infty} f_1(t-nT) \tag{8.33}$$

令其第一个周期的信号函数以 $f_1(t)$ 表示,即

$$f(t) = f_1(t),\quad 0 < t < T$$

且其拉氏变换 $\mathscr{L}[f_1(t)]=F_1(s)$,利用时延性质可求出 $f(t)$ 的拉氏变换为

$$\begin{aligned}
F(s) &= \mathscr{L}[f(t)] = \int_0^{\infty} f(t)\mathrm{e}^{-st}\,\mathrm{d}t \\
&= \int_0^T f(t)\mathrm{e}^{-st}\,\mathrm{d}t + \int_T^{2T} f(t)\mathrm{e}^{-st}\,\mathrm{d}t + \cdots + \int_{nT}^{(n+1)T} f(t)\mathrm{e}^{-st}\,\mathrm{d}t + \cdots \\
&= \int_0^T f_1(t)\mathrm{e}^{-st}\,\mathrm{d}t + \int_T^{2T} f_1(t-T)\mathrm{e}^{-st}\,\mathrm{d}t + \cdots + \int_{nT}^{(n+1)T} f_1(t-nT)\mathrm{e}^{-st}\,\mathrm{d}t + \cdots \\
&= F_1(s)[1 + \mathrm{e}^{-sT} + \cdots + \mathrm{e}^{-snT} + \cdots] \\
&= F_1(s)\frac{1}{1-\mathrm{e}^{-sT}},\quad \mathrm{Re}[s] > 0
\end{aligned}$$

于是周期信号的拉氏变换与第一个周期信号的拉氏变换之间的关系为

$$F(s) = F_1(s)\frac{\mathrm{e}^{sT}}{\mathrm{e}^{sT}-1},\ \mathrm{Re}[s] > 0 \tag{8.34}$$

利用式(8.34)可求解周期信号的拉氏变换。

例 8.22　试求如图 8.6 所示周期锯齿波的拉氏变换。

解　周期锯齿波的第一个周期信号为

$$f_1(t) = \frac{t}{T}[\varepsilon(t) - \varepsilon(t-T)] = \frac{t}{T}\varepsilon(t) - \frac{t-T}{T}\varepsilon(t-T) - \varepsilon(t-T)$$

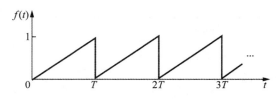

图 8.6　周期锯齿波

利用拉氏变换的延时特性可得

$$\mathscr{L}[f_1(t)] = F_1(s) = \frac{1}{Ts^2} - \frac{1}{Ts^2}e^{-sT} - \frac{1}{s}e^{-sT}$$

$$= \frac{1-(1+sT)e^{-sT}}{Ts^2}, \quad \mathrm{Re}[s] > 0$$

由此可得周期锯齿波的拉氏变换为

$$F(s) = \frac{F_1(s)}{1-e^{-sT}} = \frac{1-(1+sT)e^{-sT}}{Ts^2(1-e^{-sT})}$$

$$= \frac{1}{Ts^2} - \frac{1}{s(e^{sT}-1)}, \quad \mathrm{Re}[s] > 0$$

8.5.2　抽样信号的拉氏变换

若单边连续信号 $f(t)$ 以抽样间隔 T 进行时域抽样,则抽样信号 $f_s(t)$ 可表示为

$$f_s(t) = f(t)\sum_{n=0}^{\infty}\delta(t-nT) = \sum_{n=0}^{\infty}f(nT)\delta(t-nT) \tag{8.35}$$

其拉氏变换为

$$\mathscr{L}[f_s(t)] = \int_0^{\infty}\sum_{n=0}^{\infty}f(nT)\delta(t-nT)e^{-st}\,\mathrm{d}t = \sum_{n=0}^{\infty}f(nT)e^{-nsT} \tag{8.36}$$

由式(8.36)可知,抽样信号的拉氏变换为 s 域的级数。

例 8.23　求下述指数抽样序列 $f_s(t)$ 的拉氏变换。

$$f_s(t) = e^{-\beta t} \cdot \sum_{n=0}^{\infty}\delta(t-nT)$$

解　由式(8.36)可得

$$\mathscr{L}[f_s(t)] = \sum_{n=0}^{\infty}e^{-\beta nT}e^{-nsT} = \sum_{n=0}^{\infty}e^{-(\beta+s)nT} = \frac{1}{1-e^{-(\beta+s)T}}, \quad \mathrm{Re}[s] > -\beta$$

8.6　拉氏反变换

在 8.2 节,已经得到拉氏反变换的定义式为

$$f(t) = \frac{1}{2\pi\mathrm{j}}\int_{\sigma-\infty}^{\sigma+\infty}F(s)e^{st}\,\mathrm{d}s$$

上式说明,$f(t)$ 可以用一个复指数信号的加权积分来表示,积分路径是一条在 s 平面内平行于 $\mathrm{j}\omega$ 轴的直线,该直线距离虚轴 $\mathrm{j}\omega$ 的间隔为 σ_0。对于一般的 $F(s)$ 来说,这个积分的求值可以求

助于 s 平面的围线积分,即设法将积分路线变为适当的闭合路线,从而可应用复变函数中的留数定理来求得信号函数,留数法的原理在本节中将作简要讨论。

在实用中,我们所遇到的拉氏变换式 $F(s)$ 常常为 s 的有理分式,即它可以表示为两个 s 多项式之比

$$F(s) = \frac{a_m s^m + a_{m-1} s^{m-1} + \cdots + a_1 s + a_o}{b^n s^n + b_{n-1} s^{n-1} + \cdots + b_1 s + b_0} \tag{8.37}$$

式中分子与分母多项式的系数 a_i, b_i 均为实数。

若 $n \leqslant m$,则 $F(s)$ 可通过长除法分解为有理多项式 $P(s)$ 与有理真分式 $\dfrac{A(s)}{B(s)}$ 之和,即

$$F(s) = P(s) + \frac{A(s)}{B(s)} \tag{8.38}$$

令

$$F_0(s) = \frac{A(s)}{B(s)}$$

则

$$F(s) = P(s) + F_0(s) \tag{8.39}$$

式中 $A(s)$ 的幂次小于 $B(s)$ 的幂次。欲求 $F(s)$ 之反变换,往往不直接按照式(8.5b)进行积分求解,而借助将 $\dfrac{A(s)}{B(s)}$ 进行部分分式展开来进行求解,即将 $\dfrac{A(s)}{B(s)}$ 展开为部分分式之和,然后对 $P(s)$ 和 $F_0(s)$ 的各分式进行拉氏反变换求得最终结果,本节将着重讨论部分分式展开法。

8.6.1　部分分式展开法

如式(8.37)所示,拉氏变换式 $F(s)$ 常常为 s 的有理分式,当分子多项式阶次 m 大于等于分母多项式阶次 n 时,则 $F(s)$ 可通过长除法分解为有理多项式 $P(s)$ 与有理真分式 $F_0(s)$ 之和,即

$$F(s) = P(s) + F_0(s) = P(s) + \frac{A(s)}{B(s)}$$

在一般情况,$F(s)$ 分子多项式阶次 m 小于分母多项式阶次 n,此时 $F(s)$ 为真分式,即

$$F(s) = \frac{A(s)}{B(s)} = \frac{a_m s^m + a_{m-1} s^{m-1} + \cdots + a_1 s + a_o}{b^n s^n + b_{n-1} s^{n-1} + \cdots + b_1 s + b_0}$$

下面讨论真分式 $\dfrac{A(s)}{B(s)}$ 分解为部分分式的过程,分几种情况进行讨论。

1. 极点为实数,无重根

由于分母 $B(s)$ 是 s 的 n 次多项式,故可将其因式分解为

$$B(s) = b_n (s - p_1)(s - p_2) \cdots (s - p_n) \tag{8.40}$$

式中 $p_1, p_2, \cdots, p_n$ 为 $B(s) = 0$ 的根。当 s 等于任一根值,$B(s)$ 等于零,$F(s)$ 等于无穷大,故 $p_1, p_2, \cdots, p_n$ 称为 $F(s)$ 的极点。

同理,分子多项式 $A(s)$ 也可分解为

$$A(s) = a_m(s-z_1)(s-z_2)\cdots(s-z_m) \tag{8.41}$$

式中 $z_1, z_2, \cdots, z_m$ 为 $A(s)=0$ 的根,称为 $F(s)$ 的零点。当 $F(s)$ 为真分式且其极点为实数、无重根、$b_n=1$ 时,$F(s)$ 可表示为

$$F(s) = \frac{A(s)}{(s-p_1)(s-p_2)\cdots(s-p_n)} \tag{8.42}$$

式中 $p_1, p_2, \cdots, p_n$ 为各不相等的实数。此式可展开为几个简单的部分分式之和,每个部分分式分别以 $B(s)$ 的一个因子作为分母,即

$$F(s) = \frac{K_1}{s-p_1} + \frac{K_2}{s-p_2} + \cdots + \frac{K_n}{s-p_n} \tag{8.43}$$

式中 $K_1, K_2, \cdots, K_n$ 为待定系数。可在式(8.43)两边乘以因子 $(s-p_i)$,再令 $s=p_i (i=1,2,\cdots,n)$,于是式(8.43)右边仅留下 K_i 项,即

$$K_i = (s-p_i)F(s)\big|_{s=p_i}, i=1,2,\cdots,n \tag{8.44}$$

显然,式(8.43)的反变换可以通过查表 8.1 得到。若式(8.43)表示的是单边拉氏变换,则其收敛域在收敛轴的右边,所对应的信号均为因果信号,故式(8.43)的反变换为

$$f(t) = \mathscr{L}^{-1}\left[\frac{K_1}{s-p_1}\right] + \mathscr{L}^{-1}\left[\frac{K_2}{s-p_2}\right] + \cdots + \mathscr{L}^{-1}\left[\frac{K_n}{s-p_n}\right]$$
$$= [K_1 \mathrm{e}^{p_1 t} + K_2 \mathrm{e}^{p_2 t} + \cdots + K_n \mathrm{e}^{p_n t}]\varepsilon(t) \tag{8.45}$$

例 8.24 试求下述函数的单边拉氏反变换。

$$F(s) = \frac{4s^2 + 11s + 10}{2s^2 + 5s + 3}$$

解 先将 $F(s)$ 通过长除法得到真分式

$$F(s) = \frac{4s^2 + 11s + 10}{2s^2 + 5s + 3} = 2 + \frac{1}{2}\frac{s+4}{s^2 + \frac{5}{2}s + \frac{3}{2}} = 2 + \frac{1}{2}\frac{A(s)}{B(s)}$$

式中:

$$B(s) = s^2 + \frac{5}{2}s + \frac{3}{2} = (s+1)\left(s+\frac{3}{2}\right)$$

因此,可将 $F(s)$ 中的真分式展开为部分分式,即

$$\frac{1}{2}\frac{A(s)}{B(s)} = \frac{1}{2}\left[\frac{K_1}{s+1} + \frac{K_2}{s+\frac{3}{2}}\right]$$

利用式(8.44)可求得待定系数为

$$K_1 = \left[(s-p_1)\frac{A(s)}{B(s)}\right]\Bigg|_{s=-1} = \left[(s+1)\frac{s+4}{(s+1)\left(s+\frac{3}{2}\right)}\right]\Bigg|_{s=-1} = 6$$

$$K_2 = \left[\left(s+\frac{3}{2}\right)\frac{s+4}{(s+1)\left(s+\frac{3}{2}\right)}\right]\Bigg|_{s=-\frac{3}{2}} = -5$$

于是

$$F(s) = 2 + \frac{1}{2}\left[\frac{6}{s+1} + \frac{-5}{s+\frac{3}{2}}\right]$$

上式为一单边拉氏变换式，所对应的为因果信号，故

$$f(t) = \mathcal{L}^{-1}[2] + \mathcal{L}^{-1}\left[\frac{3}{s+1}\right] + \mathcal{L}^{-1}\left[\frac{-\frac{5}{2}}{s+\frac{3}{2}}\right] = 2\delta(t) + \left[3\mathrm{e}^{-t} - \frac{5}{2}\mathrm{e}^{-\frac{3}{2}t}\right]\varepsilon(t)$$

例 8.25 若某信号的拉氏变换 $F(s)$ 为

$$F(s) = \frac{1}{s^2 + 3s + 2}$$

试求其所有可能的反变换。

解 将 $F(s)$ 按部分分式展开，可得

$$F(s) = \frac{K_1}{(s+1)} + \frac{K_2}{(s+2)}$$

其中：

$$K_1 = (s+1)F(s)\big|_{s=-1} = \frac{1}{(s+2)}\bigg|_{s=-1} = 1$$

$$K_2 = (s+2)F(s)\big|_{s=-2} = \frac{1}{(s+1)}\bigg|_{s=-2} = -1$$

于是

$$F(s) = \frac{1}{(s+1)} - \frac{1}{(s+2)}$$

对于双边拉氏变换式 $F(s)$，为了求得其反变换，需确定其可能的收敛域，按照 8.2.2 节讨论的原理，由于 $F(s)$ 的极点为 $p_1 = -1, p_2 = -2$，可能的 ROC 有三种情况：①$\mathrm{Re}[s] > -1$；②$-2 < \mathrm{Re}[s] < -1$；③$\mathrm{Re}[s] < -2$，$F(s)$ 的零极点图与可能的 ROC 如图 8.7 所示。于是利用表 8.1 可得其拉氏反变换为：

（1）当 ROC 为 $\mathrm{Re}[s] > -1$ 时，$F(s)$ 的两个极点均在收敛域的左边，如图 8.7(a) 所示，此时对应的信号均为因果信号，即

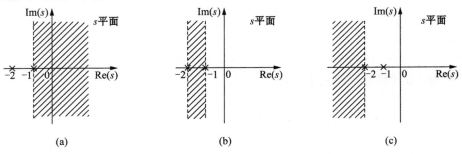

图 8.7 例 8.25 的零极点图与可能的 ROC

(a) $\mathrm{Re}[s] > -1$ (b) $-2 < \mathrm{Re}[s] < -1$ (c) $\mathrm{Re}[s] < -2$

$$f(t) = \mathscr{L}^{-1}\left[\frac{1}{s+1}\right] - \mathscr{L}^{-1}\left[\frac{1}{s+2}\right] = [\mathrm{e}^{-t} - \mathrm{e}^{-2t}]\varepsilon(t)$$

（2）当 ROC 为 $-2<\mathrm{Re}[s]<-1$ 时，$F(s)$ 的一个极点 $p_1=-1$ 在收敛域的右边，如图 8.7(b) 所示，故 $\mathscr{L}^{-1}\left[\frac{1}{s+1}\right]$ 对应的为一非因果信号，另一极点 $p_2=-2$ 在收敛域的左边，故 $\mathscr{L}^{-1}\left[\frac{1}{s+2}\right]$ 对应的为一因果信号，即

$$f(t) = \mathscr{L}^{-1}\left[\frac{1}{s+1}\right] - \mathscr{L}^{-1}\left[\frac{1}{s+2}\right] = -\,\mathrm{e}^{-t}\varepsilon(-t) - \mathrm{e}^{-2t}\varepsilon(t)$$

（3）当 ROC 为 $\mathrm{Re}[s]<-2$ 时，$F(s)$ 的两个极点均在收敛域的右边，如图 8.7(c)所示，此时对应的信号均为非因果信号，即

$$f(t) = \mathscr{L}^{-1}\left[\frac{1}{s+1}\right] - \mathscr{L}^{-1}\left[\frac{1}{s+2}\right] = -\,[\mathrm{e}^{-t} - \mathrm{e}^{-2t}]\varepsilon(-t)$$

2. 极点为共轭复数

当 $F(s)$ 的极点为共轭复数，即共轭极点位于 $-\alpha\pm\mathrm{j}\beta$ 处时，可假设 $F(s)$ 为

$$F(s) = \frac{A(s)}{D(s)[(s+\alpha)^2+\beta^2]} = \frac{A(s)}{D(s)(s+\alpha-\mathrm{j}\beta)(s+\alpha+\mathrm{j}\beta)} \tag{8.46}$$

式中 $D(s)$ 表示分母多项式中的其他部分。若令

$$F_1(s) = \frac{A(s)}{D(s)} \tag{8.47}$$

则式（8.46）可表示为

$$F(s) = \frac{F_1(s)}{(s+\alpha-\mathrm{j}\beta)(s+\alpha+\mathrm{j}\beta)} = \frac{K_1}{(s+\alpha-\mathrm{j}\beta)} + \frac{K_2}{(s+\alpha+\mathrm{j}\beta)} + \cdots \tag{8.48}$$

待定系数 K_1,K_2 可表示为

$$K_1 = (s+\alpha-\mathrm{j}\beta)F(s)\big|_{s=-\alpha+\mathrm{j}\beta} = \frac{F_1(-\alpha+\mathrm{j}\beta)}{2\mathrm{j}\beta} \tag{8.49a}$$

$$K_2 = (s+\alpha+\mathrm{j}\beta)F(s)\big|_{s=-\alpha-\mathrm{j}\beta} = \frac{F_1(-\alpha-\mathrm{j}\beta)}{-2\mathrm{j}\beta} \tag{8.49b}$$

由式（8.49a）及式（8.49b）可看出 K_1,K_2 呈共轭关系，也即若设

$$K_1 = K_{1r} + \mathrm{j}K_{1i}$$

则

$$K_2 = K_1^* = K_{1r} - \mathrm{j}K_{1i}$$

由于单边拉氏反变换的结果为因果信号，故得到

$$\mathscr{L}^{-1}\left[\frac{K_1}{s+\alpha-\mathrm{j}\beta} + \frac{K_2}{s+\alpha+\mathrm{j}\beta}\right] = \mathrm{e}^{-\alpha t}(K_1\mathrm{e}^{\mathrm{j}\beta t} + K_1^*\,\mathrm{e}^{-\mathrm{j}\beta t})\varepsilon(t)$$

$$= 2\mathrm{e}^{-\alpha t}(K_{1r}\cos\beta t - K_{1i}\sin\beta t)\varepsilon(t) \tag{8.50}$$

例 8.26 试求 $F(s) = \dfrac{s}{s^2+2s+5}$ 的单边拉氏反变换。

解 将 $F(s)$ 的分母进行因式分解，可得

$$F(s) = \frac{s}{s^2 + 2s + 5} = \frac{s}{(s+1-\mathrm{j}2)(s+1+\mathrm{j}2)}$$

$$= \frac{K_1}{s+1-\mathrm{j}2} + \frac{K_2}{s+1+\mathrm{j}2}$$

待定系数可按式(8.44)得到

$$K_1 = (s+1-\mathrm{j}2)F(s)\big|_{s=-1+\mathrm{j}2} = \frac{s}{s+1+\mathrm{j}2}\bigg|_{s=-1+\mathrm{j}2}$$

$$= \frac{-1+\mathrm{j}2}{\mathrm{j}4} = \frac{1}{2} + \mathrm{j}\,\frac{1}{4}$$

于是,根据式(8.50),可解得

$$f(t) = 2\mathrm{e}^{-t}\left(\frac{1}{2}\cos 2t - \frac{1}{4}\sin 2t\right)\varepsilon(t) = \frac{1}{2}\mathrm{e}^{-t}(2\cos 2t - \sin 2t)\varepsilon(t)$$

　　实际上,本例中的 $F(s)$ 还可以用配方法展开成以下形式,即

$$F(s) = \frac{s}{s^2 + 2s + 5} = \frac{c_1(s+1) + c_2}{(s+1)^2 + 4}$$

对比方程两边的系数可得

$$c_1 = 1, \quad c_1 + c_2 = 0$$

于是有

$$c_1 = 1, \quad c_2 = -1$$

因此

$$F(s) = \frac{(s+1)}{(s+1)^2 + 4} - \frac{1}{(s+1)^2 + 4}$$

对照表8.1,可得

$$f(t) = \left(\mathrm{e}^{-t}\cos 2t - \frac{1}{2}\mathrm{e}^{-t}\sin 2t\right)\varepsilon(t)$$

3. 具有多重极点

　　若 $F(s)$ 在 $s=p_1$ 处有 k 阶极点,则可将 $F(s)$ 表示为

$$F(s) = \frac{A(s)}{B(s)} = \frac{A(s)}{(s-p_1)^k D(s)}$$

将 $F(s)$ 进行部分分式展开,可得

$$F(s) = \frac{K_{11}}{(s-p_1)^k} + \frac{K_{12}}{(s-p_1)^{k-1}} + \cdots + \frac{K_{1k}}{(s-p_1)} + \frac{E(s)}{D(s)}$$

式中 $K_{11}, K_{12}, \cdots, K_{1k}$ 为待定系数,$\dfrac{E(s)}{D(s)}$ 为与极点 p_1 无关的其余部分。利用式(8.44)可得 K_{11} 为

$$K_{11} = (s-p_1)^k \cdot F(s)\big|_{s=p_1} \tag{8.51a}$$

然而不能利用 $(s-p_1)^{k-1}F(s)\big|_{s=p_1}$ 来求 K_{12},因为和 $(s-p_1)^{k-1}$ 相乘后的 $F(s)$ 之第一项为 $\dfrac{K_{11}}{s-p_1}$,当 $s=p_1$ 时,分母为零,得不到结果,其他系数也不能利用类似式(8.51a)的方法来求解。

为此假设

$$F_1(s) = (s-p_1)^k F(s)$$
$$= K_{11} + K_{12}(s-p_1) + \cdots + \cdots + K_{1k}(s-p_1)^{k-1} + \frac{E(s)}{D(s)}(s-p_1)^k$$

上式对 s 求导,可得

$$\frac{\mathrm{d}}{\mathrm{d}s}F_1(s) = K_{12} + 2K_{13}(s-p_1) + \cdots + K_{1k}(k-1)(s-p_1)^{k-2} + \cdots$$

显然可得

$$K_{12} = \frac{\mathrm{d}}{\mathrm{d}s}F_1(s)\big|_{s=p_1} \tag{8.51b}$$

$$K_{13} = \frac{1}{2}\frac{\mathrm{d}^2}{\mathrm{d}s^2}F_1(s)\big|_{s=p_1} \tag{8.51c}$$

于是可得求取部分分式系数的一般公式为

$$K_{1i} = \frac{1}{(i-1)!}\frac{\mathrm{d}^{(i-1)}}{\mathrm{d}s^{i-1}}F_1(s)\big|_{s=p_1} \quad i = 1.2,\cdots,k \tag{8.52}$$

例 8.27 求下述单边拉氏变换 $F(s)$ 之反变换。

$$F(s) = \frac{s+3}{(s+2)(s+1)^3}$$

解 $F(s)$ 在 $s=-1$ 处有三重极点,在 $s=-2$ 处有单极点,故可将其展开为

$$F(s) = \frac{K_{11}}{(s+1)^3} + \frac{K_{12}}{(s+1)^2} + \frac{K_{13}}{(s+1)} + \frac{K_2}{s+2}$$

利用式(8.52),可求得各系数

$$K_{11} = (s+1)^3 F(s)\big|_{s=-1} = \frac{s+3}{s+2}\bigg|_{s=-1} = 2$$

$$K_{12} = \frac{\mathrm{d}}{\mathrm{d}s}\big[(s+1)^3 F(s)\big]\big|_{s=-1} = \frac{\mathrm{d}}{\mathrm{d}s}\bigg[\frac{s+3}{s+2}\bigg]\bigg|_{s=-1} = -1$$

$$K_{13} = \frac{1}{2}\frac{\mathrm{d}^2}{\mathrm{d}s^2}\bigg[\frac{s+3}{s+2}\bigg]\bigg|_{s=-1} = 1$$

利用式(8.44),可求得

$$K_2 = (s+2)F(s)\big|_{s=-2} = -1$$

于是有

$$F(s) = \frac{2}{(s+1)^3} - \frac{1}{(s+1)^2} + \frac{1}{s+1} - \frac{1}{s+2}$$

上式为单边拉氏变换式,故其逆变换对应的为一因果信号,可得

$$f(t) = \big[(t^2 - t + 1)\mathrm{e}^{-t} - \mathrm{e}^{-2t}\big]\varepsilon(t)$$

例 8.28 求下述单边拉氏变换 $F(s)$ 之反变换。

$$F(s) = \frac{s-2}{s(s+1)^3}$$

解 将 $F(s)$ 展开为

$$F(s) = \frac{K_{11}}{(s+1)^3} + \frac{K_{12}}{(s+1)^2} + \frac{K_{13}}{(s+1)} + \frac{K_2}{s}$$

在求各系数时,可以采用不同的方法,例如可将上式表示为

$$F(s) = \frac{K_{11}s + K_{12}s(s+1) + K_{13}s(s+1)^2 + K_2(s+1)^3}{s(s+1)^3} = \frac{s-2}{s(s+1)^3}$$

利用等式两边 s 同幂次项系数相等的方法,可写出

$$\begin{cases} K_{13} + K_2 = 0 \\ K_{12} + 2K_{13} + 3K_2 = 0 \\ K_{11} + K_{12} + K_{13} + 3K_2 = 1 \\ K_2 = -2 \end{cases}$$

解得

$$K_2 = -2, \quad K_{13} = 2, \quad K_{12} = 2, \quad K_{11} = 3$$

因此

$$F(s) = \frac{3}{(s+1)^3} + \frac{2}{(s+1)^2} + \frac{2}{(s+1)} - \frac{2}{s}$$

单边拉氏变换对应的 $f(t)$ 为一因果信号,因此

$$f(t) = \left[\left(\frac{3}{2}t^2 + 2t + 2 \right) e^{-t} - 2 \right] \varepsilon(t)$$

例 8.29　求下述单边拉氏变换 $F(s)$ 之反变换:

$$F(s) = \frac{1}{3s^2(s^2+4)}$$

解　本题的 $F(s)$ 在 $s_1 = 0$ 处有二阶极点,且具有共轭根 $s_{3,4} = \pm j2$。对于此题可将 $F(s)$ 分解为 4 项,然后求 4 个待定系数,再作反变换。现在采用一种更加简单的方法,可令 $s^2 = s_1$,于是

$$\frac{1}{3s^2(s^2+4)} = \frac{1}{3s_1(s_1+4)} = \frac{1}{3} \left(\frac{K_1}{s_1} + \frac{K_2}{s_1+4} \right)$$

可求得

$$K_1 = \frac{1}{(s_1+4)} \bigg|_{s_1=0} = \frac{1}{4}$$

$$K_2 = \frac{1}{s_1} \bigg|_{s_1=-4} = -\frac{1}{4}$$

于是

$$F(s) = \frac{1}{3s^2(s^2+4)} = \frac{1}{3} \left[\frac{1}{4s^2} - \frac{1}{4(s^2+4)} \right]$$

利用表 8.1,可求得

$$f(t) = \frac{1}{12} \left(t - \frac{1}{2}\sin 2t \right) \varepsilon(t)$$

8.6.2　围线积分法(留数法)

按照复变函数论中的留数定理,在 s 平面沿一不通过被积函数极点的封闭曲线 C 进行的

围线积分等于此围线 C 中被积函数各极点 p_i 的留数之和,即

$$\frac{1}{2\pi j}\oint_C F(s)e^{st}\,ds = \sum_{i=1}^{n}\text{Res}\big[F(s)e^{st}\big]_{s=p_i}\tag{8.53}$$

利用留数定理求拉氏反变换时,可从积分限 $\sigma-j\infty$ 至 $\sigma+j\infty$ 补充一条积分路线,以构成一条积分围线 C,所补充的积分路线为一半径无穷大的圆弧,如图 8.8 所示。利用式(8.53)计算拉氏反变换

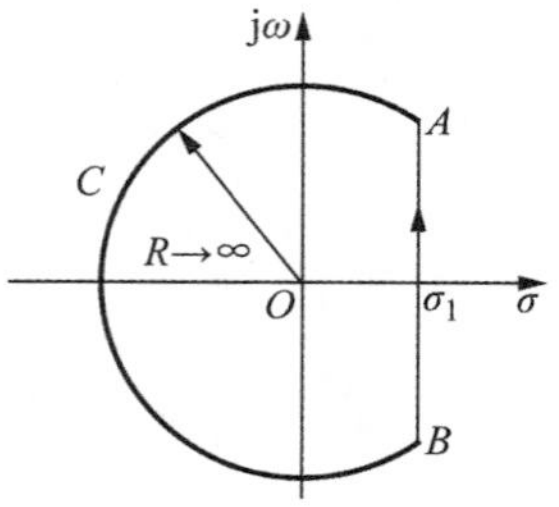

$$f(t)=\frac{1}{2\pi j}\int_{\sigma-\infty}^{\sigma+\infty}F(s)e^{st}\,ds$$

的条件是沿补充路线(图 8.7 中的弧 ACB)函数的积分值为零,即

$$\int_{\widehat{ACB}}F(s)e^{st}\,ds = 0\tag{8.54}$$

图 8.8 $F(s)$ 的围线积分路线

根据复变函数路中的约当辅助定理,当满足下述两个条件时,式(8.54)成立:

(1) 当 $|s|\to\infty$ 时,$|F(s)|$ 对于 s 一致地趋近于零。

(2) 因子 e^{st} 的指数 st 的实部小于 $\sigma_1 t$,即 $\text{Re}[st]=\sigma t<\sigma_1 t$,其中 σ_1 为一固定常数。

对于第一个条件,除少数情况(如单位冲激信号拉氏变换 $F(s)=1$)以外,一般都能满足。至于第二个条件,当 $t>0$ 时,$\text{Re}[s]$ 应小于 σ_1,即积分应沿着左半圆弧进行,如图 8.8 所示;而当 $t<0$ 时,则应沿图 8.9 所示的右半圆弧进行。对于单边拉氏反变换,由于 $t<0$,$f(t)=0$,因此应当选择如图 8.8 所示的积分围线,即

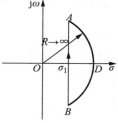

图 8.9 $t<0$ 时积分围线

$$f(t)=\frac{1}{2\pi j}\int_{\sigma-\infty}^{\sigma+\infty}F(s)e^{st}\,ds = \frac{1}{2\pi j}\int_{\text{ACBA}}F(s)e^{st}\,ds$$

$$= \sum_{i=1}^{n}\text{Res}\big[F(s)e^{st}\big]_{s=p_i}\tag{8.55}$$

上式表明求反变换的积分运算转换为求被积函数各极点 p_i 上的留数。若 p_i 为一阶极点,则留数为

$$\text{Res}\big[F(s)e^{st}\big]_{s=p_i} = \big[(s-p_i)F(s)e^{st}\big]_{s=p_i}\tag{8.56a}$$

若 p_i 为 k 阶极点,则

$$\text{Res}\big[F(s)e^{st}\big]_{s=p_i} = \frac{1}{(k-1)!}\left[\frac{d^{k-1}}{ds^{k-1}}(s-p_i)^k F(s)e^{st}\right]_{s=p_i}\tag{8.56b}$$

将式(8.56a)与式(8.44)比较,可以看出,当拉氏变换为有理分式时,一阶极点的留数比部分分式的系数值多了一个因子 $e^{p_i t}$,部分分式经反变换后的结果与留数法相同。对于高阶极点,由于(8.56b)含有因子 e^{st},在取其导数时,所得不止一项,也与部分分式展开法的结果相同。留数法不但能处理有理函数,也能处理无理函数,因此其适用范围比部分分式广。应当指出,在应用留数法作反变换时,由于冲激函数及其导数不符合约当引理,因此需先将 $F(s)$ 分解为 s 的多项式与真分式之和,s 多项式得到反变换为冲激函数及其各阶导数,而真分式可利用留数法求其反函数。

例 8.30　用留数法求下述单边拉氏变换 $F(s)$ 之反变换。

$$F(s) = \frac{s+2}{s(s+3)(s+1)^2}$$

解　$F(s)$ 有两个单极点 $p_1 = 0, p_2 = -3$ 及一个二重极点 $p_3 = -1$,利用式(8.56a)及式(8.56b)可求得各极点上的留数为

$$\text{Res}[F(s)e^{st}]_{s=0} = [sF(s)e^{st}]_{s=0} = \frac{2}{3}$$

$$\text{Res}[F(s)e^{st}]_{s=-3} = [(s+3)F(s)e^{st}]_{s=-3} = \frac{1}{12}e^{-3t}$$

$$\text{Res}[F(s)e^{st}]_{s=-1} = \frac{1}{(2-1)!}\left\{\frac{\mathrm{d}}{\mathrm{d}s}\left[\frac{s+2}{s(s+3)}e^{st}\right]\right\}_{s=-1} = -\frac{3}{4}e^{-t} - \frac{1}{2}te^{-t}$$

因此 $F(s)$ 的反变换为

$$f(t) = \sum_{i=1}^{3}\text{Res}[F(s)e^{st}]_{s=p_i} = \left[\frac{2}{3} + \frac{1}{12}e^{-3t} - \frac{3}{4}e^{-t} - \frac{1}{2}te^{-t}\right]\varepsilon(t)$$

本书附录 F 列出了常用函数的拉氏反变换表,可供读者参考。

8.7　利用拉氏变换进行电路分析

在分析具体电路时,为了简便求解过程可不必列写微分方程,而是根据电路元件的 s 域模型和具体电路图直接写出电路方程的拉氏变换形式,然后进行求解。为此,本节先讨论电路元件的 s 域模型,在此基础上,利用 s 域模型对具体电路进行分析。

我们知道,电路元件 R, L, C 的时域端特性可表示为

$$u_R(t) = Ri_R(t) \tag{8.57a}$$

$$u_L(t) = L\frac{\mathrm{d}i_L(t)}{\mathrm{d}t} \tag{8.57b}$$

$$u_C(t) = \frac{1}{C}\int_{0^-}^{t}i_C(\tau)\mathrm{d}\tau + u_C(0^-) \tag{8.57c}$$

对上述三式进行拉氏变换,可得

$$U_R(s) = RI_R(s) \tag{8.58a}$$

$$U_L(s) = sLI_L(s) - Li_L(0^-) \tag{8.58b}$$

$$U_C(s) = \frac{1}{sC}I_C(s) + \frac{u_C(0^-)}{s} \tag{8.58c}$$

利用式(8.58),可以对 R, L, C 元件构成一个 s 域模型,如图 8.10 所示。图中所示元件的 s 域模型是一种串联形式,在列写回路方程时,使用这种形式的模型比较方便。若将式(8.58)对电流求解,可得

$$I_R(s) = \frac{1}{R}U_R(s) \tag{8.59a}$$

$$I_L(s) = \frac{1}{sL}U_L(s) + \frac{i_L(0^-)}{s} \tag{8.59b}$$

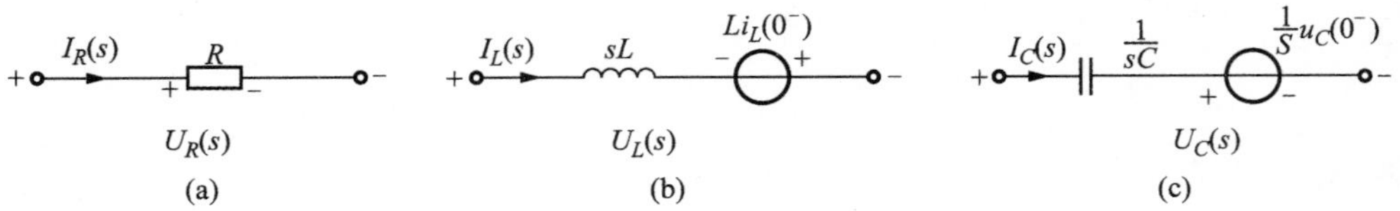

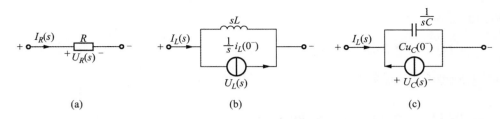

图 8.10 元件 s 域模型（串联形式）

(a) 电阻　(b) 电感　(c) 电容

$$I_C(s) = sCU_C(s) - Cu_C(0^-) \tag{8.59c}$$

利用式(8.59)，可对 R,L,C 元件构成另一种模型，如图 8.11 所示。图中所示元件的 s 域模型是一种并联形式，在列写节点方程时，使用这种形式的模型比较方便。

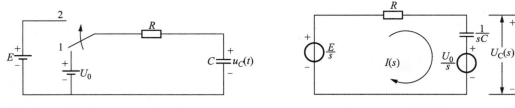

图 8.11 元件 s 域模型（并联形式）

(a) 电阻　(b) 电感　(c) 电容

把电路中每个元件都用它的 s 域模型来代替，将信号用其变换式代替，于是就得到该电路的 s 域模型图。对此模型利用 KVL 或 KCL 分析，可以得到所需求解的变换式，这样就可用代数运算代替求解微分方程，下面举例说明。

例 8.31 如图 8.12 所示，$t<0$ 时，开关位于 1 端，电路已达到稳定状态，$t=0$ 时开关从 1 端转到 2 端，试利用 s 域模型法求解 $u_C(t)$。

图 8.12 例 8.28 的电路图

图 8.13 s 域模型

解 由于 $t=0^-$ 时，电容 C 已充有电压 U_0，从 0^- 到 0^+，电容两端的电压没有变化，即 $u_C(0^+)=u_C(0^-)=U_0$，因此可以画出图 8.13 所示的 s 域模型（串联形式）。根据图 8.13，可以写出

$$\left(R+\frac{1}{sC}\right)I(s) = \frac{E}{s} - \frac{U_0}{s}$$

$$U_C(s) = \frac{I(s)}{sC} + \frac{U_0}{s} = \frac{E}{s}\frac{\frac{1}{RC}}{s+\frac{1}{RC}} + U_0\frac{1}{s+\frac{1}{RC}}$$

$$= E\left[\frac{1}{s} - \frac{1}{s+\frac{1}{RC}}\right] + U_0 \frac{1}{s+\frac{1}{RC}}$$

由上式作拉氏反变换,可得

$$u_C(t) = \left[E(1 - e^{-\frac{t}{RC}}) + U_0 e^{-\frac{t}{RC}}\right]\varepsilon(t)$$

$$= \left[E - (E - U_0)e^{-\frac{t}{RC}}\right]\varepsilon(t)$$

根据上式可画出 $u_C(t)$ 的波形如图 8.14 所示。

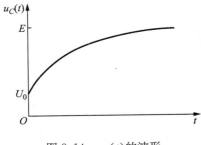

图 8.14 $u_C(t)$ 的波形

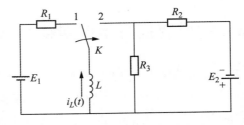

图 8.15 例 8.29 的电路图

例 8.32 电路图如图 8.15 所示。当 $t<0$ 时,开关位于 1 端,电路已达到稳定状态,$t=0$ 时开关从 1 端转到 2 端,求解 $i_L(t)$。

解 根据题意,电流 i_L 的起始值为

$$i_L(0) = -\frac{E_1}{R_1}$$

按照图 8.15 可画出其 s 域模型图如图 8.16 所示,图中将 E_1,E_2 等效为电流源与电阻并联,若流过 sL 的电流为 $I_{L_0}(s)$,则 $I_{L_0}(s)$ 可表示为

$$I_{L_0}(s) = \frac{\dfrac{E}{sR_1} + \dfrac{E}{sR_2}}{\dfrac{1}{R_3} + \dfrac{1}{R_2} + \dfrac{1}{sL}} \frac{1}{sL} = \frac{\dfrac{1}{s}\left(\dfrac{E_1}{R_1} + \dfrac{E_2}{R_2}\right)}{\dfrac{sL(R_3+R_2)}{R_3R_2} + 1}$$

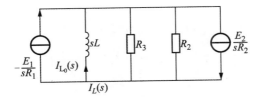

图 8.16 s 域模型

若令 $T = \dfrac{L(R_3+R_2)}{R_3R_2}$,则

$$I_{L_0}(s) = \frac{\dfrac{E_1}{R_1} + \dfrac{E_2}{R_2}}{s(sT+1)} = \left(\dfrac{E_1}{R_1} + \dfrac{E_2}{R_2}\right)\left(\dfrac{1}{s} - \dfrac{1}{s+\dfrac{1}{T}}\right)$$

由于

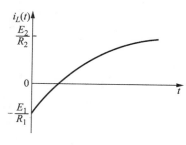

图 8.17 $i_L(t)$波形

$$I_L(s) = I_{L_0}(s) - \frac{E_1}{sR_1}$$

$$= \frac{E_2}{sR_2} - \left(\frac{E_1}{R_1} + \frac{E_2}{R_2}\right)\frac{1}{s + \frac{1}{T}}$$

因此其反变换为

$$i_L(t) = \left[\frac{E_2}{R_2} - \left(\frac{E_1}{R_1} + \frac{E_2}{R_2}\right)e^{-\frac{t}{T}}\right]\varepsilon(t)$$

其波形如图 8.17 所示。

8.8 拉氏变换与傅氏变换之间的关系

在 8.2 节中,已由傅里叶变换推得拉氏变换,本节讨论由拉氏变换求取傅氏变换的方法。

我们已经知道,若 $f(t)$ 为因果信号,即 $t<0$ 时 $f(t)=0$,则 $f(t)$ 的双边拉氏变换与单边拉氏变换相同,此外,当 $\sigma=0$ 时双边拉氏变换就是傅氏变换。那么,傅氏变换与单边拉氏变换之间存在什么关系? 如何由单边拉氏变换来求取傅氏变换?

单边拉氏变换可表示为

$$F(s) = \int_0^\infty f(t)e^{-st}\,dt, \quad \text{Re}[s] > \sigma_0 \tag{8.60}$$

而傅氏变换定义为

$$F(j\omega) = \int_0^\infty f(t)e^{-j\omega t}\,dt \tag{8.61}$$

应当指出,单边拉氏变换中的信号 $f(t)$ 为因果信号,因而所讨论的是因果信号的傅氏变换与拉氏变换之关系,根据收敛坐标值 σ_0 可分为三种情况:

1) $\sigma_0 > 0$

此时收敛域 $\text{Re}[s] > \sigma_0 > 0$,因此虚轴在收敛域外,在虚轴 $s=j\omega$ 处,式(8.60)不收敛,因而 $f(t)$ 的傅里叶变换不存在,例如

$$f(t) = e^{at}\varepsilon(t), \quad a > 0$$

其拉氏变换为 $\mathscr{L}[e^{at}\varepsilon(t)] = \dfrac{1}{s-a}$,$\text{Re}[s] > a > 0$,而傅氏变换不存在。

2) $\sigma_0 < 0$

此时收敛坐标 $\sigma_0 < 0$,而收敛域 $\text{Re}[s] > \sigma_0$,因此虚轴 $s=j\omega$ 在收敛域内,因而式(8.60)中令 $s=j\omega$,就可得到傅里叶变换,即

$$F(j\omega) = F(s)\mid_{s=j\omega} \tag{8.62}$$

例如,$f(t) = e^{-at}\varepsilon(t), a > 0$,其单边拉氏变换为

$$\mathscr{L}[e^{-at}\varepsilon(t)] = \frac{1}{s+a}, \quad \text{Re}[s] > -a$$

而其傅氏变换为

$$F(\mathrm{j}\omega) = F(s) \mid_{s=\mathrm{j}\omega} = \frac{1}{\mathrm{j}\omega + a}$$

又如

$$\mathscr{L}[\mathrm{e}^{-at}\sin\omega_0 \cdot \varepsilon(t)] = \frac{\omega_0}{(s+a)^2 + \omega_0^2}, \quad \mathrm{Re}[s] > -a$$

其傅氏变换为

$$F(\mathrm{j}\omega) = \frac{\omega_0}{(s+a)^2 + \omega_0^2} \mid_{s=\mathrm{j}\omega} = \frac{\omega_0}{(\mathrm{j}\omega + a)^2 + \omega_0^2}$$

3) $\sigma_0 = 0$

若 $\sigma_0 = 0$，则收敛域 $\mathrm{Re}[s] > \sigma_0 = 0$，因此收敛域不包括虚轴 $s = \mathrm{j}\omega$，因此不能直接利用式 (8.60) 求其傅里叶变换。

若信号 $f(t)$ 的单边拉氏变换 $F(s)$ 之收敛坐标 $\sigma_0 = 0$，则 $F(s)$ 在虚轴上有极点，设 $F(s)$ 在 $\mathrm{j}\omega_1, \mathrm{j}\omega_2, \cdots, \mathrm{j}\omega_N$ 处有单极点，此外在 s 左半平面也有极点，于是 $F(s)$ 可表示为

$$F(s) = F_a(s) + \sum_{n=1}^{N} \frac{K_n}{s - \mathrm{j}\omega_n} \tag{8.63}$$

式中 $F_a(s)$ 的极点在 s 左半平面，若 $\mathscr{L}^{-1}[F_a(s)] = f_a(t)$，则上式的反变换为

$$f(t) = f_a(t) + \sum_{n=1}^{N} K_n \mathrm{e}^{\mathrm{j}\omega_n t} \varepsilon(t)$$

由于 $F_a(s)$ 的极点均在 s 左半平面，因而它在虚轴处收敛，故 $f_a(t)$ 的傅里叶变换为

$$\mathscr{F}[f_a(t)] = F_a(s) \mid_{s=\mathrm{j}\omega}$$

又由于

$$\mathscr{F}[\mathrm{e}^{\mathrm{j}\omega_n t} \varepsilon(t)] = \pi\delta(\omega - \omega_n) + \frac{1}{\mathrm{j}(\omega - \omega_n)}$$

因此

$$\mathscr{F}\Big[\sum_{n=1}^{N} K_n \mathrm{e}^{\mathrm{j}\omega_n t} \varepsilon(t)\Big] = \sum_{n=1}^{N} K_n \Big[\pi\delta(\omega - \omega_n) + \frac{1}{\mathrm{j}(\omega - \omega_n)}\Big]$$

于是

$$F(\mathrm{j}\omega) = F_a(s) \mid_{s=\mathrm{j}\omega} + \sum_{n=1}^{N} K_n \Big[\pi\delta(\omega - \omega_n) + \frac{1}{\mathrm{j}(\omega - \omega_n)}\Big]$$

$$= F_a(s) \mid_{s=\mathrm{j}\omega} + \sum_{n=1}^{N} \frac{K_n}{\mathrm{j}\omega - \mathrm{j}\omega_n} + \sum_{n=1}^{N} \pi K_n \delta(\omega - \omega_n)$$

上式中的前两项之和即为将 $s = \mathrm{j}\omega$ 代入式 (8.63) 所得的结果，于是 $f(t)$ 的傅里叶变换可表示为

$$\mathscr{F}[f(t)] = F(\mathrm{j}\omega) = F(s) \mid_{s=\mathrm{j}\omega} + \sum_{n=1}^{N} \pi K_n \delta(\omega - \omega_n) \tag{8.64}$$

若 $F(s)$ 在虚轴上有多重极点，例如 $s = \mathrm{j}\omega_1$ 处有 r 重极点，其余极点均在 s 左半平面，则 $F(s)$ 可表示为

$$F(s) = F_a(s) + \frac{K_{11}}{(s - \mathrm{j}\omega_1)^r} + \frac{K_{12}}{(s - \mathrm{j}\omega_1)^{(r-1)}} + \cdots + \frac{K_{1r}}{(s - \mathrm{j}\omega_1)}$$

式中 $F_a(s)$ 的极点均在 s 左半平面，$f(t)$ 的傅里叶变换为

$$F(j\omega) = F(s)\mid_{s=j\omega} + \frac{\pi K_{11}j^{(r-1)}}{(r-1)!}\delta^{(r-1)}(\omega-\omega_n) +$$

$$\frac{\pi K_{12}j^{(r-2)}}{(r-2)!}\delta^{(r-2)}(\omega-\omega_n) + \cdots + \pi K_{1r}\delta(\omega-\omega_n) \qquad (8.65)$$

例 8.33 已知 $f(t) = \sin\omega_0 t \cdot \varepsilon(t)$ 的单边拉氏变换为

$$F(s) = \frac{\omega_0}{s^2 + \omega_0^2}$$

试利用 $F(s)$ 求其傅氏变换。

解 由于

$$F(s) = \frac{\frac{j}{2}}{s+j\omega_0} - \frac{\frac{j}{2}}{s-j\omega_0}$$

利用式(8.64)可得

$$F(j\omega) = F(s)\mid_{s=j\omega} + \sum_{n=1}^{2}\pi K_n\delta(\omega-\omega_n)$$

$$= \frac{\omega_0}{\omega_0^2-\omega^2} + \frac{j}{2}\pi[\delta(\omega+\omega_0) - \delta(\omega-\omega_0)]$$

例 8.34 已知 $f(t) = t\varepsilon(t)$ 的单边拉氏变换为

$$F(s) = \frac{1}{s^2}$$

试利用 $F(s)$ 求其傅氏变换。

解 利用式(8.65)可得

$$F(j\omega) = \frac{1}{s^2}\mid_{s=j\omega} + j\pi\delta'(\omega) = -\frac{1}{\omega^2} + j\pi\delta'(\omega)$$

8.9 连续时间系统的 s 域分析

拉普拉斯变换的重要应用之一是对线性非时变(LTI)系统进行分析，而分析的基础则是 8.4.9 节中讨论的卷积定理。该定理把一个 LTI 系统的输入和输出的拉普拉斯变换通过系统单位冲激响应的拉普拉斯变换联系起来，即

$$R(s) = E(s)H(s) \qquad (8.66)$$

式中 $E(s)$，$H(s)$ 和 $R(s)$ 分别为 LTI 系统的激励 $e(t)$、单位冲激响应 $h(t)$ 和零状态响应 $r_{zs}(t)$ 的拉氏变换，其中 $H(s)$ 称为系统函数(或转移函数、网络函数)，在连续时间系统的 s 域分析中有重要意义。本节首先讨论系统函数 $H(s)$，然后讨论 $H(s)$ 的零、极点分布对系统及其响应的影响。

8.9.1 系统函数

线性非时变系统的系统函数 $H(s)$ 可定义为系统的零状态响应 $r_{zs}(t)$ 的拉氏变换 $R(s)$ 与

系统激励 $e(t)$ 的拉氏变换 $E(s)$ 之比，即

$$H(s) = \frac{R(s)}{E(s)} \tag{8.67}$$

在系统分析中，由于激励与响应信号既可以是电压也可以是电流，因此系统函数可以是阻抗或导纳，也可以是数值比。此外，当系统为一个二端网络，激励与响应在同一端口，如图 8.18(a) 中的 $U_1(s)$ 与 $I_1(s)$，则此系统函数称为策动点函数或称为驱动点函数。若系统为一个四端网络，激励与响应不在同一端口，如图 8.18(b) 中 $U_1(s)$，$I_1(s)$ 与 $U_0(s)$，$I_0(s)$，此系统函数称为转移函数或传输函数。由此可知，策动点函数可能是阻抗或导纳，而传输函数可能是阻抗或导纳或传输比值。

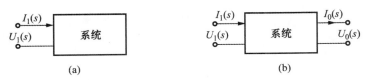

图 8.18　策动点函数与转移函数

(a) 二端网络　(b) 四端网络

综上所述，将不同条件下的函数的名称列于表 8.4 中，供读者查阅。

表 8.4　系统函数的名称

激励与响应的位置	名称	响应	激励	名　称
在同一端口	策动点函数 （驱动点函数）	电压	电流	策动点阻抗（驱动点阻抗）
		电流	电压	策动点导纳（驱动点导纳）
在不同端口	传输函数 （转移函数）	电压	电流	传输阻抗（转移阻抗）
		电流	电压	传输导纳（转移导纳）
		电压	电压	电压传输比（转移电压比）
		电流	电流	电流传输比（转移电流比）

系统函数 $H(s)$ 的另一个定义是系统单位冲激响应 $h(t)$ 的拉氏变换，即

$$H(s) = \mathscr{L}[h(t)] \tag{8.68a}$$

或

$$h(t) = \mathscr{L}^{-1}[H(s)] \tag{8.68b}$$

利用式(8.68)和式(8.66)，能够容易地在复频域内求出系统的零状态响应。

例 8.35　电路图如图 8.19 所示。开关 K 在 $t=0$ 时合上，输入信号为 $e(t)=Ee^{-\alpha t}\varepsilon(t)$，求输出信号 $u_2(t)$。

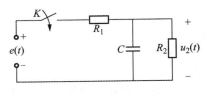

图 8.19　例 8.35 电路图

解　由阻抗分压关系，可写出该电路的系统函数（电压传输比）为

$$H(s) = \frac{U_2(s)}{E(s)} = \frac{1}{R_1 + \dfrac{1}{sC + \dfrac{1}{R_2}}} \cdot \frac{R_2 \dfrac{1}{sC}}{R_2 + \dfrac{1}{sC}} = \frac{1}{R_1 C\left(s + \dfrac{R_2 + R_1}{R_2 R_1 C}\right)}$$

若令

$$k = \frac{1}{R_1 C}, \quad \beta = \frac{R_2 + R_1}{R_2 R_1 C}$$

则

$$H(s) = \frac{k}{s + \beta}$$

同时

$$E(s) = \mathscr{L}[e(t)] = \frac{E}{s + \alpha}, \quad \mathrm{Re}[s] > -\alpha$$

于是

$$U_2(s) = E(s)H(s) = \frac{kE}{(s + \beta)(s + \alpha)} = \frac{kE}{\beta - \alpha}\left(\frac{1}{s + \alpha} - \frac{1}{s + \beta}\right)$$

反变换后可得

$$u_2(t) = \frac{kE}{\beta - \alpha}(\mathrm{e}^{-\alpha t} - \mathrm{e}^{-\beta t})\varepsilon(t)$$

式中 $\beta \neq \alpha$，波形图略。

8.9.2　由系统函数的零、极点分布确定时域特性

如在 8.6 节中所述，LTI 系统的系统函数可表示为 s 的有理分式，即两个 s 的多项式之比为

$$H(s) = \frac{A(s)}{B(s)} = \frac{a_m s^m + a_{m-1}s^{n-1} + \cdots + a_1 s + a_0}{b_n s^n + b_{n-1}s^{n-1} + \cdots + b_1 s + b_0} \tag{8.69}$$

式中，系数 $a_j(j=0,1,\cdots,m)$ 及 $b_i(i=0,1,\cdots,n)$ 均为实常数，$A(s)$ 与 $B(s)$ 都是 s 的有理多项式，因而能求得各多项式等于零的根。其中 $B(s)=0$ 的根 $p_1,p_2,\cdots,p_n$ 称为 $H(s)$ 的极点，$A(s)=0$ 的根 $z_1,z_2,\cdots,z_m$ 称为 $H(s)$ 的零点，于是式(8.69)可表示为

$$H(s) = \frac{A(S)}{B(S)} = K\frac{(s-z_1)(s-z_2)\cdots(s-z_m)}{(s-p_1)(s-p_2)\cdots(s-p_n)} \tag{8.70}$$

故

$$H(s) = K\frac{\displaystyle\prod_{j=1}^{m}(s-z_j)}{\displaystyle\prod_{t=1}^{n}(s-p_i)} \tag{8.71}$$

式中 K 为一系数。

极点与零点还可以按以下方式定义：若 $\lim\limits_{s \to p_1}H(s)=\infty$，而 $[(s-p_1)H(s)]_{s=p_1}$ 等于有限值，则 $s=p_1$ 处存在一阶极点。若 $[(s-p_1)^k H(s)]_{s=p_1}$ 直到 $k=n$ 等于有限值，则 $H(s)$ 在 $s=p_1$ 处存在 n 阶极点。$\frac{1}{H(s)}$ 的极点即 $H(s)$ 的零点，当 $\frac{1}{H(s)}$ 存在 n 阶极点时，则 $H(s)$ 有 n 阶零点。

极点 p_i 与零点 z_j 的数值可以是实数、纯虚数或复数。由于 $A(s)$ 与 $B(s)$ 系数都是实数，所以零极点中若有虚数或复数，则必然共轭成对，因此 $H(s)$ 的极点或零点存在以下几种类型：

一阶实极点或实零点;一阶共轭极点或共轭零点;二阶或二阶以上的实、共轭极点或零点。

例 8.36　若 $H(s)$ 为下式,试求 $H(s)$ 的极点与零点,并画出零、极点图。

$$H(s) = \frac{s^3 - 4s^2 + 5s}{s^4 + 4s^3 + 5s^2 + 4s + 4}$$

解　$H(s)$ 可表示为

$$H(s) = \frac{s^3 - 4s^2 + 5s}{s^4 + 4s^3 + 5s^2 + 4s + 4} = \frac{s\left[(s-2)^2 + 1\right]}{(s+2)^2(s^2+1)} = \frac{s(s-2+j)(s-2-j)}{(s+2)^2(s+j)(s-j)}$$

于是 $H(s)$ 的极点位于

$$\begin{cases} p_{1,2} = -2\,(\text{二阶极点}) \\ p_3 = j\,(\text{一阶共轭极点}) \\ p_4 = -j\,(\text{一阶共轭极点}) \end{cases}$$

其零点位于

$$\begin{cases} z_1 = 0\,(\text{一阶零点}) \\ z_2 = 2 - j\,(\text{一阶共轭零点}) \\ z_3 = 2 + j\,(\text{一阶共轭零点}) \\ z_4 = \infty\,(\text{一阶零点}) \end{cases}$$

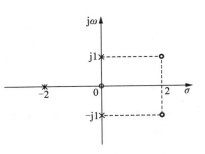

图 8.20　$H(s)$ 的零极点图

$H(s)$ 的零、极点图示于图 8.20 的 s 平面内,用符号"0"表示零点,"×"表示极点,在同一位置上画了两个相同的符号表示二阶极点或零点。例如,$s = -2$ 处有二阶极点。下面讨论由系统函数的零极点分布来确定系统的时域特性。

1. $H(s)$ 的零、极点与时域特性

我们在式(8.68)中定义了系统函数 $H(s)$ 与冲激响应 $h(t)$ 是一对拉氏变换式,因此根据 $H(s)$ 的零、极点在 s 平面的位置就可以确定系统的时域特性。

在系统函数 $H(s)$ 中,若分子多项式 $A(s)$ 的阶次高于分母多项式,即 $m \geqslant n$,则 $H(s)$ 可分解为 s 的有理多项式与 s 的有理真分式之和。有理多项式部分比较容易分析,故讨论 $H(s)$ 为有理真分式的情况,即式(8.69)中 $m < n$ 的情形。

若 $H(s)$ 的极点 $p_1, p_2, \cdots, p_n$ 均为单极点,则式(8.69)或式(8.70)可展开为部分分式之和,即

$$H(s) = \sum_{i=1}^{n} \frac{K_i}{s - p_i} \tag{8.72}$$

式中 K_i 为待定系数,可用 8.6 节中讨论的方法求得。系统的冲激响应 $h(t)$ 是系统函数 $H(s)$ 的拉氏反变换。若讨论的 LTI 系统为因果的,其拉氏变换均为单边,于是

$$h(t) = \mathcal{L}^{-1}[H(s)] = \mathcal{L}^{-1}\left[\sum_{i=1}^{n} \frac{K_i}{s - p_i}\right]$$

可得

$$h(t) = \sum_{j=1}^{n} K_i e^{p_i t} \cdot \varepsilon(t) \tag{8.73}$$

式中 p_i 只与 $H(s)$ 的极点有关,而待定系数由零点 z_j 及极点 p_i 两者共同确定。下面研究 $H(s)$ 的极点位置与冲激响应 $h(t)$ 波形的对应关系。

（1）若一阶极点位于 s 平面的坐标原点,系统函数可表示为

$$H(s) = \frac{1}{s}, \quad \mathrm{Re}[s] > 0$$

于是冲激响应就是阶跃信号,即

$$h(t) = \varepsilon(t)$$

$H(s)$ 的零、极点图与 $h(t)$ 的波形图如图 8.21 所示。

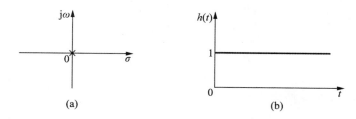

图 8.21　极点位于原点

(a) $H(s)$ 的零、极点图　(b) $h(t)$ 的波形

（2）若一阶极点位于 s 平面的实轴上,且极点为负实数, $p = -a < 0$,即

$$H(s) = \frac{1}{s+a}, \quad \mathrm{Re}[s] > -a$$

则冲激响应是指数衰减（单调减幅）信号,即

$$h(t) = \mathrm{e}^{-at}\varepsilon(t)$$

$H(s)$ 的零、极点图与 $h(t)$ 的波形图如图 8.22 所示。

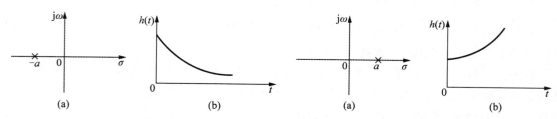

图 8.22　极点位于负实轴

(a) $H(s)$ 的零、极点图　(b) $h(t)$ 的波形

图 8.23　极点位于正实轴

(a) $H(s)$ 的零、极点图　(b) $h(t)$ 的波形

（3）若一阶极点位于 s 平面的实轴,且极点为正实数, $p_1 = a > 0$,如

$$H(s) = \frac{1}{s-a}, \quad \mathrm{Re}[s] > a$$

则冲激响应为指数增长（单调增幅）信号,即

$$h(t) = \mathrm{e}^{at}\varepsilon(t)$$

此时 $H(s)$ 的零、极点图与 $h(t)$ 的波形图如图 8.23 所示。

（4）若有一对共轭极点位于虚轴, $p_1 = \mathrm{j}\omega_0$ 及 $p_2 = -\mathrm{j}\omega_0$,如

$$H(s) = \frac{\omega_0}{s^2 + \omega_0^2}, \quad \mathrm{Re}[s] > 0$$

则冲激响应为等幅振荡,即

$$h(t) = \sin\omega_0 t \cdot \varepsilon(t)$$

此时 $H(s)$ 的零极点图与 $h(t)$ 的波形图如图 8.24 所示。

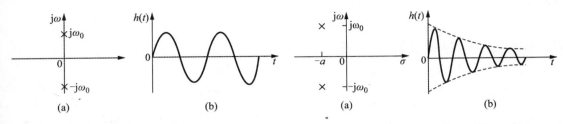

图 8.24　共轭极点位于虚轴

(a) $H(s)$ 的零、极点图　(b) $h(t)$ 的波形

图 8.25　共轭极点位于 s 左半平面

(a) $H(s)$ 的零极点图　(b) $h(t)$ 的波形

(5) 若有一对共轭极点位于 s 左半平面,即 $p_1 = -a + j\omega_0$,$p_2 = -a - j\omega_0$,$-a < 0$,如

$$H(s) = \frac{\omega_0}{(s+a)^2 + \omega_0^2}, \quad \mathrm{Re}[s] > -a$$

则冲激响应对应于衰减振荡,即

$$h(t) = \mathrm{e}^{-at}\sin\omega_0 t\varepsilon(t)$$

此时 $H(s)$ 的零、极点图与 $h(t)$ 的波形图如图 8.25 所示。

(6) 若有一对共扼极点位于 s 右半平面,即 $p_1 = a + j\omega_0$,$p_2 = a - j\omega_0$,$a > 0$,如

$$H(s) = \frac{\omega_0}{(s-a)^2 + \omega_0^2}, \quad \mathrm{Re}[s] > a$$

则冲激响应为一增幅振荡,即

$$h(t) = \mathrm{e}^{at}\sin\omega_0 t \cdot \varepsilon(t)$$

此时 $H(s)$ 的零、极点图与 $h(t)$ 的波形图如图 8.26 所示。

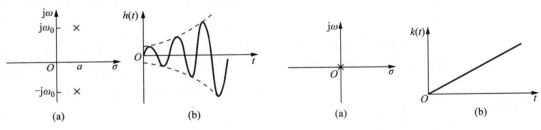

图 8.26　共轭极点位于 s 右半平面

(a) $H(s)$ 的零极点图　(b) $h(t)$ 的波形

图 8.27　二阶极点位于坐标原点

(a) $H(s)$ 的零、极点图　(b) $h(t)$ 的波形

(7) 若有二阶极点位于 s 平面的坐标原点,即 $p_{1,2} = 0$,即系统函数

$$H(s) = \frac{1}{s^2}, \quad \mathrm{Re}[s] > 0$$

则冲激响应为

$$h(t) = t\varepsilon(t)$$

$H(s)$ 的零极点图与 $h(t)$ 的波形图如图 8.27 所示。

(8) 若有二阶极点位于负实轴,即 $p_{1,2} = -\alpha, \alpha > 0$,于是系统函数

$$H(s) = \frac{1}{(s+a)^2}, \quad \mathrm{Re}[s] > -a$$

其冲激响应为

$$h(t) = t\mathrm{e}^{-at}\varepsilon(t)$$

$H(s)$ 的零极点图与 $h(t)$ 的波形图如图 8.28 所示。

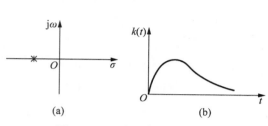

(a)   (b)

图 8.28　二阶极点位于负实轴

(a) $H(s)$ 的零、极点图　(b) $h(t)$ 的波形

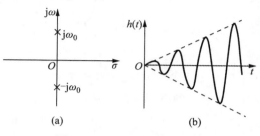

(a)   (b)

图 8.29　二阶极点位于虚轴

(a) $H(s)$ 的零、极点图　(b) $h(t)$ 的波形

(9) 若二阶共轭极点位于虚轴,$p_{1,2} = \mathrm{j}\omega_0$ 及 $p_{3,4} = -\mathrm{j}\omega_0$,系统函数为

$$H(s) = \frac{2\omega_0 s}{(s^2+\omega_0^2)^2}, \quad \mathrm{Re}[s] > 0$$

则冲激响应为

$$h(t) = t \cdot \sin\omega_0 t \cdot \varepsilon(t)$$

$H(s)$ 的零、极点图与 $h(t)$ 的波形图如图 8.29 所示。

综上所述,若系统函数 $H(s)$ 的极点位于 s 左半平面,则冲激响应 $h(t)$ 的波形呈衰减变化,如图 8.22、图 8.25 及图 8.28 所示。若 $H(s)$ 的极点位于 s 右半平面,则 $h(t)$ 呈增幅变化,如图 8.23 及图 8.26 所示。当一阶极点位于虚轴时,对应的 $h(t)$ 成等幅振荡或阶跃变化。如图 8.21 及图 8.24 所示。若二阶极点位于虚轴,则相应的 $h(t)$ 呈增幅变化,如图 8.27 及图 8.29 所示。

$H(s)$ 的极点位置与冲激函数的形状有着重要关系,而 $H(s)$ 的零点分布只影响到冲激函数的振幅与相位,对于 $h(t)$ 的波形形式则不起作用。例如,图 8.25(a)中保持极点位置不变,

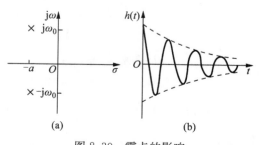

(a)   (b)

图 8.30　零点的影响

(a) $H(s)$ 的零、极点图　(b) $h(t)$ 的波形

若在 $s = -a$ 处有一零点,则系统函数为

$$H(s) = \frac{s+a}{(s+a)^2+\omega_0^2}, \quad \mathrm{Re}[s] > -a$$

则冲激响应为

$$h(t) = \mathrm{e}^{-at}\cos\omega_0 t \cdot \varepsilon(t)$$

$H(s)$ 的零、极点图与 $h(t)$ 的波形图如图 8.30 所示。比较图 8.30 与图 8.25 可以看出,在 $s = -a$ 处有零点时,$h(t)$ 仍然呈衰减振荡,但其相位变化 $\frac{\pi}{2}$,故由正弦变为余弦。

2. 自由响应与强迫响应，暂态响应与稳态响应

我们在第 2 章讨论 LTI 系统的时域求解中，齐次解常称为系统的自由响应，而特解称为强迫响应。现在，利用 s 域分析法从极点分布特性来讨论自由响应与强迫响应。

若 LTl 系统的系统函数 $H(s)$ 如式 (8.71) 所示，即

$$H(s) = K \frac{\prod_{j=1}^{m} (s - z_j)}{\prod_{i=1}^{n} (s - p_i)}$$

式中 z_j 表示 $H(s)$ 的第 j 个零点，零点共 m 个；p_i 表示 $H(s)$ 的第 i 个极点，极点共 n 个，并假定激励信号 $e(t)$ 的拉氏变换为

$$E(s) = K_E \frac{\prod_{l=1}^{u} (s - z_l)}{\prod_{k=1}^{v} (s - p_k)} \tag{8.74}$$

式中 K_E 为常数，z_l 表示 $E(s)$ 的第 l 个零点，零点共 u 个，p_k 表示 $E(s)$ 的第 k 个极点，极点共 v 个，由此可得系统的响应之拉氏变换为

$$R(s) = H(s)E(s)$$

若 $R(s)$ 中不包含多重极点，而且 $H(s)$ 与 $E(s)$ 没有相同的极点，则 $R(s)$ 可进行部分分式展开，即

$$R(s) = \sum_{i=1}^{n} \frac{K_i}{(s - p_i)} + \sum_{k=1}^{v} \frac{K_k}{(s - p_k)} \tag{8.75}$$

式中 K_i 和 K_k 分别表示各部分分式的系数。由上式可知，$R(s)$ 的极点包括两部分，一部分是 $H(s)$ 的极点 p_i，另一部分是 $E(s)$ 的极点 p_k。对式 (8.75) 求单边拉氏反变换，可得系统的响应为

$$r(t) = \sum_{i=1}^{n} K_i e^{p_i t} + \sum_{k=1}^{v} K_k e^{p_k t}, \quad t > 0 \tag{8.76}$$

由上式可以看到，$r(t)$ 由两部分组成，第一项的函数形式由 $H(s)$ 的极点 p_i 所产生，它由系统本身的特性所决定，与外加激励无关，故称为自由响应；而第二项的函数形式由 $E(s)$ 的极点 p_k 产生，与外加激励有关，故称为强迫响应。但是应当指出，这两项中的系数 K_i 和 K_k 则与 $H(s)$，$E(s)$ 都有关系。这就是说，自由响应函数形式由 $H(s)$ 决定，但其幅度与相位则与 $H(s)$，$E(s)$ 有关。同样，强迫响应函数形式由 $E(s)$ 决定，但其幅度与相位则和 $H(s)$ 与 $E(s)$ 有关。当 $H(s)$ 与 $E(s)$ 具有多重极点时也可以得到类似的结果。

由上可知，$H(s)$ 的极点 p_i 表示系统的固有频率，自由响应函数是由系统的固有频率所决定。但是应当指出，当 $H(s)$ 乘以 $E(s)$ 时，会出现 $H(s)$ 的极点与 $E(s)$ 中的零点相抵消的现象，这时被抵消的固有频率在 $H(s)$ 极点中将不再出现，这样 $H(s)$ 仅包含了零状态响应的全部信息，但它不包含零输入响应的全部信息。下面举例说明利用 s 域法求解系统的自由响应与强迫响应的方法。

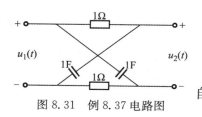

图 8.31 例 8.37 电路图

例 8.37 电路图如图 8.31 所示,试求:

(a) 系统函数 $H(s)=\dfrac{U_2(s)}{U_1(s)}$,并画出 $H(s)$ 的零、极点图;

(b) 若激励 $u_1(t)=10\sin t \cdot \varepsilon(t)$,试求响应 $u_2(t)$,并指出自由响应与强迫响应。

解 (a) 根据分压关系,可以求出

$$U_2(s) = \frac{\dfrac{1}{s}U_1(s)}{1+\dfrac{1}{s}} - \frac{U_1(s)}{1+\dfrac{1}{s}} = \frac{1-s}{1+s}U_1(s)$$

因此系统函数为

$$H(s) = \frac{U_2(s)}{U_1(s)} = \frac{1-s}{1+s} = -\frac{s-1}{s+1}$$

$H(s)$ 的极点 $p=-1$,零点 $z=1$,$H(s)$ 的零、极点图如图 8.32 所示。

(b) 激励信号 $u_1(t)=10\sin t \cdot \varepsilon(t)$,其拉氏变换为

$$U_1(s) = \frac{10}{s^2+1}, \quad \mathrm{Re}[s]>0$$

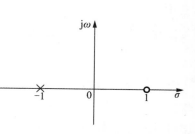

图 8.32 零极点图

于是

$$U_2(s) = H(s) \cdot U_1(s) = \frac{1-s}{1+s} \cdot \frac{10}{s^2+1}$$

将 $U_2(s)$ 部分分式展开

$$U_2(s) = \frac{A}{s+1} + \frac{Bs+C}{s^2+1}$$

可求得

$$A = (s+1)U_2(s)\,|_{s=-1} = \frac{10(1-s)}{s^2+1}\bigg|_{s=-1} = 10$$

利用系数配平法,可得,$B=-10$,$C=0$,故

$$U_2(s) = \frac{10}{s+1} + \frac{-10s}{s^2+1}$$

于是

$$u_2(t) = \mathscr{L}^{-1}[U_2(s)] = [10\mathrm{e}^{-t} - 10\cos t]\varepsilon(t)$$

式中:第一项对应于 $H(s)$ 的极点 $p=-1$,故为自由响应;第二项对应于 $E(s)$ 的极点 $p=\pm\mathrm{j}$,故为强迫响应。

和自由响应分量与强迫匀应分量相对应,LTI 系统的完全响应也可分解为暂态响应分量与稳态响应分量。

暂态响应是指完全响应中暂时出现的分量,它仅出现在激励信号接入后的一段时间内,随着时间 t 的增加,暂态响应分量即行消失。

稳态响应分量与暂态响应不同,随着时间 t 的增加,稳态响应仍然存在,将完全响应减去

暂态响应分量就得到稳态响应分量。在例 8.37 中,完全响应 $u_2(t)$ 的第一项 $10\mathrm{e}^{-t}\varepsilon(t)$ 是暂态响应分量,第二项 $-10\cos t\varepsilon(t)$ 是稳态响应分量。

　　下面讨论自由、强迫响应与暂态、稳态响应之间的关系。对于因果的 LTI 系统,若系统函数 $H(s)$ 极点位于 s 左半平面,即极点实部小于零,$\mathrm{Re}[p_i]<0$,故自由响应分量为衰减信号,即自由响应分量就是暂态响应,此系统为稳定系统;当 $H(s)$ 的一阶极点位于虚轴,即极点实部等于零,$\mathrm{Re}[p_i]=0$,其自由响应为等幅振荡,即自由响应分量就是稳态响应,此系统为临界稳定系统或称为边界稳定系统;当 $H(s)$ 的极点位于 s 右半平面,即极点实部大于零,$\mathrm{Re}[p_i]>0$,则自由响应是增幅振荡,这属于不稳定系统。

　　若 $E(s)$ 极点的实部大于或等于零,即 $\mathrm{Re}[p_k]\geqslant0$,则强迫响应就是稳态响应。通常所说的正弦稳态响应就是指正弦激励信号作用下的强迫响应,此时 $\mathrm{Re}[p_k]=0$。若激励信号为衰减函数,如 e^{-at},$\mathrm{e}^{-at}\sin\omega t$ 等,其拉氏变换极点实部小于零,即 $\mathrm{Re}[p_k]<0$,则强迫响应也是衰减信号,表现为暂态响应。

　　将上述结论综合成图 8.33,可以看出不同条件下各响应分量间的关系。本书讨论的问题集中于 $\mathrm{Re}[p_i]<0$ 及 $\mathrm{Re}[p_k]=0$ 条件下,即讨论在正弦信号或非正弦周期信号作用下,稳定因果 LTI 系统的暂态响应与稳态响应。下面举例进行说明。

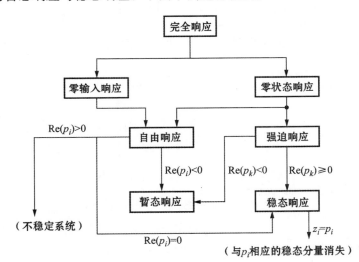

图 8.33　各响应分量之间的关系

例 8.38　电路图如图 8.34(a)所示,激励信号为周期矩形脉冲,如图 8.34(b)所示,试求

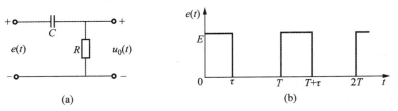

图 8.34　例 8.38 电路图与输入信号

(a) RC 电路图　(b) 输入信号

$u_0(t)$的稳态响应。

解 激励信号$e(t)$的拉氏变换$E(s)$为

$$E(s) = \frac{E(1-e^{-s\tau})}{s} \frac{1}{1-e^{-sT}}$$

$E(s)$的极点在虚轴$j\omega$上,因此该系统的强迫响应属于稳态响应。

由图8.34(a)可求出系统函数

$$H(s) = \frac{U_0(s)}{E(s)} = \frac{R}{\frac{1}{sC}+R} = \frac{s}{s+\frac{1}{RC}}$$

令$\alpha = \frac{1}{RC}$,则

$$H(s) = \frac{s}{s+\alpha}$$

由于$\alpha > 0$,因此$H(s)$的极点位于s左半平面,故该系统为稳定因果系统,自由响应属于暂态响应。

求第一个周期内的完全响应$u_{01}(t)$。由已知得

$$U_0(s) = H(s)E(s) = \frac{E(1-e^{-s\tau})}{s+\alpha} \frac{1}{1-e^{-sT}}$$

由上式可以看出,响应$u_0(t)$是某个信号$u_{01}(t)$周期重复而成,其周期T。由上式可求得

$$u_{01}(t) = \mathscr{L}^{-1}\left[\frac{E(1-e^{-s\tau})}{s+\alpha}\right]$$

$$= Ee^{-\alpha t}\varepsilon(t) - Ee^{-\alpha(t-\tau)}\varepsilon(t-\tau)$$

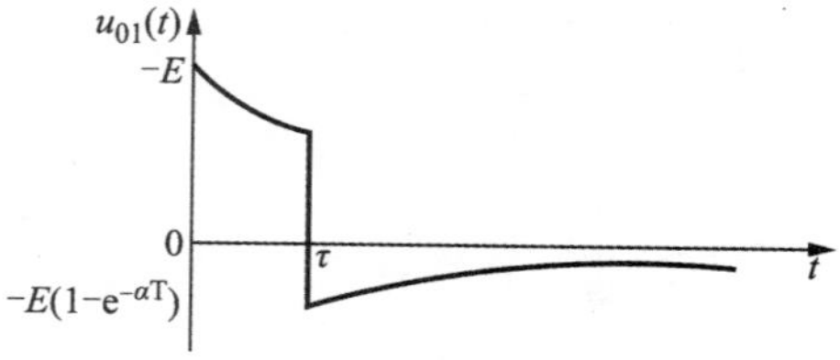

图8.35 $u_{01}(t)$的波形

根据上式,可画出$u_{01}(t)$的波形如图8.35,利用拉氏变换卷积定理,可得到完全响应为

$$u_0(t) = u_{01}(t) * \sum_{n=0}^{\infty}\delta(t-nT) = \sum_{n=0}^{\infty}u_{01}(t-nT)$$

应当注意,$u_{01}(t)$不是时限信号,将它周期重复所得到的完全响应$u_0(t)$并不是一个周期信号。

现在已得到第一周期$[0, T]$内的完全响应$u_{01}(t)$,若再求出系统的暂态响应$u_{0t}(t)$,就可知第一周期内的稳态响应$u_{0s1}(t)$为

$$u_{0s1}(t) = u_{01}(t) - u_{0t}(t)$$

利用系统函数$H(s)$的极点求暂态响应$u_{0t}(t)$。暂态响应$U_{0t}(s)$可假设为

$$U_{0t}(s) = \frac{K}{s+\alpha}$$

式中K为待定系数,可求得

$$K = \frac{E(1-e^{\alpha\tau})}{1-e^{\alpha T}}$$

因此暂态响应为

$$u_{0t}(t) = \mathscr{L}^{-1}[U_{0t}(s)] = \frac{E(1-e^{\alpha\tau})}{1-e^{\alpha T}}e^{-\alpha t}\varepsilon(t)$$

第一周期内的稳态响应 $u_{0s1}(t)$ 为

$$u_{0s1}(t) = u_{01}(t) - u_{0t}(t)$$

$$= \frac{E(1 - \mathrm{e}^{-\alpha(T-\tau)})}{1 - \mathrm{e}^{-\alpha T}} \mathrm{e}^{-\alpha t}\varepsilon(t) - E\mathrm{e}^{-\alpha(T-\tau)}\varepsilon(t-\tau)$$

可以证明,稳定系统在周期信号激励下,其稳态响应仍是周期信号,且重复周期和激励信号的周期相同。于是系统的稳态响应为

$$u_{0s}(t) = u_{0s1}(t) * \sum_{n=0}^{\infty} \delta(t - nT)$$

$u_{0s1}(t)$ 与 $u_{0s}(t)$ 的波形如图 8.36 所示。

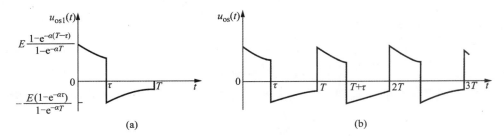

图 8.36　稳态响应

(a) 第一周期内稳态响应　(b) 稳态响应

8.9.3　由系统函数的零、极点分布确定频域特性

系统函数 $H(s)$ 在 s 平面的零、极点分布与其频率特性也有直接关系。利用系统函数的零、极点分布可以借助几何作图法确定系统的频率特性,包括幅频特性 $|H(\mathrm{j}\omega)|$ 和相频特性 $\varphi(\omega)$ 曲线。下面来讨论这种方法。

系统函数 $H(s)$ 的表示式(8.71)如下:

$$H(s) = K \frac{\prod_{j=1}^{m}(s - z_j)}{\prod_{i=1}^{n}(s - p_i)}$$

式中:z_j 表示 $H(s)$ 的第 j 个零点,p_i 表示 $H(s)$ 的第 i 个极点,如果 $H(s)$ 的极点都在 s 左半平面,则 $H(s)$ 在虚轴上收敛,利用式(8.62),可得系统的频率响应为

$$H(\mathrm{j}\omega) = H(s)\mid_{s=\mathrm{j}\omega} = K \frac{\prod_{j=1}^{m}(\mathrm{j}\omega - z_j)}{\prod_{i=1}^{n}(\mathrm{j}\omega - p_i)} \tag{8.77}$$

在 s 平面,任一复数都可用一有方向的线段表示,这称为矢量。例如,某一极点 p_i 可以看成自坐标原点指向该极点的矢量,如图 8.37(a)所示,矢量的长度表示模 $|p_i|$,其相角是自实轴反时计方向至该矢量的夹角,变量 $\mathrm{j}\omega$ 也可以用矢量表示,见图 8.37(a)所示,于是 $\mathrm{j}\omega - p_i$ 就是矢量 $\mathrm{j}\omega$ 与 p_i 的差矢量,当 ω 变化时,差矢量 $\mathrm{j}\omega - p_i$ 也随之变化。

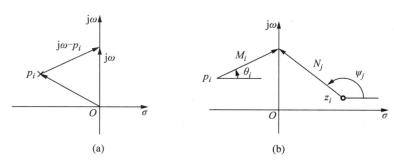

图 8.37 零点与极点的矢量表示

(a) $j\omega - p_i$ 矢量　(b) $j\omega - z_j$ 与 $j\omega - p_i$ 矢量

对于任意极点 p_i 和零点 z_j，假定

$$j\omega - z_j = N_j e^{j\psi_j} \tag{8.78}$$

$$j\omega - p_i = M_i e^{j\theta_i} \tag{8.79}$$

式中 M_i，N_j 分别是矢量 $j\omega - p_i$ 与 $j\omega - z_j$ 的模，θ_i，ψ_j 是它们的相角，于是式(8.77)可表示为

$$H(j\omega) = K \frac{N_1 N_2 \cdots N_m e^{j(\psi_1 + \psi_2 + \cdots + \psi_m)}}{M_1 M_2 \cdots M_n e^{j(\theta_1 + \theta_2 + \cdots + \theta_n)}} = |H(j\omega)| e^{j\varphi(\omega)}$$

式中幅频特性为

$$|H(j\omega)| = K \frac{N_1 N_2 \cdots N_m}{M_1 M_2 \cdots M_n} \tag{8.80}$$

相频特性为

$$\varphi(\omega) = (\psi_1 + \psi_2 + \cdots + \psi_m) - (\theta_1 + \theta_2 + \cdots + \theta_n) \tag{8.81}$$

当 ω 沿虚轴自 0(或 $-\infty$)移至 ∞ 时，各矢量的模与相角也随之变化。利用式(8.80)及式(8.81)可求得幅频特性和相频特性。下面举例说明如何利用这种几何作图法来确定频率特性。

例 8.39 已知系统函数 $H(s)$ 为

$$H(s) = \frac{1}{s^3 + 3s^2 + 4s + 2}$$

试求 $\omega = 0, 1$ 时的振幅响应 $|H(j0)|$，$|H(j1)|$ 及相位响应 $\varphi(0)$，$\varphi(1)$。

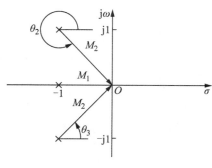

图 8.38　求解 $H(j0)$

解　将 $H(s)$ 分母多项式展开，可得

$$H(s) = \frac{1}{s^3 + 3s^2 + 4s + 2} = \frac{1}{(s^2 + 2s + 2)(s + 1)}$$

可求得其极点位于 $p_1 = -1$ 及 $p_{2,3} = -1 \pm j1$。

当 $\omega = 0$ 时，$H(s)$ 的极点向 $j0$ 点(即原点)构成各矢量，如图 8.38 所示。由图可得

$$M_1 = 1, \quad \theta_1 = 0°$$

$$M_2 = \sqrt{2}, \quad \theta_2 = -45°$$

$$M_3 = \sqrt{2}, \quad \theta_3 = 45°$$

利用式(8.80)及式(8.81)可得 $|H(\mathrm{j}0)|$ 与 $\varphi(0)$：

$$|H(\mathrm{j}0)| = \frac{1}{M_1 M_2 M_3} = \frac{1}{1 \cdot \sqrt{2} \cdot \sqrt{2}} = \frac{1}{2}$$

$$\varphi(0) = -(\theta_1 + \theta_2 + \theta_3) = -(0° - 45° + 45°) = 0°$$

当 $\omega = 1$ 时，将 $H(s)$ 各极点向 j1 点构成各矢量，如图 8.39 所示，可求得

$$M_1 = \sqrt{2}, \quad \theta_1 = 45°$$

$$M_2 = 1, \quad \theta_2 = 0°$$

$$M_3 = \sqrt{5}, \quad \theta_3 = \arctan 2 \approx 63.4°$$

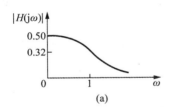

图 8.39　求解 $H(\mathrm{j}1)$

利用式(8.80)及式(8.81)可得 $|H(\mathrm{j}1)|$ 与 $\varphi(1)$。

$$|H(\mathrm{j}1)| = \frac{1}{M_1 M_2 M_3} = \frac{1}{\sqrt{2} \cdot 1 \cdot \sqrt{5}} = \frac{1}{\sqrt{10}} \approx 0.32$$

$$\varphi(1) = -(\theta_1 + \theta_2 + \theta_3) = -(45° + 0° + 63.4°) = -108.4°$$

容易求得

$$|H(\mathrm{j}\infty)| = 0$$

$$\varphi(\infty) = -270°$$

由此可画出此系统的幅频特性与相频特性如图 8.40 所示。

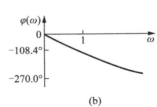

图 8.40　频率特性
(a)幅频特性　(b)相频特性

1. 一阶系统的 s 域分析

一般来说，一阶系统只包含一个贮能元件，其系统函数的一般形式为 $K \cdot \dfrac{1}{s - p_1}$，$K \cdot$

$\dfrac{s}{s - p_1}$ 及 $K \cdot \dfrac{s - z_1}{s - p_1}$，三种形式极点均位于 p_1，但零点分别位于 ∞，0 及 z_1。

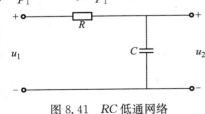

图 8.41　RC 低通网络

例 8.40　研究图 8.41 所示的 RC 低通网络的频率

响应 $H(\mathrm{j}\omega) = \dfrac{U_2(\mathrm{j}\omega)}{U_1(\mathrm{j}\omega)}$。

解　图 8.41 的电压传输比为

$$H(s) = \frac{U_2(s)}{U_1(s)} = \frac{\dfrac{1}{sC}}{R + \dfrac{1}{sC}} = \frac{1}{RC} \cdot \frac{1}{s + \dfrac{1}{RC}}$$

$H(s)$ 在负实轴上有一阶极点 $p=-\dfrac{1}{RC}$，如图 8.42(a) 所示，$H(s)$ 的收敛域为 Re$[s]>-\dfrac{1}{RC}$，包括虚轴，故其频率响应为

$$H(\mathrm{j}\omega)=H(s)\mid_{s=\mathrm{j}\omega}=\frac{1}{RC}\frac{1}{\mathrm{j}\omega+\dfrac{1}{RC}}$$

设 $\mathrm{j}\omega+\dfrac{1}{RC}=M_1\mathrm{e}^{\mathrm{j}\theta_1}$，其中：

$$M_1=\sqrt{\omega^2+\frac{1}{R^2C^2}}$$

$$\theta_1=\arctan\frac{\omega}{\dfrac{1}{RC}}=\arctan(\omega RC)$$

其幅频与相频特性为

$$\mid H(\mathrm{j}\omega)\mid=\frac{1}{RC}\frac{1}{M_1}$$

$$\varphi(\omega)=-\theta_1=-\arctan(\omega RC)$$

由图 8.41(a) 可见，当 ω 增加时，M_1 增大，$\mid H(\mathrm{j}\omega)\mid$ 随 ω 增加而单调下降，如图 8.41(b) 所示。当 ω 由 0 变化至 ∞ 时，$\varphi(\omega)$ 则由 0 变化至 $-\dfrac{\pi}{2}$，如图 8.41(c) 所示。

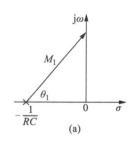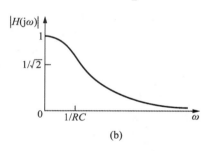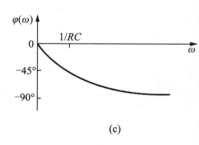

图 8.42　求解例 8.40 的频率响应

(a) 零极点图　(b) 幅频特性图　(c) 相频特性图

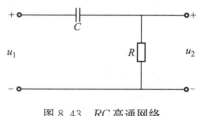

图 8.43　RC 高通网络

例 8.41　研究图 8.43 所示的 RC 高通网络的频率响应 $H(\mathrm{j}\omega)=\dfrac{U_2(\mathrm{j}\omega)}{U_1(\mathrm{j}\omega)}$。

解　图 8.43 的电压传输比为

$$H(s)=\frac{U_2(s)}{U_1(s)}=\frac{R}{R+\dfrac{1}{sC}}=\frac{s}{s+\dfrac{1}{RC}}$$

$H(s)$ 在负实轴上有一阶极点 $p=-\dfrac{1}{RC}$，在原点处有一零点 $z_1=0$，其零、极点图如图 8.44(a) 所示，其收敛域为 Re$[s]>-\dfrac{1}{RC}$，包括虚轴，故其频率响应为

$$H(\mathrm{j}\omega) = H(s)\mid_{s=\mathrm{j}\omega} = \frac{\mathrm{j}\omega}{\mathrm{j}\omega + \dfrac{1}{RC}}$$

设 $\mathrm{j}\omega = N_1 e^{\mathrm{j}\psi_1}$，$\mathrm{j}\omega + \dfrac{1}{RC} = M_1 e^{\mathrm{j}\theta_1}$，其中：

$$N_1 = \mid\omega\mid,\quad M_1 = \sqrt{\omega^2 + \frac{1}{R^2 C^2}}$$

$$\psi_1 = 90°,\quad \theta_1 = \arctan(\omega RC)$$

其幅频与相频特性为

$$\mid H(\mathrm{j}\omega)\mid = \frac{N_1}{M_1}$$

$$\varphi(\omega) = \psi_1 - \theta_1$$

由图 8.44(a)可见，当 $\omega = 0$ 时，$N_1 = 0$，$M_1 = \dfrac{1}{RC}$，因此 $\mid H(\mathrm{j}0)\mid = 0$，且由于 $\theta_1 = 0°$，$\psi_1 = 90°$，所以 $\varphi(0) = 90°$；当 $\omega = \dfrac{1}{RC}$ 时，$N_1 = \dfrac{1}{RC}$，$M_1 = \dfrac{\sqrt{2}}{RC}$，因此 $\left| H\left(\mathrm{j}\dfrac{1}{RC}\right)\right| = \dfrac{1}{\sqrt{2}}$，且由于 $\theta_1 = 45°$，$\psi_1 = 90°$，所以 $\varphi\left(\dfrac{1}{RC}\right) = 45°$；当 $\omega \to \infty$ 时，$N_1/M_1 \to 1$，$\theta_1 \to 90°$，因此 $\mid H(\mathrm{j}\infty)\mid = 1$，$\varphi(\infty) = 0°$。根据上述分析可画出幅频特性与相频特性如图 8.44(b)，(c)所示。

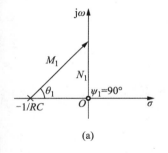 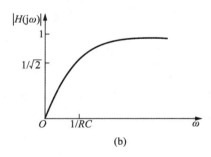 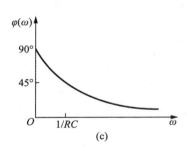

图 8.44　求解例 8.41 的频率响应

(a) 零、极点图　(b) 幅频特性图　(c) 相频特性图

2. 二阶谐振系统的 s 域分析

含有电容与电感贮能元件的二阶系统具有谐振特性，常用于构成带通或带阻滤波网络。下面我们通过举例讨论二阶谐振系统的 s 域分析方法。

例 8.42　图 8.45 所示 GLC 并联电路是典型的二阶谐振系统，试分析策动点阻抗系统函数 $Z(s) = \dfrac{U_2(s)}{I_1(s)}$ 的频率特性。

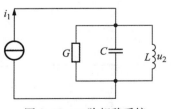

图 8.45　二阶相移系统

解　图 8.45 所示二阶系统的策动点阻抗为

$$Z(s) = \frac{U_2(s)}{I_1(s)} = \frac{1}{G + sC + \dfrac{1}{sL}} = \frac{1}{C} \frac{s}{s^2 + \dfrac{G}{C}s + \dfrac{1}{LC}} = \frac{1}{C} \frac{s}{(s - p_1)(s - p_2)} \qquad (8.82)$$

可以求得极点位置为

$$p_{1,2} = -\frac{G}{2C} \pm \sqrt{\left(\frac{G}{2C}\right)^2 - \frac{1}{LC}} \qquad (8.83)$$

若令

$$\alpha = \frac{G}{2C} \qquad (8.84a)$$

$$\omega_0 = \frac{1}{\sqrt{LC}} \qquad (8.84b)$$

$$\omega_d = \sqrt{\omega_0^2 - \alpha^2} \qquad (8.84c)$$

则

$$p_{1,2} = -\alpha \pm j\omega_d \qquad (8.85)$$

式(8.85)中,ω_0 为自然谐振频率,α 称为衰减因数。α 愈大,则电路损耗愈大。反映谐振电路损耗大小的另一种参数是品质因数

$$Q = \frac{\omega_0 C}{G} \qquad (8.86)$$

Q 愈高,则电路损耗愈小。比较式(8.84a)与式(8.86)可得

$$\alpha = \frac{\omega_0}{2Q} \qquad (8.87)$$

下面讨论 $Z(s)$ 在 s 平面的零极点分布。

当 $G=0$,$\alpha=0$,由式(8.85)及式(8.84a)可得 $p_{1,2} = \pm j\omega_0$,见图 8.46(a)。当 $\alpha < \omega_0$ 时,两极点位于 $p_{1,2} = -\alpha \pm j\omega_d$,由式(8.84c)可得

$$\omega_0^2 = \omega_d^2 + \alpha^2$$

上式表明:在 $\alpha < \omega_0$ 时,若 ω_0 不变,则共轭极点 p_1,p_2 总是位于以原点为圆心,半径为 ω_0 的圆上。随着 α 增大,两极点沿半圆负实轴接近,见图 8.46(b)。当 $\alpha = \omega_0$ 时,$p_{1,2} = -\alpha$,两极点重合为二阶极点,位于负实轴上,见图 8.46(c)。当 α 继续增大至 $\alpha > \omega_0$ 时,则 $p_{1,2} = -\alpha \pm \sqrt{\alpha^2 - \omega_0^2}$,重合的节点又分为两个极点,沿负实轴分别向左向右移动,如图 8.46(d)所示。当

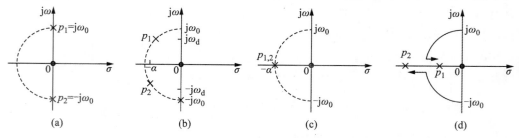

图 8.46　不同 α 值时的零、极点分布

(a) $\alpha=0$　(b) $\alpha<\omega_0$　(c) $\alpha=\omega_0$　(d) $\alpha>\omega_0$

趋于无穷大时 $p_1 \to 0$，$p_2 = -\infty$。

二阶谐振系统通常都能满足 $\alpha < \omega_0$ 的条件，此时 $Z(s)$ 在 s 平面的零极点分布如图 8.46(b) 所示。其收敛域为 $\mathrm{Re}[s] > -\alpha$，故收敛域包括虚轴，因此 $Z(s)$ 稳态频率响应存在，且为

$$Z(\mathrm{j}\omega) = Z(s)\mid_{s=\mathrm{j}\omega} = \frac{1}{C}\frac{\mathrm{j}\omega}{(\mathrm{j}\omega - p_1)(\mathrm{j}\omega - p_2)}$$

$$= \frac{1}{C}\frac{N_1}{M_1 M_2}\mathrm{e}^{\mathrm{j}(\psi_1 - \theta_1 - \theta_2)} = \mid Z(\mathrm{j}\omega)\mid \mathrm{e}^{\mathrm{j}\varphi(\omega)} \qquad (8.88)$$

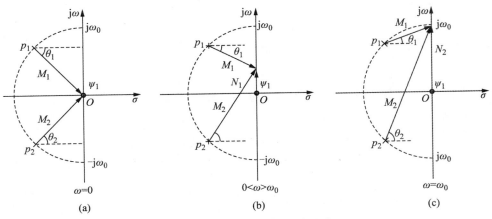

图 8.47　不同 ω 时求解频率响应

(a) $\omega = 0$　(b) $0 < \omega < \omega_0$　(c) $\omega = \omega_0$

当 $\omega = 0$ 时，见图 8.47(a)，此时 $N_1 = 0$，$M_1 = M_2 = \omega_0$，$\theta_1 = -\theta_2$，$\psi_1 = 90°$，于是
$$\mid Z(\mathrm{j}0)\mid = 0, \quad \varphi(0) = 90°$$

当 $0 < \omega < \omega_0$ 时，见图 8.47(b)，由于 ω 增加时，N_1 随之增加，故 $\mid Z(\mathrm{j}\omega)\mid$ 增加，且由于 θ_1 的绝对值减小，θ_2 加大，故 $\varphi(\omega)$ 减小。当 ω 继续增加至 $\omega = \omega_0$ 时，由式(8.84b)可得 $\omega_0 C = \frac{1}{\omega_0 L}$，即 $\mathrm{j}\omega_0 C = \frac{-1}{\mathrm{j}\omega_0 L}$ 并有 $sC = -\frac{1}{sL}$，将该结果代入式(8.82)可得 $Z(\mathrm{j}\omega_0) = \frac{1}{G}$，见图 8.48(c)。容易证得此时 $\theta_1 + \theta_2 = 90°$，于是 $\varphi(\omega_0) = \psi_1 - \theta_1 - \theta_2 = 90° - 90° = 0°$，$\mid Z(\mathrm{j}\omega)\mid$ 为最大值，即到达谐振点。当 ω 继续增加时，M_1，M_2 显著增长，而 N_1 增长较慢，因此 $\mid Z(\mathrm{j}\omega)\mid$ 减少，且由于 θ_1，θ_2 随 ω 增加而增加，因而 $\varphi(\omega) = \psi_1 - \theta_1 - \theta_2$ 减小。当 $\omega \to \infty$ 时，利用式(8.88)可知，$\mid Z(\mathrm{j}\omega)\mid \to 0$，而 $\varphi(\omega) \to -90°$。根据以上分析可画出 $\mid Z(\mathrm{j}\omega)\mid$ 与 $\varphi(\omega)$ 特性曲线如图 8.48 和图 8.49 所示。

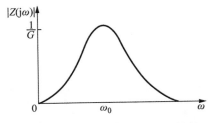

图 8.48　二阶谐振电路的幅频特性

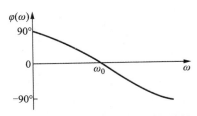

图 8.49　二阶谐振电路的相频特性

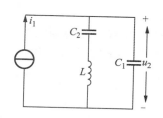

图 8.50 高阶电路

例 8.43 试求出图 8.50 所示电路的阻抗函数频率特性。

[解]

$$Z(s) = \frac{U_2(s)}{I_1(s)} = \frac{\frac{1}{sC_1}\left(sL + \frac{1}{sC_2}\right)}{\frac{1}{sC_1} + \left(sL + \frac{1}{sC_2}\right)} = \frac{1}{C_1}\frac{s^2 + \frac{1}{LC_2}}{s\left(s^2 + \frac{C_1 + C_2}{LC_1C_2}\right)}$$

$$= \frac{1}{C_1}\frac{s^2 + \omega_1^2}{s(s^2 + \omega_2^2)}$$

式中：

$$\omega_1 = \frac{1}{\sqrt{LC_2}}, \quad \omega_2 = \frac{1}{\sqrt{L\frac{C_1C_2}{C_1 + C_2}}}$$

由上式可知，$\omega_1 < \omega_2$，$Z(s)$ 的极点为 $p_1 = 0, p_2 = j\omega_2, p_3 = -j\omega_2$，而 $Z(s)$ 的零点为 $z_1 = j\omega_1, z_2 = -j\omega_1$，由此可画出 $Z(s)$ 的零、极点图如图 8.51 所示。由于 $Z(s)$ 在 $j\omega$ 轴上只有一阶极点，故 $Z(j\omega)$ 存在，可求得

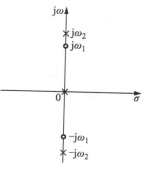

图 8.51 $Z(s)$ 零、极点图

$$Z(j\omega) = \frac{1}{C_1}\frac{(j\omega + j\omega_1)(j\omega - j\omega_1)}{j\omega(j\omega + j\omega_2)(j\omega - j\omega_2)} = |Z(j\omega)| e^{j\varphi(\omega)}$$

不难看出，在 $\omega = 0$ 和 $\omega = \omega_2$ 处，$|Z(j\omega)| \to \infty$，而在 $\omega = \omega_1$ 处，$|Z(j\omega)| = 0$。当 $0 < \omega < \omega_1$ 时，$\varphi(\omega) = -90°$，而当 $\omega_1 < \omega < \omega_2$ 时，$\varphi(\omega) = 90°$，当 $\omega > \omega_2$ 时，$\varphi(\omega) = -90°$。根据以上分析可画出高阶系统的振幅响应与相位响应如图 8.52 所示。

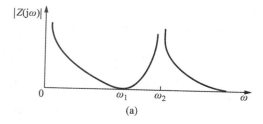
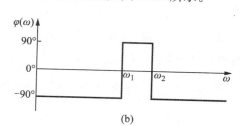

图 8.52 高阶系统的频率特性

（a）幅频特性 （b）相频特性

3. 全通系统的 s 域分析

若某一系统的系统函数为

$$H(s) = K\frac{s - a}{s + a} \tag{8.89}$$

其极点 $p_1 = -a, a > 0$，位于 s 左半平面，零点 $z_1 = a$，位于 s 右半平面。零点和极点对于虚轴是镜像对称的，如图 8.53（a）所示。其频率特性

$$H(j\omega) = H(s)\big|_{s=j\omega} = K\frac{j\omega - a}{j\omega + a} = K\frac{N}{M}e^{j(\psi - \theta)} \tag{8.90}$$

由图 8.53（a）可见，当 ω 由 0 增大至 ∞ 时，对于任何 ω 都有 $N = M$，因此其幅频特性

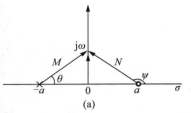
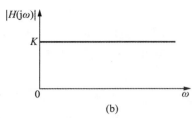
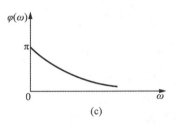

图 8.53　一阶全通系统的频率特性

(a) 零、极点图　(b) 幅频特性图　(c) 相频特性图

$$| H(j\omega) | = K \tag{8.91a}$$

其相频特性为

$$\varphi(\omega) = \psi - \theta = \pi - \arctan \frac{\omega}{a} - \arctan \frac{\omega}{a} = \pi - 2\arctan \frac{\omega}{a} \tag{8.91b}$$

由式(8.91b)可知,当 $\omega=0$ 时, $\varphi(0)=\pi$,当 $\omega \to \infty$ 时, $\varphi(\omega) \to 0$ 。幅频特性与相频特性示于图 8.53(b),(c)。由式(8.91a)可知,上述系统的幅频特性为常数 K ,因而对所有频率的信号,其传输函数的模相同,因而该系统称为全通系统或全通网络。全通系统的 $H(s)$ 称为全通函数。上述全通系统只有一个极点,故称为一阶全通系统。

　　推广上述结果,若系统函数 $H(s)$ 的极点位于 s 左半平面,零点位于 s 右半平面,而且零点与极点对于 $j\omega$ 轴互为镜像,则该系统为全通系统。图 8.54(a)所示为一个二阶全通系统的零、极点图。图中零点 z_1, z_2 分别与极点 p_1, p_2 对于 $j\omega$ 轴互为镜像关系,因此其相应的矢量长度相等,即

$$N_1 = M_1, \quad N_2 = M_2$$

此系统的频率特性可表示为

$$H(j\omega) = K \frac{N_1 N_2}{M_1 M_2} e^{j[(\psi_1+\psi_2)-(\theta_1+\theta_2)]}$$

由于 $N_1 N_2$ 与 $M_1 M_2$ 相等,故

$$H(j\omega) = K e^{j[(\psi_1+\psi_2)-(\theta_1+\theta_2)]}$$

因此,幅频特性为常数 K ,如图 8.54(b)所示。

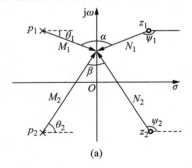
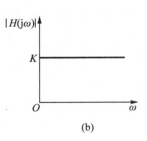
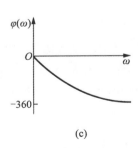

图 8.54　二阶全通系统的频率特性

(a) 零、极点图　(b) 幅频特性图　(c) 相频特性图

其相位特性为

$$\varphi(\omega) = (\psi_1 + \psi_2) - (\theta_1 + \theta_2)$$

如图 8.54(a)所示。设矢量 N_1 与 M_1 的夹角为 α，则 $\psi_1 - \theta_1 = -\alpha$，设矢量 N_2 与 M_2 的夹角为 β，则 $\psi_2 - \theta_2 = \beta$，于是

$$\varphi(\omega) = (\psi_1 - \theta_1) + (\psi_2 - \theta_2) = \beta - \alpha$$

如图 8.54(a)所示，$p_1 = p_2^* = -z_2 = -z_1^*$，当 $\omega = 0$ 时，角 β 等于角 α，故 $\varphi(0) = 0$，当 ω 沿 $j\omega$ 轴向上移动时，角 β 变小，角 α 增大，$\varphi(\omega)$ 变负，直到 $\omega \to \infty$ 时，$\varphi(\omega) \to -360°$。二阶全通系统的相频特性如图 8.54(c)所示。

关于高阶全通系统的分析方法与前述方法类似，不再赘述。从以上讨论中可以看出，全通系统的幅频特性为一常数，但其相频特性不受约束，因而全通网络可在不改变待传送信号幅频特性的条件下，调整信号的相位特性，它可用于相位校正或相位均衡。

4. 最小相移网络

若一系统的系统函数为 $H_a(s)$，它有两个极点 p_1 和 p_1^*，两个零点 z_1 和 z_1^* 都在 s 左半平面，零、极点图如图 8.55 所示。系统函数 $H_a(s)$ 可表示为

$$H_a(s) = \frac{(s - z_1)(s - z_1^*)}{(s - p_1)(s - p_1^*)}$$

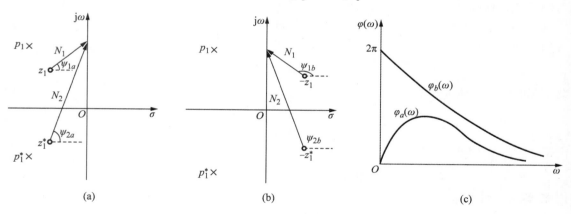

图 8.55 最小相移特性

(a) $H_a(s)$ 零、极点图　(b) $H_b(s)$ 零、极点图　(c) 相频特性图

若另一系统的系统函数为 $H_b(s)$，它的极点与 $H_a(s)$ 相同，仍位于 p_1 和 p_1^*，但其零点在 s 右半平面，$H_b(s)$ 的零点与 $H_a(s)$ 的零点以 $j\omega$ 轴成镜像关系，因此 $H_b(s)$ 的零点位于 $-z_1$ 和 $-z_1^*$，其零极点图如图 8.55(b)所示，$H_b(s)$ 可表示为

$$H_b(s) = \frac{(s + z_1)(s + z_1^*)}{(s - p_1)(s - p_1^*)}$$

$H_b(s)$ 与 $H_a(s)$ 的极点相同，因而各对应极点在 s 平面矢量也相同，而其零点对称于虚轴 $j\omega$，故其对应矢量的模相等。因此 $H_a(j\omega)$ 和 $H_b(j\omega)$ 的幅频特性相同，但对于相同 ω，$H_b(j\omega)$ 零点矢量的相角

$$\psi_{1b} = \pi - \psi_{1a}, \quad \psi_{2b} = \pi - \psi_{2a}$$

式中 ψ_{1a}，ψ_{2a} 为 $H_a(j\omega)$ 零点矢量的相角。因此 $H_a(j\omega)$ 和 $H_b(j\omega)$ 的相频特性 $\varphi_a(\omega)$ 及 $\varphi_b(\omega)$ 为

$$\varphi_a(\omega) = (\psi_{1a} + \psi_{2a}) - (\theta_1 + \theta_2)$$

$$\varphi_b(\omega) = (\psi_{1b} + \psi_{2b}) - (\theta_1 + \theta_2)$$

$$= (\pi - \psi_{1a} + \pi - \psi_{2a}) - (\theta_1 + \theta_2)$$

$$= 2\pi - (\psi_{1a} + \psi_{2a}) - (\theta_1 + \theta_2)$$

式中 θ_1，θ_2 为极点 p_1，p_1^* 所对应矢量的相角。$\varphi_a(\omega)$ 与 $\varphi_b(\omega)$ 之差为

$$\varphi_b(\omega) - \varphi_a(\omega) = 2\pi - 2(\psi_{1a} + \psi_{2a})$$

由图 8.55(a)可见，若 ω 由 0 变化至 ∞ 时，$\psi_{1a} + \psi_{2a}$ 由 0 增加至 π，因此 $\psi_{1a} + \psi_{2a} \leqslant \pi$，对于任意 ω，则有

$$\varphi_b(\omega) - \varphi_a(\omega) = 2\pi - 2(\psi_{1a} + \psi_{2a}) \geqslant 0$$

即对于任意的 $0 \leqslant \omega \leqslant \infty$，有

$$\varphi_b(\omega) \geqslant \varphi_a(\omega)$$

上式表明，对于具有相同幅频特性的系统，其系统函数的零点位于 s 左半平面或虚轴 $j\omega$ 上，则该系统相位特性 $\varphi(\omega)$ 最小，此系统称为最小相移系统或最小相移网络。最小相移网络的系统函数称为最小相移函数。最小相移系统的相移特性 $\varphi_a(\omega)$ 见图 8.55(c)。

如果系统函数在 s 右半平面有零点，则称为非最小相移函数。例如

$$H_b(s) = \frac{(s + z_1)(s + z_1^*)}{(s - p_1)(s - p_1^*)}$$

若用 $(s - z_1)(s - z_1^*)$ 乘上式的分子与分母，可得

$$H_b(s) = \frac{(s + z_1)(s + z_1^*)}{(s - p_1)(s - p_1^*)} \cdot \frac{(s - z_1)(s - z_1^*)}{(s - z_1)(s - z_1^*)}$$

$$= \frac{(s - z_1)(s - z_1^*)}{(s - p_1)(s - p_1^*)} \cdot \frac{(s + z_1)(s + z_1^*)}{(s - z_1)(s - z_1^*)}$$

$$= H_a(s) \cdot H_c(s)$$

式中 $H_a(s)$ 为最小相移函数，而

$$H_c(s) = \frac{(s + z_1)(s + z_1^*)}{(s - z_1)(s - z_1^*)}$$

为全通函数。由此可知，非最小相移函数可以表示为最小相移函数与全通函数的乘积，也就是说，非最小相移网络可以用最小相移网络与全通网络的级联网络来代替。

8.10　系统的稳定性

本节讨论利用系统的 s 域特性来判别稳定性问题。在 8.9 节中讨论系统函数的零极点分布与时域特性的关系时，曾涉及系统的稳定性问题。一般来说，无源系统总是稳定的，然而，在电子系统中，广泛应用有源的反馈系统。这种系统可能是不稳定系统。判别一个系统是否稳

定或者求解一个系统的稳定条件或自激振荡条件是电子设计中必须考虑的问题。本节将讨论系统的稳定性判别准则,着重讨论线性非时变系统的稳定性准则。

8.10.1 BIBO 稳定性准则

前已述及,如果输入有界时(bounded input)只能产生有界输出(bounded output)的系统,称为稳定系统,这一稳定性准则称为 BIBO 稳定性准则。它适用于一般系统,可以是线性也可以是非线性系统,可以是非时变也可以是时变系统。

BIBO 稳定性准则可表述如下:若一系统的输入

$$|e(t)| \leqslant M_e, \quad 所有 t \tag{8.92}$$

其输出满足

$$|r(t)| \leqslant M_r, \quad 所有 t \tag{8.93}$$

式中 M_e 和 M_r 为有限值,则该系统为稳定系统。

对于线性非时变系统,其零状态响应 $r_{zs}(t)$ 为冲激响应 $h(t)$ 与输入 $e(t)$ 的卷积积分,即

$$r_{zs}(t) = h(t) * e(t) = \int_{-\infty}^{\infty} h(\tau)e(t-\tau)\mathrm{d}\tau$$

由于 $e(t)$ 是有界的,即 $|e(t)| \leqslant M_e$,因此

$$|h(t) * e(t)| \leqslant \int_{-\infty}^{\infty} |h(\tau)||e(t-\tau)|\mathrm{d}\tau \leqslant M_e \int_{-\infty}^{\infty} |h(\tau)|\mathrm{d}\tau \tag{8.94}$$

如果上式是有界的,则根据 BIBO 稳定性准则可判定该系统必然稳定。但要使式(8.94)有界,则必须

$$\int_{-\infty}^{\infty} |h(\tau)|\mathrm{d}\tau < \infty \tag{8.95}$$

式(8.95)是线性非时变系统稳定的充分必要条件。因为上面所述已经给出了充分性证明,即满足式(8.95),可保证系统的输出有限。另一方面,当输入

$$e(-t) = \mathrm{sgn}[h(t)] = \begin{cases} 1, & h(t) > 0 \\ -1, & h(t) < 0 \end{cases} \tag{8.96}$$

为一有界信号,根据卷积积分可求得

$$r_{zs}(0) = \int_{-\infty}^{\infty} h(\tau)e(-\tau)\mathrm{d}\tau = \int_{-\infty}^{\infty} |h(\tau)|\mathrm{d}\tau \tag{8.97}$$

若式(8.97)右边部分不满足式(8.95),则尽管输入有界,仍产生无限输出 $r_{zs}(0)$。这就表明式(8.95)也是系统有限输出的必要条件。由此可知式(8.95)是判别 LTI 系统稳定性的充要条件。

为了满足式(8.95)表示的绝对可积条件,在 t 趋于无限大时,冲激响应趋于零,即

$$\lim_{t \to \infty} h(t) = 0 \tag{8.98}$$

在 t 还未趋于无限大的一般情况,在冲激响应 $h(t)$ 中,除了在 $t=0$ 处可能有冲激函数外,其他 t 处,$h(t)$ 应是有限的,即

$$|h(t)| < M, \quad 0 < |t| < \infty \tag{8.99}$$

式中 M 为有限值。当符合上面所述的各种条件时,即满足式(8.98)与式(8.99)时,称该系统是稳定的。

应当指出,还有一种系统,其冲激响应不满足式(8.98),但满足式(8.99),在某种条件下(如输入极点与系统极点不同),其响应是有界的,这种系统称为临界稳定系统,或边界稳定系统。例如,一个理想化的无损耗 LC 网络,其冲激响应中有无阻尼的正弦项,不满足绝对可积条件式(8.95),但其响应是有限的,故属于临界稳定系统,或边界稳定系统。

以上讨论的稳定性条件都是在时域判定的。在 s 域中,对于 LTI 因果系统,可根据上述定义和 8.9 节所述的系统函数零极点分布与系统冲激响应的关系得出系统极点分布与稳定性的关系如下。

(1) 稳定因果系统的系统函数 $H(s)$ 的极点只能在 s 左半平面,不能在 s 右半平面有极点,否则不满足式(8.95),就不稳定。

(2) 如果 $H(s)$ 的一阶极点位于虚轴,则该系统为临界稳定系统。

(3) $H(s)$ 的极点位于 s 右半平面,对于因果系统来说,该系统不稳定。

(4) 如果 $H(s)$ 在虚轴上有二阶以上的极点,则该系统不稳定。

由于无源网络不能补充和供给能量,其响应幅度总是有限的,故无源网络都是稳定系统或临界稳定系统。

假定系统函数 $H(s)$ 表示为

$$H(s) = \frac{A(s)}{B(s)} = \frac{a_m s^m + a_{m-1} s^{m-1} + \cdots + a_1 s + a_0}{b_n s^n + b_{n-1} s^{n-1} + \cdots + b_1 s + b_0} \tag{8.100}$$

若 $m > n$,当 $s \to \infty$ 时

$$\lim_{s \to \infty} H(s) = \frac{a_m s^{m-n}}{b_n} \tag{8.101}$$

趋于无穷大,即 $H(s)$ 在 $s = \infty$ 处有极点,其阶数为 $m-n$。由于 $s = j\omega$,故 $s = \infty$ 处有极点即意味着在虚轴的 $j\infty$ 处有 $m-n$ 阶极点。根据上述第(2)点,临界稳定系统在 $j\omega$ 轴上的极点只能是一阶的。因此,$H(s)$ 的分子 $A(s)$ 的方次 m 与分母 $B(s))$ 的方次 n 的关系必须为

$$m - n \leqslant 1 \tag{8.102}$$

才能是临界稳定系统。故上式表明,稳定系统(包括临界稳定系统)的 $H(s)$ 分子方次 m 只能比其分母的方次 n 高一次。

系统稳定性的判别是根据系统函数极点的位置做出的,系统函数的极点就是此系统函数分母多项式的零点,而分母多项式为零时所构成的方程即系统的特征方程。下面讨论特征方程的系数 b_i 与稳定性的关系。

稳定系统(包括临界稳定系统)的系统函数的极点或者系统特征方程的根必须具有负的实部或实部为零的单根。要达到这个条件,对特征方程的系数有些什么要求呢?

设系统特征方程为

$$B(s) = b_n s^n + b_{n-1} s^{n-1} + \cdots + b_1 s + b_0 = 0 \tag{8.103}$$

要判别这个方程有没有根是正实部的,并不需要对方程求解,只需考察系数 b_i。根据方程的根与 b_i 的关系就可作出判别。若假定特征方程的根为 $p_1, p_2, \cdots, p_n$,则式(8.103)可表示为

$$b_n(s-p_1)(s-p_2)\cdots(s-p_n)$$
$$=b_ns^n - b_n(p_1+p_2+\cdots+p_n)s^{n-1} + b_n(p_1p_2+p_2p_3+\cdots)s^{n-2} -$$
$$b_n(p_1p_2p_3+p_2p_3p_4+\cdots)s^{n-3}+\cdots+b_n(-1)^np_1p_2p_3\cdots p_n$$
$$=0 \tag{8.104}$$

此式的各系数应和式(8.103)各对应项的系数相等,并考虑 $b_n \neq 0$,可得

$$\frac{b_{n-1}}{b_n}=-[各根之和]$$

$$\frac{b_{n-2}}{b_n}=[从所有根中每次取两根相乘后各乘积之和]$$

$$\frac{b_{n-3}}{b_n}=-[从所有根中每次取三根相乘后各乘积之和]$$

$$\vdots$$

$$\frac{b_0}{b_n}=(-1)^n[所有根连乘积]$$

由上述公式不难看出,如果所有各根的实部都是负的,则特征方程的全部系数 b_i 的符号应相同,而且不为零。当 $b_0=0$ 而别的系数不为零时,表示有一零根,系统属于临界稳定。如果全部偶次幂项系数为零或全部奇次幂项系数为零,这对应于所有各根的实部为零,即系统函数的所有一阶共轭极点都在虚轴上。例如,纯电抗(无损耗)网络就属于这种情况,所有极点都是单极点,故这种系统也是临界稳定系统。通常,只要考察系统特征方程最高次项系数 b_n 为正,而其他项有的系数为负或有缺项,则可判定该特征方程有正实部的根,该系统不稳定。然而,应当特别指出,特征方程的全部系数为正(或全部为负)且无缺项,(如缺项则缺全部偶次项或奇次项),这是特征方程无正实根的必要条件,但非充分条件;也是系统稳定的必要条件,但非充分条件。这就是说,不满足这个条件的系统是不稳定的,但是,满足这个条件的系统并不一定都是稳定的。下面举例说明。

例 8.44 试判别下述系统是否稳定? 为什么?

(a) $H_1(s)=\dfrac{s^2+2s+1}{s^3+4s^2-7s+2}$

(b) $H_2(s)=\dfrac{s^3+s^2+s+2}{2s^3+7s+9}$

(c) $H_3(s)=\dfrac{s^2+1}{s^3+s^2+2s+8}$

解 (a) $H_1(s)$ 分母多项式中有负系数 (-7),因此是非稳定系统。验证:
$$B(s) = s^3+4s^2-7s+2 = (s-1)(s^2+5s-2) = 0$$
可知 $B(s)$ 具有正实部的根,故不稳定。

(b) $H_2(s)$ 分母多项式缺少 s^2 项,因此也是非稳定系统。验证
$$B(s) = 2s^3+7s+9 = (s+1)(2s^2-2s+9) = 0$$
可知 $B(s))$ 具有正实部的根,故不稳定。

(c) $H_3(s)$ 分母多项式没有违反上述无正实根的必要条件,但不能认定它是一个稳定系

统。实际上,将 $H_3(s)$ 分母多项式进行因式分解,可得

$$B(s) = s^3 + s^2 + 2s + 8 = (s+2)(s^2 - s + 4) = 0$$

可见,它有一对正实部的共轭复根,所以该系统是非稳定的。

当 $B(s)$ 为一阶和二阶多项式,则问题比较简单,只要其各项系数 b_i 满足

$$b_i > 0, \quad i = 0, 1, 2$$

即可保证 $B(s)$ 无正实根,系统稳定。此条件既是必要的,又是充分的。

例 8.45 电路图如图 8.56 所示。假定运算放大器的输入阻抗为无穷大,输出阻抗为零,试求:

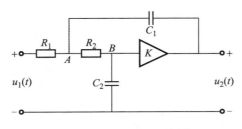

图 8.56 例 8.45 电路图

(a) 系统函数 $H(s) = \dfrac{U_2(s)}{U_1(s)}$;

(b) 为使系统稳定,求运算放大器 K 的取值范围;

(c) 当系统处于临界稳定时,求冲激响应 $h(t)$。

[解]

(a) 为求解系统函数,假设图 8.56 中 A 点与 B 点电位为 u_A 与 u_B。对节点 A 列写电流方程为

$$\frac{1}{R_1}[U_1(s) - U_A(s)] + [U_2(s) - U_A(s)]sC_1 = \frac{1}{R_2}[U_A(s) - U_B(s)] \tag{8.105}$$

由于运算放大器的输入阻抗为无穷大

$$U_B(s) \cdot sC_2 = \frac{1}{R_2}[U_A(s) - U_B(s)]$$

即

$$U_A(s) = (1 + sR_2C_2)U_B(s) \tag{8.106}$$

又因为运算放大器的输出阻抗为零

$$U_B(s) = \frac{1}{K}U_2(s) \tag{8.107}$$

将式(8.107)代入式(8.106),可得

$$U_A(s) = \frac{1 + sR_2C_2}{K}U_2(s) \tag{8.108}$$

将式(8.107)及式(8.108)代入式(8.105),可求得系统函数为

$$H(s) = \frac{U_2(s)}{U_1(s)} = \frac{1}{R_1C_1R_2C_2} \frac{K}{s^2 + \left(\dfrac{1}{R_1C_1} + \dfrac{1}{R_2C_1} + \dfrac{1-K}{R_2C_2}\right)s + \dfrac{1}{R_1C_1R_2C_2}}$$

（b）为保证系统稳定，$H(s)$ 分母多项式各系数应为正，于是

$$\frac{1}{R_1C_1}+\frac{1}{R_2C_1}+\frac{1-K}{R_2C_2}>0$$

$$K<1+\frac{C_2}{C_1}+\frac{R_2C_2}{R_1C_1}$$

（c）当系统临界稳定时，$H(s)$ 极点将落在 $j\omega$ 轴上，即 $H(s)$ 分母多项式中，s 项系数为零，故放大系数 K 为

$$K=1+\frac{C_2}{C_1}+\frac{R_2C_2}{R_1C_1}$$

于是

$$H(s)=\frac{1}{R_1C_1R_2C_2}\frac{K}{s^2+\dfrac{1}{R_1C_1R_2C_2}}$$

冲激响应为

$$h(t)=\frac{K}{\sqrt{R_1C_1R_2C_2}}\sin\frac{t}{\sqrt{R_1C_1R_2C_2}}\varepsilon(t)$$

例 8.46 图 8.57 所示为一线性反馈系统，试分析，当 K 从 0 增长时，系统稳定性的变化。

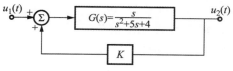

图 8.57 例 8.57 反馈系统

解 由图 8.57 可以求得

$$U_2(s)=[U_1(s)+KU_2(s)]G(s)$$

$$U_2(s)[1-KG(s)]=U_1(s)G(s)$$

于是

$$\frac{U_2(s)}{U_1(s)}=\frac{G(s)}{1-KG(s)}=\frac{\dfrac{s}{s^2+5s+4}}{1-\dfrac{Ks}{s^2+5s+4}}$$

$$=\frac{s}{s^2+5s+4-Ks}$$

可求得极点位置为

$$p_{1,2}=\frac{K-5\pm\sqrt{(5-K)^2-16}}{2}$$

$$K=0,\quad p_1=-1,p_2=-4,$$

$$K=5,\quad p_{1,2}=\pm j2,$$

$$K=9,\quad p_{1,2}=2,$$

$$K=10,\quad p_1=4,p_2=1$$

极点在 s 平面移动过程如图 8.58 所示。由图可知,当 $K>5$ 时系统不稳定。

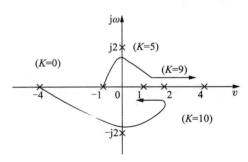

图 8.58　极点随 K 移动过程

8.10.2　霍尔维茨稳定性准则

在 8.10.1 节中已经述及,高阶多项式 $B(s)=0$ 的根,即便所有系数 b_i 都是正数,且无缺项(如缺项则缺全都偶次项或奇次项),$B(s)$ 也还可能有右半平面或虚轴上的根,因此需要进一步研究。

霍尔维茨(Hurwitz)提出一种判别代数方程根的方法,不必解方程就可知道它是否具有正实部根和零实部的根(1895 年),下面介绍霍尔维茨稳定性准则(霍尔维茨判据)。

将多项式

$$B(s) = b_n s^n + b_{n-1} s^{n-1} + \cdots + b_1 s + b_0$$

分为 $M(s)$ 和 $N(s)$ 两部分:若 n 为奇数,则 $M(s)$ 就取 $B(s)$ 中 s 的所有奇次幂项,而 $N(s)$ 取 $B(s)$ 中的 s 的所有偶次幂项;若 n 为偶数,则 $M(s)$ 取 s 的所有偶次幂项,而 $B(s)$ 取 s 的所有奇次幂项,于是

$$M(s) = b_n s^n + b_{n-2} s^{n-2} + b_{n-4} s^{n-4} + \cdots$$
$$N(s) = b_{n-1} s^{n-1} + b_{n-3} s^{n-3} + b_{n-5} s^{n-5} + \cdots$$

将 $\dfrac{M(s)}{N(s)}$ 进行连分式展开,或者说,$M(s)$ 与 $N(s)$ 辗转相除,可得

$$\frac{M(s)}{N(s)} = q_1 s + \cfrac{1}{q_2 s + \cfrac{1}{q_3 s + \cfrac{1}{\ddots + \cfrac{1}{q_{n-1} s + \cfrac{1}{q_n s}}}}} \tag{8.109}$$

霍尔维茨准则指出,$B(s)=0$ 的全部根位于 s 左半平面的充要条件是全部系数 q_i 为正值($i=1,2,\cdots,n$),满足此条件的多项式 $B(s)$ 称为霍尔维茨多项式。

有关霍尔维茨多项式的证明,可见参考书目[31],此处仅对式(8.109)进行解释。由式(8.109)可得

$$1 + \frac{M(s)}{N(s)} = \frac{B(s)}{N(s)} = 1 + q_1 s + \cfrac{1}{q_2 s + \cfrac{1}{q_3 s + \cfrac{1}{\ddots + \cfrac{1}{q_{n-1} s + \frac{1}{q_n s}}}}} \tag{8.110}$$

当式(8.110)中的全部 $q_i > 0$ 时，它所对应的电路图如图 8.59 所示。图中所示为一两端网络，其策动点阻抗函数为

$$Z_1(s) = \frac{B(s)}{N(s)}$$

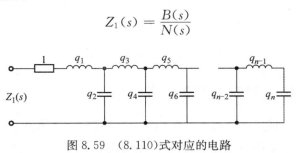

图 8.59 (8.110)式对应的电路

而其策动点导纳函数为

$$Y_1(s) = \frac{N(s)}{B(s)}$$

当全部 $q_i > 0$ 时，这个无源网络必定为稳定网络，而其策动点导纳函数的全部极点位于 s 左半平面，即 $B(s) = 0$ 的全部根位于 s 左半平面。

例 8.47 试利用霍尔维茨准则判别下列 $B(s)$ 多项式是否有正实部的根：

$$B(s) = 3s^3 + 5s^2 + 2s + 8$$

解 将 $B(s)$ 分解为奇次幂项与偶次幂项

$$M(s) = 3s^3 + 2s$$
$$N(s) = 5s^2 + 8$$

将 $\dfrac{M(s)}{N(s)}$ 进行连分式展开：

$$
\begin{array}{r r l}
 & 5s^2+8 \ \big)\ \overline{3s^3+2s} & \left(\dfrac{3}{5}s\right. \\
 & \underline{3s^3+\dfrac{24}{5}s} & \\
 & -\dfrac{14}{5}s \ \big)\ \overline{5s^2+8} & \left(-\dfrac{25}{14}s\right. \\
 & \underline{5s^2} & \\
 & 8 \ \big)\ \overline{-\dfrac{14}{5}s} & \left(-\dfrac{14}{40}s\right. \\
 & \underline{-\dfrac{14}{5}s} & \\
 & 0 &
\end{array}
$$

由上式可得 $q_1 = \dfrac{3}{5}$，$q_2 = -\dfrac{25}{14}$，$q_3 = -\dfrac{14}{40}$，系数 q_i 并非都是正值，因此 $B(s)$ 有位于右半平

面的根。

例 8.48　若一系统函数的分母多项式为

$$B(s) = s^2 + 5s - Ks + 4$$

为使系统稳定,试利用霍尔维茨准则求解 K 的范围。

解　$B(s)$ 可分解为

$$M(s) = s^2 + 4, \quad N(s) = (5 - K)s$$

连分式展开:

由上式可得 $q_1 = \dfrac{1}{5 - K}$,$q_2 = \dfrac{5 - K}{4}$,为使系统稳定,则分母多项式 $B(s)$ 的根位于 s 左半平面,即全部 $q_i > 0$,可得 $5 - K > 0$,故满足稳定的正值范围为 $K < 5$。

8.9.3　罗斯阵列判别准则

1877 年,罗斯(Routh)提出一种判别代数方程根的实部是否有大于零的情况,不必解方程就可知道它包含多少个具有正实部的根和零实部的根。罗斯给出的稳定判别准则称为罗斯准则或罗斯判据。此准则可表述如下:

若

$$B(s) = b_n s^n + b_{n-1} s^{n-1} + \cdots + b_1 s + b_0$$

则 $B(s) = 0$ 根全部位于 s 左半平面的充要条件是,多项式 $B(s)$ 的全部系数 b_i 全为正数,无缺项(如缺项,则缺全部偶次幂项或奇次幂项),且罗斯阵列中第一列数字的符号相同。如果第一列中各数字的符号不尽相同,则符号改变的次数就是 $B(s) = 0$ 所具有正实部根的数目。

罗斯阵列可按如下规则排列:

第 1 行	b_n	b_{n-2}	b_{n-4}	$\cdots$
第 2 行	b_{n-1}	b_{n-3}	b_{n-5}	$\cdots$
第 3 行	c_{n-1}	c_{n-3}	c_{n-5}	$\cdots$
第 4 行	d_{n-1}	d_{n-3}	d_{n-5}	$\cdots$
第 5 行	e_{n-1}	e_{n-3}	e_{n-5}	$\cdots$
$\vdots$			

在上述阵列中,前 2 行数字直接由 $B(s)$ 多项式之系数 b_i 得到。第 3 行以后的系数由下式得到:

$$c_{n-1} = -\frac{1}{b_{n-1}} \begin{vmatrix} b_n & b_{n-2} \\ b_{n-1} & b_{n-3} \end{vmatrix} \tag{8.111}$$

$$c_{n-3} = -\frac{1}{b_{n-1}} \begin{vmatrix} b_n & b_{n-4} \\ b_{n-1} & b_{n-5} \end{vmatrix} \tag{8.112}$$

$$d_{n-1} = -\frac{1}{c_{n-1}} \begin{vmatrix} b_n & b_{n-3} \\ c_{n-1} & c_{n-3} \end{vmatrix} \tag{8.113}$$

$$d_{n-3} = -\frac{1}{c_{n-1}} \begin{vmatrix} b_{n-1} & b_{n-5} \\ c_{n-1} & c_{n-5} \end{vmatrix} \tag{8.114}$$

依此类推,直至最后一行中只留有一项,共得 $(n+1)$ 项。若罗斯阵列中第一列数字的符号相同,则 $B(s)=0$ 的根全部位于 s 左半平面,即要求

$$\frac{b_n}{b_{n-1}} > 0, \quad \frac{b_{n-1}}{c_{n-1}} > 0, \quad \frac{c_{n-1}}{d_{n-1}} > 0, \cdots \tag{8.115}$$

上述要求和霍尔维茨准则是一致的,这可从下述分析中看出。假定

$$B(s) = b_n s^n + b_{n-1} s^{n-1} + \cdots + b_1 s + b_0$$

可设

$$M(s) = b_n s^n + b_{n-2} s^{n-2} + b_{n-4} s^{n-4} + \cdots$$
$$N(s) = b_{n-1} s^{n-1} + b_{n-3} s^{n-3} + b_{n-5} s^{n-5} + \cdots$$

将 $M(s)$ 与 $N(s)$ 辗转相除,即对 $\dfrac{M(s)}{N(s)}$ 进行连分式展开,可得

根据上述展开式可得

$$q_1 = \frac{b_n}{b_{n-1}}, \quad q_2 = \frac{b_{n-1}}{c_{n-1}}, \cdots$$

霍尔维茨准则要求

$$\frac{b_n}{b_{n-1}} > 0, \frac{b_{n-1}}{c_{n-1}} > 0, \cdots$$

这和罗斯准则要求的式(8.115)是一致的。下面举例说明罗斯准则的应用。

例 8.49 根据罗斯准则判别下述方程是否具有实部为正的根:

$$3s^3 + s^2 + 2s + 8 = 0$$

解 上述方程全部系数为正实数,无缺项,可排出罗斯阵列为

第 1 行	3	2	0
第 2 行	1	8	0
第 3 行	−22	0	0

$$第 4 行\quad 8\quad 0\quad 0$$
$$第 5 行\quad 0\quad 0\quad 0$$

此阵列中,第 1 列数字两次改变符号(由 1 到 -22,又由 -22 到 8),因此上述方程有两个具有正实部的根。

例 8.50　已知某系统 $H(s)$ 的分母多项式 $B(s)$ 为
$$B(s) = b_3 s^3 + b_2 s^2 + b_1 s + b_0$$
为使系统稳定,$B(s)$ 的系数 $b_i (i=0,1,2,3)$ 应满足什么条件?

解　可排出罗斯阵列为

$$第 1 行\qquad b_3 \qquad b_1 \qquad 0$$
$$第 2 行\qquad b_2 \qquad b_0 \qquad 0$$
$$第 3 行\quad \frac{b_1 b_2 - b_3 b_0}{b_2} \quad 0 \quad 0$$
$$第 4 行\qquad b_0 \qquad 0 \qquad 0$$

为使系统稳定,即 $B(s)=0$ 的根全部位于 s 左半平面,则要求系数 $b_i (i=0,1,2,3)$ 为正值,此外应满足
$$b_1 b_2 - b_3 b_0 > 0$$
即
$$b_1 b_2 > b_3 b_0$$

在计算罗斯阵列时,有时会遇到某行首项 c_i 为零的情况,这时,因为下一行的所有元素都以 c_i 为分母而无法进行计算,数列也无法继续排下去。遇到这种情况,可用无穷小 ε 代替零继续排出阵列,然后令 $\varepsilon \to 0$ 加以判定。

例 8.51　已知系统特征方程为　$B(s) = s^4 + s^3 + 2s^2 + 2s + 3 = 0$,试判别该系统的稳定性。

解　可排出罗斯阵列为

$$第 1 行\quad 1 \quad 2 \quad 3$$
$$第 2 行\quad 1 \quad 2 \quad 0$$
$$第 3 行\quad 0 \quad 3$$
$$\qquad\quad \varepsilon \quad 3 \qquad\qquad 此行首项为 0,用 \varepsilon 代替$$
$$第 4 行\quad 2 - \frac{3}{\varepsilon} \quad 0$$
$$第 5 行\quad 3 \quad 0$$

因为 $\varepsilon \to 0$,$2 - \dfrac{3}{\varepsilon}$ 为负值,罗斯阵列变号两次,故该系统有 2 个正实部极点,系统不稳定。

在计算罗斯阵列时,如遇到连续两行数字相等或成比例,则下一行元素全部为零。阵列也无法排下去,这种情况说明系统函数在虚轴上有极点,可由全零行的前一行元素组成一个辅助多项式,用此多项式的导数的系数来代替全零行,继续排出罗斯阵列。此时除审察罗斯阵列是否变号之外,还要检查辅助多项式的根,也即在虚轴上的根,若为单根,则临界稳定,如有重根,则不稳定。

例 8.52　系统特征方程为 $B(s) = s^5 + s^4 + 3s^3 + 3s^2 + 2s + 2 = 0$,试判别该系统的稳定性。

解 可排出罗斯阵列为

第1行　1　3　2

第2行　1　3　2

第3行　0　0

　　4　6　　此时出现全零行,可由前一行组成辅助多项式 s^4+3s^2+2

第4行　$\dfrac{3}{2}$　2　　求导得 $4s^3+6s$,以 4,6 代替全零行

第5行　$\dfrac{2}{3}$

第6行　2

由罗斯阵列可见,第1列不改号,再检查辅助多项式

$$s^4+3s^2+2=0$$

令 $s^2=x$,则 $x^2+3x+2=0$,解得 $x_1=-1,x_2=-2$,于是 $s_{1,2}=\pm j,s_{3,4}=\pm j\sqrt{2}$,该系统的系统函数在虚轴上有 4 个单极点,故系统临界稳定。

8.11　连续时间系统的模拟

为了方便分析与研究系统的性能,通常把一个具体的系统抽象为数学模型。当通过实验来研究系统参数或输入信号对系统响应的影响时,需要对系统进行实验模拟。此时,并不需要在实验室研制实际系统,而只根据系统的数学描述模拟实际系统,使模拟的实验系统与实际系统具有相同的数学表示式。由此可见,线性连续系统的模拟实际上是数学意义上的模拟。本节讨论两种方式对线性系统进行模拟,即方框图表示法和信号流图表示法。

8.11.1　连续时间系统的方框图表示

对于连续的线性非时变系统,组成系统的元件参数值恒定,可以用线性常系数微分方程来描述,输入 $e(t)$ 与输出 $r(t)$ 的关系为

$$\sum_{i=0}^{n} C_i \frac{\mathrm{d}^{(n-i)}}{\mathrm{d}t^{(n-i)}} r(t) = \sum_{i=0}^{m} E_i \frac{\mathrm{d}^{(m-i)}}{\mathrm{d}t^{(m-i)}} e(t) \tag{8.116}$$

式(8.116)为一 n 阶线性微分方程,系数 C_i,E_i 都是常数,其展开式为

$$C_0 \frac{\mathrm{d}^n}{\mathrm{d}t^n} r(t) + C_1 \frac{\mathrm{d}^{n-1}}{\mathrm{d}t^{n-1}} r(t) + \cdots + C_n r(t)$$

$$= E_0 \frac{d^m}{dt^m} e(t) + E_1 \frac{\mathrm{d}^{m-1}}{\mathrm{d}t^{m-1}} e(t) + \cdots + E_m e(t) \tag{8.117}$$

式(8.117)表示的连续系统通常可由三种基本单元组成的方框图模拟,这三种基本单元分别是加法器、系数乘法器和积分器,如图 8.60 所示。从理论上积分器和微分器都可以用来模拟式(8.117)表示的连续系统,但由于积分器抗干扰性能比微分器好,特别对于脉冲式的工业干扰,积分器的精度比微分器好,因而常采用积分器进行连续系统的模拟,如图 8.60(c)中的积分算

子 p^{-1} 即为积分器。下面举例说明连续系统的方框图模拟方法。

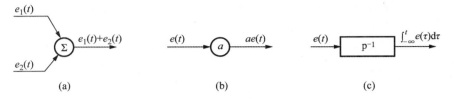

图 8.60　模拟连续系统的三种基本单元

(a) 加法器　(b) 系数乘法器　(c) 积分器

例 8.53　用加法器、系数乘法器和积分器来模拟下式所表示的系统：

$$\frac{\mathrm{d}^2}{\mathrm{d}t^2}r(t) + a_1\frac{\mathrm{d}}{\mathrm{d}t}r(t) + a_0 r(t) = e(t)$$

解　若采用算子 $\mathrm{p} = \dfrac{\mathrm{d}}{\mathrm{d}t}$，$\mathrm{p}^2 = \dfrac{\mathrm{d}^2}{\mathrm{d}t^2}$ 及 $\mathrm{p}^{-1} = \displaystyle\int_{-\infty}^{t}(\quad)\mathrm{d}\tau$，则微分方程可以表示为

$$\mathrm{p}^2 r(t) + a_1\mathrm{p}r(t) + a_0 r(t) = e(t)$$

或

$$r(t) = \mathrm{p}^{-2}\left[e(t) - a_1\mathrm{p}r(t) - a_0 r(t)\right]$$

于是上式可表示为

$$\begin{aligned}
r(t) &= \mathrm{p}^{-2}e(t) - a_1\mathrm{p}^{-1}r(t) - a_0\mathrm{p}^{-2}r(t)\\
&= \mathrm{p}^{-2}\left[e(t) - a_1\mathrm{p}r(t) - a_0 r(t)\right]
\end{aligned}$$

上式可用图 8.61 所示方框图进行模拟。

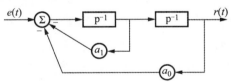

图 8.61　例 8.53 的方框图

例 8.54　用加法器、系数乘法器和积分器来模拟下式所表示的系统：

$$\frac{\mathrm{d}^2}{\mathrm{d}t^2}r(t) + a_1\frac{\mathrm{d}}{\mathrm{d}t}r(t) + a_0 r(t) = b_1\frac{\mathrm{d}}{\mathrm{d}t}e(t) + b_0 e(t)$$

解　引入中间函数 $y(t)$ 并先研究

$$\frac{\mathrm{d}^2}{\mathrm{d}t^2}y(t) + a_1\frac{\mathrm{d}}{\mathrm{d}t}y(t) + a_0 y(t) = e(t)$$

用算子表示，得

$$\mathrm{p}^2 y(t) + a_1\mathrm{p}y(t) + a_0 y(t) = e(t)$$

为了用积分器模拟，上式可写成

$$y(t) = \mathrm{p}^{-2}\left[e(t) - a_1\mathrm{p}y(t) - a_0 y(t)\right]$$

上式可利用图 8.61 所示方框图来进行模拟，其输出改为 $y(t)$。

再考虑等式右边为 $b_1\dfrac{\mathrm{d}}{\mathrm{d}t}e(t) + b_0 e(t)$ 的情形。将给定的微分方程写成算子形式得

$$p^2 r(t) + a_1 pr(t) + a_0 r(t) = b_1 pe(t) + b_0 e(t)$$

将 $e(t) = p^2 y(t) + a_1 py(t) + a_0 y(t)$ 代入上式,得

$$p^2 r(t) + a_1 pr(t) + a_0 r(t)$$
$$= b_1 p[p^2 y(t) + a_1 py(t) + a_0 y(t)] + b_0 [p^2 y(t) + a_1 py(t) + a_0 y(t)]$$
$$= p^2 [b_1 py(t) + b_0 y(t)] + a_1 p[b_1 py(t) + b_0 y(t)] + a_0 [b_1 py(t) + b_0 y(t)]$$

对比等式两边,可得

$$r(t) = b_1 py(t) + b_0 y(t)$$

上式给出了中间函数 $y(t)$ 与系统输出 $r(t)$ 之间的关系,于是,本例的系统可用图 8.62 所示的方框图来进行模拟。

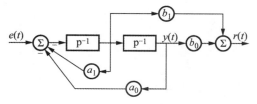

图 8.62   例 8.55 的方框图

8.11.2   信号流图

1. 概述

8.11.1 节讨论了线性连续系统的方框图表示方法,本节介绍系统的信号流图表示方法,这种方法将方框用有向线段代替,并省去了加法器,用一些圆点和有向线段来表示系统。

图 8.63 给出了用流图替代方框图的示例,其中图 8.63(a)为方框图,图 8.63(b)为信号流图。在信号流图中,用称为节点的小圆点来表示信号变量,如 $X(s)$ 及 $Y(s)$,各信号变量的传输关系则用称为支路的有向线段来表示,支路的箭头方向表示信号流动的方向,同时支路箭头旁边标注上信号的传输值,传输值为 1 时可不标注。传输值实际上就是变量间的传输函数。于是,每一信号变量等于所有指向该变量支路的输入端变量与相应的支路传输值的乘积之和。如图 8.64 中,变量 X_4 可表示为

$$X_4 = H_{14} X_1 - H_{24} X_2 + H_{34} X_3$$

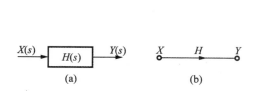

图 8.63   方框图与流图
(a) 方框图   (b) 流图

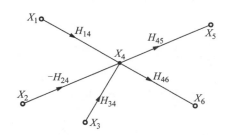

图 8.64   多输入多输出系统

此外,如图 8.65(a)所示的一阶系统方框图可用图 8.65(b)的流图来表示。从流图中不难看出,$sY(s)$ 等于变量 $X(s)$ 加上变量 $Y(s)$ 乘以传输值 $-\alpha_0$,即

$$sY(s) = X(s) - \alpha_0 Y(s)$$

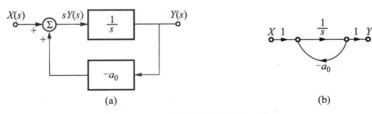

图 8.65　一阶系统方框图与流图

(a) 方框图　(b) 流图

可得

$$H(s) = \frac{Y(s)}{X(s)} = \frac{1}{s + \alpha_0}$$

这是一个一阶系统,在流图中的节点兼有加法器的作用,同时省去了方框。因此,流图比方框图简单方便。下面介绍一些流图术语的定义。

(1) 节点:表示信号变量的点,如图 8.64 中 X_1, X_2, X_3, X_4 等,也称为节点。

(2) 支路:表示信号变量间传输关系的有向线段。

(3) 支路传输值:支路变量间的转移函数,如图 8.64 中 X_4 与 X_1 变量间的支路传输值为 H_{14}。

(4) 输入节点(源点):只有输出支路的节点,它对应的是输入信号。

(5) 输出节点(阱点):只有输入支路的节点,它对应的是输出信号。

(6) 混合节点:既有输入支路又有输出支路的节点。

(7) 通路:从任一节点沿支路箭头方向连续穿过各相连支路到达另一节点的路径。

(8) 开通路:如果通路与任一节点相交不多于一次,则该通路称为开通路。

(9) 闭通路(环路):如果通路的终点就是通路的起点,并且与其他任何节点相交不多于一次,则该通路称为闭通路,也称环路。

(10) 环路增益:环路中各支路传输值的乘积。

(11) 不接触环路:两环路之间没有任何公共节点,则称为不接触环路。

前向通路如下所述:

从输入节点到输出节点的通路,通过任一节点不多于一次。前向通路中,各支路传输值的乘积称为前向通路增益。

例 8.55　试画出图 8.66 所示电路的信号流图。

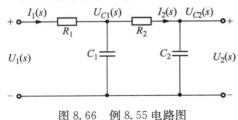

图 8.66　例 8.55 电路图

解 图 8.66 电路有两个独立回路,3 个独立节点,所以需要选择 5 个独立变量。除输入、输出电压 $U_1(s)$,$U_2(s)$ 外,选择中间变量为 $I_1(s)$,$U_{C_1}(s)$ 及 $I_2(s)$。令电容 C_2 上的电压为 $U_{C_2}(s)$。根据图 8.66,可列出如下方程:

$$I_1(s) = \frac{1}{R_1}[U_1(s) - U_{C_1}(s)]$$

$$U_{C_1}(s) = \frac{1}{sC_1}[I_1(s) - I_2(s)]$$

$$I_2(s) = \frac{1}{R_2}[U_{C_1}(s) - U_{C_2}(s)]$$

$$U_{C_2}(s) = \frac{1}{sC_2}I_2(s)$$

$$U_2(s) = U_{C_2}(s)$$

先画出节点 $U_1(s)$,$I_1(s)$,$U_{C_1}(s)$,$I_2(s)$,$U_{C_2}(s)$,按上式关系,从输入变量 $U_1(s)$ 到输出变量 $U_2(s)$,可画出如图 8.67 所示的信号流图。

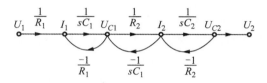

图 8.67 例 8.55 的信号流图

2. 流图性质

作为线性非时变系统表示与分析的一种工具,信号流图的应用范围十分广泛,因此有必要对其基本性质进行讨论。主要包括:

(1) 信号只能沿支路的箭头方向传输,支路的输出是其输入变量与支路传输值的乘积,例如图 8.63(b) 中,$Y(s) = H(s)X(s)$。

(2) 当节点有多个输入时,节点将所有输入支路的信号相加,并将其总和传送给所有与该节点相连的输出支路,如图 8.64 中:

$$X_4 = H_{14}X_1 - H_{24}X_2 + H_{34}X_3$$

而

$$X_5 = H_{45}X_4, \quad X_6 = H_{46}X_4$$

(3) 具有输入和输出支路的混合节点,通过增加一个具有单位传输值的支路,可以形成一个输出节点,如图 8.68 所示,X'_3 是 X_3 外延的一个节点,为一输出节点,而 X_3 是既有输入

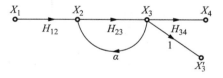

图 8.68 延伸形成输出节点

又有输出的混合节点。

（4）同一系统，其信号流图可以是不同的形式，即同一系统的方程可以表示成不同形式的流图。现举例说明。

例 8.56　对下述一阶微分方程描述的系统，试画出该系统不同的信号流图：

$$a_1 \frac{\mathrm{d}}{\mathrm{d}t}y(t) + a_0 y(t) = b_1 \frac{\mathrm{d}}{\mathrm{d}t}x(t) + b_0 x(t)$$

解　首先，把该系统的微分方程两边取拉氏变换（考虑零状态），可得

$$a_1 sY(s) + a_0 Y(s) = b_1 sX(s) + b_0 X(s)$$

于是有

$$(a_1 s + a_0)Y(s) = (b_1 s + b_0)X(s)$$

对于连续系统，一般用积分器，为此将上式写成

$$\left(a_1 + \frac{a_0}{s}\right)Y(s) = \left(b_1 + \frac{b_0}{s}\right)X(s)$$

在画出该系统流图时，可以表示成下列两种形式：

（a）
$$Y(s) = \frac{\dfrac{b_1}{a_1}}{1 + \dfrac{a_0}{a_1}\dfrac{1}{s}}X(s) + \frac{\dfrac{b_0}{a_1}\dfrac{1}{s}}{1 + \dfrac{a_0}{a_1}\dfrac{1}{s}}X(s) \tag{8.118}$$

利用上式画出的流图示于图 8.69(a)。

（b）
$$Y(s) = \frac{b_1}{a_1}X(s) + \frac{1}{s}\left[\frac{b_0}{a_1}X(s) - \frac{a_0}{a_1}Y(s)\right] \tag{8.119}$$

由上式画出的流图见图 8.69(b)

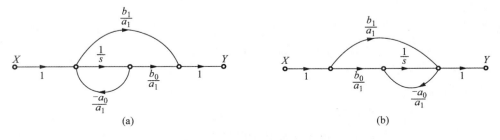

图 8.69　例 8.56 的两种流图表示

(a) (8.118)式表示的流图　(b) (8.119)式表示的流图

（5）将流图中所有支路箭头方向倒转，同时把输入节点与输出节点对换，这样形成的流图称为转置流图。对于互为转置的流圈，其传输函数相同，即两者表示的是同一个系统。以上所述的即流图的转置定理，关于此定理的证明可见参考文献[1]，这里对转置定理进行说明。

图 8.69(a)的转置形式可以通过将图中各支路箭头方向倒转，输入节点与输出节点对换来得到，如图 8.70

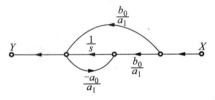

图 8.70　将图 8.69(a) 转置

所示。再将图 8.70 改画成习惯的形式,即输入变量在左边,输出变量在右边的形式,即为图 8.69(b)的形式。由此可见,图 8.69(b)与(a)是互为转置的流图,其传输函数相同,都为

$$H(s) = \frac{Y(s)}{X(s)} = \frac{b_1 s + b_0}{a_1 s + a_0}$$

3. 流图简化规则

信号流图所描述的是一组线性方程组,代表了一个线性系统,因而和系统的方框图表示一样,可以按一定规则进行简化。在简化过程中应使得流图所代表的系统之传输函数保持不变,在此前提下的化简可称为等效化简,通过等效化简,可得到系统的传输函数。下面介绍信号流图等效化简的基本规则:

1) 串联支路的化简

三条传输值分别为 H_{12},H_{23},H_{34} 的支路相串联,可以合并为一条传输值为 $H_{12}H_{23}H_{34}$ 的支路,同时消去中间节点,如图 8.71 所示。这是由于

$$X_4 = H_{34}X_3, \quad X_3 = H_{23}X_2, \quad X_2 = H_{12}X_1$$

因此

$$X_4 = H_{12}H_{23}H_{34}X_1$$

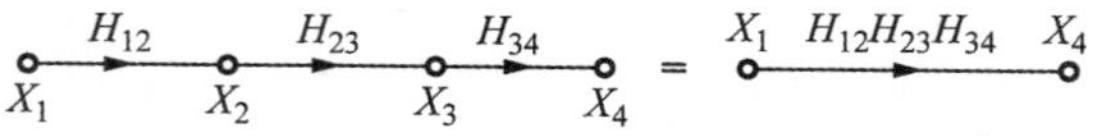

图 8.71　串联支路简化 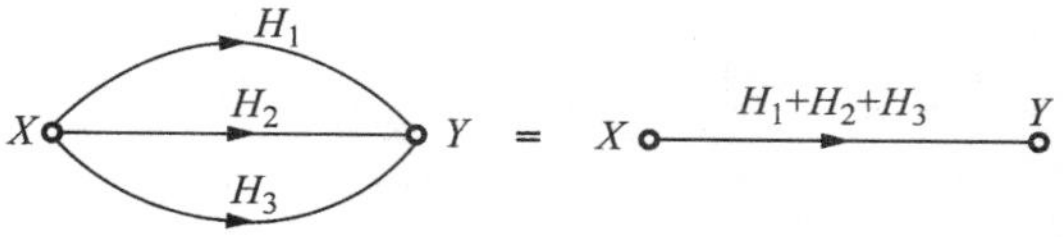　　　　　　　　图 8.72　并联支路简化

2) 并联支路的化简

支路并联时各支路的始端接于同一节点,终端则接于另一节点。若干支路并联时可用一等效支路代替,其传输值为并联各支路传输值之和,如图 8.72 所示。这是由于

$$Y = H_1 X + H_2 X + H_3 X = (H_1 + H_2 + H_3)X$$

3) 节点的消除

在信号流图中,混合节点可通过下述方法消除:在此节点前后的各节点直接构成新的支路,各支路的传输值为其前后节点与被消除节点间的各顺向支路传输值的乘积。如图 8.73 所示。这是由于原流图中

$$X = H_1 X_1 + H_2 X_2$$
$$Y_1 = H_3 X$$

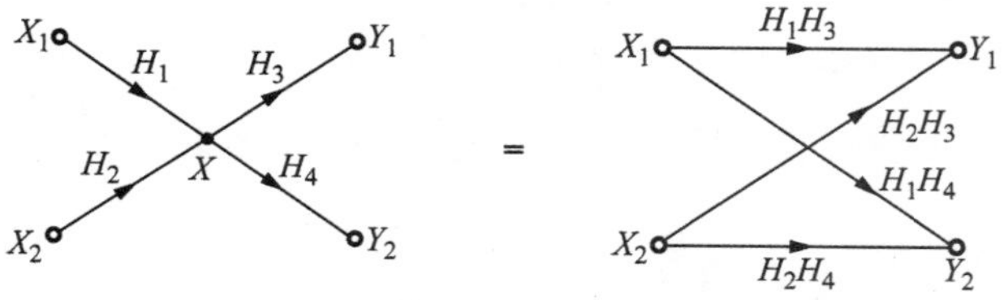

图 8.73　节点 X 的消除

$$Y_2 = H_4 X$$

于是可得

$$Y_1 = H_3 X = H_1 H_3 X_1 + H_2 H_3 X_2$$

$$Y_2 = H_4 X = H_1 H_4 X_1 + H_2 H_4 X_2$$

4）环路的消除

若节点 X_1 处有传输值为 a 的环路，如图 8.74 所示，则消除此环路后，该节点 X_1 处所有输入支路的传输值应除以 $(1-a)$ 因子，而输出支路传输值不变。这是由于在图 8.74 中

$$X_1 = H_1 X + a X_1, \quad Y = H_2 X_1$$

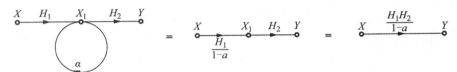

图 8.74　环路的消除

于是可得

$$X_1 = \frac{H_1}{1-a} X, \quad Y = H_2 X_1$$

因此

$$Y = \frac{H_1 H_2}{1-a} X$$

以上是信号流图简化的基本规则。应当指出，流图中某一支路的箭头不得随意倒向，并将传输值符号改变，如图 8.75 所示。因为这两者总传输值不等，故两流图不等效。

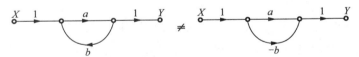

图 8.75　不等效流图的一个例子

不等效流图的另一个例子见图 8.76。可以写出原流图的节点方程为

$$X_1 = X - 2X_2$$

$$X_2 = \frac{1}{s} X_1, \quad X_3 = 4X_2 + X_1, \quad Y = X_3$$

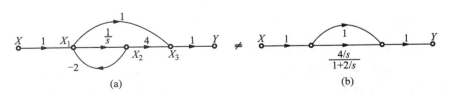

图 8.76　不等效流图的另一个例子

(a) 原流图　(b) 不等效流图

因此

$$Y = X_3 = 4\frac{X_1}{s} + X_1 = \left(\frac{4}{s} + 1\right)X_1$$

而

$$X_1 = X - \frac{2}{s}X_1$$

可得

$$X_1 = X / \left(1 + \frac{2}{s}\right)$$

因此传输值

$$\frac{Y}{X} = \left(\frac{4}{s} + 1\right) / \left(\frac{2}{s} + 1\right) = \frac{s+4}{s+2}$$

而不等效流图的传输值为

$$\frac{Y}{X} = 1 + \frac{4/s}{1+2/s} = \frac{s+6}{s+2}$$

两个传输值不等,故流图不等效。正确的简化步骤为,先按规则(3)消除节点 X_2,再按照规则(4)消除节点 X_1 处的环路,如图 8.77 所示。

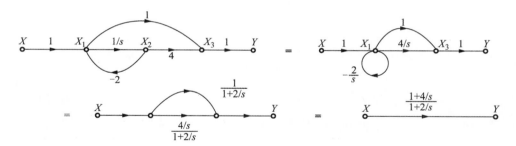

图 8.77　流图的等效简化

例 8.57　用信号流图简化规则,求图 8.78 所表示系统的转移函数。

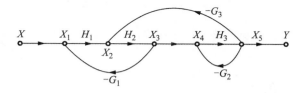

图 8.78　例 8.57 的系统流图

解　简化步骤如下:

(1) 按规则 3 消去 X_2,得到图 8.79(a);

(2) 按规则 3 消去 X_1,得到图 8.79(b);

(3) 按规则 4 消去环路 $-G_1 H_1 H_2$,此时应注意在节点 X_3 处的输入支路均应除以 $(1 + G_1 H_1 H_2)$ 因子,得到图 8.79(c);

(4) 按规则 3 消去 X_4,X_5,得到图 8.79(d);

(5) 按规则 4 消去图 8.79(d)中的两个环路,得到图 8.79(e),此时的支路传输值即为系

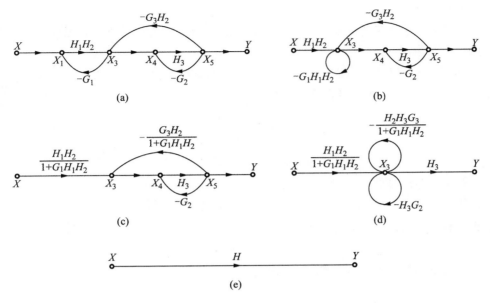

图 8.79 例 8.57 流图简化

(a) 消去 X_2 (b) 消去 X_1 (c) 消去环路 $-G_1H_1H_2$

(d) 消去 X_4，X_5 (e) 消去两个环路

统的转移函数 H，可表示为

$$H = \frac{H_1H_2}{1+G_1H_1H_2} \cdot \frac{H_3}{1+H_3G_2+\dfrac{H_2H_3G_3}{1+G_1H_1H_2}}$$

$$= \frac{H_1H_2H_3}{1+G_1H_1H_2+H_3G_2+H_2H_3G_3+H_1H_2H_3G_1G_2}$$

4. 梅逊增益公式

利用上述信号流图化简方法求解系统的转移函数虽然可行，但步骤比较麻烦。而利用下面介绍的梅逊增益公式则可以很方便地根据信号流图求得系统函数。

梅逊增益公式为

$$H = \frac{1}{\Delta}\sum_i g_i\Delta_i \tag{8.120}$$

式中：

$$\Delta = 1 - \sum_a L_a + \sum_{b,c}L_bL_c - \sum_{d,e,f}L_dL_eL_f + \cdots \tag{8.121}$$

式中：Δ 称为信号流图的特征行列式；$\sum_a L_a$ 是所有不同环路增益之和；$\sum_{b,c}L_bL_c$ 为所有两两互不接触环路的增益乘积之和；$\sum_{d,e,f}L_dL_eL_f$ 为所有三个都互不接触环路的增益乘积之和。式 (8.120)中，g_i 表示由输入节点至输出节点的第 i 条前向通路的增益。Δ_i 为第 i 条前向通路特征行列式的余因子，它是除去与第 i 条前向通路相接触的环路外，所剩下的流图按式(8.121)

计算的特征行列式。

梅逊公式的证明见参考文献[32]。利用梅逊公式计算的流图常称为梅逊流图。下面举例说明梅逊公式的应用。

例 8.58 试利用梅逊公式求图 8.78 所示系统的转移函数 $H=Y/X$。

解 求特征行列式,先求环路增益

$$L_1 = -H_1 H_2 G_1$$
$$L_2 = -H_3 G_2$$
$$L_3 = -H_2 H_3 G_3$$

其中两两互不接触的环路为 L_1 与 L_2,因此

$$\Delta = 1 + [H_1 H_2 G_1 + H_3 G_2 + H_2 H_3 G_3] + [H_1 H_2 H_3 G_1 G_2]$$

前向通路只有一条,前向通路增益为

$$g_1 = H_1 H_2 H_3$$

由于所有环路都与该条而向通路相接触,因而

$$\Delta_1 = 1$$

按梅逊增益公式,系统转移函数为

$$H = \frac{g_1 \Delta_1}{\Delta} = \frac{H_1 H_2 H_3}{1 + G_1 H_1 H_2 + H_3 G_2 + H_2 H_3 G_3 + H_1 H_2 H_3 G_1 G_2}$$

此结果与例 8.57 相同。

例 8.59 试求图 8.80 所示系统的的转移函数。

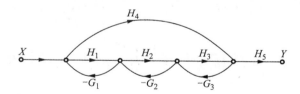

图 8.80 例 8.59 的流图

解 求特征行列式,先求环路增益

$$L_1 = -G_1 H_1, \quad L_2 = -G_2 H_2,$$
$$L_3 = -G_3 H_3, \quad L_4 = -G_1 G_2 G_3 H_4$$

只有一对互不接触的环路为 L_1 与 L_3,因此

$$\Delta = 1 - \sum_a L_a + \sum_{b,c} L_b L_c$$
$$= 1 + (G_1 H_1 + G_2 H_2, + G_3 H_3 + G_1 G_2 G_3 H_4) + G_1 H_1 G_3 H_3$$

前向通路有两条。第一条前向通路增益为

$$g_1 = H_1 H_2 H_3 H_5$$

由于各环路都与该通路相接触,故 $\Delta_1 = 1$。第二条前向通路增益为

$$g_2 = H_4 H_5$$

和第二条前向通路不接触的环路为 L_2,因此

$$\Delta_2 = 1 - \sum_a L_a = 1 + G_2 H_2$$

按梅逊增益公式，可得系统函数为

$$H = \frac{g_1 \Delta_1 + g_2 \Delta_2}{\Delta}$$

$$= \frac{H_1 H_2 H_3 H_5 + H_4 H_5 (1 + G_2 H_2)}{1 + G_1 H_1 + G_2 H_2, + G_3 H_3 + G_1 G_2 G_3 H_4 + G_1 H_1 G_3 H_3}$$

8.12　本章小结

在 LTI 系统分析和研究中，拉氏变换是一种十分有用的分析工具。本章的前半部分讨论拉氏变换，它可以看成是傅里叶变换的一种推广。本章从傅氏变换推出拉氏变换，讨论其收敛域，给出了常用信号的拉氏变换，分析了拉氏变换的基本性质，并讨论了拉氏反变换的方法。在此基础上，本章介绍了利用拉氏变换进行电路分析的方法，讨论了拉氏变换与傅氏变换之间的关系。

由于拉氏变换具有的性质，LTI 系统能够利用代数运算在变换域中进行分析。本章的后半部分介绍了 LTI 系统的系统函数及其求取方法，对于拉氏变换为有理分式的信号与系统，可以很容易求出其系统函数零、极点和收敛域在 s 平面中的分布，根据系统函数的零点、极点分布可以决定系统的时域特性和频域特性。系统的因果性、稳定性及其他的一些特性，也很容易地从零点、极点位置和有关收敛域的了解中得到认识。本章还讨论了连续时间系统的模拟表示方法，包括框图表示和信号流图表示方法，介绍了梅逊增益公式及其应用。

本章后半部分讨论的问题对于信号与系统的分析是非常重要的。

习题

8.1　试求下述函数的拉氏变换：

(a) $t e^{-2t} \varepsilon(t)$；

(b) $e^{-t} \sin 2t \varepsilon(t)$；

(c) $(t^2 + 2t) \varepsilon(t)$；

(d) $t e^{-(t-2)} \varepsilon(t-1)$。

8.2　试求下述函数的拉氏变换：

(a) $f(t) = \begin{cases} \sin \omega t, & 0 < t < \dfrac{T}{2}, T = \dfrac{2\pi}{\omega}; \\ 0, & \text{其他} \end{cases}$

(b) $f(t) = t[\varepsilon(t-1) - \varepsilon(t-2)]$。

8.3　求下述函数的拉氏变换：

(a) $f(t) = (t-1)[\varepsilon(t-1) - \varepsilon(t-2)]$；

(b) $f(t) = \sin(\omega t + \varphi) \varepsilon(t)$。

8.4　求下述函数的拉氏反变换：

(a) $\dfrac{3s}{(s+4)(s+2)}$，　$\text{Re}[s] > -2$；

(b) $\dfrac{1}{s(RCs+1)}$，　$\text{Re}[s] > 0$；

(c) $\dfrac{s+3}{(s+1)^3(s+2)}$, $\quad \mathrm{Re}[s]>-1$；

(d) $\dfrac{\mathrm{e}^{-s}}{4s(s^2+1)}$, $\quad \mathrm{Re}[s]>0$。

8.5 求下述函数的逆变换的初值与终值：

(a) $\dfrac{A}{sK(s)}$, $\quad \mathrm{Re}[s]>0$；

(b) $\dfrac{1}{s}+\dfrac{1}{s+1}$, $\quad \mathrm{Re}[s]>0$。

8.6 RC 电路如题图 8.6 所示，开关 K 在 $t=0$ 时合上，试求输入信号为下述情况时的输出信号 $u_R(t)$。

(a) $e(t)=E\varepsilon(t)$；

(b) $e(t)=\begin{cases} \dfrac{E}{\tau}t, & 0\leqslant t\leqslant\tau \\ E, & t>\tau \end{cases}$；

(c) $e(t)=\sin\omega t \cdot \varepsilon(t)$。

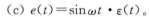

题图 8.6

8.7 试求下述函数的拉氏变换：

(a) $(1-\cos\alpha t)\mathrm{e}^{-\beta t}\varepsilon(t)$；

(b) $t[\varepsilon(t)-\varepsilon(t-1)]$；

(c) $\mathrm{e}^{(t-2)}[\varepsilon(t-2)-\varepsilon(t-3)]$。

8.8 试求下述函数的拉氏变换：

(a) $t^2\cos 2t \cdot \varepsilon(t)$；

(b) $t^2\varepsilon(t-1)$；

(c) $\mathrm{e}^{-t}[\varepsilon(t)-\varepsilon(t-2)]$。

8.9 试求下述函数的拉氏变换：

(a) $\varepsilon(t)-2\varepsilon(t-1)+\varepsilon(t-2)$；

(b) $\mathrm{e}^{-(t-2)} \cdot \varepsilon(t)$；

(c) $\sin 2t \cdot \varepsilon(t-1)$。

8.10 试求下述函数的拉氏反变换：

(a) $\dfrac{3}{(s+4)(s+2)}$, $\quad \mathrm{Re}[s]>-2$；

(b) $\dfrac{1}{s^2-3s+2}$, $\quad \mathrm{Re}[s]>2$；

(c) $\dfrac{100(s+50)}{s^2+201s+200}$, $\quad \mathrm{Re}[s]>-1$。

8.11 试求下述函数的拉氏反变换：

(a) $\dfrac{4s+5}{s^2+5s+6}$, $\mathrm{Re}[s]>-2$；

(b) $\dfrac{1}{(s^2+3)^2}$, $\mathrm{Re}[s]>0$；

(c) $\dfrac{A}{s^2+K^2}$, $\mathrm{Re}[s]>0$。

8.12 电路图如题图 8.12 所示，$t<0$ 时，开关位于 1 端，电路已达到稳定状态，$t=0$ 时开关从 1 端转到 2 端，试求解 $u_2(t)$。

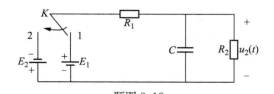

题图 8.12

8.13　试证明，若 $f(t)$ 为一实信号，其拉氏变换为 $F(s)$，则 $F(s)=F^*(s^*)$。

8.14　一个 LTI 系统，其输入 $e(t)=\mathrm{e}^{-t}\varepsilon(t)$，冲激响应 $h(t)=\mathrm{e}^{-2t}\varepsilon(t)$，试求：

(a) $e(t)$ 和 $h(t)$ 的拉氏变换；

(b) 利用卷积性质确定输出 $r(t)$ 的拉氏变换 $R(s)$；

(c) 根据 (b) 中得到的 $R(s)$ 确定 $r(t)$。

8.15　若一个因果全通系统的系统函数为

$$H(s)=\frac{s-1}{s+1}$$

其输出信号为 $r(t)=\mathrm{e}^{-2t}\varepsilon(t)$，

(a) 求出能产生这个输出的两个可能的输入 $e(t)$，并画出其波形；

(b) 若已知 $\displaystyle\int_{-\infty}^{\infty}|e(t)|\,\mathrm{d}t<\infty$，则输入是什么？

(c) 若已知存在一个稳定（但不一定因果）的系统，该系统在输入为 $r(t)$ 时，输出为 $e(t)$，试问 $e(t)$ 是什么？求出该系统的冲激响应 $h(t)$。

8.16　已知一个因果 LTI 系统的系统函数为

$$H(s)=\frac{s+1}{s^2+2s+2}$$

若输入 $e(t)=\mathrm{e}^{-|t|}$，$-\infty<t<\infty$，求响应 $r(t)$。

8.17　一个一般的连续系统，其输入为 $e(t)$ 时，输出为 $r(t)$，其可能的输入输出关系为

(1) $e(t-t_0)\rightarrow r(t-t_0)$；　　　　　　(2) $Ke(t)\rightarrow Kr(t)$，任何 K；

(3) $\dfrac{\mathrm{d}e(t)}{\mathrm{d}t}\rightarrow\dfrac{\mathrm{d}r(t)}{\mathrm{d}t}$；　　　　　　(4) $\mathrm{e}^{st}\rightarrow H(s)\mathrm{e}^{st}$

对下述情况指出上面四个性质中的每一个是否正确：

(a) 所有线性系统；　　　　　　(b) 所有非时变系统；

(c) 所有 LTI 系统；　　　　　　(d) 所有系统。

8.18　对题图 8.18 所示的 RLC 电路，试确定：

(a) 联系 $u_1(t)$ 和 $u_0(t)$ 的微分方程；

(b) 若 $u_1(t)=\mathrm{e}^{-3t}\varepsilon(t)$，对于 $t>0$，求 $u_0(t)$。

8.19　一个 LTI 系统，其输入信号的双边拉氏变换为

$$E_b(s)=\frac{s+2}{s-2}$$

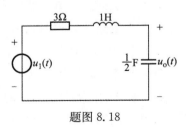

题图 8.18

输入信号为一非因果信号，既 $e(t)=0$，$t>0$，其输出为

$$r(t)=-\frac{2}{3}\mathrm{e}^{2t}\varepsilon(-t)+\frac{1}{3}\mathrm{e}^{-t}\varepsilon(t)$$

(a) 试确定系统函数 $H(s)$ 及收敛域；　　　　　　(b) 求冲激响应 $h(t)$。

8.20　电路如题图 8.20 所示，图中 $Ku_2(t)$ 是受控源，试求：

(a) 系统函数 $H(s)=\dfrac{U_0(s)}{U_1(s)}$；　　　　　　(b) 若 $K=2$，求冲激响应。

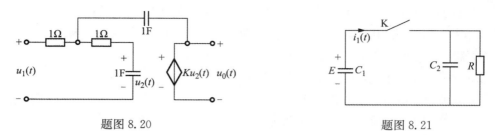

题图 8.20   题图 8.21

8.21 在题图 8.21 所示电路中，$C_1=1F,C_2=2F,R=2\Omega$，起始条件 $u_{C_1}(0^-)=E(V)$，方向如图所示，$t=0$ 开关闭合，试求：

(a) 电流 $i_1(t)$；

(b) 讨论 $t=0^-$ 与 $t=0^+$ 瞬间，电容 C_1 两端电荷发生的变化。

8.22 电路图如题图 8.22 所示，$t<0$ 时，开关位于 1 端，电路已达到稳定状态，$t=0$ 时开关从 1 端转到 2 端，试求电流 $i(t)$ 的完全响应。

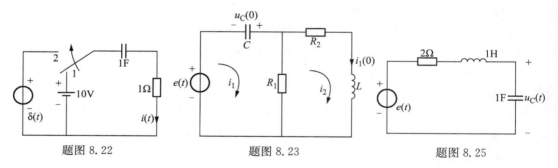

题图 8.22   题图 8.23   题图 8.25

8.23 电路图如题图 8.23 所示。已知 $e(t)=10\varepsilon(t)$，电路参数为 $C=1F,R_1=\dfrac{1}{5}\Omega,R_2=1\Omega,L=\dfrac{1}{2}H$，起始条件 $u_C(0)=5V,i_L(0)=4A$，方向如图所示，试求电流 $i_1(t)$。

8.24 试列表将单边拉氏变换的性质与傅氏变换的性质作一比较。

8.25 电路图如题图 8.25 所示。试求：

(a) 系统的冲激响应 $h(t)$；

(b) 系统的起始状态 $u_C(0^-),i_L(0^-)$，使系统零输入响应等于冲激响应；

(c) 系统的起始状态，使系统对 $\varepsilon(t)$ 激励时的完全响应仍为 $\varepsilon(t)$。

8.26 已知 $f(t)=e^{-a|t|}\sin\omega t,a>0$，试求 $f(t)$ 的双边拉氏变换，并标明收敛域。

8.27 已知双边拉氏变换

$$F_b(s)=\frac{6s^2+2s-2}{s(s-1)(s+2)}$$

试指出 $F_b(s)$ 可能的收敛域，并求出其相应的拉氏反变换。

8.28 试画出下述各个系统函数的零、极点分布和冲激响应波形：

(a) $H(s)=\dfrac{s+1}{(s+1)^2+4}$, $Re[s]>-1$；   (b) $H(s)=\dfrac{s}{(s+1)^2+4}$, $Re[s]>-1$；

(c) $H(s)=\dfrac{(s+1)^2}{(s+1)^2+4}$,　$Re[s]>-1$。

8.29　试画出下述个系统函数的零极点分布和冲激响应波形：

(a) $H(s)=\dfrac{1-\mathrm{e}^{-s\tau}}{s}$,　$Re[s]>0$；

(b) $H(s)=\dfrac{1}{1-\mathrm{e}^{-sT}}$,　$Re[s]>0$；

8.30　分别写出题图 8.30(a)(b)所示电路的系统函数 $H(s)=\dfrac{U_2(s)}{U_1(s)}$。

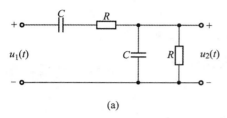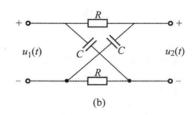

(a)　　　　　　　　　　(b)

题图 8.30

8.31　求题图 8.31 所示各电路的电压传输函数 $H(s)=\dfrac{U_2(s)}{U_1(s)}$，在 s 平面上画出其零、极点图。若激励信号 $u_1(t)$ 为冲激函数 $\delta(t)$，求相应 $u_2(t)$ 之波形。

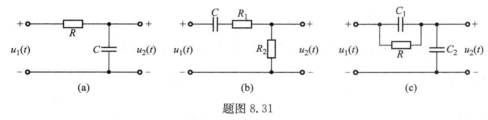

(a)　　　　　　　　(b)　　　　　　　　(c)

题图 8.31

8.32　对题图 8.32 所示各电路写出系统函数 $H(s)=\dfrac{U_2(s)}{U_1(s)}$，并求出其冲激响应。

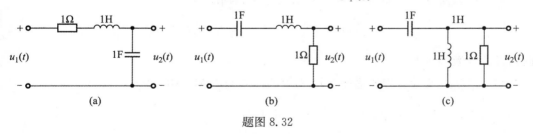

(a)　　　　　　　　(b)　　　　　　　　(c)

题图 8.32

8.33　对题图 8.33 所示各电路，求系统函数 $H(s)=\dfrac{U_2(s)}{U_1(s)}$，并求出其冲激响应。

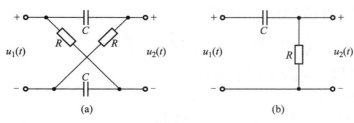

(a)　　　　　　　　(b)

题图 8.33

8.34 求题图 8.34 所示电路的策动点阻抗 $Z(s)$，并求零、极点。

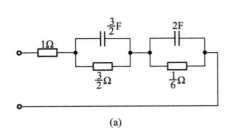

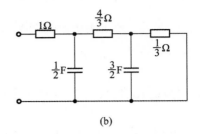

(a)   (b)

题图 8.34

8.35 如题图 8.35 所示电路，试求其系统函数 $H(s)=\dfrac{U_2(s)}{U_1(s)}$，并画出其零、极点图。

8.36 已知策动点阻抗函数分别为下列各式，试画出对应的电路图：

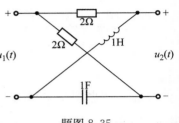

题图 8.35

(a) $s+\dfrac{1}{s}$；　　　(b) $1+s+\dfrac{1}{s}$；

(c) $\dfrac{s}{1+s}$；　　　(d) $\dfrac{s}{s^2+s+1}$。

8.37 已知策动点导纳函数分别为下列各式，试画出对应的电路图：

(a) $1+s$；　　　　　　　　(b) $1+\dfrac{1}{s}$；

(c) $\dfrac{s}{1+s^2}$；　　　　　　　(d) $\dfrac{1}{1+s}$。

8.38 已知激励信号为 $e(t)=\mathrm{e}^{-t}\cdot\varepsilon(t)$，零状态响应为

$$r(t)=\left(\dfrac{1}{2}\mathrm{e}^{-t}-\mathrm{e}^{-2t}+2\mathrm{e}^{3t}\right)\varepsilon(t)$$

问此系统的冲激响应 $h(t)=?$

8.39 求下列微分方程所描述 LTI 系统的冲激响应 $h(t)$ 和阶跃响应 $g(t)$：

(a) $\dfrac{\mathrm{d}^2}{\mathrm{d}t^2}r(t)+4\dfrac{\mathrm{d}}{\mathrm{d}t}r(t)+3r(t)=\dfrac{\mathrm{d}}{\mathrm{d}t}e(t)-3e(t)$；

(b) $\dfrac{\mathrm{d}^2}{\mathrm{d}t^2}r(t)+\dfrac{\mathrm{d}}{\mathrm{d}t}r(t)+r(t)=\dfrac{\mathrm{d}}{\mathrm{d}t}e(t)+e(t)$。

8.40 描述某 LTI 系统的微分方程为

$$\dfrac{\mathrm{d}^2}{\mathrm{d}t^2}r(t)+3\dfrac{\mathrm{d}}{\mathrm{d}t}r(t)+2r(t)=\dfrac{\mathrm{d}}{\mathrm{d}t}e(t)+4e(t)$$

求在下列条件下的零输入响应和零状态响应：

(a) $e(t)=\varepsilon(t)$，　$r(0^-)=0$，　$r'(0^-)=1$；

(b) $e(t)=\mathrm{e}^{-2t}\varepsilon(t)$，　$r(0^-)=1$，　$r'(0^-)=1$。

8.41 已知系统函数和起始状态如下，求系统的零输入响应：

(a) $H(s) = \dfrac{s+6}{s^2+5s+6}$,　$r(0^-) = r'(0^-) = 1$;

(b) $H(s) = \dfrac{s}{s^2+4}$,　$r(0^-) = 0$,　$r'(0^-) = 1$;

(c) $H(s) = \dfrac{s+4}{s(s^2+3s+2)}$,　$r(0^-) = r'(0^-) = r''(0^-) = 1$。

8.42　某 LTI 系统,在以下各种情况下其起始状态相同。已知:当激励 $e_1(t) = \delta(t)$ 时,完全响应 $r_1(t) = \delta(t) + e^{-t}\varepsilon(t)$;当激励 $e_2(t) = \varepsilon(t)$ 时,其完全响应 $r_2(t) = 3e^{-t}\varepsilon(t)$。

(a) 若系统的激励 $e_3(t) = e^{-2t}\varepsilon(t)$,求系统的完全响应;

(b) 若激励 $e_4(t) = 2\varepsilon(t-1)$,再求系统的完全响应。

8.43　某单输入单输出的 LTI 因果系统,当输入 $e_1(t)$ 时,相应的零状态响应为

$$r_{zs1}(t) = (8e^{-4t} - 9e^{-3t} + e^{-t})\varepsilon(t)$$

当输入为 $e_2(t)$ 时,相应的零状态响应为

$$r_{zs2}(t) = (e^{-4t} - 4e^{-3t} + 3e^{-2t})\varepsilon(t)$$

其中且 $e_1(t) \neq e_2(t)$,且 $e_1(t)$ 和 $e_2(t)$ 均为单调指数衰减函数。若已知系统的起始状态为 $r(0^-) = 7$, $r'(0^-) = -25$,试求:

(a) 系统的零输入响应 $r_{zp}(t)$;

(b) 系统的单位冲激响应 $h(t)$;

(c) 系统的激励信号 $e_1(t)$ 和 $e_2(t)$。

8.44　一 LTI 因果系统可用二阶常系数微分方程来表示,且已知:

(a) 系统函数 $H(s)$ 的一个极点位于 $s = -2$,一个零点位于 $s = 2$;

(b) 对于任意时间 t,当激励 $e(t) = 1$ 时,系统的输出响应为 $r(t) = -2$;

(c) 系统冲激响应的初值 $h(0^+) = 2$。

试求该系统的系统函数 $H(s)$ 和描述该系统的微分方程。

8.45　对于某一 LTI 系统,已知 $t > 0$ 时激励 $e(t) = 0$,当拉氏变换为 $E(s) = \dfrac{s+2}{s-2}$ 的 $e(t)$ 激励以后,系统的输出为

$$r(t) = -\frac{2}{3}e^{2t}\varepsilon(-t) + \frac{1}{3}e^{-t}\varepsilon(t)$$

(a) 求系统函数 $H(s)$,并确定收敛域;

(b) 求系统的单位冲激响应 $h(t)$;

(c) 当激励 $e(t) = e^{3t}$, $(-\infty < t < \infty)$ 时,求系统的输出。

8.46　已知系统函数 $H(s) = \dfrac{s}{s^2+3s+2}$,

(a) 若激励信号为 $e(t) = 10 \cdot \varepsilon(t)$,求系统的响应,并指出其自由响应分量与强迫响应分量;

(b) 若激励信号为 $e(t) = 10\sin t \cdot \varepsilon(t)$,重复 (a) 问。

8.47　已知一 LTI 系统的系统函数 $H(s)$ 有一零点位于 $z = 0$,一对共轭极点位于 $p_1 = $

$-1+j\dfrac{\sqrt{3}}{2}$，$p_2=-1-j\dfrac{\sqrt{3}}{2}$，若冲激响应初值 $h(0^+)=2$，激励信号 $e(t)=\sin\dfrac{\sqrt{3}}{2}t\cdot\varepsilon(t)$，求该系统的稳态响应。

8.48　电路图如题图 8.48 所示，激励信号 $u_1(t)=(1-e^{-t})\varepsilon(t)$，求响应 $u_2(t)$，并指出自由响应、强迫响应、暂态相应和稳态响应。

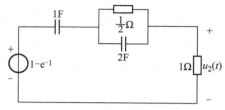

题图 8.48

8.49　已知系统响应 $r(t)$ 的拉氏变换为

$$R(s)=\dfrac{s+\beta}{s(s+1)}，\quad \beta>0$$

分别对以下三种情况画出 $r(t)$ 的波形：

(a) $\beta>1$；　　　　(b) $\beta=1$；　　　　(c) $\beta<1$。

8.50　已知信号 $f(t)$ 的拉氏变换为

$$F(s)=\dfrac{1}{s+1}\cdot\dfrac{1-e^{-s-1}}{1+e^{-s}}，\quad \text{Re}[s]>0$$

(a) 画出 $F(s)$ 的零、极点图；

(b) 求 $F(s)$ 的反变换 $f(t)$。

8.51　电路如题图 8.51 所示，试求：

(a) 系统函数 $H(s)=\dfrac{R(s)}{E(s)}$；

(b) 画出零、极点图；

(c) 求系统的单位冲激响应 $h(t)$。

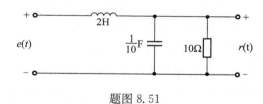

题图 8.51

8.52　电路图如题图 8.52 所示，激励信号 $e(t)=e^{-2t}\cdot\varepsilon(t)$，试求响应 $r(t)$，并指出其中的自由响应分量与强迫响应分量，暂态响应与稳态响应分量。

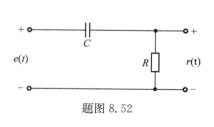

题图 8.52

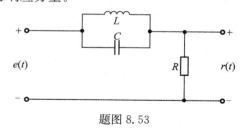

题图 8.53

8.53　电路如题图 8.53 所示。

(a) 写出系统函数 $H(s)=\dfrac{R(s)}{E(s)}$；

(b) 若激励信号为 $e(t)=\cos 2t\cdot\varepsilon(t)$，为使响应中不存在正弦稳态分量，求 L,C 值；

(c) 若 $R=1\Omega, L=1H$, 按(b)问条件, 求 $r(t)$。

8.54　设连续系统的系统函数 $H(s)$ 的幅频特性为 $|H(j\omega)|$, 试证明幅度平方函数 $|H(j\omega)|^2 = H(s)H(-s)|_{s=j\omega}$。

8.55　电路如题图 8.52 所示, 激励信号 $e(t) = \sum\limits_{n=0}^{\infty}\delta(t-nT)$, 试求 $r(t)$ 的稳态响应。

8.56　对题图 8.56 所示电路, 写出其系统函数 $H(s)=\dfrac{U_2(s)}{U_1(s)}$, 并根据 $H(s)$ 的零、极点分布粗略画出其幅频特性曲线。

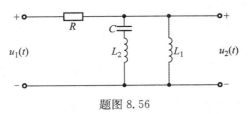

题图 8.56

8.57　已知系统函数 $H(s)$ 的极点位于 $p=-3$ 处, 零点位于 $z=-a$ 处, 且 $H(\infty)=1$, 在此系统的阶跃响应中, 包含一项为 K_1e^{-3t}, 考虑当 a 从 0 变到 5, 相应的 K_1 如何随之改变。

8.58　电路图如题图 8.58 所示, 试写出其系统函数 $H(s)=\dfrac{U_2(s)}{U_1(s)}$, 并利用几何作图法粗略画出其幅频曲线。

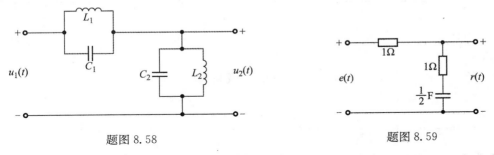

题图 8.58　　　　　　　　　　　题图 8.59

8.59　电路图如题图 8.59 所示, 若激励信号 $e(t) = [3e^{-2t}+2e^{-3t}]\varepsilon(t)$, 求响应 $r(t)$, 并指出响应中的强迫分量、自由分量、暂态分量与稳态分量。

8.60　电路图如题图 8.60(b) 所示, 激励信号为周期锯齿波, 如题图 8.60(a), 求 $r(t)$ 的完全响应和稳态响应。

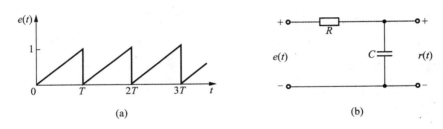

(a)　　　　　　　　　　　(b)

题图 8.60

8.61　已知题图 8.61(a) 所示网络的输入阻抗 $Z(s)$ 表示为

$$Z(s) = \frac{K(s-z_1)}{(s-p_1)(s-p_2)}$$

（a）写出以元件参数 R,L,C 表示零极点 z_1,p_1,p_2 的 $Z(s)$；

（b）若 $Z(s)$ 零极点分布如题图 8.61(b)所示，并已知 $Z(j0)=1$，求 R,L,C 值。

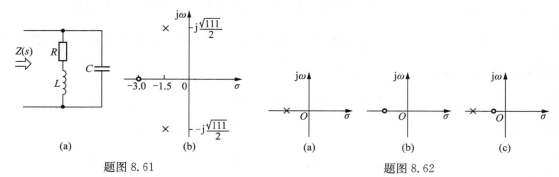

题图 8.61　　　　　　　　　　题图 8.62

8.62　系统函数 $H(s)$ 的零极点分布如题图 8.62 所示，令 s 沿 $j\omega$ 轴移动，由矢量因子的变化分析频响特性，粗略画出幅频与相频曲线。

8.63　若 $H(s)$ 的零极点分布如题图 8.63 所示，试分析它们是低通、高通、带通还是带阻滤波网络。

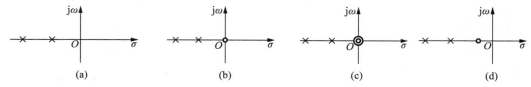

题图 8.63

8.64　题图 8.64 所示为 $H(s)$ 的零、极点图，试概略画出幅频与相频曲线。

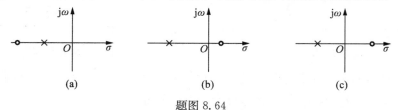

题图 8.64

8.65　如题图 8.65 所示为 $H(s)$ 零极点图，试判别它们是低通，高通，带通，带阻中哪一种网络？

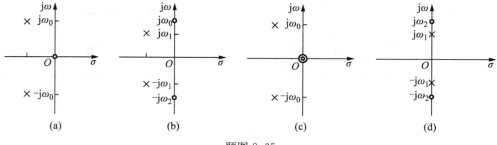

题图 8.65

8.66　电路图如题图 8.66 所示，$H(s) = \dfrac{R(s)}{E(s)}$。求 $H(s)$ 的零极点，并画出幅频曲线。

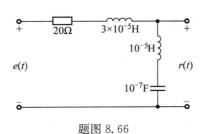

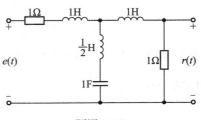

题图 8.66　　　　　　　　　　　　　题图 8.67

8.67　对题图 8.67 所示电路，求其系统函数 $H(s) = \dfrac{R(s)}{E(s)}$ 的零、极点，并画出幅频曲线。

8.68　如题图 8.68 之反馈系统，已知

$$G(s) = \frac{s}{s^2 + 4s + 4}$$

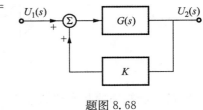

题图 8.68

K 为常数，为使系统稳定，试确定 K 值的允许范围。

8.69　利用罗斯准则判别下述方程是否具有实部为正值的根：

(a) $B(s) = s^3 + s^2 + 2s + 8$;　　　　　　(b) $B(s) = s^3 + 2s^2 + 2s + 40$。

8.70　重复 8.69 题所问，但改用霍尔维茨准则。

8.71　若某连续系统的特征方程为

$$B(s) = s^3 + Ks^2 + 2s + 1$$

为使系统稳定，求 K 的允许范围。

8.72　系统的特征方程如下，求系统稳定的 K 值范围：

(a) $s^3 + 4s^2 + 4s + K = 0$;　　　　　　(b) $s^3 + 5s^2 + (K+8)s + 10 = 0$;

(c) $s^4 + 9s^3 + 20s^2 + Ks + K = 0$。

8.73　已知系统函数 $H(s) = \dfrac{1}{s+1}$，分别求在下列信号激励时系统的稳态响应：

(a) $e(t) = \sin t \cdot \varepsilon(t)$;　　　　　　(b) $e(t) = \sin(t - t_0) \cdot \varepsilon(t)$;

(c) $e(t) = \sin t \cdot \varepsilon(t - t_0)$。

8.74　求题图 8.74(a) 和 (b) 流图表示的系统函数。

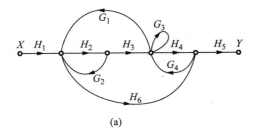
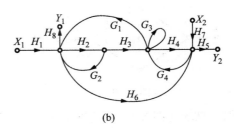

(a)　　　　　　　　　　　　　(b)

题图 8.74

8.75　根据下述源点与阱点间的转移函数,画出系统的流图表示,并在每一支路上标相应的传输值。

$$H = \frac{Y}{X} = \frac{ah(1 - cf - dg)}{(1 - be)(1 - dg) - cf}$$

8.76　如题图 8.76 是两级 RC 电路串接的低通滤波器,试画出该电路的信号流图,并求出系统函数 $H(s) = \dfrac{U_2(s)}{U_1(s)}$。

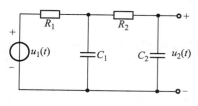

题图 8.76

8.77　已知描述某系统的微分方程为

$$\frac{d^3}{dt^3}r(t) + 7\frac{d^2}{dt^2}r(t) + 10\frac{d}{dt}r(t) = 5\frac{d}{dt}e(t) + 5e(t)$$

试用三种形式画出该系统的流图表示。

8.78　若已知系统函数为

$$H = \frac{Y}{X} = \frac{H_5[1 - (G_1 + G_2H_3 + G_3) + G_1G_3] + H_1H_3(1 - G_3) + H_1H_3H_4}{1 - (G_1 + G_2H_3 + G_3) + G_1G_3}$$

试画出该系统的流图。

8.79　试求题图 8.79 流图表示系统的传输函数。

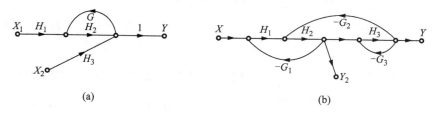

题图 8.79

8.80　试化简题图 8.80 所示的信号流图。

题图 8.80　　　　　　　　题图 8.81

8.81　试求题图 8.81 流图表示的系统之传输函数。

z 变换与离散时间系统的 z 域分析

9.1 引言

在第 8 章中讨论了拉普拉斯变换,它是连续时间傅里叶变换的推广,从复数平面虚轴处的变换推广到整个复数平面。拉氏变换的适用范围比傅里叶变换更广,在连续时间线性非时变系统的分析中,拉氏变换起着重要的作用。

在离散时间信号与系统中,也可以将傅里叶变换进行推广,得到一种称为 z 变换的方法,z 变换对于分析线性非移变系统是一个强有力的工具。它在求解差分方程时将使计算过程变得简单而又直接。z 变换的本质可以追溯到 1730 年,英国数学家棣美弗(Demoivre)引入了生成函数(generating function),在本质上它与 z 变换是相同的。数字信号处理技术的发展,为 z 变换的应用开辟了新的发展里程,z 变换成为一种重要的分析方法,它可以将差分方程转换为代数方程,使计算过程得以简化。z 变换在求解差分方程中所起的作用和拉氏变换在求解微分方程中的作用相同。

本章将讨论 z 变换的定义以及它与拉氏变换和傅氏变换的关系,然后讨论 z 变换的收敛域,z 反变换以及 z 变换的重要性质,在此基础上,研究离散时间系统的 z 域分析,讨论系统函数和频率响应的概念,并介绍频率响应的几何作图法以及离散系统的实现等。

在讨论 z 变换时,将利用复变函数理论的一些结果。读者如果感到有些生疏,可自行复习和参考复变函数的教科书。

9.2 z 变换的定义

可以直接对离散信号给予 z 变换的定义。序列 $x(n)$ 的 z 变换 $X(z)$ 定义为

$$X(z) = \sum_{n=-\infty}^{\infty} x(n) z^{-n} \tag{9.1}$$

式中 z 是一个复变量。$x(n)$ 的 z 变换有时记为 $\mathscr{Z}\{x(n)\}$,即

$$\mathscr{L}\{x(n)\} = X(z) \tag{9.2}$$

式(9.1)定义的 z 变换称作双边 z 变换,而单边 z 变换定义为

$$X(z) = \sum_{n=0}^{\infty} x(n) z^{-n} \tag{9.3}$$

显然,对于因果信号 $x(n)$,由于 $n<0$ 时 $x(n)=0$,单边和双边 z 变换相等,否则不相等。在本书中,只有在需要避免混淆的情况下才提到双边 z 变换及单边 z 变换,而这两者的许多基本性质并不完全相同。

对于离散信号, z 变换与傅里叶变换存在什么关系? 为此,将复变量 z 表示成极坐标形式

$$z = re^{j\omega} \tag{9.4}$$

用 r 表示 z 的模,而用 ω 表示 z 的相位,将式(9.4)代入到式(9.1),则有

$$X(re^{j\omega}) = \sum_{n=-\infty}^{\infty} x(n)(re^{j\omega})^{-n}$$

或者表示为

$$X(re^{j\omega}) = \sum_{n=-\infty}^{\infty} \{x(n)r^{-n}\} e^{-j\omega n} \tag{9.5}$$

按照式(9.5),可以看出 $X(e^{j\omega})$ 即序列 $x(n)$ 乘以实指数 r^{-n} 后的傅里叶变换,也即

$$X(re^{j\omega}) = DTFT\{x(n)r^{-n}\} \tag{9.6}$$

指数加权因子 r^{-n} 可以随 n 衰减或递增,这取决于 r 大于或小于1。如果 $r=1$,即 $|z|=1$ 时,序列的 z 变换即等于其傅里叶变换

$$X(z)\big|_{z=e^{j\omega}} = DTFT\{x(n)\} = X(e^{j\omega}) \tag{9.7}$$

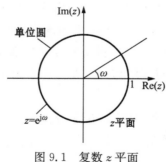

图 9.1　复数 z 平面

因此,傅里叶变换为 z 变换的一个特例,即在复数 z 平面中,半径为 1 的圆上的 z 变换,如图 9.1 上所示。在 z 平面上,这个圆称为单位圆。离散信号的傅里叶变换即在 z 平面单位圆上的 z 变换。而傅里叶变换的推广,即由 z 平面的单位圆推广至整个 z 平面,则成为 z 变换。

下面讨论 z 变换与拉氏变换的关系。我们可以从抽样信号的拉氏变换推导得到 z 变换。若 $x(t)$ 为一连续因果信号,经单位冲激周期信号

$$\delta_T(t) = \sum_{n=0}^{\infty} \delta(t-nT)$$

抽样后,得到一抽样信号 $x_s(t)$ 为

$$x_s(t) = x(t)\delta_T(t) = \sum_{n=0}^{\infty} x(nT)\delta(t-nT)$$

式中 T 为抽样间隔。将上式两边进行拉氏变换,可得

$$X_s(s) = \int_0^{\infty} x_s(t) e^{-st} \, dt$$

$$= \int_0^{\infty} \Big[\sum_{n=0}^{\infty} x(nT)\delta(t-nT) \Big] e^{-st} \, dt$$

交换积分与求和次序,并利用冲激函数的性质,可以得到

$$X_s(s) = \sum_{n=0}^{\infty} x(nT) e^{-snT}$$

若令

$$z = e^{sT} \tag{9.8}$$

或

$$s = \frac{1}{T} \ln z \tag{9.9}$$

则变量 s 被 z 所替换,可将 $X_s(s)$ 写成 $X(z)$,于是

$$X(z) = \sum_{n=0}^{\infty} x(nT) z^{-n}$$

令 $T=1$,可以写成

$$X(z) = \sum_{n=0}^{\infty} x(n) z^{-n}$$

上式即为单边 z 变换的定义式。由于假定 $x(t)$ 为因果信号,故而推得单边 z 变换的定义式,如果 $x(t)$ 为双边信号,则可推得双边 z 变换的定义式。由此可见,抽样信号的拉氏变换 $X_s(s)$ 经变量替换后就得到其 z 变换,即

$$X_s(s) \big|_{e^{sT}=z} = X(z) \tag{9.10}$$

式中常假定 $T=1$。

　　式(9.1)和式(9.3)表明,序列的 z 变换是复变量 z^{-1} 的幂级数,其系数是序列 $x(n)$ 在各 n 时的值,有时也把 $X(z)$ 称为序列 $x(n)$ 的生成函数。

　　正如上一章中讨论的,离散信号的傅里叶变换并不对于所有序列都是收敛的。同样,z 变换也并不是对于所有序列或所有 z 值都是收敛的。对于序列 $x(n)$,使 z 变换收敛的 z 值之集合称为收敛域(ROC)。下面讨论 z 变换的收敛域。

9.3　z 变换的收敛域

　　如 6.1 节所述,离散信号傅里叶变换的收敛条件是序列绝对可和,将这个条件用于式(9.5),则 z 变换收敛要求

$$\sum_{n=-\infty}^{\infty} |x(n) r^{-n}| < \infty \tag{9.11}$$

由式(9.11)可以看到,由于序列 $x(n)$ 乘上了实指数 r^{-n},因此即使序列的傅里叶变换不满足收敛条件,但其 z 变换仍可能收敛。由第 1 章知道,单位阶跃序列 $\varepsilon(n)$ 不满足绝对可和,因而其傅里叶变换不能直接由级数收敛求得。然而当 $|r|>1$ 时,$r^{-n}\varepsilon(n)$ 满足绝对可和,因而 $\varepsilon(n)$ 的 z 变换收敛,其收敛域为 $1<|z|<\infty$。下面,通过几个例子来说明 z 变换的收敛域。

　　例 9.1　试指出 $x(n)=a^n\varepsilon(n)$ 的 z 变换收敛域

　　解　按照式(9.1)

$$X(z) = \sum_{n=-\infty}^{\infty} a^n \varepsilon(n) z^{-n} = \sum_{n=0}^{\infty} (az^{-1})^n$$

若 $X(z)$ 收敛,则要求 $\sum\limits_{n=0}^{\infty} |az^{-1}|^n < \infty$,因此 $|az^{-1}| < 1$,或 $|z| > |a|$,于是

$$X(z) = \sum_{n=0}^{\infty} (az^{-1})^n = \frac{1}{1 - az^{-1}} = \frac{z}{z-a}, \quad |z| > |a| \tag{9.12}$$

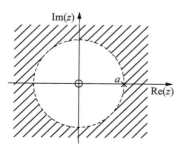

图 9.2 例 9.1 的 ROC

此 z 变换对于任何有限的 a 值均收敛。若 $a=1$,则 $x(n)$ 即为单位阶跃序列,其 z 变换为

$$X(z) = \frac{1}{1 - z^{-1}} = \frac{z}{z-1}, \quad |z| > 1$$

式(9.12)表示的 z 变换是一个有理函数,可以用它的零点(分子多项式的根)和极点(分母多项式的根)来表示 $X[z]$。式(9.12)中,$z=0$ 是一个零点,而极点位于 $z=a$。例 9.1 的零、极点图及收敛域如图 9.2 所示。图中零点用○表示,极点用×表示,收敛域用斜线表示。

例 9.2 试指出 $x(n) = -a^n \varepsilon(-n-1)$ 的 z 变换收敛域。

解 可以按 z 变换定义求得

$$X(z) = -\sum_{n=-\infty}^{\infty} a^n \varepsilon(-n-1) z^{-n} = -\sum_{n=-\infty}^{-1} a^n z^{-n}$$

进行变量替换,令 $n' = -n$,于是

$$X(z) = -\sum_{n'=1}^{\infty} a^{-n'} z^{n'} = 1 - \sum_{n'=0}^{\infty} (a^{-1}z)^{n'}$$

上式只有当 $|a^{-1}z| < 1$,即 $|z| < |a|$ 时级数收敛,可得

$$X(z) = 1 - \frac{1}{1 - a^{-1}z} = \frac{-a^{-1}z}{1 - a^{-1}z} = \frac{z}{z-a}, \quad |z| < |a|$$

例 9.2 的零、极点图与收敛域示于图 9.3。

从例 9.1 和例 9.2 可以看到,两个不同的 $x(n)$,而其 z 变换 $X(z)$ 的表达式和零、极点图都是相同的,不同的是其 z 变换的收敛域,由此可见 z 变换收敛域的重要性。同一个 $X(z)$ 可以对应不同的 $x(n)$,某个收敛域 ROC1 时对应于 $x_1(n)$,另一个收敛域 ROC2 时则对应于 $x_2(n)$。下面讨论 z 变换收敛域的一般性质。

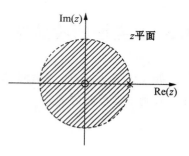

图 9.3 例 9.2 的 ROC

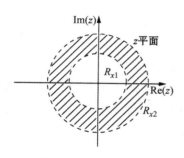

图 9.4 z 变换收敛域

性质 1 $X(z)$ 的收敛域是在 z 平面内以原点为中心的圆环,即 $X(z)$ 的收敛域的一般表达式为

$$R_{x_1} < |z| < R_{x_2} \tag{9.13}$$

如图 9.4 所示。在一般情况下,R_{x_1} 可以小到零,此时收敛域成

一圆盘，R_{x_2} 可以大到无穷大。例如序列 $x(n)=a^n\varepsilon(n)$ 的 z 变换收敛域 $R_{x_1}=a,R_{x_2}=\infty$，且包括 ∞，即

$$a<\mid z \mid \leqslant \infty$$

而 $x(n)=-a^n\varepsilon(-n-1)$ 的 z 变换收敛域 $R_{x_2}=a,R_{x_1}=0$ 且包括 0，即

$$0\leqslant \mid z \mid <a$$

性质 2　z 变换收敛域内不包含任何极点。这是由于 $X(z)$ 在极点处，其值无穷大，z 变换不收敛，故收敛域不包括极点，而常常以 $X(z)$ 的极点作为收敛域的边界。

下面举例说明。

例 9.3　若 $X(z)$ 表示为

$$X(z)=\frac{1}{z^4-5z^2+4}$$

试指出 $X(z)$ 可能的收敛域。

解　$X(z)=\dfrac{1}{(z^2-1)(z^2-4)}=\dfrac{1}{(z+1)(z-1)(z-2)(z+2)}$

故 $X(z)$ 的极点为 $z_1=-1,z_2=1,z_3=-2,z_4=2$。

因此 $X(z)$ 可能的收敛域为

ROC1：$\mid z \mid <1$

ROC2：$1<\mid z \mid <2$

ROC3：$\mid z \mid >2$

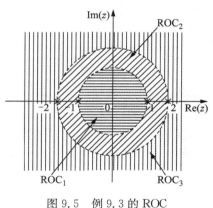

图 9.5　例 9.3 的 ROC

如图 9.5 所示。而 $0\leqslant \mid z \mid <2$ 不能成为收敛域，因为该域中包含了极点 $z=1$。z 变换收敛条件式(9.11)是一个充分必要条件。通常可以利用两种方法来判定 z 变换的收敛性，这就是比值判定法和根值判定法。下面进行介绍：

1. 比值判定法

对正项级数为 $\displaystyle\sum_{n=-\infty}^{\infty} \mid a_n \mid$，其后项与前项的比值之极限等于 ρ，即

$$\lim_{n\to\infty}\left|\frac{a_{n+1}}{a_n}\right|=\rho \tag{9.14}$$

则当 $\rho<1$ 时，级数收敛；$\rho>1$ 时级数发散；$\rho=1$ 时不定。

2. 根值判定法

若正项级数 $\displaystyle\sum_{n=-\infty}^{\infty} \mid a_n \mid$ 的一般项 $\mid a_n \mid$ 的 n 次根之极限等于 ρ，即

$$\lim_{n\to\infty}\sqrt[n]{\mid a_n \mid}=\rho \tag{9.15}$$

则当 $\rho<1$ 时级数收敛；$\rho>1$ 时级数发散；$\rho=1$ 时不定。

下面根据上述判定法进一步讨论不同序列 z 变换的收敛域：

1）有限长度序列

有限长度序列只有有限个非零值，例如从 $n=N_1$ 到 N_2，即在区间 $N_1 \leqslant n \leqslant N_2$ 内具有非零值的序列，其 z 变换为

$$X(z) = \sum_{n=N_1}^{N_2} x(n) z^{-n}$$

式中 N_1 及 N_2 为有限整数。对于上式中的每一项，只要 z 不等于零或无穷大都是有限值，但 N_1 与 N_2 可正可负，根据 N_1 与 N_2 的正负可区分成下述情况：

（1）$N_1 < 0, N_2 \leqslant 0$。

$X(z)$ 和式中仅包括 z 的正幂次项，故收敛域不能包括 ∞，但可以包括原点，即收敛域为

$$0 \leqslant |z| < \infty$$

（2）$N_1 \geqslant 0, N_2 > 0$。

$X(z)$ 和式中仅包括 z 的负幂次项，其收敛域不能包括原点，但可以包括 ∞，即收敛域为

$$0 < |z| \leqslant \infty$$

（3）$N_1 < 0, N_2 > 0$。

$X(z)$ 和式中仅既有 z 的正幂次项又有负幂次项，故收敛域不能包括原点及 ∞，即收敛域为

$$0 < |z| < \infty$$

因此，有限长度序列 z 变换的收敛域为整个 z 平面，但可能不包括 $z=0$ 和/或 $z=\infty$。

2）右边序列

是指 n 自 N_1 至无穷大均有非零值的序列 $x(n)$，即在 n 坐标轴上自 N_1 向右均有非零值的序列，它是一个有始无终的序列，其 z 变换为

$$X(z) = \sum_{n=N_1}^{\infty} x(n) z^{-n}$$

利用式（9.15），如果

$$\lim_{n \to \infty} \sqrt[n]{|x(n) z^{-n}|} < 1$$

即

$$|z| > \lim_{n \to \infty} \sqrt[n]{|x(n)|} = R_{x_1} \tag{9.16}$$

则以上级数收敛。由此可见，右边序列 z 变换的收敛域是在 z 平面半径为 R_{x_1} 的圆的外部，即 $|z| > R_{x_1}$。但根据 N_1 是正还是负，可以分成以下两种情况：

（1）$N_1 \geqslant 0$。

$X(z)$ 和式中仅包括 z 的负幂次项，故其收敛域包括 ∞，即收敛域为

$$R_{x_1} < |z| \leqslant \infty$$

（2）$N_1 < 0$。

$X(z)$ 和式中具有 z 的正幂次项，故其收敛域不能包括 ∞，即收敛域为

$$R_{x_1} < |z| < \infty$$

从上述分析可以看出,当 $N_1 \geqslant 0$ 时,右边序列就成为因果序列,也就是说,因果序列是 $N_1 \geqslant 0$ 时的右边序列。因果序列 *z* 变换收敛域在 *z* 平面某个圆的外部,且必定在 *z* 为无穷大处收敛。

3) 左边序列

是指 *n* 自负无穷大至 N_2 均有非零值的序列 $x(n)$,即在 *n* 坐标上自 N_2 向左均有非零值的序列,它是一个无始有终的序列,其 *z* 变换为

$$X(z) = \sum_{n=-\infty}^{N_2} x(n) z^{-n}$$

若令 $n' = -n$,则上式变为

$$X(z) = \sum_{n'=-N_2}^{\infty} x(-n') z^{n'}$$

利用式(9.15),如果

$$\lim_{n' \to \infty} \sqrt[n']{\left| x(-n') z^{n'} \right|} < 1$$

即

$$|z| < \frac{1}{\lim\limits_{n' \to \infty} \sqrt[n']{\left| x(-n') \right|}} = R_{x_2}$$

时,级数收敛。由此可见,左边序列 *z* 变换的收敛域是在 *z* 平面半径为 R_{x_2} 的圆的内部,即 $|z| < R_{x_2}$。但根据 N_2 是正还是负,可以分成以下两种情况:

(1) $N_2 \leqslant 0$。

$X(z)$ 和式中仅包括 *z* 的正幂次项,故其收敛域包括 $z=0$,即收敛域为

$$0 \leqslant |z| < R_{x_2}$$

(2) $N_2 > 0$。

$X(z)$ 和式中包括 *z* 的负幂次项,故其收敛域不能包括 $z=0$,即收敛域为

$$0 < |z| < R_{x_2}$$

由上可见,当 $N_2 \leqslant 0$ 时,左边序列就成为非因果序列,也就是说,非因果序列是左边序列的一种特例。非因果序列 *z* 变换的收敛域在 *z* 平面某个圆的内部,且必定在 $z=0$ 处收敛。

再进一步推论,如果知道 *z* 变换表示式 $X(z)$,那么根据不同的收敛域,$X(z)$ 对应不同的 $x(n)$。如果 $X(z)$ 在 $z=\infty$ 处收敛,$z=0$ 处不收敛,则此 $X(z)$ 仅可以对应一个因果序列;若 $X(z)$ 可能分别在 $z=\infty$ 和 $z=0$ 处收敛,则此 $X(z)$ 可以按照某个收敛域对应一个因果序列,在另外一个收敛域时对应一个非因果序列;例如,$X(z) = \dfrac{z}{z-a}$,$(a>0)$,在收敛域 $|z| > a$ 时对应 $x(n) = a^n \varepsilon(n)$,为因果序列;而在收敛域 $|z| < a$ 时对应 $x(n) = -a^n \varepsilon(-n-1)$ 为非因果序列。若 $X(z)$ 在 $z=0$ 处收敛,$z=\infty$ 处不收敛,则此 $X(z)$ 仅可以对应一个非因果序列。例如,$X(z) = z$ 在 $z=0$ 处收敛,在 $z=\infty$ 处不收敛,它只能对应一个非因果序列 $x(n) = \delta(n+1)$;如果 $X(z)$ 在 $z=0$ 和 $z=\infty$ 处均不收敛,则 $X(z)$ 对应的序列为下面将要讨论的双边序列。

(4) 双边序列。

双边序列是指 $n=-\infty$ 至 $n=\infty$ 均有非零值的序列,由于 $x(n)$ 的非零值在 *n* 轴原点的两

边,故由此得名。其 z 变换可以写成

$$X(z) = \sum_{n=-\infty}^{\infty} x(n)z^{-n} = \sum_{n=0}^{\infty} x(n)z^{-n} + \sum_{n=-\infty}^{-1} x(n)z^{-n}$$

由上式可知,其 z 变换为右边序列和左边序列 z 变换的叠加。上式右边第一项为右边序列的 z 变换,其收敛域为 $|z| > R_{x_1}$,第二项为左边序列的 z 变换,其收敛域为 $|z| < R_{x_2}$,若 $R_{x_2} > R_{x_1}$,则双边序列 z 变换的收敛域即上述两收敛域的重叠部分,即

$$R_{x_1} < |z| < R_{x_2}$$

式中 $R_{x_1} > 0$,$R_{x_2} < \infty$。于是双边序列 z 变换收敛域为一环形区域,如图 9.4 所示。假如 $R_{x_1} > R_{x_2}$,则上述两个收敛域不存在公共部分,此双边序列 z 变换则不收敛。

从以上分析不难看出,双边序列是所有序列的一般形式,其他序列则可以看成是双边序列的一种特例。例如,右边序列是指 n 大于 N_1 时具有非零值的双边序列;左边序列是指 n 小于 N_2 时具有非零值的双边序列;而有限长度序列是具有有限个非零值的双边序列。因此,双边序列 z 变换的环状收敛域也是收敛域的一般形式,其他序列 z 变换的收敛域形式则是环状收敛域的一种特例,读者可自行分析,这里不再赘述。

上面的讨论均从双边 z 变换出发,至于单边 z 变换,它可以看成为 $x(n) \cdot \varepsilon(n)$ 的双边 z 变换,由于 $x(n) \cdot \varepsilon(n)$ 为一因果序列,因此单边 z 变换的收敛域和因果序列的收敛域是相同的,即 $|z| > R_{x_1}$。表 9.1 列出了各种序列与其收敛域的对应关系。

表 9.1 各种序列及其收敛域

序列		收敛域
有限长度序列	$N_1 < 0, N_2 > 0$	$0 < |z| < \infty$
	$N_1 \geqslant 0, N_2 > 0$(因果序列)	$0 < |z| \leqslant \infty$
	$N_1 < 0, N_2 \leqslant 0$(非因果序列)	$0 \leqslant |z| < \infty$
右边序列	$N_1 < 0, N_2 = \infty$	$R_{x_1} < |z| < \infty$
	$N_1 \geqslant 0, N_2 = \infty$	$R_{x_1} < |z| \leqslant \infty$
左边序列	$N_1 = -\infty, N_2 > 0$	$0 < |z| < R_{x_2}$
	$N_1 = -\infty, N_2 \leqslant 0$(非因果序列)	$0 \leqslant |z| < R_{x_2}$
双边序列	$N_1 = -\infty, N_2 = \infty$	$R_{x_1} < |z| < R_{x_2}$

例 9.4 求序列 $x(n) = a^n \varepsilon(n) - b^n \varepsilon(-n-1)$ 的双边 z 变换,并确定其收敛域($b > 0, a > 0$,$b > a$)。

解

$$X(z) = \sum_{n=-\infty}^{\infty} x(n)z^{-n} = \sum_{n=0}^{\infty} a^n z^{-n} - \sum_{n=-\infty}^{-1} b^n z^{-n}$$

$$= \sum_{n=0}^{\infty} a^n z^{-n} + 1 - \sum_{n=0}^{\infty} b^{-n} z^n$$

上式中,第 1 项只有当 $|az^{-1}| < 1$,即 $|z| > |a|$ 时收敛,而第 2 项在 $|b^{-1}z| < 1$,即 $|z| < |b|$ 时

收敛,于是

$$X(z) = \frac{z}{z-a} + 1 + \frac{b}{z-b} = \frac{z}{z-a} + \frac{z}{z-b}$$

从上式可知,其零点为 $z=0$ 和 $z=\dfrac{a+b}{2}$,极点位于 $z=a$ 和 $z=b$,故其收敛域为 $b>|z|>a$,为一环状区域,见图 9.6。

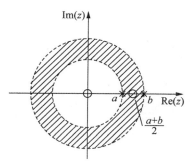

图 9.6　例 9.4 的 ROC

例 9.5　若序列

$$x(n) = \begin{cases} a^n, & 0 \leqslant n \leqslant N-1, a>0 \\ 0, & \text{其他} \end{cases}$$

试求其 z 变换,并指出其零、极点与收敛域。

解　由于 $x(n)$ 为因果序列,其双边 z 变换与单边 z 变换是相同的,其 z 变换为

$$X(z) = \sum_{n=0}^{N-1} a^n z^{-n} = \sum_{n=0}^{N-1} (az^{-1})^n$$

$$= \frac{1-(az^{-1})^N}{1-az^{-1}} = \frac{1}{z^{N-1}} \frac{z^N - a^N}{z-a}$$

由于 $x(n)$ 为一有限长度因果序列,故 $X(z)$ 的收敛域包括 $z=\infty$,但不包括 $z=0$ 的整个 z 平面。由上式可知,$X(z)$ 分子多项式的 N 个根位于

$$z_k = a e^{\frac{j2\pi k}{N}}, \quad k=0,1,2,\cdots,N-1$$

而 $k=0$ 时的根就抵消掉在 $z=a$ 处的极点,因此 $X(z)$ 在 $z=0$ 处有一个 $N-1$ 阶极点,而其零点位于 $z_k = a e^{\frac{j2\pi k}{N}}, k=1,2,\cdots,N-1$,其零极点图如图 9.7 所示。

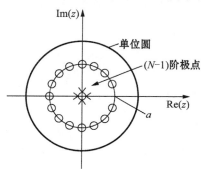

图 9.7　例 9.5 的零、极点图($N=16$)

9.4 基本离散信号的 z 变换

1. 单位取样序列

单位取样序列 $\delta(n)$ 定义为

$$\delta(n) = \begin{cases} 1, & n = 0 \\ 0, & 其他 \end{cases} \tag{9.17}$$

其 z 变换为

$$\mathscr{Z}[\delta(n)] = \sum_{n=0}^{\infty} \delta(n)z^{-n} = 1, \quad 0 \leqslant |z| \leqslant \infty$$

收敛域为整个 z 平面,包括 $z=0$ 和 $z=\infty$,即 $0 \leqslant |z| \leqslant \infty$。

2. 单位阶跃序列

单位阶跃序列 $\varepsilon(n)$ 定义为

$$\varepsilon(n) = \begin{cases} 1, & n \geqslant 0 \\ 0, & n < 0 \end{cases} \tag{9.18}$$

由于它是一个因果序列,双边 z 变换与单边 z 变换相同:

$$\mathscr{Z}[\varepsilon(n)] = \sum_{n=-\infty}^{\infty} \varepsilon(n)z^{-n} = \sum_{n=0}^{\infty} z^{-n}$$

当 $|z|>1$ 时收敛,其 z 变换为

$$\mathscr{Z}[\varepsilon(n)] = \frac{z}{z-1} = \frac{1}{1-z^{-1}}, \quad |z| > 1 \tag{9.19}$$

另外,考虑一个非因果单位阶跃序列

$$-\varepsilon(-n-1) = \begin{cases} -1, & n \leqslant -1 \\ 0, & 其他 \end{cases}$$

可求得其(双边)z 变换为

$$\mathscr{Z}[-\varepsilon(-n-1)] = -\sum_{n=-\infty}^{\infty} \varepsilon(-n-1)z^{-n} = -\sum_{n=-\infty}^{-1} z^{-n}$$

令 $n'=-n$,则

$$\mathscr{Z}[-\varepsilon(-n-1)] = -\sum_{n'=1}^{\infty} z^{n'} = 1 - \sum_{n'=0}^{\infty} z^{n'}$$

上式只有当 $|z|<1$ 时收敛,其 z 变换为

$$\mathscr{Z}[-\varepsilon(-n-1)] = 1 - \frac{1}{1-z} = \frac{z}{z-1} = \frac{1}{1-z^{-1}}, \quad |z| < 1 \tag{9.20}$$

由式(9.19)及式(9.20)可知,$\varepsilon(n)$ 与 $-\varepsilon(-n-1)$ 的 z 变换相同,均为 $1/(1-z^{-1})$,但其收敛域不同,因果阶跃序列 $\varepsilon(n)$ 的 z 变换之收敛域为 $|z|>1$,而非因果阶跃序列 $-\varepsilon(-n-1)$ 的 z 变换之收敛域为 $|z|<1$。

3. 斜变序列

斜变(因果)序列定义为

$$x(n) = n\varepsilon(n)$$

可求得其 z 变换为

$$\mathscr{Z}[n\varepsilon(n)] = \sum_{n=0}^{\infty} nz^{-n}$$

上述求和可以采用下述方法得到,由式(9.19)可知

$$\sum_{n=0}^{\infty} z^{-n} = \frac{1}{1-z^{-1}}, \quad |z| > 1$$

将上式两边各对 z^{-1} 求导,可得

$$\sum_{n=0}^{\infty} n(z^{-1})^{n-1} = \frac{1}{(1-z^{-1})^2}$$

上式两边分别乘 z^{-1},便得到斜变(因果)序列的 z 变换为

$$\mathscr{Z}[n\varepsilon(n)] = \sum_{n=0}^{\infty} nz^{-n} = \frac{z}{(z-1)^2}, \quad |z| > 1 \tag{9.21}$$

对式(9.21)两边分别再对 z^{-1} 求导数,可得

$$\mathscr{Z}[n^2\varepsilon(n)] = \frac{z(z+1)}{(z-1)^3}, \quad |z| > 1 \tag{9.22}$$

$$\mathscr{Z}[n^3\varepsilon(n)] = \frac{z(z^2+4z+1)}{(z-1)^4}, \quad |z| > 1 \tag{9.23}$$

对于斜变(非因果)序列对 $x(n) = -n\varepsilon(-n-1)$,可推得其 z 变换为

$$\mathscr{Z}[-n\varepsilon(-n-1)] = \frac{z}{(z-1)^2}, \quad |z| < 1 \tag{9.24}$$

比较式(9.21)与式(9.24)可见,$n\varepsilon(n)$ 与 $-n\varepsilon(-n-1)$ 的 z 变换表示式相同,但其收敛域不同,因果 $n\varepsilon(n)$ 的 z 变换收敛域为 $|z| > 1$,而非因果 $-n\varepsilon(-n-1)$ 的 z 变换收敛域为 $|z| < 1$。

4. 单边指数序列

单边指数(因果)序列的表示式为

$$x(n) = a^n\varepsilon(n)$$

其 z 变换在例9.1中已经得到

$$\mathscr{Z}[a^n\varepsilon(n)] = \frac{1}{1-az^{-1}} = \frac{z}{z-a}, \quad |z| > |a| \tag{9.25}$$

单边指数(非因果)序列 $x(n) = -a^n\varepsilon(-n-1)$ 的 z 变换也已经在例9.2中得到,即

$$\mathscr{Z}[-a^n\varepsilon(-n-1)] = \frac{1}{1-az^{-1}} = \frac{z}{z-a}, \quad |z| < |a| \tag{9.26}$$

若令 $a = e^b$,当 $|z| > |e^b|$ 时,

$$\mathscr{Z}[e^{bn}\varepsilon(n)] = \frac{z}{z-e^b}, \quad |z| > |e^b| \tag{9.27}$$

同理

$$\mathscr{Z}[-e^{bn}\varepsilon(-n-1)] = \frac{z}{z-e^b}, \quad |z| < |e^b| \tag{9.28}$$

同样,若将式(9.25)两边对 z^{-1} 求导,可得

$$\mathscr{Z}[na^n\varepsilon(n)] = \frac{az^{-1}}{(1-az^{-1})^2} = \frac{az}{(z-a)^2}, \quad |z| > |a| \tag{9.29}$$

以及

$$\mathscr{Z}[n^2 a^n\varepsilon(n)] = \frac{az(z+a)}{(z-a)^3}, \quad |z| > |a| \tag{9.30}$$

5. 双边指数序列

双边指数序列定义为

$$x(n) = b^{|n|}, \quad b > 0 \tag{9.31}$$

式中,当 $0 < b < 1$ 和 $b > 1$ 两种情况下 $x(n)$ 的图形可如图 9.8 所示。双边指数序列可以表示成一个右边序列和一个左边序列之和,即

$$x(n) = b^n\varepsilon(n) + b^{-n}\varepsilon(-n-1)$$

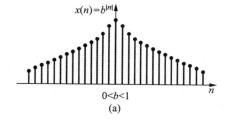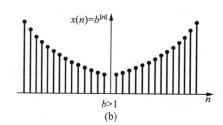

图 9.8　双边指数序列

根据例 9.1,有

$$\mathscr{Z}[b^n\varepsilon(n)] = \frac{1}{1-bz^{-1}}, \quad |z| > |b|$$

再根据例 9.2,有

$$\mathscr{Z}[b^{-n}\varepsilon(-n-1)] = \frac{-1}{1-b^{-1}z^{-1}}, \quad |z| < |b^{-1}|$$

因此双边指数序列的 z 变换为

$$\mathscr{Z}[b^{|n|}] = \frac{1}{1-bz^{-1}} - \frac{1}{1-b^{-1}z^{-1}}, \quad |b| < |z| < |b^{-1}| \tag{9.32}$$

当 $b > 1$ 时,收敛域 $|z| > |b|$ 和 $|z| < |b^{-1}|$ 没有重叠区域,故 $b > 1$ 时双边指数序列的 z 变换不存在,如图 9.9(a)所示。当 $b < 1$ 时,z 变换如式(9.32)所示,或表示为

$$\mathscr{Z}[b^{|n|}] = \frac{b^2-1}{b} \frac{z}{(z-b)(z-b^{-1})}, \quad |b| < |z| < |b^{-1}| \tag{9.33}$$

其相应的零、极点图及收敛域如图 9.9(b)所示。

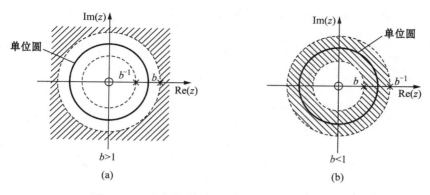

图 9.9　双边指数序列 z 变换零、极点图与 ROC

6. 正弦余弦序列

单边余弦(因果)序列 $\cos\omega_0 n \cdot \varepsilon(n)$ 的 z 变换可以通过式(9.27)得到。由于

$$\mathcal{L}\big[\mathrm{e}^{bn}\varepsilon(n)\big] = \frac{z}{z - \mathrm{e}^b}, \qquad |z| > |\mathrm{e}^b|$$

令 $b = \mathrm{j}\omega_0$，则当 $|z| > |\mathrm{e}^{\mathrm{j}\omega_0}| = 1$ 时

$$\mathcal{L}\big[\mathrm{e}^{\mathrm{j}\omega_0 n}\varepsilon(n)\big] = \frac{z}{z - \mathrm{e}^{\mathrm{j}\omega_0}}, \qquad |z| > 1$$

同理可得

$$\mathcal{L}\big[\mathrm{e}^{-\mathrm{j}\omega_0 n}\varepsilon(n)\big] = \frac{z}{z - \mathrm{e}^{-\mathrm{j}\omega_0}}, \qquad |z| > 1$$

利用欧拉公式

$$\cos(\omega_0 n) = \frac{1}{2}\big[\mathrm{e}^{\mathrm{j}\omega_0 n} + \mathrm{e}^{-\mathrm{j}\omega_0 n}\big]$$

由 z 变换的定义可知,两序列之和的 z 变换等于各序列 z 变换之和,因此

$$\begin{aligned}
\mathcal{L}\big[\cos(\omega_0 n) \cdot \varepsilon(n)\big] &= \frac{1}{2}\mathcal{L}\big[\mathrm{e}^{\mathrm{j}\omega_0 n} \cdot \varepsilon(n) + \mathrm{e}^{-\mathrm{j}\omega_0 n} \cdot \varepsilon(n)\big] \\
&= \frac{1}{2}\mathcal{L}\big[\mathrm{e}^{\mathrm{j}\omega_0 n} \cdot \varepsilon(n)\big] + \frac{1}{2}\mathcal{L}\big[\mathrm{e}^{-\mathrm{j}\omega_0 n} \cdot \varepsilon(n)\big] \\
&= \frac{1}{2}\left[\frac{z}{z - \mathrm{e}^{\mathrm{j}\omega_0}} + \frac{z}{z - \mathrm{e}^{-\mathrm{j}\omega_0}}\right] = \frac{z(z - \cos\omega_0)}{z^2 - 2z\cos\omega_0 + 1}, \qquad |z| > 1 \quad (9.34)
\end{aligned}$$

同理可得单边正弦因果序列 $\sin\omega_0 n \cdot \varepsilon(n)$ 的 z 变换为

$$\mathcal{L}\big[\sin(\omega_0 n) \cdot \varepsilon(n)\big] = \frac{1}{2\mathrm{j}}\left[\frac{z}{z - \mathrm{e}^{\mathrm{j}\omega_0}} - \frac{z}{z - \mathrm{e}^{-\mathrm{j}\omega_0}}\right]$$

$$= \frac{z\sin\omega_0}{z^2 - 2z\cos\omega_0 + 1}, \qquad |z| > 1 \quad (9.35)$$

读者可自行推得单边余弦非因果序列 $\cos\omega_0 n \cdot \varepsilon(-n-1)$ 的 z 变换为

$$\mathcal{L}\big[\cos(\omega_0 n) \cdot \varepsilon(-n-1)\big] = \frac{-z(z - \cos\omega_0)}{z^2 - 2z\cos\omega_0 + 1}, \qquad |z| < 1 \quad (9.36)$$

单边正弦非因果序列 $\sin\omega_0 n \cdot \varepsilon(n)$ 的 z 变换为

$$\mathscr{Z}\big[\sin(\omega_0 n)\cdot\varepsilon(-n-1)\big]=-\frac{z\sin\omega_0}{z^2-2z\cos\omega_0+1},\quad |z|<1 \tag{9.37}$$

在式(9.25)中,若设 $a=\beta e^{j\omega_0}$,则式(9.25)可改写为

$$\mathscr{Z}\big[\beta^n e^{j\omega_0 n}\varepsilon(n)\big]=\frac{1}{1-\beta e^{j\omega_0}z^{-1}},\quad |z|>|\beta|$$

同理可得

$$\mathscr{Z}\big[\beta^n e^{-j\omega_0 n}\varepsilon(n)\big]=\frac{1}{1-\beta e^{-j\omega_0}z^{-1}},\quad |z|>|\beta|$$

利用欧拉公式,由上述两式可得

$$\begin{aligned}\mathscr{Z}\big[\beta^n\cos(\omega_0 n)\cdot\varepsilon(n)\big]&=\frac{1-\beta z^{-1}\cos\omega_0}{1-2\beta z^{-1}\cos\omega_0+\beta^2 z^{-2}}\\&=\frac{z(z-\beta\cos\omega_0)}{z^2-2\beta z\cos\omega_0+\beta^2},\quad |z|>|\beta|\end{aligned} \tag{9.38}$$

以及

$$\begin{aligned}\mathscr{Z}\big[\beta^n\sin(\omega_0 n)\cdot\varepsilon(n)\big]&=\frac{\beta z^{-1}\sin\omega_0}{1-2\beta z^{-1}\cos\omega_0+\beta^2 z^{-2}}\\&=\frac{\beta z\sin\omega_0}{z^2-2\beta z\cos\omega_0+\beta^2},\quad |z|>|\beta|\end{aligned} \tag{9.39}$$

常用离散因果信号的 z 变换列于书末的附录 G,供查阅。

9.5　z 反变换

本节讨论在已知 z 变换和收敛域 ROC 情况下求所对应的序列,即求 z 反变换的方法。若 $X(z)$ 在某收敛域 ROC 时的反变换为 $x(n)$,记为

$$\mathscr{Z}^{-1}\big[X(z),\text{ROC}\big]=x(n) \tag{9.40}$$

此时 $x(n)$ 的 z 变换为 $X(z)$,收敛域为 ROC,记为

$$\mathscr{Z}\big[x(n)\big]=X(z),\quad \text{ROC} \tag{9.41}$$

求 z 反交换的方法主要有三种,即围线积分法(留数法)、幂级数展开法(长除法)、部分式展开法,对于简单的情况可以用观察法直接得到。下面分别进行介绍。

1. 围线积分法(留数法)

若序列 $x(n)$ 的 z 变换为 $X(z)$,收敛域为 ROC,即

$$X(z)=\sum_{n=-\infty}^{\infty}x(n)z^{-n},\text{ROC}$$

将上式两边分别乘以 z^{k-1},在 $X(z)$ 收敛域内选择一条包围坐标原点,逆时针方向的围线 C(见图 9.10)作围线积分,可得

$$\frac{1}{2\pi j}\oint_C X(z)z^{k-1}\,\mathrm{d}z = \frac{1}{2\pi j}\oint_C \sum_{n=-\infty}^{\infty} x(n)z^{-n+k-1}\,\mathrm{d}z$$

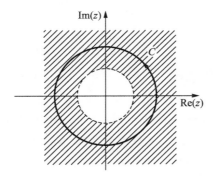

图 9.10　积分围线 C 的选择

将上式右边的积分与求和次序进行交换，于是

$$\frac{1}{2\pi j}\oint_C X(z)z^{k-1}\,\mathrm{d}z = \sum_{n=-\infty}^{\infty} x(n)\,\frac{1}{2\pi j}\oint_C z^{-n+k-1}\,\mathrm{d}z \tag{9.42}$$

利用复变函数理论中的柯西（Cauchy）积分定理

$$\frac{1}{2\pi j}\oint_C z^{k-1}\,\mathrm{d}z = \begin{cases} 1, k=0 \\ 0, k\neq 0 \end{cases} \tag{9.43}$$

式（9.42）右边的围线积分

$$\frac{1}{2\pi j}\oint_C z^{-n+k-1}\,\mathrm{d}z = \begin{cases} 1, n=k \\ 0, n\neq k \end{cases} \tag{9.44}$$

根据式（9.44），由式（9.42）可得

$$\frac{1}{2\pi j}\oint_C X(z)z^{k-1}\,\mathrm{d}z = x(k) \tag{9.45}$$

因此，z 反变换关系式由如下围绕积分得出：

$$x(n) = \frac{1}{2\pi j}\oint_C X(z)z^{n-1}\,\mathrm{d}z \tag{9.46}$$

式中 C 是 $X(z)$ 收敛域 ROC 中一条环绕原点逆时针方向的闭合围线。由于上述推导过程中没有假定 n 是正还是负，因以式（9.46）对正负 n 均成立。

按照复变函数理论，式（9.46）中的围线积分可利用留数定理来计算，即围线积分可以表示为围线 C 所包含的被积函数 $X(z)z^{n-1}$ 的各极点留数之和：

$$x(n) = \frac{1}{2\pi j}\oint_C X(z)z^{n-1}\,\mathrm{d}z = \sum_m \mathrm{Res}\big[X(z)z^{n-1}\big]_{z=z_m} \tag{9.47}$$

式中，z_m 为 $X(z)z^{n-1}$ 在围线 C 内的极点，$\mathrm{Res}[\ ]$ 表示极点 $z=z_m$ 上的留数。在一般情况下，若 $X(z)z^{n-1}$ 是 z 的有理函数，则可以写成

$$X(z)z^{n-1} = \frac{\Psi(z)}{(z-z_m)^s}$$

上式表示，$X(z)z^{n-1}$ 在 $z=z_m$ 处具有 s 阶极点，而 $\Psi(z)$ 在 $z=z_m$ 处没有极点。$X(z)z^{n-1}$ 在 $z=$

z_m 处的留数可由下式确定：

$$\mathrm{Res}\big[X(z)z^{n-1}\big]_{z=z_m} = \frac{1}{(s-1)!}\left\{\frac{\mathrm{d}^{s-1}}{\mathrm{d}z^{s-1}}\big[(z-z_m)^s X(z)z^{n-1}\big]\right\}_{z=z_m}$$

$$= \frac{1}{(s-1)!}\left[\frac{\mathrm{d}^{s-1}\Psi(z)}{\mathrm{d}z^{s-1}}\right]_{z=z_m} \tag{9.48}$$

若以 $X(z)z^{n-1}$ 在 $z=z_m$ 处只有一个一阶极点，即 $s=1$，此时式(9.48)可简化为

$$\mathrm{Res}\big[X(z)z^{n-1}\big]_{z=z_m} = \big[(z-z_m)^s X(z)z^{n-1}\big]_{z=z_m} = \Psi(z_m) \tag{9.49}$$

在利用式(9.48)与式(9.49)进行围线积分计算时，必须仔细注意围线 C 所包含的 $X(z)z^{n-1}$ 极点情况是随着不同的 n 值而改变的，因此必须根据不同的 n 值，考虑围线 C 内 $X(z)z^{n-1}$ 的极点位置与阶次，再计算极点上的留数值。下面举例说明。

例9.6 试求 $X(z)=\dfrac{z^2}{z^2-1.5z+0.5}$ $(0.5<|z|<1)$ 的 z 反变换。

解 由式(9.47)可知 $X(z)$ 的反变换为

$$x(n) = \sum_m \mathrm{Res}\big[X(z)z^{n-1}\big]_{z=z_m} = \sum_m \mathrm{Res}\left[\frac{z^{n+1}}{(z-1)(z-0.5)}\right]_{z=z_m}$$

当 $n \geqslant 0$ 时，在收敛域 $0.5<|z|<1$ 内积分围线所包围的被积函数 $\dfrac{z^{n+1}}{(z-1)(z-0.5)}$ 的极点只有 $z=0.5$，可以求得

$$x(n) = \left[\frac{z^{n+1}}{z-1}\right]_{z=0.5} = -0.5^n\varepsilon(n)$$

当 $n=-1$ 时，被积函数为 $\dfrac{1}{(z-1)(z-0.5)}$，在收敛域内积分围线包围的极点只有 $z=0.5$，因此

$$x(-1) = \left[\frac{1}{z-1}\right]_{z=0.5} = -2$$

当 $n=-2$ 时，被积函数为 $\dfrac{z^{-1}}{(z-1)(z-0.5)}$，积分围线包围的极点除了 $z=0.5$ 外，还有 $z=0$。因此

$$x(-2) = \left[\frac{z^{-1}}{z-1}\right]_{z=0.5} + \left[\frac{1}{(z-1)(z-0.5)}\right]_{z=0} = -4+2 = -2$$

当 $n=-3$ 时，被积函数为 $\dfrac{z^{-2}}{(z-1)(z-0.5)}$，积分围线包围的极点除了在 $z=0.5$ 处有极点外，在 $z=0$ 处有二阶极点，因此

$$x(-3) = \left[\frac{z^{-2}}{z-1}\right]_{z=0.5} + \left[\frac{\mathrm{d}}{\mathrm{d}z}\frac{1}{(z-1)(z-0.5)}\right]_{z=0} = -2$$

最后可得 $\quad\quad x(n) = -0.5^n\varepsilon(n) - 2\varepsilon(-n-1)$

例9.7 试求 $X(z)=\dfrac{z^3+2z^2+1}{z(z-1)(z-0.5)}$ $(|z|>1)$ 的 z 反变换。

解 按照式(9.47)，可求得 $X(z)$ 的 z 反变换为

$$x(n) = \sum_m \text{Res}\big[X(z)z^{n-1}\big]_{z=z_m} = \sum_m \text{Res}\left[\frac{z^3 + 2z^2 + 1}{(z-1)(z-0.5)}z^{n-2}\right]_{z=z_m}$$

当 $n \geqslant 2$ 时，$X(z)z^{n-1}$ 在积分围线 C 内只有两个一阶极点，即 $z=1$，$z=0.5$，于是利用式(9.49)可得

$$x(n) = \left[\frac{z^3 + 2z^2 + 1}{z-0.5}z^{n-2}\right]_{z=1} + \left[\frac{z^3 + 2z^2 + 1}{z-1}z^{n-2}\right]_{z=0.5}$$
$$= 8 - 13(0.5)^n, \quad n \geqslant 2$$

当 $n=1$ 时，$X(z)z^{n-1}$ 在围线 C 内有三个一阶极点，即 $z=1$，$z=0.5$ 和 $z=0$，利用式(9.49)可得

$$x(n) = \left[\frac{z^3 + 2z^2 + 1}{z-0.5}z^{-1}\right]_{z=1} + \left[\frac{z^3 + 2z^2 + 1}{z-1}z^{-1}\right]_{z=0.5} + \left[\frac{z^3 + 2z^2 + 1}{(z-1)(z-0.5)}\right]_{z=0}$$
$$= 8 - 6.5 + 2 = 3.5$$

当 $n=0$ 时，$X(z)z^{n-1}$ 在围线 C 内有两个一阶极点($z=1$，$z=0.5$)和一个二阶极点($z=0$)，利用式(9.48)及式(9.49)可得

$$x(0) = \left[\frac{z^3 + 2z^2 + 1}{z-0.5}z^{-2}\right]_{z=1} + \left[\frac{z^3 + 2z^2 + 1}{z-1}z^{-2}\right]_{z=0.5} + \left[\frac{\mathrm{d}}{\mathrm{d}z}\frac{z^3 + 2z^2 + 1}{(z-1)(z-0.5)}\right]_{z=0}$$
$$= 8 - 13 + 6 = 1$$

由于给定 $X(z)$ 的收敛域为 $|z|>1$，且 $X(z)$ 在 $z=\infty$ 处收敛，故其对应的 $x(n)$ 必定是因果序列，因此

$$x(n) = \delta(n) + 3.5\delta(n-1) + [8 - 13(0.5)^n]\varepsilon(n-2)$$

2. 幂级数展开法(长除法)

从 z 变换的定义中可以看出，$X(z)$ 定义为 z^{-1} 的幂级数

$$X(z) = \sum_{n=-\infty}^{\infty} x(n)z^{-n}$$

因此，只要在给定的收敛域内把 $X(z)$ 展成 z^{-1} 的幂级数，则序列值 $x(n)$ 就是 z^{-n} 项的系数。

例 9.8　试求下述 z 变换对应的序列 $x(n)$。

$$X(z) = \lg(1 + az^{-1}), \quad |z|>|a|$$

解　利用 $\lg(1+x)$ 的幂级数展开公式，可得

$$X(z) = \sum_{n=1}^{\infty} \frac{(-1)^{n+1}a^n z^{-n}}{n}$$

于是

$$x(n) = (-1)^{n+1}\frac{a^n}{n}\varepsilon(n-1), \quad |z|>|a|$$

上述 z 变换表示式为非有理式。若 $X(z)$ 为一有理分式，分子多项式为 $N(z)$，分母多项式为 $M(z)$，可以利用长除法展成幂级数，从而得到 $x(n)$，但在此运算过程中，必须注意到如果 $N(z)$ 和 $M(z)$ 按 z 的升幂或降幂排列，则长除法得到的结果是不同的。$N(z)$ 和 $M(z)$ 按 z 的升幂还是降幂排列，这取决于收敛域的情况，下面通过两个例子来说明。

例 9.9　求下述 $X(z)$ 的 z 反变换：

$$X(z) = \frac{1}{1 - az^{-1}}, \quad |z|>|a|$$

解　给定收敛域是 $|z|>|a|$，且 $X(z)$ 在 $z=\infty$ 处收敛，因此 $x(n)$ 必定是因果序列，此时要求 $X(z)$ 的分子与分母按 z 的降幂排列再进行长除，即

$$X(z)=\frac{z}{z-a},\quad |z|>|a|$$

上述表示式可用长除法展开成一个幂级数，如下所示：

$$
\begin{array}{r}
1+az^{-1}+a^2z^{-2}+\cdots \\
z-a\ \overline{\big)\ z} \\
\underline{z-a} \\
a \\
\underline{a-a^2z^{-1}} \\
a^2z^{-1} \\
\vdots
\end{array}
$$

或者写成

$$X(z)=1+az^{-1}+a^2z^{-2}+\cdots=\sum_{n=0}^{\infty}x(n)z^{-n},\quad |z|>|a|$$

于是

$$x(n)=a^n\varepsilon(n)$$

从上述求解过程可知，当给定收敛域为 $|z|>|a|$ 时，$X(z)$ 按 z 的降幂排列后再进行长除。若上例中 ROC 给定为 $|z|<|a|$，则 $X(z)$ 的分子与分母按 z 的升幂排列再进行长除，即

$$X(z)=\frac{z}{-a+z},\quad |z|<|a|$$

利用长除法展成幂级数

$$
\begin{array}{r}
-a^{-1}z-a^{-2}z^2-\cdots \\
-a+z\ \overline{\big)\ z} \\
\underline{z-a^{-1}z^2} \\
a^{-1}z^2 \\
\vdots
\end{array}
$$

或写成

$$X(z)=-a^{-1}z-a^{-2}z^2-\cdots=\sum_{n=-\infty}^{-1}a^nz^{-n},\quad |z|<|a|$$

于是

$$x(n)=-a^n\varepsilon(-n-1)$$

例 9.10　试求收敛域为 $|z|>1$ 及 $|z|<1$ 两种情况下

$$X(z)=\frac{1+2z^{-1}}{1-2z^{-1}+z^{-2}}$$

的 z 反变换。

解　若给定收敛域为 $|z|>1$，则 $X(z)$ 按 z 的降幂排列，即

$$X(z)=\frac{1+2z^{-1}}{1-2z^{-1}+z^{-2}}=\frac{z^2+2z}{z^2-2z+1},\quad |z|>1$$

长除后得

$$
z^2-2z+1 \overline{\left)\begin{array}{l} 1+4z^{-1}+7z^{-2}+\cdots \\ z^2+2z \\ z^2-2z+1 \end{array}\right.}
$$

$$4z-1$$

$$\frac{4z-8+4z^{-1}}{7-4z^{-1}}$$

$$\vdots$$

可展成级数

$$
X(z) = 1 + 4z^{-1} + 7z^{-2} + \cdots = \sum_{n=0}^{\infty} (3n+1)z^{-n}, \quad |z| > 1
$$

于是
$$
x(n) = (3n+1)\varepsilon(n)
$$

若收敛域为 $|z| < 1$，则 $X(z)$ 的分子分母按 z 的升幂排列，得

$$
X(z) = \frac{2z + z^2}{1 - 2z + z^2}, \quad |z| < 1
$$

长除后得

$$
1-2z+z^2 \overline{\left)\begin{array}{l} 2z+5z^2+\cdots \\ 2z+z^2 \\ 2z-4z^2+2z^3 \end{array}\right.}
$$

$$5z^2-2z^3$$

$$\vdots$$

可展成级数

$$
X(z) = 2z + 5z^2 + \cdots = \sum_{n=-\infty}^{-1} (3n+1)z^{-n}
$$

于是
$$
x(n) = -(3n+1)\varepsilon(-n-1)
$$

3. 部分分式展开法

在一般情况下，序列的 z 变换可以表示为 z 的有理分式，即

$$
X(z) = \frac{N(z)}{M(z)} = \frac{b_r z^r + b_{r-1} z^{r-1} + \cdots + b_1 z + b_0}{a_k z^k + a_{k-1} z^{k-1} + \cdots + a_1 z + a_0} \tag{9.50}
$$

求 z 反变换的部分分式展开法，类似于拉氏反变换中的部分分式展开法，将 $X(z)$ 展开成一些简单的部分分式之和，然后分别求出各个分式的 z 反变换，把各反变换相加，便得到 $x(n)$。

由下面的表 9.2 可以看出，z 变换最简单的形式是 $\dfrac{z}{z-a}$ 和 $\dfrac{az}{(z-a)^2}$ 等，在收敛域 $|z| > |a|$

的情况下，它们对应的是因果序列 $a^n \cdot \varepsilon(n)$ 及 $na^n \cdot \varepsilon(n)$。而在收敛域 $|z| < |a|$ 的情况下，他们对应的是非因果序列 $-a^n \cdot \varepsilon(-n-1)$ 及 $-na^n \cdot \varepsilon(-n-1)$。因此，通常是先将 $\dfrac{X(z)}{z}$ 展开成部分分式，然后在展开式两边分别乘以 z。于是 $X(z)$ 便展开成 $\dfrac{z}{z-a}$ 和 $\dfrac{az}{(z-a)^2}$ 等形式。例如，$X(z)$ 只包含一阶极点，在 $z = z_m (m=1, \cdots, k)$ 处，则 $\dfrac{X(z)}{z}$ 可以展开为

$$\frac{X(z)}{z} = \sum_{m=0}^{k} \frac{A_m}{z - z_m} \tag{9.51}$$

式中 A_m 是 $\dfrac{X(z)}{z}$ 在 $z = z_m$ 处的留数，即

$$A_m = \mathrm{Res}\left[\frac{X(z)}{z}\right]_{z=z_m} = \left[(z - z_m)\frac{X(z)}{z}\right]_{z=z_m} \tag{9.52}$$

于是 $X(z)$ 可写成部分分式之和

$$X(z) = \sum_{m=0}^{k} \frac{A_m z}{z - z_m} = A_0 + \sum_{m=1}^{k} \frac{A_m z}{z - z_m} \tag{9.53}$$

式中 z_m 是 $X(z)$ 的极点 $(m=1, \cdots, k)$，A_0 可表示为

$$A_0 = [X(z)]_{z=0} = \frac{b_0}{a_0} \tag{9.54}$$

若 $X(z)$ 收敛域为 $|z| > R_{x_1}$，而 R_{x_1} 为 $X(z)$ 的极点 $z_1, z_2, \cdots, z_k$ 中模最大的一个极点之幅值，即

$$R_{x_1} = \max[|z_1|, |z_2|, \cdots, |z_k|] \tag{9.55}$$

则可以得到 $X(z)$ 的反变换为各因果序列之和，即

$$x(n) = A_0 \delta(n) + \sum_{m=1}^{k} A_m (z_m)^n \varepsilon(n) \tag{9.56}$$

若 $X(z)$ 的收敛域为 $|z| < R_{x_2}$，而 R_{x_2} 为 $X(z)$ 的极点 $z_1, z_2, \cdots, z_k$ 中模最小的一个极点之幅值，即

$$R_{x_2} = \min[|z_1|, |z_2|, \cdots, |z_k|] \tag{9.57}$$

则可以得到 $X(z)$ 反变换为各非因果序列之和，即

$$x(n) = A_0 \delta(n) - \sum_{m=1}^{k} A_m (z_m)^n \varepsilon(-n-1) \tag{9.58}$$

若 $X(z)$ 的收敛域为一环状区域，即以 $R'_{x_1} < |z| < R'_{x_2}$，式中 R'_{x_2} 为 $|z_1|, |z_2|, \cdots, |z_l|$ 中最小的一个值，即

$$R'_{x_2} = \min[|z_1|, |z_2|, \cdots, |z_l|] \tag{9.59}$$

而 R'_{x_1} 为 $|z_{l+1}|, |z_{l+2}|, \cdots, |z_k|$ 中最大的一个值，即

$$R'_{x_1} = \max[|z_{l+1}|, |z_{l+2}|, \cdots, |z_k|] \tag{9.60}$$

由于 $R'_{x_1} < R'_{x_2}$，$X(z)$ 收敛域为一环状区域，故其反变换为各因果序列与各非因果序列之和，即为一双边序列：

$$x(n) = A_0 \delta(n) + \sum_{m=l+1}^{k} A_m (z_m)^n \varepsilon(n) - \sum_{m=1}^{l} A_m (z_m)^n \varepsilon(-n-1) \qquad (9.61)$$

如果 $X(z)$ 中具有高阶极点,除含有 u 个一阶极点外,在 $z = z_i$ 处还有一个 s 阶极点($s + u = k$),此时 $X(z)$ 可展开为

$$X(z) = \sum_{m=0}^{u} \frac{A_m z}{z - z_m} + \sum_{j=1}^{s} \frac{B_j z}{(z - z_i)^j} \qquad (9.62)$$

式中 A_m 的求法与式(9.52)同,而 B_j 可利用下式求得

$$B_j = \frac{1}{(s-1)!} \left[\frac{\mathrm{d}^{s-1}}{\mathrm{d}z^{s-1}} (z - z_i)^s \frac{X(z)}{z} \right]_{z = z_i} \qquad (9.63)$$

$X(z)$ 还可以展开成

$$X(z) = A_0 + \sum_{m=1}^{u} \frac{A_m z}{z - z_m} + \sum_{j=1}^{s} \frac{C_j z^j}{(z - z_i)^j} \qquad (9.64)$$

式中:

$$C_s = \left[\left(\frac{z - z_i}{z} \right)^s X(z) \right]_{z = z_i} \qquad (9.65)$$

其他 C_j 可由待定系数法求出。在式(9.62)和式(9.64)中,其第二项基本形式为 $\frac{z}{(z - z_i)^j}$ 和 $\frac{z^j}{(z - z_i)^j}$,它们的 z 反变换可通过查表9.2得到。

z 反变换是离散系统 z 域分析中必须掌握的方法。我们介绍的三种 z 反变换方法中,围线积分法需要计算围线内所包含极点的留数,而围线 C 内的极点随 n 的不同而有所变化,故要求计算十分仔细。长除法对于比较复杂的情况,要写出 $x(n)$ 的闭式解有一定困难。部分分式展开法是较常用的 z 反变换方法,但要求变换式为有理分式。读者可通过习题训练来掌握 z 反变换法,这对于掌握 z 域分析法是很重要的。

例 9.11　试求下述函数的 z 反变换

$$H(z) = \frac{1}{1 - 3z^{-1} + 3z^{-2} - z^{-3}}, \quad |z| > 1$$

解

$$H(z) = \frac{z^3}{z^3 - 3z^2 + 3z - 1} = \frac{z^3}{(z-1)^3}$$

$$= \frac{Az}{(z-1)^3} + \frac{Bz}{(z-1)^2} + \frac{Cz}{(z-1)}$$

$$= \frac{Az + Bz(z-1) + Cz(z-1)^2}{(z-1)^3}$$

于是

$$z^3 = Az + Bz(z-1) + Cz(z-1)^2$$

因此上式两边 z 的同次幂的系数相等,可得

$$\begin{cases} Cz^3 = z^3 \\ Bz^2 - 2Cz^2 = 0 \\ Az - Bz + Cz = 0 \end{cases}$$

因此
$$C = 1, B = 2, A = 1$$

故
$$H(z) = \frac{z}{(z-1)^3} + \frac{2z}{(z-1)^2} + \frac{z}{z-1}, \quad |z| > 1$$

可以求得
$$h(n) = \left[\frac{n(n-1)}{2} + 2n + 1\right]\varepsilon(n) = \frac{1}{2}(n^2 + 3n + 2)\varepsilon(n)$$

当然,本例也可通过查表 9-2 得到结论,即

$$\mathscr{Z}^{-1}\left[\frac{z^3}{(z-1)^3}\right] = \mathscr{Z}^{-1}\left[\frac{z^3}{(z-a)^3}\right]_{a=1} = \frac{(n+1)(n+2)}{2!}\varepsilon(n)$$
$$= \frac{1}{2}(n^2 + 3n + 2)\varepsilon(n)$$

例 9.12 试求下述 $X(z)$ 在不同收敛域时的 z 反变换:

$$X(z) = \frac{z^2}{z^2 - 1.5z + 0.5}$$

解 由于

$$X(z) = \frac{z^2}{z^2 - 1.5z + 0.5} = \frac{z^2}{(z-1)(z-0.5)}$$

只包含一价极点 $z = 0.5$ 和 $z = 1$,可以求得极点上的留数为

$$A_1 = \left[\frac{X(z)}{z}(z-0.5)\right]_{z=0.5} = \left[\frac{z}{z-1}\right]_{z=0.5} = -1$$

$$A_2 = \left[\frac{X(z)}{z}(z-1)\right]_{z=1} = \left[\frac{z}{z-0.5}\right]_{z=1} = 2$$

而
$$A_0 = \left[X(z)\right]_{z=0} = 0$$

故 $\dfrac{X(z)}{z}$ 可展开为

$$\frac{X(z)}{z} = \frac{2}{z-1} - \frac{1}{z-0.5}$$

$$X(z) = \frac{2z}{z-1} - \frac{z}{z-0.5}$$

上述 $X(z)$ 可能的收敛域有三种情况,即 $|z| > 1, 0.5 < |z| < 1, |z| < 0.5$。

当 $|z| > 1$ 时,
$$x(n) = (2 - 0.5^n)\varepsilon(n)$$

当 $0.5 < |z| < 1$ 时,
$$x(n) = -2\varepsilon(-n-1) - 0.5^n\varepsilon(n)$$

当 $|z| < 0.5$ 时,
$$x(n) = -(2 - 0.5^n)\varepsilon(-n-1)$$

例 9.13 已知

$$X(z) = \frac{z^2 - 9}{(z-1)(z-2)^3}, \quad |z| > 2$$

试求其 z 反变换。

解 上述 $X(z)$ 可按式(9.64)的式展开为

$$X(z) = \frac{z^2 - 9}{(z-1)(z-2)^3}$$

$$= A + \frac{Bz}{z-1} + \frac{Cz}{z-2} + \frac{Dz^2}{(z-2)^2} + \frac{Ez^3}{(z-2)^3}$$

利用式(9.54),式(9.52)及式(9.65)可得

$$A = [X(z)]_{z=0} = -\frac{9}{8} = -1.125$$

$$B = \left[(z-1)\frac{X(z)}{z}\right]_{z=1} = \frac{z^2-9}{z(z-2)^3}\bigg|_{z=1} = 8$$

$$E = \left[\left(\frac{z-2}{z}\right)^3 X(z)\right]_{z=2} = \frac{z^2-9}{z^3(z-1)}\bigg|_{z=2} = -\frac{5}{8} = -0.625$$

然后用待定系数法求 C 和 D,可得

$$z^2 - 9 = A(z-1)(z-2)^3 + Bz(z-2)^3 + Cz(z-1)(z-2)^2 +$$
$$Dz^2(z-1)(z-2) + Ez^3(z-1)$$

等式两边 z^2 项的系数相等,可得

$$18A + 12B + 8C + 2D = 1$$

等式两边 z 项的系数相等,可得

$$-20A - 8B - 4C = 0$$

由上两式可得

$$C = -10.375, \quad D = 4.125$$

于是

$$X(z) = -1.125 + \frac{8z}{z-1} - 10.375\frac{z}{z-2} + 4.125\frac{z^2}{(z-2)^2} - 0.625\frac{z^3}{(z-2)^3}, \quad |z| > 2$$

因此

$$x(n) = -1.125\delta(n) + \left[8 - 10.375 \cdot 2^n + 4.125(n+1) \cdot 2^n - 0.625\frac{(n+1)(n+2)}{2} \cdot 2^n\right]\varepsilon(n)$$

表 9.2 常用 z 反变换对

z 变换 $X(z)$	收敛域 ROC	序列 $x(n)$
1	$0 \leqslant |z| \leqslant \infty$	$\delta(n)$
$\dfrac{z}{z-1}$	$|z| > 1$	$\varepsilon(n)$
	$|z| < 1$	$-\varepsilon(-n-1)$
$\dfrac{z}{z-a}$	$|z| > |a|$	$a^n\varepsilon(n)$
	$|z| < |a|$	$-a^n\varepsilon(-n-1)$
$\dfrac{z}{(z-1)^2}$	$|z| > 1$	$n\varepsilon(n)$
	$|z| < 1$	$-n\varepsilon(-n-1)$

（续表）

z 变换 $X(z)$	收敛域 ROC	序列 $x(n)$
$\dfrac{az}{(z-a)^2}$	$\|z\|>\|a\|$	$na^n\varepsilon(n)$
	$\|z\|<\|a\|$	$-na^n\varepsilon(-n-1)$
$\dfrac{z}{(z-1)^3}$	$\|z\|>1$	$\dfrac{n(n-1)}{2!}\varepsilon(n)$
	$\|z\|<1$	$-\dfrac{n(n-1)}{2!}\varepsilon(-n-1)$
$\dfrac{z}{(z-1)^{m+1}}$	$\|z\|>1$	$\dfrac{n(n-1)\cdots(n-m+1)}{m!}\varepsilon(n)$
	$\|z\|<1$	$-\dfrac{n(n-1)\cdots(n-m+1)}{m!}\varepsilon(-n-1)$
$\dfrac{z^2}{(z-a)^2}$	$\|z\|>\|a\|$	$(n+1)a^n\varepsilon(n)$
	$\|z\|<\|a\|$	$-(n+1)a^n\varepsilon(-n-1)$
$\dfrac{z^3}{(z-a)^3}$	$\|z\|>\|a\|$	$\dfrac{(n+1)(n+2)}{2!}a^n\varepsilon(n)$
	$\|z\|<\|a\|$	$-\dfrac{(n+1)(n+2)}{2!}a^n\varepsilon(-n-1)$
$\dfrac{z^4}{(z-a)^4}$	$\|z\|>\|a\|$	$\dfrac{(n+1)(n+2)(n+3)}{3!}a^n\varepsilon(n)$
	$\|z\|<\|a\|$	$-\dfrac{(n+1)(n+2)(n+3)}{3!}a^n\varepsilon(-n-1)$
$\dfrac{z^{m+1}}{(z-a)^{m+1}}$	$\|z\|>\|a\|$	$\dfrac{(n+1)(n+2)\cdots(n+m)}{m!}a^n\varepsilon(n)$
	$\|z\|<\|a\|$	$-\dfrac{(n+1)(n+2)\cdots(n+m)}{m!}a^n\varepsilon(-n-1)$

9.6　z 变换的基本性质

　　z 变换有许多重要性质,这些性质对于离散信号与系统的分析和应用具有重要意义。这一节将对这些性质进行系统地介绍,掌握这些性质使离散信号与系统的分析与求解变得十分简便。

9.6.1　线性

　　z 变换具有线性特性,也即具有可加性和比例性。若

$$\mathscr{Z}[x_1(n)]=X_1(z),\quad R_{x_{11}}<|z|<R_{x_{12}}$$

$$\mathscr{Z}[x_2(n)]=X_2(z),\quad R_{x_{21}}<|z|<R_{x_{22}}$$

则

$$\mathscr{Z}[ax_1(n)+bx_2(n)]=aX_1(z)+bX_2(z),\quad R_1<|z|<R_2 \tag{9.66}$$

式中:a 与 b 为常数,$R_1=\max\{R_{x_{11}},R_{x_{21}}\}$,$R_2=\min\{R_{x_{12}},R_{x_{22}}\}$。线性组合序列的 z 变换等于

序列 z 变换的线性组合,其收敛域一般为原来序列 z 变换的收敛域的重叠部分。如果在 z 变换的线性组合中,某些零点的引入抵消掉某些极点,那么收敛域就可能比原来收敛域的重叠部分大。例如,序列 $a^n\varepsilon(n)$ 和 $a^n\varepsilon(n-1)$ 的 z 变换收敛域都是 $|z|>|a|$,但它们之差的序列 $a^n\varepsilon(n)-a^n\varepsilon(n-1)=\delta(n)$ 的 z 变换收敛域却是整个 z 平面,见例 9.14。

例 9.14　利用 z 变换的线性特性求序列 $a^n\varepsilon(n)-a^n\varepsilon(n-1)=\delta(n)$ 的 z 变换。

解　已知

$$\mathscr{L}\left[a^n\varepsilon(n)\right]=\frac{z}{z-a},\quad |z|>a$$

$$\mathscr{L}\left[a^n\varepsilon(n-1)\right]=\frac{a}{z-a},\quad |z|>a$$

于是

$$\mathscr{L}\left[a^n\varepsilon(n)-a^n\varepsilon(n-1)\right]==\frac{z}{z-a}-\frac{a}{z-a}=1,\quad 0\leqslant|z|\leqslant\infty$$

上式表示在 z 变换线性组合中引入了 $z=a$ 零点,抵消了 $z=a$ 极点,故收敛域扩大至整个 z 平面。

例 9.15　试求下述双曲正弦序列的 z 变换:

$$x(n)=\text{sh}(n\omega_0)\varepsilon(n)$$

解　已知

$$\mathscr{L}\left[e^{\omega_0 n}\varepsilon(n)\right]=\frac{z}{z-e^{\omega_0}},\quad |z|>|e^{\omega_0}|$$

$$\mathscr{L}\left[e^{-\omega_0 n}\varepsilon(n)\right]=\frac{z}{z-e^{-\omega_0}},\quad |z|>|e^{-\omega_0}|$$

利用 z 变化的线性特性,可得

$$\mathscr{L}\left[\text{sh}(n\omega_0)\varepsilon(n)\right]=\mathscr{L}\left[\frac{e^{\omega_0 n}-e^{-\omega_0 n}}{2}\varepsilon(n)\right]=\frac{z}{2(z-e^{\omega_0})}-\frac{z}{2(z-e^{-\omega_0})}$$

$$=\frac{z\cdot\text{sh}\,\omega_0}{z^2-2z\cdot\text{ch}\,\omega_0+1},\quad |z|>\max\{|e^{\omega_0}|,|e^{-\omega_0}|\} \quad (9.67)$$

同理可得

$$\mathscr{L}\left[\text{ch}(n\omega_0)\varepsilon(n)\right]=\frac{z(z-\text{ch}\,\omega_0)}{z^2-2z\cdot\text{ch}\,\omega_0+1},\quad |z|>\max\{|e^{\omega_0}|,|e^{-\omega_0}|\} \quad (9.68)$$

9.6.2　位移性质

z 变换位移性质是说明序列移位后的 z 变换与原序列 z 变换的关系。由于双边 z 变换的时移性质和单边 z 变换有所不同,现分开进行讨论。

1. 双边 z 变换

如果序列 $x(n)$ 的双边 z 变换为

$$\mathscr{L}[x(n)]=X(z),\quad R_{x_1}<|z|<R_{x_2}$$

则序列移位后的双边 z 变换为

$$\mathscr{Z}[x(n-m)] = \sum_{n=-\infty}^{\infty} x(n-m)z^{-n} = z^{-m}\sum_{n=-\infty}^{\infty} x(n-m)z^{-(n-m)}$$
$$= z^{-m}X(z) \tag{9.69}$$

同理可推得序列 $x(n)$ 左移后的双边 z 变换为

$$\mathscr{Z}[x(n+m)] = z^m x(z) \tag{9.70}$$

式中 m 为任意正整数。从式(9.69)和式(9.70)可知,序列位移后只会使 z 变换在 $z=0$ 或 $z=\infty$ 处的零极点情况发生变化。而当 $x(n)$ 时双边序列时,$X(z)$ 的环形收敛域($R_{x_1} < |z| < R_{x_2}$)不会发生变化。

2. 单边 z 变换

如果 $x(n)$ 是双边序列,其单边 z 变换可表示为

$$\mathscr{Z}[x(n)\varepsilon(n)] = X(z)$$

则序列左移后,其单边 z 变换为

$$\mathscr{Z}[x(n+m)\varepsilon(n)] = \sum_{n=0}^{\infty} x(n+m)Z^{-n}$$
$$= z^m\sum_{n=0}^{\infty} x(n+m)z^{-(n+m)} = z^m\sum_{k=m}^{\infty} x(k)z^{-k}$$
$$= z^m\Big[\sum_{k=0}^{\infty} x(k)z^{-k} - \sum_{k=0}^{m-1} x(k)z^{-k}\Big]$$

由此可得,序列左移后的单边 z 变换为

$$\mathscr{Z}[x(n+m)\varepsilon(n)] = z^m\Big[X(z) - \sum_{k=0}^{m-1} x(k)z^{-k}\Big] \tag{9.71}$$

同理可得,序列右移后的单边 z 变换为

$$\mathscr{Z}[x(n-m)\varepsilon(n)] = z^{-m}\Big[X(z) + \sum_{k=-m}^{-1} x(k)z^{-k}\Big] \tag{9.72}$$

式(9.71)及式(9.72)中,m 为正整数,移位后 z 变换的收敛域基本不变化,只有在 $z=0$ 或 $z=\infty$ 处可能有变化。当 $m=1,2$ 时,式(9.71)及式(9.72)可表示为

$$\mathscr{Z}[x(n+1)\varepsilon(n)] = zX(z) - zx(0)$$
$$\mathscr{Z}[x(n-1)\varepsilon(n)] = z^{-1}X(z) + x(-1)$$
$$\mathscr{Z}[x(n+2)\varepsilon(n)] = z^2 X(z) - z^2 x(0) - zx(1)$$
$$\mathscr{Z}[x(n-2)\varepsilon(n)] = z^{-2}X(z) + z^{-1}x(-1) + x(-2)$$

假如 $x(n)$ 为一因果序列,则式(9.72)右边第 2 项 $\sum\limits_{k=-m}^{-1} x(k)z^{-k}$ 等于零,于是右移因果序列的单边 z 变换由式(9.72)变为

$$\mathscr{Z}[x(n-m)\varepsilon(n)] = z^{-m}X(z) \tag{9.73}$$

而左移因果序列的单边 z 变换仍为式(9.71)。

例 9.16　求下述周期序列(周期为 N)的 z 变换:

$$x(n) = x(n+N), \quad n \geqslant 0$$

解　令第一个周期取自 $0 \leqslant n \leqslant N-1$ 的 $x(n)$ 值,即

$$x_1(n) = x(n), \quad 0 \leqslant n \leqslant N-1$$

其 z 变换为

$$X_1(z) = \sum_{n=0}^{N-1} x(n) z^{-n}, \quad |z| > 0$$

周期序列 $x(n)$ 可表示为

$$x(n) = x_1(n) + x_1(n-N) + x_1(n-2N) + \cdots$$

利用式(9.73)可得其 z 变换为

$$X(z) = X_1(z)[1 + z^{-N} + z^{-2N} + \cdots] = X_1(z) \sum_{l=0}^{\infty} z^{-lN}$$

若 $|z^{-N}| < 1$(即 $|z| > 1$),则 $X(z)$ 收敛,可表示为

$$X(z) = X_1(z) \sum_{l=0}^{\infty} (z^{-N})^l = X_1(z) \frac{z^N}{z^N - 1}$$

9.6.3　频移性质

若 $\mathscr{Z}[x(n)] = X(z), R_{x_1} < |z| < R_{x_2}$,则 $\mathrm{e}^{\mathrm{j}\omega_0 n} x(n)$ 的 z 变换为

$$Z[\mathrm{e}^{\mathrm{j}\omega_0 n} x(n)] = \sum_{n=-\infty}^{\infty} \mathrm{e}^{\mathrm{j}\omega_0 n} x(n) z^{-n} = \sum_{n=-\infty}^{\infty} x(n) [\mathrm{e}^{-\mathrm{j}\omega_0} z]^{-n}$$

于是

$$\mathscr{Z}[\mathrm{e}^{\mathrm{j}\omega_0 n} x(n)] = X(\mathrm{e}^{-\mathrm{j}\omega_0} z), \quad R_{x_1} < |z| < R_{x_2} \tag{9.74}$$

上式左边可以看作为被一个复指数序列调制,而右边可以看作 z 平面绕原点转了一个角度 ω_0,也即 $X(z)$ 的全部零、极点位置在 z 平面那旋转一个角度 ω_0。于是 $X(z)$ 中有一个因子 $(1-az^{-1})$,则 $X(\mathrm{e}^{-\mathrm{j}\omega_0} z)$ 将有一个因子 $(1-a\mathrm{e}^{-\mathrm{j}\omega_0} z^{-1})$,因此 $X(z)$ 在 $z=a$ 处的极点或零点就成为 $X(\mathrm{e}^{-\mathrm{j}\omega_0} z)$ 在 $z=a\mathrm{e}^{\mathrm{j}\omega_0}$ 的极点或零点。如果 $x(n)$ 是实序列,则 $\mathrm{e}^{\mathrm{j}\omega_0 n} x(n)$ 一般不是一个实序列,除非 ω_0 是 π 的整倍数。此外,实序列 $x(n)$ 所对应的 $X(z)$ 的极点和零点是共轭成对分布的话,则在频移后,就不再共轭成对分布了。

式(9.74)可以推广到更一般的情形,即

$$\mathscr{Z}[z_0^n x(n)] = X\left(\frac{z}{z_0}\right), \quad R_{x_1} < \left|\frac{z}{z_0}\right| < R_{x_2} \tag{9.75}$$

若 $z_0 = \mathrm{e}^{\mathrm{j}\omega_0}$,$|z_0| = 1$,则式(9.75)就变成式(9.74)。

9.6.4　序列指数加权(z 域尺度变换)

若 $\mathscr{Z}[x(n)] = X(z), R_{x_1} < |z| < R_{x_2}$,则

$$\mathscr{Z}[a^n x(n)] = \sum_{n=-\infty}^{\infty} a^n x(n) z^{-n} = \sum_{n=-\infty}^{\infty} x(n) \left(\frac{z}{a}\right)^{-n}$$

因此

$$\mathscr{L}[a^n x(n)] = X\left(\frac{z}{a}\right), \quad R_{x_1} < \left|\frac{z}{a}\right| < R_{x_2} \tag{9.76}$$

式中 a 为常数。从上式可知,$x(n)$ 乘以指数序列,其 z 变换在 z 平面内尺度展宽或压缩。同理可得

$$\mathscr{L}[a^{-n} x(n)] = X(az), \quad R_{x_1} < |az| < R_{x_2} \tag{9.77}$$

$$\mathscr{L}[(-1)^n x(n)] = X(-z), \quad R_{x_1} < |z| < R_{x_2} \tag{9.78}$$

上述性质对于双边或单边 z 变换都是适用的。

例 9.17 求序列 $\beta^n \sin n\omega_0 \cdot \varepsilon(n)$ 的 z 变换。

解 由式(9.35)可知

$$\mathscr{L}[\sin(\omega_0 n) \cdot \varepsilon(n)] = \frac{z \sin \omega_0}{z^2 - 2z\cos \omega_0 + 1}, \quad |z| > 1$$

利用式(9.76)可得

$$\mathscr{L}[\beta^n \sin n\omega_0 \cdot \varepsilon(n)] = \frac{\dfrac{z}{\beta} \sin \omega_0}{\left(\dfrac{z}{\beta}\right)^2 - 2\left(\dfrac{z}{\beta}\right)\cos \omega_0 + 1}, \quad \left|\frac{z}{\beta}\right| > 1$$

于是

$$\mathscr{L}[\beta^n \sin n\omega_0 \cdot \varepsilon(n)] = \frac{z\beta \sin \omega_0}{z^2 - 2z\beta\cos \omega_0 + \beta^2}, \quad |z| > |\beta|$$

9.6.5 时间反转

若 $\mathscr{L}[x(n)] = X(z), R_{x_1} < |z| < R_{x_2}$,则

$$\mathscr{L}[x(-n)] = \sum_{n=-\infty}^{\infty} x(-n) z^{-n} = \sum_{n'=-\infty}^{\infty} x(n')(z^{-1})^{-n'}$$

于是

$$\mathscr{L}[x(-n)] = X\left(\frac{1}{z}\right), \quad R_{x_1} < \left|\frac{1}{z}\right| < R_{x_2} \tag{9.79}$$

$x(-n)$ 的 z 变换收敛域是原 $X(z)$ 收敛域的倒置,也就是说,若 z_0 在 $x(n)$ 的 z 变换收敛域中,则 $\dfrac{1}{z_0}$ 就在 $x(-n)$ 的 z 变换收敛域中。

9.6.6 z 域微分性质(序列线性加权)

若 $\mathscr{L}[x(n)] = X(z), R_{x_1} < |z| < R_{x_2}$,则可以求得

$$\mathscr{L}[nx(n)] = -z\frac{\mathrm{d}}{\mathrm{d}z}X(z), \quad R_{x_1} < |z| < R_{x_2} \tag{9.80}$$

式(9.80)称为 z 变换的 z 域微分性质,利用这一性质可求序列线性加权后的 z 变换。这一性质可证明如下:

由于

$$X(z) = \sum_{n=-\infty}^{\infty} x(n) z^{-n}$$

将上式两边对 z 求导,可得

$$\frac{\mathrm{d}X(z)}{\mathrm{d}z} = \frac{\mathrm{d}}{\mathrm{d}z} \sum_{n=-\infty}^{\infty} x(n) z^{-n}$$

变换求导与求和次序,于是

$$\frac{\mathrm{d}X(z)}{\mathrm{d}z} = \sum_{n=-\infty}^{\infty} x(n) \frac{\mathrm{d}}{\mathrm{d}z}(z^{-n}) = -z^{-1} \sum_{n=-\infty}^{\infty} nx(n) z^{-n} = -z^{-1} \mathscr{Z}[nx(n)]$$

因此

$$\mathscr{Z}[nx(n)] = -z \frac{\mathrm{d}}{\mathrm{d}z} X(z), \quad R_{x_1} < |z| < R_{x_2}$$

以上性质对于双边 z 变换和单边 z 变换都是适用的。利用式(9.80),可求得 $n^2 x(n)$ 的 z 变换为

$$\mathscr{Z}[n^2 x(n)] = \mathscr{Z}[n \cdot nx(n)] = -z \frac{\mathrm{d}}{\mathrm{d}z} \mathscr{Z}[nx(n)] = -z \frac{\mathrm{d}}{\mathrm{d}z}\left[-z \frac{\mathrm{d}}{\mathrm{d}z} X(z)\right]$$

即

$$\mathscr{Z}[n^2 x(n)] = z^2 \frac{\mathrm{d}^2 X(z)}{\mathrm{d}z^2} + z \frac{\mathrm{d}X(z)}{\mathrm{d}z} \tag{9.81}$$

同理可推得更一般的情形

$$\mathscr{Z}[n^m x(n)] = \left[-z \frac{\mathrm{d}}{\mathrm{d}z}\right]^{(m)} X(z) \tag{9.82}$$

式中符号 $\left[-z \dfrac{\mathrm{d}}{\mathrm{d}z}\right]^{(m)}$ 表示

$$-z \frac{\mathrm{d}}{\mathrm{d}z}\left[-z \frac{\mathrm{d}}{\mathrm{d}z}\left(-z \frac{\mathrm{d}}{\mathrm{d}z} \cdots \left(-z \frac{\mathrm{d}}{\mathrm{d}z} X(z)\right)\right)\right]$$

共求导 m 次。

例 9.18　利用 z 域微分求下述 $X(z)$ 的反变换:

$$X(z) = \lg(1 + az^{-1}), \quad |z| > |a|$$

解　可以求得

$$\mathscr{Z}[nx(n)] = -z \frac{\mathrm{d}}{\mathrm{d}z} X(z) = \frac{az^{-1}}{1 + az^{-1}}, \quad |z| > |a|$$

由位移性质可知,上式的 z 反变换为

$$\mathscr{Z}^{-1}\left[\frac{az^{-1}}{1 + az^{-1}}\right] = a(-a)^{n-1} \varepsilon(n-1)$$

于是

$$x(n) = -\frac{1}{n}(-a)^n \varepsilon(n-1)$$

例 9.19　试求 $na^n \varepsilon(n)$ 的 z 变换。

解　已知

$$\mathscr{L}[a^n\varepsilon(n)] = \frac{1}{1-az^{-1}}, \quad |z|>|a|$$

利用微分性质可得

$$\mathscr{L}[na^n\varepsilon(n)] = -z\frac{\mathrm{d}}{\mathrm{d}z}\Big(\frac{1}{1-az^{-1}}\Big) = \frac{az^{-1}}{(1-az^{-1})^2} = \frac{az}{(z-a)^2}, \quad |z|>|a|$$

9.6.7 初值定理

1. 因果序列初值定理

若 $x(n)$ 是因果序列,其 z 变换为 $X(z)$,则

$$\begin{aligned}
\lim_{z\to\infty}X(z) &= \lim_{z\to\infty}\Big[\sum_{n=0}^{\infty}x(n)z^{-n}\Big] \\
&= \lim_{z\to\infty}[x(0) + x(1)z^{-1} + x(2)z^{-2} + \cdots] \\
&= x(0)
\end{aligned}$$

上式右边除第一项 $x(0)$ 外,其他各项当 z 趋于无穷大时,z^{-1} 趋于零,故因果序列的初值为

$$x(0) = \lim_{z\to\infty}X(z) \tag{9.83}$$

2. 非因果序列初值定理

若 $x(n)$ 是非因果序列,其 z 变换为 $X(z)$,则

$$\begin{aligned}
\lim_{z\to 0}X(z) &= \lim_{z\to 0}\Big[\sum_{n=-\infty}^{0}x(n)z^{-n}\Big] \\
&= \lim_{z\to 0}[x(0) + x(-1)z + x(-2)z^2 + \cdots] \\
&= x(0)
\end{aligned}$$

即非因果序列初值为

$$x(0) = \lim_{z\to 0}X(z) \tag{9.84}$$

在利用初值定理求初值时,必须给定 $X(z)$ 及收敛域 ROC,然后根据 ROC 及 $X(z)$ 在 $z=\infty$ 或 0 处的收敛情况,判定对应的序列是因果还是非因果,再利用初值定理求初值。例如,给定 $X(z) = \dfrac{4}{1-\dfrac{1}{2}z^{-1}}$,当 ROC 为 $|z|>\dfrac{1}{2}$ 时,由于收敛域在 $|z|=\dfrac{1}{2}$ 的圆外,且 $X(z)$ 在 $z=\infty$ 处收敛,对应因果序列,故应当利用因果序列初值定理求得

$$x(0) = \lim_{z\to\infty}\frac{4}{1-\dfrac{1}{2}z^{-1}} = 4$$

但当 ROC 为 $|z|<\dfrac{1}{2}$ 时,由于收敛域在 $|z|=\dfrac{1}{2}$ 的圆内,且 $X(z)$ 在 $z=0$ 处收敛,对应一非因果序列,应当利用非因果序列初值定理求得

$$x(0) = \lim_{z \to 0} \frac{4}{1 - \frac{1}{2}z^{-1}} = 0$$

当根据给定的 $X(z)$ 及 ROC 判定对应的序列为双边序列时，包括 $N_1 < 0$ 的右边序列及 $N_2 > 0$ 的左边序列，以及 $N_1 < 0, N_2 > 0$ 的有限长度序列，可将 $X(z)$ 进行部分分式展开，然后 $X(z)$ 的每一部分分式根据收敛域及其在 $z=0$ 与 ∞ 处收敛情况，判定对应的序列是因果还是非因果，再利用相应的初值定理求初值。

例 9.20　已知

$$X(z) = \frac{\frac{5}{6} - \frac{7}{6}z^{-1}}{1 - 2.5z^{-1} + z^{-2}}$$

试利用初值定理求 $x(0)$。

解　将 $X(z)$ 部分分式展开为

$$X(z) = \frac{\frac{5}{6}z^2 - \frac{7}{6}z}{z^2 - 2.5z + 1} = \frac{\frac{5}{6}z^2 - \frac{7}{6}z}{(z - 0.5)(z - 2)} = \frac{\frac{1}{2}z}{z - 0.5} + \frac{\frac{1}{3}z}{z - 2}$$

$X(z)$ 的极点 $z = 0.5$ 和 $z = 2$。其收敛域有三种情形，即 $|z| < 0.5, 0.5 < |z| < 2$ 及 $|z| > 2$。下面对于不同收敛域分别求 $x(0)$：

（a）$|z| < 0.5$，且 $X(z)$ 在 $z = 0$ 处收敛，故对应一非因果序列：

$$x(0) = \lim_{z \to 0} X(z) = \lim_{z \to 0} \frac{\frac{5}{6}z^2 - \frac{7}{6}z}{(z - 0.5)(z - 2)} = 0$$

（b）$|z| > 2$，且 $X(z)$ 在 $z = \infty$ 处收敛，故对应一因果序列，则

$$x(0) = \lim_{z \to \infty} X(z) = \lim_{z \to \infty} \frac{\frac{5}{6} - \frac{7}{6}z^{-1}}{1 - 2.5z^{-1} + z^{-2}} = \frac{5}{6}$$

（c）$0.5 < |z| < 2$，对应一双边序列，将 $X(z)$ 展成部分分式，其中第 1 项的收敛域为 $|z| > 0.5$，且在 $z = \infty$ 处收敛，故对应一因果序列，第 2 项的收敛域为 $|z| < 2$，且在 $z = 0$ 处收敛，故对应一非因果序列，分别利用因果和非因果序列的初值定理，求得

$$x(0) = \lim_{z \to \infty} \frac{\frac{1}{2}z}{z - 0.5} + \lim_{z \to 0} \frac{\frac{1}{3}z}{z - 2} = \frac{1}{2}$$

9.6.8　终值定理

若 $x(n)$ 是因果序列，其 z 变换为 $X(z)$：

$$X(z) = \mathscr{Z}[x(n)] = \sum_{n=0}^{\infty} x(n)z^{-n} \tag{9.85}$$

则

$$\lim_{n \to \infty} x(n) = \lim_{z \to 1}[(z - 1)X(z)] \tag{9.86}$$

上述终值定理证明如下：

由于
$$\mathscr{L}[x(n+1)-x(n)]=zX(z)-zx(0)-X(z)$$
$$=(z-1)X(z)-zx(0)$$

于是
$$\lim_{z\to 1}(z-1)X(z)=x(0)+\lim_{z\to 1}\mathscr{L}[x(n+1)-x(n)]$$

$$=x(0)+\lim_{z\to 1}\sum_{n=0}^{\infty}[x(n+1)-x(n)]z^{-n}$$

$$=x(0)+[x(1)-x(0)]+[x(2)-x(1)]+[x(3)-x(2)]+\cdots$$

$$=x(\infty)$$

以上推导的终止定理只适用于右边序列,而且只有当 $n\to\infty$ 时 $x(n)$ 收敛才能应用。

9.6.9 时域卷积定理

若两序列 $x_1(n)$ 与 $x_2(n)$ 的 z 变换为
$$\mathscr{L}[x_1(n)]=X_1(z), \quad R_{x_{11}}<|z|<R_{x_{12}}$$
$$\mathscr{L}[x_2(n)]=X_2(z), \quad R_{x_{21}}<|z|<R_{x_{22}}$$

则 $x_1(n)$ 与 $x_2(n)$ 卷积的 z 变换为
$$\mathscr{L}[x_1(n)*x_2(n)]=\sum_{n=-\infty}^{\infty}[x_1(n)*x_2(n)]z^{-n}$$

$$=\sum_{n=-\infty}^{\infty}\sum_{m=-\infty}^{\infty}x_1(m)x_2(n-m)z^{-n}$$

$$=\sum_{m=-\infty}^{\infty}x_1(m)\sum_{m=-\infty}^{\infty}x_2(n-m)z^{-(n-m)}z^{-m}$$

$$=\sum_{m=-\infty}^{\infty}x_1(m)z^{-m}\cdot X_2(z)$$

$$=X_1(z)\cdot X_2(z)$$

即
$$\mathscr{L}[x_1(n)*x_2(n)]=X_1(z)X_2(z) \tag{9.87}$$

或写成
$$x_1(n)*x_2(n)=\mathscr{L}^{-1}[X_1(z)\cdot X_2(z)] \tag{9.88}$$

上式表示,两序列在时域上的卷积等效于在 z 域上两序列 z 变换的乘积。利用上述的时域卷积定理,不必按定义式直接计算 $x_1(n)$ 与 $x_2(n)$ 的卷积,而求 $X_1(z)$ 与 $X_2(z)$ 乘积的 z 反变换即可,如式(9.88)所示。

一般情况下,$X_1(z)\cdot X_2(z)$ 的收敛域是 $X_1(z)$ 和 $X_2(z)$ 收敛域的相交部分,即 $\max\{R_{x_{11}},R_{x_{21}}\}<|z|<\min\{R_{x_{12}},R_{x_{22}}\}$。若位于某一 z 变换收敛域边界上的极点被另一 z 变换的零点抵消,则收敛域将会扩大。

例 9.21 试利用卷积定理求下述两序列的卷积:

$$x_1(n) = a^n \varepsilon(n), \quad x_2(n) = b^n \varepsilon(n), \quad |b| > |a|$$

解　由于

$$\mathscr{Z}[x_1(n)] = X_1(z) = \frac{z}{z-a}, \quad |z| > |a|$$

$$\mathscr{Z}[x_2(n)] = X_2(z) = \frac{z}{z-b}, \quad |z| > |b|$$

于是

$$X_1(z) \cdot X_2(z) = \frac{z^2}{(z-a)(z-b)}, \quad |z| > |b|$$

部分分式展开,可得

$$X_1(z) \cdot X_2(z) = \frac{1}{a-b}\left(\frac{az}{z-a} - \frac{bz}{z-b}\right)$$

利用式(9.88)可得

$$
\begin{aligned}
x_1(n) * x_2(n) &= \mathscr{Z}^{-1}[X_1(z) \cdot X_2(z)] \\
&= \mathscr{Z}^{-1}\left[\frac{1}{a-b}\left(\frac{az}{z-a} - \frac{bz}{z-b}\right)\right] \\
&= \frac{1}{(a-b)}(a^{n+1} - b^{n+1})\varepsilon(n)
\end{aligned}
$$

9.6.10　z 域卷积定理(序列相乘)

上一节已推得时域卷积定理,序列卷积的 z 变换是各序列 z 变换之乘积。在连续时间情况下,时间域与频率域存在对偶性,由时间函数的卷积可以推得变换的乘积,而变换的卷积又可以从时间函数的乘积推得。对于离散信号,是否也具有时域或频域的对偶性,现来研究序列乘积的 z 变换。为此假设

$$\mathscr{Z}[x_1(n)] = X_1(z), \quad R_{x_{11}} < |z| < R_{x_{12}}$$

$$\mathscr{Z}[x_2(n)] = X_2(z), \quad R_{x_{21}} < |z| < R_{x_{22}}$$

则

$$\mathscr{Z}[x_1(n)x_2(n)] = \frac{1}{2\pi \mathrm{j}}\oint_{C_1} X_1\left(\frac{z}{v}\right)X_2(v)v^{-1}\mathrm{d}v \tag{9.89a}$$

或

$$\mathscr{Z}[x_1(n)x_2(n)] = \frac{1}{2\pi \mathrm{j}}\oint_{C_2} X_1(v)X_2\left(\frac{z}{v}\right)v^{-1}\mathrm{d}v \tag{9.89b}$$

式中 C_1, C_2 分别为 $X_1\left(\dfrac{z}{v}\right)$ 与 $X_2(v)$ 或 $X_1(v)$ 与 $X_2\left(\dfrac{z}{v}\right)$ 收敛域重叠部分内围绕原点逆时针方向的积分围线,而 $\mathscr{Z}[x_1(n) \cdot x_2(n)]$ 的收敛域一般为 $X_1(v)$ 与 $X_2\left(\dfrac{z}{v}\right)$ 或 $X_1\left(\dfrac{z}{v}\right)$ 与 $X_2(v)$ 收敛域的相交部分。

上述定理称为 z 域卷积定理,或称为复卷积定理。下面进行证明:

$$\mathscr{L}[x_1(n) \cdot x_2(n)] = \sum_{n=-\infty}^{\infty} [x_1(n)x_2(n)]z^{-n}$$

$$= \sum_{n=-\infty}^{\infty} \left[\frac{1}{2\pi j} \oint_{C_2} X_1(z)z^{n-1}\,dz \right] x_2(n)z^{-n}$$

$$= \frac{1}{2\pi j} \sum_{n=-\infty}^{\infty} \left[\oint_{C_2} X_1(v)v^n \frac{dv}{v} \right] x_2(n)z^{-n}$$

$$= \frac{1}{2\pi j} \oint_{C_2} \left[X_1(v) \sum_{n=-\infty}^{\infty} x_2(n) \left(\frac{z}{v} \right)^{-n} \right] \frac{dv}{v}$$

$$= \frac{1}{2\pi j} \oint_{C_2} X_1(v) X_2 \left(\frac{z}{v} \right) v^{-1}\,dv$$

为了说明式(9.89)右边确实与卷积相似,假设积分围线是一个圆,圆心为原点,且令

$$v = \rho e^{j\theta}, \quad z = r e^{j\varphi}$$

代入式(9.89b)可得

$$\mathscr{L}[x_1(n)x_2(n)] = \frac{1}{2\pi j} \oint_{C_2} X_1(\rho e^{j\theta}) X_2 \left(\frac{r e^{j\varphi}}{\rho e^{j\theta}} \right) \frac{d(\rho e^{j\theta})}{\rho e^{j\theta}}$$

$$= \frac{1}{2\pi} \oint_{C_2} X_1(\rho e^{j\theta}) X_2 \left(\frac{r}{\rho} e^{j(\varphi-\theta)} \right) d\theta$$

由于 C_2 为一圆,故积分上下限为 π 与 $-\pi$,于是

$$\mathscr{L}[x_1(n)x_2(n)] = \frac{1}{2\pi} \int_{-\pi}^{\pi} X_1(\rho e^{j\theta}) X_2 \left(\frac{r}{\rho} e^{j(\varphi-\theta)} \right) d\theta \tag{9.90a}$$

同理可证

$$\mathscr{L}[x_1(n)x_2(n)] = \frac{1}{2\pi} \int_{-\pi}^{\pi} X_1 \left(\frac{r}{\rho} e^{j(\varphi-\theta)} \right) X_2(\rho e^{j\theta}) d\theta \tag{9.90b}$$

上式右边可以看成以 θ 为变量的 $X_1(\rho e^{j\theta})$ 与 $X_2(\rho e^{j\theta})$ 之卷积。在利用式(9.89a)与式(9.89b)的复卷积定理时,一般都会用到留数定理,因此需要确定被积函数的哪些极点位于积分围线内部,并注意积分围线 C 的正确选择。

例 9.22 试利用 z 域卷积定理求 $n e^{bn} \varepsilon(n)$ 序列的 z 变换($|e^b| < 1$)。

解 已知

$$\mathscr{L}[n\varepsilon(n)] = X_1(z) = \frac{z}{(z-1)^2}, \quad |z| > 1$$

$$\mathscr{L}[e^{bn}\varepsilon(n)] = X_2(z) = \frac{z}{z-e^b}, \quad |z| > |e^b|, \ |e^b| < 1$$

利用 z 域卷积定理可得

$$\mathscr{L}[n e^{bn}\varepsilon(n)] = \frac{1}{2\pi j} \oint_{C_2} X_1(v) X_2 \left(\frac{z}{v} \right) \frac{dv}{v} = \frac{1}{2\pi j} \oint_{C_2} \frac{v}{(v-1)^2} \frac{\left(\dfrac{z}{v} \right)}{\left(\dfrac{z}{v} - e^b \right)} \frac{dv}{v}$$

$$= \frac{1}{2\pi \mathrm{j}} \oint_{C_2} \frac{z}{(v-1)^2(z-\mathrm{e}^b v)} \mathrm{d}v$$

其收敛域为 $|v|>1$ 与 $\left|\dfrac{z}{v}\right|>\mathrm{e}^b$ 的重叠区域，即要求 $1<|v|<\left|\dfrac{z}{\mathrm{e}^b}\right|$。由于 $|z|>1$，$|\mathrm{e}^b|<1$，故积分围线只包围一个二阶节点 $v=1$，如图 9.11 所示，于是

$$\mathscr{L}\left[n\mathrm{e}^{bn}\varepsilon(n)\right] = \frac{1}{2\pi \mathrm{j}} \oint_{C_2} \frac{z}{(v-1)^2(z-\mathrm{e}^b v)} \mathrm{d}v$$

$$= \mathrm{Res}\left[\frac{z}{(v-1)^2(z-\mathrm{e}^b v)}\right]_{v=1}$$

$$= \left[\frac{\mathrm{d}}{\mathrm{d}v}\left(\frac{z}{z-\mathrm{e}^b v}\right)\right]_{v=1} = \frac{\mathrm{e}^b z}{(z-\mathrm{e}^b)^2}$$

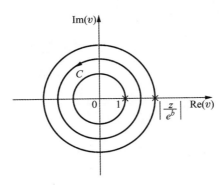

图 9.11　$\dfrac{z}{(v-1)^2(z-e^b v)}$ 在 v 平面上的零点、极点分布

9.6.11　共轭性质

若 $\mathscr{L}[x(n)]=X(z)$，$R_{x_1}<|z|<R_{x_2}$，则可求得

$$\mathscr{L}\left[x^*(n)\right] = \sum_{n=-\infty}^{\infty} x^*(n)z^{-n} = \left[\sum_{n=-\infty}^{\infty} x(n)(z^*)^{-n}\right]^*$$

由此可得共轭性质，即

$$\mathscr{L}\left[x^*(n)\right] = X^*(z^*), \quad R_{x_1}<|z|<R_{x_2} \tag{9.91}$$

9.6.12　帕斯瓦尔定理

根据 z 域卷积定理可以很容易推出 z 域中的帕斯瓦尔定理。由式 $(9.89b)$ 可知，复序列 $x_1(n)$ 与 $x_2(n)$ 乘积的 z 变换为

$$\mathscr{L}\left[x_1(n) \cdot x_2(n)\right] = \sum_{n=-\infty}^{\infty} x_1(n)x_2(n)z^{-n}$$

$$= \frac{1}{2\pi \mathrm{j}} \oint_C X_1(v)X_2\left(\frac{z}{v}\right)v^{-1}\mathrm{d}v \tag{9.92}$$

利用共轭性质式 (9.91)

$$\mathscr{L}\left[x_2^*(n)\right] = X_2^*(z^*)$$

于是式(9.92)可写成

$$\sum_{n=-\infty}^{\infty} x_1(n) x_2^*(n) z^{-n} = \frac{1}{2\pi j} \oint_C X_1(v) X_2^* \left(\frac{z^*}{v^*}\right) v^{-1} dv$$

令 $z=1$,上式变成

$$\sum_{n=-\infty}^{\infty} x_1(n) x_2^*(n) = \frac{1}{2\pi j} \oint_C X_1(v) X_2^* \left(\frac{1}{v^*}\right) v^{-1} dv \tag{9.93}$$

式中:围线 C 选在 $X_1(v)$ 与 $X_2^* \left(\dfrac{1}{v^*}\right)$ 的收敛域的重叠部分,若式(9.93)复变量 v 改为 z,则

$$\sum_{n=-\infty}^{\infty} x_1(n) x_2^*(n) = \frac{1}{2\pi j} \oint_C X_1(z) X_2^* \left(\frac{1}{z^*}\right) z^{-1} dz \tag{9.94}$$

如果 $x_2(n)$ 是实序列,则公式中去掉共轭号。式(9.94)就是 z 域的帕斯瓦尔定理。

表 9.3 列出了 z 变换的重要定理和性质。

表 9.3 z 变换主要定理和性质表

序列 $x(n)$	z 变换 $X(z)$	收敛域 R
1. $x_1(n)$	$X_1(z)$	$R_{x_{11}} < \mid z \mid < R_{x_{12}}$
2. $x_2(n)$	$X_2(z)$	$R_{x_{21}} < \mid z \mid < R_{x_{22}}$
3. $ax_1(n) + bx_2(n)$	$aX_1(z) + bX_2(z)$	$\max\{R_{x_{11}}, R_{x_{21}}\} < \mid z \mid < \min\{R_{x_{12}}, R_{x_{22}}\}$
4. $x^*(n)$	$X^*(z^*)$	$R_{x_1} < \mid z \mid < R_{x_2}$
5. $x(-n)$	$X(z^{-1})$	$R_{x_1} < \mid z^{-1} \mid < R_{x_2}$
6. $a^n x(n)$	$X(a^{-1} z)$	$\mid a \mid R_{x_1} < \mid z \mid < \mid a \mid R_{x_2}$
7. $(-1)^n x(n)$	$X(-z)$	$R_{x_1} < \mid z \mid < R_{x_2}$
8. $nx(n)$	$-z \dfrac{d}{dz} X(z)$	$R_{x_1} < \mid z \mid < R_{x_2}$
9. $x(n-n_0)$	$z^{-n_0} X(z)$	$R_{x_1} < \mid z \mid < R_{x_2}$
10. $x_1(n) * x_2(n)$	$X_1(z) \cdot X_2(z)$	$\max\{R_{x_{11}}, R_{x_{21}}\} < \mid z \mid < \min\{R_{x_{12}}, R_{x_{22}}\}$
11. $x_1(n) \cdot x_2(n)$	$\dfrac{1}{2\pi j} \oint_C X_1(v) X_2 \left(\dfrac{z}{v}\right) v^{-1} dv$	
12. $e^{j\omega_0 n} x(n)$	$X(e^{-j\omega_0} \cdot z)$	$R_{x_1} < \mid z \mid < R_{x_2}$
13. $z_0^n x(n)$	$X \left(\dfrac{z}{z_0}\right)$	$R_{x_1} < \left\mid \dfrac{z}{z_0} \right\mid < R_{x_2}$
14. $\text{Re}[x(n)]$	$\dfrac{1}{2}[X(z) + X^*(z^*)]$	$R_{x_1} < \mid z \mid < R_{x_2}$
15. $\text{Im}[x(n)]$	$\dfrac{j}{2}[X(z) - X^*(z^*)]$	$R_{x_1} < \mid z \mid < R_{x_2}$
16. $\sum_{k=0}^{n} x(k)$	$\dfrac{z}{z-1} X(z)$	

(续表)

序列 $x(n)$	z 变换 $X(z)$	收敛域 R
17. $x(0) = \lim\limits_{z \to \infty} X(z)$	（$x(n)$ 为因果序列）	
18. $x(0) = \lim\limits_{z \to 0} X(z)$	（$x(n)$ 为非因果序列）	
19. $x(\infty) = \lim\limits_{z \to 1}[(z-1)X(z)]$	（$x(n)$ 为因果序列）	
20. $\displaystyle\sum_{n=-\infty}^{\infty} x_1(n)x_2^*(n) = \frac{1}{2\pi\mathrm{j}}\oint_C X_1(z)X_2^*\left(\frac{1}{z^*}\right)z^{-1}\,\mathrm{d}z$		

9.7　z 变换与拉氏变换的关系

第 8 章已讨论了拉普拉斯变换，下面研究 z 变换与拉氏变换的关系。在 9.2 节给出了复变量 z 与 s 的关系，即

$$z = \mathrm{e}^{sT}, \quad s = \frac{1}{T}\ln z$$

式中 T 是取样间隔，它与重复频率 ω_s 的关系为

$$T = \frac{2\pi}{\omega_s}, \quad \omega_s = \frac{2\pi}{T}$$

为了推导 s 平面与 z 平面的映射关系，将 s 表示成直角坐标形式，z 表示成极坐标形式，即

$$s = \sigma + \mathrm{j}\omega, \quad z = r\mathrm{e}^{\mathrm{j}\theta}$$

于是

$$z = r\mathrm{e}^{\mathrm{j}\theta} = \mathrm{e}^{sT} = \mathrm{e}^{(\sigma+\mathrm{j}\omega)T}$$

因此

$$r = \mathrm{e}^{\sigma T} = \mathrm{e}^{\sigma\frac{2\pi}{\omega_s}}, \theta = \omega T = \omega\frac{2\pi}{\omega_s}$$

利用上述公式可推得 s 平面与 z 平面的映射关系如下：

（1）s 平面上的虚轴（$\sigma=0$，$s=\mathrm{j}\omega$）映射到 z 平面是单位圆。这是因为 $z=\mathrm{e}^{sT}=\mathrm{e}^{\mathrm{j}\omega T}$，于是 $|z|=1$ 为一单位圆。类似地，平行于虚轴的直线（σ 为常数）映射到 z 平面是单位圆内（$r<1$）或单位圆外（$r>1$）的圆；而 s 左半平面（$\sigma<0$）映射到 z 平面时，由于 $|z|=|\mathrm{e}^{sT}|<1$，故映射到 z 平面为单位圆的圆内部分；s 右半平面（$\sigma>0$）映射到 z 平面则为单位圆的圆外部分（$|z|>1$）。

（2）s 平面的实轴（$\omega=0$，$s=\sigma$）映射到 z 平面为正实轴。这是因为 $\theta=\omega T=0$，$r=\mathrm{e}^{sT}$ 为任意大于零的值。类似的平行于实轴的直线（$\omega=\omega_1$）映射到 z 平面为 $\theta=\omega_1 T$ 始于原点的辐射线，而其中当 $\omega = \dfrac{k\omega_s}{2}$（$k=\pm 1,\pm 3,\cdots$）时平行于实轴的直线映射到 z 平面时为负实轴 $\left(\theta=\dfrac{k\omega_s}{2}T=k\pi,k=\pm 1,\pm 3\right)$。

s 平面于 z 平面的映射关系如表 9.4 所示。

表 9.4　s 平面与 z 平面的映射关系

S 平面	z 平面
1. 虚轴($\sigma=0,s=\mathrm{j}\omega$)	单位圆($z=\mathrm{e}^{\mathrm{j}\omega T}$，$\mid z\mid=1$)
2. 左半平面($\sigma<0$)	单位圆内($r=\mathrm{e}^{\sigma T}<1$)
3. 右半平面($\sigma>0$)	单位圆外($r=\mathrm{e}^{\sigma T}>1$)
4. 平行于虚轴的直线($\sigma=\sigma_0$)	圆($r=\mathrm{e}^{\sigma_0 T}$)
5. 实轴($\omega=0,s=\sigma$)	正实轴($\theta=\omega T=0,r=\mathrm{e}^{\sigma T}$)
6. 平行于实轴的直线($\omega=\omega_0$)	始于原点的辐射线($\theta=\omega_0 T$)
7. 平行于实轴的直线$\left(\omega=\pm\dfrac{k\omega_{\mathrm{s}}}{2},k=1,3,\cdots\right)$	负实轴$\left(\theta=\pm\dfrac{k\omega_{\mathrm{s}}}{2}\dfrac{2\pi}{\omega_{\mathrm{s}}}=\pm k\pi,k=1,3,\cdots\right)$
8. 虚轴$\left(\omega=-\dfrac{\omega_{\mathrm{s}}}{2}:\dfrac{\omega_{\mathrm{s}}}{2}\right)$	单位圆($\theta=-\pi:\pi$)

为了得到 z 变换与拉氏变换的关系，先讨论连续信号与抽样信号拉氏变换的关系。若连续信号 $x(t)$ 的拉氏变换为 $X(s)$，$x(t)$ 被抽样间隔 T 的冲激序列进行抽样，于是得到抽样信号 $x_{\mathrm{s}}(t)$，即

$$x_{\mathrm{s}}(t) = x(t)\delta_T(t) = \sum_{n=0}^{\infty}x(nT)\delta(t-nT)$$

在第 8 章已求得冲激序列 $\delta_T(t)$ 的拉氏变换为

$$\mathscr{L}\big[\delta_T(t)\big] = \int_0^{\infty}\sum_{n=0}^{\infty}\delta(t-nT)\mathrm{e}^{-st}\mathrm{d}t = \sum_{n=0}^{\infty}\mathrm{e}^{-snT}$$

当 $\sigma=\mathrm{Re}[s]>0$ 时上式收敛，按照等比级数求和公式可得

$$\mathscr{L}\big[\delta_T(t)\big] = \frac{1}{1-\mathrm{e}^{-sT}}$$

由 s 域卷积定理可得抽样信号的拉氏变换为

$$\mathscr{L}\big[x_{\mathrm{s}}(t)\big] = X_{\mathrm{s}}(s) = \mathscr{L}\big[x(t)\delta_T(t)\big] = \frac{1}{2\pi\mathrm{j}}\int_{\sigma-\mathrm{j}\infty}^{\sigma+\mathrm{j}\infty}X(p)\,\frac{1}{1-\mathrm{e}^{-(s-p)T}}\mathrm{d}p \tag{9.95}$$

假定 $x(t)$ 因果且收敛，则 $X(p)$ 的极点位于 s 左半平面，而函数 $\dfrac{1}{1-\mathrm{e}^{-(s-p)T}}$ 的极点满足下式

$$\mathrm{e}^{-(s-p)T} = 1 = \mathrm{e}^{\mathrm{j}2\pi k}, \quad k=0,\pm1,\pm2,\cdots$$

于是极点位于

$$p = p_k = s+\mathrm{j}\,\frac{2\pi}{T}k, \quad k=0,\pm1,\pm2,\cdots$$

由于 $\sigma=\mathrm{Re}[s]>0$，因此上述极点全部位于 s 右半平面。式(9.95)积分上、下限($\sigma-\mathrm{j}\infty$)($\sigma+\mathrm{j}\infty$)如图 9.12 所示，该式可以表示为

$$X_{\mathrm{s}}(s) = \frac{1}{2\pi\mathrm{j}}\oint_C\frac{X(p)}{1-\mathrm{e}^{-(s-p)T}}\mathrm{d}p - \frac{1}{2\pi\mathrm{j}}\int_R\frac{X(p)}{1-\mathrm{e}^{-(s-p)T}}\mathrm{d}p$$

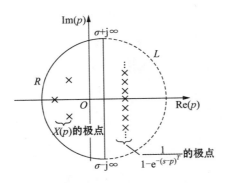

图 9.12　式(9.95)的积分路径

上式中积分围线 C 与积分路径 R 如图 9.12 所示。

通常上式右边第二项等于零,于是

$$X_s(s) = \frac{1}{2\pi j} \oint_C \frac{X(p)}{1-e^{-(s-p)T}} dp = \sum_i \text{Res}\left[\frac{X(p)}{1-e^{-(s-p)T}}\right]_{p=p_i}$$

积分围线 C 内包围了 $X(p)$ 的全部极点,而不包围 $\dfrac{1}{1-e^{-(s-p)T}}$ 的极点,且 $X(p)$ 只具有 i 个一阶极点 $p=p_i$,即

$$X(p) = \sum_i \frac{A_i}{p-p_i} \tag{9.96}$$

则 $X_s(s)$ 为

$$X_s(s) = \sum_i \left[(p-p_i)\frac{X(p)}{1-e^{-(s-p)T}}\right]_{p=p_i} = \sum_i \left[\frac{A_i}{1-e^{-(s-p)T}}\right]_{p=p_i} \tag{9.97}$$

在 9.2 节中,已知抽样信号的拉氏变换与 z 变换的关系(见式(9.10))为

$$X_s(s)\mid_{e^{sT}=z} = X(z)$$

于是将式(9.97)中的 e^{sT} 以 z 代替,并将 $p=p_i$ 代入,可得

$$X(z) = \sum_i \frac{A_i}{1-z^{-1}e^{p_i T}} \tag{9.98}$$

式中:A_i 为 $X(p)$ 在 $p=p_i$ 处的留数。

综合式(9.96)与式(9.98)可知,若连续信号 $x(t)$ 的拉氏变换 $X(s)$ 只含有一阶极点 s_i,即

$$X(s) = \sum_i \frac{A_i}{s-s_i}$$

则 $x(t)$ 被抽样后的抽样信号 $x_s(t)$ 的 z 变换必定为

$$X(z) = \sum_i \frac{A_i}{1-z^{-1}e^{s_i T}}$$

例 9.23　已知余弦信号 $\cos\omega_0 t \cdot \varepsilon(t)$ 的拉氏变换为 $\dfrac{s}{s^2+\omega_0^2}$,试求抽样序列 $\cos n\omega_0 T \cdot \varepsilon(nT)$ 的 z 变换。

解　已知 $x(t)=\cos\omega_0 t \cdot \varepsilon(t)$,其拉氏变换为

$$X(s) = \frac{s}{s^2 + \omega_0^2} = \frac{\frac{1}{2}}{s - j\omega_0} + \frac{\frac{1}{2}}{s + j\omega_0}$$

利用式(9.98)可得 $\cos n\omega_0 T \cdot \varepsilon(nT)$ 的 z 变换为

$$X(z) = \frac{\frac{1}{2}}{1 - z^{-1} e^{j\omega_0 T}} + \frac{\frac{1}{2}}{1 - z^{-1} e^{-j\omega_0 T}}$$

$$= \frac{1 - z^{-1} \cos\omega_0 T}{1 - 2z^{-1} \cos\omega_0 T + z^{-2}} = \frac{z(z - \cos\omega_0 T)}{z^2 - 2z\cos\omega_0 T + 1}$$

在以上例子中,如果把 $X(s)$ 换成连续系统的系统函数 $H(s)$(或称模拟滤波器),那么相应的 $X(z)$ 也换成 9.8 节将要介绍的离散系统的系统函数 $H(z)$(或称数字滤波器)。可以看出,若已知 $H(s)$,利用式(9.98)就能直接求出相应的 $H(z)$,而该 $H(z)$ 的反变换(即单位样值响应)正是原连续系统冲激响应 $h(t)$ 的冲激采样,即 $h(nT) = h(t)\big|_{t=nT}$,因此离散系统的单位样值响应保留了原连续系统的特征。在数字信号处理技术中,通常把这种数字滤波器的设计方法称为冲激不变法。

表 9.5 列出常用信号 $x(t)$ 的拉氏变换 $X(s)$ 与其抽样信号 $x(nT)$ 的 z 变换对照表。

表 9.5 常用信号拉氏变换与其抽样信号 z 变换对照表

连续信号 $x(t)$	拉氏变换 $X(s)$	抽样信号 $x(nT)$	z 变换 $X(z)$
1. $\delta(t)$	1	$\delta(nT)$	1
2. $\varepsilon(t)$	$\frac{1}{s}$	$\varepsilon(nT)$	$\frac{z}{z-1}$
3. $e^{-at}\varepsilon(t)$	$\frac{1}{s+a}$	$e^{-anT}\varepsilon(nT)$	$\frac{z}{z - e^{-aT}}$
4. $te^{-at}\varepsilon(t)$	$\frac{1}{(s+a)^2}$	$nTe^{-anT}\varepsilon(nT)$	$\frac{Tze^{-aT}}{(z - e^{-aT})^2}$
5. $t\varepsilon(t)$	$\frac{1}{s^2}$	$nT\varepsilon(nT)$	$\frac{zT}{(z-1)^2}$
6. $t^2\varepsilon(t)$	$\frac{2}{s^3}$	$(nT)^2\varepsilon(nT)$	$\frac{T^2 z(z+1)}{(z-1)^3}$
7. $\sin\omega_0 t \cdot \varepsilon(t)$	$\frac{\omega_0}{s^2 + \omega_0^2}$	$\sin(\omega_0 nT)\varepsilon(nT)$	$\frac{z\sin\omega_0 T}{z^2 - 2z\cos\omega_0 T + 1}$
8. $\cos\omega_0 t \cdot \varepsilon(t)$	$\frac{s}{s^2 + \omega_0^2}$	$\cos(\omega_0 nT)\varepsilon(nT)$	$\frac{z(z - \cos\omega_0 T)}{z^2 - 2z\cos\omega_0 T + 1}$
9. $e^{-at}\sin\omega_0 t \cdot \varepsilon(t)$	$\frac{\omega_0}{(s+a)^2 + \omega_0^2}$	$e^{-anT} \cdot \sin(\omega_0 nT)\varepsilon(nT)$	$\frac{ze^{-aT}\sin\omega_0 T}{z^2 - 2ze^{-aT}\cos\omega_0 T + e^{-2aT}}$
10. $e^{-at}\cos\omega_0 t \cdot \varepsilon(t)$	$\frac{s+a}{(s+a)^2 + \omega_0^2}$	$e^{-anT} \cdot \cos(\omega_0 nT)\varepsilon(nT)$	$\frac{z^2 - ze^{-aT}\cos\omega_0 T}{z^2 - 2ze^{-aT}\cos\omega_0 T + e^{-2aT}}$

9.8　离散时间系统的 z 域分析

在离散时间线性非移变系统的分析中，z 变换起着重要作用，利用 z 变换对离散时间系统进行分析称为离散系统的 z 域分析。

离散时间系统常用线性差分方程来表示，在第 3 章中已讨论了求解差分方程的时域法，虽然比较直观，但求解过程较繁，不够方便，下面讨论利用 z 变换求解差分方程的方法。

9.8.1　利用 z 变换求解差分方程

已知 N 阶离散系统差分方程的一般表示式为

$$\sum_{k=0}^{N} a_k y(n-k) = \sum_{r=0}^{M} b_r x(n-r)$$

等式两边进行单边 z 变换，并利用时域性质，可得

$$\sum_{k=0}^{N} a_k z^{-k} \left[Y(z) + \sum_{l=-k}^{-1} y(l) z^{-l} \right] = \sum_{r=0}^{M} b_r z^{-r} \left[X(z) + \sum_{m=-r}^{-1} x(m) z^{-m} \right]$$

若系统处于零状态，即当 $-N \leqslant l \leqslant -1$ 时 $y(l)=0$，此时上式可写成

$$\sum_{k=0}^{N} a_k z^{-k} Y(z) = \sum_{r=0}^{M} b_r z^{-r} \left[X(z) + \sum_{m=-r}^{-1} x(m) z^{-m} \right]$$

若 $x(n)$ 为因果序列，则

$$\sum_{k=0}^{N} a_k z^{-k} Y(z) = \sum_{r=0}^{M} b_r z^{-r} X(z)$$

定义

$$H(z) = \frac{Y(z)}{X(z)} = \frac{\displaystyle\sum_{r=0}^{M} b_r z^{-r}}{\displaystyle\sum_{k=0}^{N} a_k z^{-k}} \tag{9.99}$$

$H(z)$ 称为离散系统的系统函数，它是系统零状态响应的 z 变换与因果输入信号 z 变换之比值。由式（9.99）可得

$$Y(z) = H(z) X(z)$$

系统零状态响应为

$$y_{zs}(n) = \mathscr{Z}^{-1} [H(z) X(z)] \tag{9.100}$$

当系统处于零输入时，即 $x(n)=0$，此时差分方程成为齐次方程

$$\sum_{k=0}^{N} a_k y(n-k) = 0$$

其单边 z 变换为

$$\sum_{k=0}^{N} a_k z^{-k} \left[Y(z) + \sum_{l=-k}^{-1} y(l) z^{-l} \right] = 0$$

因此

$$Y(z) = \frac{-\sum\limits_{k=0}^{N}\left[a_k z^{-k} \cdot \sum\limits_{l=-k}^{-1} y(l) z^{-l}\right]}{\sum\limits_{k=0}^{N} a_k z^{-k}}$$

系统零输入响应为

$$y_{zp}(n) = \mathscr{Z}^{-1}[Y(z)] \tag{9.101}$$

离散系统的完全响应等于零状态与零输入响应之和，即由式(9.100)及式(9.101)求得 $y_{zs}(n)$ 与 $y_{zp}(n)$ 之和。

例 9.24　已知描述某离散时间因果系统的差分方程为

$$y(n) - 0.8y(n-1) = 0.05 \cdot \varepsilon(n)$$

边界条件 $y(-1)=0$，求完全响应 $y(n)$。

解　由于 $y(-1)=0$，故完全响应即零状态响应，零输入响应为零。对已知差分方程的等式两边进行单边 z 变换，可得

$$Y(z)(1 - 0.8z^{-1}) = \frac{0.05}{1 - z^{-1}}$$

于是

$$Y(z) = \frac{0.05}{(1 - 0.8z^{-1})(1 - z^{-1})}$$
$$= \frac{0.05z^2}{(z - 0.8)(z - 1)}, \quad |z| > 1$$

对 $Y(z)$ 进行部分分式展开，可得

$$Y(z) = \frac{-0.2z}{z - 0.8} + \frac{0.25z}{z - 1}, \quad |z| > 1$$

因此

$$y(n) = y_{zs}(n) = [-0.2(0.8)^n + 0.25]\varepsilon(n)$$

此结果与例 3.7 的结果一致。

例 9.25　系统及其差分方程同上例，但 $y(-1)=1$，求完全响应 $y(n)$。

解　先求零状态响应 $y_{zs}(n)$，此时 $y(-1)=0$，差分方程同上例，故可利用上例结果得

$$y_{zs}(n) = [-0.2(0.8)^n + 0.25]\varepsilon(n)$$

再求零输入响应 $y_{zp}(n)$，此时 $x(n)=0$，故差分方程为 $y(n) - 0.8y(n-1) = 0$，等式两边进行单边 z 变换后得

$$Y(z) - 0.8z^{-1}[Y(z) + y(-1)z] = 0$$
$$Y(z)[1 - 0.8z^{-1}] = 0.8y(-1) = 0.8$$
$$Y(z) = \frac{0.8}{1 - 0.8z^{-1}}, \quad |z| > 0.8$$

故

$$y_{zp}(n) = 0.8(0.8)^n \varepsilon(n)$$

完全响应为

$$y(n) = y_{zs}(n) + y_{zp}(n)$$
$$= [-0.2(0.8)^n + 0.25] + 0.8(0.8)^n$$
$$= [0.6(0.8)^n + 0.25]\varepsilon(n)$$

此结果与例 3.8 的结果一致。

9.8.2　系统函数零、极点分布与系统特性的关系

离散系统的系统函数已在上一节式(9.99)中定义,即

$$H(z) = \frac{Y(z)}{X(z)} = \frac{\sum_{r=0}^{M} b_r z^{-r}}{\sum_{k=0}^{N} a_k z^{-k}}$$

上式经因式分解,可改写为

$$H(z) = G \frac{\prod_{r=1}^{M}(1 - z_r z^{-1})}{\prod_{k=1}^{N}(1 - p_k z^{-1})} \tag{9.102}$$

式中 z_r 为 $H(z)$ 的零点,p_k 为 $H(z)$ 的极点,它们都由差分方程的系数 a_k 与 b_r 所决定。系统函数 $H(z)$ 与单位样值响应是一对 z 变换,即

$$H(z) = \mathscr{Z}[h(n)] \tag{9.103a}$$
$$h(n) = \mathscr{Z}^{-1}[H(z)] \tag{9.103b}$$

可根据式(9.103b)由 $H(z)$ 求得系统的单位样值响应 $h(n)$,也可从 $H(z)$ 的零极点分布确定 $h(n)$。将 $H(z)$ 展成部分分式,若 $H(z)$ 具有一阶极点 $p_1, p_2, \cdots, p_k$,则 $h(n)$ 可求得为

$$h(n) = \mathscr{Z}^{-1}[H(z)] = \mathscr{Z}^{-1}\left[G \frac{\prod_{r=1}^{M}(1 - z_r z^{-1})}{\prod_{k=1}^{N}(1 - p_k z^{-1})}\right] = \mathscr{Z}^{-1}\left[\sum_{k=0}^{N} \frac{A_k z}{z - p_k}\right]$$

式中 $p_0 = 0$,于是

$$h(n) = \mathscr{Z}^{-1}\left[A_0 + \sum_{k=0}^{N} \frac{A_k z}{z - p_k}\right]$$

若收敛域 $|z| > \max[|p_k|], (k = 1, 2, \cdots, N)$,则

$$h(n) = A_0 \delta(n) + \sum_{k=1}^{N} A_k (p_k)^n \varepsilon(n)$$

在上述情况下,$H(z)$ 的极点决定 $h(n)$ 的特性,而零点只影响 $h(n)$ 的幅度和相位。利用已知的 z 平面与 s 平面的映射关系

$$z = e^{sT}, r = e^{\sigma T}, \theta = \omega T$$

可由 $H(s)$ 的极点推得 $H(z)$ 的极点位置,由 $h(t)$ 推得 $h(n)$。因果系统 $H(z)$ 极点与 $h(n)$ 对应表如表 9.6 所示。

表 9.6 因果系统 H(z)极点与 h(n)对应表

$H(z)$极点	$H(s)$极点	$h(t)$	$h(n)$
1. $z=1$	$s=0$	$\varepsilon(t)$	$\varepsilon(n)$
2. $z=r=\mathrm{e}^{-aT}<1$	$s=-a$	$\mathrm{e}^{-at}\cdot\varepsilon(t)$	$\mathrm{e}^{-an}\cdot\varepsilon(n)$
3. $z=r=\mathrm{e}^{aT}>1$	$s=a$	$\mathrm{e}^{at}\cdot\varepsilon(t)$	$\mathrm{e}^{an}\cdot\varepsilon(n)$
4. $z=\mathrm{e}^{\pm\mathrm{j}\omega T}$	$s=\pm\mathrm{j}\omega$	$\cos\omega t\cdot\varepsilon(t)$	$\cos\omega n\cdot\varepsilon(n)$
5. $\lvert z\rvert=r=\mathrm{e}^{-aT}<1,\theta=\omega T$	$s=-a\pm\mathrm{j}\omega$	$\mathrm{e}^{-at}\cos\omega t\cdot\varepsilon(t)$	$\mathrm{e}^{-an}\cos\omega n\cdot\varepsilon(n)$
6. $\lvert z\rvert=r=\mathrm{e}^{aT}>1,\theta=\omega T$	$s=a\pm\mathrm{j}\omega$	$\mathrm{e}^{at}\cos\omega t\cdot\varepsilon(t)$	$\mathrm{e}^{an}\cos\omega n\cdot\varepsilon(n)$
7. $\lvert z\rvert=r=1,\theta=\pm\pi$	$s=\pm\mathrm{j}\omega_{\mathrm{s}}/2$	$\cos\dfrac{\omega_{\mathrm{s}}}{2}t\cdot\varepsilon(t)$	$\cos\pi n\cdot\varepsilon(n)$
8. $\lvert z\rvert=r<1,\theta=\pm\pi$	$s=-a\pm\mathrm{j}\dfrac{\omega_{\mathrm{s}}}{2}$	$\mathrm{e}^{-at}\cos\dfrac{\omega_{\mathrm{s}}}{2}t\cdot\varepsilon(t)$	$\mathrm{e}^{-an}\cos\pi n\cdot\varepsilon(n)$
9. $\lvert z\rvert=r>1,\theta=\pm\pi$	$s=a\pm\mathrm{j}\dfrac{\omega_{\mathrm{s}}}{2}$	$\mathrm{e}^{at}\cos\dfrac{\omega_{\mathrm{s}}}{2}t\cdot\varepsilon(t)$	$\mathrm{e}^{an}\cos\pi n\cdot\varepsilon(n)$

由表 9.6 可以看出,对于因果系统,有

(1) $H(z)$极点位于单位圆内,如第 2,5,8 行,收敛域为$\lvert z\rvert\geqslant1$,即收敛域包括单位圆,则 $h(n)$幅度是随 n 而衰减。

(2) 当 $H(z)$极点位于单位圆外,如第 3,6,9 行,收敛域不包括单位圆,其 $h(n)$的幅度是随 n 而递增。

(3) $H(z)$极点位于单位圆上,如第 1,4,7 行,此时 $h(n)$为等幅或成正负交替的等幅形状。

根据 BIBO 准则,容易推出线性非移变离散时间系统稳定的充要条件为

$$\sum_{n=-\infty}^{\infty}\lvert h(n)\rvert<\infty \tag{9.104}$$

这是因为当对于所有 n,输入 $x(n)$有界(即$\lvert x(n)\rvert<M$,M 为有限值)时,线性非移变系统的输出

$$\lvert y(n)\rvert=\left\lvert\sum_{k=-\infty}^{\infty}h(n-k)x(k)\right\rvert<M\left\lvert\sum_{k=-\infty}^{\infty}h(n-k)\right\rvert<\infty$$

为有限值,因此系统稳定。

由于

$$H(z)=\sum_{n=-\infty}^{\infty}h(n)z^{-n}$$

当 $H(z)$的收敛域包括单位圆,即 $H(z)$在 $z=1$ 处收敛,于是

$$H(z)\big|_{z=1}=\sum_{n=-\infty}^{\infty}\lvert h(n)\rvert<\infty$$

满足式(9.104),故系统稳定。也就是说,对于因果系统,如果 $H(z)$全部极点位于单位圆内,即收敛域$\lvert z\rvert\geqslant1$,ROC 包括单位圆,于是 $h(n)$绝对可和,那么系统稳定。这和表 9.6 中的结

果一致。

例 9.26　已知某离散时间因果系统由如下差分方程描述：

$$y(n) + 6y(n-1) + 12y(n-2) + 8y(n-3) = x(n)$$

起始条件为 $n < 0$ 时 $h(n) = 0$，试求 $h(n)$。

解　将差分方程两边进行 z 变换，且已知 $n < 0$ 时 $h(n) = 0$，故可得

$$Y(z)(1 + 6z^{-1} + 12z^{-2} + 8z^{-3}) = X(z)$$

于是

$$H(z) = \frac{1}{1 + 6z^{-1} + 12z^{-2} + 8z^{-3}} = \frac{z^3}{z^3 + 6z^2 + 12z + 8} = \frac{z^3}{(z+2)^3}$$

查表 9.2 可得

$$h(n) = \frac{1}{2}(n+1)(n+2)(-2)^n \varepsilon(n) = \left(\frac{1}{2}n^2 + \frac{3}{2}n + 1\right)(-2)^n \varepsilon(n)$$

例 9.27　已知某离散时间 LSI 系统由如下差分方程描述：

$$y(n) + 0.2y(n-1) - 0.24y(n-2) = x(n) + x(n-1)$$

(a) 求系统函数 $H(z)$，并说明其收敛域与稳定性因果性；

(b) 求单位样值响应 $h(n)$；

(c) 当激励 $x(n)$ 为单位阶跃序列 $\varepsilon(n)$ 时，求因果系统的零状态响应 $y_{zs}(n)$。

解　(a) 为求得系统函数，将差分方程两边进行 z 变换，

$$Y(z) + 0.2z^{-1}Y(z) - 0.24z^{-2}Y(z) = X(z) + z^{-1}X(z)$$

因此

$$H(z) = \frac{Y(z)}{X(z)} = \frac{1 + z^{-1}}{1 + 0.2z^{-1} - 0.24z^{-2}}$$

即

$$H(z) = \frac{z(z+1)}{(z-0.4)(z+0.6)}$$

可知 $H(z)$ 的一阶极点位于 $p_1 = 0.4, p_2 = -0.6$，一阶零点位于 $z_1 = 0, z_2 = -1$，其收敛域可能有三种情况：$|z| > 0.6, |z| < 0.4, 0.4 < |z| < 0.6$。对于第一种情况，$|z| > 0.6$，且 $H(z)$ 在 $z = \infty$ 处收敛，故此系统为一因果系统；由于收敛域包括单位圆（或所有极点在单位圆内），故此系统为一稳定系统。对于第二种情况，$|z| < 0.4$，且 $H(z)$ 在 $z = 0$ 处收敛，故此系统为一非因果系统，由于收敛域不包括单位圆，故此系统为非稳定系统。对于第三种情况，$0.4 < |z| < 0.6$，收敛域为一环形区域，且收敛域不包括单位圆，故此系统为一非因果不稳定系统。

(b) 将 $H(z)$ 展成部分分式，可得

$$H(z) = \frac{1.4z}{z - 0.4} - \frac{0.4z}{z + 0.6}$$

其 z 反变换为

当 $|z| > 0.6$ 时，$h(n) = [1.4(0.4)^n - 0.4(-0.6)^n]\varepsilon(n)$

当 $|z| < 0.4$ 时，$h(n) = [-1.4(0.4)^n + 0.4(-0.6)^n]\varepsilon(-n-1)$

当 $0.4 < |z| < 0.6$ 时，$h(n) = 1.4(0.4)^n \varepsilon(n) + 0.4(-0.6)^n \varepsilon(-n-1)$

（c）若激励 $x(n)=\varepsilon(n)$，其 z 变换为

$$X(z)=\frac{z}{z-1},\quad |z|>1$$

因此

$$Y(z)=H(z)X(z)=\frac{z^2(z+1)}{(z-1)(z-0.4)(z+0.6)},\quad |z|>1$$

将 $Y(z)$ 展成部分分式，可得

$$Y(z)=\frac{2.08z}{z-1}-\frac{0.93z}{z-0.4}-\frac{0.15z}{z+0.6},\quad |z|>1$$

求 z 反变换，得到零状态响应为

$$y_{zs}(n)=[2.08-0.93(0.4)^n-0.15(-0.6)^n]\varepsilon(n)$$

此结果与例 6.18 的结果完全相同。

例 9.28 对输入为 $x(n)$ 和输出 $y(n)$ 的 LSI 系统，已知：(1) 若对于所有 $n,x(n)=\left(\frac{1}{6}\right)^n\varepsilon(n)$，则对于所有的 $n,y(n)=\left[b\left(\frac{1}{2}\right)^n+10\left(\frac{1}{3}\right)^n\right]\varepsilon(n)$，式中 b 为常数；(2) 若对于所有的 $n,x(n)=(-1)^n$，则对于所有的 $n,y(n)=\frac{7}{4}(-1)^n$。

　　(a) 求该系统的系统函数 $H(z)$，并确定常数 b 的值；

　　(b) 写出描述该系统的差分方程；

　　(c) 如果对于所有 $n,x(n)=2^n$，求响应 $y(n)$。

解　(a) 由已知条件 (1)，可对输入 $x(n)$ 和输出 $y(n)$ 分别求出 z 变换，即

$$X(z)=\mathscr{Z}[x(n)]=\frac{1}{1-\frac{1}{6}z^{-1}},\quad |z|>\frac{1}{6}$$

$$Y(z)=\mathscr{Z}[y(n)]=\frac{b}{1-\frac{1}{2}z^{-1}}+\frac{10}{1-\frac{1}{3}z^{-1}}=\frac{(b+10)-\left(5+\frac{b}{3}\right)z^{-1}}{\left(1-\frac{1}{2}z^{-1}\right)\left(1-\frac{1}{3}z^{-1}\right)},\quad |z|>\frac{1}{2}$$

由式 (9.99) 可得系统函数 $H(z)$ 为

$$H(z)=\frac{Y(z)}{X(z)}=\frac{\left[(b+10)-\left(5+\frac{b}{3}\right)z^{-1}\right]\left(1-\frac{1}{6}z^{-1}\right)}{\left(1-\frac{1}{2}z^{-1}\right)\left(1-\frac{1}{3}z^{-1}\right)},\quad |z|>\frac{1}{2}$$

式中 b 为待定常数。而由已知条件 (2)，对于所有的 n，当 $x(n)=(-1)^n$ 时，LSI 系统的输出可通过卷积和求出，即

$$y(n)=h(n)*x(n)=\sum_{m=-\infty}^{\infty}h(m)x(n-m)=\sum_{m=-\infty}^{\infty}h(m)(-1)^{n-m}$$

$$=(-1)^n\sum_{m=-\infty}^{\infty}h(m)(-1)^{-m}=(-1)^nH(z)\big|_{z=(-1)}$$

因此有

$$H(z)\big|_{z=(-1)} = \frac{7}{4}$$

所以

$$H(-1) = \frac{\left[(b+10)+\left(5+\dfrac{b}{3}\right)\right]\left(\dfrac{7}{6}\right)}{\left(\dfrac{3}{2}\right)\left(\dfrac{4}{3}\right)} = \frac{7}{4}$$

解上式得到 $b=-9$。于是

$$H(z) = \frac{(1-2z^{-1})\left(1-\dfrac{1}{6}z^{-1}\right)}{\left(1-\dfrac{1}{2}z^{-1}\right)\left(1-\dfrac{1}{3}z^{-1}\right)} = \frac{1-\dfrac{13}{6}z^{-1}+\dfrac{1}{3}z^{-2}}{1-\dfrac{5}{6}z^{-1}+\dfrac{1}{6}z^{-2}}$$

或者

$$H(z) = \frac{(z-2)\left(z-\dfrac{1}{6}\right)}{\left(z-\dfrac{1}{2}\right)\left(z-\dfrac{1}{3}\right)} = \frac{z^2-\dfrac{13}{6}z+\dfrac{1}{3}}{z^2-\dfrac{5}{6}z+\dfrac{1}{6}}$$

(b) 根据系统函数 $H(z)$ 的定义式 (9.99),容易写出描述本系统的差分方程为

$$y(n)-\frac{5}{6}y(n-1)+\frac{1}{6}y(n-2) = x(n)-\frac{13}{6}x(n-1)+\frac{1}{3}x(n-2)$$

(c) 对于所有 n,当 $x(n)=2^n$ 作为特征函数输入时,系统的特征值为

$$H(2) = \frac{z^2-\dfrac{13}{6}z+\dfrac{1}{3}}{z^2-\dfrac{5}{6}z+\dfrac{1}{6}}\Bigg|_{z=2} = 0$$

于是,系统的输出

$$y(n) = (2)^n H(z)\big|_{z=2} = 0$$

从本例可以看出,对于 LSI 系统,如果特征输入为指数序列 $a^n(-\infty<n<\infty)$,那么系统的响应也同样是一个指数序列,不同的只是在幅度上被系统的特征值加权,即

$$a^n \to H(a)a^n \quad (-\infty<n<+\infty) \tag{9.105}$$

式中:$H(a)=H(z)\big|_{z=a}$ 称为系统的特征值。式 (9.105) 在实质上是与式 (6.54) 一致的。

9.8.3 利用系统函数的零、极点求频率响应

根据系统函数 $H(z)$ 的零极点分布,利用几何方法可以确定系统的频率响应,下面分析这种方法的原理。设系统函数为

$$H(z) = \frac{\prod_{r=1}^{M}(z-z_r)}{\prod_{k=1}^{N}(z-p_k)}$$

式中 z_r 为 $H(z)$ 的零点,p_k 是 $H(z)$ 的极点。当 $H(z)$ 的收敛域包含 $|z|=1$ 的单位圆时,将 $z=e^{j\omega}$ 代入上式可得频率响应为

$$H(e^{j\omega}) = \frac{\prod\limits_{r=1}^{M}(e^{j\omega} - z_r)}{\prod\limits_{k=1}^{N}(e^{j\omega} - p_k)} = \mid H(e^{j\omega}) \mid e^{j\varphi(\omega)}$$

令 $e^{j\omega} - z_r = U_r e^{j\psi_r}$，$e^{j\omega} - p_k = V_k e^{j\theta_k}$，因此幅度响应为

$$\mid H(e^{j\omega}) \mid = \frac{\prod\limits_{r=1}^{M} U_r}{\prod\limits_{k=1}^{N} V_k} \tag{9.106}$$

相位响应为

$$\varphi(\omega) = \sum_{r=1}^{M} \psi_r - \sum_{k=1}^{N} \theta_k \tag{9.107}$$

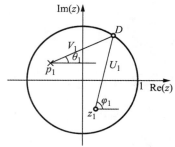

图 9.13　频率响应几何求法

式中 U_r 与 ψ_r 分别表示零点至单位圆上某点 $e^{j\omega}$ 的矢量 $(e^{j\omega} - z_r)$ 的幅度与相角，而 V_k 与 θ_k 分别表示极点 p_k 至单位圆上某点 $e^{j\omega}$ 的矢量 $(e^{j\omega} - p_k)$ 的幅度与相角，如图 9.13 所示。单位圆上的点 D 由 0 至 π 再到 2π 转一圈，就可以求出幅度响应与相位响应。由此可见，频率响应形状完全取决于 $H(z)$ 的零极点分布。

例 9.29　若系统的差分方程为

$$y(n) = ay(n-1) + x(n), \quad 0 < a < 1$$

试求此一阶系统的频率响应。

解　由给定的差分方程，可求得系统函数为

$$H(z) = \frac{1}{1 - az^{-1}}, \quad \mid z \mid > a$$

其零点为 $z = 0$，极点为 a，如图 9.14(a) 所示。按照频率响应的几何确定法（见式(9.106)）可求得

$$\mid H(e^{j0}) \mid = \frac{1}{1-a}, \quad \mid H(e^{j\pi}) \mid = \frac{1}{1+a}$$

可画出幅度响应 $\mid H(e^{j\omega}) \mid$ 如图 9.14(b) 所示，再按式(9.107)可求得

$$\varphi(0) = 0, \quad \varphi\left(\frac{\pi}{2}\right) = -\arctan a, \quad \varphi(\pi) = 0, \quad \varphi\left(\frac{3\pi}{2}\right) = \arctan a, \quad \varphi(2\pi) = 0$$

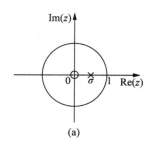 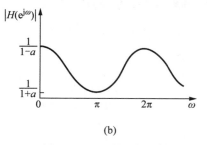 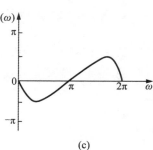

(a)　(b)　(c)

图 9.14　一阶系统频率响应

(a) 零极点图　(b) 幅度响应　(c) 相位响应

可画出相位响应 $\varphi(\omega)$ 如图 9.14(c) 所示。

例 9.30　系统的差分方程为

$$y(n) = \frac{3}{4} y(n-1) - \frac{1}{8} y(n-2) + 2x(n)$$

利用几何求解法画出此系统的幅度响应。

解　将差分方程两边进行 z 变换，可得系统函数为

$$H(z) = \frac{2}{1 - \frac{3}{4} z^{-1} + \frac{1}{8} z^{-2}} = \frac{2}{\left(1 - \frac{1}{2} z^{-1}\right)\left(1 - \frac{1}{4} z^{-1}\right)}$$

$H(z)$ 在 $z = \frac{1}{2}$ 和 $z = \frac{1}{4}$ 处有两个一阶极点，在 $z = 0$ 处有二阶零点，如图 9.15(a) 所示。按照式 (9.106) 可求得

$$|H(\mathrm{e}^{\mathrm{j}0})| = \frac{2}{\frac{1}{2} \cdot \frac{3}{4}} = \frac{16}{3},$$

$$|H(\mathrm{e}^{\mathrm{j}\pi})| = \frac{2}{\frac{3}{2} \cdot \frac{5}{4}} = \frac{16}{15}$$

利用对称性质可求得此二阶系统的幅度特性如图 9.15(b) 所示。

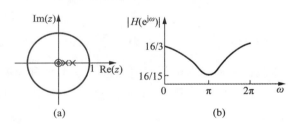

图 9.15　二阶系统

(a) 零极点图　(b) 幅度特性

例 9.31　如果某线性非移变因果系统的振幅响应为

$$|H(\mathrm{e}^{\mathrm{j}\omega})| = \begin{cases} 0, & \omega = \pm \omega_0 \\ 1, & \text{其他} \end{cases}$$

(a) 试画出该系统的零、极点图；

(b) 写出系统函数 $H(z)$ 的表示式。

(c) 写出系统的差分方程　(此系统又称为数字陷波器)。

解　(a) 按照式 (9.106)，要达到题中给定的 $|H(\mathrm{e}^{\mathrm{j}\omega})|$，则该系统 $H(z)$ 的零极点如图 9.16 所示，其中零点 $z_1 = \mathrm{e}^{\mathrm{j}\omega_0}$，$z_2 = \mathrm{e}^{-\mathrm{j}\omega_0}$，而极点位于 $p_1 = (1-\Delta)\mathrm{e}^{\mathrm{j}\omega_0}$，$p_2 = (1-\Delta)\mathrm{e}^{-\mathrm{j}\omega_0}$，$\Delta$ 为相当小的值，例如 $\Delta = 10^{-6}$。

(b) 可以写出

$$H(z) = \frac{(z - \mathrm{e}^{\mathrm{j}\omega_0})(z - \mathrm{e}^{-\mathrm{j}\omega_0})}{(z - p_1)(z - p_2)}$$

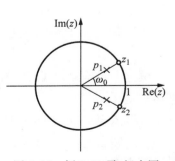

图 9.16　例 9.31 零、极点图

$$= \frac{z^2 - 2\cos\omega_0 \cdot z + 1}{z^2 - 2(1-\Delta)\cos\omega_0 \cdot z + (1-\Delta)^2}$$

（c）将 $H(z)$ 改写成

$$H(z) = \frac{Y(z)}{X(z)} = \frac{1 - 2\cos\omega_0 \cdot z^{-1} + z^{-2}}{1 - 2(1-\Delta)\cos\omega_0 \cdot z^{-1} + (1-\Delta)^2 z^{-2}}$$

于是可得差分方程为

$$y(n) - 2(1-\Delta)\cos\omega_0 \cdot y(n-1) + (1-\Delta)^2 y(n-2)$$
$$= x(n) - 2\cos\omega_0 \cdot x(n-1) + x(n-2)$$

9.9 离散时间系统的模拟

我们已经知道,离散系统常用一个线性常系数差分方程来表示。这种线性常系数差分方程可以先用类似 8.11 节介绍的模拟框图或信号流图进行模拟,在此基础上利用通用计算机或专用硬件来实现。这一节讨论离散时间系统的模拟。

差分方程的一般形式为

$$\sum_{k=0}^{N} a_k y(n-k) = \sum_{r=0}^{M} b_r x(n-r)$$

可改写为

$$y(n) = \frac{1}{a_0} \left\{ \sum_{r=0}^{M} b_r x(n-r) - \sum_{k=1}^{N} a_k y(n-k) \right\} \tag{9.108}$$

从上式可知,差分方程一般包括三种基本运算:相加、乘某一系数和延时。同连续时间系统一样,可以用三种基本单元来实现这三种运算,分别称为加法器、系数乘法器和单位延时器,如图 9.17 所示,下面举例说明。

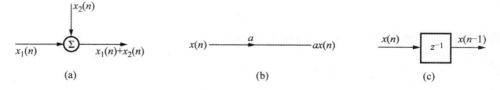

图 9.17 实现离散系统的基本单元

（a）加法器 （b）系数乘法器 （c）延时器

例 9.32 画出实现下述差分方程的框图:

$$y(n) + ay(n-1) = bx(n)$$

解 上述差分方程的一种直接递归算法是

$$y(n) = -ay(n-1) + bx(n)$$

可用方框图表示,示于图 9.18,其中单位延时器要求能记忆(存储) $y(n-1)$ 值。同时,图 9.18 为一个反馈系统, $y(n)$ 经单位延时后乘以 $-a$ 再反馈到输入端与 $bx(n)$ 相加,故图 9.18 是一种递归实现。

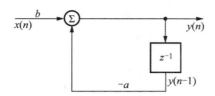

图 9.18　例 9.32 差分方程的实现

例 9.33　一非递归 LSI 系统的差分方程为

$$y(n) = b_0 x(n) + b_1 x(n-1)$$

试画出实现上述方程的框图。

　　解　实现上述方程的框图如图 9.19 所示,系统在计算输出现在值时不用输出过去值,故无反馈存在。

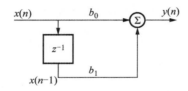

图 9.19　例 9.33 差分方程的实现

例 9.34　实现由下述差分方程描述的 LSI 系统:

$$y(n) + ay(n-1) = b_0 x(n) + b_1 x(n-1)$$

　　解　差分方程可用递归算法表示,即

$$y(n) = -ay(n-1) + b_0 x(n) + b_1 x(n-1)$$

然后用图 9.20 来实现。这一算法可以看作是图 9.18 和图 9.19 那样的 LSI 系统的级联(图 9.18 中,$b=1$),其中

$$w(n) = b_0 x(n) + b_1 x(n-1)$$

$$y(n) = -ay(n-1) + w(n)$$

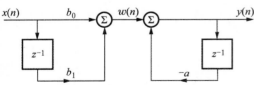

图 9.20　例 9.34 差分方程的实现

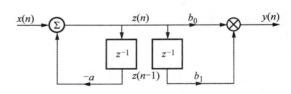

图 9.21　例 9.34 差分方程的另一种实现

　　从卷积交换律可知,两个 LSI 系统的级联次序是可以交换的,因此两个 LSI 系统实现其总特性与级联次序无关,可将图 9.20 中前后两部分交换次序,形成另一种实现形式,如图 9.21 所示。

　　由图 9.21 可以看出

$$z(n) = -az(n-1) + x(n)$$

$$y(n) = b_0 z(n) + b_1 z(n-1)$$

$$=-ab_0z(n-1)+b_0x(n)-ab_1z(n-2)+b_1x(n-1)$$
$$=-a[b_0z(n-1)+b_1z(n-2)]+b_0x(n)+b_1x(n-1)$$
$$=-ay(n-1)+b_0x(n)+b_1x(n-1)$$

与所给差分方程的递归形式完全相同。再者,注意到图 9.21 中两个单位延时器有相同的输入,因此可合并为一个延时器,如图 9.22 所示。显然,图 9.22 实现方式比图 9.21 经济。

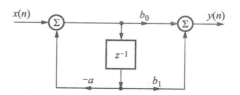

图 9.22　例 9.34 差分方程的实现改进

差分方程的一般形式式(9.107)可用一个非递归系统

$$w(n)=\sum_{r=0}^{M}b_rx(n-r)$$

和一个递归系统

$$y(n)=\frac{1}{a_0}\Big\{-\sum_{k=0}^{N}a_ky(n-k)+w(n)\Big\}$$

级联来实现,如图 9.23 所示,这种实现方式称为直接 I 型实现。如果把非递归系统和递归系统交换次序,将两串延时合并成一串,如图 9.24 所示。这种实现方式称为直接 II 型实现,它所需要的延时器减少了一半。

另外,本节的框图表示均可用第 8 章中的流图表示,这里不再赘述。

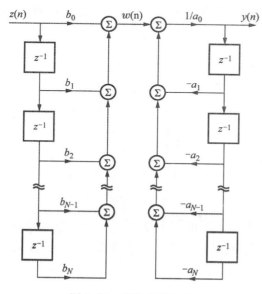

图 9.23　直接 I 型实现

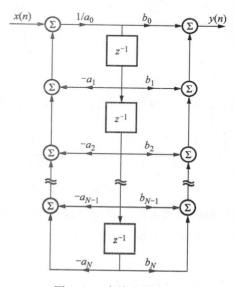

图 9.24　直接 I 型实现

9.10　本章小结

本章介绍了序列 z 变换的定义及有限长度序列、右边序列、左边序列以及双边序列 z 变换的收敛域,然后讨论了 z 反变换的三种方法:围线积分法(极点留数法)、幂级数展开法(长除法)以及部分分式展开法。强调了收敛域的重要性,对于不同的收敛域可以得到不同的反变换结果。本章着重研究了 z 变换的重要性质,这对于系统的 z 域分析是很重要的。

利用 z 变换分析 LSI 系统,它在求解差分方程时使计算变得直接而简单,对差分方程两边进行 z 变换可以推得系统函数,它是单位样值响应的 z 变换。对于常系数线性差分方程表征的系统来说,系统函数是两个多项式之比,从系统函数可以求得其零、极点,从零、极点图可以用几何方法确定系统的频率响应。本章最后简要介绍了离散系统的模拟框图实现。

习题

9.1　试求下述序列的 z 变换 $X(z)$,画出 $X(z)$ 的零、极点图,并标明收敛域:

(a) $\left(\dfrac{1}{2}\right)^n \varepsilon(n)$

(b) $\left(\dfrac{1}{3}\right)^{-n} \varepsilon(n)$;

(c) $-\left(\dfrac{1}{2}\right)^n \varepsilon(-n-1)$;

(d) $\left(\dfrac{1}{2}\right)^n [\varepsilon(n)-\varepsilon(n-10)]$。

9.2　确定下述序列的 z 变换,画出其零、极点图,说明该序列的傅里叶变化是否存在:

(a) $\left(\dfrac{1}{2}\right)^n \varepsilon(-n)$

(b) $\left\{\left(\dfrac{1}{2}\right)^n+\left(\dfrac{1}{4}\right)^n\right\} \varepsilon(n)$;

(c) $\left(\dfrac{1}{2}\right)^{n-1} \varepsilon(n-1)$。

9.3　试求下述各序列的 z 变换,画出其零、极点图,并指出收敛域,说明该序列的傅里叶变换是否存在:

(a) $\left(\dfrac{1}{2}\right)^{|n|}$

(b) $x(n)=\begin{cases} 0, & n<0 \\ 1, & 0\leqslant n\leqslant 9 \\ 0, & n>9 \end{cases}$。

9.4　试求下述序列的 z 变换,并标明收敛域,画出零、极点图:

(a) $7\left(\dfrac{1}{3}\right)^n \cos\left[\dfrac{2\pi n}{6}+\dfrac{\pi}{4}\right] \varepsilon(n)$

(b) $x(n)=\begin{cases} 1, & 0\leqslant n\leqslant N-1 \\ 0, & 其他 \end{cases}$。

9.5　试求下述 $X(z)$ 的反变换 $x(n)$:

(a) $X(z)=\dfrac{1}{1+0.5z^{-1}}$,　$|z|>0.5$

(b) $X(z)=\dfrac{1-0.5z^{-1}}{1+\dfrac{3}{4}z^{-1}+\dfrac{1}{8}z^{-2}}$,　$|z|>0.5$

(c) $X(z)=\dfrac{1-\dfrac{1}{2}z^{-1}}{1-\dfrac{1}{4}z^{-2}}$,　$|z|>\dfrac{1}{2}$;

(d) $X(z)=\dfrac{1-az^{-1}}{z^{-1}-a}$,　$|z|>\left|\dfrac{1}{a}\right|$。

9.6　试求下述序列的 z 变换,给出其收敛域,画出零、极点图:

$$x(n) = \begin{cases} n, & 0 \leqslant n \leqslant N \\ 2N-n, & N+1 \leqslant n \leqslant 2N \\ 0, & n > 2N \\ 0, & n < 0 \end{cases}$$

9.7　已知下述 z 变换,试确定其所对应的序列,哪些是因果的,哪些是非因果的,哪些既可因果又可非因果:

(a) $(1-z^{-1})^2 / \left(1-\dfrac{1}{2}z^{-1}\right)$；

(b) $(z-1)^2 / \left(z-\dfrac{1}{3}\right)$；

(c) $\left(z-\dfrac{1}{4}\right)^5 / \left(z-\dfrac{1}{3}\right)^6$；

(d) $\left(z-\dfrac{1}{4}\right)^6 / \left(z-\dfrac{1}{3}\right)^5$。

9.8　利用留数定理求下述 z 反变换:

(a) $X(z) = \dfrac{z}{(z-1)^2(z-2)}$，$|z| > 2$；

(b) $X(z) = \dfrac{z^2}{(ze-1)^3}$，$|z| > \dfrac{1}{e}$；

9.9　用指定的方法确定下述 z 变换的反变换:

(a) 部分分式法:$X(z) = \dfrac{1-2z^{-1}}{1-\dfrac{5}{2}z^{-1}+z^{-2}}$,$x(n)$绝对可和;

(b)　长除法:$X(z) = \dfrac{1-\dfrac{1}{2}z^{-1}}{1+\dfrac{1}{2}z^{-1}}$,$x(n)$为右边序列;

(c) 部分分式法:$X(z) = \dfrac{3}{z-\dfrac{1}{4}-\dfrac{1}{8}z^{-1}}$,$x(n)$绝对可和。

9.10　已知 z 变换 $X(z) = e^z + e^{\frac{1}{z}}$ $(z \neq 0)$,试求序列 $x(n)$。

9.11　求下列 $X(z)$ 的反变换 $x(n)$:

(a) $X(z) = \dfrac{10}{(1-0.5z^{-1})(1-0.25z^{-1})}$，$|z| > 0.5$；

(b) $X(z) = \dfrac{10z^2}{(z-1)(z+1)}$，$|z| > 1$；

(c) $X(z) = \dfrac{z^{-1}}{(1-6z^{-1})^2}$，$|z| > 6$；

(d) $X(z) = \dfrac{1+z^{-1}}{1-2z^{-1}\cos\omega + z^{-2}}$，$|z| > 1$；

(e) $X(z) = \dfrac{z^{-2}}{1+z^{-2}}$，$|z| > 1$

9.12　一个右边序列 $x(n)$ 的 z 变换如下式所示,试求 $x(n)$:

$$X(z) = \dfrac{1}{\left(1-\dfrac{1}{2}z^{-1}\right)(1-z^{-1})}$$

9.13 已知因果序列的 z 变换 $X(z)$，求序列的初值 $x(0)$ 与终值 $x(\infty)$：

(a) $X(z) = \dfrac{1+z^{-1}+z^{-2}}{(1-z^{-1})(1-2z^{-1})}$；　　(b) $X(z) = \dfrac{1}{(1-0.5z^{-1})(1+0.5z^{-1})}$；

(c) $X(z) = \dfrac{z^{-1}}{1-1.5z^{-1}+0.5z^{-2}}$。

9.14 设 $x(n)$ 的 z 变换为

$$X(z) = \frac{1-\dfrac{1}{4}z^{-2}}{\left(1+\dfrac{1}{4}z^{-2}\right)\left(1+\dfrac{5}{4}z^{-1}+\dfrac{3}{8}z^{-2}\right)}$$

求 $X(z)$ 所有可有的收敛域。

9.15 讨论一个序列 $x(n)$，其 z 变换

$$X(z) = \frac{\dfrac{1}{3}}{1-\dfrac{1}{2}z^{-1}} + \frac{\dfrac{1}{4}}{1-2z^{-1}}$$

此序列 z 变换的收敛域包括单位圆，试利用初值定理求 $x(0)$。

9.16 一个左边序列 $x(n)$ 的 z 变换为

$$X(z) = \frac{1}{\left(1-\dfrac{1}{2}z^{-1}\right)(1-z^{-1})}$$

试利用部分分式法确定 $x(n)$。

9.17 试画出 $X(z) = \dfrac{(-3z^{-1})}{(2-5z^{-1}+2z^{-2})}$ 的零、极点图，在下述三种收敛域时求各对应序列 $x(n)$，并说明哪种情况对应右边序列，左边序列，双边序列？

(a) $|z|>2$；　　(b) $|z|<0.5$；

(c) $0.5<|z|<2$。

9.18 设 $x(n)$ 的有理 z 变换 $X(z)$ 含有一个极点在 $z=1/2$，已知

$$x_1(n) = \left(\frac{1}{4}\right)^n x(n)$$

是绝对可和的，而

$$x_2(n) = \left(\frac{1}{8}\right)^n x(n)$$

不是绝对可和的。试确定 $x(n)$ 是否是左边，右边或双边的。

9.19 利用卷积定理求 $x(n) * h(n) = y(n)$：

(a) $x(n)=a^n \varepsilon(n)$，　$h(n)=b^n \varepsilon(-n)$；　　(b) $x(n)=a^n \varepsilon(n)$，　$h(n)=\delta(n-2)$；

(c) $x(n)=a^n \varepsilon(n)$，　$h(n)=\varepsilon(n-1)$。

9.20 如果 $x(n)$ 的 z 变换为 $X(z)$，试证明 $x_k(n) = \begin{cases} x(m), & n=mk \\ 0, & n\neq mk \end{cases}$（$m$ 为任意整数）的 z 变换为 $X(z^k)$。

9.21 一个右边序列 $x(n)$ 的 z 变换 $X(z)$ 由下式确定

$$X(z) = \frac{3z^{-10} + z^{-7} - 5z^{-2} + 4z^{-1} + 1}{z^{-10} - 5z^{-7} + z^{-3}}$$

对 $n<0$，试确定 $x(n)$。

9.22 已知 $x(n)$ 和 $y(n)$ 的 z 变换，试分别利用反变换法和 z 域卷积定理求 $x(n) \cdot y(n)$ 的 z 变换。

(a) $X(z) = \dfrac{1}{1-0.5z^{-1}}$, $\quad |z|>0.5$,

$\quad Y(z) = \dfrac{1}{1-2z}$, $\quad |z|<0.5$。

(b) $X(z) = \dfrac{0.99}{(1-0.1z^{-1})(1-0.1z)}$, $\quad 0.1<|z|<10$,

$\quad Y(z) = \dfrac{1}{1-10z}$, $\quad |z|>0.1$。

9.23 利用幂级数展开式

$$\ln(1-x) = -\sum_{i=1}^{\infty} \frac{x^i}{i}, \quad |x|<1$$

确定下述每个 z 变换式的反变换：

(a) $X(z) = \ln(1-2z)$, $\quad |z|<\dfrac{1}{2}$; $\qquad$ (b) $X(z) = \ln\left(1-\dfrac{1}{2}z^{-1}\right)$, $\quad |z|>\dfrac{1}{2}$。

9.24 试利用 $x(n)$ 的 z 变换求 $n^2 x(n)$ 的 z 变换。

9.25 某因果系统的系统函数 $H(z)$ 如下式所示，试说明这些系统是否稳定？

(a) $\dfrac{z+2}{8z^2-2z-3}$; $\qquad\qquad$ (b) $\dfrac{8(1-z^{-1}-z^{-2})}{2+5z^{-1}+2z^{-2}}$;

(c) $\dfrac{2z-4}{2z^2+z-1}$; $\qquad\qquad$ (d) $\dfrac{1+z^{-1}}{1-z^{-1}+z^{-2}}$;

9.26 已知一阶因果离散系统的差分方程为

$$y(n) + 3y(n-1) = x(n)$$

(a) 求系统的单位样值响应 $h(n)$；

(b) 若 $x(n) = (n+n^2)\varepsilon(n)$，且系统处于零状态，求响应 $y(n)$。

9.27 一个实序列 $x(n)$，其 z 变换的所有极点和零点皆位于单位圆内，试利用 $x(n)$ 求出一个不等于 $x(n)$ 的实序列 $x_1(n)$，对此序列 $x_1(0)=x(0)$，$|x_1(n)|=|x(n)|$ 且 $x_1(n)$ 的 z 变换的所有极点和零点均位于单位圆内。

9.28 设 $y(n)$ 为

$$y(n) = \left(\frac{1}{9}\right)^n \varepsilon(n)$$

试确定两个不同的信号 $x(n)$，对应的 z 变换都满足以下两个条件：

(a) $Y(z^2) = \dfrac{X(z)+X(-z)}{2}$;

(b) 在 z　平面内,$X(z)$ 仅有一个极点和一个零点。

9.29　一个实序列 $x(n)$ 的 z 变换为 $X(z)$,试证明:

(a) $X(z) = X^*(z^*)$;

(b) 如果 $X(z)$ 的一个极点(零点)发生在 $z = z_0$,则必然有一个极点(或零点)发生在 $z = z_0^*$;

(c) 对于序列 $x(n) = \left(\dfrac{1}{2}\right)^n \varepsilon(n)$,验证(b)。

9.30　求下列系统函数在 $10 < |z| \leqslant \infty$ 及 $0.5 < |z| < 10$ 两种收敛域情况下系统的单位样值响应,并说明系统的稳定性与因果性:

$$H(z) = \frac{9.5z}{(z - 0.5)(10 - z)}$$

9.31　对于差分方程 $y(n) = x(n) - y(n-1)$ 所表示的离散因果系统:

(a) 求系统函数 $H(z)$ 及单位样值响应 $h(n)$,并说明系统的稳定性;

(b) 若系统起始状态为零,且 $x(n) = 10 \cdot \varepsilon(n)$,求系统的响应。

9.32　研究一个线性非移变系统,其单位样值响应 $h(n)$ 和输入 $x(n)$ 为

$$h(n) = \begin{cases} a^n, & n \geqslant 0 \\ 0, & n < 0 \end{cases}, x(n) = \begin{cases} 1, & 0 \leqslant n \leqslant N-1 \\ 0, & \text{其他} \end{cases}$$

(a) 直接计算 $x(n)$ 和 $h(n)$ 的离散卷积,求零状态响应 $y_{zs}(n)$;

(b) 利用时域卷积定理计算 $x(n)$ 和 $h(n)$ 的 z 变换乘积的反变换,求零状态响应 $y_{zs}(n)$。

9.33　先将 $X(z)$ 对 z 求导,并利用 z 变换的适当性质,试求下面每个 z 变换式所对应的序列:

(a) $X(z) = \ln(1 - 2z)$,　$|z| < \dfrac{1}{2}$;　　　　(b) $X(z) = \ln\left(1 - \dfrac{1}{2}z^{-1}\right)$,　$|z| > \dfrac{1}{2}$。

将(a)和(b)的结果与习题 9.23 中使用幂级数展开所得的结果相比较。

9.34　一个序列 $x(n)$ 的自相关序列 $\varphi_{xx}(n)$ 定义为

$$\varphi_{xx}(n) = \sum_{k=-\infty}^{\infty} x(k)x(n+k)$$

试利用 $x(n)$ 的 z 变换确定 $\varphi_{xx}(n)$ 的 z 变换。

9.35　利用 z 平面零、极点几何作图法大致画出下列系统函数所对应的幅度响应:

(a) $H(z) = \dfrac{1}{z - 0.5}$;　　　　　　(b) $H(z) = \dfrac{z + 0.5}{z}$。

9.36　研究一个 LSI 系统,该系统输入 $x(n)$ 和输出 $y(n)$ 的关系用一阶差分方程 $y(n) + \dfrac{1}{2}y(n-1) = x(n)$ 表示,试求出满足上述差分方程的系统单位样值响应。

9.37　一因果 LSI 系统由下述差分方程描述:

$$y(n) - \frac{1}{2}y(n-1) + \frac{1}{4}y(n-2) = x(n)$$

(a) 试求该系统的系统函数;

(b) 若系统的输入 $x(n) = \left(\dfrac{1}{2}\right)^n \varepsilon(n)$，利用 z 域法确定系统的零状态响应 $y_{zs}(n)$。

9.38 已知一个线性非移变因果系统，用下列差分方程描述：
$$y(n) = y(n-1) + y(n-2) + x(n-1)$$
（a）试求该系统的系统函数，画出 $H(z)$ 的零、极点图并指出其收敛域；

（b）求该系统的单位样值响应；

（c）求满足上述差分方程的一个稳定（但非因果）系统的单位样值响应。

9.39 利用 z 变换方法求 $y(n) = x(n) * h(n)$，其中
$$h(n) = a^n \varepsilon(n), \quad 0 < a < 1$$
$$x(n) = G_N(n) = \varepsilon(n) - \varepsilon(n-N)$$

9.40 研究一个 LSI 系统，其输入 $x(n)$ 和输出 $y(n)$ 满足
$$y(n-1) - \frac{5}{2}y(n) + y(n+1) = x(n)$$
（a）试求该系统的系统函数，并画出其零、极点图；

（b）求系统单位样值响应 $h(n)$ 的三种可能选择；

（c）对每一种 $h(n)$ 讨论系统是否稳定？是否因果？

9.41 序列 $x(n)$ 是某一 LSI 系统当输入为 $s(n)$ 时的输出，该系统由下列差分方程描述：
$$x(n) = s(n) - e^{-8\alpha}s(n-8), \quad 0 < \alpha < 1$$
（a）求系统函数 $H_1(z) = \dfrac{X(z)}{S(z)}$，在 z 平面上画出零、极点图，并指出其收敛域；

（b）要用一个 LSI 系统从 $x(n)$ 恢复 $s(n)$，求系统函数 $H_2 = \dfrac{Y(z)}{X(z)}$，使得 $y(n) = s(n)$，对 $H_2(z)$ 求出所有可能的收敛域，并对每个收敛域说出该系统是否是因果稳定的；

（c）对单位样值响应 $h_2(n)$，求出可能的选择，使 $y(n) = h_2(n) * x(n) = s(n)$。

9.42 用单边 z 变换解下列差分方程：

（a）$y(n) + 0.1y(n-1) - 0.02y(n-2) = 10\varepsilon(n), y(-1) = 4, y(-2) = 6$；

（b）$y(n) - 0.9y(n-1) = 0.05\varepsilon(n), y(-1) = 1$；

（c）$y(n) + 2y(n-1) = (n-2)\varepsilon(n), y(0) = 1$。

9.43 试利用单边 z 变换求解下列差分方程：

（a）$y(n+2) + y(n+1) + y(n) = \varepsilon(n), y(0) = 1, y(1) = 2$；

（b）$y(n) - 0.9y(n-1) = 0.05\varepsilon(n), y(-1) = 0$；

（c）$y(n) = -5y(n-1) + n\varepsilon(n), y(-1) = 0$。

9.44 研究输入为 $x(n)$，输出为 $y(n)$ 的 LSI 系统，满足
$$y(n-1) - \frac{10}{3}y(n) + y(n+1) = x(n)$$
并已知该系统是稳定的，试求其单位样值响应。

9.45 设计一个系统，对于每个 n，该系统的输出 $y(n)$ 是在 $n, n-1, n-2, \cdots, n-M+1$ 时输入的平均值。

(a) 对该系统确定联系 $y(n)$ 和 $x(n)$ 的差分方程；

(b) 确定该系统的系统函数；

(c) 对 $M=3$ 的情况，画出零、极点图。

9.46　由下述差分方程画出离散系统的结构图，并求出系统函数 $H(z)$ 与单位样值响应 $h(n)$：

(a) $y(n)=x(n)-5x(n-1)+8x(n-3)$；

(b) $y(n)-3y(n-1)+3y(n-2)-y(n-3)=x(n)$。

9.47　试画出实现下述差分方程的离散系统的结构图，并求出系统函数 $H(z)$ 与单位样值响应 $h(n)$：

(a) $3y(n)-6y(n-1)=x(n)$；　　　　　(b) $y(n)-\dfrac{1}{2}y(n-1)=x(n)$；

(c) $y(n)-5y(n-1)+6y(n-2)=x(n)-3x(n-2)$。

9.48　利用 z 变换求解下述差分方程：

$$y(n)-2r\cos\theta \cdot y(n-1)+r^2 y(n-2)=x(n)$$

表示的离散线性非移变因果系统对于激励 $x(n)=a^n\varepsilon(n)$ 的响应。

9.49　对输入为 $x(n)$ 和输出 $y(n)$ 的 LSI 系统，已知：(1) 若对于所有 $n,x(n)=(-2)^n$，则对于所有的 $n,y(n)=0$；(2) 若对于所有的 $n,x(n)=\left(\dfrac{1}{2}\right)^n\varepsilon(n)$，则对于所有的 $n,y(n)=\delta(n)+a\left(\dfrac{1}{4}\right)^n\varepsilon(n)$，其中 a 是一个常数。

(a) 求常数 a 的值；

(b) 如果对于所有 $n,x(n)=1$，求响应 $y(n)$。

9.50　用计算机对测量的随机数据 $x(n)$ 进行平均处理，当收到一个测量数据后，计算机就把这一次输入数据与前三次输入数据进行平均，试求这一运算过程的频率响应。

9.51　利用频率响应的几何确定法，试大致画出下述系统函数所对应的幅度响应曲线，并指出它们是低通、带通、高通还是全通网络。

(a) $H(z)=\dfrac{z}{z-0.5}$；　　　　　(b) $H(z)=\dfrac{1-(0.5z^{-1})^8}{1-0.5z^{-1}}$；

(c) $H(z)=\dfrac{z\left(z-\cos\dfrac{2\pi}{N}\right)}{z^2-2z\cos\dfrac{2\pi}{N}+1}$。

9.52　一个离散时间最小相位系统是这样一个系统：它是因果和稳定的，而它的逆系统也是因果和稳定的。试研究一个最小相位系统的系统函数，给出其零、极点在 z 平面的位置所受的限制条件（即零极点应处的位置）。

9.53 用直接 II 型结构实现下述差分方程表征的 LSI 系统：

(a) $2y(n)-y(n-1)+y(n-3)=x(n)-5x(n-4)$；

(b) $y(n)=x(n)-x(n-1)+2x(n-3)-3x(n-4)$。

9.54 一个 LSI 系统由下述差分方程描述：

$$y(n) - \frac{5}{2}y(n-1) + y(n-2) = 6x(n) - 7x(n-1) + 5x(n-2)$$

用直接 Ⅱ 型结构实现该系统，试画出方框图。

9.55 用 z 变换与拉普拉斯变换间的关系：

(a) 由 $x(t) = te^{-\alpha t}\varepsilon(t)$ 的 $X(s) = \dfrac{1}{(s+\alpha)^2}$，求 $x(n) = ne^{-\alpha n}\varepsilon(n)$ 的 z 变换 $X(z)$；

(b) 由 $x(t) = t^2\varepsilon(t)$ 的 $X(s) = \dfrac{2}{s^3}$，求 $x(n) = n^2\varepsilon(n)$ 的 z 变换 $X(z)$。

9.56 已知模拟滤波器的电压传输函数

$$H(s) = \frac{2}{s^2 + 3s + 2}$$

(a) 用冲激不变法求相应数字滤波器的传输函数 $H(z)$；

(b) 求模拟和数字滤波器的单位冲激响应 $h(t)$ 和 $h(n)$；

(c) 用直接 Ⅱ 型实现数字滤波器的结构图；

(d) 画出 $H(z)$ 的零、极点图，并粗略画出数字滤波器的幅频特性曲线 $|H(e^{j\omega})|$。

第 10 章

状态方程与状态变量分析法

10.1 引言

描述系统的方法有两类:一类是输入-输出法,另一类是状态变量法。

输入-输出法也称为端口法,它主要是建立激励信号与响应信号之间的直接关系,前面几章讨论的时域分析和变换域分析都是输入-输出法。在这些方法中,关心的只是系统输入端和输出端上的有关变量,而对其内部变量的变化不进行研究。在变换域中,输入和输出信号之间是由系统函数相联系的;而在时域中,是以系统的冲激响应来建立联系。对于一般的单输入、单输出系统,这种输入-输出法是很方便的。

但是,现代信息与控制系统日益复杂,它们往往是多输入、多输出系统,同时完成不同功能任务。随着现代控制技术的发展,人们不仅关心系统输入-输出变量的情况,而且对系统内部的一些变量也要进行研究,研究和系统内部变量有关的各种问题,如系统的可观测性和可控制性等,以便设计和控制这些变量,达到最优控制的目的。因而,输入-输出法就不能满足这种要求,而需要研究以内部变量为基础的状态变量分析法,利用状态变量来表示和分析某个系统。

那么,什么是系统的状态变量呢? 作为例子,现考虑一个简单的电路,如图 10.1 所示。在这个电路中,当各元件参数已知,给定电感中电流 i_L,电容上的电压 u_1,u_2,激励电压 e 时,电路中任一元件的电压或电流值也就确定了,如下式所示:

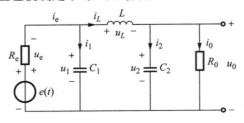

图 10.1 *LC* 滤波器

$$
\begin{cases}
i_0 = u_2/R_0, & u_0 = u_2 \\
i_2 = i_L - u_2/R_0, & u_L = u_1 - u_2 \\
i_e = (e - u_1)/R_e, & u_e = e - u_1 \\
i_1 = (e - u_1)/R_e - i_L
\end{cases}
$$

从上例可知,对于一般网络,若已知 $t = t_0$ 时的电感电流,电容上的电压及外加激励,则该网络中的所有支路电流和节点电压便可确定。当已知 $t > t_0$ 时的外加激励时,则可以确定 $t > t_0$ 时的电感电流和电容电压,从而求出 $t > t_0$ 时网络中的各节点电压和支路电流。上述的电感电流和电容电压是确定网络状态的必不可少的参变量,常用 $\lambda_1, \lambda_2, \cdots$ 来表示,称为状态变量。只要已知 $t \geqslant t_0$ 时的状态变量及 $t \geqslant t_0$ 时的输入,就可确定 $t \geqslant t_0$ 时系统的工作情况,即系统的状态。

系统的状态可用一状态矢量来表示,状态矢量可表示为矩阵形式,如下式所示:

$$
\boldsymbol{\lambda}(t) = \begin{bmatrix} \lambda_1(t) \\ \lambda_2(t) \\ \vdots \\ \lambda_n(t) \end{bmatrix} \tag{10.1}
$$

式中状态变量的个数 k 即状态变量的维数,也就是系统的阶数。例如,图 10.1 中的状态变量 i_L, u_1 及 u_2 可看作三维矢量 $\boldsymbol{\lambda}(t)$ 的三个分量 $\lambda_1(t), \lambda_2(t)$ 与 $\lambda_3(t)$,$\boldsymbol{\lambda}(t)$ 称为三维状态矢量,它所处的空间称为状态空间。

从上述关于状态变量的一般定义得知,图 10.1 电路中不一定都要取电感电流和电容电压作状态变量,如果取 i_L, i_1, i_2 或 i_e, u_1, u_2 作为状态变量都是可以的,但由于流过电感的电流和电容两端的电压同系统的状态,特别是系统的储能状态有直接关系,故常选择它们作为状态变量。状态变量由一组这些变量的一阶联立微分方程求解得到,这组微分方程称为系统的状态方程,也称为状态变量方程或状态微分方程。输出响应可以通过代数方程直接用状态变量表示,此代数方程称为输出方程。例如,按照图 10.1 可以写出

$$
\begin{cases}
L \dfrac{di_L}{dt} = u_1 - u_2 \\[2mm]
C_1 \dfrac{du_1}{dt} + i_L = \dfrac{e - u_1}{R_e} \\[2mm]
C_2 \dfrac{du_2}{dt} = i_L - \dfrac{u_2}{R_0}
\end{cases}
$$

上式经整理后可得

$$
\begin{cases}
\dfrac{di_L}{dt} = \dfrac{1}{L} u_1 - \dfrac{1}{L} u_2 \\[2mm]
\dfrac{du_1}{dt} = \dfrac{1}{R_e C_1} e - \dfrac{1}{C_1} i_L - \dfrac{1}{R_e C_1} u_1 \\[2mm]
\dfrac{du_2}{dt} = \dfrac{1}{C_2} i_L - \dfrac{1}{R_0 C_2} u_2
\end{cases} \tag{10.2a}
$$

写成矩阵形式,则为

$$
\begin{bmatrix} \dfrac{\mathrm{d}i_L}{\mathrm{d}t} \\[2mm] \dfrac{\mathrm{d}u_1}{\mathrm{d}t} \\[2mm] \dfrac{\mathrm{d}u_2}{\mathrm{d}t} \end{bmatrix} = \begin{bmatrix} 0 & \dfrac{1}{L} & -\dfrac{1}{L} \\[2mm] -\dfrac{1}{C_1} & -\dfrac{1}{R_eC_1} & 0 \\[2mm] \dfrac{1}{C_2} & 0 & -\dfrac{1}{R_0C_2} \end{bmatrix} \begin{bmatrix} i_L \\ u_1 \\ u_2 \end{bmatrix} + \begin{bmatrix} 0 \\ \dfrac{1}{R_eC_1} \\ 0 \end{bmatrix} e \tag{10.2b}
$$

上式即为系统的状态变量方程。当选择 u_0,i_0 为输出变量,而 i_2,i_1,i_e,u_L 作为内部变量,则输出方程可表示为

$$
\begin{bmatrix} u_0 \\ i_0 \end{bmatrix} = \begin{bmatrix} 0 & 0 & 1 \\ 0 & 0 & \dfrac{1}{R_0} \end{bmatrix} \begin{bmatrix} i_L \\ u_1 \\ u_2 \end{bmatrix} + \begin{bmatrix} 0 \\ 0 \end{bmatrix} e \tag{10.2c}
$$

对系统进行状态变量分析,首先要列出状态方程,然后对状态方程求解状态变量,代入输出方程,得到输出响应。这种分析方法也称为现代的系统分析方法。状态变量分析法对于离散系统同样适用,此时用一阶联立差分方程来组成状态方程,而输出方程则为一组离散状态变量表示的代数方程。

采用状态变量分析方法具有如下的优点:

(1) 它不仅给出系统的输出响应,而且可以求解系统内部变量的变化情况,如图 10.1 中的 i_2,i_1,i_e,u_L 等。了解内部变量的变化有时是很重要的,它可以看出系统中什么地方存在不稳定或其他问题,以便采取措施。

(2) 从数学上考虑,这种分析方法可以利用线性代数把冗繁的数学式表达得非常简明,采用数值解法,便于计算机求解。

(3) 状态变量分析法利用状态变量的线性组合来表示,因此它对单输入单输出和多输入多输出系统均适用。

(4) 因为一阶方程是分析非线性与时变系统的有效方法,故状态变量分析法不仅适用于 LTI(或 LSI)系统,而且还适用于非线性与时变系统。

(5) 在判定系统是否稳定以及控制某几个参数使系统性能达到最优时,不必对全部输出进行求解。

限于篇幅,本书只研究线性非时变系统状态方程的建立与求解,先讨论连续时间系统,在此基础上再推广到离散时间系统。

10.2 系统状态方程的建立

由上一节的讨论中得知,状态方程是一阶联立微分方程,方程左边是各状态变量的一阶导数,而右边是状态变量和激励函数的线性组合。状态方程的建立有多种方法,大体上可分为两大类,即直接法与间接法,直接法多用于计算机辅助网络分析与设计(CAA 与 CAD)。间接法可由系统的输入输出方程或系统函数来建立状态变量方程,也可由系统框图或流图来编写状态方程。本书着重讨论间接法,对于直接法有兴趣的读者可参阅参考书目[36][37],下面先讨

论连续时间系统状态方程的建立。

10.2.1　连续系统状态方程的建立

连续系统的状态方程为状态变量的一阶联立微分方程组,其一般形式为

$$\frac{\mathrm{d}}{\mathrm{d}t}\lambda_i(t) = f_i\big[\lambda_1(t),\lambda_2(t),\cdots,\lambda_k(t);e_1(t),e_2(t),\cdots,e_m(t),t\big]$$

$$i = 1,2,\cdots,k \tag{10.3a}$$

上式表示 k 个一阶联立微分方程,其中 $\lambda_1(t),\lambda_2(t),\cdots,\lambda_k(t)$ 为系统的状态变量;$e_1(t),e_2(t),\cdots,$ $e_m(t)$ 为系统的 m 个激励信号。其输出方程的一般形式为

$$r_l(t) = h_l\big[\lambda_1(t),\lambda_2(t),\cdots,\lambda_k(t);e_1(t),e_2(t),\cdots,e_m(t),t\big] \tag{10.3b}$$

式中 $r_l(t),(l=1,2,\cdots,r)$ 为系统的 r 个输出信号,上式为 r 个一阶联立方程。

对于线性非时变系统,状态方程和输出方程可表示为状态变量和激励信号的线性组合,状态方程的一般形式为

$$\frac{\mathrm{d}}{\mathrm{d}t}\lambda_i(t) = \sum_{j=1}^{k} a_{ij}\lambda_j(t) + \sum_{j=1}^{m} b_{ij}e_j(t), \quad i = 1,2,\cdots,k \tag{10.4a}$$

输出方程的一般形式为

$$r_l(t) = \sum_{i=1}^{k} c_{li}\lambda_i(t) + \sum_{j=1}^{m} d_{lj}e_j(t), \quad l = 1,2,\cdots,r \tag{10.4b}$$

利用矢量矩阵形式来表示状态方程时,可定义状态矢量 $\boldsymbol{\lambda}(t)$ 及其一阶导数 $\left[\dfrac{\mathrm{d}}{\mathrm{d}t}\boldsymbol{\lambda}(t)\right]$ 为

$$\boldsymbol{\lambda}(t) = \begin{bmatrix} \lambda_1(t) \\ \lambda_2(t) \\ \vdots \\ \lambda_k(t) \end{bmatrix}, \quad \left[\frac{\mathrm{d}}{\mathrm{d}t}\boldsymbol{\lambda}(t)\right] = \begin{bmatrix} \dfrac{\mathrm{d}}{\mathrm{d}t}\lambda_1(t) \\[2mm] \dfrac{\mathrm{d}}{\mathrm{d}t}\lambda_2(t) \\ \vdots \\ \dfrac{\mathrm{d}}{\mathrm{d}t}\lambda_k(t) \end{bmatrix}$$

将系数 a_{ij} 组成 k 行 k 列的矩阵,记为 $\boldsymbol{A}$,由系数 b_{ij} 组成 k 行 m 列的矩阵,记为 $\boldsymbol{B}$,即

$$\boldsymbol{A} = \begin{bmatrix} a_{11} & a_{12} & \cdots & a_{1k} \\ a_{21} & a_{22} & \cdots & a_{2k} \\ \vdots & \vdots & & \vdots \\ a_{k1} & a_{k2} & \cdots & a_{kk} \end{bmatrix}, \quad \boldsymbol{B} = \begin{bmatrix} b_{11} & b_{12} & \cdots & b_{1m} \\ b_{21} & b_{22} & \cdots & b_{2m} \\ \vdots & \vdots & & \vdots \\ b_{k1} & b_{k2} & \cdots & b_{km} \end{bmatrix}$$

将系数 c_{lk} 组成 r 行 k 列的矩阵,即为 $\boldsymbol{C}$,由系数 d_{lj} 组成的 r 行 m 列矩阵,即为 $\boldsymbol{D}$,即

$$\boldsymbol{C} = \begin{bmatrix} c_{11} & c_{12} & \cdots & c_{1k} \\ c_{21} & c_{22} & \cdots & c_{2k} \\ \vdots & \vdots & & \vdots \\ c_{r1} & c_{r2} & \cdots & c_{rk} \end{bmatrix}, \quad \boldsymbol{D} = \begin{bmatrix} d_{11} & d_{12} & \cdots & d_{1m} \\ d_{21} & d_{22} & \cdots & d_{2m} \\ \vdots & \vdots & & \vdots \\ d_{r1} & d_{r2} & \cdots & d_{rm} \end{bmatrix}$$

再定义输出矢量 $\boldsymbol{r}(t)$ 及输入矢量 $\boldsymbol{e}(t)$ 为

$$r(t) = \begin{bmatrix} r_1(t) \\ r_2(t) \\ \vdots \\ r_r(t) \end{bmatrix}, \quad e(t) = \begin{bmatrix} e_1(t) \\ e_2(t) \\ \vdots \\ e_m(t) \end{bmatrix}$$

则状态方程可用矢量矩阵表示为

$$\frac{\mathrm{d}}{\mathrm{d}t}\boldsymbol{\lambda}(t) = \boldsymbol{A}\boldsymbol{\lambda}(t) + \boldsymbol{B}\boldsymbol{e}(t) \tag{10.5a}$$

输出方程可表示为

$$r(t) = \boldsymbol{C}\boldsymbol{\lambda}(t) + \boldsymbol{D}\boldsymbol{e}(t) \tag{10.5b}$$

式(10.5a)与式(10.5b)表明,任何具有 r 个输出 m 个输入的 k 阶系统都可用上述两个变量为 k 维矢量的一阶微分方程和一次代数方程来表示,这种表示方式有利于计算机求解。下面举例说明状态方程建立方法,由于输出方程比较直观,故在例题中略去了。

例 10.1　图 10.2 所示为一滤波电路,试写出其状态方程。

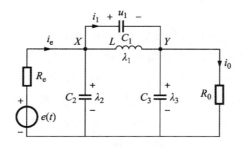

图 10.2　三阶滤波电路

解　先确定其状态变量。由于该滤波电路由一个三电容组成的闭合回路,三个电容上的电压之和为零,故只有两个独立的电容电压,所以可从三电容电压中任选两个作为状态变量。现令电感电流 λ_1,电容 C_2 上的电压 λ_2 及电容 C_3 上的电压 λ_3 作为状态变量,写出 LC_2C_3 回路电压方程及节点 X,Y 处电流方程为

$$L\frac{\mathrm{d}\lambda_1}{\mathrm{d}t} = \lambda_2 - \lambda_3 \tag{10.6}$$

$$C_2\frac{\mathrm{d}\lambda_2}{\mathrm{d}t} = i_e - \lambda_1 - i_1 \tag{10.7}$$

$$C_3\frac{\mathrm{d}\lambda_3}{\mathrm{d}t} = \lambda_1 - i_0 + i_1 \tag{10.8}$$

式(10.7)与式(10.8)中有 i_e, i_0 及 i_1 为非状态变量,可将它们表示为状态变量线性组合,然后消去,即

$$i_e = \frac{e - \lambda_2}{R_e}$$

$$i_0 = \frac{\lambda_3}{R_0}$$

$$i_1 = C_1 \frac{\mathrm{d}u_1}{\mathrm{d}t} = C_1 \left(\frac{\mathrm{d}\lambda_2}{\mathrm{d}t} - \frac{\mathrm{d}\lambda_3}{\mathrm{d}t} \right)$$

将以上关系代入到式(10.7)与式(10.8),可得

$$C_2 \frac{\mathrm{d}\lambda_2}{\mathrm{d}t} = \frac{e - \lambda_2}{R_e} - \lambda_1 - C_1 \left(\frac{\mathrm{d}\lambda_2}{\mathrm{d}t} - \frac{\mathrm{d}\lambda_3}{\mathrm{d}t} \right)$$

$$C_3 \frac{\mathrm{d}\lambda_3}{\mathrm{d}t} = \lambda_1 - \frac{\lambda_3}{R_0} + C_1 \left(\frac{\mathrm{d}\lambda_2}{\mathrm{d}t} - \frac{\mathrm{d}\lambda_3}{\mathrm{d}t} \right)$$

从以上两式中求出 $\frac{\mathrm{d}\lambda_2}{\mathrm{d}t}$ 和 $\frac{\mathrm{d}\lambda_3}{\mathrm{d}t}$,即得到两状态方程,连同式(10.6)一起表示如下:

$$\frac{\mathrm{d}\lambda_1}{\mathrm{d}t} = \frac{1}{L}\lambda_2 - \frac{1}{L}\lambda_3$$

$$\frac{\mathrm{d}\lambda_2}{\mathrm{d}t} = -\frac{C_3}{|C|}\lambda_1 - \frac{C_1+C_3}{R_e|C|}\lambda_2 - \frac{C_1}{R_0|C|}\lambda_3 + \frac{C_1+C_3}{R_e|C|}e$$

$$\frac{\mathrm{d}\lambda_3}{\mathrm{d}t} = \frac{C_2}{|C|}\lambda_1 - \frac{C_1}{R_e|C|}\lambda_2 - \frac{C_1+C_2}{R_0|C|}\lambda_3 + \frac{C_1}{R_0|C|}e$$

式中 $|C| = C_1C_2 + C_2C_3 + C_3C_1$。

由例10.1中可知,状态变量必须是独立变量,在电路中,几个电感相串连时,各个电感电流就不是独立的,因为它们中只有一个相等的电流值。同样,几个电容相并联时,由于其具有相等电压,故各电容电压也不独立。在例10.1中,有3个电容串连组成一个闭合回路,由于回路中全部电压代数和为零,故只有2个独立电压。推广之,若有 k 个电容串连组成闭合回路,则只有 $k-1$ 个独立电压,同样,当一个节点由 k 个电感电流而无其他元件的电流时,由于流入节点电流的代数和为零,故只有 $k-1$ 个独立电流。

以上讨论了根据电路图建立状态方程的方法,下面讨论根据输入-输出方程建立状态方程的方法。

1) 根据传输函数建立状态方程

利用输入-输出方程和状态方程都可以表示同一个系统,因此这两者之间存在一定的关系。为了便于计算机求解,常将输入-输出方程转换为系统函数,画出系统的流图,再建立状态方程。实际上,输入输出方程、系统函数、流图及状态方程都是表示系统的不同形式,可以互相转换。

例 10.2　已知一个三阶连续系统的微分方程为

$$\frac{\mathrm{d}^3 r(t)}{\mathrm{d}t^3} + 6\frac{\mathrm{d}^2 r(t)}{\mathrm{d}t^2} + 11\frac{\mathrm{d}r(t)}{\mathrm{d}t} + 6 = \frac{\mathrm{d}e(t)}{\mathrm{d}t} + 4e(t) \tag{10.9}$$

试列出该系统的状态方程和输出方程。

解　可求出该系统的系统函数为

$$H(s) = \frac{R(s)}{E(s)} = \frac{s+4}{s^3 + 6s^2 + 11s + 6} = \frac{s^{-2} + 4s^{-3}}{1 + 6s^{-1} + 11s^{-2} + 6s^{-3}}$$

可画出这个系统的流图如图10.3所示。在连续系统中常选积分器的输出为状态变量,本例为一个三阶系统,故取三个状态变量 $\lambda_1, \lambda_2, \lambda_3$,如图10.3所示,于是有

$$\dot{\lambda}_1 = \lambda_2$$

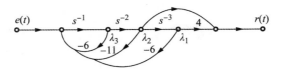

图 10.3　例 10.2 的流图

$$\dot{\lambda}_2 = \lambda_3$$

$$\dot{\lambda}_3 = -6\lambda_1 - 11\lambda_2 - 6\lambda_3 + e(t)$$

式中利用 $\dot{\lambda}_1$ 表示 $\dfrac{d\lambda_1}{dt}$，$\dot{\lambda}_2$ 表示 $\dfrac{d\lambda_2}{dt}$。而输出方程为

$$r = 4\lambda_1 + \lambda_2$$

若写成矩阵形式，则状态方程可表示为

$$
\begin{bmatrix} \dot{\lambda}_1 \\ \dot{\lambda}_2 \\ \dot{\lambda}_3 \end{bmatrix} = A\lambda + Be = \begin{bmatrix} 0 & 1 & 0 \\ 0 & 0 & 1 \\ -6 & -11 & -6 \end{bmatrix} \begin{bmatrix} \lambda_1 \\ \lambda_2 \\ \lambda_3 \end{bmatrix} + \begin{bmatrix} 0 \\ 0 \\ 1 \end{bmatrix} e(t)
$$

而输出方程为

$$
r = C\lambda + De = \begin{bmatrix} 4, & 1, & 0 \end{bmatrix} \begin{bmatrix} \lambda_1 \\ \lambda_2 \\ \lambda_3 \end{bmatrix}
$$

例 10.3　用并联结构形式表示式(10.9)，并建立状态方程与输出方程。

解　将式(10.9)进行部分分式展开，可得

$$H(s) = \frac{R(s)}{E(s)} = \frac{s+4}{s^3 + 6s^2 + 11s + 6} = \frac{s+4}{(s+1)(s+2)(s+3)}$$

$$= \frac{\frac{3}{2}}{s+1} + \frac{-2}{s+2} + \frac{\frac{1}{2}}{s+3} = H_1(s) + H_2(s) + H_3(s)$$

上式中每一个传递函数 $H_i(s)$ 的一般形式为

$$H_i(s) = \frac{\gamma_i}{s + \beta_i}$$

其流图如图 10.4 所示。$H(s)$ 的流图可表示为图 10.5。

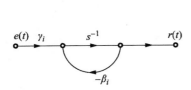

图 10.4　$H_i(s)$ 的流图表示

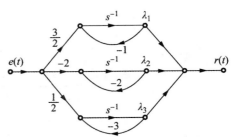

图 10.5　$H(s)$ 的流图表示

取积分器输出为状态变量，可写出状态方程为

$$\dot{\lambda}_1 = -\lambda_1 + \frac{3}{2}e(t)$$

$$\dot{\lambda}_2 = -2\lambda_2 - 2e(t)$$

$$\dot{\lambda}_3 = -3\lambda_3 + \frac{1}{2}e(t)$$

输出方程为

$$r(t) = \lambda_1 + \lambda_2 + \lambda_3$$

状态方程矩阵形式可表示为

$$\begin{bmatrix} \dot{\lambda}_1 \\ \dot{\lambda}_2 \\ \dot{\lambda}_3 \end{bmatrix} = \boldsymbol{A\lambda} + \boldsymbol{B}e = \begin{bmatrix} -1 & 0 & 0 \\ 0 & -2 & 0 \\ 0 & 0 & -3 \end{bmatrix} \begin{bmatrix} \lambda_1 \\ \lambda_2 \\ \lambda_3 \end{bmatrix} + \begin{bmatrix} \dfrac{3}{2} \\ -2 \\ \dfrac{1}{2} \end{bmatrix} e(t)$$

由上式可见，$\boldsymbol{A}$ 矩阵为对角矩阵，对角元素为系统的特征根，这是一种很有用的形式。输出方程的矩阵形式为

$$\boldsymbol{r} = \boldsymbol{C\lambda} + \boldsymbol{D}e = \begin{bmatrix} 1 & 1 & 1 \end{bmatrix} \begin{bmatrix} \lambda_1 \\ \lambda_2 \\ \lambda_3 \end{bmatrix}$$

式中 $\boldsymbol{C} = [1,1,1]$，$\boldsymbol{D} = 0$。

例 10.4　试用串联结构形式表示式(10.9)，并建立状态方程和输出方程。

解　式(10.9)可表示为

$$H(s) = \frac{s+4}{s^3 + 6s^2 + 11s + 6}$$

$$= \left(\frac{1}{s+1}\right)\left(\frac{s+4}{s+2}\right)\left(\frac{1}{s+3}\right)$$

按图 10.4 可将 $H(s)$ 画成串联形式实现的流图，如图 10.6 所示。状态变量 $\lambda_1, \lambda_2, \lambda_3$ 取自积分器的输出端，可列出状态方程为

$$\dot{\lambda}_1 = -3\lambda_1 + 4\lambda_2 + \lambda_3 - 2\lambda_2 = -3\lambda_1 + 2\lambda_2 + \lambda_3$$

$$\dot{\lambda}_2 = -2\lambda_2 + \lambda_3$$

$$\dot{\lambda}_3 = -\lambda_3 + e(t)$$

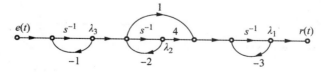

图 10.6　$H(s)$ 流图的串联形式

输出方程为

$$r(t) = \lambda_1$$

状态方程矩阵形式为

$$\begin{bmatrix} \dot{\lambda}_1 \\ \dot{\lambda}_2 \\ \dot{\lambda}_3 \end{bmatrix} = \begin{bmatrix} -3 & 2 & 1 \\ 0 & -2 & 1 \\ 0 & 0 & -1 \end{bmatrix} \begin{bmatrix} \lambda_1 \\ \lambda_2 \\ \lambda_3 \end{bmatrix} + \begin{bmatrix} 0 \\ 0 \\ 1 \end{bmatrix} e(t)$$

由上式可知,$\boldsymbol{A}$ 矩阵为三角阵,其对角元素为系统的特征根,而输出方程矩阵形式为

$$\boldsymbol{r} = \begin{bmatrix} 1, & 0, & 0 \end{bmatrix} \begin{bmatrix} \lambda_1 \\ \lambda_2 \\ \lambda_3 \end{bmatrix}$$

2) 根据系统的微分方程建立状态方程

上面讨论了根据系统的传输函数建立状态方程,现推广到一般情形,设有一 n 阶系统,其输入-输出微分方程为

$$\frac{\mathrm{d}^k}{\mathrm{d}t^k} r(t) + a_1 \frac{\mathrm{d}^{k-1}}{\mathrm{d}t^{k-1}} r(t) + \cdots + a_{k-1} \frac{\mathrm{d}}{\mathrm{d}t} r(t) + a_k r(t)$$

$$= b_0 \frac{\mathrm{d}^k}{\mathrm{d}t^k} e(t) + b_1 \frac{\mathrm{d}^{k-1}}{\mathrm{d}t^{k-1}} e(t) + \cdots + b_{k-1} \frac{\mathrm{d}}{\mathrm{d}t} e(t) + b_k e(t) \tag{10.10}$$

其变换式为

$$(s^k + a_1 s^{k-1} + \cdots + a_{k-1} s + a_k) R(s) = (b_0 s^k + b_1 s^{k-1} + \cdots + b_{k-1} s + b_k) E(s)$$

系统的状态转移函数为

$$H(s) = \frac{b_0 s^k + b_1 s^{k-1} + \cdots + b_{k-1} s + b_k}{s^k + a_1 s^{k-1} + \cdots + a_{k-1} s + a_k} \tag{10.11}$$

为了画出对应的流图,可将式(10.11)改写为

$$H(s) = \frac{b_0 + \dfrac{b_1}{s} + \cdots + \dfrac{b_{k-1}}{s^{k-1}} + \dfrac{b_k}{s^k}}{1 + \dfrac{a_1}{s} + \cdots + \dfrac{a_{k-1}}{s^{k-1}} + \dfrac{a_k}{s^k}} \tag{10.12}$$

利用(10.12)式画出对应的流图,如图 10.7 所示。取每一积分器的输出为状态变量,可写出状态方程为

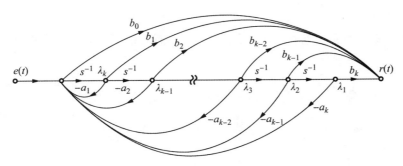

图 10.7 式(10.10)系统的流图表示

$$\begin{cases} \dot{\lambda}_1 = \lambda_2 \\ \dot{\lambda}_2 = \lambda_3 \\ \quad \vdots \\ \dot{\lambda}_{k-1} = \lambda_k \\ \dot{\lambda}_k = -a_k\lambda_1 - a_{k-1}\lambda_2 - \cdots - a_2\lambda_{k-1} - a_1\lambda_k + e(t) \end{cases} \qquad (10.13)$$

及输出方程

$$r(t) = b_k\lambda_1 + b_{k-1}\lambda_2 + \cdots + b_2\lambda_{k-1} + b_1\lambda_k + b_0[-a_k\lambda_1 - a_{k-1}\lambda_2 - \cdots - a_2\lambda_{k-1} - a_1\lambda_k + e(t)]$$
$$= (b_k - a_kb_0)\lambda_1 + (b_{k-1} - a_{k-1}b_0)\lambda_2 + \cdots + (b_2 - a_2b_0)\lambda_{k-1} + (b_1 - a_1b_0)\lambda_k + b_0e(t)$$

$$(10.14)$$

状态方程和输出方程的矢量矩阵表示为

$$\dot{\boldsymbol{\lambda}}(t) = \boldsymbol{A}\boldsymbol{\lambda}(t) + \boldsymbol{B}e(t) \qquad (10.15a)$$
$$r(t) = \boldsymbol{C}\boldsymbol{\lambda}(t) + \boldsymbol{D}e(t) \qquad (10.15b)$$

式中状态矢量 $\boldsymbol{\lambda}(t)$ 及其一阶导数 $\dot{\boldsymbol{\lambda}}(t)$ 分别为

$$\dot{\boldsymbol{\lambda}}(t) = \begin{bmatrix} \dot{\lambda}_1 \\ \dot{\lambda}_2 \\ \vdots \\ \dot{\lambda}_{k-1} \\ \dot{\lambda}_k \end{bmatrix}, \qquad \boldsymbol{\lambda}(t) = \begin{bmatrix} \lambda_1 \\ \lambda_2 \\ \vdots \\ \lambda_{k-1} \\ \lambda_k \end{bmatrix}$$

$\boldsymbol{A}$ 矩阵和 $\boldsymbol{B}$ 矩阵为

$$\boldsymbol{A} = \begin{bmatrix} 0 & 1 & 0 & \cdots & 0 \\ 0 & 0 & 1 & \cdots & 0 \\ \vdots & \vdots & \vdots & & \vdots \\ 0 & 0 & 0 & \cdots & 1 \\ -a_k & -a_{k-1} & -a_{k-2} & \cdots & -a_1 \end{bmatrix}, \quad \boldsymbol{B} = \begin{bmatrix} 0 \\ 0 \\ \vdots \\ 0 \\ 1 \end{bmatrix}$$

$\boldsymbol{C}$ 矩阵和 $\boldsymbol{D}$ 矩阵为

$$\boldsymbol{C} = [(b_k - a_kb_0), (b_{k-1} - a_{k-1}b_0), \cdots, (b_2 - a_2b_0), (b_1 - a_1b_0)]$$
$$\boldsymbol{D} = b_0$$

当 k 阶系统输入-输出微分方程(10.10)式左端不变,而右端只包含输入信号的 l 阶导数($l < k$),即

$$\frac{\mathrm{d}^k}{\mathrm{d}t^k}r(t) + a_1\frac{\mathrm{d}^{k-1}}{\mathrm{d}t^{k-1}}r(t) + \cdots + a_{k-1}\frac{\mathrm{d}}{\mathrm{d}t}r(t) + a_kr(t)$$
$$= b_{k-l}\frac{\mathrm{d}^l}{\mathrm{d}t^l}e(t) + b_{k-l+1}\frac{\mathrm{d}^{l-1}}{\mathrm{d}t^{l-1}}e(t) + \cdots + b_{k-1}\frac{\mathrm{d}}{\mathrm{d}t}e(t) + b_ke(t) \qquad (10.16)$$

其变换式为

$$(s^k + a_1s^{k-1} + \cdots + a_{k-1}s + a_k)R(s) = (b_{k-l}s^l + b_{k-l+1}s^{l-1} + \cdots + b_{k-1}s + b_k)E(s)$$

系统函数为

$$H(s) = \frac{b_{k-l}s^l + b_{k-l+1}s^{l-1} + \cdots + b_{k-1}s + b_k}{s^k + a_1 s^{k-1} + \cdots + a_{k-1}s + a_k}$$

$$= \frac{\dfrac{b_{k-l}}{s^{k-l}} + \dfrac{b_{k-l+1}}{s^{k-l+1}} + \cdots + \dfrac{b_{k-1}}{s^{k-1}} + \dfrac{b_k}{s^k}}{1 + \dfrac{a_1}{s} + \cdots + \dfrac{a_{k-1}}{s^{k-1}} + \dfrac{a_k}{s^k}} \tag{10.17}$$

利用式(10.17)可画出式(10.16)表示的系统流图,如图 10.8 所示。仍取每一积分器输出为状态变量,由图 10.8 中可知,状态方程仍为式(10.13)不变,而输出方程改为

$$r(t) = b_k \lambda_1 + b_{k-1}\lambda_2 + \cdots + b_{k-l+1}\lambda_l + b_{k-l}\lambda_{l+1} \tag{10.18}$$

因而该系统状态方程的矢量矩阵形式式(10.15a)中的 $\boldsymbol{A}, \boldsymbol{B}$ 矩阵不变,而输出方程的矢量矩阵形式式(10.15b)中的 $\boldsymbol{C}, \boldsymbol{D}$ 矩阵改为

$$\boldsymbol{C} = [b_k, b_{k-1}, \cdots, b_{k-l+1}, b_{k-l}, 0, \cdots, 0] \tag{10.19}$$

$$\boldsymbol{D} = 0 \tag{10.20}$$

下面讨论同一个系统采用不同的流图表示时,对状态方程和输出方程有什么影响。将图 10.8 的流图转换成转置形式,如图 10.9 所示。

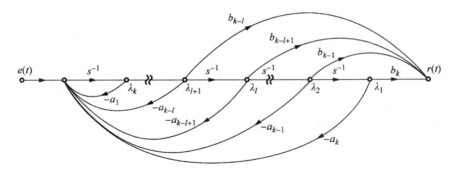

图 10.8 式(10.16)系统的流图表示

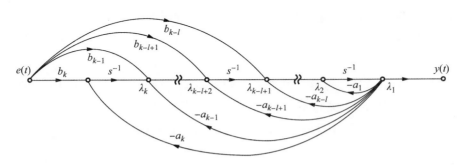

图 10.9 图 10.8 流图的转置形式

仍取积分器的输出为状态变量,则可以写出状态方程为

$$\begin{cases} \dot{\lambda}_1 = -a_1\lambda_1 + \lambda_2 \\ \dot{\lambda}_2 = -a_2\lambda_1 + \lambda_3 \\ \qquad \vdots \\ \dot{\lambda}_{k-l} = -a_{k-l}\lambda_1 + \lambda_{k-l+1} + b_{k-l}e(t) \\ \qquad \vdots \\ \dot{\lambda}_k = -a_k\lambda_1 + b_k e(t) \end{cases} \tag{10.21}$$

输出方程可表示为

$$r(t) = \lambda_1 \tag{10.22}$$

当写成矢量形式时,即

$$\begin{cases} \dot{\boldsymbol{\lambda}}(t) = \boldsymbol{A}\boldsymbol{\lambda}(t) + \boldsymbol{B}e(t) \\ \boldsymbol{r}(t) = \boldsymbol{C}\boldsymbol{\lambda}(t) + \boldsymbol{D}e(t) \end{cases}$$

其中:

$$\boldsymbol{A} = \begin{bmatrix} -a_1 & 1 & 0 & \cdots & 0 & \cdots & 0 \\ -a_2 & 0 & 1 & \cdots & 0 & \cdots & 0 \\ \vdots & \vdots & \vdots & & \vdots & & \vdots \\ -a_{k-l} & 0 & 0 & \cdots & 1 & \cdots & 0 \\ \vdots & \vdots & \vdots & & \vdots & & \vdots \\ -a_k & 0 & 0 & \cdots & 0 & \cdots & 0 \end{bmatrix}, \quad \boldsymbol{B} = \begin{bmatrix} 0 \\ 0 \\ \vdots \\ b_{k-l} \\ \vdots \\ b_k \end{bmatrix}$$

$$\boldsymbol{C} = [1, 0, \cdots, 0], \quad \boldsymbol{D} = 0$$

由上述分析可知,同一系统,若流图表示形式不同,则状态方程和输出方程不相同,矩阵 $\boldsymbol{A}, \boldsymbol{B}, \boldsymbol{C}, \boldsymbol{D}$ 也不同。

10.2.2 离散系统状态方程的建立

离散系统的状态方程为状态变量的一阶联立差分方程组,其一般形式为

$$\lambda_i(n+1) = f_i[\lambda_1(n), \lambda_2(n), \cdots, \lambda_k(n); x_1(n), x_2(n), \cdots, x_m(n), n]$$
$$i = 1, 2, \cdots, k \tag{10.23a}$$

上式表示 k 个一阶联立差分方程,其中 $\lambda_1(n), \lambda_2(n), \cdots, \lambda_k(n)$ 为系统的 k 个状态变量。 $x_1(n), x_2(n), \cdots, x_m(n)$ 为系统的 m 个输入信号,其输出方程的一般形式为

$$y_l(n) = h_l[\lambda_1(n), \lambda_2(n), \cdots, \lambda_k(n); x_1(n), x_2(n), \cdots, x_m(n), n]$$
$$l = 1, 2, \cdots, r \tag{10.23b}$$

式中 $y_l(n)(l=1,2,\cdots,r)$ 为系统的 r 个输出信号,上式为 r 个一阶联立方程。

对于线性非移变(LSI)系统,状态方程和输出方程是状态变量和激励信号的线性组合,状态方程的一般形式为

$$\lambda_i(n+1) = \sum_{j=1}^{k} a_{ij}\lambda_j(n) + \sum_{j=1}^{m} b_{ij}x_j(n), \quad i = 1, 2, \cdots, k \tag{10.24a}$$

输出方程的一般形式为

$$y_l(n) = \sum_{i=1}^{k} c_{li}\lambda_i(n) + \sum_{j=1}^{m} d_{lj}x_j(n), \quad l = 1,2,\cdots,r \tag{10.24b}$$

利用矢量矩阵形式,若状态矢量 $\boldsymbol{\lambda}(n)$ 及 $\boldsymbol{\lambda}(n+1)$ 定义为

$$\boldsymbol{\lambda}(n) = \begin{bmatrix} \lambda_1(n) \\ \lambda_2(n) \\ \vdots \\ \lambda_k(n) \end{bmatrix}, \quad \boldsymbol{\lambda}(n+1) = \begin{bmatrix} \lambda_1(n+1) \\ \lambda_2(n+1) \\ \vdots \\ \lambda_k(n+1) \end{bmatrix}$$

将系数 a_{ij} 组成 k 行 k 列的矩阵,记为 $\boldsymbol{A}$,由系数 b_{ij} 组成 k 行 m 列的矩阵,记为 $\boldsymbol{B}$,即

$$\boldsymbol{A} = \begin{bmatrix} a_{11} & a_{12} & \cdots & a_{1k} \\ a_{21} & a_{22} & \cdots & a_{2k} \\ \vdots & \vdots & & \vdots \\ a_{k1} & a_{k2} & \cdots & a_{kk} \end{bmatrix}, \quad \boldsymbol{B} = \begin{bmatrix} b_{11} & b_{12} & \cdots & b_{1m} \\ b_{21} & b_{22} & \cdots & b_{2m} \\ \vdots & \vdots & & \vdots \\ b_{k1} & b_{k2} & \cdots & b_{km} \end{bmatrix}$$

将系数 c_{lk} 组成 r 行 k 列的矩阵,即为 $\boldsymbol{C}$,由系数 d_{lj} 组成的 r 行 m 列矩阵,即为 $\boldsymbol{D}$,即

$$\boldsymbol{C} = \begin{bmatrix} c_{11} & c_{12} & \cdots & c_{1k} \\ c_{21} & c_{22} & \cdots & c_{2k} \\ \vdots & \vdots & & \vdots \\ c_{r1} & c_{r2} & \cdots & c_{rk} \end{bmatrix}, \quad \boldsymbol{D} = \begin{bmatrix} d_{11} & d_{12} & \cdots & d_{1m} \\ d_{21} & d_{22} & \cdots & d_{2m} \\ \vdots & \vdots & & \vdots \\ d_{r1} & d_{r2} & \cdots & d_{rm} \end{bmatrix}$$

再定义输出矢量 $\boldsymbol{Y}(n)$ 及输入矢量 $\boldsymbol{X}(n)$ 为

$$\boldsymbol{Y}(n) = \begin{bmatrix} y_1(n) \\ y_2(n) \\ \vdots \\ y_r(n) \end{bmatrix}, \quad \boldsymbol{X}(n) = \begin{bmatrix} x_1(n) \\ x_2(n) \\ \vdots \\ x_m(n) \end{bmatrix}$$

则状态方程可用矢量矩阵形式表示为

$$\boldsymbol{\lambda}(n+1) = \boldsymbol{A}\boldsymbol{\lambda}(n) + \boldsymbol{B}\boldsymbol{X}(n) \tag{10.25a}$$

输出方程为

$$\boldsymbol{Y}(n) = \boldsymbol{C}\boldsymbol{\lambda}(n) + \boldsymbol{D}\boldsymbol{X}(n) \tag{10.25b}$$

由式(10.25a)可见,$(n+1)$时刻的状态变量是 n 时刻状态变量和输入信号的函数。在离散系统中,常取延时单元的输出为状态变量,下面说明离散系统状态方程的建立方法。

1) 根据系统函数建立状态方程

若给定系统函数,可画出流图,得到状态方程与输出方程。

例 10.5 若一离散系统的差分方程为

$$y(n) + 6y(n-1) + 11y(n-2) + 6y(n-3) = x(n) + 4x(n-1) \tag{10.26}$$

试列出该系统的状态方程与输出方程。

解 可求出该系统的系统函数为

$$H(z) = \frac{Y(z)}{X(z)} = \frac{1 + 4z^{-1}}{1 + 6z^{-1} + 11z^{-2} + 6z^{-3}} \tag{10.27}$$

这个系统的流图如图 10.10 所示,取延时器的输出为状态变量。本例为一个三阶系统,故取三个状态变量 $\lambda_1,\lambda_2,\lambda_3$,如图 10.10 所示。状态方程可表示为

$$\begin{cases} \lambda_1(n+1) = \lambda_2(n) \\ \lambda_2(n+1) = \lambda_3(n) \\ \lambda_3(n+1) = -6\lambda_1(n) - 11\lambda_2(n) - 6\lambda_3(n) + x(n) \end{cases}$$

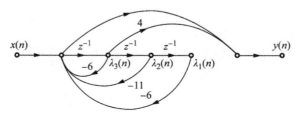

图 10.10　式(10.27)的流图表示

输出方程可表示为

$$y(n) = 4\lambda_3(n) - 6\lambda_1(n) - 11\lambda_2(n) - 6\lambda_3(n) + x(n)$$
$$= -6\lambda_1(n) - 11\lambda_2(n) - 2\lambda_3(n) + x(n)$$

若改写成矩阵形式,则

$$\begin{cases} \boldsymbol{\lambda}(n+1) = \boldsymbol{A}\boldsymbol{\lambda}(n) + \boldsymbol{B}\boldsymbol{X}(n) \\ \boldsymbol{Y}(n) = \boldsymbol{C}\boldsymbol{\lambda}(n) + \boldsymbol{D}\boldsymbol{X}(n) \end{cases}$$

式中:

$$\boldsymbol{A} = \begin{bmatrix} 0 & 1 & 0 \\ 0 & 0 & 1 \\ -6 & -11 & -6 \end{bmatrix}, \quad \boldsymbol{B} = \begin{bmatrix} 0 \\ 0 \\ 1 \end{bmatrix}$$

即

$$\begin{bmatrix} \lambda_1(n+1) \\ \lambda_2(n+1) \\ \lambda_3(n+1) \end{bmatrix} = \begin{bmatrix} 0 & 1 & 0 \\ 0 & 0 & 1 \\ -6 & -11 & -6 \end{bmatrix} \begin{bmatrix} \lambda_1(n) \\ \lambda_2(n) \\ \lambda_3(n) \end{bmatrix} + \begin{bmatrix} 0 \\ 0 \\ 1 \end{bmatrix} x(n)$$

$$y(n) = [-6, -11, -2] \begin{bmatrix} \lambda_1(n) \\ \lambda_2(n) \\ \lambda_3(n) \end{bmatrix} + x(n)$$

得到

$$\boldsymbol{C} = [-6, -11, -2], \quad \boldsymbol{D} = 1$$

例 10.6　试用并联结构形式表示式(10.26),并建立状态方程与输出方程。

解　将式(10.27)进行部分分式展开,可得

$$H(z) = \frac{1 + 4z^{-1}}{1 + 6z^{-1} + 11z^{-2} + 6z^{-3}} = \frac{z^3 + 4z^2}{z^3 + 6z^2 + 11z + 6} = 1 - \frac{2z^2 + 11z + 6}{z^3 + 6z^2 + 11z + 6}$$

$$H(z) = 1 + \frac{\dfrac{3}{2}}{z+1} + \frac{-8}{z+2} + \frac{\dfrac{9}{2}}{z+3}$$

其流图可表示为图 10.11。取积分器输出为状态变量,可写出状态方程为

$$\begin{cases} \lambda_1(n+1) = -\lambda_1(n) + \dfrac{3}{2}x(n) \\[2mm] \lambda_2(n+1) = -\lambda_2(n) - 8x(n) \\[2mm] \lambda_3(n+1) = -3\lambda_3(n) + \dfrac{9}{2}x(n) \end{cases}$$

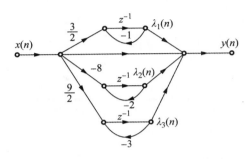

图 10.11　$H(z)$ 流图并联形式

输出方程为

$$y(n) = \lambda_1(n) + \lambda_2(n) + \lambda_3(n) + x(n)$$

表示成矢量方程形式为

$$\boldsymbol{\lambda}(n+1) = \boldsymbol{A}\boldsymbol{\lambda}(n) + \boldsymbol{B}\boldsymbol{X}(n)$$

或

$$\begin{bmatrix} \lambda_1(n+1) \\ \lambda_2(n+1) \\ \lambda_3(n+1) \end{bmatrix} = \begin{pmatrix} -1 & 0 & 0 \\ 0 & -2 & 0 \\ 0 & 0 & -3 \end{pmatrix} \begin{bmatrix} \lambda_1(n) \\ \lambda_2(n) \\ \lambda_3(n) \end{bmatrix} + \begin{bmatrix} \dfrac{3}{2} \\ -8 \\ \dfrac{9}{2} \end{bmatrix} x(n)$$

即

$$\boldsymbol{A} = \begin{pmatrix} -1 & 0 & 0 \\ 0 & -2 & 0 \\ 0 & 0 & -3 \end{pmatrix}, \quad \boldsymbol{B} = \begin{bmatrix} \dfrac{3}{2} \\ -8 \\ \dfrac{9}{2} \end{bmatrix}$$

由此可见 $\boldsymbol{A}$ 是对角矩阵。而输出方程为

$$\boldsymbol{Y}(n) = \boldsymbol{C}\boldsymbol{\lambda}(n) + \boldsymbol{D}\boldsymbol{X}(n) = [1,1,1]\begin{bmatrix} \lambda_1(n) \\ \lambda_2(n) \\ \lambda_3(n) \end{bmatrix} + x(n)$$

因此

$$\boldsymbol{C} = [1,1,1], \quad \boldsymbol{D} = 1$$

例 10.7　试利用串联结构形式表示式(10.26),并建立状态方程和输出方程。

解 系统函数可表示为

$$H(z) = \frac{1+4z^{-1}}{1+6z^{-1}+11z^{-2}+6z^{-3}} = \frac{z^3+4z^2}{z^3+6z^2+11z+6} = \frac{z}{z+1} \cdot \frac{z}{z+2} \cdot \frac{z+4}{z+3}$$

按上式可画出串连形式流图如图 10.12 所示。状态变量 $\lambda_1(n),\lambda_2(n),\lambda_3(n)$ 取自延时器输出端,状态方程为

$$\begin{cases} \lambda_1(n+1) = -3\lambda_1(n) - 2\lambda_2(n) - \lambda_3(n) + x(n) \\ \lambda_2(n+1) = -2\lambda_2(n) - \lambda_3(n) + x(n) \\ \lambda_3(n+1) = -\lambda_3(n) + x(n) \end{cases}$$

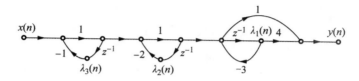

图 10.12 $H(z)$ 流图串联形式

输出方程为

$$y(n) = 4\lambda_1(n) - 2\lambda_2(n) - \lambda_3(n) + x(n)$$

矢量矩阵形式为

$$\boldsymbol{\lambda}(n+1) = \boldsymbol{A}\boldsymbol{\lambda}(n) + \boldsymbol{B}\boldsymbol{X}(n)$$

或

$$\begin{bmatrix} \lambda_1(n+1) \\ \lambda_2(n+1) \\ \lambda_3(n+1) \end{bmatrix} = \begin{pmatrix} -3 & -2 & -1 \\ 0 & -2 & -1 \\ 0 & 0 & -1 \end{pmatrix} \begin{bmatrix} \lambda_1(n) \\ \lambda_2(n) \\ \lambda_3(n) \end{bmatrix} + \begin{bmatrix} 1 \\ 1 \\ 1 \end{bmatrix} x(n)$$

即

$$\boldsymbol{A} = \begin{pmatrix} -3 & -2 & -1 \\ 0 & -2 & -1 \\ 0 & 0 & -1 \end{pmatrix}, \quad \boldsymbol{B} = \begin{bmatrix} 1 \\ 1 \\ 1 \end{bmatrix} x(n)$$

而输出方程为

$$\boldsymbol{Y}(n) = \boldsymbol{C}\boldsymbol{\lambda}(n) + \boldsymbol{D}\boldsymbol{X}(n) = [4, -2, -1] \begin{bmatrix} \lambda_1(n) \\ \lambda_2(n) \\ \lambda_3(n) \end{bmatrix} + x(n)$$

因此

$$\boldsymbol{C} = [4, -2, -1], \quad \boldsymbol{D} = 1$$

2) 根据差分方程建立状态方程

将上面的讨论推广到一般情形,若离散系统用下述 k 阶差分方程表示:

$$y(n) + a_1 y(n-1) + a_2 y(n-2) + \cdots + a_{k-1} y[n-(k-1)] + a_k y(n-k)$$
$$= b_0 x(n) + b_1 x(n-1) + b_2 x(n-2) + \cdots + b_{k-1} x[n-(k-1)] + b_k x(n-k) \quad (10.28)$$

其 z 变换为

$$(1 + a_1 z^{-1} + a_2 z^{-2} + \cdots + a_{k-1} z^{-(k-1)} + a_k z^{-k}) Y(z)$$
$$= (b_0 + b_1 z^{-1} + b_2 z^{-1} + \cdots + b_{k-1} z^{-(k-1)} + b_k z^{-k}) X(z)$$

系统函数为

$$H(z) = \frac{b_0 + b_1 z^{-1} + b_2 z^{-2} + \cdots + b_{k-1} z^{-(k-1)} + b_k z^{-k}}{1 + a_1 z^{-1} + a_2 z^{-2} + \cdots + a_{k-1} z^{-(k-1)} + a_k z^{-k}} \tag{10.29}$$

按照式(10.29)可画出对应的流图,其形式如图 10.13 所示。在流图中各延时器的输出作为状态变量,在图 10.13 中已进行标注。状态方程为

$$\begin{cases} \lambda_1(n+1) = \lambda_2(n) \\ \lambda_2(n+1) = \lambda_3(n) \\ \quad \vdots \\ \lambda_{k-1}(n+1) = \lambda_k(n) \\ \lambda_k(n+1) = -a_k \lambda_1(n) - a_{k-1} \lambda_2(n) - \cdots - a_2 \lambda_{k-1}(n) - a_1 \lambda_k(n) + x(n) \end{cases} \tag{10.30}$$

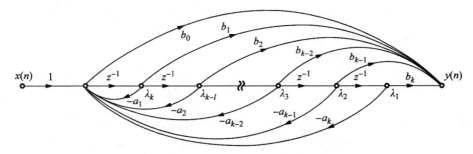

图 10.13　式(10.29) 的信号流图

输出方程为

$$\begin{aligned} y(n) &= b_k \lambda_1(n) + b_{k-1} \lambda_2(n) + \cdots + b_2 \lambda_{k-1}(n) + b_1 \lambda_k(n) + \\ &\quad b_0[-a_k \lambda_1(n) - a_{k-1} \lambda_2(n) - \cdots - a_2 \lambda_{k-1}(n) - a_1 \lambda_k(n) + x(n)] \\ &= (b_k - a_k b_0) \lambda_1(n) + (b_{k-1} - a_{k-1} b_0) \lambda_2(n) + \cdots + \\ &\quad (b_2 - a_2 b_0) \lambda_{k-1}(n) + (b_1 - a_1 b_0) \lambda_k(n) + b_0 x(n) \end{aligned} \tag{10.31}$$

若表示成矢量矩阵形式,即

$$\begin{cases} \boldsymbol{\lambda}(n+1) = \boldsymbol{A}\boldsymbol{\lambda}(n) + \boldsymbol{B}\boldsymbol{X}(n) \\ \boldsymbol{Y}(n) = \boldsymbol{C}\boldsymbol{\lambda}(n) + \boldsymbol{D}\boldsymbol{X}(n) \end{cases}$$

则 $\boldsymbol{A}, \boldsymbol{B}, \boldsymbol{C}, \boldsymbol{D}$ 矩阵分别为

$$\boldsymbol{A} = \begin{bmatrix} 0 & 1 & 0 & \cdots & 0 \\ 0 & 0 & 1 & \cdots & 0 \\ \vdots & \vdots & \vdots & & \vdots \\ 0 & 0 & 0 & \cdots & 1 \\ -a_k & -a_{k-1} & -a_{k-2} & \cdots & -a_1 \end{bmatrix}, \quad \boldsymbol{B} = \begin{bmatrix} 0 \\ 0 \\ \vdots \\ 0 \\ 1 \end{bmatrix}$$

$$\boldsymbol{C} = [(b_k - a_k b_0), (b_{k-1} - a_{k-1} b_0), \cdots, (b_2 - a_2 b_0), (b_1 - a_1 b_0)]$$

$$\boldsymbol{D} = b_0 \tag{10.32}$$

由上述分析可见,离散系统的状态方程与输出方程建立方法同连续系统类似,只不过用延时器代替积分器。

10.3　连续系统状态方程的求解

求解状态方程的主要方法仍然是时域法和变换域法,但要涉及到一些有关矩阵卷积和矩阵变换的运算。本节讨论连续系统状态方程的求解,先讨论利用拉氏变换求解状态变量和输出响应的方法。

10.3.1　状态方程的拉普拉斯解法

由以上分析可知,状态方程可以表示为矢量矩阵形式,矩阵方程中状态变量和输入均为矢量,对状态进行拉氏变换时,就要对这些矢量进行变换。而矢量的变换可通过对该矢量各元素进行拉氏变换实现。例如对状态矢量 $\boldsymbol{\lambda}(t)$ 进行拉氏变换,可由下式得到

$$\mathscr{L}\big[\boldsymbol{\lambda}(t)\big] = \mathscr{L}\begin{bmatrix}\lambda_1(t)\\\lambda_2(t)\\\vdots\\\lambda_k(t)\end{bmatrix} = \begin{bmatrix}\Lambda_1(s)\\\Lambda_2(s)\\\vdots\\\Lambda_k(s)\end{bmatrix} = \boldsymbol{\Lambda}(s) \tag{10.33}$$

输入矢量的变换也采用上述同样方式。根据拉氏变换的线性性质,可推广得到一个常数矩阵和一矢量乘积的变换,等于该常数矩阵与该矢量变换的乘积,即当 $\boldsymbol{A}$ 为常数矩阵时

$$\mathscr{L}\{\boldsymbol{A}\boldsymbol{\lambda}(t)\} = \boldsymbol{A}\boldsymbol{\Lambda}(s) \tag{10.34}$$

又根据拉氏变换的微分特性,可推广得到一矢量 $\boldsymbol{\lambda}(t)$ 的导数之变换为

$$\mathscr{L}\left\{\frac{\mathrm{d}}{\mathrm{d}t}\boldsymbol{\lambda}(t)\right\} = s\boldsymbol{\Lambda}(s) - \boldsymbol{\lambda}(0^-) \tag{10.35}$$

有了上述概念后,就可利用拉氏变换对状态方程进行求解。若给定状态方程为

$$\frac{\mathrm{d}}{\mathrm{d}t}\boldsymbol{\lambda}(t) = \boldsymbol{A}\boldsymbol{\lambda}(t) + \boldsymbol{B}\boldsymbol{e}(t)$$

对上式进行拉氏变换,可得

$$s\boldsymbol{\Lambda}(s) - \boldsymbol{\lambda}(0^-) = \boldsymbol{A}\boldsymbol{\Lambda}(s) + \boldsymbol{B}\boldsymbol{E}(s)$$

将上式移项,并利用 $k\times k$ 单位阵 $\boldsymbol{I}$,可得

$$(s\boldsymbol{I} - \boldsymbol{A})\boldsymbol{\Lambda}(s) = \boldsymbol{\lambda}(0^-) + \boldsymbol{B}\boldsymbol{E}(s) \tag{10.36}$$

于是

$$\boldsymbol{\Lambda}(s) = (s\boldsymbol{I} - \boldsymbol{A})^{-1}\boldsymbol{\lambda}(0^-) + (s\boldsymbol{I} - \boldsymbol{A})^{-1}\boldsymbol{B}\boldsymbol{E}(s) \tag{10.37}$$

取上式的反变换,可得状态矢量为

$$\boldsymbol{\lambda}(t) = \mathscr{L}^{-1}\{(s\boldsymbol{I} - \boldsymbol{A})^{-1}\boldsymbol{\lambda}(0^-)\} + \mathscr{L}^{-1}\{(s\boldsymbol{I} - \boldsymbol{A})^{-1}\boldsymbol{B}\boldsymbol{E}(s)\} \tag{10.38}$$

在式(10.38)中,第一项由起始状态决定,而与输入无关,为零输入分量。第二项由激励决定,而与起始状态无关,为零状态分量。

得到状态变量后,将其代入输出方程,便得到系统的响应。设输出方程为

$$r(t) = C\boldsymbol{\lambda}(t) + De(t)$$

将上式进行拉氏变换,得

$$R(s) = C\boldsymbol{\Lambda}(s) + DE(s) \tag{10.39}$$

将式(10.37)代入到式(10.39),得

$$R(s) = C(sI-A)^{-1}\boldsymbol{\lambda}(0^{-1}) + [C(sI-A)^{-1}B+D]E(s)$$
$$= R_{\mathrm{zp}}(s) + R_{\mathrm{zs}}(s) \tag{10.40}$$

式中第一项为零输入响应 $r_{\mathrm{zp}}(t)$ 的变换 $R_{\mathrm{zp}}(s)$,第二项为零状态响应 $r_{\mathrm{zs}}(t)$ 的变换 $R_{\mathrm{zs}}(s)$。取 $R(s)$ 的反变换就得到输出响应 $r(t)$。若将式(10.40)中的零状态项单独写出

$$R_{\mathrm{zs}}(s) = [C(sI-A)^{-1}B+D]E(s) = H(s)E(s)$$

可知转移函数矩阵 $H(s)$ 为

$$H(s) = [C(sI-A)^{-1}B+D] \tag{10.41}$$

$H(s)$ 具有 r 行 m 列,其中 r 是输出数目,m 是输入数目,由系统的 A,B,C,D 矩阵确定。对于 LTI 系统,式(10.41)中 B,C,D 都是常数矩阵,只有矩阵 $(sI-A)^{-1}$ 含有复变量 s,由矩阵代数可知

$$(sI-A)^{-1} = \frac{\mathrm{adj}(sI-A)}{|sI-A|} \tag{10.42}$$

式中 $\mathrm{adj}(sI-A)$ 是矩阵 $(sI-A)$ 的伴随矩阵,而 $|sI-A|$ 表示其行列式。矩阵 $(sI-A)$ 可表示为

$$(sI-A) = \begin{bmatrix} s-a_{11} & -a_{12} & \cdots & -a_{1k} \\ -a_{21} & s-a_{22} & \cdots & -a_{2k} \\ \vdots & \vdots & & \vdots \\ -a_{k1} & -a_{k2} & \cdots & s-a_{kk} \end{bmatrix} \tag{10.43}$$

伴随矩阵 $\mathrm{adj}(sI-A)$ 是一个 k 行 k 列矩阵。由式(10.41)和式(10.42)可知,矩阵 $(sI-A)^{-1}$ 和 $H(s)$ 具有共同的分母 $|sI-A|$,这分母是一个 s 的 k 次多项式,称为 $H(s)$ 分母的特征多项式,$|sI-A|=0$ 为系统的特征方程,而称 $(sI-A)^{-1}$ 为系统的特征矩阵,记为 $\boldsymbol{\Phi}(s)$,即

$$\boldsymbol{\Phi}(s) = (sI-A)^{-1}$$

对式(10.37)进行反变换,即得到状态变量的时域表示式为

$$\boldsymbol{\lambda}(t) = \mathcal{L}^{-1}[(sI-A)^{-1}\boldsymbol{\lambda}(0^-)] + \mathcal{L}^{-1}[(sI-A)^{-1}B] * \mathcal{L}^{-1}[E(s)] \tag{10.44}$$

对式(10.40)进行反变换,可得到输出响应为

$$r(t) = C\mathcal{L}^{-1}[(sI-A)^{-1}\boldsymbol{\lambda}(0^-)] + \{C\mathcal{L}^{-1}[(sI-A)^{-1}B] + D\delta(t)\} * \mathcal{L}^{-1}[E(s)]$$
$$= r_{\mathrm{zp}}(t) + r_{\mathrm{zs}}(t) \tag{10.45}$$

式中第一项为零输入响应 $r_{\mathrm{zp}}(t)$,第二项为零状态响应 $r_{\mathrm{zs}}(t)$。

例 10.8 已知一连续系统的状态方程和输出方程为

$$\begin{cases} \dfrac{\mathrm{d}\lambda_1(t)}{\mathrm{d}t} = \lambda_1(t) + e(t) \\[3mm] \dfrac{\mathrm{d}\lambda_2(t)}{\mathrm{d}t} = \lambda_1(t) - 3\lambda_2(t) \end{cases}$$

$$r(t) = -\frac{1}{4}\lambda_1(t) + \lambda_2(t)$$

系统的起始状态为 $\lambda_1(0^-)=1, \lambda_2(0^-)=2$,输入 $e(t)=\varepsilon(t)$,试求此系统的输出。

解 状态方程与输出方程的矩阵形式为

$$\begin{bmatrix} \dot{\lambda}_1 \\ \dot{\lambda}_2 \end{bmatrix} = \begin{bmatrix} 1 & 0 \\ 1 & -3 \end{bmatrix} \begin{bmatrix} \lambda_1 \\ \lambda_2 \end{bmatrix} + \begin{bmatrix} 1 \\ 0 \end{bmatrix} \varepsilon(t)$$

$$r(t) = \begin{bmatrix} -\frac{1}{4}, & 1 \end{bmatrix} \begin{bmatrix} \lambda_1 \\ \lambda_2 \end{bmatrix}$$

由上式可知

$$\boldsymbol{A} = \begin{bmatrix} 1 & 0 \\ 1 & -3 \end{bmatrix}, \quad \boldsymbol{B} = \begin{bmatrix} 1 \\ 0 \end{bmatrix}, \quad \boldsymbol{C} = \begin{bmatrix} -\frac{1}{4}, & 1 \end{bmatrix}, \quad \boldsymbol{D} = 0$$

给定 $\boldsymbol{\lambda}(0^-) = \begin{bmatrix} 1 \\ 2 \end{bmatrix}$,利用式(10.43)可得

$$s\boldsymbol{I} - \boldsymbol{A} = \begin{bmatrix} s-1 & 0 \\ -1 & s+3 \end{bmatrix}, \quad |s\boldsymbol{I} - \boldsymbol{A}| = (s-1)(s+3)$$

$$\mathrm{adj}(s\boldsymbol{I} - \boldsymbol{A}) = \begin{bmatrix} s+3 & 0 \\ 1 & s-1 \end{bmatrix}$$

$$(s\boldsymbol{I} - \boldsymbol{A})^{-1} = \frac{\mathrm{adj}(s\boldsymbol{I} - \boldsymbol{A})}{|s\boldsymbol{I} - \boldsymbol{A}|} = \frac{\begin{bmatrix} s+3 & 0 \\ 1 & s-1 \end{bmatrix}}{(s-1)(s+3)} = \begin{bmatrix} \dfrac{1}{s-1} & 0 \\ \dfrac{1}{(s-1)(s+3)} & \dfrac{1}{s+3} \end{bmatrix}$$

利用式(10.41),可求得式(10.40)中的零状态项

$$\boldsymbol{R}_{zs}(s) = \begin{bmatrix} \boldsymbol{C}(s\boldsymbol{I} - \boldsymbol{A})^{-1}\boldsymbol{B} + \boldsymbol{D} \end{bmatrix} \boldsymbol{E}(s)$$

$$= \begin{bmatrix} -\frac{1}{4}, & 1 \end{bmatrix} \begin{bmatrix} \dfrac{1}{s-1} & 0 \\ \dfrac{1}{(s-1)(s+3)} & \dfrac{1}{s+3} \end{bmatrix} \begin{bmatrix} 1 \\ 0 \end{bmatrix} \frac{1}{s}$$

$$= \begin{bmatrix} -\dfrac{1}{4(s+3)} & \dfrac{1}{s+3} \end{bmatrix} \begin{bmatrix} 1 \\ 0 \end{bmatrix} \frac{1}{s} = \frac{1}{12}\left(\frac{1}{s+3} - \frac{1}{s} \right)$$

式(10.40)中的零输入项为

$$\boldsymbol{R}_{zp}(s) = \boldsymbol{C}(s\boldsymbol{I} - \boldsymbol{A})^{-1}\boldsymbol{\lambda}(0^{-1})$$

$$= \begin{bmatrix} -\frac{1}{4} & 1 \end{bmatrix} \begin{bmatrix} \dfrac{1}{s-1} & 0 \\ \dfrac{1}{(s-1)(s+3)} & \dfrac{1}{s+3} \end{bmatrix} \begin{bmatrix} 1 \\ 2 \end{bmatrix}$$

$$= \begin{bmatrix} -\dfrac{1}{4(s+3)} & \dfrac{1}{s+3} \end{bmatrix} \begin{bmatrix} 1 \\ 2 \end{bmatrix} = \frac{7}{4} \frac{1}{s+3}$$

将以上的零状态项与零输入项反变换,可得零状态响应 $r_{zs}(t)$ 及零输入响应 $r_{zp}(t)$ 为

$$r_{zs}(t) = \mathcal{L}^{-1}\Big[\frac{1}{12}\Big(\frac{1}{s+3} - \frac{1}{s}\Big)\Big] = \frac{1}{12}(e^{-3t} - 1)\varepsilon(t)$$

$$r_{zp}(t) = \mathcal{L}^{-1}\Big[\frac{7}{4}\frac{1}{s+3}\Big] = \frac{7}{4}e^{-3t}\varepsilon(t)$$

因而完全响应为

$$r(t) = r_{zs}(t) + r_{zp}(t) = \frac{1}{12}(e^{-3t} - 1)\varepsilon(t) + \frac{7}{4}e^{-3t}\varepsilon(t)$$

$$= \Big[\frac{11}{6}e^{-3t} - \frac{1}{12}\Big]\varepsilon(t)$$

10.3.2　状态方程的时域解法

为了在时域求解式(10.5)表示的矢量状态方程和输出方程,首先需要将矩阵指数函数 e^{At} 和几个矩阵运算关系作一简单的介绍。矩阵指数函数定义为

$$e^{At} = I + At + \frac{A^2 t^2}{2!} + \frac{A^3 t^3}{3!} + \cdots + \frac{A^k t^k}{k!} + \cdots = \sum_{k=0}^{\infty} \frac{1}{k!} A^k t^k \qquad (10.46)$$

可推得

$$e^{-At} = e^{A(-t)} = \sum_{k=0}^{\infty} \frac{1}{k!} A^k (-t)^k \qquad (10.47)$$

以及

$$\frac{d}{dt} e^{At} = \frac{d}{dt}\Big[I + At + \frac{A^2 t^2}{2!} + \frac{A^3 t^3}{3!} + \cdots + \frac{A^k t^k}{k!} + \cdots \Big]$$

$$= A + A^2 t + \frac{1}{2!} A^3 t^2 + \cdots + \frac{1}{(k-1)!} A^k t^{k-1} + \cdots$$

$$= A\Big(I + At + \frac{1}{2!} A^2 t^2 + \cdots + \frac{1}{(k-1)!} A^{k-1} t^{k-1} + \cdots \Big)$$

$$= A e^{At} = e^{At} A \qquad (10.48)$$

有了以上三个公式后就可以对矢量状态方程进行时域求解。

1. 状态方程的时域解法

若状态方程为

$$\frac{d}{dt}\boldsymbol{\lambda}(t) = A\boldsymbol{\lambda}(t) + Be(t) \qquad (10.49)$$

起始状态矢量为

$$\boldsymbol{\lambda}(0^-) = \begin{bmatrix} \lambda_1(0^-) \\ \lambda_2(0^-) \\ \vdots \\ \lambda_k(0^-) \end{bmatrix} \qquad (10.50)$$

将式(10.49)两边左乘 e^{-At},可得

$$e^{-At}\frac{d}{dt}\boldsymbol{\lambda}(t) - e^{-At}A\boldsymbol{\lambda}(t) = e^{-At}Be(t)$$

于是

$$\frac{\mathrm{d}}{\mathrm{d}t}\left[\mathrm{e}^{-\boldsymbol{A}t}\boldsymbol{\lambda}(t)\right] = \mathrm{e}^{-\boldsymbol{A}t}\boldsymbol{B}\boldsymbol{e}(t)$$

此式两边取定积分,并以 t 和 0 为积分的上下限,可得

$$\mathrm{e}^{-\boldsymbol{A}t}\boldsymbol{\lambda}(\tau)\Big|_{0^-}^{t} = \int_{0^-}^{t}\mathrm{e}^{-\boldsymbol{A}\tau}\boldsymbol{B}\boldsymbol{e}(\tau)\mathrm{d}\tau$$

故

$$\mathrm{e}^{-\boldsymbol{A}t}\boldsymbol{\lambda}(t) - \boldsymbol{\lambda}(0^-) = \int_{0^-}^{t}\mathrm{e}^{-\boldsymbol{A}\tau}\boldsymbol{B}\boldsymbol{e}(\tau)\mathrm{d}\tau$$

此等式两边均以 $\mathrm{e}^{\boldsymbol{A}t}$ 左乘,并考虑到

$$\mathrm{e}^{\boldsymbol{A}t}\,\mathrm{e}^{-\boldsymbol{A}t} = \left(\boldsymbol{I}+\boldsymbol{A}t+\frac{1}{2!}\boldsymbol{A}^2t^2+\cdots\right)\left(I-\boldsymbol{A}t+\frac{1}{2!}\boldsymbol{A}^2t^2+\cdots\right)$$

$$= \boldsymbol{I}+\boldsymbol{A}(t-t)+\boldsymbol{A}^2\left(\frac{1}{2!}t^2-t^2+\frac{1}{2!}t^2\right)+\cdots = \boldsymbol{I}$$

可得

$$\boldsymbol{\lambda}(t) = \mathrm{e}^{\boldsymbol{A}t}\boldsymbol{\lambda}(0^-) + \int_{0^-}^{t}\mathrm{e}^{\boldsymbol{A}(t-\tau)}\boldsymbol{B}\boldsymbol{e}(\tau)\mathrm{d}\tau \tag{10.51}$$

式(10.51)即矩阵状态方程时域解公式,其第一项为状态变量的零输入分量,第二项为状态变量的零状态分量。为将式(10.51)表示成卷积形式,先对矩阵卷积进行定义。矩阵卷积和矩阵相乘的定义类似,只是把乘法改为卷积运算,例如两个 2×2 的矩阵相卷积可表示为

$$\begin{bmatrix} x_{11} & x_{12} \\ x_{21} & x_{22} \end{bmatrix} * \begin{bmatrix} y_{11} & y_{12} \\ y_{21} & y_{22} \end{bmatrix} = \begin{bmatrix} x_{11}*y_{11}+x_{12}*y_{21} & x_{11}*y_{12}+x_{12}*y_{22} \\ x_{21}*y_{11}+x_{22}*y_{21} & x_{21}*y_{12}+x_{22}*y_{22} \end{bmatrix} \tag{10.52}$$

利用式(10.52),可把式(10.51)表示为卷积形式,即

$$\boldsymbol{\lambda}(t) = \mathrm{e}^{\boldsymbol{A}t}\boldsymbol{\lambda}(0^-) + \mathrm{e}^{\boldsymbol{A}t}*\boldsymbol{B}\boldsymbol{e}(t) \tag{10.53}$$

将式(10.53)代入输出方程,得

$$\boldsymbol{r}(t) = \boldsymbol{C}\boldsymbol{\lambda}(t) + \boldsymbol{D}\boldsymbol{e}(t) = \boldsymbol{C}\mathrm{e}^{\boldsymbol{A}t}\boldsymbol{\lambda}(0^-) + \left[\boldsymbol{C}\mathrm{e}^{\boldsymbol{A}t}\boldsymbol{B}+\boldsymbol{D}\delta(t)\right]*\boldsymbol{e}(t) \tag{10.54}$$

式(10.54)表明,系统输出也由两部分组成,第一项为零输入响应,第二项为零状态响应,即

$$\boldsymbol{r}_{\mathrm{zs}}(t) = \left[\boldsymbol{C}\mathrm{e}^{\boldsymbol{A}t}\boldsymbol{B}+\boldsymbol{D}\delta(t)\right]*\boldsymbol{e}(t) = \boldsymbol{h}(t)*\boldsymbol{e}(t)$$

因此

$$\boldsymbol{h}(t) = \left[\boldsymbol{C}\mathrm{e}^{\boldsymbol{A}t}\boldsymbol{B}+\boldsymbol{D}\delta(t)\right] \tag{10.55}$$

$\boldsymbol{h}(t)$ 称为单位冲激响应矩阵。从式(10.53)可知,求解状态方程的关键在于计算矩阵指数函数 $\mathrm{e}^{\boldsymbol{A}t}$,下面进行讨论。

2. 矩阵 $e^{\boldsymbol{A}t}$ 的计算

矩阵指数 $\mathrm{e}^{\boldsymbol{A}t}$ 的计算方法很多,首先讨论用拉氏变换进行求解。

式(10.37)是状态变量在 s 域中的解,而式(10.53)是状态变量的时域解。比较两个式子,容易看出 $(s\boldsymbol{I}-\boldsymbol{A})^{-1}$ 是 $\mathrm{e}^{\boldsymbol{A}t}$ 的拉氏变换,即

$$\mathscr{L}\left[\mathrm{e}^{\boldsymbol{A}t}\right] = (s\boldsymbol{I}-\boldsymbol{A})^{-1} \tag{10.56a}$$

反之

$$\mathcal{L}^{-1}\big[(s\boldsymbol{I}-\boldsymbol{A})^{-1}\big]=\mathrm{e}^{\boldsymbol{A}t} \tag{10.56b}$$

$\mathrm{e}^{\boldsymbol{A}t}$ 称为状态转移矩阵，记为 $\boldsymbol{\phi}(t)$，即

$$\boldsymbol{\phi}(t)=\mathcal{L}^{-1}\big[\boldsymbol{\Phi}(s)\big]=\mathcal{L}^{-1}\big[(s\boldsymbol{I}-\boldsymbol{A})^{-1}\big]=\mathrm{e}^{\boldsymbol{A}t}$$

$$=\mathcal{L}^{-1}\left[\frac{\mathrm{adj}(s\boldsymbol{I}-\boldsymbol{A})}{\mid s\boldsymbol{I}-\boldsymbol{A}\mid}\right] \tag{10.57}$$

式(10.57)提供了一个计算 $\mathrm{e}^{\boldsymbol{A}t}$ 的简便算法。除了用拉氏反变化计算矩阵 $\mathrm{e}^{\boldsymbol{A}t}$ 外，还有其他方法。限于篇幅，只介绍常用的利用凯莱-哈密尔顿(Cayley-Hamilton)定理计算 $\mathrm{e}^{\boldsymbol{A}t}$ 的方法。

凯莱·哈密尔顿定理表明，任一矩阵符合本身的特征方程。即，若 k 阶矩阵 $\boldsymbol{A}$ 的特征方程为

$$s^{k}+c_{k-1}s^{k-1}+\cdots+c_{1}s+c_{0}=0$$

则

$$\boldsymbol{A}^{k}+c_{k-1}\boldsymbol{A}^{k-1}+\cdots+c_{1}\boldsymbol{A}+c_{0}\boldsymbol{I}=0 \tag{10.58}$$

式(10.46)表明，$\mathrm{e}^{\boldsymbol{A}t}$ 是包含有无穷项的矩阵 $\boldsymbol{A}$ 的幂级数，但由式(10.58)，$\mathrm{e}^{\boldsymbol{A}t}$ 又可以表示为 $\boldsymbol{I}$，$\boldsymbol{A},\boldsymbol{A}^{2},\cdots,\boldsymbol{A}^{k-1}$ 等 k 个矩阵的线性组合(证明见文献[38])，即

$$\mathrm{e}^{\boldsymbol{A}t}=c_{0}\boldsymbol{I}+c_{1}\boldsymbol{A}+c_{2}\boldsymbol{A}^{2}+\cdots+c_{k-1}\boldsymbol{A}^{k-1}=\sum_{i=0}^{k-1}c_{i}\boldsymbol{A}^{i} \tag{10.59}$$

按照凯莱·哈密尔顿定理，矩阵 $\boldsymbol{A}$ 满足其本身的特征方程，因此式(10.59)中用 $\boldsymbol{A}$ 的特征值代入时也应满足，于是可求出各系数 $c_{i}(i=0,1,\cdots,k-1)$。具体可分为两种情况：

(1) $\boldsymbol{A}$ 的特征值各不相同，设 $\alpha_{1},\alpha_{2},\cdots,\alpha_{k}$ 为其特征值，代入式(10.59)，可得

$$\begin{cases} \mathrm{e}^{\alpha_{1}t}=c_{0}+c_{1}\alpha_{1}+c_{2}\alpha_{1}^{2}+\cdots+c_{k-1}\alpha_{1}^{k-1}\\ \mathrm{e}^{\alpha_{2}t}=c_{0}+c_{1}\alpha_{2}+c_{2}\alpha_{2}^{2}+\cdots+c_{k-1}\alpha_{2}^{k-1}\\ \qquad\qquad\vdots\\ \mathrm{e}^{\alpha_{k}t}=c_{0}+c_{1}\alpha_{k}+c_{2}\alpha_{k}^{2}+\cdots+c_{k-1}\alpha_{k}^{k-1} \end{cases} \tag{10.60}$$

由上述联立方程求得 $c_{i}(i=0,1,\cdots,k-1)$ 代入式(10.59)便得到 $\mathrm{e}^{\boldsymbol{A}t}$ 的表示式。

(2) 若 $\boldsymbol{A}$ 的特征根 α_{1} 为 m 阶重根，则重根部分的方程为

$$\mathrm{e}^{\alpha_{1}t}=c_{0}+c_{1}\alpha_{1}+c_{2}\alpha_{1}^{2}+\cdots+c_{k-1}\alpha_{1}^{k-1}$$

$$\frac{\mathrm{d}}{\mathrm{d}\alpha}\mathrm{e}^{\alpha t}\bigg|_{\alpha=\alpha_{1}}=t\mathrm{e}^{\alpha_{1}t}=c_{1}+2c_{2}\alpha_{1}+\cdots+(k-1)c_{k-1}\alpha_{1}^{k-2}$$

$$\vdots$$

$$\frac{\mathrm{d}^{m-1}}{\mathrm{d}\alpha^{m-1}}\mathrm{e}^{\alpha t}\bigg|_{\alpha=\alpha_{1}}=t^{m-1}\mathrm{e}^{\alpha_{1}t}=(m-1)!c_{m-1}+m!c_{m}\alpha_{1}+$$

$$\frac{(m+1)!}{2!}c_{m+1}\alpha_{1}^{2}+\cdots+\frac{(k-1)!}{(k-m)!}c_{k-1}\alpha_{1}^{k-m} \tag{10.61}$$

其他非重根部分与式(10.60)相同。按上述方法求得各个 c_{i} 之后，可根据式(10.59)由矩阵 $\boldsymbol{A}$ 的有限项幂级数之和求 $\mathrm{e}^{\boldsymbol{A}t}$。由于 $\mathrm{e}^{\boldsymbol{A}t}$ 在状态变量分析中起重要作用，现讨论它的主要性质。

3. e^{At} 的性质

e^{At} 称为状态转移矩阵，记为 $\boldsymbol{\phi}(t)$，即

$$\boldsymbol{\phi}(t) = e^{At}$$

它有如下基本性质

(1) $$\boldsymbol{\phi}(t_1)\boldsymbol{\phi}(t_2) = \boldsymbol{\phi}(t_1 + t_2) \tag{10.62a}$$

这是由于

$$\boldsymbol{\phi}(t_1)\boldsymbol{\phi}(t_2) = e^{At_1} e^{At_2}$$

$$= \left(\boldsymbol{I} + \boldsymbol{A}t_1 + \frac{1}{2!}\boldsymbol{A}^2 t_1^2 + \cdots\right)\left(\boldsymbol{I} + \boldsymbol{A}t_2 + \frac{1}{2!}\boldsymbol{A}^2 t_2^2 + \cdots\right)$$

$$= \boldsymbol{I} + \boldsymbol{A}(t_1 + t_2) + \boldsymbol{A}^2\left(\frac{1}{2!}t_1^2 + t_1 t_2 + \frac{1}{2!}t_2^2\right) + \cdots$$

$$= \boldsymbol{I} + \boldsymbol{A}(t_1 + t_2) + \frac{1}{2!}\boldsymbol{A}^2(t_1 + t_2)^2 + \cdots = e^{A(t_1+t_2)} = \boldsymbol{\phi}(t_1 + t_2)$$

(2) $$[\boldsymbol{\phi}(t)]^n = \boldsymbol{\phi}(nt) \tag{10.62b}$$

在式 (10.62a) 中，令 $t_1 = t_2 = t$，可得 $[\boldsymbol{\phi}(t)]^2 = \boldsymbol{\phi}(2t)$，推广之，即得式 (10.62b)。

(3) $$\boldsymbol{\phi}(0) = \boldsymbol{I} \tag{10.62c}$$

在式 (10.62a) 中令 $t_1 = -t_2$，即得式 (10.62c)。并且由于 $\boldsymbol{\phi}(t)\boldsymbol{\phi}(-t) = \boldsymbol{\phi}(0) = \boldsymbol{I}$，因此可得推论 $[\boldsymbol{\phi}(t)]^{-1} = \boldsymbol{\phi}(-t)$。

(4) $$\boldsymbol{\phi}(t_2 - t_1)\boldsymbol{\phi}(t_1 - t_0) = \boldsymbol{\phi}(t_2 - t_0) = \boldsymbol{\phi}(t_1 - t_0)\boldsymbol{\phi}(t_2 - t_1) \tag{10.62d}$$

此式证明可利用式 (10.62a)，这里不再赘述。

(5) $$\frac{d}{dt}e^{At} = \boldsymbol{A}e^{At} = e^{At}\boldsymbol{A} \tag{10.62e}$$

此式证明可见式 (10.48)。

利用 e^{At} 的上述性质可简化 e^{At} 的计算。

例 10.9 试利用时域法求解例 10.8 系统在单位阶跃信号激励下的输出响应。

解 例 10.8 系统之状态方程为

$$\begin{bmatrix} \dot{\lambda}_1 \\ \dot{\lambda}_2 \end{bmatrix} = \begin{bmatrix} 1 & 0 \\ 1 & -3 \end{bmatrix}\begin{bmatrix} \lambda_1 \\ \lambda_2 \end{bmatrix} + \begin{bmatrix} 1 \\ 0 \end{bmatrix}\varepsilon(t)$$

输出方程为

$$r(t) = \begin{bmatrix} -\dfrac{1}{4}, & 1 \end{bmatrix}\begin{bmatrix} \lambda_1 \\ \lambda_2 \end{bmatrix}$$

给定

$$\boldsymbol{\lambda}(0^-) = \begin{bmatrix} 1 \\ 2 \end{bmatrix}$$

由上式知

$$\boldsymbol{A} = \begin{bmatrix} 1 & 0 \\ 1 & -3 \end{bmatrix}, \quad \boldsymbol{B} = \begin{bmatrix} 1 \\ 0 \end{bmatrix}, \quad \boldsymbol{C} = \begin{bmatrix} -\dfrac{1}{4}, & 1 \end{bmatrix}, \quad \boldsymbol{D} = 0$$

利用式(10.57),得

$$\mathrm{e}^{\mathbf{A}t} = \mathscr{L}^{-1}\left[(s\mathbf{I}-\mathbf{A})^{-1}\right] = \mathscr{L}^{-1}\left[\frac{\mathrm{adj}(s\mathbf{I}-\mathbf{A})}{\mid s\mathbf{I}-\mathbf{A}\mid}\right]$$

$$= \mathscr{L}^{-1}\left\{\frac{\begin{bmatrix} s+3 & 0 \\ 1 & s-1 \end{bmatrix}}{(s-1)(s+3)}\right\} = \mathscr{L}^{-1}\left[\begin{array}{cc} \dfrac{1}{s-1} & 0 \\ \dfrac{1}{(s-1)(s+3)} & \dfrac{1}{s+3} \end{array}\right]$$

$$= \left\{\begin{array}{cc} \mathrm{e}^{t} & 0 \\ \dfrac{1}{4}(\mathrm{e}^{t}-\mathrm{e}^{-3t}) & \mathrm{e}^{-3t} \end{array}\right\}\varepsilon(t)$$

利用式(10.54)可求得系统的零输入响应为

$$\boldsymbol{r}_{\mathrm{zp}}(t) = \boldsymbol{C}\mathrm{e}^{\mathbf{A}t}\boldsymbol{\lambda}(0^{-})$$

$$= \left[-\frac{1}{4}, \quad 1\right]\left[\begin{array}{cc} \mathrm{e}^{t} & 0 \\ \dfrac{1}{4}(\mathrm{e}^{t}-\mathrm{e}^{-3t}) & \mathrm{e}^{-3t} \end{array}\right]\begin{bmatrix} 1 \\ 2 \end{bmatrix}\varepsilon(t)$$

$$= \left[-\frac{1}{4}\mathrm{e}^{-3t} \quad \mathrm{e}^{-3t}\right]\begin{bmatrix} 1 \\ 2 \end{bmatrix}\varepsilon(t) = \frac{7}{4}\mathrm{e}^{-3t}\varepsilon(t)$$

系统的零状态响应为

$$\boldsymbol{r}_{\mathrm{zs}}(t) = \left[\boldsymbol{C}\mathrm{e}^{\mathbf{A}t}\boldsymbol{B} + \boldsymbol{D}\delta(t)\right] * \boldsymbol{e}(t)$$

$$= \left[-\frac{1}{4}, \quad 1\right]\left[\begin{array}{cc} \mathrm{e}^{t} & 0 \\ \dfrac{1}{4}(\mathrm{e}^{t}-\mathrm{e}^{-3t}) & \mathrm{e}^{-3t} \end{array}\right]\begin{bmatrix} 1 \\ 0 \end{bmatrix} * \varepsilon(t)$$

$$= \int_{0}^{t}-\frac{1}{4}\mathrm{e}^{-3(t-\tau)}\,\mathrm{d}\tau = \frac{1}{12}(\mathrm{e}^{-3t}-1)\varepsilon(t)$$

系统完全响应为

$$r(t) = \boldsymbol{r}_{\mathrm{zp}}(t) + \boldsymbol{r}_{\mathrm{zs}}(t) = \left[\frac{7}{4}\mathrm{e}^{-3t} + \frac{1}{12}(\mathrm{e}^{-3t}-1)\right]\varepsilon(t)$$

$$= \left[\frac{11}{6}\mathrm{e}^{-3t} - \frac{1}{12}\right]\varepsilon(t)$$

以上结果和例 10.8 完全一致。

例 10.10　试利用凯莱-哈密尔顿定理计算例 10.9 中的 $\mathrm{e}^{\mathbf{A}t}$。

解　由例 10.9 中,已知

$$\boldsymbol{A} = \begin{bmatrix} 1 & 0 \\ 1 & -3 \end{bmatrix}, \quad [s\boldsymbol{I}-\boldsymbol{A}] = \begin{bmatrix} s-1 & 0 \\ -1 & s+3 \end{bmatrix}$$

系统的特征方程为

$$\mid s\boldsymbol{I}-\boldsymbol{A}\mid = (s-1)(s+3) = 0$$

可求得系统的特征根为

$$\alpha_1 = 1, \quad \alpha_2 = -3$$

于是

$$\begin{cases} e^t = c_0 + c_1 \\ e^{-3t} = c_0 - 3c_1 \end{cases}$$

可解得

$$c_0 = \frac{3}{4}e^t + \frac{1}{4}e^{-3t}, \quad c_1 = \frac{1}{4}(e^t - e^{-3t})$$

因此

$$e^{\boldsymbol{A}t} = c_0 \boldsymbol{I} + c_1 \boldsymbol{A} = \begin{bmatrix} e^t & 0 \\ \frac{1}{4}(e^t - e^{-3t}) & e^{-3t} \end{bmatrix}, \quad t > 0$$

此结果与例 10.9 一致。

10.4 离散系统状态方程的求解

本节讨论离散系统状态差分方程的求解。离散系统状态方程求解方法与连续系统类似，先讨论利用 z 变换求解状态变量和输出响应的方法。

10.4.1 状态差分方程的 z 变换解

离散系统的状态方程和输出方程可表示为

$$\begin{cases} \boldsymbol{\lambda}(n+1) = \boldsymbol{A}\boldsymbol{\lambda}(n) + \boldsymbol{B}\boldsymbol{x}(n) \\ \boldsymbol{y}(n) = \boldsymbol{C}\boldsymbol{\lambda}(n) + \boldsymbol{D}\boldsymbol{x}(n) \end{cases}$$

对上两式取 z 变换可得

$$\begin{cases} z\boldsymbol{\Lambda}(z) - z\boldsymbol{\lambda}(0) = \boldsymbol{A}\boldsymbol{\Lambda}(z) + \boldsymbol{B}\boldsymbol{X}(z) \\ \boldsymbol{Y}(z) = \boldsymbol{C}\boldsymbol{\Lambda}(z) + \boldsymbol{D}\boldsymbol{X}(z) \end{cases} \tag{10.63}$$

于是

$$\begin{cases} \boldsymbol{\Lambda}(z) = (z\boldsymbol{I} - \boldsymbol{A})^{-1}z\boldsymbol{\lambda}(0) + (z\boldsymbol{I} - \boldsymbol{A})^{-1}\boldsymbol{B}\boldsymbol{X}(z) \\ \boldsymbol{Y}(z) = \boldsymbol{C}(z\boldsymbol{I} - \boldsymbol{A})^{-1}z\boldsymbol{\lambda}(0) + \boldsymbol{C}(z\boldsymbol{I} - \boldsymbol{A})^{-1}\boldsymbol{B}\boldsymbol{X}(z) + \boldsymbol{D}\boldsymbol{X}(z) \end{cases} \tag{10.64}$$

取反变换可得

$$\begin{cases} \boldsymbol{\lambda}(n) = \mathscr{Z}^{-1}[(z\boldsymbol{I}-\boldsymbol{A})^{-1}z]\boldsymbol{\lambda}(0) + \mathscr{Z}^{-1}[(z\boldsymbol{I}-\boldsymbol{A})^{-1}\boldsymbol{B}] * \mathscr{Z}^{-1}[\boldsymbol{X}(z)] \\ \boldsymbol{y}(n) = \mathscr{Z}^{-1}[\boldsymbol{C}(z\boldsymbol{I}-\boldsymbol{A})^{-1}z]\boldsymbol{\lambda}(0) + \mathscr{Z}^{-1}[\boldsymbol{C}(z\boldsymbol{I}-\boldsymbol{A})^{-1}\boldsymbol{B}+\boldsymbol{D}] * \mathscr{Z}^{-1}[\boldsymbol{X}(z)] \end{cases} \tag{10.65}$$

式(10.65)的 $\boldsymbol{y}(n)$ 表达式中，第一项为零输入分量，第二项为零状态分量。由零状态分量可得系统的转移函数为

$$\boldsymbol{H}(z) = \boldsymbol{C}(z\boldsymbol{I} - \boldsymbol{A})^{-1}\boldsymbol{B} + \boldsymbol{D} \tag{10.66}$$

例 10.11 已知一离散系统的状态方程为

$$\begin{cases} \lambda_1(n+1) = \frac{1}{2}\lambda_1(n) + x(n) \\ \lambda_2(n+1) = \frac{1}{4}\lambda_1(n) + \frac{1}{3}\lambda_2(n) + x(n) \end{cases}$$

输出方程为

$$y(n) = 2\lambda_1(n)$$

系统起始状态为零,试求当输入 $x(n) = \delta(n)$ 时的状态变量 $\lambda_1(n)$ 和 $\lambda_2(n)$,以及输出 $y(n) = h(n)$。

解　状态方程的矩阵表示为

$$\begin{bmatrix} \lambda_1(n+1) \\ \lambda_2(n+1) \end{bmatrix} = \begin{bmatrix} \dfrac{1}{2} & 0 \\ \dfrac{1}{4} & \dfrac{1}{3} \end{bmatrix} \begin{bmatrix} \lambda_1(n) \\ \lambda_2(n) \end{bmatrix} + \begin{bmatrix} 1 \\ 1 \end{bmatrix} x(n)$$

$$y(n) = [2, \quad 0] \begin{bmatrix} \lambda_1(n) \\ \lambda_2(n) \end{bmatrix}$$

$$\boldsymbol{A} = \begin{bmatrix} \dfrac{1}{2} & 0 \\ \dfrac{1}{4} & \dfrac{1}{3} \end{bmatrix}, \quad \boldsymbol{B} = \begin{bmatrix} 1 \\ 1 \end{bmatrix}, \quad \boldsymbol{C} = [2, \quad 0], \quad \boldsymbol{D} = 0$$

于是

$$(z\boldsymbol{I} - \boldsymbol{A})^{-1} = \frac{\begin{bmatrix} z - \dfrac{1}{3} & 0 \\ \dfrac{1}{4} & z - \dfrac{1}{2} \end{bmatrix}}{\left(z - \dfrac{1}{3}\right)\left(z - \dfrac{1}{2}\right)} = \begin{bmatrix} \dfrac{1}{z - \dfrac{1}{2}} & 0 \\ \dfrac{\dfrac{1}{4}}{\left(z - \dfrac{1}{2}\right)\left(z - \dfrac{1}{3}\right)} & \dfrac{1}{z - \dfrac{1}{3}} \end{bmatrix}$$

由于系统起始状态为零,故 $\boldsymbol{\lambda}(0) = 0$,利用式(10.65)可得

$$\boldsymbol{\lambda}(n) = \mathscr{Z}^{-1}\left[(z\boldsymbol{I} - \boldsymbol{A})^{-1}\boldsymbol{B}\right] * \delta(n)$$

$$= \mathscr{Z}^{-1}\begin{bmatrix} \dfrac{1}{z - \dfrac{1}{2}} \\ \dfrac{\dfrac{1}{4}}{\left(z - \dfrac{1}{2}\right)\left(z - \dfrac{1}{3}\right)} + \dfrac{1}{z - \dfrac{1}{3}} \end{bmatrix} = \mathscr{Z}^{-1}\begin{bmatrix} \dfrac{1}{z - \dfrac{1}{2}} \\ \dfrac{\dfrac{3}{2}}{z - \dfrac{1}{2}} - \dfrac{\dfrac{1}{2}}{z - \dfrac{1}{3}} \end{bmatrix}$$

因此

$$\lambda_1(n) = \left(\frac{1}{2}\right)^{n-1} \varepsilon(n-1)$$

$$\lambda_2(n) = \left[\frac{3}{2}\left(\frac{1}{2}\right)^{n-1} - \frac{1}{2}\left(\frac{1}{3}\right)^{n-1}\right] \varepsilon(n-1)$$

$$\boldsymbol{y}(n) = \mathscr{Z}^{-1}\left[\boldsymbol{C}(z\boldsymbol{I} - \boldsymbol{A})^{-1}\boldsymbol{B} + \boldsymbol{D}\right] * \delta(n)$$

$$= \mathscr{Z}^{-1}\left[\frac{2}{z - \dfrac{1}{2}}\right] = 2\left(\frac{1}{2}\right)^{n-1} \varepsilon(n-1)$$

10.4.2 状态方程的时域解法

离散系统的状态方程可表示为

$$\pmb{\lambda}(n+1) = \pmb{A}\pmb{\lambda}(n) + \pmb{B}\pmb{x}(n)$$

若已知 $\pmb{\lambda}(0)$ 与 $\pmb{x}(0)$,采用迭代法可得

$$\pmb{\lambda}(1) = \pmb{A}\pmb{\lambda}(0) + \pmb{B}\pmb{x}(0)$$

$$\pmb{\lambda}(2) = \pmb{A}\pmb{\lambda}(1) + \pmb{B}\pmb{x}(1) = \pmb{A}^2\pmb{\lambda}(0) + \pmb{A}\pmb{B}\pmb{x}(0) + \pmb{B}\pmb{x}(1)$$

$$\pmb{\lambda}(3) = \pmb{A}\pmb{\lambda}(2) + \pmb{B}\pmb{x}(2) = \pmb{A}^3\pmb{\lambda}(0) + \pmb{A}^2\pmb{B}\pmb{x}(0) + \pmb{A}\pmb{B}\pmb{x}(1) + \pmb{B}\pmb{x}(2)$$

$$\cdots\cdots$$

推广之,可得

$$\pmb{\lambda}(n) = \pmb{A}^n\pmb{\lambda}(0) + \sum_{i=0}^{n-1}\pmb{A}^{n-1-i}\pmb{B}\pmb{x}(i) \tag{10.67}$$

式(10.67)中,第一项为零输入解,第二项为零状态解,系统输出为

$$\pmb{y}(n) = \pmb{C}\pmb{\lambda}(n) + \pmb{D}\pmb{x}(n)$$

$$= \pmb{C}\pmb{A}^n\pmb{\lambda}(0) + \sum_{i=0}^{n-1}\pmb{C}\pmb{A}^{n-1-i}\pmb{B}\pmb{x}(i) + \pmb{D}\pmb{x}(n) \tag{10.68}$$

式(10.68)中,第一项为零输入响应,第二与第三项为零状态响应,即

$$\pmb{y}_{zs}(n) = \sum_{i=0}^{n-1}\pmb{C}\pmb{A}^{n-1-i}\pmb{B}\pmb{x}(i) + \pmb{D}\pmb{x}(n) \tag{10.69}$$

由式(10.69)可知,若 $x(n) = \delta(n)$,则系统的单位冲激响应矩阵为

$$\pmb{h}(n) = \pmb{C}\pmb{A}^{n-1}\pmb{B} + \pmb{D}\delta(n) \tag{10.70}$$

$\pmb{A}^n$ 称为离散系统的状态转移矩阵,记为 $\pmb{\phi}(n)$。将式(10.68)与式(10.65)进行比较后得

$$\pmb{\phi}(n) = \pmb{A}^n = \mathscr{Z}^{-1}\left[(z\pmb{I} - \pmb{A})^{-1}z\right] = \mathscr{Z}^{-1}\left[(\pmb{I} - z^{-1}\pmb{A})^{-1}\right] \tag{10.71}$$

利用式(10.71)可以方便地计算 $\pmb{A}^n$。此外,也可以采用凯莱-哈密尔顿定理计算 $\pmb{A}^n$,即

$$\pmb{A}^n = c_0\pmb{I} + c_1\pmb{A} + c_2\pmb{A}^2 + \cdots + c_{k-1}\pmb{A}^{k-1}, \quad n \geqslant k \tag{10.72}$$

分别用 $\pmb{A}$ 的特征值代入式(10.72)可解得系数 $c_0, c_1, \cdots, c_{k-1}$。

若 $\pmb{A}$ 的特征根为重根的情况,例如 α_1 为 $\pmb{A}$ 的 m 解重根,则对重根部分的计算为

$$\alpha_1^n = c_0 + c_1\alpha_1 + c_2\alpha_1^2 + \cdots + c_{k-1}\alpha_1^{k-1}$$

$$\frac{\mathrm{d}}{\mathrm{d}\alpha}\alpha^n\bigg|_{\alpha=\alpha_1} = n\alpha_1^{n-1} = c_1 + 2c_2\alpha_1 + \cdots + (k-1)c_{k-1}\alpha_1^{k-2}$$

推广之,可得

$$\frac{\mathrm{d}^{m-1}}{\mathrm{d}\alpha^{m-1}}\alpha^n\bigg|_{\alpha=\alpha_1} = \frac{n!}{[n-(m-1)]!}\alpha_1^{n-(m-1)}$$

$$= (m-1)!c_{m-1} + m!c_m\alpha_1 + \frac{(m+1)!}{2!}c_{m+1}\alpha_1^2 + \cdots + \frac{(k-1)!}{(k-m)!}c_{k-1}\alpha_1^{k-m} \tag{10.73}$$

例 10.12 试利用时域法求解例 10.11 系统在 $\delta(n)$ 激励下的状态变量 $\lambda_1(n)$ 和 $\lambda_2(n)$,以及输出 $y(n) = h(n)$(设起始状态为零)。

解　状态方程为

$$\boldsymbol{\lambda}(n+1) = \boldsymbol{A}\boldsymbol{\lambda}(n) + \boldsymbol{B}\boldsymbol{x}(n)$$

$$\boldsymbol{y}(n) = \boldsymbol{C}\boldsymbol{\lambda}(n) + \boldsymbol{D}\boldsymbol{x}(n)$$

式中：

$$\boldsymbol{A} = \begin{bmatrix} \dfrac{1}{2} & 0 \\ \dfrac{1}{4} & \dfrac{1}{3} \end{bmatrix}, \quad \boldsymbol{B} = \begin{bmatrix} 1 \\ 1 \end{bmatrix}, \quad \boldsymbol{C} = [2, \ 0], \quad \boldsymbol{D} = 0 。$$

特征方程为

$$| \alpha\boldsymbol{I} - \boldsymbol{A} | = \begin{vmatrix} \alpha - \dfrac{1}{2} & 0 \\ -\dfrac{1}{4} & \alpha - \dfrac{1}{3} \end{vmatrix} = \left(\alpha - \dfrac{1}{2}\right)\left(\alpha - \dfrac{1}{3}\right) = 0$$

$\boldsymbol{A}$ 的特征根为 $\alpha_1 = \dfrac{1}{2}$，$\alpha_2 = \dfrac{1}{3}$，利用凯莱-哈密尔顿定理可得

$$\left(\frac{1}{2}\right)^n = c_0 + \frac{1}{2}c_1$$

$$\left(\frac{1}{3}\right)^n = c_0 + \frac{1}{3}c_1$$

可解得

$$c_0 = -2\left(\frac{1}{2}\right)^n + 3\left(\frac{1}{3}\right)^n, \quad c_1 = 6\left(\frac{1}{2}\right)^n - 6\left(\frac{1}{3}\right)^n$$

因此有

$$\boldsymbol{A}^n = c_0\boldsymbol{I} + c_1\boldsymbol{A}$$

$$= \left[-2\left(\frac{1}{2}\right)^n + 3\left(\frac{1}{3}\right)^n\right]\begin{bmatrix} 1 & 0 \\ 0 & 1 \end{bmatrix} + \left[6\left(\frac{1}{2}\right)^n - 6\left(\frac{1}{3}\right)^n\right]\begin{bmatrix} \dfrac{1}{2} & 0 \\ \dfrac{1}{4} & \dfrac{1}{3} \end{bmatrix}$$

$$= \begin{bmatrix} \left(\dfrac{1}{2}\right)^n & 0 \\ \dfrac{3}{2}\left(\dfrac{1}{2}\right)^n - \dfrac{3}{2}\left(\dfrac{1}{3}\right)^n & \left(\dfrac{1}{3}\right)^n \end{bmatrix}$$

系统起始状态为零，故根据式(10.67)可得

$$\boldsymbol{\lambda}(n) = \sum_{i=0}^{n-1} \boldsymbol{A}^{n-1-i}\boldsymbol{B}\boldsymbol{x}(i)$$

即

$$\begin{bmatrix} \lambda_1(n) \\ \lambda_2(n) \end{bmatrix} = \sum_{i=0}^{n-1} \begin{bmatrix} \left(\dfrac{1}{2}\right)^{n-1-i} & 0 \\ \dfrac{3}{2}\left(\dfrac{1}{2}\right)^{n-1-i} - \dfrac{3}{2}\left(\dfrac{1}{3}\right)^{n-1-i} & \left(\dfrac{1}{3}\right)^{n-1-i} \end{bmatrix}\begin{bmatrix} 1 \\ 1 \end{bmatrix}\delta(i)$$

$$= \begin{bmatrix} \left(\dfrac{1}{2}\right)^{n-1} \\ \dfrac{3}{2}\left(\dfrac{1}{2}\right)^{n-1} - \dfrac{1}{2}\left(\dfrac{1}{3}\right)^{n-1} \end{bmatrix} \boldsymbol{\varepsilon}(n-1)$$

由于求和上限为 $n-1$，可使 $n \geqslant 1$，输出为

$$\boldsymbol{y}(n) = \boldsymbol{h}(n) = \boldsymbol{CA}^{n-1}\boldsymbol{B} + \boldsymbol{D}\delta(n)$$

$$= \begin{bmatrix} 2, & 0 \end{bmatrix} \begin{bmatrix} \left(\dfrac{1}{2}\right)^{n-1} & 0 \\ \dfrac{3}{2}\left(\dfrac{1}{2}\right)^{n-1} - \dfrac{3}{2} & \left(\dfrac{1}{3}\right)^{n-1}\left(\dfrac{1}{3}\right)^{n-1} \end{bmatrix} \begin{bmatrix} 1 \\ 1 \end{bmatrix}$$

$$= \left(\dfrac{1}{2}\right)^{n-1} \varepsilon(n-1)$$

上述结果与例 10.11 完全相同

10.5 状态方程的数值解法

状态方程便于利用计算机求解，把求解步骤编成程序，就可让计算机完成这些重复的计算工作。由于状态方程都是一阶微分方程，其数值解比较方便可行，应用数值解法还可以对非线性系统和时变系统进行求解。在对连续系统的微分方程进行数值求解时，是将连续的输入输出信号用离散的方法来处理，此时微分方程已近似为差分方程。本节只讨论状态微分方程的数值解法，状态差分方程的数值解比较直观可行，这里不再赘述。

一阶微分方程的数值解法有欧拉法，龙格-库塔法及米尔纳法等，本节就欧拉法进行介绍。

设给定系统的状态方程为

$$\frac{\mathrm{d}}{\mathrm{d}t}\lambda_i(t) = f_i[\lambda_1(t), \lambda_2(t), \cdots, \lambda_k(t); e_1(t), e_2(t), \cdots, e_m(t); t]$$

$$i = 1, 2, \cdots, k \tag{10.74}$$

将求解区间分成 N 等分，每一时间间隔为 Δt，称为步长。欧拉法假定，在区间 (t_n, t_{n+1}) 上 $\lambda_i(t)$ 的变化率即 $\dfrac{\mathrm{d}}{\mathrm{d}t}\lambda_i(t_n)$ 为常数，而且等于 t_n 时的值，即 $\dfrac{\mathrm{d}}{\mathrm{d}t}\lambda_i(t_n)$，因此

$$\lambda_i(t_{n+1}) = \lambda_i(t_n) + \Delta t \cdot \frac{\mathrm{d}\lambda_i(t_n)}{\mathrm{d}t}, \quad i = 1, 2, \cdots, k \tag{10.75}$$

式中 $\Delta t = t_{n+1} - t_n$。将式(10.74)代入式(10.75)，可得

$$\lambda_i(t_{n+1}) = \lambda_i(t_n) + \Delta t \cdot f_i[\lambda_1(t_n), \lambda_2(t_n), \cdots, \lambda_k(t_n); e_1(t_n), e_2(t_n), \cdots, e_m(t_n); t_n] \tag{10.76}$$

式(10.76)就是已知 $\lambda_i(t_n)$ 值，求 $\lambda_i(t_{n+1})$ 值的递推式。当给定系统为 LTI 系统时，状态方程为

$$\frac{\mathrm{d}}{\mathrm{d}t}\lambda_i(t) = \sum_{j=1}^{k} a_{ij}\lambda_j(t) + \sum_{j=1}^{m} b_{ij}e_j(t), \quad i = 1, 2, \cdots, k$$

将上式代入式(10.75)可得

$$\lambda_i(t_{n+1}) = \lambda_i(t_n) + \Delta t\Big[\sum_{j=1}^{k} a_{ij}\lambda_j(t) + \sum_{j=1}^{m} b_{ij}e_j(t)\Big], \quad i = 1, 2, \cdots, k \tag{10.77}$$

若给定系统状态变量的初始值 $\lambda_1(0^+), \lambda_2(0^+), \cdots, \lambda_k(0^+)$ 及 $e(0^+)$ 即可由式(10.76)与式(10.77)式求出一系列特定值 t_n 时所对应的状态变量 $\lambda_1(t_n), \lambda_2(t_n), \cdots, \lambda_k(t_n)$ 值及输出响应 $r(t_n)$。

例 10.13　若状态方程为

$$\begin{cases} \dfrac{\mathrm{d}}{\mathrm{d}t}\lambda_1(t) = -2\lambda_1(t) - 2\lambda_2(t) + e(t) & (10.78a) \\ \dfrac{\mathrm{d}}{\mathrm{d}t}\lambda_2(t) = \lambda_1(t) & (10.78b) \end{cases}$$

输入为冲激信号,试利用数值解法求解 $0 \leqslant t \leqslant 2$ 区间的各状态变量。

解　由于激励信号 $e(t) = \delta(t)$,因而在求解区间 $0^+ \leqslant t \leqslant 2$ 内 $e(t) = 0$。

另外,由系统冲激响应定义可知,$\lambda_1(0^-) = \lambda_2(0^-) = 0$。

由式(10.78a)可知,在 $t=0$ 时,该式右端出现冲激函数 $\delta(t)$,所以其左端

$$\frac{\mathrm{d}}{\mathrm{d}t}\lambda_1(t)\Big|_{t=0} = \delta(t)$$

于是

$$\lambda_1(0^+) - \lambda_1(0^-) = 1, \quad \lambda_1(0^+) = 1$$

由式(10.78b)可得

$$\lambda_2(0^+) - \lambda_2(0^-) = 0, \quad \lambda_2(0^+) = 0$$

同时 $e(0^+) = 0$,将求解区间 $[0^+, \ 2]$ 分成 10 等分,即 $N=10$,步长

$$\Delta t = \frac{2}{10} = 0.2$$

利用欧拉法自 $t=0^+$ 开始迭代,即利用式(10.77)有

$$\begin{cases} \lambda_1(t_{n+1}) = \lambda_1(t_n) + \Delta t[-2\lambda_1(t_n) - \lambda_2(t_n)] \\ \lambda_2(t_{n+1}) = \lambda_2(t_n) + \Delta t \cdot \lambda_1(t_n) \end{cases} \quad (10.79)$$

计算结果表示于表 10.1。

表 10.1　数值计算结果($\Delta t = 0.2$)

t_n	$\lambda_1(t_n)$	$\lambda_2(t_n)$	$\Delta t[-2\lambda_1 - \lambda_2]$	$\Delta t \cdot \lambda_1$
0^+	1.000	0.000	-0.400	0.200
0.2	0.600	0.200	-0.280	0.120
0.4	0.320	0.320	-0.192	0.064
0.6	0.128	0.384	-0.128	0.025
0.8	0.000	0.409	-0.082	0.000
1.0	-0.082	0.409	-0.049	-0.016
1.2	-0.131	0.393	-0.026	-0.026

（续表）

t_n	$\lambda_1(t_n)$	$\lambda_2(t_n)$	$\Delta t[-2\lambda_1-\lambda_2]$	$\Delta t \cdot \lambda_1$
1.4	-0.157	0.367	-0.011	-0.031
1.6	-0.168	0.336	-0.000	-0.034
1.8	-0.168	0.302	0.007	-0.034
2.0	-0.161	0.268	0.011	-0.032

对欧拉法来说，其数值解的精度与步长有密切的关系，为提高精度，可取小的步长，但计算量相应增加，这是欧拉法的缺点，采用龙格-库塔法可使精度提高，且计算量增加不多，有兴趣的读者可参考相关文献。

10.6 系统的可控性与可观测性

本节介绍系统的可控性与可观测性，作为这一分析的基础，现先讨论状态矢量的线性变换。

10.6.1 状态矢量的线性变换

在状态方程建立过程中，同一系统可以选择不同的状态矢量，列出不同的状态方程。这些状态方程既然描述的是同一系统，则这些状态矢量之间应有一定的关系。对同一系统而言，不同状态矢量之间存在着线性关系。

若状态矢量 γ 和 λ 为列矢量，即

$$\gamma = \begin{bmatrix} \gamma_1 \\ \gamma_2 \\ \vdots \\ \gamma_k \end{bmatrix}, \quad \lambda = \begin{bmatrix} \lambda_1 \\ \lambda_2 \\ \vdots \\ \lambda_k \end{bmatrix}$$

状态矢量 λ 经线性变换后成为新矢量 γ，即

$$\gamma = T\lambda \tag{10.80}$$

式中 T 为线性变换矩阵，为一 $k \times k$ 方阵，即

$$T = \begin{bmatrix} t_{11} & t_{12} & \cdots & t_{1k} \\ t_{21} & t_{22} & \cdots & t_{2k} \\ \vdots & \vdots & & \vdots \\ t_{k1} & t_{k2} & \cdots & t_{kk} \end{bmatrix}$$

如果 T 的逆 T^{-1} 存在，则

$$\lambda = T^{-1}\gamma \tag{10.81}$$

设原来状态矢量表示的状态方程为

$$\frac{\mathrm{d}}{\mathrm{d}t}\boldsymbol{\lambda}(t) = \boldsymbol{A}\boldsymbol{\lambda}(t) + \boldsymbol{B}\boldsymbol{e}(t)$$

经式(10.81)变换后,得到

$$\boldsymbol{T}^{-1}\frac{\mathrm{d}}{\mathrm{d}t}\boldsymbol{\gamma}(t) = \boldsymbol{A}\boldsymbol{T}^{-1}\boldsymbol{\gamma}(t) + \boldsymbol{B}\boldsymbol{e}(t)$$

于是

$$\begin{cases} \dfrac{\mathrm{d}}{\mathrm{d}t}\boldsymbol{\gamma}(t) = \boldsymbol{TAT}^{-1}\boldsymbol{\gamma}(t) + \boldsymbol{TB}\boldsymbol{e}(t) = \hat{\boldsymbol{A}}\boldsymbol{\gamma}(t) + \hat{\boldsymbol{B}}\boldsymbol{e}(t) \\ \boldsymbol{r}(t) = \boldsymbol{C}\boldsymbol{\lambda}(t) + \boldsymbol{D}\boldsymbol{e}(t) = \boldsymbol{CT}^{-1}\boldsymbol{\gamma}(t) + \boldsymbol{D}\boldsymbol{e}(t) = \hat{\boldsymbol{C}}\boldsymbol{\gamma}(t) + \hat{\boldsymbol{D}}\boldsymbol{e}(t) \end{cases} \tag{10.82}$$

因而在新的状态矢量下,原来的 $\boldsymbol{A},\boldsymbol{B},\boldsymbol{C},\boldsymbol{D}$ 与新的 $\hat{\boldsymbol{A}},\hat{\boldsymbol{B}},\hat{\boldsymbol{C}},\hat{\boldsymbol{D}}$ 之间的关系为

$$\begin{cases} \hat{\boldsymbol{A}} = \boldsymbol{TAT}^{-1}, \quad \hat{\boldsymbol{B}} = \boldsymbol{TB} \\ \hat{\boldsymbol{C}} = \boldsymbol{CT}^{-1}, \quad \hat{\boldsymbol{D}} = \boldsymbol{D} \end{cases} \tag{10.83}$$

例 10.14　给定某系统的状态方程为

$$\begin{bmatrix} \dot{\lambda}_1 \\ \dot{\lambda}_2 \end{bmatrix} = \begin{bmatrix} 5 & 6 \\ -2 & -2 \end{bmatrix}\begin{bmatrix} \lambda_1 \\ \lambda_2 \end{bmatrix} + \begin{bmatrix} 2 \\ -1 \end{bmatrix}e(t)$$

若选一组状态变量,$\gamma_1 = -\lambda_2$,$\gamma_2 = \lambda_1 + \lambda_2$ 试利用 γ_1,γ_2 表示状态方程。

解　可求出变换矩阵

$$\boldsymbol{T} = \begin{bmatrix} 0 & -1 \\ 1 & 1 \end{bmatrix}, \quad \boldsymbol{T}^{-1} = \begin{bmatrix} 1 & 1 \\ -1 & 0 \end{bmatrix}$$

$$\hat{\boldsymbol{A}} = \boldsymbol{TAT}^{-1} = \begin{bmatrix} 0 & -1 \\ 1 & 1 \end{bmatrix}\begin{bmatrix} 5 & 6 \\ -2 & -2 \end{bmatrix}\begin{bmatrix} 1 & 1 \\ -1 & 0 \end{bmatrix} = \begin{bmatrix} 0 & 2 \\ -1 & 3 \end{bmatrix}$$

$$\hat{\boldsymbol{B}} = \boldsymbol{TB} = \begin{bmatrix} 0 & -1 \\ 1 & 1 \end{bmatrix}\begin{bmatrix} 2 \\ -1 \end{bmatrix} = \begin{bmatrix} 1 \\ 1 \end{bmatrix}$$

于是,新的状态方程为

$$\begin{bmatrix} \dot{\gamma}_1 \\ \dot{\gamma}_2 \end{bmatrix} = \begin{bmatrix} 0 & 2 \\ -1 & 3 \end{bmatrix}\begin{bmatrix} \gamma_1 \\ \gamma_2 \end{bmatrix} + \begin{bmatrix} 1 \\ 1 \end{bmatrix}e(t)$$

应当指出,当状态矢量进行线性变换时,由于其表示的是同一个系统,虽然状态方程表示形式不同,但所表示的系统的转移函数矩阵并不改变。这可证明如下:

$$\begin{aligned} \hat{\boldsymbol{H}}(s) &= \hat{\boldsymbol{C}}(s\boldsymbol{I} - \hat{\boldsymbol{A}})^{-1}\hat{\boldsymbol{B}} + \hat{\boldsymbol{D}} = \boldsymbol{CT}^{-1}(s\boldsymbol{I} - \boldsymbol{TAT}^{-1})^{-1}\boldsymbol{TB} + \boldsymbol{D} \\ &= \boldsymbol{C}[(s\boldsymbol{I} - \boldsymbol{TAT}^{-1})\boldsymbol{T}]^{-1}\boldsymbol{TB} + \boldsymbol{D} = \boldsymbol{C}[\boldsymbol{T}^{-1}(s\boldsymbol{I} - \boldsymbol{TAT}^{-1})\boldsymbol{T}]^{-1}\boldsymbol{B} + \boldsymbol{D} \\ &= \boldsymbol{C}[s\boldsymbol{T}^{-1}\boldsymbol{I}\boldsymbol{T} - \boldsymbol{T}^{-1}\boldsymbol{TAT}^{-1}\boldsymbol{T}]^{-1}\boldsymbol{B} + \boldsymbol{D} = \boldsymbol{C}[s\boldsymbol{I} - \boldsymbol{A}]^{-1}\boldsymbol{B} + \boldsymbol{D} = \boldsymbol{H}(s) \end{aligned}$$

以上特性同样适用于离散系统的状态矢量线性变换。通过状态矢量的线性变换,可以使 $\boldsymbol{A}$ 矩阵对角化,使系统变换成并联形式,其中状态变量之间互不影响,因而可独立研究系统参数对状态变量的影响。

在线性代数中讨论过,若以 $\boldsymbol{A}$ 矩阵的特征矢量作为基底,以此求出变换矩阵 $\boldsymbol{T}$,即可把 $\boldsymbol{A}$ 矩阵对角化,下面举例说明。

例 10.15　试将图 10.14 中所示系统的 $\boldsymbol{A}$ 矩阵对角化。

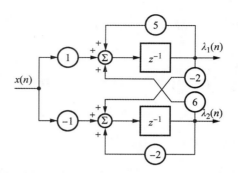

图 10.14　例 10.15 系统

解　列出系统的状态方程为

$$\begin{bmatrix} \lambda_1(n+1) \\ \lambda_2(n+1) \end{bmatrix} = \begin{bmatrix} 5 & 6 \\ -2 & -2 \end{bmatrix} \begin{bmatrix} \lambda_1(n) \\ \lambda_2(n) \end{bmatrix} + \begin{bmatrix} 1 \\ -1 \end{bmatrix} x(n)$$

把 $\boldsymbol{A}$ 矩阵对角化,即寻求 $\boldsymbol{A}$ 的特征矢量,为此需先求出 $\boldsymbol{A}$ 的特征值。

$$| \alpha \boldsymbol{I} - \boldsymbol{A} | = \begin{vmatrix} \alpha - 5 & -6 \\ 2 & \alpha + 2 \end{vmatrix} = (\alpha - 5)(\alpha + 2) + 12$$

$$= \alpha^2 - 3\alpha + 2 = (\alpha - 1)(\alpha - 2) = 0$$

其特征值为 $\alpha_1 = 1, \alpha_2 = 2$。按特征矢量 $\boldsymbol{\xi}$ 的定义 $\boldsymbol{A}\boldsymbol{\xi} = \alpha\boldsymbol{\xi}$,即可求出 $\boldsymbol{\xi}$。

对应于 $\alpha_1 = 1$ 的特征向量为

$$\boldsymbol{\xi}_1 = \begin{bmatrix} \xi_{11} \\ \xi_{21} \end{bmatrix}$$

满足

$$\left[\alpha_1 \boldsymbol{I} - \boldsymbol{A} \right] \begin{bmatrix} \xi_{11} \\ \xi_{21} \end{bmatrix} = 0$$

即

$$\begin{bmatrix} 1-5 & -6 \\ 2 & 1+2 \end{bmatrix} \begin{bmatrix} \xi_{11} \\ \xi_{21} \end{bmatrix} = 0$$

或

$$\begin{cases} -4\xi_{11} - 6\xi_{21} = 0 \\ 2\xi_{11} + 3\xi_{21} = 0 \end{cases}$$

求得 $\xi_{21} = -\dfrac{2}{3}\xi_{11}$,即属于 $\alpha_1 = 1$ 的特征向量是多解的,可选择其中之一为 $\xi_{11} = 3, \xi_{21} = -2$。

对应于 $\alpha_2 = 2$ 的特征矢量为

$$\boldsymbol{\xi}_2 = \begin{bmatrix} \xi_{12} \\ \xi_{22} \end{bmatrix}$$

则有

$$\begin{bmatrix} 2-5 & -6 \\ 2 & 2+2 \end{bmatrix} \begin{bmatrix} \xi_{12} \\ \xi_{22} \end{bmatrix} = 0$$

或

$$
\begin{cases}
-3\xi_{12}-6\xi_{22}=0 \\
2\xi_{12}+4\xi_{22}=0
\end{cases}
$$

求得 $\xi_{22}=-\dfrac{1}{2}\xi_{12}$,选 $\xi_{12}=2,\xi_{22}=-1$。在线性代数中,相似变换形如 $\hat{A}=C^{-1}AC,\hat{A}$ 为对角阵,则 C 是由特征矢量构成的变换矩阵。本例中 $\hat{A}=TAT^{-1}$,因而 $C=T^{-1},C^{-1}=T$,于是可求得变换矩阵为

$$
T^{-1}=\begin{bmatrix}\xi_{11} & \xi_{12} \\ \xi_{21} & \xi_{22}\end{bmatrix}=\begin{bmatrix}3 & 2 \\ -2 & -1\end{bmatrix}
$$

也即

$$
T=\begin{bmatrix}-1 & -2 \\ 2 & 3\end{bmatrix}
$$

所以有

$$
\hat{A}=TAT^{-1}=\begin{bmatrix}-1 & -2 \\ 2 & 3\end{bmatrix}\begin{bmatrix}5 & 6 \\ -2 & -2\end{bmatrix}\begin{bmatrix}3 & 2 \\ -2 & -1\end{bmatrix}=\begin{bmatrix}1 & 0 \\ 0 & 2\end{bmatrix}
$$

$$
\hat{B}=TB=\begin{bmatrix}-1 & -2 \\ 2 & 3\end{bmatrix}\begin{bmatrix}1 \\ -1\end{bmatrix}=\begin{bmatrix}1 \\ -1\end{bmatrix}
$$

因此,变换后的方程为

$$
\begin{bmatrix}\gamma_1(n+1) \\ \gamma_2(n+1)\end{bmatrix}=\begin{bmatrix}1 & 0 \\ 0 & 2\end{bmatrix}\begin{bmatrix}\gamma_1(n) \\ \gamma_2(n)\end{bmatrix}+\begin{bmatrix}1 \\ -1\end{bmatrix}x(n)
$$

A 矩阵对角化后的系统结构图可按上式画出,如图 10.15 所示。可见状态变量 $\gamma_1(n)$ 与 $\gamma_2(n)$ 互相独立,互不影响,这样可简便求解。连续系统对角化过程与此类似。

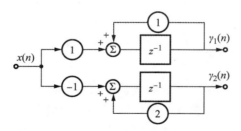

图 10.15　对角化变换后的结构

在第 8 章中已得知,系统稳定性可由其转移函数分母特征根的位置来确定,如果给定系统的状态方程,则可利用 A 矩阵的特征值来判定系统的稳定性。

对于连续系统,由式(10.41)可知,转移函数分母的特征多项式为

$$
|s\boldsymbol{I}-\boldsymbol{A}|=0 \tag{10.84}
$$

式(10.84)的根在 s 平面的位置可以判定系统的稳定性,若其根 α_i 在 s 左半平面,即

$$
\mathrm{Re}(\alpha_i)<0 \tag{10.85}
$$

即可确定该因果系统是稳定的。判别方法可利用罗斯-霍尔维茨准则及其他稳定性准则。

对于离散系统,则要求系统特征多项式

$$| zI - A | = 0 \tag{10.86}$$

的根$|\alpha_i| < 1$,即系统的特征根位于单位圆内,则此因果系统稳定。

例 10.16 已知一因果离散系统的状态方程为

$$\lambda(n+1) = \begin{bmatrix} 0 & 1 \\ b & -1 \end{bmatrix} \lambda(n) + \begin{bmatrix} 0 & 0 \\ 1 & 0 \end{bmatrix} x(n)$$

试求b为何值时,系统稳定?

解 系统的特征多项式为

$$| zI - A | = \begin{bmatrix} z & -1 \\ -b & z+1 \end{bmatrix} = z^2 + z - b = 0$$

特征根为

$$\alpha_{1,2} = -\frac{1}{2} \pm \frac{1}{2} \sqrt{1+4b}$$

为使系统稳定,则$|\alpha_{1,2}| < 1$,特征根在单位圆内,按二次方程根的性质可知

$$\alpha_1 \cdot \alpha_2 = -b$$

由于$|\alpha_1| < 1$,$|\alpha_2| < 1$,故$|b| < 1$或$-1 < b < 1$。当α_1, α_2为复根时,$1+4b < 0$,故$b < -\frac{1}{4}$,综合上述条件,则$-1 < b < -\frac{1}{4}$时系统稳定。

此外,当α_1, α_2为实根时,则要求

$$(1+4b) > 0, \quad b > -\frac{1}{4}$$

要求系统稳定,则$|\alpha_{1,2}| < 1$,故要求$(1+4b) < 1$,即$b < 0$,故当α_1, α_2为实根,则要求$-\frac{1}{4} < b < 0$,系统稳定。

10.6.2 系统的可控性

系统的可控性,是指输入信号对系统内部状态的控制能力。当系统用状态方程表示时,给定系统的起始状态值,若可以找到输入矢量(即控制矢量)能在有限时间内把系统的所有状态引向状态空间的原点(即零状态),则称该系统是完全可控的,如果只对部分分量做到这一点,则称此系统是不完全可控的。

在上述定义中,如能在有限时间内把系统从状态空间的原点(零状态)引向预定的状态,这称为系统的可达性。对 LTI 或 LSI 系统来说,可达性与可控性是一致的,这里我们讨论两种可控性判定方法。

1. 可控性判则一

若给定连续系统的状态方程为

$$\dot{\lambda}_1(t) = A_{k \times k} \lambda_{k \times 1}(t) + B_{k \times 1} e(t)$$

经非奇异变换成为对角化形式,即

$$\dot{\boldsymbol{\gamma}}(t) = \hat{\boldsymbol{A}}\boldsymbol{\gamma}(t) + \hat{\boldsymbol{B}}e(t) \qquad (10.87)$$

式中:

$$\boldsymbol{\gamma}(t) = \boldsymbol{T}\boldsymbol{\lambda}(t)$$

$$\hat{\boldsymbol{A}} = \boldsymbol{T}\boldsymbol{A}\boldsymbol{T}^1 = \mathrm{diag}[\alpha_1, \alpha_2, \cdots, \alpha_k]$$

$$\hat{\boldsymbol{B}} = \boldsymbol{T}\boldsymbol{B}$$

特征值 $\alpha_i(i=1,2,\cdots,k)$ 间各不相同,则其状态可控的充要条件是 $\hat{\boldsymbol{B}}$ 矩阵中不包含零元素。

这一判则比较直观,由式(10.87)可知,若 $\hat{\boldsymbol{B}}$ 的元素 $\hat{b}_1, \hat{b}_2, \hat{b}_3, \cdots, \hat{b}_k$ 没有一个为零元素,则所有状态与输入信号 $e(t)$ 均有联系,故系统可控。对于离散系统,可控性判则相同。也要求 $\hat{\boldsymbol{B}}$ 矩阵中不包含零元素,下面举例说明。

例 10.17　如有两个连续系统,其状态方程为

(1) $\begin{bmatrix} \dot{\lambda}_1(t) \\ \dot{\lambda}_2(t) \end{bmatrix} = \begin{bmatrix} 2 & 1 \\ 0 & 3 \end{bmatrix} \begin{bmatrix} \lambda_1(t) \\ \lambda_2(t) \end{bmatrix} + \begin{bmatrix} 1 \\ 1 \end{bmatrix} e(t)$

(2) $\begin{bmatrix} \dot{\lambda}_1(t) \\ \dot{\lambda}_2(t) \end{bmatrix} = \begin{bmatrix} 2 & 1 \\ 0 & 3 \end{bmatrix} \begin{bmatrix} \lambda_1(t) \\ \lambda_2(t) \end{bmatrix} + \begin{bmatrix} 0 \\ 1 \end{bmatrix} e(t)$

问这两个系统是否都可控?

解　矩阵 $\boldsymbol{A}$ 的特征多项式为

$$|\alpha\boldsymbol{I} - \boldsymbol{A}| = \begin{vmatrix} \alpha-2 & -1 \\ 0 & \alpha-3 \end{vmatrix} = (\alpha-2)(\alpha-3)$$

其特征根为 $\alpha_1 = 2, \alpha_2 = 3$。

对于 $\alpha_1 = 2$,特征向量为

$$\boldsymbol{\xi}_1 = \begin{bmatrix} \xi_{11} \\ \xi_{21} \end{bmatrix}$$

满足

$$[\alpha_1\boldsymbol{I} - \boldsymbol{A}]\begin{bmatrix} \xi_{11} \\ \xi_{21} \end{bmatrix} = \begin{bmatrix} 2-2 & -1 \\ 0 & 2-3 \end{bmatrix}\begin{bmatrix} \xi_{11} \\ \xi_{21} \end{bmatrix} = 0$$

因此 $\xi_{21} = 0$,而 ξ_{11} 可任选,选 $\xi_{11} = 1$。

对于 $\alpha_2 = 3$,其特征向量为

$$\boldsymbol{\xi}_2 = \begin{bmatrix} \xi_{12} \\ \xi_{22} \end{bmatrix}$$

满足

$$[\alpha_2\boldsymbol{I} - \boldsymbol{A}]\begin{bmatrix} \xi_{12} \\ \xi_{22} \end{bmatrix} = \begin{bmatrix} 3-2 & -1 \\ 0 & 3-3 \end{bmatrix}\begin{bmatrix} \xi_{12} \\ \xi_{22} \end{bmatrix} = 0$$

可得

$$\xi_{12} - \xi_{22} = 0$$

于是可选 $\xi_{12} = \xi_{22} = 1$。类似例 10.15,变换矩阵的逆 $\boldsymbol{T}^{-1}$ 为

$$\boldsymbol{T}^{-1} = \begin{bmatrix} 1 & 1 \\ 0 & 1 \end{bmatrix}$$

即

$$T = \begin{bmatrix} 1 & -1 \\ 0 & 1 \end{bmatrix}$$

因此对于系统(1)，有

$$\hat{B} = TB = \begin{bmatrix} 1 & -1 \\ 0 & 1 \end{bmatrix} \begin{bmatrix} 1 \\ 1 \end{bmatrix} = \begin{bmatrix} 0 \\ 1 \end{bmatrix}$$

它有一元素等于零，故系统(1)不完全可控。

事实上，可以求出

$$\hat{A} = TAT^{-1} = \begin{bmatrix} 1 & -1 \\ 0 & 1 \end{bmatrix} \begin{bmatrix} 2 & 1 \\ 0 & 3 \end{bmatrix} \begin{bmatrix} 1 & 1 \\ 0 & 1 \end{bmatrix} = \begin{bmatrix} 2 & 0 \\ 0 & 3 \end{bmatrix}$$

因此经对角化后的状态方程为

$$\begin{bmatrix} \dot{\gamma}_1(t) \\ \dot{\gamma}_2(t) \end{bmatrix} = \begin{bmatrix} 2 & 0 \\ 0 & 3 \end{bmatrix} \begin{bmatrix} \gamma_1(t) \\ \gamma_2(t) \end{bmatrix} + \begin{bmatrix} 0 \\ 1 \end{bmatrix} e(t)$$

再从对角化后的状态方程可以求出

$$\begin{cases} \gamma_1(t) = \gamma_1(0^-) e^{2t} \\ \gamma_2(t) = \gamma_2(0^-) e^{3t} + e^{3t} * e(t) \end{cases}$$

由上式可知，其中 $\gamma_1(t)$ 不可能在有限时间内把状态引向原点，这说明系统(1)不完全可控。

对于系统(2)，其特征根与系统(1)相同，因此可取与系统(1)相同的变换矩阵 T，即

$$T = \begin{bmatrix} 1 & -1 \\ 0 & 1 \end{bmatrix}$$

于是可得

$$\hat{B} = TB = \begin{bmatrix} 1 & -1 \\ 0 & 1 \end{bmatrix} \begin{bmatrix} 0 \\ 1 \end{bmatrix} = \begin{bmatrix} -1 \\ 1 \end{bmatrix}$$

由于 $\hat{B}$ 中没有零元素，故系统(2)完全可控。

离散系统可控性计算类似于上例，不再赘述。

2. 可控性判则二(可控阵满秩判则)

若连续系统有 k 个状态变量，其状态方程为

$$\dot{\lambda}_{k \times 1}(t) = A_{k \times k} \lambda_{k \times 1}(t) + B_{k \times 1} e(t)$$

利用式(10.51)可得其解为

$$\lambda(t) = e^{At} \lambda(0^-) + \int_{0^-}^{t} e^{A(t-\tau)} B e(\tau) d\tau$$

若通过输入 $e(t)$ 的控制作用，在有限时间 $(0^-, t_1)$ 内，使 $\lambda(t) = 0$，即引向零状态，则

$$e^{At} \lambda(0^-) + \int_{0^-}^{t_1} e^{A(t-\tau)} B e(\tau) d\tau = 0$$

于是

$$\lambda(0^-) = -\int_{0^-}^{t_1} e^{-A\tau} B e(\tau) d\tau \tag{10.88}$$

利用凯莱-哈密尔顿定理，$e^{-A\tau}$ 可表示为

$$e^{-A\tau} = c_0(\tau)I + c_1(\tau)A + c_2(\tau)A^2 + \cdots + c_{k-1}(\tau)A^{k-1} = \sum_{i=0}^{k-1} c_i(\tau)A^i \qquad (10.89)$$

将式(10.89)代入式(10.88)可得

$$\boldsymbol{\lambda}(0^-) = -\int_{0^-}^{t_1} \left(\sum_{i=0}^{k-1} c_i(\tau)A^i \right) \boldsymbol{B} e(\tau)\mathrm{d}\tau = -\sum_{i=0}^{k-1} A^i \boldsymbol{B} \int_{0^-}^{t_1} c_i(\tau)e(\tau)\mathrm{d}\tau$$

令

$$f_i(t_1) = \int_{0^-}^{t_1} c_i(\tau)e(\tau)\mathrm{d}\tau$$

则

$$\boldsymbol{\lambda}(0^-) = -\sum_{i=0}^{k-1} A^i \boldsymbol{B} f_i(t_1)$$

采用矩阵形式，则可表示为

$$\boldsymbol{\lambda}(0^-) = -\begin{bmatrix} \boldsymbol{B} & \vdots & \boldsymbol{AB} & \vdots & \boldsymbol{A}^2\boldsymbol{B} & \vdots & \cdots & \vdots & \boldsymbol{A}^{k-1}\boldsymbol{B} \end{bmatrix} \begin{bmatrix} f_0(t_1) \\ f_1(t_1) \\ \vdots \\ f_{k-1}(t_1) \end{bmatrix} \qquad (10.90)$$

注意到 A 为非奇异矩阵，若系统完全可控，即给定一组起始状态 $\boldsymbol{\lambda}(0^-)$，满足式(10.90)，则矩阵

$$\boldsymbol{M} = \begin{bmatrix} \boldsymbol{B} & \vdots & \boldsymbol{AB} & \vdots & \boldsymbol{A}^2\boldsymbol{B} & \vdots & \cdots & \vdots & \boldsymbol{A}^{k-1}\boldsymbol{B} \end{bmatrix} \qquad (10.91)$$

应满秩，这即为系统完全可控的充要条件。

例 10.18　试利用可控阵满秩判则判别例 10.17 中给定的两个系统是否完全可控？

解　对于系统(1)，有

$$\boldsymbol{M} = \begin{bmatrix} \boldsymbol{B} & \vdots & \boldsymbol{AB} \end{bmatrix} = \begin{bmatrix} \begin{bmatrix} 1 \\ 1 \end{bmatrix} & \vdots & \begin{bmatrix} 2 & 1 \\ 0 & 3 \end{bmatrix}\begin{bmatrix} 1 \\ 1 \end{bmatrix} \end{bmatrix} = \begin{bmatrix} 1 & 3 \\ 1 & 3 \end{bmatrix}$$

由于 $\mathrm{rank}(\boldsymbol{B}\cdots\boldsymbol{AB}) = 1 \neq 2$，故系统(1)是不完全可控的。

对于系统(2)，有

$$\boldsymbol{M} = \begin{bmatrix} \boldsymbol{B} & \vdots & \boldsymbol{AB} \end{bmatrix} = \begin{bmatrix} \begin{bmatrix} 1 \\ 1 \end{bmatrix} & \vdots & \begin{bmatrix} 2 & 1 \\ 0 & 3 \end{bmatrix}\begin{bmatrix} 0 \\ 1 \end{bmatrix} \end{bmatrix} = \begin{bmatrix} 1 & 1 \\ 1 & 3 \end{bmatrix}$$

其 $\mathrm{rank}(\boldsymbol{B}\cdots\boldsymbol{AB}) = 2$，故系统(2)是完全可控的。

对于离散系统，现来讨论一下式(10.91)是否有效？设离散系统状态方程为

$$\boldsymbol{\lambda}_{k\times 1}(n+1) = \boldsymbol{A}_{k\times k}\boldsymbol{\lambda}_{k\times 1}(n) + \boldsymbol{B}_{k\times 1}x(n)$$

利用式(10.67)可得

$$\boldsymbol{\lambda}(n) = \boldsymbol{A}^n\boldsymbol{\lambda}(0) + \sum_{i=0}^{n-1} \boldsymbol{A}^{n-1-i}\boldsymbol{B}x(i)$$

若输入 $x(n)$ 的控制是独立的，则只要 k 点输入 $x(0), x(1), \cdots x(k-1)$ 就可能把系统引向 $\boldsymbol{\lambda}(n) = 0$，即

$$\boldsymbol{A}^k\boldsymbol{\lambda}(0) + \sum_{i=0}^{k-1} \boldsymbol{A}^{k-1-i}\boldsymbol{B}x(i) = 0$$

必须有解,上述方程可改写为

$$\boldsymbol{\lambda}(0) = -\sum_{i=0}^{k-1} \boldsymbol{A}^{-1-i} \boldsymbol{B} x(i) = -[\boldsymbol{A}^{-1} \boldsymbol{B} x(0) + \boldsymbol{A}^{-2} \boldsymbol{B} x(1) + \cdots + \boldsymbol{A}^{-k} \boldsymbol{B} x(k-1)]$$

$$= -\boldsymbol{A}^{-k} [\boldsymbol{B} x(k-1) + \boldsymbol{A} \boldsymbol{B} x(k-2) + \cdots + \boldsymbol{A}^{k-2} \boldsymbol{B} x(1) + \boldsymbol{A}^{k-1} \boldsymbol{B} x(0)]$$

$$= -\boldsymbol{A}^{-k} (\boldsymbol{B} \mid \boldsymbol{A}\boldsymbol{B} \mid \cdots \mid \boldsymbol{A}^{k-2}\boldsymbol{B} \mid \boldsymbol{A}^{k-1}\boldsymbol{B}) \begin{bmatrix} x(k-1) \\ x(k-2) \\ \vdots \\ x(1) \\ x(0) \end{bmatrix} \tag{10.92}$$

式(10.92)中,$\boldsymbol{A}$ 为非奇异矩阵,当给定起始状态 $\boldsymbol{\lambda}(0)$,能找到控制量$[x(k-1), x(k-2), \cdots,$ $x(0)]^T$,使 $\boldsymbol{\lambda}(0)=0$ 的充要条件为式(10.92)中的矩阵

$$\boldsymbol{M} = \begin{bmatrix} \boldsymbol{B} \mid \boldsymbol{A}\boldsymbol{B} \mid \boldsymbol{A}^2\boldsymbol{B} \mid \cdots \mid \boldsymbol{A}^{k-1}\boldsymbol{B} \end{bmatrix}$$

满秩,故式(10.91)对离散系统仍然有效。

例 10.19 离散系统的状态方程为

$$\begin{bmatrix} \lambda_1(n+1) \\ \lambda_2(n+1) \end{bmatrix} = \begin{bmatrix} 1 & 0 \\ 0 & 2 \end{bmatrix} \begin{bmatrix} \lambda_1(n) \\ \lambda_2(n) \end{bmatrix} + \begin{bmatrix} 0 \\ 1 \end{bmatrix} x(n)$$

试利用可控判则二判定该系统是否完全可控?

解 对上述系统

$$\boldsymbol{M} = (\boldsymbol{B} \mid \boldsymbol{A}\boldsymbol{B}) = \begin{bmatrix} \begin{bmatrix} 0 \\ 1 \end{bmatrix} \mid \begin{bmatrix} 1 & 0 \\ 0 & 2 \end{bmatrix} \begin{bmatrix} 0 \\ 1 \end{bmatrix} \end{bmatrix} = \begin{bmatrix} 0 & 0 \\ 1 & 2 \end{bmatrix}$$

因此 $\mathrm{rank}(\boldsymbol{B} \mid \boldsymbol{A}\boldsymbol{B}) = 1 \neq 2$,故系统是不完全可控的。

10.6.3 系统的可观测性

系统的可观测性是指通过观测有限时间内的输出量,能否判别出系统起始状态的能力。如果系统用状态方程表示,在给定输入后,能在有限时间内根据系统的输出唯一确定出系统的所有起始状态,则称系统完全可观测。若只能确定部分起始状态,则此系统不完全可观测。对于可观测性,也讨论两种判则。

1. 可观测性判则一

连续系统的输出方程经过对角化后,表示为式(10.82),即

$$\boldsymbol{r}(t) = \widehat{\boldsymbol{C}} \boldsymbol{\gamma}(t) + \widehat{\boldsymbol{D}} \boldsymbol{e}(t)$$

式中:

$$\boldsymbol{\gamma}(t) = \boldsymbol{T}\boldsymbol{\lambda}(t), \quad \widehat{\boldsymbol{C}} = \boldsymbol{C}\boldsymbol{T}^{-1}, \quad \widehat{\boldsymbol{D}} = \boldsymbol{D}$$

若系统具有各不相同的特征值,则此系统完全可观测的充要条件是矩阵 $\widehat{\boldsymbol{C}} = \boldsymbol{C}\boldsymbol{T}^{-1}$ 中不包含零元素。

以上可观测性判则是比较直观的,这可以从下面分析中看出。利用式(10.54)表示的输出

方程

$$r(t) = Ce^{At}\boldsymbol{\lambda}(0^-) + [Ce^{At}\boldsymbol{B} + \boldsymbol{D}\delta(t)] * e(t)$$

由于在讨论可观测性问题时 $e(t)$ 是给定的,因而上式第二项是确知的。为了讨论方便,可假设 $e(t)=0$,于是

$$r(t) = Ce^{At}\boldsymbol{\lambda}(0^-) \tag{10.93}$$

经对角化后

$$r(t) = \hat{\boldsymbol{C}}e^{\hat{\boldsymbol{A}}t}\boldsymbol{\gamma}(0^-) = [\hat{c_1}, \hat{c_2}, \cdots, \hat{c_k}] \begin{bmatrix} e^{\alpha_1 t} & 0 & \cdots & 0 \\ 0 & e^{\alpha_2 t} & \cdots & 0 \\ \vdots & \vdots & & \vdots \\ 0 & 0 & \cdots & e^{\alpha_k t} \end{bmatrix} \begin{bmatrix} \gamma_1(0^-) \\ \gamma_2(0^-) \\ \vdots \\ \gamma_k(0^-) \end{bmatrix}$$

由上式可见,只有当 $[\hat{c_1}, \hat{c_2}, \cdots, \hat{c_k}]$ 均不为零时,才可能由 $r(t)$ 求出所有起始状态 $\gamma_1(0^-)$,$\gamma_2(0^-), \cdots, \gamma_k(0^-)$。也就是说,当某个 $\hat{c_i}(i=0,1,\cdots,k-1)$ 为零时,则对应的 $\gamma_i(0^-)$ 不能确定,系统不完全可观测。

对于离散系统,此判则同样适用,读者可自行证明。

例 10.20 如有两个离散系统,其状态方程同为

$$\begin{bmatrix} \lambda_1(n+1) \\ \lambda_2(n+1) \end{bmatrix} = \begin{bmatrix} 2 & 1 \\ 0 & 3 \end{bmatrix} \begin{bmatrix} \lambda_1(n) \\ \lambda_2(n) \end{bmatrix} + \begin{bmatrix} 0 \\ 1 \end{bmatrix} x(n)$$

而输出方程分别为

$$y_1(n) = \begin{bmatrix} 1 & -1 \end{bmatrix} \begin{bmatrix} \lambda_1(n) \\ \lambda_2(n) \end{bmatrix} + x(n)$$

$$y_2(n) = \begin{bmatrix} 1 & 0 \end{bmatrix} \begin{bmatrix} \lambda_1(n) \\ \lambda_2(n) \end{bmatrix} + x(n)$$

试判断系统(1)和(2)是否完全可观测?

解 这里的矩阵 $\boldsymbol{A}$ 于例 10.17 相同,故其变换矩阵 $\boldsymbol{T}^{-1}$ 也相同,即

$$\boldsymbol{T}^{-1} = \begin{bmatrix} 1 & 1 \\ 0 & 1 \end{bmatrix}$$

对于系统(1)有

$$\hat{\boldsymbol{C}} = \boldsymbol{C}\boldsymbol{T}^{-1} = \begin{bmatrix} 1 & -1 \end{bmatrix} \begin{bmatrix} 1 & 1 \\ 0 & 1 \end{bmatrix} = \begin{bmatrix} 1 & 0 \end{bmatrix}$$

矩阵 $\hat{\boldsymbol{C}}$ 中有零元素,故系统(1)不完全可观测。

对于系统(2)有

$$\hat{\boldsymbol{C}} = \boldsymbol{C}\boldsymbol{T}^{-1} = \begin{bmatrix} 1 & 0 \end{bmatrix} \begin{bmatrix} 1 & 1 \\ 0 & 1 \end{bmatrix} = \begin{bmatrix} 1 & 1 \end{bmatrix}$$

矩阵 $\hat{\boldsymbol{C}}$ 中没有零元素,故系统(2)是完全可观测的。

2. 可观测性判则二

在可观测性判则一的讨论过程中,已得到式(10.93),即系统输出

$$r(t) = Ce^{At}\lambda(0^-)$$

利用凯莱-哈密尔顿定理可得

$$r(t) = C(c_0 I + c_1 A + \cdots + c_{k-1} A^{k-1})\lambda(0^-)$$

上式改写为

$$r(t) = [c_0, c_1, \cdots, c_{k-1}] \begin{bmatrix} C \\ \cdots \\ CA \\ \cdots \\ \vdots \\ \cdots \\ CA^{k-1} \end{bmatrix} \lambda(0^-) \tag{10.94}$$

上式标明,输出 $r(t)$ 是系统所有起始状态的线性组合,因而要求在 $(0, t_1)$ 时间内根据输出 $r(t)$ 唯一确定 $\lambda(0^-)$,则要求矩阵

$$N = \begin{bmatrix} C \\ \cdots \\ CA \\ \cdots \\ \vdots \\ \cdots \\ CA^{k-1} \end{bmatrix} \tag{10.95}$$

满秩,这是连续系统完全可观测的充要条件。上述判则对离散系统同样有效,读者可自行证明。

例 10.21 两个离散系统的状态方程和输出方程同例 10.20,试利用可观性判则二判别系统(1)和(2)是否完全可观测?

解 对于系统(1)有

$$N = \begin{bmatrix} C \\ \cdots \\ CA \end{bmatrix} = \begin{bmatrix} [1, -1] \\ \cdots \\ [1, \quad -1] \begin{bmatrix} 2 & 1 \\ 0 & 3 \end{bmatrix} \end{bmatrix} = \begin{bmatrix} 1 & -1 \\ 2 & -2 \end{bmatrix}$$

所以 $\text{rank} N = 1 \neq 2$,系统(1)是不完全可观测的。

对于系统(2)有

$$N = \begin{bmatrix} C \\ \cdots \\ CA \end{bmatrix} = \begin{bmatrix} [1, \quad 0] \\ \cdots \\ [1, \quad 0] \begin{bmatrix} 2 & 1 \\ 0 & 3 \end{bmatrix} \end{bmatrix} = \begin{bmatrix} 1 & 0 \\ 2 & 1 \end{bmatrix}$$

所以 $\text{rank} N = 2$,系统(2)是完全可观测的,此结果与例 10.20 的结果完全一致。

10.6.4　系统转移函数与可控性、可观测性

若系统经线性变换而对角化,则系统转移函数表示为

$$H(s) = \hat{C}(sI - \hat{A})^{-1}\hat{B} + \hat{D}$$

$$= [\hat{c}_1, \hat{c}_2, \cdots, \hat{c}_k] \begin{bmatrix} s-\alpha_1 & 0 & \cdots & 0 \\ 0 & s-\alpha_2 & \cdots & 0 \\ \vdots & \vdots & & \vdots \\ 0 & 0 & \cdots & s-\alpha_k \end{bmatrix}^{-1} \begin{bmatrix} \hat{b}_1 \\ \hat{b}_2 \\ \vdots \\ \hat{b}_k \end{bmatrix} + \hat{D}$$

将上式展开可得

$$H(s) = \frac{\hat{c}_1\hat{b}_1}{s-\alpha_1} + \frac{\hat{c}_2\hat{b}_2}{s-\alpha_2} + \cdots + \frac{\hat{c}_k\hat{b}_k}{s-\alpha_k} + \hat{D} = \sum_{i=1}^{k} \frac{\hat{c}_i\hat{b}_i}{s-\alpha_i} + \hat{D} \qquad (10.96)$$

由式(10.94)可知,当系统不完全可控或不完全可观测时,则 $\hat{b}_i$、$\hat{c}_i$ 中出现零值,于是对应项消失,$H(s)$ 中有的极点被零点抵消,极点数减少,出现降阶现象。而由(10.96)式看出,零、极点抵消后就不在式中出现,而这部分所对应的是不可控或不可观测的部分,因而转移函数描述的只是系统中可控的和可观测的部分,故转移函数描述的系统是不全面的,而状态转移方程则比转移函数更全面地反映系统的特性。

例 10.22　若一线性非时变系统的状态方程为

$$\begin{bmatrix} \dot{\lambda}_1(t) \\ \dot{\lambda}_2(t) \\ \dot{\lambda}_3(t) \end{bmatrix} = \begin{bmatrix} -1 & -2 & -1 \\ 0 & 3 & 0 \\ 0 & 0 & -2 \end{bmatrix} \begin{bmatrix} \lambda_1(t) \\ \lambda_2(t) \\ \lambda_3(t) \end{bmatrix} + \begin{bmatrix} 2 \\ -2 \\ 1 \end{bmatrix} e(t)$$

输出方程为

$$r(t) = \begin{bmatrix} 2 & 1 & -1 \end{bmatrix} \begin{bmatrix} \lambda_1(t) \\ \lambda_2(t) \\ \lambda_3(t) \end{bmatrix}$$

(a) 检查系统的可控性和可观测性;

(b) 求可控与可观测的状态变量的个数;

(c) 求系统的转移函数。

解　(a)　利用可控性判则二计算 $M = (B \vdots AB \vdots A^2B)$,有

$$AB = \begin{bmatrix} -1 & -2 & -1 \\ 0 & 3 & 0 \\ 0 & 0 & -2 \end{bmatrix} \begin{bmatrix} 2 \\ -2 \\ 1 \end{bmatrix} = \begin{bmatrix} 1 \\ -6 \\ -2 \end{bmatrix}$$

$$A^2B = \begin{bmatrix} -1 & -2 & -1 \\ 0 & 3 & 0 \\ 0 & 0 & -2 \end{bmatrix} \begin{bmatrix} 1 \\ -6 \\ -2 \end{bmatrix} = \begin{bmatrix} 13 \\ -18 \\ 4 \end{bmatrix}$$

$$M = \begin{bmatrix} 2 & 1 & 13 \\ -2 & -6 & -18 \\ 1 & -2 & 4 \end{bmatrix}$$

由于 M 中第一列乘以 6 与第 2 列相加等于第 3 列,因而

$$\text{rank}M = 2 \neq 3$$

即 M 不是满秩,故系统不完全可控。为检查可观测性,可计算

$$N = \begin{bmatrix} C \\ \cdots \\ CA \\ \cdots \\ CA^2 \end{bmatrix} = \begin{bmatrix} 2 & 1 & -1 \\ -2 & -1 & 0 \\ 2 & 1 & 2 \end{bmatrix}$$

此式第 1 列等于第 2 列乘 2,因而 $\text{rank}N = 2 \neq 3$,即 N 不满秩,故系统不完全可观测。

（b）由矩阵 A 可以求得对角化所需的变换矩阵为

$$T^{-1} = \begin{bmatrix} 0 & 1 & 1 \\ 0 & 0 & -2 \\ 0 & 1 & 0 \end{bmatrix}, \quad T = \begin{bmatrix} 1 & 0.5 & -1 \\ 0 & 0 & 1 \\ 0 & -0.5 & 0 \end{bmatrix}$$

于是由式（10.82）得

$$\dot{\gamma}(t) = TAT^{-1}\gamma(t) + TBe(t) = \hat{A}\gamma(t) + \hat{B}e(t) = \begin{bmatrix} -1 & 0 & 0 \\ 0 & -2 & 0 \\ 0 & 0 & 3 \end{bmatrix} \begin{bmatrix} \gamma_1(t) \\ \gamma_2(t) \\ \gamma_3(t) \end{bmatrix} + \begin{bmatrix} 0 \\ 1 \\ 1 \end{bmatrix} e(t)$$

$$r(t) = CT^{-1}\gamma(t) + De(t) = \hat{C}\gamma(t) + \hat{D}e(t) = \begin{bmatrix} 2 & 1 & 0 \end{bmatrix} \begin{bmatrix} \gamma_1(t) \\ \gamma_2(t) \\ \gamma_3(t) \end{bmatrix}$$

由此可见

$$\hat{B} = \begin{bmatrix} 0 \\ 1 \\ 1 \end{bmatrix}, \quad \hat{C} = \begin{bmatrix} 2 & 1 & 0 \end{bmatrix} \quad 且 \quad \hat{D} = D = 0$$

$\hat{B}, \hat{C}$ 各包含一个零元素,因而其中 $\gamma_2(t)$ 和 $\gamma_3(t)$ 两个状态变量可控,而 $\gamma_1(t)$ 与 $\gamma_2(t)$ 两个状态变量可观测。

（c）由于 $\hat{D} = 0$,故系统的转移函数为

$$H(s) = \hat{C}(sI - \hat{A})^{-1}\hat{B} = \begin{bmatrix} 2 & 1 & 0 \end{bmatrix} \begin{bmatrix} s+1 & 0 & 0 \\ 0 & s+2 & 0 \\ 0 & 0 & s-3 \end{bmatrix}^{-1} \begin{bmatrix} 0 \\ 1 \\ 1 \end{bmatrix}$$

$$= \begin{bmatrix} 2 & 1 & 0 \end{bmatrix} \begin{bmatrix} (s+2)(s-3) & 0 & 0 \\ 0 & (s+1)(s-3) & 0 \\ 0 & 0 & (s+1)(s+2) \end{bmatrix} \begin{bmatrix} 0 \\ 1 \\ 1 \end{bmatrix} \times$$

$$\frac{1}{(s+1)(s+2)(s-3)} = \frac{(s+1)(s-3)}{(s+1)(s+2)(s-3)} = \frac{1}{s+2}$$

$H(s)$ 的极点位于 $s=-2$ 处,表明该因果系统稳定,但系统具有零、极点抵消的现象,此系统不完全可控与不完全可观察,$H(s)$ 不能全面地把系统的状态表示出来。

10.7　本章小结

本章系统地讨论了连续系统与离散系统状态方程的建立与求解,并介绍了状态方程的数值解法。状态变量分析法可适用于多输入-多输出系统及非线性和时变系统,便于研究系统内部变量的变化情况和计算机求解。在分析系统的可控性与可观测性方面,状态变量法可以更加全面地反映系统的特性。

本章还介绍了系统的线性变换以及系统的可控性与可观测性的判别。

习题

10.1　已知描述某连续系统的微分方程为

$$\frac{d^3}{dt^3}r(t) + 7\frac{d^2}{dt^2}r(t) + 10\frac{d}{dt}r(t) = 5\frac{d}{dt}e(t) + 5e(t)$$

试用级联形式画出该系统的流图表示及其转置形式,并列出对应的状态方程。

10.2　列写题图 10.2 电路的状态方程。

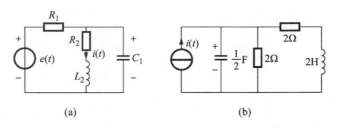

(a)　　　　　(b)

题图 10.2

10.3　列写题图 10.3 所示网络的状态方程和输出方程。

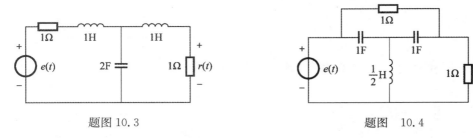

题图 10.3　　　　　题图　10.4

10.4　列写题图 10.4 所示电路的状态方程和输出方程。

10.5　描述系统的微分方程如下所示,试写出系统的状态方程和输出方程:

(a) $\dfrac{d^2}{dt^2}r(t)+4\dfrac{d}{dt}r(t)+3r(t)=\dfrac{d}{dt}e(t)+e(t)$；

(b) $\dfrac{d^3}{dt^3}r(t)+3\dfrac{d^2}{dt^2}r(t)+2\dfrac{d}{dt}r(t)+r(t)=\dfrac{d^2}{dt^2}e(t)+2\dfrac{d}{dt}e(t)+e(t)$。

10.6　(a) 给定系统用下述微分方程描述：

$$\frac{d^2}{dt^2}r(t)+a_1\frac{d}{dt}r(t)+a_2r(t)=b_0\frac{d^2}{dt^2}e(t)+b_1\frac{d}{dt}e(t)+b_2e(t)$$

用题图 10.6 的流图形式模拟该系统；列写对应于题图 10.6 形式的状态方程。并求 a_1,a_2,β_0，β_1,β_2 与原方程系数之间的关系。

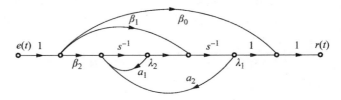

题图 10.6

(b) 若(a) 系统的 $a_1=4,a_2=3,b_0=1,b_1=6,b_2=8$，求状态方程的各系数。

10.7　已知系统函数，列写相应系统的状态方程与输出方程：

(a) $H(s)=\dfrac{2s^2+9s}{s^2+4s+29}$；　　　　　　　　(b) $H(s)=\dfrac{4s}{(s+1)(s+2)^2}$。

10.8　列写题图 10.8 所示网络的状态方程和输出方程。

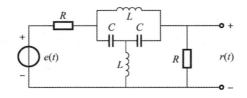

题图 10.8

10.9　已知一离散系统的状态方程和输出方程为

$$\begin{bmatrix}\lambda_1(n+1)\\\lambda_2(n+1)\end{bmatrix}=\begin{bmatrix}1 & -2\\a & b\end{bmatrix}\begin{bmatrix}\lambda_1(n)\\\lambda_2(n)\end{bmatrix}+\begin{bmatrix}1\\0\end{bmatrix}x(n)$$

$$y(n)=\begin{bmatrix}1, & 1\end{bmatrix}\begin{bmatrix}\lambda_1(n)\\\lambda_2(n)\end{bmatrix}$$

给定当 $n\geqslant0$ 时，$x(n)=0$ 和 $y(n)=8(-1)^n-5(-2)^n$，求：

(a) 常数 a,b；

(b) $\lambda_1(n)$ 和 $\lambda_2(n)$的闭式解；

(c) 该系统的差分方程表示。

10.10　离散系统由下列差分方程描述，列写该系统的状态方程和输出方程：

(a) $y(n+2)+2y(n+1)+y(n)=x(n+2)$；

(b) $y(n+2)+3y(n+1)+2y(n)=x(n+1)+x(n)$。

10.11　已知某系统的状态转移矩阵为

$$\boldsymbol{\phi}(t)=\begin{bmatrix}(t+1)\mathrm{e}^{-t} & t\mathrm{e}^{-t}\\ -t\mathrm{e}^{-t} & (1-t)\mathrm{e}^{-t}\end{bmatrix}$$

试用两种方法求矩阵 $\boldsymbol{A}$。

10.12　已知 LTI 系统的状态转移矩阵为

(a) $\boldsymbol{\phi}(t)=\begin{bmatrix}\mathrm{e}^{-at} & t\mathrm{e}^{-at}\\ 0 & \mathrm{e}^{-at}\end{bmatrix}$；

(b) $\boldsymbol{\phi}(t)=\begin{bmatrix}\mathrm{e}^{-t} & 0 & 0\\ 0 & (1-2t)\mathrm{e}^{-2t} & 4t\mathrm{e}^{-2t}\\ 0 & -t\mathrm{e}^{-2t} & (1+2t)\mathrm{e}^{-2t}\end{bmatrix}$。

求对应的 $\boldsymbol{A}$ 矩阵。

10.13　已知连续系统状态方程的系统矩阵 $\boldsymbol{A}=\begin{bmatrix}0 & 1 & 0\\ 0 & 0 & 1\\ 0 & 1 & 0\end{bmatrix}$

试分别用两种方法计算其状态转移矩阵 $\boldsymbol{\phi}(t)=\mathrm{e}^{At}$。

10.14　连续系统状态方程的系统矩阵 $\boldsymbol{A}$ 如下,试求其状态转移矩阵 $\boldsymbol{\phi}(t)=\mathrm{e}^{At}$。

(a) $\boldsymbol{A}=\begin{bmatrix}-2 & 0\\ 0 & -3\end{bmatrix}$；$\qquad$ (b) $\boldsymbol{A}=\begin{bmatrix}1 & 2\\ 0 & -2\end{bmatrix}$；

(c) $\boldsymbol{A}=\begin{bmatrix}0 & \omega\\ -\omega & 0\end{bmatrix}$；$\qquad$ (d) $\boldsymbol{A}=\begin{bmatrix}a & 1\\ 0 & a\end{bmatrix}$；

(e) $\boldsymbol{A}=\begin{bmatrix}1 & 0 & 1\\ 0 & -1 & 2\\ 0 & 0 & 0\end{bmatrix}$。

10.15　求下述系统的转移函数矩阵 $\boldsymbol{H}(s)$ 和冲激响应矩阵 $\boldsymbol{h}(t)$：

$$\dot{\boldsymbol{\lambda}}(t)=\begin{bmatrix}0 & 3\\ -1 & -4\end{bmatrix}\boldsymbol{\lambda}(t)+\begin{bmatrix}0 & 1\\ 1 & 0\end{bmatrix}\boldsymbol{e}(t)$$

$$\boldsymbol{r}(t)=\begin{bmatrix}1 & 2\\ -1 & 1\\ 1 & 1\end{bmatrix}\boldsymbol{\lambda}(t)+\begin{bmatrix}0 & 0\\ 0 & 0\\ 1 & 1\end{bmatrix}\boldsymbol{e}(t)$$

10.16　列出下述微分方程所描述的系统的状态方程与输出方程,求系统函数矩阵 $\boldsymbol{H}(s)$,并求输出响应：

(a) $\dfrac{\mathrm{d}^3}{\mathrm{d}t^3}r(t)+4\dfrac{\mathrm{d}^2}{\mathrm{d}t^2}r(t)+5\dfrac{\mathrm{d}}{\mathrm{d}t}r(t)+6r(t)=4e(t)$,$\quad e(t)=\delta(t)$,

$\qquad r''(0^-)=r'(0^-)=r(0^-)=0$；

(b) $\dfrac{\mathrm{d}^2}{\mathrm{d}t^2}r(t)+7\dfrac{\mathrm{d}}{\mathrm{d}t}r(t)+12r(t)=\dfrac{\mathrm{d}}{\mathrm{d}t}e(t)+2e(t)$,

$$e(t) = \varepsilon(t), \quad r'(0) = r(0) = 0.$$

10.17 若一 LTI 系统在零输入条件下, $\dot{\boldsymbol{\lambda}}(t) = \boldsymbol{A}\boldsymbol{\lambda}(t)$

当 $\boldsymbol{\lambda}(0^-) = \begin{bmatrix} 2 \\ 1 \end{bmatrix}$ 时, $\boldsymbol{\lambda}(t) = \begin{bmatrix} 6e^{-t} - 4e^{-2t} \\ -3e^{-t} + 4e^{-2t} \end{bmatrix}$

当 $\boldsymbol{\lambda}(0^-) = \begin{bmatrix} 0 \\ 1 \end{bmatrix}$ 时, $\boldsymbol{\lambda}(t) = \begin{bmatrix} 2e^{-t} - 2e^{-2t} \\ -e^{-t} + 2e^{-2t} \end{bmatrix}$

试求其状态转移矩阵 $\boldsymbol{\phi}(t) = e^{At}$ 及系统矩阵 $\boldsymbol{A}$。

10.18 描述某连续系统的状态方程和输出方程为

$$\dot{\boldsymbol{\lambda}}(t) = \begin{bmatrix} -4 & 1 \\ -3 & 0 \end{bmatrix} \boldsymbol{\lambda}(t) + \begin{bmatrix} 1 \\ 1 \end{bmatrix} e(t)$$

$$\boldsymbol{r}(t) = \begin{bmatrix} 1, 0 \end{bmatrix} \boldsymbol{\lambda}(t)$$

其初始状态 $\lambda_1(0^+) = 1, \lambda_2(0^+) = 2, t = 0$ 时输入 $e(0^+) = 1$, 试将上述状态方程化为微分方程并确定初值 $r(0^+), r'(0^+)$。

10.19 描述某离散系统的状态方程为

$$\begin{bmatrix} \lambda_1(n+1) \\ \lambda_2(n+1) \end{bmatrix} = \begin{bmatrix} -1 & -2 \\ -3 & 4 \end{bmatrix} \begin{bmatrix} \lambda_1(n) \\ \lambda_2(n) \end{bmatrix} + \begin{bmatrix} 1 \\ 0 \end{bmatrix} x(n)$$

$$\boldsymbol{y}(n) = \begin{bmatrix} 1 & -1 \end{bmatrix} \begin{bmatrix} \lambda_1(n) \\ \lambda_2(n) \end{bmatrix}$$

(a) 求单位样值响应和转移函数;

(b) 若初始状态 $\lambda_1(0) = \lambda_2(0) = 1, x(n) = \varepsilon(n)$, 试求状态方程的解和系统的输出。

10.20 给定系统的状态方程与起始条件为

$$\dot{\boldsymbol{\lambda}}(t) = \begin{bmatrix} 1 & -2 \\ 1 & 4 \end{bmatrix} \boldsymbol{\lambda}(t), \quad \begin{bmatrix} \lambda_1(0^-) \\ \lambda_2(0^-) \end{bmatrix} = \begin{bmatrix} 3 \\ 2 \end{bmatrix}$$

试用两种方法求解该系统。

10.21 一个系统的状态方程与输出方程为

$$\begin{bmatrix} \dot{\lambda}_1(t) \\ \dot{\lambda}_2(t) \end{bmatrix} = \begin{bmatrix} -4 & 1 \\ -3 & 0 \end{bmatrix} \boldsymbol{\lambda}(t) + \begin{bmatrix} 1 \\ 1 \end{bmatrix} e(t)$$

$$\boldsymbol{r}(t) = \lambda_1(t)$$

(a) 根据状态方程求系统的微分方程表示;

(b) 系统在 $e(n) = \varepsilon(n)$ 作用下, 输出响应为

$$r(t) = \left(\frac{1}{3} + \frac{1}{2} e^{-t} - \frac{5}{6} e^{-3t} \right) \varepsilon(t)$$

试求系统的起始状态 $\boldsymbol{\lambda}(0^-)$。

10.22 系统状态方程与输出方程为

$$\dot{\boldsymbol{\lambda}}(t) = \begin{bmatrix} -1 & 0 & 0 \\ 0 & -3 & 0 \\ 0 & 0 & -2 \end{bmatrix} \boldsymbol{\lambda}(t) + \begin{bmatrix} 1 \\ 1 \\ 1 \end{bmatrix} e(t)$$

$$r(t) = \begin{bmatrix} 1 & 3 & 1 \end{bmatrix} \lambda(t), \qquad \lambda(0^-) = \begin{bmatrix} 1 \\ 2 \\ 1 \end{bmatrix}$$

已知 $e(t) = \varepsilon(t)$，试求系统的输出。

10.23　给定 LTI 系统的状态方程和输出方程为

$$\dot{\lambda}(t) = \begin{bmatrix} -2 & 2 & 1 \\ 0 & -2 & 0 \\ 1 & -4 & 0 \end{bmatrix} \lambda(t) + \begin{bmatrix} 0 \\ 1 \\ 1 \end{bmatrix} e(t)$$

$$r = \begin{bmatrix} 1 & 0 & 0 \end{bmatrix} \lambda(t)$$

（a）检查系统的可控性与可观测性；

（b）求系统的转移函数。

10.24　已知系统的状态方程与输出方程，试分析系统的可控性与可观测性：

（a）$$\begin{bmatrix} \dot{\lambda}_1(t) \\ \dot{\lambda}_2(t) \end{bmatrix} = \begin{bmatrix} 1 & 0 \\ -1 & 2 \end{bmatrix} \begin{bmatrix} \lambda_1(t) \\ \lambda_2(t) \end{bmatrix} + \begin{bmatrix} 1 \\ 0 \end{bmatrix} e(t)$$

$$r(t) = \begin{bmatrix} 0 & 1 \end{bmatrix} \begin{bmatrix} \lambda_1(t) \\ \lambda_2(t) \end{bmatrix}$$

（b）$$\begin{bmatrix} \dot{\lambda}_1(t) \\ \dot{\lambda}_2(t) \end{bmatrix} = \begin{bmatrix} 1 & 0 \\ -1 & 2 \end{bmatrix} \begin{bmatrix} \lambda_1(t) \\ \lambda_2(t) \end{bmatrix} + \begin{bmatrix} 0 \\ 1 \end{bmatrix} e(t)$$

$$r(t) = \begin{bmatrix} 0 & 1 \end{bmatrix} \begin{bmatrix} \lambda_1(t) \\ \lambda_2(t) \end{bmatrix}$$

10.25　若已知系统的参数矩阵如下，试分析该系统的可控性与可观测性：

$$A = \begin{bmatrix} 0 & 1 & 0 \\ 0 & 0 & 1 \\ -6 & -11 & -6 \end{bmatrix}, \quad B = \begin{bmatrix} 0 \\ 0 \\ 1 \end{bmatrix}, \quad C = \begin{bmatrix} 4 & 5 & 1 \end{bmatrix}, \quad D = 0。$$

10.26　若系统的状态方程与输出方程为

$$\begin{bmatrix} \dot{\lambda}_1(t) \\ \dot{\lambda}_2(t) \end{bmatrix} = \begin{bmatrix} 2 & 2 \\ 2 & -1 \end{bmatrix} \begin{bmatrix} \lambda_1(t) \\ \lambda_2(t) \end{bmatrix} + \begin{bmatrix} 2 \\ 0 \end{bmatrix} e(t)$$

$$r(t) = \begin{bmatrix} 1 & -2 \end{bmatrix} \begin{bmatrix} \lambda_1(t) \\ \lambda_2(t) \end{bmatrix}$$

（a）检验系统的可控性与可观测性；

（b）求系统的转移函数。

常用函数卷积积分表

序号	$f_1(t)$	$f_2(t)$	$f_1(t) * f_2(t)$
1	$f(t)$	$\delta(t)$	$f(t)$
2	$f(t)$	$\delta'(t)$	$f'(t)$
3	$f(t)$	$\delta(t-t_0)$	$f(t-t_0)$
4	$f(t-t_1)$	$\delta(t-t_2)$	$f(t-t_1-t_2)$
5	$f(t)$	$\varepsilon(t)$	$\displaystyle\int_{-\infty}^{t} f(\tau)\mathrm{d}\tau$
6	$\varepsilon(t)$	$\varepsilon(t)$	$t\varepsilon(t)$
7	$t\varepsilon(t)$	$\varepsilon(t)$	$\dfrac{1}{2}t^2\varepsilon(t)$
8	$\varepsilon(t)-\varepsilon(t-t_1)$	$\varepsilon(t)$	$t\varepsilon(t)-(t-t_1)\varepsilon(t-t_1)$
9	$\mathrm{e}^{-at}\varepsilon(t)$	$\varepsilon(t)$	$\dfrac{1}{a}(1-\mathrm{e}^{-at})\varepsilon(t)$
10	$\mathrm{e}^{-a_1 t}\varepsilon(t)$	$\mathrm{e}^{-a_2 t}\varepsilon(t)$	$\dfrac{1}{a_2-a_1}(\mathrm{e}^{-a_1 t}-\mathrm{e}^{-a_2 t})\varepsilon(t)\ a_1\neq a_2$
11	$\mathrm{e}^{-at}\varepsilon(t)$	$\mathrm{e}^{-at}\varepsilon(t)$	$t\mathrm{e}^{-at}\varepsilon(t)$
12	$t\varepsilon(t)$	$\mathrm{e}^{-at}\varepsilon(t)$	$\left(\dfrac{at-1}{a^2}+\dfrac{1}{a^2}\mathrm{e}^{-at}\right)\varepsilon(t)$
13	$t\mathrm{e}^{-at}\varepsilon(t)$	$\mathrm{e}^{-at}\varepsilon(t)$	$\dfrac{1}{2}t^2\mathrm{e}^{-at}\varepsilon(t)$
14	$t\mathrm{e}^{-a_1 t}\varepsilon(t)$	$\mathrm{e}^{-a_2 t}\varepsilon(t)$	$\left[\dfrac{(a_2-a_1)t-1}{(a_2-a_1)^2}\mathrm{e}^{-a_1 t}+\dfrac{1}{(a_2-a_1)^2}\mathrm{e}^{-a_2 t}\right]\varepsilon(t)$
15	$t^m\varepsilon(t)$	$t^n\varepsilon(t)$	$\dfrac{m!n!}{(m+n+1)!}t^{m+n+1}\varepsilon(t)$

常用等比级数求和公式表

序号	公 式	说 明
1	$\displaystyle\sum_{n=0}^{\infty} a^n = \frac{1}{1-a}$	$\lvert a \rvert < 1$
2	$\displaystyle\sum_{n=1}^{\infty} a^n = \frac{a}{1-a}$	$\lvert a \rvert < 1$
3	$\displaystyle\sum_{n=n_1}^{\infty} a^n = \frac{a^{n_1}}{1-a}$	$\lvert a \rvert < 1$
4	$\displaystyle\sum_{n=0}^{n_2} a^n = \begin{cases} \dfrac{1-a^{n_2+1}}{1-a}, & a \neq 1 \\ n_2 + 1, & a = 1 \end{cases}$	
5	$\displaystyle\sum_{n=n_1}^{n_2} a^n = \begin{cases} \dfrac{a^{n_1}-a^{n_2+1}}{1-a}, & a \neq 1 \\ n_2 - n_1 + 1, & a = 1 \end{cases}$	n_1, n_2 为正整数亦可为负整数， 但 $n_2 \geqslant n_1$

卷积和表

序号	$x_1(n)$	$x_2(n)$	$x_1(n) * x_2(n)$
1	$x(n)$	$\delta(n)$	$x(n)$
2	$x(n)$	$\varepsilon(n)$	$\displaystyle\sum_{k=-\infty}^{n} x(k)$
3	$\varepsilon(n)$	$\varepsilon(n)$	$(n+1)\varepsilon(n)$
4	$n\varepsilon(n)$	$\varepsilon(n)$	$\dfrac{1}{2}(n+1)n\varepsilon(n)$
5	$a^n\varepsilon(n)$	$\varepsilon(n)$	$\dfrac{1-a^{n+1}}{1-a}\varepsilon(n), \quad a \neq 1$
6	$a_1^n\varepsilon(n)$	$a_2^n\varepsilon(n)$	$\dfrac{a_1^{n+1}-a_2^{n+1}}{a_1-a_2}\varepsilon(n), \quad a_1 \neq a_2$
7	$a^n\varepsilon(n)$	$a^n\varepsilon(n)$	$(n+1)a^n\varepsilon(n)$
8	$n\varepsilon(n)$	$a^n\varepsilon(n)$	$\dfrac{n}{1-a}\varepsilon(n)+\dfrac{a(a^n-1)}{(1-a)^2}\varepsilon(n)$
9	$n\varepsilon(n)$	$n\varepsilon(n)$	$\dfrac{1}{6}(n+1)n(n-1)\varepsilon(n)$
10	$G_N(n)$	$G_N(n)$	$\begin{cases} n+1, & 0 \leqslant n \leqslant N-1 \\ 2N-1-n, & N \leqslant n \leqslant 2N-2 \end{cases}$

常用周期信号傅里叶系数表

序号	名　称	信号波形	傅里叶系数 $\left(\omega_1=\dfrac{2\pi}{T_1}\right)$
1	矩形脉冲		$a_0=\dfrac{E\tau}{T_1}$ $a_n=\dfrac{2E\tau}{T_1}\mathrm{Sa}\left(\dfrac{n\omega_1\tau}{2}\right)$ $b_n=0$
2	偶对称方波		$a_0=0$ $a_n=\dfrac{2E}{n\pi}\sin\dfrac{n\pi}{2}$ $b_n=0$
3	奇对称方波		$a_0=0$ $a_n=0$ $b_n=\dfrac{2E}{n\pi}\sin^2\left(\dfrac{n\pi}{2}\right)$
4	锯齿波		$a_0=\dfrac{E}{2}$ $a_n=0$ $b_n=\dfrac{E}{n\pi}$
5	锯齿波（奇对称）		$a_0=0$ $a_n=0$ $b_n=(-1)^{n+1}\dfrac{E}{n\pi}$
6	三角波（偶对称）		$a_0=\dfrac{E}{2}$ $a_n=\dfrac{4E}{(n\pi)^2}\sin^2\left(\dfrac{n\pi}{2}\right)$ $b_n=0$

（续表）

序号	名　称	信号波形	傅里叶系数 $\left(\omega_1 = \dfrac{2\pi}{T_1}\right)$
7	三角波（奇对称）		$a_0 = 0$ $a_n = 0$ $b_n = \dfrac{4E}{(n\pi)^2} \sin \dfrac{n\pi}{2}$
8	半波余弦		$a_0 = \dfrac{E}{\pi}$ $a_n = \dfrac{2E}{\pi} \dfrac{1}{(1-n^2)} \cos \dfrac{n\pi}{2}$ $b_n = 0$
9	全波余弦		$a_0 = \dfrac{2E}{\pi}$ $a_n = \dfrac{4E}{\pi}(-1)^{n+1} \dfrac{1}{4n^2-1}$ $b_n = 0$
10	三角脉冲		$a_0 = \dfrac{E\tau}{2T_1}$ $a_n = \dfrac{4T_1}{\tau} \dfrac{E}{(n\pi)^2} \sin^2 \left(\dfrac{n\omega_1\tau}{4}\right)$ $b_n = 0$

附录 E

常用信号的傅里叶变换表

表 1　能量信号

序号	名　称	信号 $f(t)$ 表示式	信号 $f(t)$ 波形图	傅里叶变换 $F(\mathrm{j}\omega)$
1	单边指数信号	$E\mathrm{e}^{-at}\varepsilon(t)\,(a>0)$		$\dfrac{E}{a+\mathrm{j}\omega}$
2	双边指数信号	$E\mathrm{e}^{-a\lvert t\rvert}\,(a>0)$		$\dfrac{2aE}{a^2+\omega^2}$
3	矩形脉冲	$\begin{cases}E, & \lvert t\rvert<\dfrac{\tau}{2}\\[2mm] 0, & \lvert t\rvert\geqslant\dfrac{\tau}{2}\end{cases}$		$E\tau\,\mathrm{Sa}\!\left(\dfrac{\omega\tau}{2}\right)$
4	抽样脉冲	$\mathrm{Sa}(\omega_{\mathrm c}t)$		$\begin{cases}\dfrac{\pi}{\omega_{\mathrm c}}\,\boldsymbol{\cdot}\ \lvert\omega\rvert<\omega_{\mathrm c}\\[2mm] 0, & \lvert\omega\rvert>\omega_{\mathrm c}\end{cases}$
5	钟形脉冲	$E\mathrm{e}^{-\left(\frac{t}{\tau}\right)^2}$		$\sqrt{\pi}E\tau\mathrm{e}^{-\left(\frac{\omega\tau}{2}\right)^2}$
6	余弦脉冲	$\begin{cases}E\cos\dfrac{\pi t}{\tau}, & \lvert t\rvert<\dfrac{\tau}{2}\\[2mm] \quad0\ , & \lvert t\rvert\geqslant\dfrac{\tau}{2}\end{cases}$		$\dfrac{2E\tau}{\pi}\dfrac{\cos\dfrac{\omega\tau}{2}}{\left[1-\left(\dfrac{\omega\tau}{\pi}\right)^2\right]}$

序号	名 称	信号 $f(t)$		傅里叶变换 $F(j\omega)$
		表示式	波形图	
7	升余弦脉冲	$\begin{cases} \dfrac{E}{2}\left(1+\cos\dfrac{2\pi t}{\tau}\right), & \|t\|<\dfrac{\tau}{2} \\ 0, & \|t\|\geqslant\dfrac{\tau}{2} \end{cases}$		$\dfrac{E\tau}{2}\dfrac{\mathrm{Sa}\left(\dfrac{\omega\tau}{2}\right)}{1-\left(\dfrac{\omega\tau}{2\pi}\right)^2}$
8	三角脉冲	$\begin{cases} E\left(1-\dfrac{2\|t\|}{\tau}\right), & \|t\|<\dfrac{\tau}{2} \\ 0, & \|t\|\geqslant\dfrac{\tau}{2} \end{cases}$		$\dfrac{E\tau}{2}\mathrm{Sa}^2\left(\dfrac{\omega\tau}{4}\right)$
9	锯齿脉冲	$\begin{cases} \dfrac{E}{a}(t+a), & -a<t<0 \\ 0, & \text{其他} \end{cases}$		$\dfrac{E}{a\omega^2}(1+\mathrm{j}\omega a-\mathrm{e}^{\mathrm{j}\omega a})$
10	梯形脉冲	$\begin{cases} \dfrac{2E}{\tau-\tau_1}\left(t+\dfrac{\tau}{2}\right) \\ \quad -\dfrac{\tau}{2}<t<-\dfrac{\tau_1}{2} \\ E, -\dfrac{\tau_1}{2}<t<\dfrac{\tau_1}{2} \\ \dfrac{2E}{\tau-\tau_1}\left(\dfrac{\tau}{2}-t\right) \\ \quad \dfrac{\tau_1}{2}<t<\dfrac{\tau}{2} \\ 0, \text{其他} \end{cases}$		$\dfrac{8E}{(\tau-\tau_1)\omega^2}\sin\dfrac{\omega(\tau+\tau_1)}{4}\cdot$ $\sin\dfrac{\omega(\tau-\tau_1)}{4}$

表2 奇异信号与功率信号

序号	信号 $f(t)$	傅里叶变换 $F(j\omega)$
1	$\delta(t)$	1
2	1	$2\pi\delta(\omega)$
3	$\varepsilon(t)$	$\pi\delta(\omega)+\dfrac{1}{\mathrm{j}\omega}$
4	$\mathrm{sgn}(t)$	$\dfrac{2}{\mathrm{j}\omega}$
5	$\delta'(t)$	$\mathrm{j}\omega$

（续表）

序号	信号 $f(t)$	傅里叶变换 $F(j\omega)$
6	$\delta^{(n)}(t)$	$(j\omega)^n$
7	t	$2\pi j\,\delta'(\omega)$
8	t^n	$2\pi(j)^n\delta^{(n)}(\omega)$
9	$t\varepsilon(t)$	$j\pi\,\delta'(\omega)-\dfrac{1}{\omega^2}$
10	$\dfrac{1}{t}$	$-j\pi\mathrm{sgn}(\omega)$
11	$|t|$	$-\dfrac{2}{\omega^2}$
12	$e^{j\omega_0 t}$	$2\pi\delta(\omega-\omega_0)$
13	$\sin\omega_0 t$	$j\pi[\delta(\omega+\omega_0)-\delta(\omega-\omega_0)]$
14	$\cos\omega_0 t$	$\pi[\delta(\omega+\omega_0)+\delta(\omega-\omega_0)]$
15	$\delta_T(t)=\displaystyle\sum_{n=-\infty}^{\infty}\delta(t-nT_1)$	$\omega_1\displaystyle\sum_{n=-\infty}^{\infty}\delta(\omega-n\omega_1)$
16	$\displaystyle\sum_{n=-\infty}^{\infty}F_n e^{jn\omega_1 t}$	$2\pi\displaystyle\sum_{n=-\infty}^{\infty}F_n\delta(\omega-n\omega_1)$

拉普拉斯反变换表

序号	$F(s)$	ROC	$f(t)$
1	s	$-\infty < \text{Re}[s] < \infty$	$\delta'(t)$
2	1	整个 s 平面	$\delta(t)$
3	$\dfrac{1}{s}$	$\text{Re}[s] > 0$	$\varepsilon(t)$
4	$\dfrac{b_0}{s+a}$	$\text{Re}[s] > -a$	$b_0 \mathrm{e}^{-at} \cdot \varepsilon(t)$
5	$\dfrac{1}{(s+a)^2}$	$\text{Re}[s] > -a$	$t\mathrm{e}^{-at} \cdot \varepsilon(t)$
6	$\dfrac{\beta}{s^2+\beta^2}$	$\text{Re}[s] > 0$	$\sin\beta t \cdot \varepsilon(t)$
7	$\dfrac{s}{s^2+\beta^2}$	$\text{Re}[s] > 0$	$\cos\beta t \cdot \varepsilon(t)$
8	$\dfrac{\beta}{s^2-\beta^2}$	$\text{Re}[s] > \beta$	$\text{sh}(\beta t) \cdot \varepsilon(t)$
9	$\dfrac{s}{s^2-\beta^2}$	$\text{Re}[s] > \beta$	$\text{ch}(\beta t) \cdot \varepsilon(t)$
10	$\dfrac{\beta}{(s+\alpha)^2+\beta^2}$	$\text{Re}[s] > -\alpha$	$\mathrm{e}^{-\alpha t}\sin\beta t \cdot \varepsilon(t)$
11	$\dfrac{s+\alpha}{(s+\alpha)^2+\beta^2}$	$\text{Re}[s] > -\alpha$	$\mathrm{e}^{-\alpha t}\cos\beta t \cdot \varepsilon(t)$
12	$\dfrac{\beta}{(s+\alpha)^2-\beta^2}$	$\text{Re}[s] > -\alpha+\beta$	$\mathrm{e}^{-\alpha t}\text{sh}\beta t \cdot \varepsilon(t)$

序号	$F(s)$	ROC	$f(t)$
13	$\dfrac{s+\alpha}{(s+\alpha)^2-\beta^2}$	$\mathrm{Re}[s]>-\alpha+\beta$	$\mathrm{e}^{-\alpha t}\mathrm{ch}\beta t\cdot\varepsilon(t)$
14	$\dfrac{b_1 s+b_0}{(s+\alpha)^2+\beta^2}$	$\mathrm{Re}[s]>-\alpha$	$A\mathrm{e}^{-\alpha t}\sin(\beta t+\theta)$ 其中 $A\mathrm{e}^{\mathrm{j}\theta}=\dfrac{b_0-b_1(\alpha-\mathrm{j}\beta)}{\beta}$
15	$\dfrac{b_1 s+b_0}{s^2}$	$\mathrm{Re}[s]>0$	$[b_0 t+b_1]\varepsilon(t)$
16	$\dfrac{b_1 s+b_0}{s(s+a)}$	$\mathrm{Re}[s]>0$	$\left[\dfrac{b}{a}-\left(\dfrac{b_0}{a}-b_1\right)\mathrm{e}^{-at}\right]\varepsilon(t)$
17	$\dfrac{b_1 s+b_0}{(s+\alpha)(s+\beta)}$	$\mathrm{Re}[s]>\max[-\alpha,-\beta]$	$\left[\dfrac{b_0-b_1\alpha}{\beta-\alpha}\mathrm{e}^{-\alpha t}+\dfrac{b_0-b_1\beta}{\alpha-\beta}\mathrm{e}^{-\beta t}\right]\varepsilon(t)$
18	$\dfrac{b_1 s+b_0}{(s+\alpha)^2}$	$\mathrm{Re}[s]>-\alpha$	$[(b_0-b_1\alpha)t+b_1]\mathrm{e}^{-\alpha t}\varepsilon(t)$
19	$\dfrac{b_2 s^2+b_1 s+b_0}{(s+\alpha)(s+\beta)(s+\gamma)}$	$\mathrm{Re}[s]>\max[-\alpha,-\beta,-\gamma]$	$\left[\dfrac{b_0-b_1\alpha+b_2\alpha^2}{(\beta-\alpha)(\gamma-\alpha)}\mathrm{e}^{-\alpha t}+\dfrac{b_0-b_1\beta+b_2\beta^2}{(\alpha-\beta)(\gamma-\beta)}\mathrm{e}^{-\beta t}\right.$ $\left.+\dfrac{b_0-b_1\gamma+b_2\gamma^2}{(\alpha-\gamma)(\beta-\gamma)}\mathrm{e}^{-\gamma t}\right]\varepsilon(t)$
20	$\dfrac{b_2 s^2+b_1 s+b_0}{(s+\alpha)^2(s+\beta)}$	$\mathrm{Re}[s]>\max[-\alpha,-\beta]$	$\left[\dfrac{b_0-b_1\beta+b_2\beta^2}{(\alpha-\beta)^2}\mathrm{e}^{-\beta t}+\dfrac{b_0-b_1\alpha+b_2\alpha^2}{\beta-\alpha}t\mathrm{e}^{-\alpha t}\right.$ $\left.-\dfrac{b_0-b_1\beta+b_2\alpha(2\beta-\alpha)}{(\beta-\alpha)^2}\mathrm{e}^{-\alpha t}\right]\varepsilon(t)$
21	$\dfrac{b_2 s^2+b_1 s+b_0}{(s+\alpha)^3}$	$\mathrm{Re}[s]>-\alpha$	$\left[b_2\mathrm{e}^{-\alpha t}+(b_1-2b_2\alpha)t\mathrm{e}^{-\alpha t}+\dfrac{1}{2}(b_0-\right.$ $\left.b_1\alpha+b_2\alpha^2)t^2\mathrm{e}^{-\alpha t}\right]\varepsilon(t)$
22	$\dfrac{b_2 s^2+b_1 s+b_0}{(s+\gamma)(s^2+\beta^2)}$	$\mathrm{Re}[s]>0$	$\left[\dfrac{b_0-b_1\gamma+b_2\gamma^2}{\gamma^2+\beta^2}\mathrm{e}^{-\gamma t}+A\sin(\beta t+\theta)\right]$ $\varepsilon(t)$，其中 $A\mathrm{e}^{\mathrm{j}\theta}=\dfrac{(b_0-b_2\beta^2)+\mathrm{j}b_1\beta}{\beta(\gamma+\mathrm{j}\beta)}$
23	$\dfrac{b_2 s^2+b_1 s+b_0}{(s+\gamma)[(s+\alpha)^2+\beta^2]}$	$\mathrm{Re}[s]>\max[-\alpha,-\gamma]$	$\left[\dfrac{b_0-b_1\gamma+b_2\gamma^2}{(\alpha-\gamma)^2+\beta^2}\mathrm{e}^{-\gamma t}+A\mathrm{e}^{-\alpha t}\sin(\beta t+\theta)\right]$ $\varepsilon(t)$ 其中，$A\mathrm{e}^{\mathrm{j}\theta}=\dfrac{b_0-b_1(\alpha-\mathrm{j}\beta)+b_2(\alpha-\mathrm{j}\beta)^2}{\beta(\gamma-\alpha+\mathrm{j}\beta)}$

常用离散信号的 z 变换表

序号	$x(n)\varepsilon(n)$	z 变换 $X(z)=\sum_{n=0}^{\infty}x(n)z^{-n}$	收敛域 $|z|>|R|$
1	$\delta(n)$	1	$|z|\geqslant 0$
2	$\delta(n-m),m>0$	z^{-m}	$|z|>0$
3	$\varepsilon(n)$	$\dfrac{z}{z-1}$	$|z|>1$
4	$n\varepsilon(n)$	$\dfrac{z}{(z-1)^2}$	$|z|>1$
5	$n^2\varepsilon(n)$	$\dfrac{z(z+1)}{(z-1)^3}$	$|z|>1$
6	$n^3\varepsilon(n)$	$\dfrac{z(z^2+4z+1)}{(z-1)^4}$	$|z|>1$
7	$a^n\varepsilon(n)$	$\dfrac{z}{z-a}$	$|z|>|a|$
8	$na^n\varepsilon(n)$	$\dfrac{az}{(z-a)^2}$	$|z|>|a|$
9	$n^2a^n\varepsilon(n)$	$\dfrac{az(z+a)}{(z-a)^3}$	$|z|>|a|$
10	$n^3a^n\varepsilon(n)$	$\dfrac{az(z^2+4az+a^2)}{(z-a)^4}$	$|z|>|a|$
11	$(n+1)a^n\varepsilon(n)$	$\dfrac{z^2}{(z-a)^2}$	$|z|>|a|$
12	$\dfrac{(n+1)(n+2)a^n}{2!}\varepsilon(n)$	$\dfrac{z^3}{(z-a)^3}$	$|z|>|a|$
13	$\dfrac{(n+1)\cdots(n+m)a^n}{m!}\varepsilon(n)$ $(m\geqslant 1)$	$\dfrac{z^{m+1}}{(z-a)^{m+1}}$	$|z|>|a|$
14	$e^{bn}\varepsilon(n)$	$\dfrac{z}{z-e^b}$	$|z|>|e^b|$

序号	$x(n)\varepsilon(n)$	z 变换 $X(z)=\sum\limits_{n=0}^{\infty}x(n)z^{-n}$	收敛域 $|z|>|R|$
15	$ne^{bn}\varepsilon(n)$	$\dfrac{ze^{b}}{(z-e^{b})^{2}}$	$|z|>|e^{b}|$
16	$e^{j\omega_0 n}\varepsilon(n)$	$\dfrac{z}{z-e^{j\omega_0}}$	$|z|>1$
17	$\sin n\omega_0 \cdot \varepsilon(n)$	$\dfrac{z\sin\omega_0}{z^{2}-2z\cos\omega_0+1}$	$|z|>1$
18	$\cos n\omega_0 \cdot \varepsilon(n)$	$\dfrac{z(z-\cos\omega_0)}{z^{2}-2z\cos\omega_0+1}$	$|z|>1$
19	$\beta^{n}\sin n\omega_0 \cdot \varepsilon(n)$	$\dfrac{\beta z\sin\omega_0}{z^{2}-2\beta z\cos\omega_0+\beta^{2}}$	$|z|>|\beta|$
20	$\beta^{n}\cos n\omega_0 \cdot \varepsilon(n)$	$\dfrac{z(z-\beta\cos\omega_0)}{z^{2}-2\beta z\cos\omega_0+\beta^{2}}$	$|z|>|\beta|$
21	$\sin(n\varepsilon_0+\theta)\cdot\varepsilon(n)$	$\dfrac{z[z\sin\theta+\sin(\omega_0-\theta)]}{z^{2}-2z\cos\omega_0+1}$	$|z|>1$
22	$\cos(n\varepsilon_0+\theta)\cdot\varepsilon(n)$	$\dfrac{z[z\cos\theta-\cos(\omega_0-\theta)]}{z^{2}-2z\cos\omega_0+1}$	$|z|>1$
23	$na^{n}\sin n\omega_0 \cdot \varepsilon(n)$	$\dfrac{z(z-a)(z+a)a\sin\omega_0}{[z^{2}-2az\cos\omega_0+a^{2}]^{2}}$	$|z|>|a|$
24	$na^{n}\cos n\omega_0 \cdot \varepsilon(n)$	$\dfrac{az[z^{2}\cos\omega_0-2az+a^{2}\cos\omega_0]}{[z^{2}-2az\cos\omega_0+a^{2}]^{2}}$	$|z|>|a|$
25	$\operatorname{sh}n\omega_0 \cdot \varepsilon(n)$	$\dfrac{z\operatorname{sh}\omega_0}{z^{2}-2z\operatorname{ch}\omega_0+1}$	$|z|>\max\{|e^{\omega_0}|,|e^{-\omega_0}|\}$
26	$\operatorname{ch}n\omega_0 \cdot \varepsilon(n)$	$\dfrac{z(z-\operatorname{ch}\omega_0)}{z^{2}-2z\operatorname{ch}\omega_0+1}$	$|z|>\max\{|e^{\omega_0}|,|e^{-\omega_0}|\}$
27	$\dfrac{a^{n}}{n!}\varepsilon(n)$	$e^{a/z}$	$|z|>0$
28	$\dfrac{1}{(2n)!}\varepsilon(n)$	$\operatorname{ch}(z^{-\frac{1}{2}})$	$|z|>0$
29	$\dfrac{(\ln a)^{n}}{n!}\varepsilon(n)$	$a^{1/z}$	$|z|>0$
30	$\dfrac{1}{n}\varepsilon(n-1)$	$\ln\left(\dfrac{z}{z-1}\right)$	$|z|>1$
31	$\dfrac{n(n-1)}{2!}\varepsilon(n)$	$\dfrac{z}{(z-1)^{3}}$	$|z|>1$
32	$\dfrac{n(n-1)\cdots(n-m+1)}{m!}\varepsilon(n)$	$\dfrac{z}{(z-1)^{m+1}}$	$|z|>1$

利用小波方法对信号进行分解、压缩与重构处理的 MATLAB 脚本

1. 分解例子(decexample. m)

```
close all;
t=linspace(0,1,2^8);
y=sin(2 * pi * t)+cos(4 * pi * t)+sin(8 * pi * t)...
    +4 * 64 * (t-1/3). * exp(-((t-1/3) * 64).^2)...
    +512 * (t-2/3). * exp(-((t-2/3) * 128).^2);
h=[0.6830  1.1830  0.3170  -0.1830];
plot(t,y);
figure;
w=dec(y,h,8,4);
```

说明:

1) 本例函数

$$y(t) = \sin 2\pi t + \cos 4\pi t + \sin 8\pi t + 256\left(t - \frac{1}{3}\right)e^{[-64(t-1/3)]^2} + 512\left(t - \frac{2}{3}\right)e^{[-128(t-2/3)]^2}$$

表示成

$$y = \sin(2 * pi * t) + \cos(4 * pi * t) + \sin(8 * pi * t) \ldots +$$
$$4 * 64 * (t - 1/3). * \exp(-((t - 1/3) * 64).^2) \ldots +$$
$$512 * (t - 2/3). * \exp(-((t - 2/3) * 128).^2);$$

2) 分解函数 dec(f,h,NJ,Jstop)的参数意义

f:输入函数,其实质是点的输入,在本例中是 $y(t)$ 的 2^8 个样值点;

h:尺度关系式系数。本例中选取的是 h=[h_0 h_1 h_2 h_3]=[0.6830 1.1830 0.3170 -0.1830];

NJ：表示最高分辨率。本例为 2^8 个样值点，即最高分辨率为 $\dfrac{1}{2^8}$；

Jstop：表示结束分解的级数，本例是到 V4。

2. 分解调用函数(dec. m)

```
function w = dec(f,h,NJ,Jstop)
N=length(f);
N1=2^NJ;
if ～(N==N1)
  error('Length of f should be 2^NJ')
end;
if(Jstop<1)|(Jstop>NJ)
  error('Jstop must be at least 1 and <=NJ')
end;
L=length(h);
pf=fliplr(h);
q=h;
q(2:2:L)=-q(2:2:L);
a=f;
t=[];
for j=NJ:-1:Jstop+1
  n=length(a);
  a=[a(mod((-L+1:-1),n)+1)a];
  b=conv(a,q);
  b=b(L+1:2:L+n-1)/2;
  a=conv(a,pf);
  a=a(L:L+n-1)/2;
  ab=a(1:L);
  a=[a(L+1:n)ab];
  a=a(2:2:n);
  t=[b,t];
end;
  w=[a,t];
  JJ=2^(Jstop);
  ww=[w(JJ)w(1:JJ)];
  tt=linspace(0,1,JJ+1);
```

```
    if L==2
        ll=length(tt);
        ta=[tt;tt];
        tt=ta(1:2*ll);
        wa=[ww;ww];
        ww=wa(1:2*ll);
        ww=[ww(2*ll) ww(1:2*ll-1)];
    end
    plot(tt,ww)
end
```

3. 压缩函数(compress.m)

```
function wc = compress(w,r)
if(r<0)|(r>1)
    error('r should be between 0 and 1')
end;
N=length(w);
Nr=floor(N*r);
ww=sort(abs(w));
tol=abs(ww(Nr+1));
wc=(abs(w)>=tol).*w;
end
```

4. 重构例子(reconexample.m)

```
close all;
t=linspace(0,1,2^8);
y=sin(2*pi*t)+cos(4*pi*t)+sin(8*pi*t)...
    +4*64*(t-1/3).*exp(-((t-1/3)*64).^2)...
    +512*(t-2/3).*exp(-((t-2/3)*128).^2);
h=[0.6830  1.1830  0.3170  -0.1830];
plot(t,y);
figure;
w=dec(y,h,8,4);
figure;
wc=compress(w,0.8);
yc=recon(wc,h,8,4);
```

说明：

（1）compress(w,0.8)中的 w 为小波分解后的输出，即 w＝dec(f,h,NJ,Jstop)，本例为 w＝dec(y,h,8,4)；

（2）recon(w,h,NJ,Jstart)为重构函数，其中参数 w,h,NJ 的定义同分解函数。另外 Jstart 表示开始重构的级数，本例为 4。

5. 重构函数(recon.m)

```
function y = recon(w,h,NJ,Jstart)
N＝length(w);
Nj＝(2^Jstart);
if ～(N==2^NJ)
  error('Length of w should be 2^NJ')
end;
if(Jstart<1)|(Jstart>NJ)
  error('Jstop must be at lest 1 adn<=NJ')
end;
L＝length(h);
q＝fliplr(h);
a＝w(1:Nj);
for j＝Jstart:(NJ-1)
  b＝w(Nj+1:2*Nj);
  m＝mod((0:L/2-1),Nj)+1;
  Nj＝2*Nj;
  ua(2:2:Nj+L)＝[a a(1,m)];
  ub(2:2:Nj+L)＝[b b(1,m)];
  ca＝conv(ua,h);
  ca＝[ca(Nj:Nj+L-1)  ca(L:Nj-1)];
  cb＝conv(ub,q);
  cb＝cb(L:Nj+L-1);
  cb(1:2:Nj)＝-cb(1:2:Nj);
  a＝ca+cb;
end
y＝a;
yy＝[y(N) y];
t＝linspace(0,1,N+1);
```

```
if L==2
    ll=length(t);
    ta=[t;t];
    t=ta(1:2*ll);
    ya=[yy;yy];
    yy=ya(1:2*ll);
    yy=[yy(2*ll) yy(1:2*ll-1)];
end
plot(t,yy)
end
```

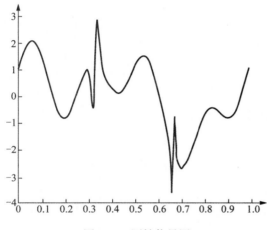

图 H-1　原始信号图

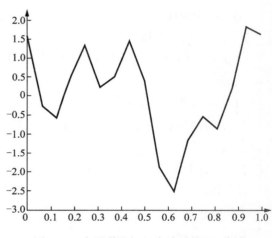

图 H-2　应用道比姬丝小波时的 V_4 分量

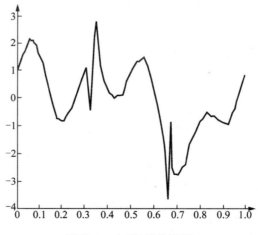

图 H-3　由 V_4 重构到 V_8

附录 I

汉英名词对照

二 画

z 变换　　z-transform
　　单边～　　single side～
　　双边～　　two side（bilateral）～

三 画

三角多项式　　trigonometric polynomical
上升时间　　rise time
小波　　wavelet
　　道比姬丝～　　Daubechies～
　　哈尔～　　Haar～
　　～函数空间　　～function spaces
　　～分解　　～decomposition
已调信号　　modulated signal

四 画

方程　　equation
　　差分～　　difference～
　　微分～　　differential～
分贝　　Deci-Bel（dB）
分解　　decomposition
　　正交～　　orthogonal～
分量　　component
　　直流～　　direct～

交流～　alternating～

正弦～　sine～

余弦～　cosine～

偶～　even～

奇～　odd～

脉冲～　pulse～

实～　real～

虚～　imaginary～

内插公式　interpolation formula

内积　inner product

支路　branch

无失真传输　distortionless transmission

五　画

本地载波　local carrier

尺度函数　scaling function

　　道比姬丝～　Daubechies～

　　哈尔～　Haar～

　　～空间　～spaces

分解算法　decomposition algorithms

　　哈尔～　Haar～

　　Mallat～　Mallat～

可控性　controllability

可观测性　observability

可逆系统　invertible system

去噪　denoising

失真　distortion

　　线性～　linear～

　　幅度～　amplitude～

　　相位～　phase～

正交　orthogonal

　　～性　orthogonality

　　～分量　～component

　　～函数　～functions

　　～函数集　set of～functions

　　完备～函数集　complete set of～functions

归一化～函数集　　normalized set of～functions

　　～小波　　　～wavelets

　　～波基　　　～wavelets basis

正弦积分　　sine integral

六　　画

冲激　　impulse

　　～不变法　　　～invariance method

　　～函数　　　～function

　　～偶　　　～doublet

　　～响应　　　～response

传输函数　　transfer function

传输算子　　transfer operator

多分辨率分析　　multiresolution analysis

复用　　multiplex

　　码分～　　　code-division～（CDMA）

　　频分～　　　frequency-division～（FDMA）

　　时分～　　　time-division～（TDMA）

共轭　　conjugate

光滑度阶数　　order of smoothness

光滑性　　smoothness

吉布斯现象　　Gibbs phenomenon

阶梯函数　　staircase function

收敛　　convergence

　　～域　　　region of～

　　～轴　　　axis of～

双尺度关系　　two-scale relationship

同步解调　　synchronous demodulation

网络　　network

　　全通～　　　all-pass～

　　最小相移～　　　minimum-phase～

有理分式　　rational fraction

有效值　　effective value

约当矩阵　　Jordan matrix

因果系统　　causal system

因果性　　causality

七　画

初始条件　　initial condition

初值定理　　initial value theorem

狄义赫利条件　　Dirichlet condition

迭代公式　　iterative formula

均匀性(奇次性)　　homogeneity

时间常数　　time constant

时移　　shifting

时移特性　　shift property

时域　　time domain

系统　　system

　　连续时间～　　continuous-time～

　　离散事件～　　discrete-time～

　　稳定～　　stable～

　　非稳定～　　nonstable～

　　临界稳定～　　marginally stable～

　　线性～　　linear～

　　线性非时变～　　linear time-invariant(LTI)～

　　线性非移变～　　linear shift-invariant(LSI)～

　　非线性～　　nonlinear～

希尔伯特变换　　Hilbert transfer

序列　　sequence

　　单位样值～　　unit sample～

　　单位阶跃～　　unit step～

　　矩形～　　rectangular～

　　指数～　　exponential～

　　复指数～　　complex exponential～

　　周期～　　periodic～

　　有限长～　　finite length～

　　右边～　　right～

　　左边～　　left～

　　双边～　　bilateral(two-side)～

状态　　state

　　初始～　　initial～

　　起始～　　original～

～变量　　～variable

～方程　　～equation

～空间　　～space

～矢量　　～vector

～转移矩阵　　～transition matrix

八　　画

变换域　　transform domain

抽样　　sampling

　　～间隔　　～interval

　　～(频)率　　～(frequency)rate

　　冲激～　　impulse～

　　频域～　　frequency domain～

　　时域～　　time domain～

抽样定理　　sampling theorem

　　频域～　　frequency domain～

　　时域～　　time domain～

差分　　difference

　　后向～　　backward～

　　前向～　　forward～

函数　　function

　　冲激～　　impulse～

　　阶跃～　　step～

　　抽样～　　sampling～　　(Sa～　　)

　　符号～　　signum～

　　门～　　gate～

　　矩形脉冲～　　rectangular pulse～

　　三角脉冲～　　triangular pulse～

　　斜变～　　ramp～

　　正弦～　　sine～

　　余弦～　　cosine～

　　指数～　　exponential～

　　复指数～　　complex exponential～

　　实～　　real～

　　复～　　complex～

　　虚～　　imaginary～

偶～　　　even～

奇～　　　odd～

奇谐～　　　odd harmonic～

奇异～　　　singularity～

特征～　　　characteristic～

系统～　　　system～

状态转移～　　　state transition～

～空间　　　～space

极点　　　pole

奇次解　　　homogeneous solution

奇次方程　　　homogeneous equation

奇异性检测　　　detection of singularities

卷积　　　convolution

～和　　　～sum

～积分　　　～integral

卷积定理　　　convolution theorem

频域～　　　frequency domain～

时域～　　　time domain～

拉普拉斯变换　　　Laplase transform

单边～　　　single-side～

双边～　　　two-side(bilateral)～

拉普拉斯逆变换　　　inverse Laplase transform

留数　　　residue

～定理　　　～theorem

罗斯-霍尔维茨判据　　　Routh-Hurwitz criterion

奈奎斯特定理　　　Nyquist theorem

奈奎斯特间隔　　　Nyquist interval

奈奎斯特频率　　　Nyquist frequency

欧拉公式　　　Euler's formula

帕斯瓦尔定理　　　Parseval's theorem

佩利-维纳准则　　　Paley-Wiener criterion

实部　　　real part

实轴　　　real axis

终值定理　　　final theorem

周期　　　period

九　　画

标准正交基　　orthogonal basis

复频率　　complex frequency

节点　　node

　　输入～（源点）　　source～

　　输出～（阱点）　　sink～

矩阵　　matrix

　　伴随～　　adjoint～

　　～函数　　～function

脉冲　　impulse

　　～宽度　　width of～

响应　　response

　　零输入～　　zero-input～

　　零状态～　　zero-state～

　　自由～　　natural～

　　强迫～　　forced～

　　暂态～　　transient～

　　稳态～　　steady-state～

　　完全～　　total～

　　冲激～　　impulse～

　　阶跃～　　step～

　　单位样值～　　unit sample～

　　频率～　　frequency～

信号　　signal

　　连续时间～　　continuous time～

　　离散时间～　　discrete time～

　　模拟～　　analog～

　　数字～　　digital～

　　确定性～　　determinate～

　　随机～　　random～

　　周期～　　periodic～

　　非周期～　　nonperiodic～

　　因果～　　causal～

　　非因果～　　noncausal～

　　能量～　　energy～

十 二 画

傅里叶变换	Fourier transform
傅里叶分析	Fourier analysis
傅里叶级数	Fourier series
量化	quantization

十 三 画

叠加性	superposition property
零点	zero
零极点图	zero-pole diagram
滤波	filtering
带通～	band-pass～
低通～	low-pass～
高通～	high-pass～
滤波器	filter
理想低通～	ideal low-pass～
巴特沃兹～	Butterworth～
切比雪夫～	Chebyshev～
幂级数	power series
～展开	～expansion
频带宽度	frequency bandwidth
频率	frequency
角～	angular～
固有(自然)～	natural～
截止～	cut-off～
频谱	frequency spectrum
离散～	discrete～
连续～	continuous～
～密度	～density
频域分析	frequency domain analysis
数据压缩	data compression

十四画及以上

激励信号	excitation signal
稳定性	stability

参 考 文 献

［1］ Oppenheim A V, Schafer R W. Discrete-Time Signal Processing［M］. (Second Edition), Prentice-Hall, Inc. , 1999.

［2］ Oppenheim A V, Willsky A S, Nawab S H. Signals and Systems［M］. (Second Edition), Prentice-Hall, Inc. , 1997

［3］ Poularikas A D, Seely S. Signals and Systems［M］. (Second Edition), PWS KNET Publishers Company, 1991.

［4］ 郑君里,应启珩,杨为理. 信号与系统［M］.(第二版),北京:高等教育出版社,2000.

［5］ 吴大正. 信号与线性系统分析［M］.(第三版),北京:高等教育出版社,1998.

［6］ Kwakernaak, Sivam. Signals and Systems［M］. Prentice-Hall, Inc. , 1993.

［7］ 胡光锐. 语音处理与识别［M］. 上海:上海科技文献出版社,1994.

［8］ Boggess A, Narcowich F J. 小波与傅里叶分析基础［M］. 芮国胜,康健,等译. 北京:电子工业出版社,2004.

［9］ 林争辉. 电路理论［M］. 北京:高等教育出版社,1985.

［10］ 胡光锐. 快速傅里叶变换与卷积算法［M］. 上海:上海科技文献出版社,1984.

［11］ 胡光锐,郑志航,戚飞虎. 二维数字信号处理Ⅱ［M］. 北京:科学出版社,1985.

［12］ Kuo F F. Network and Synthesis［M］. John Wiley and Sons, Inc. , 1966.

［13］ Humpherys D S. The Analysis, Design and Snthesis of Electrical Filters［M］. Prentice-hall, 1970.

［14］ Blinchikoff H J, Zverev A I. Filtering in th Time and Frequency Domain［M］. John Wiley and Sons, Inc. , 1976.

［15］ 樊昌信,詹道庸,徐炳祥,等. 通信原理［M］.(第4版),国防工业出版社,1995.

［16］ 曹志刚,钱亚生. 现代通信原理［M］. 清华大学出版社,1992.

［17］ 顾福年,胡光锐. 数字信号处理习题解答［M］. 北京:科学出版社,1983.

［18］ Burrus C S, Gopinath R A, Guo H,等. 小波与小波变换导论［M］. 程正兴,译. 北京:机械工业出版社,2008.

［19］ 刘明才. 小波分析及其应用［M］. 北京:清华大学出版社,2005.

［20］ Daubechies I. 小波十讲［M］. 李建平,杨万年,译. 北京:国防工业出版社,2005.

［21］ 潘泉,张磊,等. 小波滤波方法及应用［M］. 北京:清华大学出版社,2005.

［22］ 北京大学数学力系几何与代数考研室代数小组. 高等代数［M］. 北京:高等教育出版社,1978.

［23］ 陆少华,沈灏. 大学代数［M］. 上海:上海交通大学出版社,2001.

［24］ 成礼智,王红霞,罗永. 小波的理论与应用［M］. 北京:科学出版社,2004.

［25］ 樊启斌. 小波分析［M］. 武汉:武汉大学出版社,2008.

［26］ 飞思科技产品研发中心. 小波分析理论与实现［M］. 北京:电子工业出版社,2005.

［27］ 管致中,夏恭恪. 信号与线性系统［M］. 北京:高等教育出版社,1986.

［28］ 狄苏尔 C A,葛守仁. 电路基本理论［M］. 林争辉,译. 北京:人民教育出版社,1979.

［29］ 拉甫伦捷夫 M A. 复变函数论方法［M］. 施祥林,译. 北京:人民教育出版社,1962.

［30］ 乐正友,杨为理,应启珩. 信号与系统例题分析及习题［M］. 北京:清华大学出版社,1985.

［31］ 奇里安 P M. 信号、系统与计算机［M］. 北京:人民邮电出版社,1981.

［32］ 邱关源. 网络理论分析［M］. 北京:科学出版社,1982.

［33］ Jury E I. Theory and Application of the Z-Transform Method［M］. John Wiley, 1964.

［34］ 斯坦利 W D. 数字信号处理［M］. 常迥,译. 北京:科学出版社,1979.

［35］ Liu C L, Jane W S, Liu. Linear Systems Analysis, McGraw-Hill Inc. , 1975.

［36］ 江泽佳. 网络分析的状态变量分析法［M］. 北京:人民教育出版社,1979.

［37］ 邱关源. 电路［M］. 北京:人民教育出版社,1978.

［38］ Reid J. Linear System Fundamentals, Continuous and Discrete［M］. Classic and Modern, McGraw-Hill Inc. , 1983.

习 题 答 案

第 1 章

1.13 T_1/T_2 为有理数是周期的,最小周期是 T_1、T_2 之最小公倍数。

1.14 最小周期 $N=6$。

1.15 (a) 周期 $N=3$; (b) 非周期序列; (c) 周期 $N=14$;

(d) 非周期序列; (e) 周期 $N=14$。

1.16 (a) $\delta(t-1)$; (b) $e^{-1}\delta(t)$; (c) $\delta'(t)$;

(d) $\delta(t)+\varepsilon(t)$; (e) 0; (f) $\dfrac{1}{2}$。

1.17 (a) $f(t_0)$; (b) 0; (c) $\dfrac{\pi}{6}+\dfrac{1}{2}$。

1.19 $i(t)=\dfrac{C_1C_2E}{C_1+C_2}\delta(t)$, $u_{C_1}(t)=\dfrac{C_2E}{C_1+C_2}\varepsilon(t)$, $u_{C_2}(t)=\dfrac{C_1E}{C_1+C_2}\varepsilon(t)$

1.20 (a) $\dfrac{2}{\pi}$; (b) $\dfrac{1}{2}$; (c) 0;

(d) K。

1.23 (a) 非线性,非时变,因果,稳定系统;

(b) 线性,非时变,因果,非稳定系统;

(c) 线性,时变,非因果,稳定系统;

(d) 线性,时变,因果,稳定系统;

(e) 线性,时变,非因果,非稳定系统;

(f) 线性,时变,因果,稳定系统;

(g) 非线性,非时变,因果,稳定系统;

(h) 线性,时变,非因果,稳定系统。

1.24 (a) 线性,移变,非因果,稳定系统;

(b) 线性,非移变,因果,稳定系统;

(c) 线性,移变,因果,不稳定系统;

(d) 非线性,非移变,因果,稳定系统;

(e) 线性,移变,非因果,稳定系统;

(f) 线性,非移变,非因果,稳定系统;

(g) 线性,移变,非因果,稳定系统;

(h) 线性,移变,因果,稳定系统。

1.25　线性,时变。

1.26　(a) 可逆,可逆系统为 $r_{iv}(t)=T[e(t)]=e(t+1)$;

　　　(b) 不可逆,因为输入 $e(t)$ 和 $e(t)+2\pi$ 可以得到相同的输出;

　　　(c) 可逆,可逆系统为 $r_{iv}(t)=T[e(t)]=de(t)/dt$;

　　　(d) 不可逆,因为任何常数输入都有零的输出;

　　　(e) 可逆,可逆系统为 $r_{iv}(t)=T[e(t)]=e(t/3)$。

1.27　(a) 不可逆,因为输入 $\delta(n)$ 和 $2\delta(n)$ 可以得到相同的输出;

　　　(b) 可逆,可逆系统为 $y_{iv}(n)=T[x(n)]=\begin{cases} x(n+1), & n\geq 0 \\ x(n), & n<0 \end{cases}$;

　　　(c) 不可逆,因为输入 $x(n)$ 和 $-x(n)$ 具有相同的输出;

　　　(d) 可逆,可逆系统为 $y_{iv}(n)=T[x(n)]=x(2-n)$;

　　　(e) 可逆,可逆系统为 $y_{iv}(n)=T[x(n)]=x(n)-\dfrac{1}{3}x(n-1)$;

　　　(f) 不可逆,因为 $x_1(n)=\delta(n)+\delta(n-1)$ 和 $x_2(n)=\delta(n)+\delta(n+1)$ 的输出均为零;

　　　(g) 可逆,可逆系统为 $y_{iv}(n)=T[x(n)]=x(2n)$。

1.28　$r_2(t)=\delta(t)-ae^{-at}\varepsilon(t)$。

1.30　(a) 正确,仍然是线性的,非时变的。

　　　(b) 错误,如果第一个子系统为 $r_1(t)=T[e(t)]=e(t)+1$ 与第二个子系统为 $r_2(t)=T[e(t)]=e(t)-1$ 的级联,最终输出为第一个子系统的输入 $e(t)$,这时整个系统呈线性特性。

　　　(c) $y(n)=x(n)+\dfrac{1}{2}x(n-1)+\dfrac{1}{4}x(n-2)$,因此是线性非移变的。

第　2　章

2.1　(a) $2\dfrac{d^3 i_1}{dt^3}+5\dfrac{d^2 i_1}{dt^2}+5\dfrac{di_1}{dt}+3i_1=2\dfrac{d^2 e}{dt^2}+\dfrac{de}{dt}+e$

　　　$2\dfrac{d^3 i_2}{dt^3}+5\dfrac{d^2 i_2}{dt^2}+5\dfrac{di_2}{dt}+3i_2=e$

　　　$2\dfrac{d^3 u_0}{dt^3}+5\dfrac{d^2 u_0}{dt^2}+5\dfrac{du_0}{dt}+3u_0=2\dfrac{de}{dt}$;

　　　(b) $\dfrac{d^2 i_1}{dt^2}+\dfrac{7}{2}\dfrac{di_1}{dt}+\dfrac{5}{2}i_1=\dfrac{d^2 I}{dt^2}+\dfrac{1}{2}\dfrac{dI}{dt}+I$

　　　$\dfrac{d^2 i_2}{dt^2}+\dfrac{7}{2}\dfrac{di_2}{dt}+\dfrac{5}{2}i_2=3\dfrac{dI}{dt}$

　　　$\dfrac{d^2 u_0}{dt^2}+\dfrac{7}{2}\dfrac{du_0}{dt}+\dfrac{5}{2}u_0=3I$。

2.2　$(L^2-M^2)\dfrac{d^4 u_0}{dt^4}+2RL\dfrac{d^3 u_0}{dt^3}+\left(\dfrac{2L}{C}+R^2\right)\dfrac{d^2 u_0}{dt^2}+\dfrac{2L}{C}\dfrac{du_0}{dt}+\dfrac{1}{C^2}u_0=MR\dfrac{d^3 e}{dt^3}$。

2.3　(a) $r_{zp}(t)=e^{-t}-e^{-3t}$;　　　　　(b) $r_{zp}(t)=2te^{-t}$。

2.4　(a) $\dfrac{3}{2}-2e^{-t}+\dfrac{1}{2}e^{-2t}$;　　　(b) $1-(t+1)e^{-t}$。

2.5　(a) $(1-2e^{-t})\varepsilon(t)$;　　　(b) $(2e^{-t}-3e^{-2t})\varepsilon(t)$;　　(c) $\left(t-\dfrac{1}{2}-\dfrac{1}{2}e^{-2t}\right)\varepsilon(t)$。

2.6　(a) 完全响应 $2e^{-t}-\dfrac{5}{2}e^{-2t}+\dfrac{3}{2}$, 零输入响应 $4e^{-t}-3e^{-2t}$,

　　　零状态响应 $-2e^{-t}+\dfrac{1}{2}e^{-2t}+\dfrac{3}{2}$, 自由响应 $2e^{-t}-\dfrac{5}{2}e^{-2t}$, 强迫响应 $\dfrac{3}{2}$;

　　(b) 完全响应 $5e^{-t}-4e^{-2t}$, 零输入响应 $4e^{-t}-3e^{-2t}$, 零状态响应 $e^{-t}-e^{-2t}$, 自由响应同
　　　完全响应, 强迫响应等于零。

2.7　(a) $3e^{-2t}-e^{-t}, t\geqslant0$;　　　(b) $\dfrac{1}{2}+\dfrac{1}{2}e^{-2t}, t\geqslant0$。

2.8　$r(t)=e^{-t}+e^{-3t}-6e^{-2t}, t>0$,　　$r(t)=-\dfrac{4}{3}e^{-t}-\dfrac{26}{7}e^{-5t}+\dfrac{1}{21}e^{2t}, t<0$。

2.9　$\dfrac{R}{R^2+L^2}(Le^{-\frac{R}{L}t}+R\sin t-L\cos t)\varepsilon(t)$

2.10　(a) $i(0^+)=i(0^-)=0$,　$i'(0^-)=0$,　$i'(0^+)=10$;

　　(b) $i(t)=\dfrac{20}{\sqrt{3}}e^{-\frac{t}{2}}\sin\dfrac{\sqrt{3}}{2}t$;　　(c) $\dfrac{d^2i}{dt^2}+\dfrac{di}{dt}+i=\dfrac{de}{dt}$。

2.11　$(Ee^{-\frac{t}{RC}}-RI_s e^{-\frac{t}{RC}}+RI_s)\varepsilon(t)$

2.12　$u_{Rzp}(t)=-\dfrac{1}{2}e^{-2t}\varepsilon(t)$,　　$u_{Rzs}(t)=(1+e^{-2t})\varepsilon(t)$。

2.13　(a) $h(t)=e^{-\frac{1}{2}t}\left(\cos\dfrac{\sqrt{3}}{2}t+\dfrac{\sqrt{3}}{3}\sin\dfrac{\sqrt{3}}{2}t\right)\varepsilon(t)$,

　　　$g(t)=\left[e^{-\frac{1}{2}t}\left(-\cos\dfrac{\sqrt{3}}{2}t+\dfrac{\sqrt{3}}{3}\sin\dfrac{\sqrt{3}}{2}t\right)+1\right]\varepsilon(t)$;

　　(b) $h(t)=e^{-2t}\varepsilon(t)+\delta(t)+\delta'(t)$,　　$g(t)=\left(1-\dfrac{1}{2}e^{-2t}\right)\varepsilon(t)+\delta(t)$。

2.14　(a) 时变;　　　　　(b) 非因果。

2.16　(a) $h(t)=2\delta(t)-6e^{-3t}\varepsilon(t)$; (b) $h(t)=(e^{-t}-5e^{-2t}+5e^{-3t})\varepsilon(t)$。

2.17　(a) $t\varepsilon(t)$;　　　　　　　(b) $\begin{cases}2\tau\left(1-\dfrac{|t|}{2\tau}\right), & |t|\leqslant2\tau \\ 0, & |t|>2\tau\end{cases}$

　　(c) $\begin{cases}2\tau\left(1-\dfrac{|t-2\tau|}{2\tau}\right), & 0\leqslant t\leqslant4\tau \\ 0, & t<0, t>4\tau\end{cases}$;　(d) $\begin{cases}t+3\tau, & -3\tau\leqslant t\leqslant-\tau \\ 2\tau, & -\tau\leqslant t\leqslant\tau \\ 3\tau-t, & \tau\leqslant t\leqslant3\tau\end{cases}$;

　　(e) $(t-1)\varepsilon(t-1)$;　　　　　　(f) $\cos\left(\beta t+\dfrac{\pi}{4}\right)\varepsilon(t)$;

　　(g) $\begin{cases}\dfrac{1}{\pi}[1-\cos\pi t], & 0\leqslant t\leqslant4 \\ 0, & t<0, t>4\end{cases}$。

2.18 (a) $h(t)=e^{-(t-2)}\varepsilon(t-2)$; (b) $r(t)=\begin{cases}0, & t\leqslant 1\\ 1-e^{-(t-1)}, & 1<t\leqslant 4\\ e^{-(t-4)}-e^{-(t-1)}, & t>4\end{cases}$。

2.19 (a) $\begin{cases}0, & t<0\\ t, & 0\leqslant t\leqslant 2\\ 2, & t\geqslant 2\end{cases}$; (b) $\begin{cases}0, & t<0,t>4\\ \dfrac{t^2}{4}, & 0\leqslant t\leqslant 2\\ t-\dfrac{1}{4}, & 2<t\leqslant 4\end{cases}$; (c) $\begin{cases}0, & t<2,t\geqslant 5\\ t-2, & 2\leqslant t\leqslant 3\\ 1, & 3<t\leqslant 4\\ 5-t, & 4<t\leqslant 5\end{cases}$;

(d) $\dfrac{1}{4}[t^2\varepsilon(t)-3(t-2)^2\varepsilon(t-2)+2(t-4)^2\varepsilon(t-4)-(t-6)^2\varepsilon(t-6)]$。

2.20 (a) $r(t)=r_0(t)-r_0(t-2)$; (b) $r(t)=\displaystyle\int_{-\infty}^{+\infty}e_0(\tau)h_0(t+\tau)d\tau$;

(c) $r(t)=r_0''(t)$。

2.22 (a) $ae_1(t)+be_2(t)$; (b) $e_1(t-\tau)$。

2.23 (a) 正确; (b) 错误。

2.24 $r(t)=2\times 3e^{-t}\varepsilon(t)+4(-e^{-t}+\cos 2t)\varepsilon(t)=(2e^{-t}+4\cos 2t)\varepsilon(t)$

2.25 $\varepsilon(t)-\varepsilon(t-1)$。

2.26 $h(t)=\varepsilon(t)+\varepsilon(t-1)+\varepsilon(t-2)-\varepsilon(t-3)-\varepsilon(t-4)-\varepsilon(t-5)$。

2.27 $r_{zs}(t)=t\varepsilon(t)-2(t-3)\varepsilon(t-3)+(t-6)\varepsilon(t-6)$。

2.28 (a) 错误; (b) 正确。

2.29 $h(t)=r_{zs}(t)+\dfrac{d^2}{dt^2}r_{zs}(t)$

2.30 (a) $g(t)=(1-e^{-t})\varepsilon(t)$; (b) $r_1(t)=(1-e^{-t})\varepsilon(t)$;$r_2(t)=\begin{cases}e^t, & t<0\\ 1, & t\geqslant 0\end{cases}$

(c) $t<0$ 时 $e(t)=0,r_1(t)=0,r_2(t)\neq 0$,,所以 $r_1(t)$ 因果,$r_2(t)$ 非因果。

第 3 章

3.1 $y(n)-(1+\alpha)y(n-1)=x(n)$。

3.2 $y(n)-y(n-1)=nx(n-1)$。

3.3 $y(n)-\dfrac{2}{3}y(n-1)=0$, $y(0)=H$; $y(n)=2\left(\dfrac{2}{3}\right)^n,n\geqslant 0$

3.4 (a) $y(n)=2^{n-1}$; (b) $y(n)=4(-1)^n-12(-2)^n$;

(c) $y(n)=\dfrac{1}{3}n(3)^n$; (d) $y(n)=3^n-(n+1)(2)^n$;

(e) $y(n)=2n-1+\cos\left(\dfrac{n\pi}{2}\right)$。

3.5 $y(n)=\dfrac{1}{6}n(n+1)(2n+1)$, $n\geqslant 0$。

3.6 (a) $y(n)=\dfrac{1}{36}[(-5)^{n+1}+6n+5]$, $n\geqslant 0$; (b) $y(n)=\left(-\dfrac{1}{2}n-\dfrac{9}{16}\right)(-1)^n+\dfrac{9}{16}(3)^n$;

(c) $y(n)=(-\sqrt{2})^n\left(\dfrac{3}{5}\cos\dfrac{n\pi}{4}+\dfrac{1}{5}\sin\dfrac{n\pi}{4}\right)-\dfrac{1}{5}\sin\dfrac{n\pi}{2}+\dfrac{2}{5}\cos\dfrac{n\pi}{2}$。

3.7 (a) $y_{zp}(n)=-2(2)^n$, $\quad y_{zs}(n)=[4(2)^n-2]\varepsilon(n)$;

(b) $y_{zp}(n)=-2(-2)^n$, $\quad y_{zs}(n)=\dfrac{1}{2}[(-2)^n+2^n]\varepsilon(n)$;

(c) $y_{zp}(n)=(-1)^n-4(-2)^n$, $\quad y_{zs}(n)=\left[-\dfrac{1}{2}(-1)^n+\dfrac{4}{3}(-2)^n+\dfrac{1}{6}\right]\varepsilon(n)$;

(d) $y_{zs}(n)=\left(\dfrac{1}{2}n^2+\dfrac{3}{2}n+1\right)\varepsilon(n)$;

(e) $y_{zp}(n)=(-1)^{n+1}+(2)^{n+1}$;

$y_{zs}(n)=\left[\dfrac{1}{6}(-1)^n+\dfrac{4}{3}(2)^n-\dfrac{1}{2}\right]\varepsilon(n)+\left[\dfrac{1}{3}(-1)^{n-2}+\dfrac{8}{3}(2)^{n-2}-1\right]\varepsilon(n-2)$。

3.8 $y_{zp}(n)=-2(2)^n+3(3)^n$, $\quad y_{zs}(n)=[2+5(2)^n-3^n]\varepsilon(n)$。

3.9 $y(n)=\left[4+3\left(\dfrac{1}{2}\right)^n-\left(-\dfrac{1}{2}\right)^n\right]\varepsilon(n)$。

3.10 $y_{zp}(n)=(-1)^n-2(-2)^n$, $y_{zs}(n)=\left[\dfrac{1}{3}(-1)^n-\dfrac{2}{3}(-2)^n+\dfrac{2}{3}(2)^n-\dfrac{1}{3}\right]\varepsilon(n)$,

$y(n)=\left[\dfrac{4}{3}(-1)^n-\dfrac{8}{3}(-2)^n+\dfrac{2}{3}(2)^n-\dfrac{1}{3}\right]\varepsilon(n)$,

自由响应为$\left[\dfrac{4}{3}(-1)^n-\dfrac{8}{3}(-2)^n\right]\varepsilon(n)$,强迫响应为$\left[\dfrac{2}{3}(2)^n-\dfrac{1}{3}\right]\varepsilon(n)$。

3.11 (a) $y(n)-7y(n-1)+10y(n-2)=14x(n)-85x(n-1)+111x(n-2)$;

(b) $y(n)=2[(2^n+3\cdot5^n+10)\varepsilon(n)-(2^{n-10}+3\cdot5^{n-10}+10)\varepsilon(n-10)]$。

3.12 (a) 非因果,稳定; (b) 因果,稳定; (c) 非因果,稳定;

(d) 非因果,不稳定; (e) 非因果,稳定; (f) 因果,不稳定;

(g) 非因果,不稳定; (h) 因果,不稳定。

3.13 (a) $h(n)=g(n)-g(n-1)$; (b) $g(n)=\sum\limits_{k=0}^{\infty}h(n-k)$;

(c) $h(n)=2\varepsilon(n)-\delta(n)$。

3.17 $y_{zs}(n)=2[(0.2)^n-(0.4)^n]\varepsilon(n)-4[(0.2)^{n-2}-(0.4)^{n-2}]\varepsilon(n-2)$。

3.18 (a) $h(n)=\delta(n)+4\delta(n-1)+2\delta(n-2)$;

(b) $h(n)=\delta(n-1)+4\delta(n-2)+2\delta(n-3)$。

3.19 (a) $\delta(n+4)+2\delta(n+3)+3\delta(n+2)+4\delta(n+1)+5\delta(n)+4\delta(n-1)+3\delta(n-2)+$
$2\delta(n-3)+\delta(n-4)$;

(b) $\varepsilon(n+2)+2\varepsilon(n)+3\varepsilon(n-1)+4\varepsilon(n-2)$;

(c) $h(n)-2h(n-3)$;

(d) $x(n)+2x(n-1)+4x(n-2)$。

3.20 (a) $(n+1)\varepsilon(n)$; (b) $\dfrac{1}{6}(n+1)n(n-1)$;

(c) $(n+1)a^n\varepsilon(n)$;　　　　　　(d) $\dfrac{\alpha^{n+1}-\beta^{n+1}}{\alpha-\beta}\varepsilon(n)$。

3.21　(a) $(3^{n+1}-2^{n+1})\varepsilon(n)$;　　　　(b) $7\cdot2^{-n}\varepsilon(-n)+3\delta(n-1)$;

　　　(c) $[3\cdot2^n-2\cdot3^n]\varepsilon(-n)$;　　(d) $[3^{-n+1}-2^{-n+1}]\varepsilon(-n)$。

3.22　(a) $(2^{n+1}-1)\varepsilon(n)-(2^{n-4}-1)\varepsilon(n-4)$;

　　　(b) $\dfrac{1}{2}(n+4)(n+5)[\varepsilon(n+4)-\varepsilon(n)]+10\varepsilon(n)+\dfrac{1}{2}n(7-n)[\varepsilon(n)-\varepsilon(n-4)]+6\varepsilon(n-4)$;

　　　(c) $\cos\dfrac{(n-1)\pi}{2}-\cos\dfrac{(n-3)\pi}{2}$;　　(d) $\begin{cases}0,&n\leqslant0,n>7\\n,&0<n\leqslant3\\7-n,&3<n\leqslant7\end{cases}$。

3.23　$N_4=N_0+N_2$,$N_5=N_1+N_3$。

3.24　(a) $y(n)-\dfrac{1}{2}y(n-1)=x(n)$;　　(b) $y(n)=\dfrac{2}{3}\mathrm{e}^{-\mathrm{j}\pi n}$;

　　　(c) $y(n)=\dfrac{2}{3}\cos n\pi$。

3.25　$h(n)=\varepsilon(n)-\varepsilon(n-N)$

3.26　串联系统(a)的输出 $y_\mathrm{a}(n)=n\left(\dfrac{1}{2}\right)^n\varepsilon(n)$；串联系统(b)的输出 $y_\mathrm{b}(n)=0$。

3.27　$y_\mathrm{a}(n)=\left(\dfrac{1}{2}\right)^n\varepsilon(n)+2$;　　$y_\mathrm{b}(n)=\left(\dfrac{1}{2}\right)^n\varepsilon(n)+4$。

3.28　(a) $y_1(n)=\infty$;　　(b) $y_2(n)=0$;　　(c) $y_3(n)=\left(\dfrac{1}{3}\right)^n$。

3.29　$y_1(n)=y_2(n)=y_3(n)=a^n\varepsilon(n-1)-a^{n-2}\varepsilon(n-3)$。

第 4 章

4.5　$a=\dfrac{15}{4}(\mathrm{e}-7\mathrm{e}^{-1}),b=3\mathrm{e}^{-1},c=\dfrac{1}{4}(-3\mathrm{e}+33\mathrm{e}^{-1})$。

4.6　三角形式系数：$a_0=0,a_n=0(n=1,2,\ldots),b_n=\begin{cases}0,&n=2,4,\ldots\\\dfrac{2E}{n\pi},&n=1,3,\ldots\end{cases}$。

4.7　$F_0=0.25$,　　$F_n=\begin{cases}\dfrac{\mathrm{j}}{2n\pi},&n\text{ 为偶数}\\-\dfrac{1}{(n\pi)^2}-\dfrac{1}{2n\pi},&n\text{ 为奇数}\end{cases}$。

4.8　除 12kHz,50kHz,100kHz 外,其他分量均可选出来。

4.10　信号的平均功率为 $\dfrac{E^2}{4}$,有效值为 $\dfrac{E}{2}$,基波、二次、三次谐波分量的有效值分别为 $\dfrac{\sqrt{2}E}{\pi}$,

　　　$0,\dfrac{\sqrt{2}E}{3\pi}$。

4.11　(a) 直流分量 $\dfrac{E}{2}$,基波有效值 $0.287E$,信号有效值为 $0.577E$,信号平均功率 $\dfrac{E^2}{3}$;

　　　　(b) $\overline{\varepsilon_1^2}=0.0012E^2$, $\overline{\varepsilon_3^2}=0.00019E^2$。

4.15　$F_n=\begin{cases} 0, & n\text{ 为偶数} \\[2mm] \dfrac{1}{jn\pi}-\dfrac{2}{(n\pi)^2}, & n\text{ 为奇数}\end{cases}$。

4.16　$|u_0(0)|=0.25\text{V}$, $|u_0(\omega_1)|=0.305\text{V}$, $|u_0(5\omega_1)|=0.018\text{V}$, $|H(0)|=1.0$,
　　　　$|H(\omega_1)|=0.847$, $|H(5\omega_1)|\approx0.303$。

4.17　$i(t)=0.5+0.45\cos(\omega_1 t-45^o)+0.067\cos(3\omega_1 t+108.4^o)+$
　　　　$0.025\cos(5\omega_1 t-78.7^o)$。

4.19　$f(t)=\displaystyle\sum_{n=-\infty}^{\infty}\dfrac{(-1)^n(e^2-1)}{2e(1+jn\pi)}e^{jn\pi t}$。

4.20　$f(t)=\dfrac{1}{2}e^{j4t}+\dfrac{1}{2}e^{-j4t}+\dfrac{1}{2j}e^{j8t}-\dfrac{1}{2j}e^{-j8t}$。

4.21　$F(\omega)=\dfrac{\tau E}{2}\left[\text{Sa}\left(\dfrac{\omega\tau}{2}-\dfrac{\pi}{2}\right)+\text{Sa}\left(\dfrac{\omega\tau}{2}+\dfrac{\pi}{2}\right)\right]=\dfrac{2E\tau\cos\dfrac{\omega\tau}{2}}{\pi\left[1-\left(\dfrac{\omega\tau}{\pi}\right)^2\right]}$。

4.22　(a) $j\dfrac{2E}{\omega}\left[\cos\left(\dfrac{\omega T}{2}\right)-sa\left(\dfrac{\omega T}{2}\right)\right]$,　　$F(0)=0$;

　　　　(b) $\dfrac{E\omega_1}{\omega_1^2-\omega^2}(1-e^{-j\omega T})=j\dfrac{2E\omega_1}{\omega_1^2-\omega^2}\sin\dfrac{\omega T}{2}e^{-j\frac{\omega T}{2}}$,　　$F(\omega_1)=\dfrac{ET}{2j}$, $\omega_1=\dfrac{2\pi}{T}$。

4.23　(a) $e^{j\omega}+e^{-j\omega}$;　　　　(b) $\dfrac{e^{-j\omega}}{2+j\omega}$;　　　　(c) $\dfrac{4e^{j\omega}}{4+\omega^2}$。

4.24　(a) $e^{3-j\omega}/(1-j\omega)$;　　　　(b) $\dfrac{1}{3+j\omega}(e^{6+j2\omega}-e^{-9-j3\omega})$;

　　　　(c) $\dfrac{3j}{9+(\omega+2)^2}-\dfrac{3j}{9+(\omega-2)^2}$;　　　　(d) $\dfrac{1}{2}\left(\dfrac{1}{\alpha+j(\omega+\omega_0)}+\dfrac{1}{\alpha+j(\omega-\omega_0)}\right)$;

　　　　(e) $\dfrac{2}{\omega}\sin\omega+\dfrac{\sin(\pi-\omega)}{\pi-\omega}+\dfrac{\sin(\pi+\omega)}{\pi+\omega}$;　　　　(f) $\dfrac{\dfrac{j}{2}}{[2+j(\omega+4)]^2}-\dfrac{\dfrac{j}{2}}{[2+j(\omega-4)]^2}$;

　　　　(g) $\dfrac{1}{j\omega}-\dfrac{2e^{-j\omega}}{\omega^2}-\dfrac{2e^{-j\omega}-2}{j\omega^2}$。

4.25　(a) $\dfrac{A\omega_0}{\pi}sa[\omega_0(t+t_0)]$;　　　　(b) $-\dfrac{2A}{\pi t}\sin^2\left(\dfrac{\omega_0 t}{2}\right)$。

4.26　(a) $2\pi e^{-a|\omega|}$;　　　　(b) $\dfrac{1}{2}\left[1-\dfrac{|\omega|}{4\pi}\right]$。

4.27　(a) $\dfrac{j}{2}\dfrac{d}{d\omega}F\left(\dfrac{\omega}{2}\right)$;　　　　(b) $F(\omega)-\omega\dfrac{d}{d\omega}F(\omega)$;

　　　　(c) $j\dfrac{d}{d\omega}F(\omega)-2F(\omega)$;　　　　(d) $-j\dfrac{d}{d\omega}F(-\omega)e^{-j\omega}$;

(e) $\dfrac{1}{2}F\left(-\dfrac{\omega}{2}\right)e^{-j3\omega}$。

4.28　(a) $\dfrac{1}{2\pi}e^{j\omega_0 t}$;　　　　　(b) $\dfrac{\omega_0}{\pi}\mathrm{Sa}(\omega_0 t)$;　　　　　(c) $\left(\dfrac{\omega_0}{\pi}\right)^2\mathrm{Sa}(\omega_0 t)$。

4.29　(a) $\dfrac{1}{1-ae^{-j\omega T}}$;　　　　　(b) $\displaystyle\sum_{n=-\infty}^{\infty}\dfrac{2\omega_0}{1+(n\pi)^2}\delta(\omega-n\pi)$。

4.30　$2jE\tau\sin\left(\dfrac{\omega\tau}{2}\right)\mathrm{Sa}\left(\dfrac{\omega\tau}{2}\right)$。

4.31　$\dfrac{\tau_1}{4}\left\{\mathrm{Sa}^2\left[\dfrac{(\omega-\omega_0)\tau_1}{4}\right]+\mathrm{Sa}^2\left[\dfrac{(\omega+\omega_0)\tau_1}{4}\right]\right\}$。

4.32　(a) $j\pi[\delta(\omega+1)-\delta(\omega-1)]+e^{j\frac{\pi}{4}}\pi\delta(\omega-2\pi)+e^{-j\frac{\pi}{4}}\pi\delta(\omega+2\pi)$;

　　　(b) $\begin{cases}\dfrac{1}{2\pi j}(1+e^{-j\omega}), & -3\pi<\omega<-\pi \\[2mm] -\dfrac{1}{2\pi j}(1+e^{-j\omega}), & \pi<\omega<3\pi \\[2mm] 0, & \text{其他}\end{cases}$。

4.34　(a) $f(t)=\begin{cases}e^{j2\pi t}, & |t|<3 \\ 0, & |t|>3\end{cases}$;　　　　　(b) $f(t)=\dfrac{1}{2}e^{j\frac{\pi}{3}}\delta(t+4)+\dfrac{1}{2}e^{-j\frac{\pi}{3}}\delta(t-4)$;

　　　(c) $f(t)=\dfrac{2j}{\pi}\sin t+\dfrac{3}{\pi}\cos 2\pi t$。

4.35　$F(\omega)$是实函数。

4.36　(a) $f(t)=\dfrac{1}{\pi(1+t^2)}$ 或 $\dfrac{-1}{\pi(1+t^2)}$;　　　　　(b) $f(t)=\dfrac{t}{\pi(1+t^2)}$ 或 $-\dfrac{t}{\pi(1+t^2)}$。

4.37　(a) $r(t)=\left(\dfrac{1}{4}e^{-4t}-\dfrac{1}{4}e^{-2t}+\dfrac{1}{2}te^{-2t}\right)\varepsilon(t)$;

　　　(b) $r(t)=\left(-\dfrac{1}{4}e^{-2t}+\dfrac{1}{4}te^{-2t}+\dfrac{1}{4}e^{-4t}+\dfrac{1}{4}te^{-4t}\right)\varepsilon(t)$;

　　　(c) $r(t)=\dfrac{1}{2}e^{-t}\varepsilon(t)+\dfrac{1}{2}e^{t}\varepsilon(-t)$。

4.38　(a) $\dfrac{\pi}{2}[\delta(\omega+\omega_0)+\delta(\omega-\omega_0)]-\dfrac{j\omega}{\omega^2-\omega_0^2}$;　(b) $j\dfrac{\pi}{2}[\delta(\omega+\omega_0)-\delta(\omega-\omega_0)]-\dfrac{\omega}{\omega^2-\omega_0^2}$;

　　　(c) $\dfrac{2\omega\sin\omega}{\omega^2-(10\pi)^2}$。

4.39　(a) $\arg F(\omega)=\begin{cases}-\omega, & F_0(\omega)\geqslant 0 \\ \pi-\omega, & F_0(\omega)<0\end{cases}$,　$F_0(\omega)=8\mathrm{Sa}(2\omega)-\mathrm{Sa}^2(\omega/2)$;

　　　(b) $F_0(\omega)\cos\omega$;　(c) $F(0)=7$;

　　　(d) $\int_{-\infty}^{\infty}F(\omega)d\omega=2\pi f(0)=4\pi$;

　　　(e) $\int_{-\infty}^{\infty}|F(\omega)|^2 d\omega=2\pi\int_{-\infty}^{\infty}|f(t)|^2 dt=26\pi$;

　　　(f) 7π。

4.40　(a) π;　　　　　　　　　　　　　(b) $\pi/2$。

4.43 $F(\omega) = \dfrac{E\omega_1}{\omega_1^2 - \omega^2}(1 + e^{-j\omega T/2})$。

4.44 $f(t) = \dfrac{\omega_1}{\pi}\mathrm{Sa}^2\left(\dfrac{2}{\omega_1 t}\right)\cos\omega_0 t$。

4.45 $F(\omega) = \dfrac{8E}{\omega^2(\tau - \tau_1)}\sin\dfrac{\omega(\tau + \tau_1)}{4}\sin\dfrac{\omega(\tau - \tau_1)}{4}$。

4.47 $F_1(\omega) = \dfrac{2}{j\omega}e^{-j\omega}$，$F_2(\omega) = \dfrac{1}{j\omega}\mathrm{Sa}\left(\dfrac{\omega}{2}\right)e^{-j\frac{\omega}{2}} + 3\pi\delta(\omega)$。

4.48   (a) $f_{n1}(t) = \sum\limits_{n=-\infty}^{\infty}f(nT)\{\varepsilon(t-nT) - \varepsilon[t-(n+1)T]\}$；

      (b) $F_{n1}(\omega) = \sum\limits_{n=-\infty}^{\infty}F(\omega - n\omega_1)\mathrm{Sa}\left(\dfrac{\omega T}{2}\right)e^{-j\frac{\omega T}{2}}$；

      (c) $H_0(\omega) = \begin{cases} \dfrac{e^{j\frac{\omega T}{2}}}{\mathrm{Sa}\left(\dfrac{\omega T}{2}\right)}, & |\omega| \leqslant \omega_m \\[4mm] 0, & |\omega| > \omega_m \end{cases}$。

4.49   (a) $4\,000, 1/4\,000$；   (b) $\dfrac{100}{\pi}, \dfrac{\pi}{100}$；

      (c) $\dfrac{200}{\pi}, \dfrac{\pi}{200}$；   (d) $\dfrac{100}{\pi}, \dfrac{\pi}{100}$。

4.50   (a) ω_s；   (b) ω_s；   (c) $2\omega_s$；   (d) $3\omega_s$。

4.51   (a) $F_p(\omega) = \dfrac{1}{2}\left[F\left(\omega + \dfrac{1}{2}\right) + F\left(\omega - \dfrac{1}{2}\right)\right]$；

      (b) $F_p(\omega) = \dfrac{1}{2}[F(\omega + 1) + F(\omega - 1)]$；

      (c) $F_p(\omega) = \dfrac{1}{2}[F(\omega + 2) + F(\omega - 2)]$；

      (d) $F_p(\omega) = \dfrac{1}{2}[F(\omega + 1) + F(\omega - 1) - F(\omega + 3) - F(\omega - 3)]$；

      (e) $F_p(\omega) = \dfrac{1}{2}[F(\omega + 2) + F(\omega - 2) - F(\omega + 1) - F(\omega - 1)]$；

      (f) $F_p(\omega) = \dfrac{1}{\pi}\sum\limits_{n=-\infty}^{\infty}F(\omega - 2n)$；

      (g) $F_p(\omega) = \dfrac{1}{2\pi}\sum\limits_{n=-\infty}^{\infty}F(\omega - n)$；

      (h) $F_p(\omega) = \dfrac{1}{2\pi}\left[\sum\limits_{n=-\infty}^{\infty}F(\omega - n) - \sum\limits_{n=-\infty}^{\infty}F(\omega - 2n)\right]$。

4.52 $T < 10^{-3}\,\mathrm{s}$。

第 5 章

5.1 $r(t) = (e^{-2t} - e^{-3t})\varepsilon(t)$。

5.2 $r(t) = e^{-t}\varepsilon(t) + (t-1)[\varepsilon(t) - \varepsilon(t-1)]$。

5.3 (a) $H(\omega)=\dfrac{3(\mathrm{j}\omega+3)}{(\mathrm{j}\omega+2)(\mathrm{j}\omega+4)}$; (b) $h(t)=\dfrac{3}{2}\left[\mathrm{e}^{-2t}+\mathrm{e}^{-4t}\right]\varepsilon(t)$;

(c) $\dfrac{\mathrm{d}^2 r(t)}{\mathrm{d}t^2}+6\dfrac{\mathrm{d}r(t)}{\mathrm{d}t}+8r(t)=3\dfrac{\mathrm{d}e(t)}{\mathrm{d}t}+9e(t)$。

5.4 (a) $H(\omega)=\dfrac{3}{10}\dfrac{1+\dfrac{2}{3}\mathrm{j}\omega}{(1+\mathrm{j}\omega)\left(1+\dfrac{\mathrm{j}\omega}{100}\right)}$; (b) $h(t)=\dfrac{1}{9}\mathrm{e}^{-t}\varepsilon(t)+\dfrac{17}{9}\mathrm{e}^{-10t}\varepsilon(t)$。

5.5 (a) $H(\omega)=\dfrac{\dfrac{1}{2}}{1+\dfrac{\mathrm{j}\omega}{2}}$; (b) $R(\omega)=\dfrac{1}{(1+\mathrm{j}\omega)(2+\mathrm{j}\omega)}$;

(c) $r(t)=(\mathrm{e}^{-t}-\mathrm{e}^{-2t})\varepsilon(t)$。

5.6 $H(\mathrm{j}\omega)=\dfrac{(1+R_1 R_2)\mathrm{j}\omega+R_1-R_2\omega^2}{-\omega^2+(R_1+R_2)\mathrm{j}\omega+1}$，无失真条件：$R_1=R_2=1\Omega$，无延迟。

5.7 $\mathrm{Sa}\left[\omega_c(t-t_0)\right]$。

5.8 (a) $(\mathrm{e}^{-2t}-t\mathrm{e}^{-2t})\varepsilon(t)$; (b) $\mathrm{e}^{-t}\varepsilon(t)$;

(c) $(\mathrm{e}^{-t}-\mathrm{e}^{-2t}-t\mathrm{e}^{-2t})\varepsilon(t)$。

5.9 (a) $h(t)=2\left[\mathrm{e}^{-t}\varepsilon(t)\right]\cos 10^4 t$;

(b) $\left[1+\dfrac{1}{\sqrt{2}}\cos(t-45^o)-\dfrac{1}{3\sqrt{10}}\cos(3t-71.5^o)\right]\cdot\cos 10^4 t$。

5.10 (a) $h(t)=(\mathrm{e}^{-2t}-\mathrm{e}^{-4t})\varepsilon(t)$;

(b) $r(t)=\left[\dfrac{1}{4}\mathrm{e}^{-2t}-\dfrac{1}{2}t\mathrm{e}^{-2t}+\dfrac{1}{2}t^2\mathrm{e}^{-2t}-\dfrac{1}{4}\mathrm{e}^{-4t}\right]\varepsilon(t)$。

5.11 (a) $u_2(t)=\dfrac{1}{\pi}\left[si(t-t_0-T)-si(t-t_0)\right]$;

(b) $u_2(t)=\mathrm{Sa}\left[\dfrac{1}{2}(t-t_0-T)\right]-\mathrm{Sa}\left[\dfrac{1}{2}(t-t_0)\right]$。

5.13 $h(t)=\left[-\mathrm{e}^{-4t}+2\mathrm{e}^{-\frac{1}{2}t}\cos(\dfrac{\sqrt{3}}{2}t-\dfrac{\pi}{3})\right]\varepsilon(t)$。

5.14 $h(t)=\dfrac{1}{\pi t}$。

5.15 (a) $r(t)=-2\mathrm{j}\mathrm{e}^{\mathrm{j}t}$; (b) $r(t)=-2\omega_0(\cos\omega_0 t)\varepsilon(t)$。

5.16 (a) $r(t)=-2\mathrm{e}^{-6t}\varepsilon(t)$; (b) $r(t)=4\mathrm{e}^{-2t}\varepsilon(t)-2\delta(t)$。

5.18 (a) $r(t)=-\dfrac{2}{3}\sin(2\pi t+\theta)$; (b) $r(t)=0$。

5.19 (a) $h_a(t)=\dfrac{\sin\omega_c t}{\pi t}$; (b) $h_b(t)=\dfrac{\sin\omega_c(t+T)}{\pi(t+T)}$;

(c) $h_c(t)=-\dfrac{\omega_c^2 t}{2\pi}\left(\dfrac{\sin\omega_c\dfrac{t}{2}}{\omega_c\dfrac{t}{2}}\right)^2$。

5.20　$r(t)=\dfrac{1}{3}\cos 2\pi t$。

5.21　$r(t)=\dfrac{1}{\pi}\left\{\sin\left[\dfrac{2\pi}{\tau}\left(t+\dfrac{\tau}{2}\right)\right]-\sin\left[\dfrac{2\pi}{\tau}\left(t-\dfrac{\tau}{2}\right)\right]\right\}$。

5.22　$h(t)=\dfrac{W}{\pi}\operatorname{sinc}\left(\dfrac{Wt}{2\pi}\right)\cos\omega_0 t$

5.24　(a) $h(t)=\dfrac{2\omega_c}{\pi}\operatorname{Sa}[\omega_c(t-t_0)]\cos\omega_0 t$，非因果，物理不可实现；

　　　(b) $r(t)=\operatorname{Sa}^2\left[\dfrac{\omega_c(t-t_0)}{2}\right]\cos\omega_0 t$。

5.25　$r(t)=\dfrac{2}{3}\cdot\dfrac{T}{\pi}\sin\omega_0 t$。

5.27　$\omega_m\leqslant W\leqslant 2\omega_c-\omega_m$，与 θ_c 无关。

5.31　$2\omega_m<\omega_L<\omega_c-\omega_m,\omega_c+\omega_m<\omega_H<2\omega_c$，故 $\omega_m<\omega_c/3,A=\dfrac{1}{2}$。

5.36　(b) $\Delta<2T$；　　　　　　　　　　(c) $H_r(\omega)=\begin{cases}\dfrac{T}{H(\omega)}, & |\omega|\leqslant\dfrac{T}{\pi}\\[2mm] 0, & \text{其他}\end{cases}$。

第　6　章

6.1　(a) $e^{-j3\omega}$；　　　　(b) $1+\cos\omega$；　　　　(c) $\dfrac{1}{1-ae^{-j\omega}}$；　　　　(d) $\dfrac{\sin\dfrac{7\omega}{2}}{\sin\dfrac{\omega}{2}}$。

6.2　(a) $\dfrac{1}{1-\dfrac{1}{4}e^{j\omega}}$；　　　　　　　　　　(b) $\dfrac{16e^{j2\omega}}{1-\dfrac{1}{4}e^{-j\omega}}$。

6.3　(a) $\dfrac{ae^{-j\omega}\sin\omega_0}{1-2a\cos\omega_0 e^{-j\omega}+a^2 e^{-j2\omega}}$；

　　　(b) $\dfrac{2ja(a^2-1)\sin\omega_0\sin\omega}{(1+2a^2\cos\omega_0)^2-4a(1+a^2)\cos\omega_0\cos\omega+2a^2\cos 2\omega}$。

6.4　(a) $\pi\sum\limits_{k=-\infty}^{\infty}\left[\delta\left(\omega-\dfrac{4\pi}{7}-2k\pi\right)+\delta\left(\omega+\dfrac{4\pi}{7}-2k\pi\right)-j\delta(\omega-2-2k\pi)+j\delta(\omega+2-2k\pi)\right]$；

　　　(b) $\dfrac{1}{1-\left(\dfrac{1}{4}e^{-j\omega}\right)^3}$；　　　　　　　(c) $e^{-j2\omega}$。

6.5　(a) $a^n\varepsilon(n)$；　　　　(b) $(n+1)a^n\varepsilon(n)$　　　　(c) $\dfrac{(n+r-1)!}{n!\,(r-1)!}a^n\varepsilon(n)$。

6.6　(a) $\delta(n)-2\delta(n-3)+4\delta(n+2)+3\delta(n-6)$；

　　　(b) $\dfrac{1}{\pi}\cos\dfrac{\pi n}{2}(1-e^{j\frac{\pi}{2}n})$；　　　　(c) $\dfrac{1}{2}\delta(n)+\dfrac{1}{4}\delta(n+2)+\dfrac{1}{4}\delta(n-2)$。

6.7　(a) $\dfrac{6}{5}\left(\dfrac{1}{3}\right)^n\varepsilon(n)-\dfrac{6}{5}\left(-\dfrac{1}{2}\right)^n\varepsilon(n)$；

(b) $\dfrac{1}{\pi(n+2)}\Big[\sin\dfrac{2\pi}{3}(n+2)-\sin\dfrac{\pi}{3}(n+2)\Big]$;

(c) $1+\cos\dfrac{\pi n}{2}$;
(d) $\begin{cases} -1 & , & n\leqslant 3 \\ n+2 & , & -2\leqslant n\leqslant 2 \\ 4 & , & n\geqslant 3 \end{cases}$ 。

6.9　(a) $\dfrac{1}{2}X(e^{j\frac{\omega}{2}})+\dfrac{1}{2}X(-e^{j\frac{\omega}{2}})$;
(b) $X(e^{j2\omega})$;

(c) $\dfrac{1}{2\pi}\int_{-\pi}^{\pi}X(e^{j\omega'})X(e^{j(\omega-\omega')})d\omega'$。

6.10　$\alpha=2, n_0=2$ 时，$x(n-n_0)$ 是偶序列；$\alpha=\dfrac{1}{2}$ 时，$x(n-n_0)$ 不是偶序列。

6.11　满足(c)和(e)。

6.12　(1)满足(e)；
(2)满足(b)(c)和(e)；

(3)满足(d)和(e)；
(4)满足(c)(d)和(e)。

6.13　(1)满足(e)和(f)；
(2)满足(b)(c)(d)和(e)；

(3)满足(a)(d)(e)和(f)。

6.14　$\mathrm{Re}[y(n)]=-\dfrac{1}{2}\delta(n+5)+\dfrac{1}{2}\delta(n+3)-\delta(n+2)+\delta(n+1)+2\delta(n)+$

$\delta(n-1)-\delta(n-2)+\dfrac{1}{2}\delta(n-3)-\dfrac{1}{2}\delta(n-5)$;

$\mathrm{Im}[y(n)]=-\dfrac{1}{2}\delta(n+5)-\dfrac{1}{2}\delta(n+3)-\delta(n+2)+2\delta(n+1)-2\delta(n-1)+$

$\delta(n-2)+\dfrac{1}{2}\delta(n-3)+\dfrac{1}{2}\delta(n-5)$。

6.15　$H_A(e^{j\omega})=H_{ER}(e^{j\omega}), H_B(e^{j\omega})=H_{OI}(e^{j\omega}), H_C(e^{j\omega})=H_{EI}(e^{j\omega})$,
$H_D(e^{j\omega})=-H_{OR}(e^{j\omega})$。

6.18　(a) $kX(e^{j\omega})$;
(b) $e^{-j\omega n_0}X(e^{j\omega})$;
(c) $j\dfrac{dX(e^{j\omega})}{d\omega}$。

6.19　$B(e^{j\omega})=\dfrac{1}{\pi}\mathrm{Re}[X(e^{j\omega})], C(e^{j\omega})=-\dfrac{1}{\pi}\mathrm{Im}[X(e^{j\omega})]$。

6.20　$Y(e^{j\omega})=X(e^{j\frac{\omega}{M}})$。

6.21　$x(n)=\delta(n+1)-\delta(n+2)$。

6.22　$\mathrm{Re}[X(e^{j\omega})]=\begin{cases} 0, & \pi<\omega\leqslant 2\pi \\ 4\sin^2\omega, & 0\leqslant\omega\leqslant\pi \end{cases}$, $\mathrm{Im}[X(e^{j\omega})]=0, \quad \pi\leqslant\omega\leqslant 2\pi$。

6.23　$y(n)=(-1)^n\Big(\dfrac{4}{5}-j\dfrac{2}{5}\Big)$。

6.24　$y(n)=\dfrac{3}{5+2\sqrt{2}}\sin\dfrac{3\pi}{4}n$。

6.25　$y(n)=\Big(\dfrac{\alpha}{\alpha-\beta}\alpha^n-\dfrac{\beta}{\alpha-\beta}\beta^n\Big)\varepsilon(n)$。

6.26　(a) $y(n)-ky(n-1)=x(n)$；　　　　　　　(b) $H(e^{j\omega})=\dfrac{e^{j\omega}}{e^{j\omega}-k}$；

　　　(c) $|H(e^{j\omega})|=\dfrac{1}{\sqrt{1+k^2-2k\cos\omega}}$，　$\varphi(\omega)=-arctan\dfrac{k\sin\omega}{1-k\cos\omega}$。

6.27　正确。

6.29　(a) $y(n)=\left[-2\left(\dfrac{1}{2}\right)^n+3\left(\dfrac{3}{4}\right)^n\right]\varepsilon(n)$；　　(b) $y(n)=\dfrac{2}{3}(-1)^n$。

6.30　(a) $y(n)=\left(\dfrac{1}{2}\right)^{n+1}\left(1+\cos\dfrac{\pi}{2}n+\sin\dfrac{\pi}{2}n\right)\varepsilon(n)$；

　　　(b) $\dfrac{4}{3}\cos\dfrac{\pi}{2}n$。

6.31　$y(n)=\delta(n)+\delta(n+1)+6\delta(n-1)-3\delta(n+2)-\delta(n+3)-2\delta(n-3)+$
　　　　$\delta(n+4)+3\delta(n+5)+4\delta(n-5)$。

6.32　$\dfrac{4}{5}(-1)^n$。

6.33　$\dfrac{2}{3}2^n+\dfrac{1}{3}(-1)^n,n\geqslant 0$。

6.34　$H(e^{j\omega})=\dfrac{1+\dfrac{1}{3}e^{-j\omega}}{1-\dfrac{3}{4}e^{-j\omega}+\dfrac{1}{8}e^{-j2\omega}}$。

6.35　$a=1/b^*$。

第 7 章

7.3　(a) $f_1(t)$为周期为 2 的周期方波,故属于无限支撑；

　　　(b) $f_2(t)$为无限支撑；

　　　(c) 有限支撑,支撑范围为 $0<r<1,0\leqslant\theta\leqslant 2\pi$。

7.5　$f(t)=t$ 在由 $\varphi(t),\Psi(t),\Psi(2t),\Psi(2t-1)$张成的子空间上的投影分别为 $\dfrac{1}{2},-\dfrac{1}{4},-\dfrac{1}{8}$

　　　和 $-\dfrac{1}{8}$。

7.7　$f(t)=2\varphi(4t)+2\varphi(4t-1)+\varphi(4t-2)-\varphi(4t-3)$；
　　　分解结果　$f(t)=\Psi(2t-1)+\Psi(t)+\varphi(t)$；
　　　$w_1(t)=\Psi(2t-1)\in W_1$，　$w_0(t)=\Psi(t)\in W_0$，　$f_0(t)=\varphi(t)\in V_0$。

7.8　$f(t)=-2\varphi(4t)+5\varphi(4t-1)+\varphi(4t-2)+3\varphi(4t-3)$；

　　　分解结果 $f(t)=-\dfrac{7}{2}\Psi(2t)-\Psi(2t-1)-\dfrac{1}{4}\Psi(t)+\dfrac{7}{4}\varphi(t)$；

　　　$w_1(t)=-\dfrac{7}{2}\Psi(2t)-\Psi(2t-1)\in W_1$，　$w_0(t)=-\dfrac{1}{4}\Psi(t)\in W_0$，　$f_0(t)=\dfrac{7}{4}\varphi(t)\in V_0$。

7.9　$f(t)=2\varphi(8t)+2\varphi(8t-1)-3\varphi(8t-3)+\varphi(8t-4)+\varphi(8t-5)+$

$3\varphi(8t-6)+3\varphi(8t-7)$;

分解结果 $f(t)=-\dfrac{7}{2}\Psi(2t)-\Psi(2t-1)-\dfrac{1}{4}\Psi(t)+\dfrac{7}{4}\varphi(t)$，$w_2(t)=0$，

$w_1(t)=-\dfrac{7}{2}\Psi(2t)-\Psi(2t-1)\in W_1$，　$w_0(t)=-\dfrac{1}{4}\Psi(t)\in W_0$，　$f_0(t)=\dfrac{7}{4}\varphi(t)\in V_0$。

7.11　$a_k^3=\{-1,2,1,3,3,2,-2,-1\}$；

　　　$g(t)=-\varphi(2^3t)+2\varphi(2^3t-1)+\varphi(2^3t-2)+3\varphi(2^3t-3)+3\varphi(2^3t-4)+$

　　　　　$2\varphi(2^3t-5)-2\varphi(2^3t-6)-\varphi(2^3t-7)$。

7.12　$a_k^3=\{-1,2,1,4,-3,-2,0,1\}$；

　　　$s(t)=-\varphi(2^3t)+2\varphi(2^3t-1)+\varphi(2^3t-2)+4\varphi(2^3t-3)-3\varphi(2^3t-4)-$

　　　　　$2\varphi(2^3t-5)+\varphi(2^3t-7)$。

7.16　$\Psi(t)=\begin{cases}t, & 0\leqslant t<1/2 \\ 1-t, & 1/2\leqslant t<3/2 \\ t-2, & 3/2\leqslant t<2 \\ 0, & \text{其他}\end{cases}$。

第 8 章

8.1　(a) $\dfrac{1}{(s+2)^2}$；　　　　(b) $\dfrac{2}{(s+1)^2+4}$；　　(c) $\dfrac{2}{s^3}+\dfrac{2}{s^2}$；　　(d) $\dfrac{(s+2)e^{-(s-1)}}{(s+1)^2}$。

8.2　(a) $\dfrac{\omega}{s^2+\omega^2}(1+e^{-\frac{T}{2}s})$；　　　　(b) $\left(\dfrac{1}{s^2}+\dfrac{1}{s}\right)e^{-s}-\left(\dfrac{1}{s^2}+\dfrac{2}{s}\right)e^{-2s}$。

8.3　(a) $\dfrac{1}{s^2}[1-(1+s)e^{-s}]e^{-s}$；　　　(b) $\dfrac{\omega\cos\varphi+s\sin\varphi}{s^2+\omega^2}$。

8.4　(a) $[6e^{-4t}-3e^{-2t}]\varepsilon(t)$；　　　　(b) $[1-e^{-\frac{t}{RC}}]\varepsilon(t)$；

　　　(c) $[e^{-t}(t^2-t+1)-e^{-2t}]\varepsilon(t)$；　　(d) $\dfrac{1}{4}[1-\cos(t-1)]\varepsilon(t-1)$。

8.5　(a) $f(0^+)=\dfrac{A}{K(\infty)},f(\infty)=\dfrac{A}{K(0)}$；　　(b) $f(0^+)=2,f(\infty)=1$。

8.6　(a) $Ee^{-\frac{t}{RC}}\varepsilon(t)$；　　(b) $\dfrac{RCE}{\tau}[(1-e^{-\frac{t}{RC}})\varepsilon(t)-(1-e^{-\frac{t-\tau}{RC}})\varepsilon(t-\tau)]$；

　　　(c) $\dfrac{RC\omega}{1+(RC\omega)^2}[\cos\omega t+RC\omega\sin\omega t-e^{-\frac{t}{RC}}]$。

8.7　(a) $\dfrac{1}{s+\beta}-\dfrac{s+\beta}{(s+\beta)^2+\alpha^2}$；　　(b) $\dfrac{1}{s^2}(1-e^{-s}-se^{-s})$；　　(c) $\dfrac{1}{s-1}[e^{-2s}-e^{1-3s}]$。

8.8　(a) $\dfrac{2s^3-24s}{(s^2+4)^3}$；　　(b) $e^{-s}\left[\dfrac{2}{s^3}+\dfrac{2}{s^2}+\dfrac{1}{s}\right]$；　　(c) $\dfrac{1}{s+1}[1-e^{-2(s+1)}]$。

8.9　(a) $\dfrac{1}{s}(1-e^{-s})^2$；　　(b) $\dfrac{e^2}{s+1}$；　　(c) $\dfrac{2\cos2+s\sin2}{s^2+4}e^{-s}$。

8.10　(a) $\dfrac{3}{2}(e^{-2t}-e^{-4t})\varepsilon(t)$；　　　　(b) $[e^{2t}-e^t]\varepsilon(t)$；

(c) $\dfrac{199}{100}[150e^{-200t}+49e^{-t}]\varepsilon(t)$。

8.11　(a) $(7e^{-3t}-3e^{-2t})\varepsilon(t)$；　　　　　　(b) $\left(-\dfrac{t}{6}\cos\sqrt{3}t+\dfrac{1}{6\sqrt{3}}\sin\sqrt{3}t\right)\varepsilon(t)$；

　　　(c) $\dfrac{A}{K}\sin Kt\cdot\varepsilon(t)$。

8.12　$\left[\dfrac{R_2}{R_1+R_2}(E_1+E_2)e^{-\frac{R_1+R_2}{R_1 R_2 C}t}-\dfrac{R_2 E}{R_1+R_2}\right]\varepsilon(t)$。

8.14　(a) $E(s)=\dfrac{1}{s+1}$，$\mathrm{Re}[s]>-1$，$H(s)=\dfrac{1}{s+2}$，$\mathrm{Re}[s]>-2$；

　　　(b) $R(s)=\dfrac{1}{(s+1)(s+2)}$，$\mathrm{Re}[s]>-1$；　(c) $r(t)=(e^{-t}-e^{-2t})\varepsilon(t)$。

8.15　(a) $e_1(t)=\dfrac{1}{3}e^{-2t}\varepsilon(t)-\dfrac{2}{3}e^{t}\varepsilon(-t)$，$e_2(t)=\dfrac{1}{3}e^{-2t}\varepsilon(t)+\dfrac{2}{3}e^{t}\varepsilon(t)$；

　　　(b) $e(t)=e_1(t)$；　　　　　　(c) $h(t)=\delta(t)-2e^{t}\varepsilon(-t)$，$e(t)=e_1(t)$。

8.16　$r(t)=\dfrac{4}{5}e^{t}\varepsilon(-t)+\dfrac{4}{5}e^{-t}\cos t\cdot\varepsilon(t)-\dfrac{2}{5}e^{-t}\sin t\cdot\varepsilon(t)$。

8.17　(a) (2)正确；　　　(b) (1)正确；　　　(c) 四个都正确；　　　(d) 四个都不正确。

8.18　(a) $\dfrac{d^2 u_0(t)}{dt^2}+3\dfrac{du_0(t)}{dt}+2u_0(t)=2u_1(t)$；　(b) $u_0(t)=(5e^{-t}-5e^{-2t}+e^{-3t})\varepsilon(t)$。

8.19　(a) $H(s)=\dfrac{s}{(s+1)(s+2)}$，$\mathrm{Re}[s]>-1$；　(b) $h(t)=(2e^{-2t}-e^{-t})\varepsilon(t)$。

8.20　(a) $H(s)=\dfrac{K}{s^2+(3-K)s+1}$；　　　(b) $K=2$，$h(t)=\dfrac{4}{\sqrt{3}}e^{-\frac{t}{2}}\sin\dfrac{\sqrt{3}}{2}t\cdot\varepsilon(t)$。

8.21　(a) $\dfrac{2E}{3}\left[\delta(t)+\dfrac{1}{12}e^{-\frac{t}{6}}\varepsilon(t)\right]$。

8.22　$\delta(t)-11e^{-t}\varepsilon(t)$。

8.23　$i_1(t)=(-57e^{-3t}+136e^{-4t})\varepsilon(t)$。

8.25　(a) $h(t)=te^{-t}$；　　　　　　(b) $i_L(0^-)=1$，$u_C(0^-)=0$；

　　　(c) $i_L(0^-)=0$，$u_C(0^-)=1$。

8.26　$\dfrac{-4a\omega s}{(s^2+a^2+\omega^2)^2-(2as)^2}$，$-a<\mathrm{Re}[s]<a$。

8.27　$\mathrm{Re}[s]>1$，$f(t)=(1+2e^{t}+3e^{-2t})\varepsilon(t)$；

　　　$\mathrm{Re}[s]<-2$，$f(t)=(-1-2e^{t}-3e^{-2t})\varepsilon(-t)$；

　　　$0<\mathrm{Re}[s]<1$，$f(t)=-2e^{t}\varepsilon(-t)+(1+3e^{-2t})\varepsilon(t)$；

　　　$-2<\mathrm{Re}[s]<0$，$f(t)=(-1-2e^{t})\varepsilon(-t)+3e^{-2t}\varepsilon(t)$。

8.28　(a) $h(t)=e^{-t}\cos2t\cdot\varepsilon(t)$；　　　　(b) $h(t)=\dfrac{\sqrt{5}}{2}e^{-t}\cos(2t+26.57°)\varepsilon(t)$；

　　　(c) $h(t)=\delta(t)-2e^{-t}\sin2t\cdot\varepsilon(t)$。

8.29　(a) $h(t) = \varepsilon(t) - \varepsilon(t-\tau)$；　　　　　　(b) $h(t) = \sum\limits_{n=0}^{\infty} \delta(t-nT)$。

8.30　(a) $\dfrac{s}{RC\left(s^2 + \dfrac{3}{RC}s + \dfrac{1}{R^2C^2}\right)}$；　　　　(b) $-\dfrac{s - \dfrac{1}{RC}}{s + \dfrac{1}{RC}}$。

8.31　(a) $H(s) = \dfrac{1}{1+sRC}$，$u_2(t) = \dfrac{1}{RC}\mathrm{e}^{-\frac{t}{RC}} \cdot \varepsilon(t)$；

　　　(b) $H(s) = \dfrac{sR_2C}{s(R_1+R_2)C+1}$，

　　　　$u_2(t) = \dfrac{R_2}{R_1+R_2}\left[\delta(t) - \dfrac{1}{C(R_1+R_2)}\mathrm{e}^{-\frac{1}{C(R_1+R_2)}}\varepsilon(t)\right]$；

　　　(c) $H(s) = \dfrac{C_1}{C_1+C_2} \cdot \dfrac{s + \dfrac{1}{C_1R}}{s + \dfrac{1}{(C_1+C_2)R}}$，

　　　　$u_2(t) = \dfrac{C_2}{C_1+C_2}\left[\delta(t) + \dfrac{C_2}{C_1(C_1+C_2)R}\mathrm{e}^{-\frac{1}{R(C_1+C_2)}}\varepsilon(t)\right]$。

8.32　(a) $H(s) = \dfrac{1}{s^2+s+1}$，$h(t) = \dfrac{2}{\sqrt{3}}\mathrm{e}^{-\frac{t}{2}}\sin\dfrac{\sqrt{3}}{2}t \cdot \varepsilon(t)$；

　　　(b) $H(s) = \dfrac{s}{s^2+s+1}$，$h(t) = \mathrm{e}^{-\frac{t}{2}}\left(\cos\dfrac{\sqrt{3}}{2}t - \dfrac{1}{\sqrt{3}}\sin\dfrac{\sqrt{3}}{2}t\right)\varepsilon(t)$；

　　　(c) $H(s) = \dfrac{s^2}{s^2+s+1}$，$h(t) = \delta(t) - \mathrm{e}^{-\frac{t}{2}}\left(\cos\dfrac{\sqrt{3}}{2}t + \dfrac{1}{\sqrt{3}}\sin\dfrac{\sqrt{3}}{2}t\right)\varepsilon(t)$。

8.33　(a) $H(s) = \dfrac{s - \dfrac{1}{RC}}{s + \dfrac{1}{RC}}$，$h(t) = \delta(t) - \dfrac{2}{RC}\mathrm{e}^{-\frac{t}{RC}}\varepsilon(t)$；

　　　(b) $H(s) = \dfrac{s}{s + \dfrac{1}{RC}}$，$h(t) = \delta(t) - \dfrac{1}{RC}\mathrm{e}^{-\frac{t}{RC}}\varepsilon(t)$。

8.35　$H(s) = \dfrac{s^2-1}{s^2 + \dfrac{5}{2}s + 1}$。

8.36～8.37　（图）（略）

8.38　$\dfrac{3}{2}\delta(t) + (\mathrm{e}^{-2t} + 8\mathrm{e}^{3t})\varepsilon(t)$。

8.39　(a) $h(t) = (-2\mathrm{e}^{-t} + 3\mathrm{e}^{-3t})\varepsilon(t)$，　$g(t) = (-1 + 2\mathrm{e}^{-t} - \mathrm{e}^{-3t})\varepsilon(t)$；

　　　(b) $h(t) = \dfrac{2}{\sqrt{3}}\mathrm{e}^{-\frac{t}{2}}\left(\cos\dfrac{\sqrt{3}}{2}t - 60°\right)\varepsilon(t)$，　$g(t) = \left[1 - \dfrac{2}{\sqrt{3}}\mathrm{e}^{-\frac{t}{2}}\left(\cos\dfrac{\sqrt{3}}{2}t + 30°\right)\right]\varepsilon(t)$。

8.40　(a) $r_{zp}(t) = (\mathrm{e}^{-t} - \mathrm{e}^{-2t})\varepsilon(t)$，　$r_{zs}(t) = (2 - 3\mathrm{e}^{-t} + \mathrm{e}^{-2t})\varepsilon(t)$

　　　(b) $r_{zp}(t) = (3\mathrm{e}^{-t} - 2\mathrm{e}^{-2t})\varepsilon(t)$，　$r_{zs}(t) = [3\mathrm{e}^{-t} - (2t+3)\mathrm{e}^{-2t}]\varepsilon(t)$。

8.41　(a) $r_{zp}(t)=(4e^{-2t}-3e^{-3t})\varepsilon(t)$；　　　　　(b) $r_{zp}(t)=\dfrac{1}{2}\sin(2t)\varepsilon(t)$；

　　　(c) 　$r_{zp}(t)=(3-3e^{-t}+e^{-2t})\varepsilon(t)$

8.42　(a) $r(t)=(e^{-t}+e^{-2t})\varepsilon(t)$；　　　　　(b) $r(t)=2[e^{-t}\varepsilon(t)+e^{-(t-1)}\varepsilon(t-1)]$。

8.43　(a) $r_{zp}(t)=(4e^{-4t}+3e^{-3t})\varepsilon(t)$；　　　　(b) $h(t)=(e^{-3t}-e^{-4t})\varepsilon(t)$；

　　　(c) $e_1(t)=-6\delta(t)+6e^{-t}\varepsilon(t)$，　$e_2(t)=2\delta(t)+6e^{-2t}\varepsilon(t)$。

8.44　$H(s)=\dfrac{2s-4}{s^2+3s+2}$，　$\dfrac{d^2}{dt^2}r(t)+3\dfrac{d}{dt}r(t)+2r(t)=2\dfrac{d}{dt}e(t)-4e(t)$

8.45　(a) $H(s)=\dfrac{s}{(s+2)(s+1)}$，　$\text{Re}[s]>-1$；

　　　(b) $h(t)=(2e^{-2t}-e^{-t})\varepsilon(t)$；　　　　　(c) $r(t)=H(3)e^{3t}=\dfrac{3}{20}e^{3t}$。

8.46　(a) $10(e^{-t}-e^{-2t})\varepsilon(t)$，完全响应即自由响应，强迫响应为零；

　　　(b) $[\underbrace{4e^{-2t}-5e^{-t}}_{\text{自由响应}}+\underbrace{\cos t+3\sin t}_{\text{强迫响应}}]\varepsilon(t)$。

8.47　$\dfrac{\sqrt{3}}{2}\sin(\dfrac{\sqrt{3}}{2}t+30°)$。

8.48　$u_2(t)=\dfrac{2}{3}(e^{-\frac{t}{2}}-e^{-2t})\varepsilon(t)$，完全响应即自由响应、暂态响应。

　　　强迫响应、稳态响应为零。

8.49　略

8.50　(b) $f(t)=\{e^{-t}[\varepsilon(t)-\varepsilon(t-1)]-e^{-(t-1)}[\varepsilon(t-1)-\varepsilon(t-2)]\}*\sum\limits_{n=0}^{\infty}\delta(t-2n)$。

8.51　(a) $H(s)=\dfrac{5}{s^2+s+5}$；　　　　　(b) 极点 $p_{1,2}=\dfrac{-1\pm j\sqrt{19}}{2}$；

　　　(c) $h(t)=\dfrac{10}{\sqrt{19}}e^{-\frac{t}{2}}\sin\dfrac{\sqrt{19}}{2}t\cdot\varepsilon(t)$。

8.52　$\dfrac{1}{1-2RC}(\underbrace{e^{-\frac{t}{RC}}}_{\text{自由响应}}-\underbrace{2RCe^{-2t}}_{\text{强迫响应}})\varepsilon(t)$，完全响应即暂态响应，稳态响应为零。

8.53　(a) $H(s)=\dfrac{s^2+\dfrac{1}{LC}}{s^2+\dfrac{1}{RC}s+\dfrac{1}{LC}}$；　　　　　(b) $LC=\dfrac{1}{4}$；

　　　(c) $(1-2t)e^{-2t}\varepsilon(t)$。

8.55　第一周期内稳态响应 $r_{s1}(t)=\delta(t)+\dfrac{\alpha e^{aT}}{1-e^{aT}}e^{-aT}$。

8.56　$H(s)=\dfrac{s\left(s^2+\dfrac{1}{L_2C}\right)}{s^3+\dfrac{R(L_1+L_2)}{L_1L_2}s^2+\dfrac{1}{L_2C}s+\dfrac{R}{L_1L_2C}}$。

8.57　$K_1 = -\dfrac{\alpha-3}{3}$。

8.58　$H(s) = \dfrac{C_1}{C_1+C_2} \cdot \dfrac{s^2 + \dfrac{1}{L_1 C_1}}{s^2 + \dfrac{L_1+L_2}{L_1 L_2(C_1+C_2)}}$。

8.59　$r(t) = (\underbrace{2\mathrm{e}^{-t}}_{\text{自由响应}} + \underbrace{0.5\mathrm{e}^{-3t}}_{\text{强迫响应}})\varepsilon(t)$，完全响应即暂态响应，稳态响应为零。

8.60　$\underbrace{\left(\dfrac{1}{T\alpha} + \dfrac{\mathrm{e}^{\alpha T}}{\mathrm{e}^{\alpha T}-1}\right)\mathrm{e}^{-\alpha T}}_{\text{暂态响应}} - \underbrace{\dfrac{1}{T\alpha} + \dfrac{t}{T} - (n-1) - \dfrac{1}{\mathrm{e}^{\alpha T}-1}\mathrm{e}^{-\alpha(t-nT)}}_{\text{稳态响应}}$，其中

$\alpha = \dfrac{1}{RC}$，$[(n-1)T < t < nT$ 完全响应$]$。

8.61　(a) $z_1 = -\dfrac{R}{L}$，$p_{1,2} = -\dfrac{R}{2L} \pm \mathrm{j}\sqrt{\dfrac{1}{LC} - \dfrac{R^2}{4L^2}}$；

　　　(b) $R = 1\Omega$，$L = \dfrac{1}{3}H$，$C = \dfrac{1}{10}F$。

8.63　(a) 低通；　　　　(b) 带通；　　　　(c) 高通；　　　　(d) 带通。

8.65　(a) 带通；　　　　(b) 带阻；　　　　(c) 高通；　　　　(d) 带通-带阻。

8.66　$z_{1,2} = \pm \mathrm{j}10^6$，$p_{1,2} = \left(-\dfrac{1}{4} \pm \mathrm{j}\dfrac{\sqrt{3}}{4}\right) \cdot 10^6$。

8.67　$z_{1,2} = \pm \mathrm{j}\sqrt{2}$，$p_{1,2} = -\dfrac{1}{4} \pm \mathrm{j}\dfrac{\sqrt{15}}{4}$，$p_3 = -1$。

8.68　$K < 4$。

8.69　(a) 有 2 个根的实部为正；　　　　　　(b) 有 2 个根的实部为正。

8.71　$K > \dfrac{1}{2}$。

8.72　(a) $0 < K < 16$；　　　　(b) $K > -6$；　　　　(c) $0 < K < 99$。

8.73　(a) $r(t) = \dfrac{1}{\sqrt{2}}\sin(t-45°)\varepsilon(t)$；　　　(b) $r(t) = \dfrac{1}{\sqrt{2}}\sin(t-t_0-45°)\varepsilon(t)$；

　　　(c) $r(t) = \dfrac{1}{\sqrt{2}}\sin(t-45°)\varepsilon(t-t_0)$。

8.74　(a) $H(s) = [H_1 H_2 H_3 H_4 H_5 + H_1 H_6 H_5(1-G_3)]/[1-(H_2 G_2 + H_2 H_3 G_1 +$
　　　$G_3 + H_4 G_4 + G_4 G_1 H_6) + H_2 G_2 H_4 G_4 + H_2 G_2 G_3]$

　　　(b) 令 $\Delta = 1 - (H_2 G_2 + H_2 H_3 G_1 + G_3 + H_4 G_4 + G_4 G_1 H_6) +$
　　　　　$H_2 G_2 H_4 G_4 + H_2 G_2 G_3$

　　　　$H_{11}(s) = \dfrac{Y_1}{X_1} = \dfrac{1}{\Delta}[H_1 H_8(1-H_4 G_4 - G_3)]$；

　　　　$H_{21}(s) = \dfrac{Y_2}{X_1} = \dfrac{1}{\Delta}[H_1 H_2 H_3 H_4 H_5 + H_1 H_6 H_5(1-G_3)]$；

$$H_{12}(s) = \frac{Y_1}{X_2} = \frac{1}{\Delta}[H_7 G_4 G_1 H_8];$$

$$H_{22}(s) = \frac{Y_2}{X_2} = \frac{1}{\Delta}[H_7 H_5(1 - G_3 - H_2 G_2 - H_2 H_3 G_1 + G_2 H_2 G_3)]。$$

8.76 $H(s) = \dfrac{1}{s^2 \tau_1 \tau_2 + (\tau_1 + \tau_2 + \tau_{12})s + 1}$，其中 $\tau_1 = R_1 C_1$，$\tau_2 = R_2 C_2$，$\tau_{12} = C_2 R_1$。

8.79 (a) $\dfrac{Y}{X_1} = \dfrac{H_1 H_2}{1 - GH_2}$，$\dfrac{Y}{X_2} = \dfrac{H_3}{1 - GH_2}$；

(b) $\dfrac{Y_1}{X} = \dfrac{H_1 H_2 H_3}{1 + G_1 H_1 H_2 + G_3 H_3 + G_2 H_2 G_3 + G_1 H_1 H_2 H_3 G_3}$；

$\dfrac{Y_2}{X} = \dfrac{H_1 H_2}{1 + G_1 H_1 H_2 + G_3 H_3 + G_2 H_2 H_3 + G_1 H_1 H_2 H_3 G_3}$。

8.80 $\dfrac{a(bd + c)f}{1 - edf}$。

8.81 $\dfrac{a(bd + c)f}{1 - edf}$。

第 9 章

9.1 (a) $\dfrac{2z}{2z - 1}$，$|z| > \dfrac{1}{2}$；　(b) $\dfrac{z}{z - 3}$，$|z| > 3$；　(c) $\dfrac{2z}{2z - 1}$，$|z| < \dfrac{1}{2}$；

(d) $\dfrac{1 - \left(\dfrac{1}{2z}\right)^{10}}{1 - \dfrac{1}{2z}}$，$|z| > 0$；　(e) $1 - \dfrac{1}{8} z^{-3}$，$|z| > 0$。

9.2 (a) $\dfrac{1}{1 - 2z}$，$|z| < \dfrac{1}{2}$；　(b) $\dfrac{2 - \dfrac{3}{4} z^{-1}}{\left(1 - \dfrac{1}{2} z^{-1}\right)\left(1 - \dfrac{1}{4} z^{-1}\right)}$，$|z| > \dfrac{1}{2}$；

(c) $\dfrac{z^{-1}}{1 - \dfrac{1}{2} z^{-1}}$，$|z| > \dfrac{1}{2}$。

9.3 (a) $\dfrac{-\dfrac{3}{2} z^{-1}}{\left(1 - \dfrac{1}{2} z^{-1}\right)(1 - 2z^{-1})}$，$\dfrac{1}{2} < |z| < 2$；　(b) $\dfrac{z^{10} - 1}{z^9(z - 1)}$，$|z| > 0$。

9.4 (a) $\dfrac{7}{2} \dfrac{\sqrt{2} - \dfrac{2}{3} \cos \dfrac{\pi}{12} z^{-1}}{1 - \dfrac{1}{3} z^{-1} + \dfrac{1}{9} z^{-2}}$，$|z| > \dfrac{1}{3}$；　(b) $\dfrac{1 - z^{-N}}{1 - z^{-1}}$，$|z| > 0$。

9.5 (a) $(-0.5)^n \varepsilon(n)$；　(b) $\left[4\left(-\dfrac{1}{2}\right)^n - 3\left(-\dfrac{1}{4}\right)^n\right] \varepsilon(n)$；

(c) $(-0.5)^n \varepsilon(n)$；　(d) $-a\delta(n) + \left(a - \dfrac{1}{a}\right)\left(\dfrac{1}{a}\right)^n \varepsilon(n)$。

9.6 $\dfrac{1}{z^{2N-1}}\left(\dfrac{z^N-1}{z-1}\right)^2, z\neq0$。

9.7 (a) 因果；　　　　　(b) 非因果；　　　　(c) 因果,非因果；　(d) 非因果。

9.8 (a) $(2^n-n-1)\varepsilon(n)$；　　　　　　　(b) $\dfrac{1}{2}n(n+1)e^{-(n+2)}\varepsilon(n)$。

9.9 (a) $\left(\dfrac{1}{2}\right)^n\varepsilon(n), |z|>\dfrac{1}{2}$；　　　　　(b) $\delta(n)-\left(-\dfrac{1}{2}\right)^{n-1}\varepsilon(n-1), |z|>\dfrac{1}{2}$；

　　(c) $2\left(\dfrac{1}{2}\right)^{n-1}\varepsilon(n-1)+\left(-\dfrac{1}{4}\right)^{n-1}\varepsilon(n-1), |z|>\dfrac{1}{2}$。

9.10 $x(n)=\delta(n)+\dfrac{1}{|n|!}$。

9.11 (a) $\left[20\left(\dfrac{1}{2}\right)^n-10\left(\dfrac{1}{4}\right)^n\right]\varepsilon(n)$；　　(b) $5[1+(-1)^n]\varepsilon(n)$；

　　(c) $\left[\dfrac{\sin(n+1)\omega+\sin n\omega}{\sin\omega}\right]\varepsilon(n)$；　　(d) $n6^{n-1}\varepsilon(n)$；

　　(e) $\delta(n)-\cos\dfrac{n\pi}{2}\varepsilon(n)$。

9.12 $2\varepsilon(n)-\left(\dfrac{1}{2}\right)^n\varepsilon(n), |z|>1$。

9.13 (a) $x(0)=1, x(\infty)$不存在；　　　(b) $x(0)=1, x(\infty)=0$；

　　(c) $x(0)=0, x(\infty)=2$。

9.14 $0<|z|<\dfrac{1}{2}$, $\dfrac{1}{2}<|z|<\dfrac{3}{4}$, $|z|>\dfrac{3}{4}$。

9.15 $\dfrac{1}{3}$。

9.16 $\left(\dfrac{1}{2}\right)^n\varepsilon(-n-1)-2\varepsilon(-n-1)$。

9.17 (a) $\left[\left(\dfrac{1}{2}\right)^n-2^n\right]\varepsilon(n)$；　　　(b) $\left[2^n-\left(\dfrac{1}{2}\right)^n\right]\varepsilon(-n-1)$；

　　(c) $\left(\dfrac{1}{2}\right)^n\varepsilon(n)+2^n\varepsilon(-n-1)$。

9.18 $x(n)$是双边序列。

9.19 (a) $\dfrac{b}{b-a}[a^n\varepsilon(n)+b^n\varepsilon(-n-1)]$；　　(b) $a^{n-2}\varepsilon(n-2)$；

　　(c) $\dfrac{1-a^n}{1-a}\varepsilon(n)$。

9.21 $x(-1)=-5, x(-2)=4, x(-3)=1, n<-3$ 时, $x(n)=0$。

9.22 (a) $1, |z|\geqslant0$；　　　　　(b) $\dfrac{1}{1-100z}, |z|>0.01$。

9.23 (a) $\dfrac{2^{-n}}{n}\varepsilon(-n-1)$；　　　　(b) $-\dfrac{2^{-n}}{n}\varepsilon(n-1)$。

9.24 $zX'(z)+z^2X''(z)$。

9.25 (a) 稳定；　　　　　　(b) 不稳定；　　　　(c) 边界稳定；　　　(d) 边界稳定。

9.26 (a) $h(n)=(-3)^n \varepsilon(n)$；

(b) $y(n)=\dfrac{1}{32}[-9(-3)^n+8n^2+20n+9]\varepsilon(n)$。

9.27 $x_1(n)=(-1)^n x(n)$。

9.28 $x_1(n)=\dfrac{1}{2}\left(\dfrac{1}{3}\right)^n \varepsilon(n)$，　$x_2(n)=\dfrac{1}{2}\left(-\dfrac{1}{3}\right)^n \varepsilon(n)$。

9.30 当 $10<|z|\leqslant\infty$ 时，$h(n)=(0.5^n-10^n)\varepsilon(n)$，因果，不稳定；
　　　当 $0.5<|z|<10$ 时，$h(n)=0.5^n\varepsilon(n)+10^n\varepsilon(-n-1)$，非因果，稳定。

9.31 (a) $H(z)=\dfrac{z}{z+1}$，$h(n)=(-1)^n \varepsilon(n)$；　　(b) $y(n)=5[1+(-1)^n]\varepsilon(n)$。

9.32 $y(n)=\dfrac{1-a^{n+1}}{1-a}$，$0\leqslant n\leqslant N-1$；　$y(n)=a^n\dfrac{1-a^{-N}}{1-a^{-1}}$，$n\geqslant N-1$。

9.33 (a) $\dfrac{2^{-n}}{n}\varepsilon(-n-1)$；　　　　　　(b) $-\dfrac{2^{-n}}{n}\varepsilon(n-1)$。

9.34 $\Phi_{xx}(z)=X(z)X(z^{-1})$。

9.36 $|z|>\dfrac{1}{2}$ 时，$h(n)=\left(-\dfrac{1}{2}\right)^n \varepsilon(n)$，$|z|<\dfrac{1}{2}$ 时，$h(n)=\dfrac{1}{2}\left(-\dfrac{1}{2}\right)^{n-1}\varepsilon(-n-1)$。

9.37 (a) $H(z)=\dfrac{1}{1-\dfrac{1}{2}z^{-1}+\dfrac{1}{4}z^{-2}}$，$|z|>\dfrac{1}{2}$；

(b) $y(n)=\left(\dfrac{1}{2}\right)^n \varepsilon(n)+\dfrac{2}{\sqrt{3}}\left(\dfrac{1}{2}\right)^n \cdot \sin\dfrac{\pi n}{3}\varepsilon(n)$。

9.38 (a) $H(z)=\dfrac{z}{(z-\alpha_1)(z-\alpha_2)}$，$\alpha_1=\dfrac{1+\sqrt{5}}{2}$，$\alpha_2=\dfrac{1-\sqrt{5}}{2}$；

(b) $h(n)=\dfrac{1}{\alpha_1-\alpha_2}\cdot(\alpha_1^n-\alpha_2^n)\varepsilon(n)$，不稳定；

(c) $h(n)=\dfrac{1}{\alpha_2-\alpha_1}[\alpha_1^n\varepsilon(-n-1)+\alpha_2^n\varepsilon(n)]$。

9.39 $\dfrac{1-a^{n+1}}{1-a}\varepsilon(n)-\dfrac{1-a^{n+1-N}}{1-a}\varepsilon(n-N)$。

9.40 (a) $H(z)=\dfrac{z}{(z-2)(z-0.5)}$；

(b) $|z|>2$，$h(n)=\dfrac{2}{3}(2^n-2^{-n})\varepsilon(n)$，$0.5<|z|<2$，

$h(n)=-\dfrac{2}{3}\left[2^n\varepsilon(-n-1)+\left(\dfrac{1}{2}\right)^n\varepsilon(n)\right]$，$|z|<0.5$，

$h(n)=-\dfrac{2}{3}(2^n-2^{-n})\varepsilon(-n-1)$；

(c) $|z|>2$ 时非稳定，因果，$0.5<|z|<2$ 时稳定，非因果，$|z|<0.5$ 时非稳定，非因果。

9.41 (a) $H_1(z) = 1 - e^{-8\alpha} z^{-8}$;

(b) $H_2(z) = \dfrac{1}{H_1(z)}$，$|z| > e^{-\alpha}$ 时因果稳定，$|z| < e^{-\alpha}$ 时非因果非稳定；

(c) $h_2(n) = \begin{cases} k\left(\dfrac{n}{8}\right), & n \text{ 是 8 的整倍数} \\ 0, & \text{其他} \end{cases}$，$K(z) = \dfrac{1}{1 - e^{-8\alpha} z^{-1}}$。

9.42 (a) $[9.26 + 0.66(-0.2)^n - 0.2(0.1)^n] \, (n \geqslant 0)$;

(b) $[0.5 + 0.45(0.9)^n] \, (n \geqslant 0)$;

(c) $\dfrac{1}{9}[3n - 4 + 13(-2)^n] \, (n \geqslant 0)$。

9.43 (a) $\left(\dfrac{1}{3} + \dfrac{2}{3}\cos\dfrac{2\pi n}{3} + \dfrac{4\sqrt{3}}{3}\sin\dfrac{2\pi n}{3}\right) \quad (n \geqslant 0)$;

(b) $[0.5 - 0.45(0.9)^n] \quad (n \geqslant 0)$;

(c) $\left[\dfrac{n}{6} + \dfrac{5}{36} - \dfrac{5}{36}(-5)^n\right] \quad (n \geqslant 0)$。

9.44 $h(n) = -\dfrac{3}{8}\left[3^n \varepsilon(-n-1) + \left(\dfrac{1}{3}\right)^n \varepsilon(n)\right]$。

9.45 (a) $y(n) = \dfrac{1}{M}[x(n) + x(n-1) + \cdots + x(n-M+1)]$;

(b) $H(z) = \dfrac{1}{M}\sum\limits_{k=0}^{M-1} z^{-k}$;

(c) $M = 3$, $H_1(z) = \dfrac{z^2 + z + 1}{3z^2}$，极点：$z = 0$(2 阶)，零点：$z = \dfrac{-1 \pm j\sqrt{3}}{2}$。

9.46 (a) $H(z) = 1 - 5z^{-1} + 8z^{-3}$, $h(n) = \delta(n) - 5\delta(n-1) + 8\delta(n-3)$;

(b) $H(z) = \dfrac{z^3}{(z-1)^3}$, $h(n) = \dfrac{1}{2}(n+1)(n+2)\varepsilon(n)$。

9.47 (a) $H(z) = \dfrac{z}{3z-6}$, $h(n) = \dfrac{1}{3}2^n \cdot \varepsilon(n)$;

(b) $H(z) = \dfrac{z}{z-0.5}$, $h(n) = 0.5 \cdot \varepsilon(n)$;

(c) $H(z) = \dfrac{z^2-3}{z^2-5z+6}$, $h(n) = -\dfrac{1}{2}\delta(n) - \dfrac{1}{2}2^n \varepsilon(n) + 2 \cdot 3^n \cdot \varepsilon(n)$。

9.48 $y(n) = \sum\limits_{l=0}^{\infty} \sum\limits_{k=0}^{\infty} r^{n-k} e^{j(n-2l-k)\theta} \alpha^k$。

9.49 (a) $a = -\dfrac{9}{8}$; \qquad\qquad (b) $y(n) = -\dfrac{1}{4}$。

9.50 $H(e^{j\omega}) = e^{-j\frac{3\omega}{2}} \cos\omega \cdot \cos\dfrac{\omega}{2}$。

9.51 (a) 低通; \qquad (b) 低通; \qquad (c) 带通。

9.52 $H(z)$ 的全部零、极点均在单位圆内。

9.55 (a) $X(z) = \dfrac{z\mathrm{e}^{-a}}{(z - \mathrm{e}^{-a})^2}$;   (b) $X(z) = \dfrac{z(z+1)}{(z-1)^3}$。

9.56 (a) $H(z) = \dfrac{2z}{z - \mathrm{e}^{-T}} - \dfrac{2z}{z - \mathrm{e}^{-2T}}$

(b) $h(t) = 2(\mathrm{e}^{-t} - \mathrm{e}^{-2t})\varepsilon(t)$, $h(n) = 2(\mathrm{e}^{-nT} - \mathrm{e}^{-2nT})\varepsilon(n)$。

第 10 章

10.1 $\dot{\boldsymbol{\lambda}}(t) = \begin{bmatrix} 0 & 1 & 0 \\ 0 & 0 & 1 \\ 0 & -10 & -7 \end{bmatrix} \boldsymbol{\lambda}(t) + \begin{bmatrix} 0 \\ 0 \\ 1 \end{bmatrix} e(t), r(t) = \begin{bmatrix} 5 & 5 & 0 \end{bmatrix} \boldsymbol{\lambda}(t)$。

10.2 (a) $\begin{bmatrix} i'_{L2} \\ u'_{C3} \end{bmatrix} = \begin{bmatrix} -\dfrac{R_2}{L_2} & \dfrac{1}{L_2} \\ -\dfrac{1}{C_3} & -\dfrac{1}{R_1 C_3} \end{bmatrix} \begin{bmatrix} i_{L2} \\ u_{C3} \end{bmatrix} + \begin{bmatrix} 0 \\ \dfrac{1}{R_1 C_3} \end{bmatrix} e$;

(b) $\begin{bmatrix} u'_C \\ i'_L \end{bmatrix} = \begin{bmatrix} -1 & -2 \\ \dfrac{1}{2} & -1 \end{bmatrix} \begin{bmatrix} u_C \\ i_L \end{bmatrix} + \begin{bmatrix} 1 \\ 0 \end{bmatrix} i$。

10.3 $\begin{bmatrix} \dfrac{\mathrm{d}u_C}{\mathrm{d}t} \\ \dfrac{\mathrm{d}i_{L1}}{\mathrm{d}t} \\ \dfrac{\mathrm{d}i_{L2}}{\mathrm{d}t} \end{bmatrix} = \begin{bmatrix} 0 & \dfrac{1}{2} & -\dfrac{1}{2} \\ -1 & -1 & 0 \\ 1 & 0 & -1 \end{bmatrix} \begin{bmatrix} u_C \\ i_{L1} \\ i_{L2} \end{bmatrix} + \begin{bmatrix} 0 \\ 1 \\ 0 \end{bmatrix} e$, $r = i_{L2}$。

10.4 $\begin{bmatrix} \dfrac{\mathrm{d}i_L}{\mathrm{d}t} \\ \dfrac{\mathrm{d}u_{C1}}{\mathrm{d}t} \\ \dfrac{\mathrm{d}u_{C2}}{\mathrm{d}t} \end{bmatrix} = \begin{bmatrix} 0 & -2 & 0 \\ 1 & -2 & -2 \\ 0 & -2 & -2 \end{bmatrix} \begin{bmatrix} i_L \\ u_{C1} \\ u_{C2} \end{bmatrix} + \begin{bmatrix} 2 \\ 1 \\ 1 \end{bmatrix} e$, $r = -u_{C1} - u_{C2} + e(t)$。

10.5 (a) $\begin{bmatrix} \dot{\lambda}_1 \\ \dot{\lambda}_2 \end{bmatrix} = \begin{bmatrix} 0 & 1 \\ -3 & -4 \end{bmatrix} \begin{bmatrix} \lambda_1 \\ \lambda_2 \end{bmatrix} + \begin{bmatrix} 0 \\ 1 \end{bmatrix} e$, $r = \begin{bmatrix} 1 & 1 \end{bmatrix} \begin{bmatrix} \lambda_1 \\ \lambda_2 \end{bmatrix}$;

(b) $\begin{bmatrix} \dot{\lambda}_1 \\ \dot{\lambda}_2 \\ \dot{\lambda}_3 \end{bmatrix} = \begin{bmatrix} 0 & 1 & 0 \\ 0 & 0 & 1 \\ -1 & -2 & -3 \end{bmatrix} \begin{bmatrix} \lambda_1 \\ \lambda_2 \\ \lambda_3 \end{bmatrix} + \begin{bmatrix} 0 \\ 0 \\ 1 \end{bmatrix} e, r = \begin{bmatrix} 1 & 2 & 1 \end{bmatrix} \begin{bmatrix} \lambda_1 \\ \lambda_2 \\ \lambda_3 \end{bmatrix}$。

10.6 (a) $\alpha_1 = a_1, \alpha_2 = a_2, \begin{bmatrix} \beta_0 \\ \beta_1 \\ \beta_2 \end{bmatrix} = \begin{bmatrix} 1 & 0 & 0 \\ a_1 & 1 & 0 \\ a_2 & a_1 & 1 \end{bmatrix}^{-1} \begin{bmatrix} b_0 \\ b_1 \\ b_2 \end{bmatrix}$;

(b) $\alpha_1 = 4, \alpha_2 = 3, \beta_0 = 1, \beta_1 = 2, \beta_2 = -3$。

10.7　(a) $\begin{bmatrix} \dot{\lambda}_1 \\ \dot{\lambda}_2 \end{bmatrix} = \begin{bmatrix} 0 & 1 \\ -29 & -4 \end{bmatrix} \lambda + \begin{bmatrix} 0 \\ 1 \end{bmatrix} e, r = \begin{bmatrix} -58 & 1 \end{bmatrix} \lambda + 20;$

　　　(b) $\begin{bmatrix} \dot{\lambda}_1 \\ \dot{\lambda}_2 \\ \dot{\lambda}_3 \end{bmatrix} = \begin{bmatrix} 0 & 1 & 0 \\ 0 & 0 & 1 \\ -4 & -8 & -5 \end{bmatrix} \lambda + \begin{bmatrix} 0 \\ 0 \\ 1 \end{bmatrix} e, r = \begin{bmatrix} 0 & 4 & 0 \end{bmatrix} \lambda_{\circ}$

10.8　$\begin{bmatrix} \dot{\lambda}_1 \\ \dot{\lambda}_2 \\ \dot{\lambda}_3 \\ \dot{\lambda}_4 \end{bmatrix} = \begin{bmatrix} -\dfrac{R}{2L} & 0 & -\dfrac{1}{2L} & \dfrac{1}{2L} \\ 0 & 0 & \dfrac{1}{L} & \dfrac{1}{L} \\ \dfrac{1}{2C} & -\dfrac{1}{C} & -\dfrac{1}{2RC} & -\dfrac{1}{2RC} \\ -\dfrac{1}{2C} & -\dfrac{1}{C} & -\dfrac{1}{2RC} & -\dfrac{1}{2RC} \end{bmatrix} \begin{bmatrix} \lambda_1 \\ \lambda_2 \\ \lambda_3 \\ \lambda_4 \end{bmatrix} + \begin{bmatrix} \dfrac{1}{2L} \\ 0 \\ \dfrac{1}{2RC} \\ \dfrac{1}{2RC} \end{bmatrix} e,$

　　　$r = \begin{bmatrix} -\dfrac{R}{2} & 0 & -\dfrac{1}{2} & -\dfrac{1}{2} \end{bmatrix} \lambda + \dfrac{1}{2} e_{\circ}$

10.9　(a) $a = 3, b = -4;$

　　　(b) $\lambda_1(n) = 4(-1)^n - 2(-2)^n, \lambda_2(n) = 4(-1)^n - 3(-2)^n;$

　　　(c) $y(n+2) + 3y(n+1) + 2y(n) = 7x(n) + x(n+1)_{\circ}$

10.10　(a) $\begin{bmatrix} \lambda_1(n+1) \\ \lambda_2(n+1) \end{bmatrix} = \begin{bmatrix} 0 & 1 \\ -1 & -2 \end{bmatrix} \begin{bmatrix} \lambda_1(n) \\ \lambda_2(n) \end{bmatrix} + \begin{bmatrix} 0 \\ 1 \end{bmatrix} x(n),$

　　　　$y(n) = \begin{bmatrix} -1 & -2 \end{bmatrix} \begin{bmatrix} \lambda_1(n) \\ \lambda_2(n) \end{bmatrix} + x(n);$

　　　(b) $\begin{bmatrix} \lambda_1(n+1) \\ \lambda_2(n+1) \end{bmatrix} = \begin{bmatrix} 0 & 1 \\ -2 & -3 \end{bmatrix} \begin{bmatrix} \lambda_1(n) \\ \lambda_2(n) \end{bmatrix} + \begin{bmatrix} 0 \\ 1 \end{bmatrix} x(n),$

　　　　$y(n) = \begin{bmatrix} 1 & 1 \end{bmatrix} \begin{bmatrix} \lambda_1(n) \\ \lambda_2(n) \end{bmatrix}_{\circ}$

10.11　$A = \begin{bmatrix} 0 & 1 \\ -1 & -2 \end{bmatrix}_{\circ}$

10.12　(a) $A = \begin{bmatrix} -a & 1 \\ 0 & -a \end{bmatrix};$ 　　　　　　(b) $A = \begin{bmatrix} -1 & 0 & 0 \\ 0 & -4 & 4 \\ 0 & -1 & 0 \end{bmatrix}_{\circ}$

10.13　$\phi(t) = e^{At} = \begin{bmatrix} 1 & \dfrac{1}{2}(e^t - e^{-t}) & \dfrac{1}{2}(e^t + e^{-t}) - 1 \\ 0 & \dfrac{1}{2}(e^t + e^{-t}) & \dfrac{1}{2}(e^t - e^{-t}) \\ 0 & \dfrac{1}{2}(e^t - e^{-t}) & \dfrac{1}{2}(e^t + e^{-t}) \end{bmatrix}_{\circ}$

10.14　(a) $\phi(t)=\begin{bmatrix} e^{-2t} & 0 \\ 0 & e^{-3t} \end{bmatrix},t\geqslant0;$　　(b) $\phi(t)=\begin{bmatrix} e^{t} & \dfrac{2}{3}(e^{t}-e^{-2t}) \\ 0 & e^{-2t} \end{bmatrix},t\geqslant0;$

(c) $\phi(t)=\begin{bmatrix} \cos\omega t & \sin\omega t \\ -\sin\omega t & \cos\omega t \end{bmatrix},t\geqslant0;$　　(d) $\phi(t)=\begin{bmatrix} e^{at} & te^{at} \\ 0 & e^{at} \end{bmatrix},t\geqslant0;$

(e) $\phi(t)=\begin{bmatrix} e^{t} & 0 & e^{t}-1 \\ 0 & e^{-t} & 2-2e^{-t} \\ 0 & 0 & 1 \end{bmatrix},t\geqslant0。$

10.15　$H(s)=\begin{bmatrix} \dfrac{2s+3}{(s+1)(s+3)} & \dfrac{s+2}{(s+1)(s+3)} \\ \dfrac{s-3}{(s+1)(s+3)} & \dfrac{-(s+5)}{(s+1)(s+3)} \\ \dfrac{s+2}{s+1} & \dfrac{s+2}{s+1} \end{bmatrix}。$

10.16　(a) $H(s)=\dfrac{4}{s^{3}+4s^{2}+5s+6},\quad r(t)=\left[\dfrac{1}{2}e^{-3t}-\dfrac{1}{2}e^{-\frac{1}{2}}\left(\cos\dfrac{\sqrt{7}}{2}t-\dfrac{5}{\sqrt{7}}\sin\dfrac{\sqrt{7}}{2}t\right)\right]\varepsilon(t);$

(b) $H(s)=\dfrac{s+2}{s^{2}+7s+12},\quad r(t)=\left(\dfrac{1}{6}+\dfrac{1}{3}e^{-3t}-\dfrac{1}{2}e^{-4t}\right)\varepsilon(t)。$

10.17　$\phi(t)=\begin{bmatrix} 2e^{-t}-e^{-2t} & 2e^{-t}-2e^{-2t} \\ -e^{-t}+e^{-2t} & -e^{-t}+2e^{-2t} \end{bmatrix},A=\begin{bmatrix} 0 & 2 \\ -1 & -3 \end{bmatrix}。$

10.18　$r''+4r'+3r=e'+e,r(0)=1,r'(0)=-1。$

10.19　(a) $h(n)=\dfrac{1}{2}(2)^{n};$　　(b) $-1+(2)^{n},n\geqslant0。$

10.20　$\begin{cases} \lambda_{1}(t)=10e^{2t}-7e^{3t} \\ \lambda_{2}(t)=-5e^{2t}+7e^{3t} \end{cases}。$

10.21　(a) $r''(t)+4r'(t)+3r(t)=e'(t)+e(t);$　(b) $\begin{cases} \lambda_{1}(0^{-})=0 \\ \lambda_{2}(0^{-})=1 \end{cases}。$

10.22　$r(t)=\left(\dfrac{5}{2}+\dfrac{1}{2}e^{-2t}+5e^{-3t}\right)\varepsilon(t)。$

10.23　(a) 系统可控,但不可观测;　　(b) $H(s)=\dfrac{1}{(s+1)^{2}}。$

10.24　(a) 可控,可观;　　(b) 不可控,可观。

10.25　可控,不可观。

10.26　(a) 可控,不可观;　　(b) $\dfrac{2}{s+2}。$